図説 カメムシの卵と幼虫
－形態と生態－

小林　尚・立川周二

東　京
株式会社
養賢堂発行

序

　カメムシは一般には悪臭を放つ虫として嫌がられているが，カメムシ上科はカメムシ類の中で最もよく知られている一群である．中には農・園芸作物を加害して，斑点米を発生させたり，果実を屑物にしたり，落果させたり，家屋に多数が飛来して居住者に不快感や衛生的被害を及ぼしたりする害虫や，害虫を捕食する有益虫もあるため，研究歴も決して短くない．発育期もそれなりに研究されているが，多くは生態に関するもので，形態学的なものは少なく，いずれも個別的か断片的であり，卵や幼虫期での種の同定はほとんど不可能に近かった．

　本叢書では日本産カメムシ上科の各科および主要属の卵および幼虫の分類を行い，主要種を同定することを主目的とし，卵と幼虫各齢の形態的特徴を明らかにして識別点を示し，同定を可能にした．また研究の今後の発展に寄与するため，各科および主要属の発育期における生態的特徴を概説し，主要種の生態的知見をまとめて略述した．本書が読者のカメムシに対する理解を深め，生物学，農・園芸，環境対策その他の関係分野の仕事や研究に役立てば幸いである．本叢書はカメムシの大形の精密な形態図と表を多く掲載するため，B5版とした．また出版の企画については志賀正和前虫害防除部長および宮井俊一虫害防除部長に，校閲については2名の先生に多大のお骨折りをいただいた．厚く御礼申し上げる．

　本書の内容は主として小林　尚元農業研究センター畑虫害研究室長の長年の研究成果を取りまとめたものであり，執筆に関する多大の労力に対して敬意を表するとともに厚く御礼申し上げる．最後に本書の取りまとめに努力された編集委員，関係各位にお礼申し上げる．

　平成16年 3月

中央農業総合研究センター所長

高屋　武彦

はしがき

　カメムシ上科はカメムシ類の中でもっともよく知られている中心的一群であり，斑点米カメムシや果実吸害カメムシなど，多くの現在の難防除害虫や捕食性天敵として利用価値をもつグループを含む．筆者（小林）はカメムシ上科の発育期の形態的比較研究と生態研究を長年にわたって続け，8科87種の卵と幼虫各齢の全形や必要な部分を図示することができた．これは日本産カメムシ上科の既知種152種の64.4％にあたり，農・園芸害益虫や不快害虫とされているカメムシ上科の主要種を全部包含している．

　研究はまだ十分ではないが，全種の同定法を示すことができ，興味深い新知見もいくつか得られた．その一つは，腹部気門数がクロカメムシ亜科とカメムシ上科の一部においては特異的に6対で，第8節に気門がないことである．腹部気門の開口節位は成・幼虫とも同様であるが，雄成虫では第8節の全体か大半が第7節の下に隠れている種が多く，気門も一般には外部から見えなくなっている．カメムシ亜科の中の腹部気門が6対である種群は体形が小形で膨隆し，上唇が短い特徴をもつ．この特徴はカメムシ亜科の系統分類上無視できないものと考えられるので，この一群を暫定的に6気門群，他方を7気門群として区別した．また幼虫における孔毛や臭腺盤その他および卵における表面構造や受精孔突起その他の形態的特長に基づいて分類した結果，カメムシ科においては配列順の合理性が高まったと考えられる．発育期の生態については，摂食および生き残り戦略や発育その他を全体的視点で記述し，生活史その他の生物学的知見の要点を各論で集大成した．この叢書が分類学的，生物学的またはその他のカメムシ研究や対策に役立つことを期待したい．

　この研究を行うに当たって，恩師故石原　保博士は研究の端緒から終始ご懇切にご指導くださり，成果を早く取りまとめるよう促してくださっていたのであるが，先生がお元気であられるうちにお応えできなかったことを心からお詫びしたい．長谷川　仁先生は生息地をご案内くださったり，種名や文献をお教えくださったりして，ご親切にお導きくださった．故石倉秀次博士は筆者に農林水産省農業試験場への入所当初から大豆吸害カメムシ類の研究を担当させてくださり，絶えずお心に留められてお引き立てくださった．宮本正一博士および国立科学博物館の友国雅章博士からは標本のご同定，研究材料や文献のご提供，本稿取りまとめについてのご指導等を賜った．行徳直己・原栄一・林正美・池田二三高・故池本五郎・河原畑勇・菊地淳志・故木村重義・木村津登志・近藤光宏・水戸野武夫・三浦　正・宮武睦夫・永野道昭・野澤雅美・織田真吾・奥俊夫・奥野晴三・小野洋・瀬口有子および藤條純夫の各位（敬称略，アルファベット順）は研究材料の採集や調査等をお手伝いくださったり，研究材料や標本等を御提供くださったりした．また岡田斉夫日本植物防疫協会牛久研究所長，志賀正和博士および宮井俊一博士は出版の企画についてご尽力くださり，矢野栄二生物防除研究室長およびレフェリーの先生方は原稿を丁寧にご校閲くださった．七木田静代前情報資料課長，前田栄一情報資料課長および養賢堂矢野勝也氏は原稿の編集や校正をしてくださった．高屋武彦所長からはご丁寧な序文を賜った．ここに記せなかった多くの方がたからもご援助をいただいた．これらの方がたの御芳情に心から厚く御礼申し上げる．

元農業研究センター病害虫防除部畑虫害研究室
小林　尚

目　次

第 I 章　外部形態 …………………………………………………………………………… 1
1. 外部標徴 ……………………………………………………………………………… 1
1) 成虫 ……………………………………………………………………………… 1
2) 卵 ………………………………………………………………………………… 2
3) 幼虫 ……………………………………………………………………………… 3
2. 発育過程における形態的変化 ……………………………………………………… 5
1) 卵 ………………………………………………………………………………… 5
2) 幼虫 ……………………………………………………………………………… 5
(1) 同一齢内における変化 …………………………………………………… 5
(2) 前後の齢間および幼虫と成虫間における変化 ………………………… 5
(3) 幼虫時代における口器の発達 …………………………………………… 9

第 II 章　発育期の生態 …………………………………………………………………… 15
1. 産卵場所および幼虫期の生活場所 ………………………………………………… 15
2. 幼虫期の摂食戦略 …………………………………………………………………… 15
3. 卵および幼虫期の生き残り戦略 …………………………………………………… 19
4. 幼虫期の臭腺分泌物の放出 ………………………………………………………… 20
5. 卵態越冬と幼虫態越冬 ……………………………………………………………… 21
6. 発育 …………………………………………………………………………………… 23

第 III 章　主要種の発育期 ……………………………………………………………… 24
1. カメムシ上科の各科の形態的特徴の要点 ………………………………………… 24
2. カメムシ上科の各科の検索 ………………………………………………………… 25
3. クヌギカメムシ科 Urostylidae …………………………………………………… 26
1) 生態的特性 ……………………………………………………………………… 27
2) 形態的特徴 ……………………………………………………………………… 27
3) 発育期における2属の識別 …………………………………………………… 29
4) クヌギカメムシ属 *Urostylis* WESTWOOD …………………………………… 29
5) クヌギカメムシ *U. westwoodi* SCOTT ………………………………………… 30
6) サジクヌギカメムシ *U. striicornis* SCOTT …………………………………… 32
7) ヘラクヌギカメムシ *U. annulicornis* SCOTT ………………………………… 34
8) *Urochela* DALLAS ……………………………………………………………… 36
9) ナシカメムシ *U. luteovaria* DISTANT ………………………………………… 37
10) ヨツモンカメムシ *U. quadrinotata* (REUTER) …………………………… 39
4. マルカメムシ科 Plataspidae ……………………………………………………… 42
1) 生態的特性 ……………………………………………………………………… 42
2) 形態的特徴 ……………………………………………………………………… 42
3) 発育期における2属の識別 …………………………………………………… 44

  4) *Coptosoma* LAPORTE ··· 44
  5) ヒメマルカメムシ *C. biguttulum* MOTSCHULSKY ·· 44
  6) タデマルカメムシ *C. parvipictum* MONTANDON ·· 46
  7) マルカメムシ *Megacopta punctatissima* (MONTANDON) ·· 48
5. ツチカメムシ科 Cydnidae ··· 51
 1) 生態的特性 ··· 51
 2) 形態的特徴 ··· 52
 3) 生活への形態的適応 ··· 52
 4) 発育期における3亜科・6属の識別 ··· 54
 5) ツチカメムシ亜科 Cydnidae ·· 55
  (1) 形態的特徴 ··· 55
  (2) 生態的特性 ··· 55
  (3) ツチカメムシ *Macroscytus japonensis* (SCOTT) ·· 56
  (4) ヒメツチカメムシ *Profundus pygmaeus* (DALLAS) ··· 59
  (5) マルツチカメムシ *Microporus nigritus* (FABRICIUS) ··· 60
  (6) ミナミマルツチカメムシ *Aethus pseudindicus* LIS ··· 62
 6) モンツチカメムシ亜科 Sehirinae ·· 63
  (1) 形態的特徴 ··· 63
  (2) 生態的特性 ··· 64
  (3) ミツボシツチカメムシ *Adomerus triguttulus* (MOTSCHULSKY) ································· 64
  (4) シロヘリツチカメムシ *Canthophorus niveimarginatus* (SCOTT) ································ 67
 7) ベニツチカメムシ亜科 Parastrachiinae ··· 70
  (1) 形態的特徴 ··· 70
  (2) 生態的特性 ··· 70
  (3) ベニツチカメムシ *Parastrachia japonensis* (SCOTT) ··· 70
6. キンカメムシ科 Scutelleridae ··· 73
 1) 生態的特性 ··· 73
 2) 形態的特徴 ··· 74
 3) 生活への形態的適応 ··· 75
 4) 発育期における2亜科・7属の識別 ··· 75
 5) キンカメムシ亜科 Scutellerinae ·· 76
  (1) 形態的特徴 ··· 76
  (2) 生態的特性 ··· 77
  (3) *Poecilocoris* DALLAS ··· 77
  (4) アカスジキンカメムシ *P. lewisi* DISTANT ·· 78
  (5) ニシキキンカメムシ *P. splendidulus* ESAKI ·· 81
  (6) ミカンキンカメムシ *Solenosthedium chinense* STÅL ·· 83
  (7) ミヤコキンカメムシ *Philia miyakonus* (MATSUMURA) ··· 84
  (8) ナナホシキンカメムシ *Calliphara nobilis* (LINNAEUS) ··· 84
  (9) オオキンカメムシ *Eucorysses grandis* (THUNBERG) ··· 86
  (10) アカギカメムシ *Cantao ocellatus* (THUNBERG) ·· 88

- 6) チャイロカメムシ亜科 Eurygasterinae··· 92
  - (1) 形態的特徴·· 92
  - (2) 生態的特性·· 92
  - (3) チャイロカメムシ *Eurygaster testudinaria* (GEOFFROY)························· 92
- 7. ノコギリカメムシ科 Dinidridae·· 95
  - 1) 生態的特性·· 95
  - 2) 形態的特徴·· 95
  - 3) 発育期における2属の識別··· 95
  - 4) ノコギリカメムシ *Megymenum gracilicorne* DALLAS····························· 96
  - 5) ヒロズカメムシ *Eumenotes obscura* WESTWOOD·································· 99
- 8. カメムシ科 Pentatomidae··100
  - 1) 生態的特性··102
  - 2) 形態的特徴··102
  - 3) 発育期における3亜科の識別···103
  - 4) クロカメムシ亜科 Podopinae··104
    - (1) 生態的特性··104
    - (2) 形態的特徴··104
    - (3) 発育期における3属の識別··105
    - (4) アカスジカメムシ *Graphosoma rubrolineatum* (WESTWOOD)···············105
    - (5) ハナダカカメムシ *Dybowskyia reticulata* (DALLAS)··························109
    - (6) クロカメムシ属 *Scotinophara* STÅL··112
    - (7) ヒメクロカメムシ *S. scotti* HORVATH··113
    - (8) オオクロカメムシ *S. horvathi* DISTANT······································115
    - (9) イネクロカメムシ *S. lurida* (BURMEISTER)···································117
  - 5) カメムシ亜科 Pentatominae···120
    - (1) 生態的特性··120
    - (2) 形態的特徴··120
    - (3) 発育期における28属の識別··122
    - (4) 6気門群··125
      - a) タマカメムシ *Sepontiella aenea* (DISTANT)······························125
      - b) ウシカメムシ *Alcimocoris japonensis* (SCOTT)·····························127
      - c) ズグロシラホシカメムシ *Analocus gibbosus* (JAKOVLEV)··············132
      - d) *Menida* MOTSCHULSKY··135
      - e) ツマジロカメムシ *M. violacea* MOTSCHULSKY·····························136
      - f) スコットカメムシ *M. scotti* PUTON···138
      - g) ナガメ属 *Eurydema* LAPORTE··140
      - h) ナガメ *E. rugosa* MOTSCHULSKY···142
      - i) ヒメナガメ *E. dominulus* (SCOPOLI)···143
      - j) イチモンジカメムシ *Piezodorus hybneri* (GMELIN)·····················145
      - k) シラホシカメムシ属 *Eysarcoris* HAHN······································148
      - l) シラホシカメムシ *E. ventralis* (WESTWOOD)······························150

m) ムラサキシラホシカメムシ *E. annamita* BREDDIN ･････････････････････････････････ 153
　　　n) マルシラホシカメムシ *E. guttiger* (THUNBERG) ････････････････････････････････ 156
　　　o) トゲシラホシカメムシ *E. aeneus* SCOPOLI ･･･････････････････････････････････････ 159
　　　p) オオトゲシラホシカメムシ *E. lewisi* (DISTANT) ･･････････････････････････････････ 164
　　　q) ヒメカメムシ *Rubiconia intermedia* WALFF ･･････････････････････････････････････ 167
　　　r) トゲカメムシ属 *Carbula* STÅL ･･･ 170
　　　s) トゲカメムシ *C. humerigera* (UHLER) ･･ 171
　　　t) タイワントゲカメムシ *C. crassiventris* (DALLAS) ･････････････････････････････････ 174
　　　u) ウズラカメムシ *Aelia fieberi* SCOTT ･･･ 175
　(5) 7気門群 ･･･ 178
　　　a) ミナミフタテンカメムシ *Laprius varicornis* DALLAS ･･････････････････････････････ 178
　　　b) イネカメムシ *Lagynotomus elongatus* (DALLAS) ････････････････････････････････ 179
　　　c) シロヘリカメムシ *Aenaria lewisi* (SCOTT) ･･････････････････････････････････････ 183
　　　d) エゾアオカメムシ *Palomena angulosa* (MOTSCHULSKY) ･･････････････････････････ 185
　　　e) *Nezara* AMYOT et SERVILLE ･･･ 189
　　　f) アオクサカメムシ *N. antennata* SCOTT ･･･ 195
　　　g) ミナミアオカメムシ *N. viridula* (LINNAEUS) ････････････････････････････････････ 198
　　　h) アヤナミカメムシ *Agonoscelis femoralis* WALKER ･･････････････････････････････ 200
　　　i) ブチヒゲカメムシ *Dolycoris baccarum* (LINNAEUS) ･･････････････････････････････ 202
　　　j) ムラサキカメムシ *Carpocoris purpureipennis* DE GEER ･･････････････････････････ 205
　　　k) イシハラカメムシ *Brachynema ishiharai* LINNAVUORI ････････････････････････････ 208
　　　l) チャバネアオカメムシ *Plautia crossota ståli* SCOTT ･････････････････････････････ 210
　　　m) ツヤアオカメムシ *Glaucias subpunctatus* (WALKER) ･･･････････････････････････ 216
　　　n) クチナガカメムシ属 *Bathycoelia* AMYOT et SERVILLE ･･･････････････････････････ 219
　　　o) マカダミアカメムシ *B. distincta* DISTANT ･･･････････････････････････････････････ 219
　　　p) ミカントゲカメムシ *Rhynchocoris humeralis* (THUNBERG) ･････････････････････････ 223
　　　q) クサギカメムシ *Halyomorpha picus* (FABRICIUS) ････････････････････････････････ 226
　　　r) トホシカメムシ *Lelia decempunctata* (MOTSCHULSKY) ･････････････････････････ 232
　　　s) ヨツボシカメムシ *Homalogonia obtusa* (WALKER) ･････････････････････････････ 235
　　　t) ツノアオカメムシ *Pentatoma japonica* (DISTANT) ････････････････････････････････ 237
　　　u) キマダラカメムシ *Erthesina fullo* (THUNBERG) ･･････････････････････････････････ 240
6) クチブトカメムシ亜科 Asopinae ･･･ 243
　(1) 生態的特性 ･･ 243
　(2) 形態的特徴 ･･ 244
　(3) 生活への形態的適応 ･･･ 245
　(4) 発育期における7属の識別 ･･ 245
　(5) アオクチブトカメムシ *Dinorhynchus dybowskyi* JAKOVLEV ････････････････････････ 246
　(6) アカアシクチブトカメムシ *Pinthaeus sanguinipes* (FABRICIUS) ･････････････････････ 249
　(7) クチブトカメムシ *Picromerus lewisi* SCOTT ････････････････････････････････････ 251
　(8) *Eocanthecona* BERGROTH ･･･ 254
　(9) キュウシュウクチブトカメムシ *E. kyushuensis* ESAKI et ISHIHARA ････････････････ 255

(10) キシモフリクチブトカメムシ *E. furcellata* (WOLFF) ················· 258
　　(11) シロヘリクチブトカメムシ *Andrallus spinidens* (FABRICIUS) ········· 260
　　(12) チャイロクチブトカメムシ *Arma custos* (FABRICIUS) ················ 262
　　(13) ルリクチブトカメムシ *Zicrona caerulea* (LINNAEUS) ················ 265
9. エビイロカメムシ科 Phyllocephalidae ······································ 270
　1) 生態的特性 ··· 270
　2) 生活への形態的適応 ··· 270
　3) エビイロカメムシ *Gonopsis affinis* (UHLER) ······························ 270
10. ツノカメムシ科 Acanthosomatidae ·· 274
　1) 生態的特性 ··· 275
　2) 形態的特徴 ··· 275
　3) 生活への形態的適応 ··· 276
　4) 発育期における4属の識別 ··· 277
　5) *Acanthosoma* CURTIS ·· 277
　6) ハサミツノカメムシ *A. labiduroides* JAKOVLEV ···························· 280
　7) セアカツノカメムシ *A. denticauda* JAKOVLEV ······························ 282
　8) ミヤマツノカメムシ *A. spinicolle* JAKOVLEV ······························ 285
　9) エゾツノカメムシ *A. expansum* HORVATH ··································· 286
　10) エサキモンキツノカメムシ *Sastragala esakii* HASEGAWA ················· 288
　11) *Elasmucha* STÅL ·· 292
　12) ヒメツノカメムシ *E. putoni* SCOTT ······································· 293
　13) クロヒメツノカメムシ *E. amurensis* KERZNER ······························ 296
　14) セグロヒメツノカメムシ *E. signoreti* SCOTT ······························ 298
　15) アカヒメツノカメムシ *E. dorsalis* (JAKOVLEV) ···························· 301
　16) *Elasmostethus* FIEBER ·· 304
　17) ベニモンツノカメムシ *E. humeralis* JAKOVLEV ···························· 305
　18) セグロベニモンツノカメムシ *E. interstinctus* (LINNAEUS) ··············· 308
　19) *Elasmostethus* sp. A ··· 310

引用文献 ·· 313

第 I 章 外部形態

1. 外部標徴

1) 成虫

　幼虫の形態的特徴を明確にするために，まず成虫の外部形態を略述する．
　頭部はほぼ半円形状，三角形状，台形状，長方形状などでやや偏平，前部は中葉（median lobe）と側葉（lateral lobe）に分かれ，側葉の側縁後方に短角状突起をもつ種がある．複眼は頭部の後側方に位置し，半円形状ないし半楕円形状．単眼は頭頂部に1対あり，円形で弱く隆起する．触覚は複眼の前下方から出ており，ノコギリカメムシ科とヨコヅナツチカメムシでは4節，他の科や種では5節よりなる．触角の付け根の突出部は触角突起と呼ぶ．上唇（labrum）は中葉の先端下面から出て鞭状をなし，先に向かって細くなる．口吻（rostrum，これを下唇と呼ぶ場合もある）は上唇基部の後方から出て鞘状をなし，4または3節よりなり，中央に口針を収容する縦溝を有し，先端には感覚毛を備

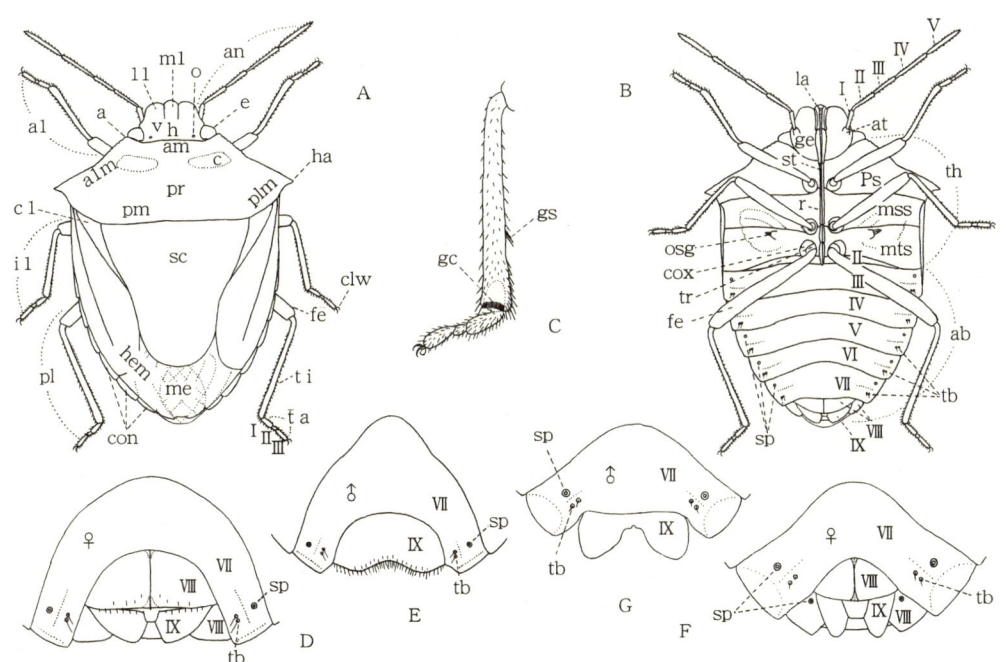

図1　カメムシ上科の成虫の外部標徴
（図A～E：オオトゲシラホシカメムシ，F・G：エゾアオカメムシ）
A. 背面，B. 腹面（雌），C. 前脚（右側），D. 雌の腹端（本種は6気門群に属し第8節に気門をもたない），E. 雄の腹端，F. 雌の腹端（本種は7気門群に属し第8節に気門をもつ），G. 雄の腹端（第8節の気門は見えない）．
a 前角，ab 腹部，al 前脚，alm 前側縁（前胸背の），am 前縁，an 触角，at 触角突起，c 厚化斑，cl 爪状部，clw 鈎爪，co 革質部，con 結合板，cox 基節，e 複眼，fe 腿節，gc グルーミング櫛，ge 頬，gs グルーミング剛毛，h 頭部，ha 側角，hem 半翅鞘，il 中脚，la 上唇，ll 側葉，me 膜質部，ml 中葉，mss 中胸腹面，mts 後胸腹面，o 単眼，osg 臭腺の開孔，pl 後脚，plm 後側縁，pm 後縁，pr 前胸背，ps 前胸腹面，r 口吻，sc 小楯板，sp 気門，st 口針または刺針，ta 跗節，tb 孔毛，th 胸部，ti 脛節，v 頭頂，I～IX 第1～9節．　　　（小林原図）

える．口針は極めて細長く，中央の1対（小腮）と外側の1対（大腮）よりなり，先端は鋭くとがり，大腮の先端部は鋸歯状をなす．口吻の基部の両側に膨出するひだ状部は膨頬（buccula）で，この側方を頬（gena）と呼ぶ．

胸部は前・中・後の3部からなり，前胸部の背面はよく発達して広く，前側縁は前角と後角の中間で外方へ角張って突出することがあり，これを側角という．中胸部の背面には小楯板（scutellum）があり，体の中央部で逆三角形状をなすか，半円形状または半楕円形状をなして体後部の大部分または全体を覆う．後胸部は翅を広げないと背面からは見えない．中胸部からは前翅が出ており，この基半部の革質化した部分を革質部（corium），先半部の膜質部分を膜質部，翅を展開した時の下縁部の一画を爪状部（clavus）と呼ぶ．後胸部からは全体が膜質の後翅が出ており，この前縁にキチン化した翅刺が見られる種があり，拡げた前・後翅を連結する．胸部腹面は明瞭に3部に分かれ，後胸腹面の後脚の基節の前側方に臭腺（scent gland）の開口部がある．胸部腹面の正中部にはひだ状の竜骨突起が発達する種がある．各胸部腹面から3対の脚が出ており，各脚は基部から基節，転節，腿節，脛節および跗（ふ）節で，跗節は次の2科以外では3節よりなるが，マルカメムシ科とツノカメムシ科では2節である．跗節の先端には2本の鉤爪と2個の褥（じょく）盤（arolia）がある．脛節には稜部が直角や鋭角状に発達する種や，頑丈な棘毛が列生する種がある．前脚の脛節の先端内側にはグルーミング櫛（grooming comb, Andersen[4]）が全種に，中央よりやや先寄りの内側にはグルーミング剛毛（grooming setae, Weber[305]）がクヌギカメムシ科以外にあり，前者は触角などの掃除に，後者は口針の掃除や口吻への収容に使われる．また前脚の腿節には中央よりやや先寄りの内側に短角状突起が発達する種もある．

腹部は大きくやや偏平，翅か小楯板に覆われていて，背面からはほとんどまたは一部しか見えないが，腹面からは第2または3～8または10節が見える．第2節の中部までは後胸腹板の下に隠れて見えないことが多く，第8または第9節以後は生殖節となる．第2または3～7節の側縁部には結合板（connexivum）があり腹背板（tergite）と腹面の腹板（sternite）を連結している．腹部気門（spiracle）は第2～7節（クロカメムシ亜科とカメムシ亜科の6気門群－後述）または8節（上記以外の科・亜科・カメムシ科の7気門群－後述）の腹面腹板の側縁近くに左右1対ずつ開口する．しかし，第2節のものは後胸板に隠れ，第8節のものは雌でも第7節の後縁部に隠れていて見え難いことがある．雄では第8節全体が第7節に隠れて，半透明の膜状になっている種が多く，気門も一般には外からは見えなくなっている．孔毛（trichobothria，感覚毛）は第3～7節の気門の後方に2個ずつあり，2個が主として内外に並ぶ．第一次性徴は生殖節に現われ，雌では第8および9節が左右片に分かれているが，雄では分かれない．生殖節の形状は種によって異なり，種の同定に利用される．第3腹節（見かけ上の第1節）腹板の中央に前方へ向かう棘状ないし短角状突起を備える種や，雌の第6・7腹板または第7腹板（見かけ上の第5節）の両側部にペンダーグラスト器官と呼ぶ小楕円形の凹み部をもつ種もある．

2）卵

科または属によって楕円形，円筒形，卵形，球形，壺（つぼ）形などをなす．卵殻は側壁部と蓋部（operculum）が明瞭に識別できる科とできない科がある．卵殻は表面がほぼ平滑であるか，蜂巣状，顆粒状または小棘状をなすか，表面に棘状突起をもつ網状構造物がある．受精孔突起（micropylar projection）は頭状，棍棒型，触手型，半球状などをなし，卵頭部に認められる科や属が多いが，認め難い群もある．卵殻破砕器（egg-burster）は逆三角形状，開翼型，撥（ばち）型，団扇型などをなし，骨格部と膜質部や膜状部からなり，前者は一般に硬化し，中心に1歯を備える．上部膜状部は後

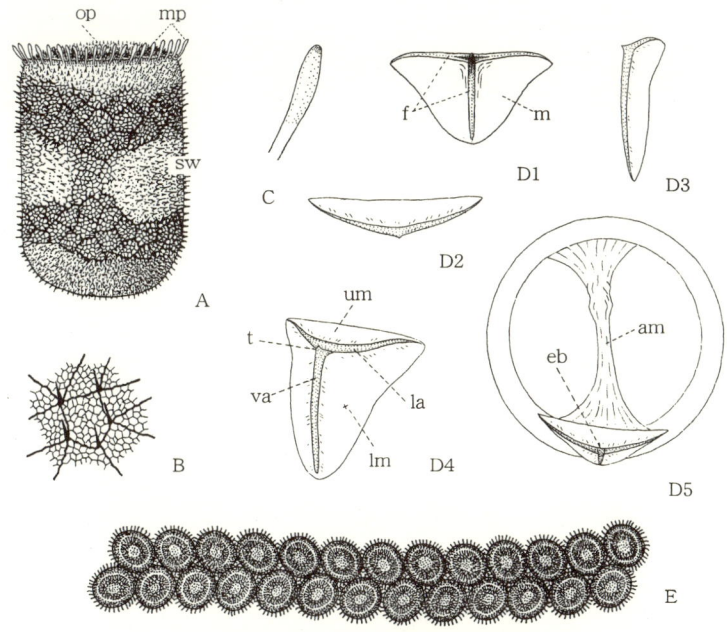

図2 カメムシ上科の卵の外部標徴
(図はイチモンジカメムシ)

A. 卵, op 蓋部, sw 側壁, mp 受精孔突起；B. 卵殻表面の網状構造；C. 受精孔突起；D. 卵殻破砕器, D_1. 同正面図, f 骨格部, m 膜質部, D_2. 同背面図, D_3. 同側面図, D_4. 同鳥瞰図, t 歯部, va 縦軸, la 横軸, um 上部膜質部, lm 下部膜質部, D_5. 孵化後の卵殻における卵殻破砕器の一般的状態, eb 卵殻破砕器, am 付属膜；E. 卵塊の一般的平面図.

(小林原図)

方の卵壁内膜に基点をもつ付属膜に連なる．卵殻破砕器も認め難い群がある．卵は通常数個ないし100個以上の卵が平面的な塊状または1～4列に並べられて物に産付されるか，個々ばらばらに産下されるか，または立体的な塊状にまとめられて母虫に保護される．

3）幼　虫

体は主として卵形状か楕円形状．一般に第1齢では厚いが，加齢に伴って偏平となる．

頭部は半円形状，三角形状，台形状，長方形状などをなす．頭部中葉は頭部側葉に比べて，全齢期を通じて長い種と加齢に伴って次第に短くなる種があり，後者では側葉が中葉を包みこむ形に発達する種もある．種により中葉や側葉の前側縁部に角状短棘を装う．複眼は第1齢ではあまり突出しないが，第2齢以後は顕著に突出する．単眼は認められない．触角は4節からなり，種により触角突起が前背方から見える．口吻は4節からなり，上唇や口針と共に食性群によって形状や相対長が異なる．種子を摂食する群の中にはそれらが特に長く，第2節湾曲型（図3, C）―第2節が側偏（鯛などのように側面が偏平）して弓状に曲がる―を示し，上唇と口針が頭部の前方や前下方へ突き出て，口針自体で，または頭部下面との間に滴型や披針形状の空間を作ったり（図3, C），口吻の先端部が腹端を越えたりする齢期をもつ種がある．また食虫性群の口吻は成虫と同様に特異的に太く広い（図3, B）．

前胸背は一般には台形状であるが，種により側縁部（図3, D）が葉状に発達したり，側角部が翼状に発達したりする．またツノカメムシ科の成虫などにみられる顕著に突出する側角の原形は，一般には第4・5または5齢において後角部が側方へ弧状に突出する形で認められる．中胸背では種により第2または3齢から小楯板の原形が発達し始め，第4・5齢でそれらしい形と前翅包（anterior wing

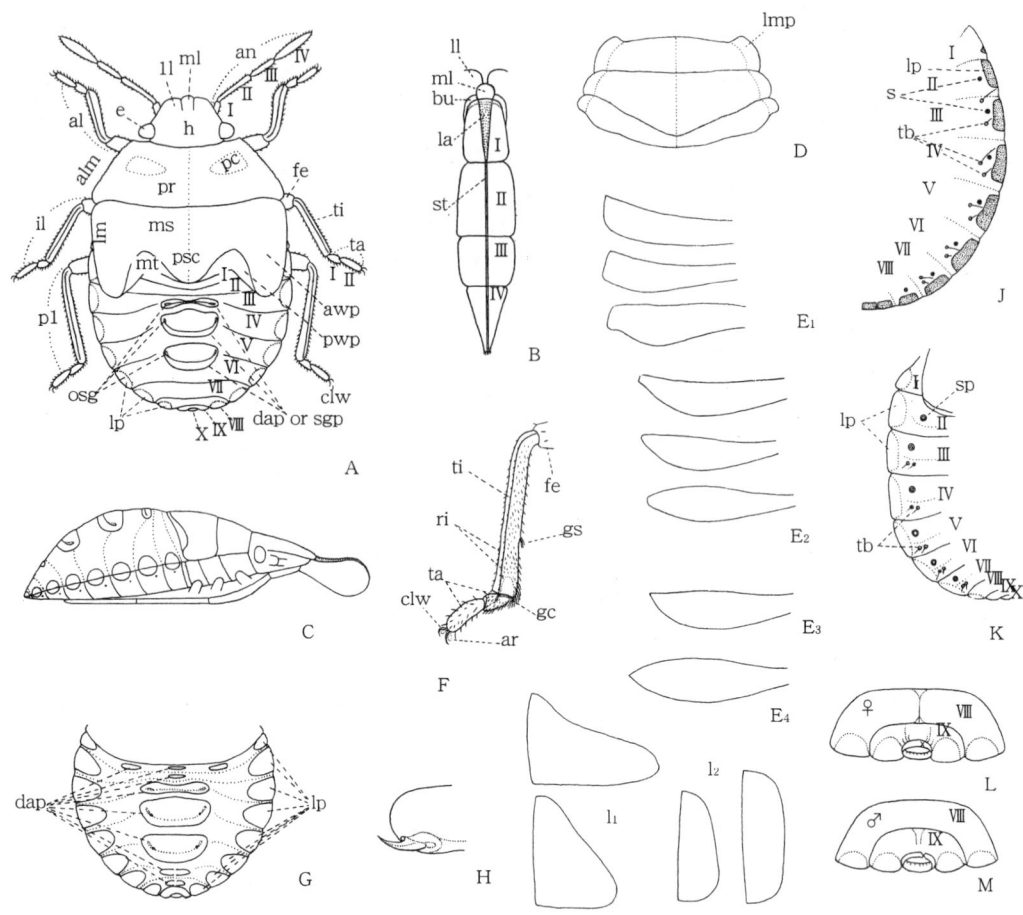

図 3　カメムシ上科の幼虫の外部標徴

(図 A, F, K, L, M：オオトゲシラホシカメムシ (第 5 齢), B：アオクチブトカメムシ (第 4 齢), C：ミカントゲカメムシ (第 4 齢), D：アカスジキンカメムシ (第 2 齢), G：ツノアオカメムシ (第 2 齢), H：マルカメムシ (第 5 齢), J：ツチカメムシ (第 5 齢).

A. 背面, B. 口吻, C. 口針の迂回保持法の一例, D. 胸背板, E. 後胸背板 (左側, E_1：へら型, E_2：オール型, E_3：長刀刃型, E_4：矛刃型), F. 前脚 (右内側), G. 腹部背面, H. 臭腺開口部にみられる牙状突起, I. 側盤 (形容が難しい形の表現例, I_1：変形三角形状, I_2：不等辺四辺形状), J. 7 対の気門をもつ種の腹面の側盤, 気門および孔毛の位置の一例, K. 同様に 6 対の気門をもつ種における一例, L. 終齢の雌幼虫における性徴の一例, M. 同じく雄. ar 褥盤, awp 前翅包, daporsgp 腹腺盤または臭腺盤, lm 側縁, lmp 側縁部, lp 側盤, ms 中胸背板, mt 後胸背板, pc 原厚化斑, psc 原小楯板, pwp 後翅包, ri 稜部, I～X 第 1～10 節 (他の符号は成虫と同じ).　　　　　(小林原図)

- pad) が認められる. 後胸背板の硬化した部分は左右それぞれ若齢ではへら型 (図 3, E-1), 不等辺三角形状, 不等辺四辺形状などを, 中齢ではオール型 (図 3, E-2), 長刀刃型 (図 3, E-3), 矛刃型 (図 3, E-4) などを, 第 4 齢では逆長刀刃型をなし, 終齢では後翅包が発達し, 露出部は逆 V 字型に認められる. 種によって成虫の 3 胸板の正中部に認められる竜骨突起や縦溝の原形が, 第 5 齢において小隆起状や浅溝状に認められる種もある. 前脛節 (図 3, F) には成虫と同様にグルーミング櫛とグルーミング剛毛を備える. 種により脚の脛節に棘毛や頑丈な毛が列生したり, 脛節の稜部が角ばったり, 前脚の脛節の稜部が齢によってへら状や細葉状に発達したり, 腿節に短角状突起が現れたりする. 腹部 (図 3, A, G) は大きく, 背面から第 1～10 節が認められ, 中央部に腹背盤 (dorsal abdominal plate), 側縁に側盤* (lateral plate) がある.

　臭腺の開口部は腹背中央部の第 3・4 節境, 第 4・5 節境および第 5・6 節境に 1 対ずつあり, これ

らは科や属によって特徴的な形状を示す腹背盤（これを特に臭腺盤，scent gland plate と呼ぶ）上に位置する．臭腺の中および後部開口部には牙状またはひだ状突起（図3, H）が認められる種がある．側盤は一般には半円形状か半楕円形状であるが，齢や節位により変形三角形状（図3, I-1）や不等辺四辺形状（図3, I-2）等をなす種もある．腹部気門は次の2群以外（図3, J）では第2～8節に，カメムシ科のクロカメムシ亜科とカメムシ亜科の6気門群（図3, K－後述）では第2～7節に左右1対ずつあり，腹縁近くに開口する．孔毛は第3～7節の気門の近くにあり，老齢では一般に気門の後内方に2個が内外に並ぶが，種や齢や節位によって，1個が気門の前方に1個が気門の後方にあったり，1個のみ認められたりする．性徴は終齢の第8節腹板に認められ，雌（図3, L）ではこの後縁中央に三角形状の微かなくぼみがあり，ここから前方へ1縦溝が伸びるが，雄（図3, M）ではこの部分が平坦で上記特徴を示さない．第4齢から性徴が認められるらしい種もある．種によって成虫の第3節（見掛上の第1節）腹板中央に認められる棘状突起の源基が，第5齢幼虫の第3腹節腹板の中央前縁部に円形小隆起状に認められる種もある．

体表には一般に円形点刻を散布するが，腹背盤と側盤以外の腹節部に，点刻の周囲に円形，楕円形，不整形などの，硬化しているような暗色部分をもつ種もある．体上，触角および脚には毛を装う．

2. 発育過程における形態的変化

カメムシ上科のカメムシ類はすべて不完全変態をなし，卵期および第1～5または4齢（ノコギリカメムシ）の幼虫期を経て成虫となる．この発育過程においてみられる形態的変化は概略以下のようである．

1) 卵

卵殻が淡色である種では幼胚の発育につれて，その色の変化が透けて見え，ふ化が近づくと，眼点が赤色に，卵殻破砕器が明瞭なものではこれが灰色ないし黒色に透視されることがある．また，卵殻が薄い種では幼虫体が形成されると，幼虫の腹面に当たる卵殻がくぼむこともある．

2) 幼虫

(1) 同一齢内における変化

脱皮直後には腹部が小さく，前後の側盤がほぼ接触しているが，吸汁するにつれて体が膨れ，腹部は長くなり，前後の側盤間が広がる．種によっては胸背板の左右片が正中部で左右に離れたり，頭頂部に複眼内側から後縁中央部に至る縫合線が鮮明になったりする．次齢の後胸後縁部が腹節前部下に透視されることもある．

(2) 前後の齢間および幼虫と成虫間における変化

カメムシの幼虫体は全体的には漸変化するが，部分的には或るステージにおいて段階的に変化し，その後の形態が種によって成虫まで持ち越されなかったり，持ち越されたりする．また，終齢幼虫から成虫になる際に著しく変化する部分もあり，これらの変化は以下に略述するように多様である．

---

* （前頁）これを Ishihara (1950, Trans. Shikoku Ent. Soc. 1 (2) : 17-31) と Kobayashi (1951, Trans. Shikoku Ent. Soc. 2 (1) : 7-16) ～小林 (1977, 昆虫と自然 32 (6) : 10-14) は結合板と呼んできたが，これの成虫の結合板との相同性は疑わしいと，宮本正一博士のご指摘があった．そこで Ann. Ent. Soc. Amer. において用いられている "lateral plate" を「側盤」と直訳して用いることにした．

(6)　第I章　外部形態

表1　カメムシ上科の発育期の各ステージ間における体長比*

科・亜科・群	1齢/卵	2齢/1齢	3齢/2齢	4齢/3齢	5齢/4齢	平均	備考 平均種数
1. クヌギカメムシ科	1.57	1.49	1.52	1.59	1.56	1.55	5
2. マルカメムシ科	1.35	1.46	1.31	1.43	1.49	1.41	3
3. ツチカメムシ科	1.49	1.47	1.41	1.48	1.35	1.44	5
4. キンカメムシ科	1.53	1.55	1.54	1.45	1.49	1.51	5
5. カメムシ科	1.38	1.59	1.51	1.47	1.47	1.48	45
クロカメムシ亜科	1.26	1.53	1.55	1.43	1.49	1.45	5
カメムシ亜科	1.35	1.57	1.52	1.48	1.50	1.48	32
6気門群	1.30	1.53	1.48	1.47	1.48	1.45	15
7気門群	1.40	1.60	1.55	1.49	1.51	1.51	17
クチブトカメムシ亜科	1.53	1.66	1.46	1.51	1.43	1.52	8
6. エビイロカメムシ科	1.54	1.60	1.78	1.65	1.60	1.63	1
7. ツノカメムシ科	1.34	1.50	1.51	1.50	1.55	1.48	11
上記7科平均	1.46	1.52	1.51	1.51	1.50	1.50	75

注.＊第3章に示した種のうち卵から第5齢幼虫までの形態が研究できた75種の卵の長径，各齢後期幼虫の体長を用いて計算した．

a）漸変化する部分

（i）変化が成虫まで続くもの

ア）体長および頭幅：体長はふ化直後から羽化直前までほぼ連続的に成長するが，同一ステージ例えば各齢の後期間で比較すると段階的に成長する．第3章に示した卵および幼虫の体長は，多くの場合少数個体群の中の平均的な齢後期個体の体長であるか，またはごく少数の特定ステージの個体の体長から推測した数値である．その数値を用いて，単純に卵と第1齢幼虫間，および各齢間における成長比を計算してみた．その結果は表1のとおりで，各科・亜科および群内における卵と幼虫間，および幼虫各齢間の成長比は約1.3〜1.8の間にあり，これらの7科の各平均は約1.4〜1.6で，7科の総平均は1.5であった．

頭幅は個体による最大変動を考慮に入れても齢ごとに独立しており，各齢間の成長比は第3章のV. ノコギリカメムシ科では1.0〜1.4，池本ら[63]が報告したミナミマルツチカメムシでは約1.3であり，Dayerの法則によく合致した（図4）．

イ）頭部中葉：中葉は一般に加齢に伴って相対的に狭くなったり，短くなったりする．

ウ）前胸背の全形：一部の例外（側縁部が第2・3齢期に葉状に発達する種）を除いて漸変化する．ウシ，トホシ，ヨツボシ，ツノアオ，エゾツノなどの各カメムシの成虫は前胸背の側角部が翼状な

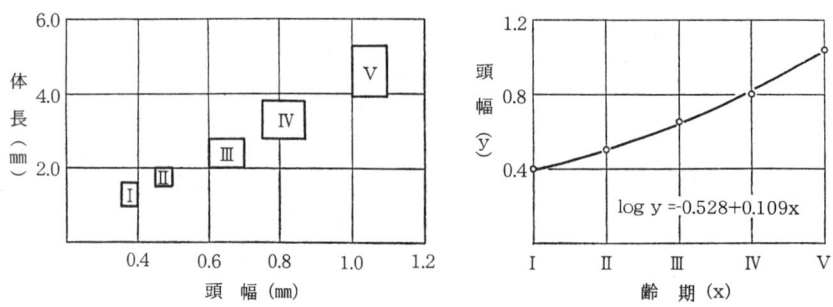

図4　ミナミマルツチカメムシ幼虫の各齢期と頭幅および体長の関係
　左図：頭幅，体長ともその最大・最小値で示す．　右図：頭幅の平均長が脱皮ごとに一定の比率（1.28）で増大するというDayerの法則によく合うことを示す．　　　　　　（池本ら[63]による）

いし角状に突出するが，これも第1齢幼虫からの漸進的翼状化に基づくとみることができよう．
　エ) 原小楯板：中胸背の後縁線は一般に第2・3齢から後方へ突出し始め，終齢では小楯板の原形らしくなる．
　オ) 腿節の角状突起：アカアシクチブト，クチブト，キュウシュウクチブト，キシモフリクチブトなどのクチブトカメムシでは前腿節の内側先寄り部に，第3齢期から角状突起が発達し始める．
(ii) 変化が幼虫期にとどまる部分
　ア) 翅包：前翅包は一般には，終齢の一つ前の齢から発達し始め，終齢でその形が整うが，第3齢からその源基らしい形を示す種もある．後翅包は，終齢においてその形が整うが，第4齢からそれらしい形を示す種もある．これらの変化は安定しているので，齢の検索に利用できる．
b) 段階的変化が目立つ部分
　(i) 複　眼　複眼は一般に第1齢ではあまり発達しておらず円盤状に近い形であるが，第2齢から顕著に突出して半球状ないし半楕円体状となる．この変化も安定しているので，齢の検索に利用できる．
　(ii) 胸部側縁の鋸歯状形態　胸部とくに前胸と中胸の側縁は例外の1種（ノコギリカメムシ）を除いて第1齢ではいずれも平滑であるが，第2齢から鋸歯状となる種が調査できた85種中に42種認められた．この鋸歯状化の状態は近縁種間でも多様である．例えばイシハラカメムシの前胸は第2齢では鋸歯状，第3齢では鈍鋸歯状，第4・5齢では平滑，中胸は第2齢時のみ鋸歯状；チャバネアオカメムシの前胸は第2・3齢では鋸歯状，第4齢では鈍鋸歯状，第5齢では細波状，中胸は第2齢時のみ鋸歯状；ツヤアオカメムシの前胸は第2・3齢では鋸歯状，第4・5齢では細波状，中胸は第2齢時のみ鋸歯状；マカダミアカメムシでは第2～4齢期に前・中胸とも鋸歯状，第5齢では前胸は鋸歯状，中胸は前部のみ鈍鋸歯状である．この鋸歯状態は第2・3齢，とくに第2齢時に著しく，後齢ほど鈍化する傾向をもち，前記42種中の11種では幼虫時代のみにとどまる．これにはオオキンカメムシ，チャイロカメムシ，ヒメ，ウシ，*Menida* 2種，イシハラ，チャバネアオ，ツヤアオ，マカダミアおよびミカントゲの各カメムシが含まれる．残りの31種も大半は成虫の前胸の前側縁前部にその特徴を微弱か痕跡的に残すのみで，これにはクロカメムシ亜科の5種，ウズラ，*Eysarcoris* 4種（シラホシ以外），*Carbula* 2種，ミナミフタテン（1～3齢未調査），イネ，シロヘリ，エゾアオ，*Nezara* 2種，クサギ，エビイロなどのカメムシ20種とアカアシ，クチブト，キュウシュウ，キシモフリのクチブトカメムシ4種が含まれる．その特徴が比較的顕著に成虫に移行する種はヨツボシ，ツノアオ，トホシ，キマダラのカメムシ4種とアオ，シロヘリ，チャイロのクチブトカメムシ3種だけである．
　(iii) 側盤外縁の鋸歯状形態　側盤外縁も例外の1種（ノコギリカメムシ）を除いて第1齢ではいずれも平滑であるが，第2齢以後鋸歯状となる種が調査できた85種中に16種認められた．この鋸歯状化の状態は種，齢および腹節位間で異なる場合がある．例えばイネカメムシの第2・3齢では第1節は小鋸歯状，第2～8節は微細鈍鋸歯状，第4・5齢では第1～8節の全節が微細鈍鋸歯状；シロヘリカメムシの第2～5齢は先が丸い鈍鋸歯状；エゾアオカメムシでは第2齢の第1節のみ鈍鋸歯状である．この鋸歯状態は老齢および後方の節位ほど鈍化する傾向をもち，前記16種中の13種では幼虫時代のみにとどまる．残りの3種はアカスジカメムシ，ミナミフタテンカメムシおよびエビイロカメムシで，成虫に認められる状態はいずれも微細な細波状に過ぎない．上記13種はチャイロカメムシ，*Scotinophara* 3種，ウシ，イネ，シロヘリ，エゾ，クサギ，トホシ，ヨツボシ，ツノアオ，キマダラの各カメムシである．クサギカメムシは第2～4齢の第1・2節に各1個の短角状突起をもち，これは頭部側葉の側縁後方の1個，前，中および後胸側縁のそれぞれ4，3および2個の短角状突起へ続く

歯となって，一連の大型鋸歯状態の一部を構成している．

以上に述べたように，カメムシの幼虫の体制には鋸歯状構造が発達する例が相当数認められるが，これがもつ生態上の意味は，解明されていない．

c）漸変化と段階的変化の両方が認められる部分

（i）頭部側葉　頭部側葉は一般には加齢に伴って広くなったり，角ばったりして漸変化するが，段階的変化をする種もある．すなわちウシカメムシおよびエビイロカメムシの頭部の前側縁線は，第1齢では円弧状で特別な突起部をもたないが，第2齢から段階的に前者では台形状に，後者では鋏刃状になり，両種ともに側葉の側縁最後部に短角状突起を生じ，これらは成虫まで漸変化する．

側葉の側縁最後部の短角状突起は，調査できた85種中の11種に認められ，トゲカメムシでは第5齢時に，ミナミフタテンカメムシでは第4・5齢期（1〜3齢未調査）に，イネカメムシでは第2・3齢期に，シロヘリカメムシとクサギカメムシでは第2〜5齢期に，マカダミア，トホシ，ヨツボシ，ツノアオの各カメムシでは第2〜4齢期にそれぞれ認められる．この特徴は上記9種では成虫には全くかほとんど認められず，その生態上の意味は解明されていない．

（ii）口　吻　口吻の齢間における形態変化は，その長さに明瞭に認められる．第1齢時から摂食を始めるクヌギカメムシ科，マルカメムシ科，ツチカメムシ科およびノコギリカメムシ科や吸汁ポイントが浅い所にあるエビイロカメムシ科，クロカメムシ亜科，ナガメ属などでは口吻の相対長が第1齢時から長く，その後はツチカメムシ科とクロカメムシ亜科を除いて終齢幼虫または成虫まで加齢にほぼ伴って漸変化して相対的に短くなる傾向を示す．ツチカメムシ科とクロカメムシ亜科では種によって相対的に最も長いステージが第1〜2齢または4齢に及んだり，最も短いステージが第5齢だけでなく第3〜5齢に及んだり，全齢期を通じてほとんど変化しなかったりする．

一方，第2齢から摂食を開始する種の一部では第2齢時に口吻や口針が段階的に著しく長くなり，以後はほぼ加齢に伴って成虫まで漸変化して相対的に短くなる．これは主に深い所にある種子などから吸汁する種である．これを，第2齢時に口吻先端が中腹部（第5腹節）以後に達するという基準で調べると，調査できた81種*中に次記の22種が認められた．すなわち，アカスジ，ニシキ，オオ，アカギの4種のキンカメムシ，クサギ，チャバネアオ，ツヤアオ，マカダミア，ミカントゲ，トホシ，キマダラなどの7種のカメムシおよびハサミ，セアカ，エゾ，エサキモンキ，ヒメ，クロヒメ，セグロヒメ，アカヒメ，ベニモン，セグロベニモン，*Elasmostethus* sp. A の11種のツノカメムシである．

ベニツチカメムシは第1齢から口吻が長く，その先端は第3齢までは齢の初期には腹端を越え，末期には中腹部に達する．ベニツチカメムシ以外のこれらのカメムシでは口針が口吻よりも長いため，第2齢以後に口針が上唇と共に前方ないし前下方に突き出て，口針自体で，または頭部前部との間に滴型や披針形状の空間ないし小間隙を作る特性をもつ（図5参照）．

（iii）胸部の側縁部　胸部の側縁部はほとんどの種では漸変化して成虫に至るが，調査できた85種中の10種ではその部が葉状または翼状に発達する．翼状に発達する種は前述（2-(2)-a)-(i)-ウ））のウシ，トホシ，ヨツボシ，ツノアオ，エゾツノの各カメムシ5種でこれらでは成虫まで漸変化する．

一方，イシハラ，チャバネアオ，ツヤアオ，マカダミアおよびクサギの5種のカメムシでは，前および中胸の側縁部が第2齢時に葉状に段階的に特別大きく発達し，この特徴は第3齢にも残るが，そ

---

* 前記の85種から第2齢時の口吻長が調査できなかったミカン，ミヤコ，ナナホシの3種のキンカメムシとミヤマツノカメムシを除いた種数．

れ以後は目立たなくなる．第2齢時におけるこの発達は，この時期における口器の発達と同調しているようであるので，吸汁活動に関係をもつものかと推測されるが解明されていない．

(iv) **脛節の稜部**　脛節の稜部は多くの種で直角ないし鋭角状に発達するが，キマダラカメムシとアカアシ，キュウシュウ，キシモフリの3種のクチブトカメムシでは稜部が第2齢時から段階的に細葉状に発達し，この特徴が成虫まで続く．また，クチブトカメムシでは幼虫期での発達はほぼ同様であるが，成虫の脛節は先端部がやや太い程度で，細葉状にはなっていない．さらに，ツヤアオカメムシとトホシカメムシの脛節は第2齢時にのみ細葉状に発達する．脛節の細葉状発達は以上のように，調査できた85種中に7種認められたが，その生態上の意義は詳らかでない．

(v) **臭腺が開口する腹背盤**　臭腺が開口する腹背盤は幼虫時代のみに認められ，その形態は第1～5齢間に多くの種では漸変化するが，調査できた85種中の10種では発育途中に段階的に著しく変化する時期をもつ．すなわち，クヌギカメムシ科の5種とモンツチカメムシ亜科の2種は第1・2齢間で，ベニツチカメムシは第2・3齢間で，ナガメ属の2種は第4・5齢間でその形態が著しく変化する．

d) **終齢またはこの直前の齢で形を現す部分**

(i) **性　徴**　一般には性徴は終齢において現れ，雌では第8腹板の後縁中央部が微かに三角形状にくぼみ，この部分に前方へ伸びる黒褐色の浅い1縦溝が認められる．雄では第8腹板の後縁中央部が平坦で，上記特徴が認められない．しかし一部の種では上記性徴の先駆的特徴らしいものが第4齢から認められ，これにはナシ，アカスジ，イネクロ，ウズラ，シラホシ，トゲシラホシ，イネ，アオクサ，ミナミアオ，ムラサキ，イシハラなどのカメムシがある（各論と図参照）．

(ii) **特異な特徴**　種によって成虫にみられる胸板正中部の縦溝，竜骨突起，第3腹板中央部の棘状ないし短角状突起，側方へ突出する側角などの源基と考えられるものが，それぞれ浅い縦溝，弱い隆起線，微かな円形隆起，側方への弧状突出などとなって，終齢において認められる種がある．

e) **終齢幼虫と成虫間で著しく変化する部分**

(i) **頭部前縁の角状短棘**　ツチカメムシとヒメツチカメムシでは全幼虫期に列生する頭部前縁の角状短棘が成虫では認められなくなる．近縁のマル，ミナミマル，チビなどのツチカメムシではそれが成虫にも残る．

(ii) **単　眼**　幼虫時代にはなく，成虫になって出現する．

(iii) **触角節**　幼虫時代には4節であるが，第2節が加齢に伴って伸び，成虫になる時これが2分して，ツチカメムシ科のヨコヅナツチカメムシ属，ヂムグリカメムシ亜科，ノコギリカメムシ等以外では5節になる．

(iv) **跗　節**　幼虫時代には2節であるが，マルカメムシ科とツノカメムシ科以外においては成虫では1節増えて3節となる．

(v) **臭腺開口部**　幼虫時代には腹背に3対開口するが，成虫では胸部腹面に1対開口する．

(vi) **ペンダーグラスト器官**　種により成虫の第6・7腹板または第7腹板に出現する．

(vii) **生殖器官**　雌雄の生殖器官は成虫になるときに完成する．

以上に略述したように，幼虫時代における形態的変化は多様であり，その生態的意味はほとんど解明されていない．

(3) **幼虫時代における口器の発達**

口器は幼虫にとって最も大切な器官の一つであり，摂食をつかさどる．この中心は口針で，上唇と口吻はこれを補佐したり，保護したりする部分であるが，吸汁行動の実態に即応して変化する口

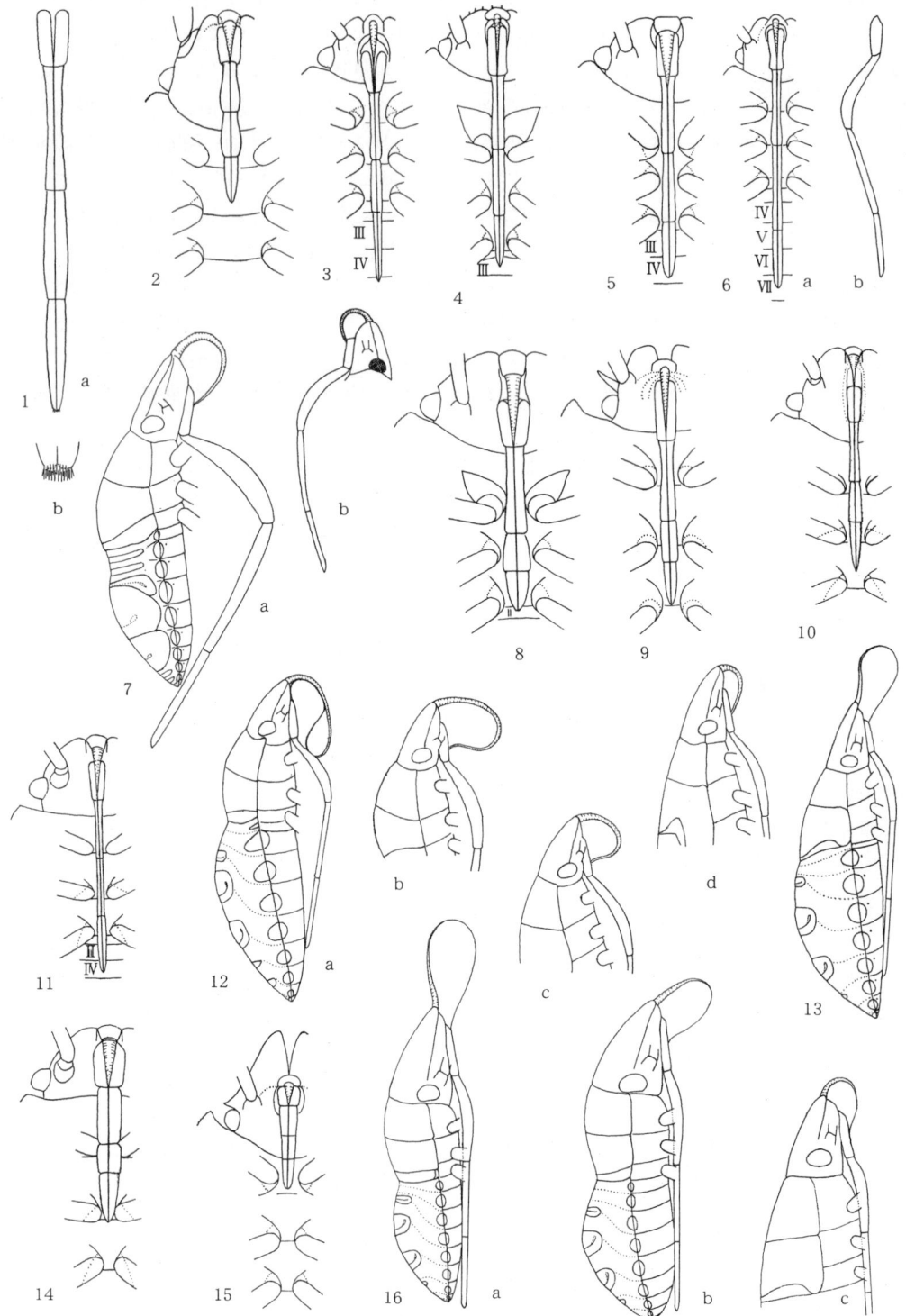

図5 カメムシ上科幼虫の口吻と上唇の形態—腹面または側面からの略図—
(特記したもの以外は第3齢)
1a. チャバネアオ(カメムシは省略,以下同じ)第2齢の口吻, b. その先端における感覚毛の密生状態, 2. ヨツモン, 3. マル, 4. ツチ, 5. シロヘリツチ, 6a. ベニツチ, b. 同第2齢側面, 7a. オオキン第2齢, b. 同3齢, 8. チャイロ, 9. ノコギリ第2齢, 10. イネクロ, 11. イチモンジ, 12a. マカダミア第2齢, b. 同3齢, c. 同4齢, d. 同5齢, 13. ミカントゲ第4齢, 14. ルリクチブト, 15. エビイロ, 16a. クロヒメツノ第2齢, b. 同3齢, c. 同4齢. (小林原図)

吻と口針の形態は注目に値する.

a) 口吻と上唇

口吻の先端には感覚毛が密生しており (図5, 1・b), 吸汁対象の良否を判別したり, 口針挿入場所を探したりするのに用いられる. 口針を挿入する際にはこれを口吻が支持し, 上唇が押して挿入を助け, 吸汁以外の時には口吻中央の縦溝に口針を収容し, その基部を上唇がカバーして, それを保護する役割を担う. そのため, 口針が長い種や齢では口吻も上唇も長くなっている. 特に長い口吻は次の4種にみられ, その先端はベニツチカメムシでは第1～3齢の初期に腹端を越えるか, 腹端付近に達し, オオキンカメムシでは第2齢および第3齢の中期まで, マカダミアカメムシでは第2齢および第3齢の初期に, クロヒメツノカメムシでは第2齢の初期に腹端を越える.

b) 口針の構造と作用

口針は吸汁対象物に挿入される部分で, 中央に位置する1対の小腮針と, これを左右から包みこむ1対の大腮針からなる. 高木・三代[273]の走査電顕を用いたチャバネアオカメムシの研究によると, 大腮は先端部に3・4個の頑丈な鋸歯状の歯を持ち, これに続く部分は側面に刃を持つ蛇腹構造となっており (図6, A), 押すときには洋式, 引くときには和式鋸の歯のように作用すると思われる. 小腮は中央に溝をもつ1対が接着して, 液状食物の吸収管と唾液の吐出管を形成し, 側面に唾液吐出用の小円孔を連ねる (図6, B).

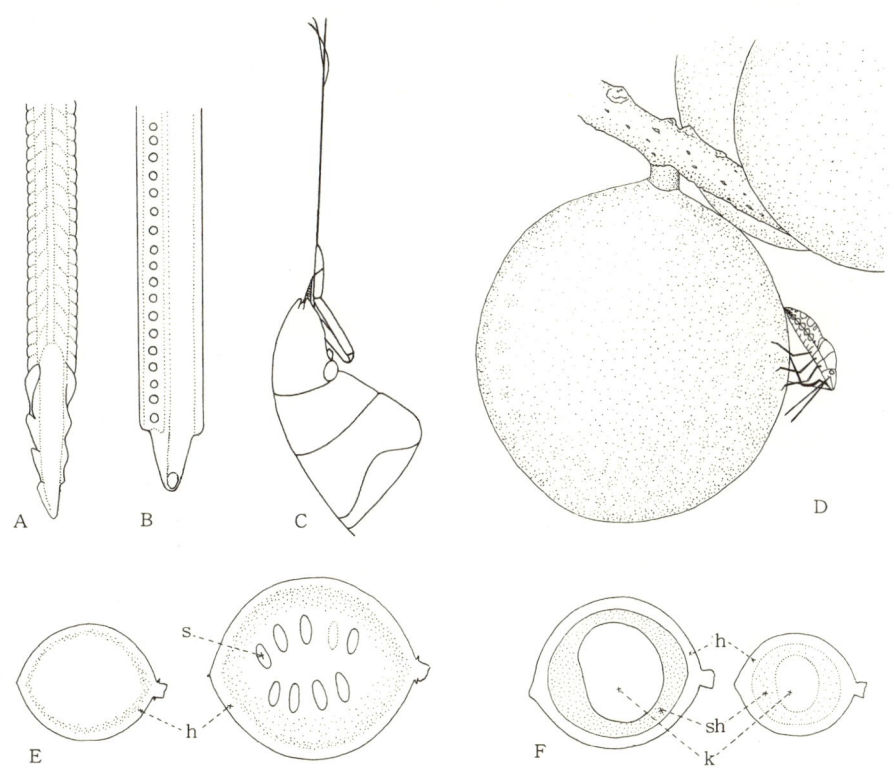

図6 口針の構造と種子からの吸汁にあたり長い口器を必要とする果実・核果の断面
A. チャバネアオカメムシ成虫の大腮 (高木・三代[273]) の電顕写真を模式化して転写. B. 同カメムシの小腮 (同上). C. 乾固したカモジグサの種子に口針を挿入したまま死んで垂下していたウズラカメムシの口器の状態. D. マカダミアの未熟果に口針を挿入しているマカダミアカメムシ第2齢幼虫の姿勢. E. *Warburgia ugandensis* の果実 (左) と成熟前の成果 (s 種子, h 果皮部). F. マカダミア果の完熟前の成果 (左) と幼果 (h ハスク, sh シェル, k 仁).
(小林原図)

表2 各科の代表種の終齢（一部2～4齢）幼虫における口針の構造

種名	齢	大腮先端部の鋸歯 数	大腮先端部の鋸歯 状態	大腮先端の鋭さ	小腮側面の小円孔
ヘラクヌギカメムシ	5	3個内外	鈍い	鈍い	
ヨツモンカメムシ	5	5 〃	〃	〃	明瞭
マルカメムシ	5	3 〃	〃	〃	
ツチカメムシ	5	3・4 〃	〃	〃	明瞭
シロヘリツチカメムシ	5	3・4 〃	〃	〃	
ベニツチカメムシ	5	5～9 〃	〃	〃	明瞭
アカスジキンカメムシ	5	4・5 〃	〃	〃	
オオキンカメムシ	5	5～10 〃	〃	〃	明瞭
チャイロカメムシ	5	3～7 〃	鋭い	〃	〃
ノコギリカメムシ	4	見えない	—	〃	
イネクロカメムシ	5	4・5個内外	鈍い	〃	
トゲカメムシ	5	5 〃	〃	〃	
チャバネアオカメムシ	5	5 〃	〃	〃	明瞭
〃	2～4	ほぼ同じ	微細鈍い	〃	〃
マカダミアカメムシ	5	5個内外	鋭い	〃	〃
キマダラカメムシ	5	4 〃	〃	〃	
アカアシクチブトカメムシ	5	4 〃	鋭い逆棘	鋭い	
クチブトカメムシ	5	4 〃	〃	〃	
シロヘリクチブトカメムシ	5	4 〃	〃	〃	
チャイロクチブトカメムシ	5	4 〃	〃	〃	
エビイロカメムシ	5	見えない	—	鈍い	
セアカツノカメムシ	5	3個内外	鋭い	〃	明瞭

注．双眼実態顕微鏡60倍で観察．蛇腹部の刃は食植性の全種においてぎざぎざ状．

　カメムシが口針を餌に挿入するときには大腮を押したり引いたりして組織を切って穴を開け，この大腮に続いて小腮が進入する．固形化した種子を吸収する際には大腮を動かして組織を細かく砕き，小腮の小孔から唾液を分泌して組織片をゾル化し，餌の取り込みを可能にする．
　大腮先端部の鋸歯状構造は，カメムシ上科の幼虫ではエビイロカメムシとノコギリカメムシを除く食植性の全種に認められる．クチブトカメムシ亜科では第2齢以後大腮の先端が鋭くとがり，先端部の外側が4個内外の大小の鋭い逆棘状構造となっている．一たん餌昆虫に突き刺さると，餌昆虫が逃走しても暴れても抜けることはほとんどない．図6，Cはカモジグサの枯穂の乾燥種子に口針先端部を挿入したまま死んで垂下していたウズラカメムシ第4齢幼虫の口器の状態を描いてものであるが，この種でも大腮先端部の鋸歯構造がアンカー的作用をすることがあるのであろうか．各科の代表的種について，口針の構造を60倍で鏡検した結果は表2のとおりである．
　c) 幼虫の吸汁動作
　口針挿入場所を決めると，口吻を挿入面にほぼ直角に立てる．口吻が長い種の若齢幼虫は前脚を伸ばして直立するような姿勢になる．脚の屈伸によって上体を上げ下げして，大腮先端部の鋸歯状の歯を鋸様に作用させて穿（せん）孔する．図6，Dはマカダミアカメムシ第2齢幼虫の口針挿入途中の姿勢を模式化したもの．幼虫は吸汁の途中にも時々上体を上下し，口針先端部の位置を上下方向だけでなく方位も変えるので，その痕跡が果実や種子の断面に放射状に残る．
　d) 長い口器の必要性
　果実の中や厚い外皮などの下にある種子を餌とする種では，厚い果実層や外皮を貫通して種子に到達することができる長さの口針を必要とする．アブラギリ，マカダミア，ミヤマハンノキなどの

2. 発育過程における形態的変化

種子をそれぞれ餌とするオオキンカメムシ, マカダミアカメムシ, クロヒメツノカメムシなどがその例で, 吸汁を開始する第2齢幼虫時に早くもその長さが必要である. それゆえ, 上記3種の第2齢幼虫の体長はそれぞれ約4, 4および2mmであるが, その約2～3倍の長さに口針を発達させている. マカダミアカメムシの本来の寄主植物の一つと考えられる *Warburgia ugandensis* SPRAGUE (Canellaceae) の果実 (図6, E) の成果は長・短径が約42×34 mm, 二次的寄主植物と考えられるマカダミア樹 (*Macadamia integrifolia*) (Proteaceae) の核果 (図6, F) の成果は長・短径が約35×28 mmで, 外皮表面から種子までの距離が約8 mmおよび6 mm, 種子の中心部までの距離が約10 mmおよび13 mmである. これらのカメムシは口針を長く発達させたために, 深い所にある種子も摂食可能となり, 生活世界を拡げることができたと考えられる.

e) 長い口器にみられる仕組み

長い口針を収納するためには長い口吻が必要となる. しかし口針の挿入に当っては, 口吻先端の感覚毛で挿入面の状態を探ったり, 口吻面で口針を支えたりしなければならないので, その長さは体長より若干長い程度に制約されると考えられる. 口針を口吻よりも長く発達させている種は多く, これらの種では重要な口針先端部やこれに続く部分を損傷させないために, 口針端を口吻端に合致させ, これに続く部分を口吻中に収めたうえで, 口針基部を頭部から離して弛ませるように迂回させて保持する機構がみられる. これは口針が上唇と共に頭部の前方ないし下方に突き出して, 口針自体で, または口針と頭部との間に空間を作る仕組みである. この方法がみられる種には図7に示

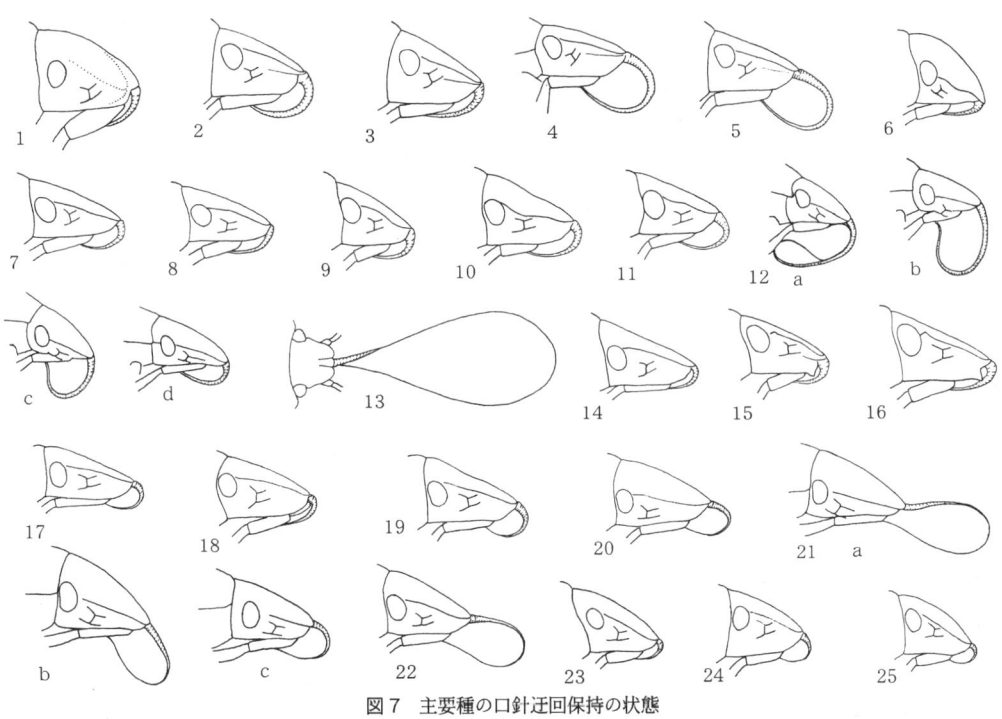

図7 主要種の口針迂回保持の状態
(特記したもの以外は第2齢)

1. ベニツチ (カメムシは省略, 以下同じ), 2. アカスジキン, 3. ナナホシキン第3齢, 4. オオキン, 5. アカギ, 6. ウズラ, 7. イネ, 8. *Nezara*, 9. イシハラ, 10. チャバネアオ, 11. ツヤアオ, 12a. マカダミア, b. 同3齢, c. 同4齢, d. 同5齢, 13. ミカントゲ (高橋[276]の図を転写), 14. トホシ, 15. ヨツボシ, 16. キマダラ, 17. ハサミツノ, セアカツノ, 18. エゾツノ, 19. エサキモンキツノ, 20. ヒメツノ, 21a. クロヒメツノ, b. 同3齢, c. 同4齢, 22. セグロヒメツノ, 23. アカヒメツノ, 24. ベニモンツノ, 25. *Elasmostethus* sp. A. (小林原図)

したアカスジ，ナナホシ，オオ，アカギなどの4種のキンカメムシ，ウズラ，イネ，*Nezara* 2種，イシハラ，チャバネアオ，ツヤアオ，マカダミア，ミカントゲ，トホシ，ヨツボシ，キマダラなどの12種のカメムシ，ハサミ，セアカ，エゾ，エサキモンキ，ヒメ，キタヒメ，セグロヒメ，アカヒメ，ベニモン，セグロベニモン，*Elasmostethus* sp. Aなどの11種のツノカメムシが，若齢期の調査ができた80種の中に認められた．

　口針のこの迂回法には2法があり，その1は頭部前方ないし前下方で口針を円周状ないし弧状に曲げる方法で，マカダミアカメムシ以外の種にみられる．その2は頭部の下後方に口針の輪を作ってその先方を上唇基部へいったん戻し，ここからその先を口吻に沿わせて口吻端まで伸ばす方法で，マカダミアカメムシの第2齢にのみ認められる．これらの種に共通していることは前述したように，口針が第2齢において段階的に長くなり，その後は加齢に伴って相対的に漸次短くなることである．

　長い口針をもつ種にはもう一つの特徴が認められる．それは口吻第2節が側偏（上下方向に偏平化）し，弓状に湾曲していることである．これは長い口針を餌に挿入する全過程を通じて，第2節で口針中部を保持してスムースな挿入を可能にする高度な適応と考えられる．

f）太い口器と短い口器

　カメムシ科クチブトカメムシ亜科においては口吻が著しく太く，幅広くなっており，上唇も幅広く，口針もかなり太い．大腮先端部の鋸歯状の歯は特に鋭く，大腮が小腮から離れると先端部が外側に巻く．これらは餌昆虫が暴れても外れることなく，それを逃がさないための適応的発達かと考えられる．

　一方，主として葉から吸汁するクヌギカメムシ科とエビイロカメムシ科の種は口吻，上唇，口針とも著しく短い．これも吸汁ポイントまでの距離が短いことへの適応的発達かと考えられる．

g）唾液の吐出と液状食物の吸い揚げ

　唾液には大腮針先端部の鋸歯状部で擦りつぶした餌をゾル化して消化する機能のほかに，口針を組織中に挿入する際の摩擦を少なくし，固形化した餌を大腮先端部の鋸歯状部で擦りつぶし易くする役割りがある．この唾液が挿入孔から溢れて空気に触れて固まると口針鞘となる．餌が堅く，穿孔のために多量の唾液を必要とした場合には口針鞘が長くなり，逆の場合には短くなる．高木・三代[273]によると，唾液の吐出とゾル化した餌の吸引にはそれぞれ頭部にある唾液ポンプと口孔ポンプが作用する．

第II章 発育期の生態

1. 産卵場所および幼虫期の生活場所

　カメムシ上科のカメムシ類はすべて陸上生活者であるが，生活場所は種によって異なり，樹上，草上，草間，地表の落葉や草本植物等の堆積物の間や下，土砂中などと変化に富み，これらの間を行き来する種もある．産卵は生活場所になされる．

2. 幼虫期の摂食戦略

1) 茎葉部や根部からの摂食

　エビイロカメムシは葉から，クヌギカメムシ科の種は葉や枝から吸汁する．そのため口吻が特に短く，後者では口針を口吻中に納めるのに使用するグルーミング剛毛を欠き，グルーミング櫛部がよく発達している．クロカメムシ類はイネ科の葉鞘部から，マルカメムシ類はマメ科やタデ科の，ノコギリカメムシ科の種はウリ科やヒルガオ科の葉部や茎部から，ヒメツチカメムシなどはイネ科やマメ科などの根部などから吸汁する．これらは貧栄養であるが，摂食可能期間が長いメリットをもつ．

2) 種子部からの摂食

　キンカメムシ科，ツノカメムシ科，モンツチカメムシ亜科，ベニツチカメムシ亜科等の全種，クロカメムシ亜科のアカスジカメムシ，ハナダカカメムシ，カメムシ亜科のタマカメムシ，イチモンジカメムシ，シラホシカメムシ類，イネカメムシ，イシハラカメムシ，チャバネアオカメムシ，ツヤアオカメムシ，マカダミアカメムシ，ミカントゲカメムシなどは樹木や草本植物の種子部を摂食する．*Palomena, Nezara, Dolycoris, Halyomorpha* その他の多食性の種も，ツチカメムシ亜科の種の多くも種子部を嗜好する（Hori et al.[52,54]）．種子部は摂食適期が限定されるが，栄養価が高いメリットをもつ．これらの種では比較的硬い部分を貫通したり，仁や子葉部を破砕したりするために，口針の大腮先端部の鋸歯構造が比較的発達している（高木・三代[273]，第I章2-2)-(3)）.

　また，球果や果実などの深部にある種子に適応した種では，第2齢以後口吻と口針が特異的に長くなっている．これらでは一般に口針の方が口吻より相当長いので，口針基部を頭部の下方や前方に迂回させて，重要な口針先端部を損傷しないように口吻先端部に合わせる機構がみられる（第I章2-2)，第3章の該当種の項参照）．高橋[277]によると，ミカントゲカメムシの第2～5齢幼虫は，吸汁しない時には口針の基部を頭の前方に突き出して輪を作って口針を保持している．この状態から口針を果実に挿入するとき幼虫は前脚を伸ばして体の前部を高く持ち上げ，口吻と口針を果面にほぼ垂直に立て，脚と口吻の関節を屈伸して体の前部を上下して口針を徐々に挿入する．口針を深く挿入し終えたときには，口吻は後方に，上唇は前方に伸ばされている．吸汁は体の前部を上下して，口針の先端部を上げ下げするだけでなく，斜め横へも移動させて行う．1回の吸汁時間は2～3時間かこれ以上に及ぶ．吸汁後は体の前部を高く持ち上げて口針を引き抜き，一方の前脛節のグルーミング剛毛で口吻と口針を基部から先端に向かって撫でて，口針を口吻に収容する．幼虫は吸汁後に，口針を口吻に収容せずに引きずって歩くこともある．

3） 多食性

ツチカメムシ類やナガメその他の多くの種が前述の茎葉部・根部と種子部を合わせて摂食する性質を持つが，寄主植物の範囲は種によってさまざまである．一方，エゾアオカメムシ，Nezara 2種，ブチヒゲカメムシ，クサギカメムシなどは極めて多種の植物に寄生して，栄養生長部と生殖生長部のどちらからも摂食して発育できる性質をもつ．アカスジキンカメムシは普通キブシやヤシャブシなどの液果や球果の種子部を摂食して育ち，第5齢幼虫態で落葉間などで越冬する．越冬後の幼虫は暖地では3月下旬〜4月中旬に活動を開始するが，この時期には上記寄主の種子は樹上に存在しないし，幼虫が育った寄主植物に復帰できる可能性は極めて低い．それでもこの幼虫が羽化することができるのは，成虫が産卵のために選択することのないヤブデマリ，フジ，ミズキ，ハゼ，エゴノキ，クロモジその他（第Ⅲ章 アカスジキンカメムシの項参照）の新梢や蕾や幼果などを摂食して発育できる多食性を獲得できたためと考えられる．乾燥したダイズとラッカセイで累代飼育できる（守屋ら[198]）のも同じ理由からと思われる．

4） 寄主植物と幼虫の発育の同調性と寄主転換

種子や果実部に適応したカメムシ幼虫の発育は，寄主植物の種子や果実の発育に同調している．カナビキソウに寄生するシロヘリツチカメムシ，アカメガシワに寄生するアカギカメムシ，ダイズなどのマメ類を吸害するイチモンジカメムシやアオクサカメムシ，イネの穂に寄生するイネカメムシ，ノリウツギに寄生するセグロヒメツノカメムシ，その他多くの例において若齢幼虫はまだ柔らかい種子や果実から吸汁でき，老齢幼虫は成熟期の養分濃度の高まった種子から栄養分を十分に摂取して成虫になれるように，雌の産卵期が決められているように思われる．

これらの寄主植物上においてカメムシは1世代しか営むことができないので，複数世代を営む場合には寄主転換をよぎなくされる．イチモンジカメムシの第1〜3世代幼虫はそれぞれ，ウマゴヤシやエンドウ，クローバや夏ダイズ，秋ダイズやアズキなどに寄生し，ヒメツノカメムシの第1世代幼虫はヤマグワやコウゾで，第2世代幼虫はフサザクラ，ヤシャブシ，ノリウツギ，ヒノキなどに寄生する（立川[271]）．

5） 食植性種にみられる食虫性

カメムシ上科の成・幼虫はクチブトカメムシ亜科以外ではすべて食植性である．しかし食植性カメムシが他種や同種の卵や成・幼虫を吸収することは，ツチカメムシの同種およびユスリカ幼虫捕食，ツマジロカメムシのクロタマゾウ繭の吸収および幼虫捕食（宮本[179,186]および大野[239]），ナガメのリンゴヒゲナガアオゾウ刺殺（荒川[5]），シラホシカメムシのイネクロカメムシ卵吸収（日高[38]），クサギカメムシのカイコ吸収（西川[216]），ツノアオカメムシのクスサン幼虫捕食（中村[209]），ナナホシキンカメムシ第2齢幼虫の同種卵吸収（細井[57]），ベニモンツノカメムシの種内捕食（工藤・佐藤[165]）等の例や，表3に示したように，必ずしも稀なことではない．人為的飼育を行っている際にはしばしば観察されることであり，自然界でも観察例がある．この食植性カメムシの食虫性には，おそらく飢餓か栄養不足を補う意味があるのであろう．

ウシカメムシはこれまでの知見では食植性で，成・幼虫ともサクラ，アラカシ，ウバメガシワ，マテバシイ，シイ，トベラ，マサキ，イスノキ，クスノキ，シロダモ，アセビ，シキミ，ミカン類，ヒノキなどの樹上でみられ，これらの茎葉部から吸汁するが，しばしばセミの卵を吸収するのが観察されている（桂ら[89]）．幼虫は上記植物だけでは成虫まで発育せず，幼虫の飼育に当っては，桂孝

表3 食植性カメムシの昆虫捕食例

捕食者	被捕食者	観察日
A. 野外における例		
アオクサカメムシ成虫	同種の1卵塊	1951.6.13
ツマジロカメムシ5齢幼虫	ノブドウ食害中の蛾の若齢幼虫（1 cm長）	1952.8.17
同2齢幼虫	ダイズクロモグリバエ幼虫	1954.8.11
同3齢幼虫	マメヒメサヤムシガ若齢幼虫	同上
B. 飼育室内における例		
ヒメカメムシ成虫	同種の2卵塊	1949.7.28
イチモンジカメムシ成・幼虫	同種の卵多数	1951.6.13
ブチヒゲカメムシ成・幼虫	同上	同上
アオクサカメムシ成・幼虫	同上	同上
同2齢幼虫	同種2齢の死体	同上
同3, 5齢幼虫	イチモンジカメムシ卵多数	同上
トゲカメムシ5齢幼虫	同種成虫死体	同上
同成虫	エゾアオカメムシ羽化中個体	1954.9.15
マルシラホシカメムシ成虫2頭	同種成虫死体	1957.7.17
＊ムラサキシラホシカメムシ成虫5頭	ヒラタアブの蛹	1951.6.18
エゾアオカメムシ1齢幼虫3頭	同種卵2個	1954.8.12
ツマジロカメムシ成虫	同種の卵多数	1955.5.26
トゲシラホシカメムシ成虫2頭	同種の4卵塊 45卵	1955.8.30
＊スコットカメムシ5齢幼虫	同種同齢の幼虫	1968.8.21

注．＊以外は小林[114]による．

次郎氏は蝉が産卵している枝を食草と共に飼育容器に入れておく必要があるという（私信）．筆者の飼育経験では，食草だけでは第2齢の初期以後の成長ができなかったが，キュウシュウクチブトカメムシの卵塊を給与したところ，これを吸収して成長を続けて完全な成虫になった．このことから本種は食植性とは言い切れず，食虫性と両方の食性をもつものであり，食性においてカメムシ亜科とクチブトカメムシ亜科の中間的な存在である．

6）食虫性

カメムシ科のクチブトカメムシ亜科の種は成・幼虫とも食虫性で，チョウ目，コウチュウ目，カメムシ目その他の小昆虫を捕食し，幼虫はこれらの卵や成・幼虫の体液で育つ．一般にはチョウ目幼虫を好んで捕食するが，ルリクチブトカメムシは *Altica* 属のカミナリハムシ類を特に好む（小林[112, 136]）．

クチブトカメムシは餌昆虫を発見すると，これが小さい場合にはこれを挟みこむように触角を逆八の字型に斜め前にぴんと伸ばし，これが大きい場合には触角を一文字型にぴんと横に伸ばし，口吻の第2～4節を前方に伸ばして徐々に近づき，口吻先端を節間部に接触する．瞬間的に口針が挿入され，餌昆虫が逃走しようとしても，暴れても，一たん刺さった口針が抜けることはほとんどない．大きな餌昆虫にはカメムシが引きずり回されるが，それでも抜けない．これは口針の外側の2本（大腮）が食植性カメムシのものに比べて一層偏平で，鋸歯状の歯が逆鈎状になっていることと，突き刺さると2本の先端部が中央の1対（小腮）から離れて外側に強く巻きこむ性質をもつためと推測される．餌昆虫は，小腮から吐出される唾液によって，間もなく麻痺して動けなくなる．自分よりも大きなチョウ目を，口針に口吻を添えて吊り下げ，その体液を腹部が膨れて環節の接合部が伸びきるまで吸い取っている光景が観察できる．

7) クヌギカメムシ科の卵塊被覆ゼラチン状物質の生物学的意義

本科の卵塊は多量のゼラチン状物質で被覆されており，第1齢幼虫はこれに埋もれた形でこれを吸収して第2齢へ脱皮する．第2齢幼虫もこの残りを吸収しつくし，腹部が膨れた姿で，寄主植物の吸汁場所または越冬場所へ移動するか，第3齢へ脱皮する．このゼラチン状物質は成虫が産卵時に分泌するもので，乾燥や他昆虫の捕食などから卵を保護するとともに，幼虫に栄養分と共生微生物を供給するためのものと推測される．

8) 第1齢幼虫の非摂食習性

カメムシ上科のカメムシ類には第1齢幼虫時から摂食を始める群（クヌギカメムシ科，マルカメムシ科，ツチカメムシ科およびノコギリカメムシ科）と第2齢幼虫になってから摂食を始める群（上記以外の科）とがある．後者は第1齢幼虫時には，ふ化卵殻付近に集合静止して過ごす．この間に卵が産付された植物表面などから水分を吸収したり，次項で述べるように卵殻上の粘液が乾燥したものを摂取したりすることもあるが，これらを行わないでも第2齢へ脱皮できる．

9) 共生微生物の取りこみ

チャバネアオカメムシの研究（高木・三代[274]）によると，卵は卵殻面に粘着物質を伴って産出され，下端を物体上に，上端を陰門に付けた状態で2・3秒間保持され，粘着物質の固化を待って卵は脚を用いて陰門から離される．その後肛門から共生微生物の塊が卵面に排出される．卵内で幼胚が発育して第1齢幼虫がふ化する際には諸器官を包む表皮は卵内に残されるので，幼虫はこれまでに共生微生物を取りこむことはできない．ふ化15〜30分後に幼虫は卵の表面を徘徊しながら口吻を卵に接触させて卵表面をひっかいて，粘着物と共に共生微生物の取りこみを行う．カメムシはこれを15〜30分間続けた後静止状態に入る．微生物は口針から消化管に入り，盲嚢に到達して取りこみが完了し，カメムシから植物種子の養分をもらい，カメムシが合成できないビタミンその他の成分をつくって，その発育を助ける共生関係に入る．

10) 餌への反応

(1) 餌に誘引される能力

ワタの種子を吸害するカメムシ *Dysdercus intermedius* の幼虫は，せん孔された種子から出るにおいに誘引され，これには幼虫の嗅覚と視覚が関係しているという（Youdeowei[325]）．本種に限らずカメムシの幼虫はその発育を完了するために，餌に誘引される能力をもつと考えられる．

(2) 摂食における集合性

幼虫が集合して摂食する習性は，卵保護習性をもつ種類のほか，アオクサカメムシ，ブチヒゲカメムシ，ナガメその他，集団として産卵される種類の若齢期に認められる．カメムシは摂食時に消化酵素を含む唾液を注入し，組織を破砕して吸収を容易にするが，集団での吸収はこの効率を高めていると言われる（Aller & Caldwell[3]，北村[107]）．摂食集団の形成には臭腺分泌物（tetradecan, 2-hexenal 等）の緩やかな少量放出，せん孔された餌から出るにおい，視覚などが関与する（北村[107]）．

（3） 餌運び

ツチカメムシ類やベニツチカメムシの成・幼虫には地表に落下した食餌植物の種子（イネ科植物，サクラ，ボロボロノキなど）に口針を挿入して運ぶ習性がみられる（立川[271]）．これは限りある餌資源にかかわる競争と考えられ，或る期間貯えて，若虫の摂食にも供される．

3．卵および幼虫期の生き残り戦略

1） 卵期にみられる戦略

（1） 隠ぺい効果

Acanthosoma などの卵塊のように淡黄（青）緑色が周辺の葉色に類似するもの，ツチカメムシの卵のように落葉や落果などの物陰に産下されるものなどは，隠ぺい効果が期待できる．しかしナガメやヨツボシカメムシの卵塊のように，暗黒色部と帯白色の斑紋が明瞭で，周辺の葉色とは異なり，隠ぺい効果が期待できそうにないものもある．

（2） 母虫に保護されるもの

ミツボシツチカメムシ，シロヘリツチカメムシおよびベニツチカメムシ，アカギカメムシ，ミカントゲカメムシ，モンキおよびエサキモンキツノカメムシ，オオツノカメムシ，ヒメツノカメムシ類などの卵塊は母虫に保護されていて，アリなどの外敵から積極的に防衛されている（立川[271]）．

（3） 卵を保護し幼虫に特別食を供給するもの

クヌギカメムシ科の卵塊は樹皮の裂け目や葉裏などに産付されて，ゼラチン状物質で被覆される．このゼラチン状物質は卵を乾燥などの気象条件やアリなどの外敵から保護し，第1および2齢幼虫に，成長に必要な食物を供給している．

2） 幼虫期にみられる第一次防御戦略

捕食者が近くにいるかいないかに関係なく備わっている防御戦略で，次のような事柄が知られている．

（1） 隠ぺい

周辺の環境に酷似する色彩や形状は，捕食者からの発見率を下げる隠ぺい効果があると考えられる．クヌギカメムシ科やマルカメムシ科の若齢期における淡褐色ないし淡黄緑色で小卵形の体形，老齢期における淡黄緑色（一部淡褐色）で偏平な体形，ツチカメムシの幼虫の帯褐ないし帯黒色で楕円形をなす体形，*Acanthosoma* 属のミズキやヤマウルシなどの核果を吸う幼虫の，若齢では淡黄緑色と一部黒色，老齢では全体がほぼ淡黄緑色で，卵形ないし楕円形をなす体形などはそのような効果があると思われる．

（2） 警戒色

ベニツチカメムシ，オオキンカメムシ，ナガメなどの幼虫の目立つ黄赤色と一部黒色部からなる色彩は，"不味"であることを標識化することによって，捕食者の攻撃を回避するのに役立っているのかもしれない．

（3）集合性

卵塊として産卵される種の多くでは，第1齢幼虫が集合性をもつ．その後は種によって集合性の持続期間が異なるが，保護習性をもつ種は全幼虫期にわたって集合性を継続することがある（立川[271]）．摂食活動時には個別に行動する種でも，夜間の休息時や脱皮時には集合する習性を終齢期まで示すこともある．幼虫の集団が外敵に攻撃されると，攻撃された個体が臭腺分泌物（防衛物質）を放出する．この防衛物質は警報フェロモンとして作用して，集合中の個体を分散逃避させる効果がある（Fujisaki[13]，藤崎[14]，石渡[75]）．

3）幼虫期にみられる第二次防御戦略

捕食者や寄生者などの外敵と出会ったときに発現される防御戦略で，以下のようなものが知られている（北村[107]）．

（1）逃　避

幼虫は逃走したり，物陰に隠れたり，転落して隠れたりして難を避ける習性を発達させている．一般に樹上生活種はすばやく逃走し，草本植物上で生活する種は転落して隠れることが多いが，ツノアオカメムシの幼虫のように，転落して隠れる習性を発達させている樹上生活種もある．

（2）威かく的防御

アカスジキンカメムシ，ウズラカメムシ，エビイロカメムシその他かなりの種が，外敵に遭遇した際に触角を小刻みに振動させる．しかしその効果は明らかでない．

（3）反撃的防御

外敵に攻撃されると，幼虫は臭腺分泌物を急激に多量放出する．これは防衛物質として働き，アリは攻撃を中止して退散することが多く，クモ，トカゲ，鳥などは影響されたり，されなかったりするが，これは同時に警報フェロモンとして作用し，近くにいる他個体を逃避させるのに役立っている（藤崎[14]，北村[107]）．

4．幼虫期の臭腺分泌物の放出

カメムシ上科の幼虫は腹背に開口する3対の臭腺開口部から臭腺分泌物を放出する．臭腺分泌物は科や種，成虫や幼虫によって成分の種類や量に違いはあるが，カメムシ科の成虫では trans-2-hexenal, trans-2-decenal, 4-oxo-trans-2-hexenal などのアルデヒド系不飽和化合物が多く，多くの種では同時に undecane, dodecane, tridecane などの直鎖の炭化水素を含む．アルデヒドは主成分で，直鎖の炭化水素は溶媒と考えられている（平野[42]，北村[107]）．

外敵が攻撃をしかけると，幼虫は多量の防衛分泌液を臭腺開口部から急激に小滴状にして放出する．攻撃が片方からの場合にはその側の，両方からの場合には両側の開口部から放出され，外敵に対しては毒物（toxin）および忌避物質（repellent）として作用し，仲間に対しては警戒フェロモンとして作用する（藤崎[14]，北村[107]）．またこれが緩かに少量放出された場合には集合フェロモンとして作用し，幼虫の集合を促す（北村[107]）．Ishiwatari[76,77]によるとナガメとヒメナガメの若虫は 2-hexenal によって葉上から落下して逃避し，ナガメの第1齢幼虫は trans-2-hexenal の急激な多量放出によって集団個体の分散が起こり，この緩やかな少量放出によって分散個体の集合が起こる．

臭腺分泌液は毒性が強く，狭い閉鎖環境内では，自己も含めて小昆虫を殺す（宮本[178]）．

幼虫には3対の臭腺開口部があり，前部の1対は後部の2対より相当小さく，牙状またはひだ状構造物を備えていない．このことからこれらには使い分けがあり，中部と後部の開口部は防衛物質・警報フェロモンの放出に，前部の開口部は集合フェロモンの放出に利用されている可能性があると思われる．

5．卵態越冬と幼虫態越冬

1）卵態越冬

クヌギカメムシ科の Urostylis 属の3種およびクチブトカメムシ亜科のアオクチブトカメムシが卵態で越冬する．前者は霜が降り始める頃，寄主植物の地上1〜8m，主に1〜2mの範囲において，樹幹の樹皮の裂け目やえぐれた場所などに産卵し，卵塊をゼラチン状物質で被覆する．幼虫は厳寒期を過ぎ，樹木の活性が高まり樹液が動き出した頃にふ化し，第1齢幼虫はゼラチン状物質の中にあって，これを吸収して第2齢へ脱皮する．第2齢幼虫もゼラチン状物質を吸収して第3齢へ脱皮する．第3齢幼虫は，出芽を始めた枝へ移動し，植物汁液を吸う生活に入る．クヌギカメムシ科の Urochela 属も卵塊がゼラチン状物質で被覆されるが，ナシカメムシは第2齢幼虫で，ヨツモンカメムシは成虫態で越冬する．アオクチブトカメムシは晩秋期に紐（ひも）状の卵塊を樹枝などに産付し，これは何物にも被覆されずに越冬する．ふ化は春になり，樹木に新葉が展開し始め，餌昆虫が活動し始めてから起こり，幼虫はチョウ目の幼虫などを捕食して成育する．クチブトカメムシ亜科ではアオクチブトカメムシ以外の種は皆成虫態で越冬する．

2）幼虫態越冬

クヌギカメムシ科のナシカメムシ，キンカメムシ科のアカスジキンカメムシとニシキキンカメムシ，カメムシ科のトゲカメムシとツノアオカメムシが幼虫態で越冬する．アカスジキンカメムシとニシキキンカメムシは，第5齢幼虫が樹上に残った枯葉の丸まった内側などにとりつき，あるいは地表の落葉の間にあって越冬する．トゲカメムシは第2〜5齢幼虫態で，枯草の株間，枯れた草むらの中，落葉や枯枝や礫などの堆積物の間などで越冬する．9月上旬までにふ化した個体は第4齢で，9月下旬に産卵されたものは第2齢で越冬する（保積[59]）．この幼虫越冬は短日効果によって誘起される（Kiritani[105]）．ツノアオカメムシとナシカメムシは第2齢幼虫態で，寄主植物の樹幹基部の樹皮間隙や裂け目，蘚苔類の間，その近くに堆積している落葉や枯枝や礫等の間などで越冬する．

6．発　育

1）発育速度

卵および幼虫の発育速度は許容範囲内の光周期の下では積算温度の法則に従う．発育速度は発育日数の逆数で表わされ，これを縦軸にとり，横軸に飼育温度をとって回帰直線を引くと，これが横軸と交わる点が発育零点となる．チャバネアオカメムシの卵から羽化までの発育速度を千葉農試で求めた成績（福田・藤家[15]）を図8に例示した．

2）卵期間

産卵されてから過半数のふ化が終るまでの間を卵期間とする．ふ化は卵塊ごとにほぼ斉一に短時間で行われるが，一部に不受精卵が混在することがある．筆者が通常の発生期に自然日長・自然室

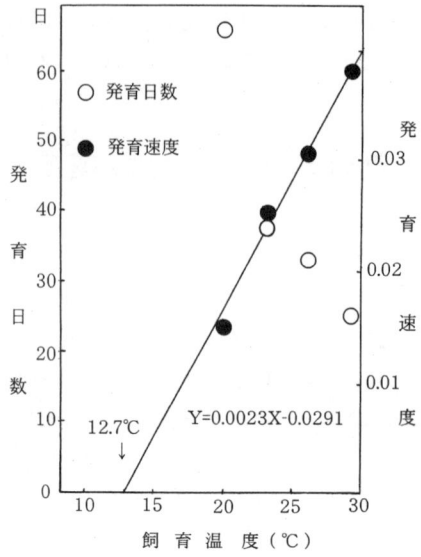

図8 チャバネアオカメムシの発育期(産卵〜羽化)の発育速度 (福田・藤家[15]より転写)

温または樹陰の涼しい環境で飼育したカメムシ類の卵期間は，1日1回または2回の観察記録において表4のとおりである．卵越冬でない種は低温期には概略10日内外，高温期には5日内外であり，39種の44例における平均値と範囲の平均は7.7日と6.3〜8.3日であった．

3) 幼虫期間

過半数がふ化してから過半数が羽化を終えるまでを幼虫期間とする．幼虫は脱皮をノコギリカメムシ以外では5回繰り返して成虫となるが，集団飼育では脱皮を重ねるに伴ってその斉一性が損なわれてくるので，最初と最後の個体および過半数が脱皮した日(時)を記録するようにした．幼虫期間は一般に，年間世代数が多い種や高温時に発育する世代では短く，幼虫態で越冬する種や貧栄養の餌を摂食する種では長い．通常の発生期に，卵の場合と同様な条件で，新鮮な食草または代替餌を与えて飼育したカメムシ類の幼虫期間を表4に示した．幼虫越冬をしない種における全幼虫期間は普通20数日〜50数日，幼虫態越冬種はおおよそ260〜280日であった．幼虫越冬でない40種の45例における平均は第1齢が4.7日，第2齢が6.2日，第3齢が6.1日，第4齢が7.4日，第5齢が11.1日で，全幼虫期の平均値と範囲の平均は36.2日と31.5〜42.6日であった．幼虫の各齢期間は加齢に伴って長くなる傾向があるが，第2齢だけは特異的で，第3齢よりも長い場合が僅かながら多い．

表4 通常の発生期に自然日長・自然温または自然室温で飼育したカメムシの卵および幼虫の齢別発育期間

種名	卵期間(日)		第1齢		第2齢		第3齢		第4齢		第5齢		幼虫期間(日)		調査地	調査月	研究者
	平均	範囲	平均	範囲	平均	範囲	平均	範囲	平均	範囲	平均	範囲	平均	範囲			
ツチカメムシ	18.0, 10.3	10〜19	11.5, 4.5	4〜12	7.5, 5.5	5〜8	7.5, 6.8	6〜8	8.5, 8.3	8〜9	14.5, 12.3	11〜15	49.5, 37.4	34〜52	香川県飯山町, 横浜市	5〜7	小林(表6)
ミナミマルツチカメムシ	6.7	6.7	5.8	5.8	4.5	4.5	6.1	6.1	12.3	12.3	18.6	18.6	47.3	47.3	沖永良部島	7〜8	池ら(63)
ツボツチカメムシ	10.5, 15.6	10〜16	4.1, 7.9	4〜6	4.1, 6.5	4〜6	4.5,10.4	4〜6	6.9, 7.7	4〜13	10.3, 12.5	9〜17	32.1, 42.7	25〜50	横浜市, 東京都	4〜5	小林, 立川(表7)
アカスジツチカメムシ*1	8.0	8	5.5	5〜6	6.0	6	7.3	6〜8	13.5	9〜18	239.8	229〜247	272.1	266.5〜277.5	善通寺市	7〜5	小林(表8)
オオキンカメムシ	4.0		3.9	3〜6	5.6	4〜7	5.4	4〜7	11.3	10〜14	11.5	10〜14	37.7	31〜47	鳥根大学	6〜8	三浦(表9)
チャイロカメムシ	12.3	9〜14	5.0	4〜7	7.8	5〜9	7.5	5〜11	8.3	7〜11	11.9	9〜15	40.5	36.5〜44.3	徳島市	5〜7	小林(表10)
ノコギリカメムシ*2	8.1	7〜10	13.7	12〜15	12.7	10〜14	15.3	10〜20	22.0	22	—	—	63.7	54〜71		7〜9	〃(表11)
ハナダカカメムシ	6.5	4〜8	3.4	2〜4	4.1	3〜5	3.3	3〜5	4.3	3〜6	6.9	6〜10	22.6	21.4〜23.8	藤沢市	6〜8	〃(表13)
ヒメクロカメムシ	15.5	15〜16	7.0	7	9.5	9〜10	12.5	9〜13	14.5	12〜13	15.0	14〜16	58.5	57〜60	徳島市	5〜7	〃(表14)
イネクロカメムシ	4.8	3〜8	4.4	3〜7	8.6	6〜11	6.4	4〜13	7.3	5〜17	11.0	7〜21	37.7	25〜77	石川農試	6〜9	〃(表15)
タマカメムシ	6.0	5〜7	4.8	4〜5	6.7	4〜13	5.3	3〜5	6.2	4〜9	9.2	7〜11	32.2	28.3〜35.9	横浜市	5	勝又(87)
ウシカメムシ	7.5	7〜8	4.8	4〜7	7.8	6〜11	5.9	4〜8	7.0	5〜11	10〜13	10〜13	36.7	33〜40		6〜7	小林(表16)
スグロシラホシカメムシ	4.0		3.0	3	5.0	4〜6	5.9	4	4.5	4〜5	7.5	7〜8	24.0	26〜28		5	〃(表17)
ツマジロカメムシ	7.0	6〜8	6.0	5〜9	10.7	7〜15	13.0	13	15.5	13〜18	20.0	20	65.2	58〜75	盛岡市	5〜9	〃(表18)
イチモンジカメムシ	3.8	3〜5	2.3	2〜3	3.5	2〜3	2.7	2〜3	3.0	3	6.5	5〜8	18.0	15〜21	善通寺	8〜9	石倉(表20)
ムラサキシラホシカメムシ	6.8	6〜8	4.3	4〜5	6.3	5〜7	5.8	5〜7	8.1	8〜9	13.3	10〜17	37.8	35.8〜39.8	香川農試, 盛岡市	5〜7	小林(表24)
トゲシラホシカメムシ	10.1	6〜11	4.7	4〜7	6.0	4〜7	6.3	5〜7	8.0	7〜9	14.4	14〜15	39.4	36〜46	善通寺	8〜9	〃(表27)
オオトゲシラホシカメムシ	4.8	2〜8	3.4	2.7〜5.0	5.4	4.0〜6.2	5.4	4.6〜6.5	6.4	5.7〜8.0	10.2	7.0〜17.0	30.8	24.0〜42.7	長野農試	8〜9	〃(表29)
ヒメナガカメムシ	6.7	5〜8	4.8	4〜6	7.8	4〜6	6.4	4〜10	7.3	5〜11	9〜22	9〜22	40.2	36.0〜44.5	盛岡市	6〜9	〃(表31)
トゲカメムシ*1	4.7	4〜5	4.3	4〜5	4.0	4	4.0	4	5.0	5	6.0	6	23.3	23	香川農試	7〜8	〃(本報本文)
〃	7.0	5〜10	6.8	6.2〜7.4	16.9	12.4〜21.3	109.6	17.3〜201.9	120.5	22.9〜218.0	27.3	24.6〜29.9	281.1	277.1〜283.2	滋賀農試	8.9〜6.7	保積(表35)
クスクラメムシ	5.1	3〜9	4.4	3〜6	4.4	3〜6	4.8	3〜7	5.0	3〜10	7.9	6〜10	26.5	25.0〜28.0	横浜市	6〜8	〃(表36)
イネカメムシ	5.3	5.3	4.3	3.6〜5.0	5.1	4.4〜5.8	6.3	3.2〜4.8	7.5	5.5〜9.5	16.2	13.1〜19.3	37.2	29.8〜44.4	茨城大学	7〜9	大内(表37)
アオナガカメムシ2世代	6.0	6	3.4	3〜9	8.6	5〜11	5.8	3〜10	8.4	2〜10	8.4	3〜20	28.9	23〜45	宮崎農試	7〜9	鮫島・永井(表42)
〃 3"	7.4	5〜10	4.6	4〜6	9.9	4〜16	6.3	5〜19	10.1	6〜16	19.3	15〜35	52.1	42〜66	〃	9〜11	〃
ミナミアオカメムシ2世代	4.9	4〜5	2.9	2〜3	4.4	2〜14	4.2	2〜7	4.1	2〜12	6.4	4〜16	23.1	18〜31	〃	8〜10	〃
〃 3"	5.1	4〜11	3.2	3〜4	5.8	3〜10	3.9	2〜7	4.1	2〜7	6.8	4〜8	22.0	20〜34	〃	9〜11	〃
プチヒゲカメムシ	3.9	3〜4	3.5	3	4.5	3〜4	3.2	3〜4	5.3	3〜6	6.0	6	23.8	21〜29	善通寺	8〜10	石倉ら(74)
チャバネアオカメムシ	5.0	4〜6	3.0	3	5.0	3〜5	4.5	4〜5	7.0	6〜8	10.0	9〜13	30.5	27〜38	奈良農試	6〜8	小田ら(表48)
ツマアオカメムシ	4.0	4	4.0	4	4.0	4	4.0	4	6.0	5〜6	8.0	8	28.2	26〜30	静岡農試	6〜7	〃(表57)
ミカントゲカメムシ	5.5	5〜6	4.6	4〜6	6.9	6	6.3	6〜8	10.1	9〜15	14.6	11〜19	42.1	26〜55	台北	6〜10	池田ら(62)
クサギカメムシ	4.8	4〜6	4.2	3〜6	6.1	4〜11	6.0	4〜11	7.0	4〜12	12.7	9〜21	40.7	36.7〜44.7	横浜市	6〜9	高橋(表51)
ヨツボシカメムシ	15.5	14〜17	8.0	7〜9	10.0	9〜11	10.0	9〜11	12.0	10〜14	14.5	12〜17	54.5	47〜62	松山市, 盛岡市	5〜8	宮武ら, 小林(112)
アオクチブトカメムシ*1	287		13.3		16.0		8.8		8.3		19.9		66.1		札幌市	9〜6	岡本(233)
〃 2"	7.5	7.5	3.0	3	5.0	5	4.5	4〜5	5.0	5	11.5	9〜14	29.0	24〜34	〃	7〜8	岡本(234)
アカアシクチブトカメムシ	10.3	9〜12	4.3	4〜5	3.3	3〜4	5.3	3〜7	6.0	4〜7	7.5	4〜11	36.8	35.3〜38.3	横浜市	7〜8	小林(本報本文)
クチブトカメムシ	11.5	11〜12	4.5	3〜5	8.0	3〜10	3.8	3〜5	4.8	3〜10	9.0	6〜12	27.4	20〜38	〃	6〜7	〃(表56)
キュウシュウクチブトカメムシ	8.5?	8〜9?	4.0	3〜5	8.0	6〜10	6.0	5〜11	6.5	6〜8	11.5	11〜12	35.3	30〜42	松山市, 盛岡市	5〜8	宮武, 小林(表57)
チャイロクチブトカメムシ	14.0	14	6.0		6.3	6	6.3	5〜6	7.3	6〜7	9.7	9〜10	35.6	34〜38	香川県飯山町	4〜6	小林(112)
ルリクチブトカメムシ1世代	5.0		5.0		4.0		5.0		5.0		6.0		23.5	23〜24		7〜8	〃(本報本文)
〃 2"	11.0	6〜14	6.3	5〜8	21.0	19〜24	12.3	12〜13	13.3	13〜14	15.3	15〜16	68.0	64〜73	徳島市	5〜9	〃(表60)
エビイロカメムシ	8.0	?〜9	6.0	6	8.0	6	4.5	4〜5	6.0	5〜7	9.0	9〜14	33.5	32〜35	盛岡市	6〜8	〃(本報本文)
ハサミツノカメムシ	8.0	8	7.7	7〜9	7.7	7〜9	6.0	5〜11	13.2	8〜27	20.2	9〜24	54.8	35〜80	盛岡市	6〜7	〃(表63)
エゾツノカメムシ	8.0	8	5.0	5	6.0	6	4.0	4	4.0	4	7.0	6〜8	25〜27	25〜27	横須賀市	5〜8	〃(表64)
エサキモンキツノカメムシ	8.0	6	5.0	5	6.0	6	4.0		6.0	6	10.0	10	33	33	香川県飯山町	8〜9	〃(表65)
セグロヒメツノカメムシ	7.0?	6.3	5.0	5	6.0	6	4.0	4	7.5	7.5	8.0	8	31.0	31	松山市	7〜8	〃(本報本文)
ベニモンツノカメムシ	5.0	5	4.0	4	6.0	6	6.0	6	6.5	6.5	9.5	9.5	31.5	31.5	盛岡市	8〜9	〃(本報本文)
平均	7.7	6.3〜8.5	4.7	3.9〜5.9	6.2	5.1〜8.5	6.1	4.9〜7.8	7.4	5.9〜9.8	11.1	9.1〜14.1	36.2	31.9〜43.2			

注. 平均値は*1(幼虫または卵越冬種), *2(幼虫が4齢種)を除く39種の44(卵)および40種の45(幼虫)例で求めた.

第III章　主要種の発育期

学名は日本産昆虫総目録のカメムシ亜目（宮本・安永[188]），日本原色カメムシ図鑑（安永ら[324]），Distant[9] の The Fauna of British India, Ceylon and Burma, Kirkaldy[106] のカタログ等を参考にし，宮本正一博士および友国雅章博士のご教示に従った．

1．カメムシ上科の各科の形態的特徴の要点

1）クヌギカメムシ科

卵は長卵形（*Urostylis*），楕円形または卵形（*Urochela*）．蓋部は分化していない．卵殻は薄く，表面平滑．受精孔突起は3個で，頭状部は長卵形，柄部は細長い．卵殻破砕器はヨツモンカメムシでは二等辺三角形状で丸みを帯びる．卵塊は組み紐状（*Urostylis*）か偏平な塊状（*Urochela*）．共にゼラチン状物質で覆われる．

幼虫は頭部が三角形状で小さい．前脛節にグルーミング剛毛を欠く．腹部気門は第2〜8節に開口し，第2節では第3または4齢まで背面側盤の前方の体側縁かこの近くに位置する．体表に点刻を欠く．

2）マルカメムシ科

卵は独特な横長のつぼ（壺）形．側壁部と蓋部の境界は明瞭．卵殻は白色か白色半透明，表面はスポンジ様の蜂巣状．受精孔突起は円筒状．卵殻破砕器は丸みを帯びた逆三角形状．

幼虫は前部の臭腺開口部の間隔が中・後部のそれらより全齢を通じて著しく狭い．第2齢以後第1・2腹節の側盤が合体する．体上には点刻を欠き，顕著な長・短毛（針状，曲状，長刀刃型，槍穂型または鳶（とび）口型）を装う．

3）ツチカメムシ科

卵はほぼ楕円形状．蓋部は分化していない．卵殻は表面が平滑で無模様．受精孔突起は半球状（モンツチカメムシ亜科，ベニツチカメムシ亜科），ツチカメムシ亜科では未確認．卵殻破砕器は団扇型（モンツチカメムシ亜科）または細長い逆三角形状（ベニツチカメムシ亜科），ツチカメムシ亜科では未確認．卵は塊状にまとめられる（モンツチカメムシ亜科，ベニツチカメムシ亜科）か，個々に産下される（ツチカメムシ亜科）．

幼虫はツチカメムシ亜科では頭部前縁に角状短棘を列生する．3亜科とも脛節には棘毛か頑丈な棘状毛を装う．臭腺開口部は3対がそれぞれ1個の腹背盤上にあり，その間隔は前方のものほど僅かに広い．

4）キンカメムシ科

卵は球形，短卵形または円筒形．蓋部は不明瞭．卵殻は比較的厚く，表面は平滑で無模様．受精孔突起は半球状．卵殻破砕器は開翼型．卵塊は数個〜200数十卵の平面状か六角形か2列状など．

幼虫は臭腺盤が半円形状の1個に見えるか，前部臭腺盤が亜鈴型をなす．臭腺開口部の間隔は，前部のものが中部のものの約2〜3倍と広い．孔毛は各齢とも第3〜7節の気門の後方に2個ずつある．

5) ノコギリカメムシ科

卵は横倒しの樽型．ノコギリカメムシでは表面に微小棘状突起が不明瞭に密生する．受精孔突起は微小顆粒状．卵殻破砕器は正方形状，骨格部は工字型．卵塊は数〜10数卵が横倒しに1列に連なり紐状をなす．

幼虫は頭部側葉が老齢において大きく，ほぼ長方形状をなし，中葉は著しく短く，この前方で側葉の左右葉が接近ないし接触する．複眼の前方に顕著な角状突起を備える．側盤はノコギリカメムシでは長三角形状で，外側端はとがり，外縁の長辺は細かく鈍鋸歯状．体上には点刻を欠き，暗色斑点を装う．

6) カメムシ科

卵はほぼ卵形，楕円形，円筒形または球形等で，蓋部は明瞭に分化している．卵殻は厚く，表面構造は多様．受精孔突起は棍棒型，頭状，オール型，無花果型または触手型．卵殻破砕器の骨格部はT字型で，縦軸は釘状に細い．卵塊は1〜4列状か平面的塊状．

幼虫は臭腺開口部の間隔が3対ともほぼ等しい．前部臭腺盤はプロペラ型か翅果型．腹部気門は第2〜7節に開口する群（クロカメムシ亜科，カメムシ亜科の6気門群）と第2〜8節に開口する群（カメムシ亜科の7気門群，クチブトカメムシ亜科）とがある．孔毛は第3〜7節に1または2個ずつある．

7) エビイロカメムシ科

卵は円筒形．蓋部は明瞭に分化している．卵殻は厚く白色．表面に小棘状突起を密生する網状構造が見られる．受精孔突起は触手型．卵殻破砕器の骨格部はT字型で，縦軸は基部が太いくさび（楔）形．卵塊は12〜14卵の2列状．

幼虫は体が第1齢では厚くなく，第2齢以後は相当偏平．頭部側葉は第2齢以後中葉の前方へ鋏刃状に長く突出する．触角と口吻は第2齢以後著しく短い．消化管の一部に濾過室を形成する．

8) ツノカメムシ科

卵は卵形，滴型または円筒形．蓋部は分化していない．卵殻は比較的か著しく薄く，表面は平滑．受精孔突起は小半球状か円筒形．卵殻破砕器はばち（撥）型で，硬化の強い部分は歯部のみ．卵塊は数卵〜約60卵からなる平面的塊状．

幼虫は前部の臭腺開口部間の間隔が中・後部のものより顕著に広く，前部開口部は左右1対の滴型の臭腺盤上にあるが，1対が内縁部で接触する種や齢もある．側盤は比較的小さく，第2〜7節では前後に長い不等辺四辺形状，外縁は緩弧状で平滑．

2．カメムシ上科の各科の検索

1) 卵における8科の検索表

1 (2) 卵塊はゼラチン状物質に覆われる ································· クヌギカメムシ科
2 (1) 卵塊および卵はゼラチン状物質に覆われない．
3 (4) 卵は著しく左右非対称の壺型 ··································· マルカメムシ科
4 (3) 卵はほぼ左右対称形．

5 (6) 卵は個々に地表部に産下されるか，母虫に立体的卵塊にまとめられて保護される
　　　　　　　　　　　　　　　　　　　　　　　　　　　　　　　　ツチカメムシ科
6 (5) 卵は通常平面的な卵塊で植物上に産付される．
7 (8) 卵殻破砕器の硬化部は広く，全体の大半を占め開翼型・・・・・・・・・・・キンカメムシ科
8 (7) 卵殻破砕器の硬化部は狭く，全体のごく一部を占めるに過ぎない．
9 (14) 卵殻破砕器の硬化部は縦横軸からなる．
10 (11) 卵殻破砕器の縦横軸は工字型・・・・・・・・・・・・・・・・・・・ノコギリカメムシ科
11 (10) 卵殻破砕器の縦横軸は丁字型．
12 (13) 卵殻破砕器の縦横軸の縦軸は釘状に細い・・・・・・・・・・・・・・・・・・カメムシ科
13 (12) 卵殻破砕器の縦横軸の縦軸は基部が太いくさび型・・・・・・・・・エビイロカメムシ科
14 (9) 卵殻破砕器の硬化部は中央の歯部のみ・・・・・・・・・・・・・・・・ツノカメムシ科

2) 幼虫における8科の検索表

1 (2) 腹部第2節の気門は第3または4齢までは背面側盤の前方側縁近くか側縁にある．
　　　また各齢を通じ前脛節にグルーミング剛毛を欠く・・・・・・・・・・クヌギカメムシ科
2 (1) 腹部気門は各齢とも腹面側盤の近辺にある．また各齢を通じ前脛節にグルーミング剛毛を
　　　備える．
3 (14) 臭腺の前部開口部の1対は同一の臭腺盤上にある．
4 (5) 対をなす臭腺開口部の間隔は，前部では中・後部に比べて著しく狭い・・・・マルカメムシ科
5 (4) 対をなす臭腺開口部の間隔は，前部では中・後部に比べて大差ないか広い．
6 (7) 脚に棘毛または頑丈な棘状毛がある・・・・・・・・・・・・・・・・・・ツチカメムシ科
7 (6) 脚に棘毛や頑丈な棘状毛がない．
8 (9) 対をなす臭腺開口部の間隔は，前部では中・後部に比べて著しく広い・・・・キンカメムシ科
9 (8) 対をなす臭腺開口部の間隔は，前部と中・後部のものとの間で大差ない．
10 (11) 各齢とも体上に点刻を欠き，暗色小斑点を装う（ただしヒロズカメムシでは不詳）
　　　　　　　　　　　　　　　　　　　　　　　　　　　　　　　　ノコギリカメムシ科
11 (10) 第1または2齢以後胸背板に点刻を散布する．
12 (13) 頭部側葉は中葉の前方へ鋏刃状に突出することはない・・・・・・・・・・・カメムシ科
13 (12) 頭部側葉は第2齢以後中葉の前方へ鋏刃状に突出する・・・・・・・・エビイロカメムシ科
14 (3) 臭腺の前部開口部は滴型の1対の別個の臭腺盤上にある（ただしこの2個が中央部
　　　で接合したように見える種や齢もある）・・・・・・・・・・・・・・・・ツノカメムシ科

3. クヌギカメムシ科 Urostylidae

　日本に分布する既知種はクヌギカメムシ亜科 Urostylinae に属する次の2属5種で，発育期はいずれも究明された．

　① クヌギカメムシ *Urostylis westwoodi* Sᴄᴏᴛᴛ
　② サジクヌギカメムシ *U. striicornis* Sᴄᴏᴛᴛ
　③ ヘラクヌギカメムシ *U. annulicornis* Sᴄᴏᴛᴛ
　④ ナシカメムシ *Urochela luteovaria* Dɪsᴛᴀɴᴛ
　⑤ ヨツモンカメムシ *U. quadrinotata* (Rᴇᴜᴛᴇʀ)

1）生態的特性

Urostylis 属の3種はクヌギやナラなどのブナ科の *Quercus* 属に，*Urochela* 属のナシカメムシはサクラなどのバラ科に，ヨツモンカメムシはオヒョウなどのニレ科やハシバミに寄生する．卵塊はゼラチン状物質に覆われることにより，卵殻の薄い卵が保護される．ふ化した第1齢幼虫はこのゼラチン状物質を摂食して脱皮する．*Urostylis* 属では第2齢幼虫はゼラチン状物質を吸収し尽くして第3齢へ脱皮し，この幼虫が寄主植物からの吸汁生活に入る．一方，*Urochela* 属では第2齢幼虫はゼラチン状物質を吸収し尽くした後，種により越冬場所へ移動して越冬に入るか，寄主植物からの吸汁生活に入る．越冬形態は *Urostylis* 属の3種はいずれも卵越冬，*Urochela* 属のナシカメムシは第2齢幼虫で越冬し，ヨツモンカメムシは成虫越冬である．一般に第2齢後期および第3齢幼虫は細枝，芽，稚葉などに寄生し，老齢幼虫は昼間は葉裏や重なった葉の間にいて目立たない．ナシカメムシはナシ，オウトウ，リンゴなどの枝に多数が寄生して樹勢を損ねたり，幼果から吸汁して被害果を発生させたりもする．

2）形態的特徴

（1）成 虫

体長10～15 mm．臭腺の開口部は円管を斜めに切った形で突出する．前脛節にグルーミング剛毛を欠く．

（2）卵

長卵形，卵形または楕円形状で，0.9～1.3 mm×0.6～0.8 mm内外，蓋部が分化していない．初期には淡黄色ないし淡黄緑色で光沢を有する．卵殻は比較的薄く，透明または乳白色半透明，表面は平滑で，内面に白色の六角形状模様が微かに透視される．ふ化に際しては上部中央が縦に破れ，ふ化後は破れ目が僅かに巻きこむが，ほぼ原形を保つ．受精孔突起は大きく，細長い糸状細管部の先に長卵形の頭状部がつく独特な形で，全長250～330 μ内外，ほぼ透明な頂部を除いてほぼ白色，細管部は透明で内面は白色，卵頂部に3個が正三角形に並び，頭状部はゼラチン状被覆物の外に突き出ている．卵殻破砕器はヨツモンカメムシで確認できただけであるが，これは縦長の二等辺三角形状で丸みを帯び，長径約200 μ，幅約100 μ，裏側はスプーン状にくぼ（窪）み，中央の硬化部は直線状で淡褐色，中央の歯は三角形状にとがり黒褐色，膜質部は透明かこれに近いごく淡い褐色，上部の付属膜は白色．卵は横臥，斜立または直立状態で樹皮または葉裏に，2列，1列（*Urostylis*）または円形に近い平面的卵塊（*Urochela*）をなして数個～40個内外ずつ産付され，ゼラチン状物質で被覆されて紐状（*Urostylis*）または盤状（*Urochela*）をなす．

（3）幼 虫

体は第1齢では卵形でごく厚く，第2齢以後は長卵形ないしやや長い楕円形で，加齢に伴って偏平度が高まる．

頭部は小さく，第1齢では半円形状，第2齢以後は三角形状．頭部中葉は側葉より長く，若齢ほど前方へ著しく突出し，前縁は円弧状で広い．頭部側葉は小さく，第1・2齢ではほぼ三角形状，第3～5齢では半楕円形状．触角突起は第1齢では発達せず，第2齢以後は発達して前方へ突出し，背方からよく見える．複眼は第1齢では突出せず，第2齢以後は顕著に突出し，個眼が顆粒状に突出する．口吻は短く，第1節は上唇に接して出て最も太く，第4節は最も細く，第1齢では下後方へ突き出さ

れ，先端は前～後脚の基節の下方付近に体から離れて位置する．第2齢では前齢と同方向に突き出されるか，体からやや離れて後方に伸ばされ，先端は中および後脚の基節の下方付近にあるか第2腹節付近に達する．また第3齢以後は加齢に伴って相対的に短くなり，体から僅かに離されるか体に沿って後方に伸ばされ，先端は種により第3腹節ないし中脚の基節付近に達する．触角は第1齢では短くて太く，節間のくびれが弱い；第2齢以後は加齢に伴ってこの特徴が弱まり，種によって著しく細長くなる；第1節は第2齢以後特異的に長く，やや太い．

　硬化した胸背板は第1齢では胸背の大部分を，第2齢以後ではその全面を覆うが，種により第2～4齢までは齢の後期に体の膨れに伴って正中部で左右に開く．中胸背の後縁は第2または3齢から後方へ突出し始め，第4齢から小楯板の原形が認められるようになる．後胸背板は左右それぞれ第1齢では不等辺四辺形状，第2齢ではへら型，第3齢ではへら型かオール型で，中胸背板に比べ第2齢までは広く，第3齢ではやや狭～やや広い．前翅包の発達は第4齢から，後翅包の発達は第4齢からか第5齢になってから認められ，第5齢においては両翅包とも顕著．脚は第1齢では短く，関節部のくびれが弱いが，第2齢以後は普通となる；脛節の断面は丸く，稜部はほとんど認められない；前脛節にグルーミング剛毛を欠き，グルーミング櫛が第2齢以後よく発達する．爪は第1齢では小さい．

　3対の臭腺開口部の間隔は第1または第1・2齢ではほぼ等幅，第2または3齢以後では前部のものが中・後部のものより広く，中・後部のものはほぼ等幅．前部臭腺盤は第1齢では楕円形状，台形状または饅頭（まんじゅう）型で，中部臭腺盤より小さく，第2齢以後ではほぼ饅頭型かこの前縁中央部が不明瞭になって屋根型や火口型をなすか，幼菌型で，中部臭腺盤とほぼ等大かそれより大きい；中部臭腺盤はほぼ楕円形状か，饅頭型または逆饅頭型；後部臭腺盤はほぼ楕円形状，逆饅頭型または逆台形状．臭腺中および後部開口部には白色の長大な牙状突起を備える（図9，I参照）．第1腹節には第2齢以後長四辺形ないし長楕円形状の1対の腹背盤が正中部近くに認められるが，第4および5齢では不明瞭なこともある；またこれと側盤の中間に小さい滴型ないし長四辺形状の腹背盤様のものが第2および3齢において認められる．第6・7節境の腹背盤はほぼ紡錘形状か菱形状で，第2齢以後認められるが，老齢では不明瞭な場合がある．また種や齢により，第8節の中央部にも1対または1個の腹背盤が認められる．側盤は第1齢では輪郭不明瞭，第2齢以後では第1節のものは小さく，外縁は円弧状に突出する；第2～8節のものはほぼ半円形，半楕円形，角の丸い四辺形状など，外縁は緩弧状で平滑．腹部気門は第2～8節に左右1対ずつあり，第2節のものは第3または4齢まで背面側盤の前方の体側縁かこの近くに，第4齢以後または第5齢では腹面側盤の前方か前内方に位置し，第3～8節のものは腹面側盤の前内方か前方の体側縁に位置する．第8節のものは他のものに比べて小型であるが，その差はカメムシ科ほど大きくない．孔毛は第3～7節の気門の後内方に著しく離れてある；第1および2齢では第3～5節には2個ずつあり，内側のものが前よりの斜め内外に，接触するか円形基盤2個分以内の狭い間隔で並び，第6および7節には1個のみ明確に認められる；第3～5齢では第3～7節に2個ずつあり，斜め内外方向に並ぶ（図13，L参照）．気門と孔毛の円形基盤は同色．性徴は，ナシカメムシでは第4齢から認められ，この齢の雌では第9節の黒色の腹面盤が正中部で左右に分かれ，この部に淡赤褐色部分が認められるが，雄ではそれが一様に黒色で中央部は平坦である（図12，I, J参照）．第5齢では第8および9節腹面に認められる．雌では第8節後縁中央部に小三角形様のくぼ（窪）みがあり，第9節中央部が広くくぼみ，この前縁に逆三角形ないし逆半円形様の弱い膨らみ部があり，両凹凸部の中央に浅い1縦溝がある．また第9節の正中線上の長さが短い．雄では両節の中央部は平坦で，上記特徴がなく，第9節の正中線上の長さが長い．

　体表には点刻を欠き，光沢を有する．体上には淡褐色短毛を第1齢ではほとんど欠くか疎生し，第2および3齢では疎生し，第4齢以後はごく疎らに装うかほとんど欠く；第4および5齢では，基部

に隆起部をもつ淡黄褐色の剛毛様短毛（図13, J参照）が，頭部，胸部，触角第1～2または3節，腿節および脛節に認められる．

3) 発育期における2属の識別

卵は，卵塊が *Urostylis* では組み紐状であり，*Urochela* では円盤状である．幼虫は第3腹節の気門が *Urostylis* では全齢において腹面側盤の前内方に位置するが，*Urochela* では第2または4齢まで体側か腹面側盤の前方に位置することと，第4および5齢の口吻長の頭幅に対する比が *Urostylis* では1.2～1.4と小さいが，*Urochela* では1.6～2.0と大きいことで識別できる．

4) クヌギカメムシ属 *Urostylis* WESTWOOD, 1837

(1) 形　態

a) 卵

長卵形，長径×短径 1.0×0.6 mm 内外．受精孔突起は全長250～290 μ 内外，頭状部長86～89 μ．卵殻破砕器は未確認．卵塊は約10～20卵からなり，卵は卵塊の長軸に対して約45度の角度で，互い違いに反対側へ向く2列，または1方だけに向く1列に，横臥状に並べられ，ゼラチン状物質で覆われ，一見組み紐状をなす．

b) 幼　虫

口吻の先端は第3齢までは後脚基節の下方に，第4齢以後は中脚基節の下方に達する．口吻の長さ(a)の頭幅(b)に対する比(a/b)は第2齢まではほぼ1.3～1.4，第3齢では1.4～1.6，第4齢以後は1.2～1.4で，第3齢においてやや大きく，老齢では *Urochela* より小さい．触角は第2齢では太く比較的短いが，第5齢ではやや細く長い．

前胸背板の前縁線は第2齢では直線状であるが，第3齢では弱く，第4齢以後は鋭角状に中央部が陥入し，側縁後部は第2および3齢において削ぎ落されたような形をなす．中胸背板では第3齢から後縁線の中央部が後方へ突出し始め，原小楯板が発達し始める．後胸背板は中胸背板に比べ第2齢までは広く，第3齢ではやや狭いかほぼ等幅，その後縁は第4齢から前翅包の内方が前方へ湾入し始め，後翅包が発達し始める．前脛節のグルーミング櫛の傍らは第3齢以後稜状に突出する．第2跗節は第4齢以後先の方が太くなり長円すい形状．

3対の臭腺開口部の間隔は第1および2齢ではほぼ等しいが，第3齢以後は前部のものが中・後部のもの（両者はほぼ等間隔）より広い．前部臭腺盤は，第1齢では楕円形状か角の丸い台形状で3個中最小，第2齢以後では饅頭型か屋根型か火口型，第2齢では3個中最小か最大，第3齢以後は最大．中および後部臭腺盤は第2齢では後者がやや大きく，他の齢ではほぼ等大．腹部第1節の側盤の内方に第2および3齢において認められる小さい腹背盤様のものは滴型．腹部気門は第2節においては，第3齢までは背面側盤の前方または節の前部側縁にあって背方から見え，第4齢以後は腹面側盤の前方にあって背方から見えない；第3～8節においては腹面側盤の前内方に位置する．孔毛の隣り合う2個は第2齢では接触するか円形基盤約1個分以内の間隔で，第3齢以後は円形基盤 0.5～3個分内外の間隔で並ぶ．

第4齢以後に認められる剛毛様短毛は触角においては第1～2または3節上に見られる．

齢の検索表

1 (6) 翅包は認められない．
2 (5) 硬化した後胸背板は左右それぞれ不等辺四辺形状かへら型で，中胸背板より広い．
3 (4) 複眼はほとんど突出しない ··· 第1齢

第III章 主要種の発育期

4（3）複眼は顕著に突出する ………………………………………………………… 第2齢
5（2）上記の後胸背板は左右それぞれオール型で，中胸背板よりやや狭いかそれとほぼ等幅
　　　…………………………………………………………………………………… 第3齢
6（1）前翅包が明瞭に認められる．
7（8）後翅包は発達し始めているが，翅包とは未だ認められない ………………… 第4齢
8（7）前・後翅包が明瞭に認められる ……………………………………………… 第5齢

c）*Urostylis* 属3種の検索表

卵
1（2）受精孔突起はやや大きく，全長は290μ内外 ……………………… クヌギカメムシ
2（1）受精孔突起はやや小さく，全長250〜260μ内外．
3（4）ゼラチン状様物質は淡褐色 ……………………………………… サジクヌギカメムシ
4（3）ゼラチン状物質は淡暗褐緑色 …………………………………… ヘラクヌギカメムシ

幼虫
1（4）第2腹節の気門は第3齢まで背面側盤の前方に位置する．
2（3）第4齢以後前部臭腺盤は屋根型か火口型．硬化盤以外の腹節部は淡黄褐色の地に
　　　赤色横帯模様 ……………………………………………………………… クヌギカメムシ
3（2）第4齢以後前部臭腺盤は饅頭型．硬化盤以外の腹節部は黄緑色 …… サジクヌギカメムシ
4（1）第2腹節の気門は第3齢まで節の前部側縁に位置する．第4齢以後前部臭腺盤は饅頭型．
　　　硬化盤以外の腹節部は淡黄色，淡緑黄色または淡黄青緑色 ……… ヘラクヌギカメムシ

（2）生　態

Urostylis 属は気温の低い11月中・下旬〜12月下旬の霜が降り始める時期に，寄主植物の樹幹基部（地上1〜8m，主に1〜2m）の樹皮の裂け目などに組み紐状の卵塊を産付する．卵期間は厳寒期を経過して約90〜100日と長く，ふ化期は2月上旬〜3月上・中旬ごろである．幼虫はゼラチン状物質を吸収して第3齢になり，この幼虫が移動して寄主植物の新梢部などから吸汁する生活に入る．新成虫の羽化期は5月中・下旬〜6月上・中旬ごろ．3種ともクヌギ，コナラ，ミズナラ，カシワなどに寄生し，芽部，新梢部，葉などから吸汁する．

5）クヌギカメムシ *Urostylis westwoodi* SCOTT, 1874

分布　本州，四国，九州；朝鮮半島，中国．

成虫　体長12mm内外．腹部気門は黒色．雄の生殖節の中央突起は先端に向かって細くなる．

卵（図9，A〜E，Kobayashi[129]，山田[312]，安永ら[324]，随[327]）　淡黄白色．受精孔突起は全長約290μ，頭状部は長径89μ，短径45μ，糸状細管部長約200μ．卵塊を覆うゼラチン状物質は初期には淡暗黄緑色で光沢を有し，後期には光沢を失い暗黄緑色．

幼虫（図9，F〜O，Kobayashi[129]，山田[312]）　前部臭腺盤は齢により短楕円形状，饅頭型，屋根型，火口型などで，第1齢では3個中最小，第3齢以後は最大．第1腹節中央部の長四辺形状の1対の腹背盤は第2〜4齢においては全体が，第5齢においては内端の一部が認められる．第6・7節境の腹背盤は第2〜5齢において認められる．更に第7節には第2齢において，第8節には第2〜5齢において，中央部に1対の腹背盤様の斑紋が認められる．第2腹節の気門は，第3齢までは背面側盤の前方の側縁近くにあって背方から見え，第4齢以後では腹面側盤の前方の側縁近くにあり背方から見えない．孔毛の対をなす2個は，第2齢では腹節位により接触するか円形基盤約1個分以内の狭い間隔

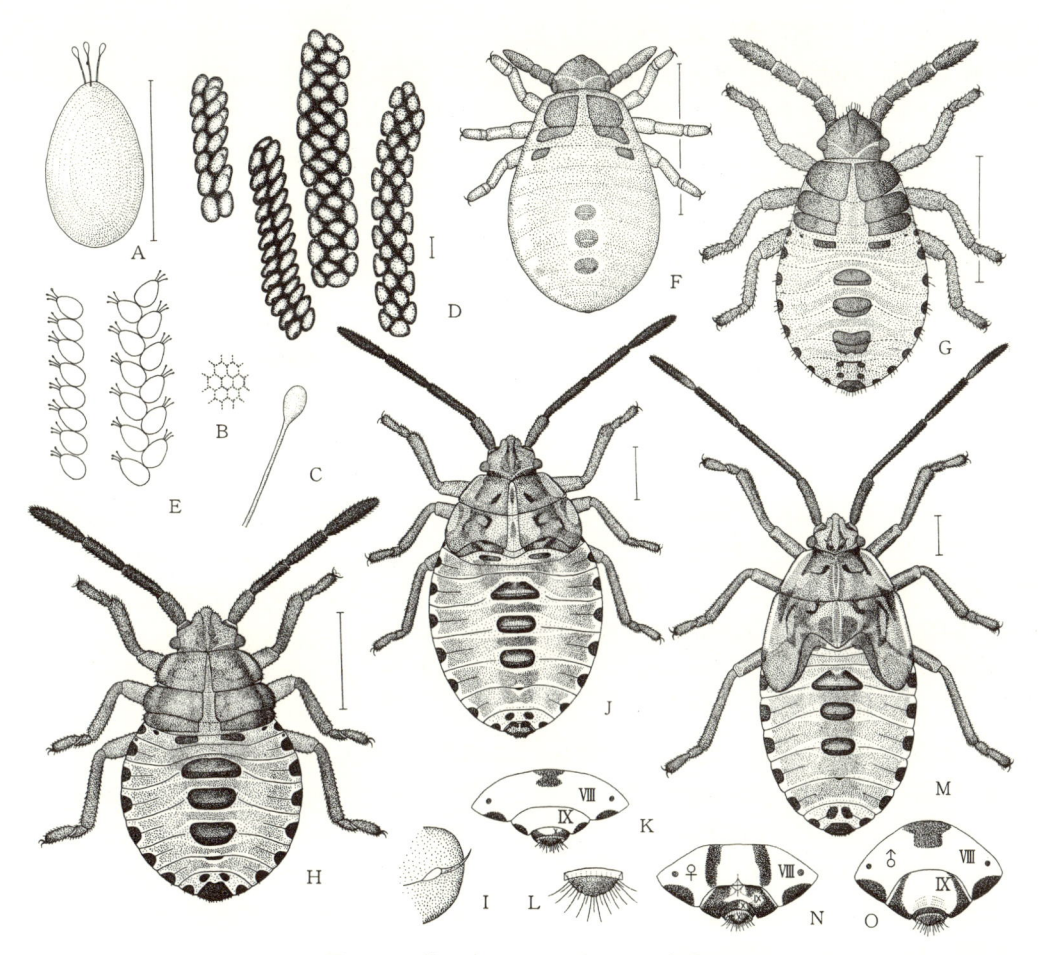

3. クヌギカメムシ科 Urostylidae

図9 クヌギカメムシ *Urostylis westwoodii* SCOTT
A. 卵, B. 卵殻の内面に認められる六角形模様, C. 受精孔突起, D. 卵塊群, E. 卵塊における卵の配列, F. 第1齢幼虫, G. 第2齢幼虫, H. 第3齢幼虫, I. 同齢の臭腺開口部における牙状突起, J. 第4齢幼虫, K. 同齢の第8〜11節腹面, L. 同齢の第11節腹面, M. 第5齢幼虫, N. 同齢雌の性徴, O. 同雄. [傍線は1mm長]. (Kobayashi[129]―部改)

で並び，第3齢以後は同様に1〜3個分内外の間隔で並ぶ．気門は黒色．

剛毛様短毛は胸部では前胸背のみに，触角では第1・2節のみにあり，やや細く，短い．

第1齢：体長1.5 mm内外．正中線上における前・中・後の（以下これを省略）各胸背長の比は1.4：1.1：1．触角および口吻の各節長比は1：0.9：1.2：3.1および1：1.2：0.8：1.9．

頭部，硬化した胸背板，腹背盤，腹端節および触角はほぼ暗褐色，ただし頭頂から複眼前部に至る縫合線，上記胸背板に覆われていない胸背部，触角節間部などは硬化盤以外の腹節部同様ごく淡い褐色ないし淡黄褐色．複眼は赤色（各齢共通）．脚は淡褐色．

第2齢：体長2.3 mm内外．各胸背長の比は2.8：1.5：1，硬化した胸背板長の比は3.4：2.0：1．触角および口吻の各節長比は1：1.1：1.4：2.3および1：1.1：0.9：1.6．

前齢とほぼ同色，ただし側盤はほぼ暗褐色，胸部の正中線上は淡赤色，第1または2〜7腹節には赤色の帯状横縞を現わす．脚はほぼ褐色，跗節先端は濃色．

第3齢：体長3.3 mm内外．硬化した各胸背板長の比は4.8：3.5：1．触角および口吻の各節長比は1：1.4：1.5：1.9および1：1.2：0.6：1.0．

体は前齢とほぼ同色か部分的にやや淡色，触角の第1節は黒または暗褐色，第2〜4節は褐黒また

は黒褐色，個体により触角節と脚には濃淡がある．

第4齢：体長5.5 mm内外．各胸背板長の比は5.5：5.5：1．触角および口吻の各節長比は1：1.7：1.6：1.7および1：1.3：0.7：1.1．性徴は認められない（図9, K, L）．

頭部および胸部は図(9, J)のように，淡〜濃褐色部が斑状をなし，胸背正中部と前胸背板の側縁部の内側部は後期に赤色を帯びる．硬化盤以外の腹節部，腹背盤，側盤，触角，脚などは前齢とほぼ同色．

第5齢：体長8.5 mm内外．各胸背板長の比は20：19：1．触角および口吻の各節長比は1：1.7：1.2：1.2および1：1.2：0.7：0.9．

前齢とほぼ同色．個体により，前および中胸背の側縁部はごく淡い褐色，側縁は焦げ茶色で，この内方は帯赤色．

生態　徳島県および東京都内においては，成虫の出現期は5月中旬〜6月上旬ごろ，交尾期は11月中旬〜12月上旬ごろ，産卵期は11月中・下旬〜12月中旬ごろである．徳島県内におけるふ化期は2月〜3月上旬ごろ，第3齢への脱皮期は3月中・下旬〜4月上・中旬ごろである．ゼラチン状物質を吸い尽くした第2齢幼虫は卵殻の場所から若干移動することがあり，このときアリに捕食される例が観察された．1954〜1955年に筆者（小林[116]）が徳島市内で観察した結果は，卵期間約90日，幼虫期間約85日で，第1および2齢幼虫期間は約10日および24〜27日であった．

6）サジクヌギカメムシ *Urostylis striicornis* SCOTT, 1874

分布　北海道，本州，四国，九州；極東ロシア，朝鮮半島，中国．

成虫　体長10〜13 mm．腹部気門が黒くないこと，雄の生殖節の中央突起の先端が広がってさじ状になっていることで他の2種と識別できる．

卵（図10, A〜E, Kobayashi[118]，森本[194]）　初期には淡緑黄色，ふ化が近づくと橙黄色．受精孔突起は全長約260 μ，頭状部は長径86 μ．卵塊を覆うゼラチン状物質は初期には褐色で光沢を有し，後期には光沢を失って灰色となる．

幼虫（図10, F〜J, Kobayashi[118]，山田[313]）　前部臭腺盤は短楕円形か饅頭型で，第2齢までは3個中最小，第3齢以後は最大．第1腹節中央部の長四辺形状の1対の腹背盤は第2〜4齢において全体が認められる．第6・7節境の腹背盤は第2および3齢において認められ，第4齢以後は不明瞭．第7節には第2齢において，第8節には第2〜4齢において，中央部に1対の腹背盤様の斑紋が認められる．第2腹節の気門は，第3齢までは背面側盤の前方の側縁近くに，第4齢では側縁にあり，いずれも背面から見え，第5齢では腹面側盤の前方の側縁近くにあり背面から見えない．孔毛の対をなす2個は，第2齢では腹節位により接触するか円形基盤約0.5個分以内の狭い間隔で並び，第3齢以後はその0.5〜2個分内外の間隔で並ぶ．気門は第4齢までは黒褐色，第5齢では淡黄緑色．

剛毛様短毛は胸部では各胸背に，触角では第1〜3節にあり，やや太く，長い．

第1齢：体長1.6 mm内外．各胸背板長の比は2.9：1.1：1．触角および口吻の各節長比は1：0.8：1.0：2.7および1：0.9：1.1：2.0．

頭部，硬化した胸背板，腹背盤および腹部末端節は灰色；ただし頭頂より複眼の前部に至る縫合線，臭腺開口部，上記胸背板に覆われていない胸背部などは淡黄褐色（1〜3齢共通）．硬化盤以外の腹節部はほぼ淡橙黄色，接合線は淡黄色．複眼は赤色（各齢共通）．触角および脚はほぼ淡黄色半透明，跗節先端は暗色．

第2齢：体長2.3 mm内外．各胸背板長の比は齢の中期に3.3：2.0：1．硬化した胸背板長の比は4.3：2.7：1．触角および口吻の各節長比は1：1.0：1.3：2.2および1：1.0：0.9：1.4．

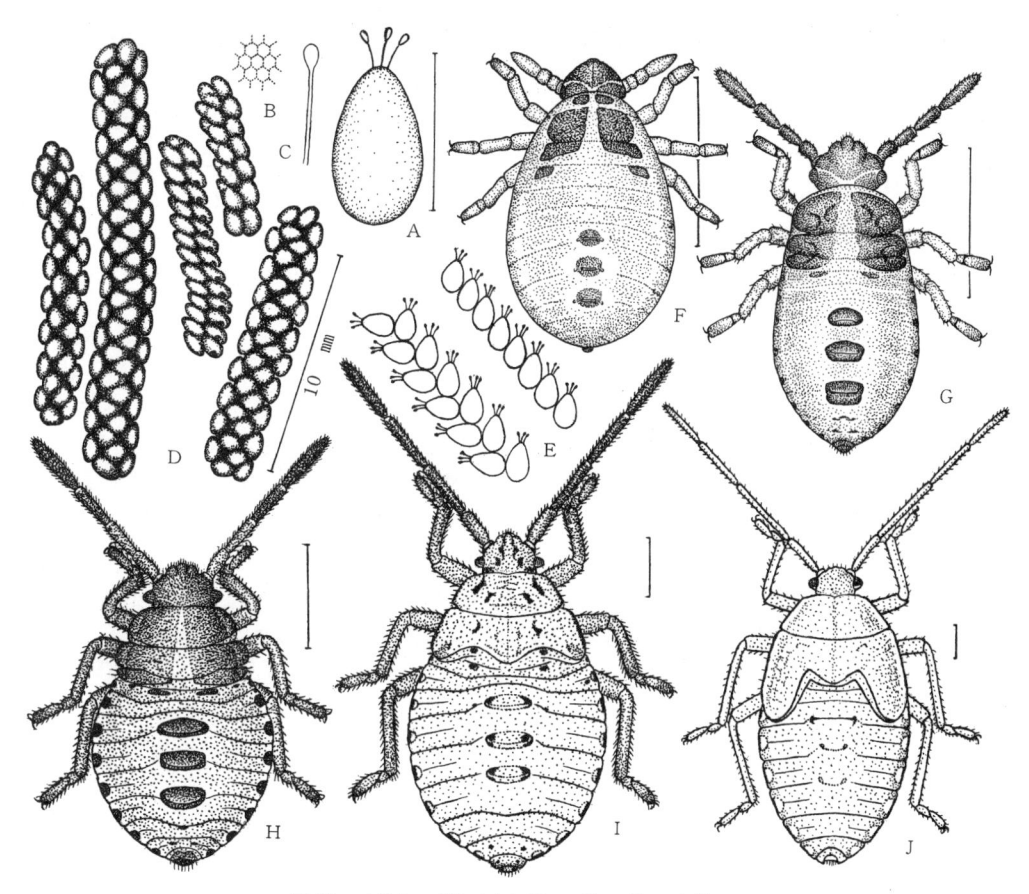

3. クヌギカメムシ科 Urostylidae （33）

図10　サジクヌギカメムシ *Urostylis striicornis* Scott
A. 卵，B. 卵殻の内面に認められる六角形模様，C. 受精孔突起，D. 卵塊群，E. 卵塊における卵の配列，F. 第1齢幼虫，G. 第2齢幼虫，H. 第3齢幼虫，I. 第4齢幼虫，J. 第5齢幼虫．［無指示の傍線は1mm長］．　　　（Kobayashi[118]）

　頭部，硬化した胸背板，腹背盤，側盤，腹端の2節，触角および跗節先端部は暗黒色．硬化盤以外の腹節部はほぼ灰色，臭腺盤間は黄橙色，各接合線および脚は主として黄褐色，腿節と脛節の一部が暗色を帯びることがある．
　第3齢：体長3.5mm内外．硬化した各胸背板長の比は4.1：3.1：1．触角および口吻の各節長比は1：1.3：1.5：1.9および1：1.3：0.7：1.2．
　頭部，硬化した胸背板，腹背盤および脚は主としてほぼ帯黄暗色．硬化した胸背板に覆われていない胸背正中部は淡黄赤色．硬化盤以外の腹節部はほぼ帯黄紅色，ただし臭腺盤付近，側盤付近，腹節接合線，腹節中央の1横条などは黄色．側盤は黒色．触角の基部2節は帯黄暗色，先端2節は黒色，節間部は黄色．
　第4齢：体長5.5mm内外．各胸背板長の比は5.5：5.3：1ないし6.5：6.9：1．触角および口吻の各節長比は1：1.6：1.5：1.7および1：1.1：0.6：0.9．
　体はほぼ黄緑色で，頭部，胸部および側盤の各外縁は黒色，臭腺開口部，頭部および胸背上の図示したような色斑は黒色ないし灰色．触角の第1節は暗灰色，第2〜4節は黒色，節間部は黄色．脚は淡黄緑色またはほぼ白色で，やや暗色を帯び，跗節先端は暗色．
　第5齢：体長8.5mm内外．各胸背板長の比は12.0：11.6：1．触角および口吻の各節長比は1：1.8：

1.3：1.2および1：1.3：0.5：1.0.

体は前齢とほぼ同色かやや淡色，個体により胸部側縁部と側盤はほぼ白色．触角および脚はほぼ淡黄白色，触角第4節の先端部は暗色，第1節の側面は個体により帯黒色．

生態 香川県および東京都内においては，成虫の出現期は5月中旬～6月上旬，交尾期は10月下旬～11月下旬，産卵期は11月中旬～12月下旬である．ふ化期および第3齢への脱皮期は前種と同じである（森本[194]）．香川県内で筆者（小林）が1950～1951年に観察した結果は，11月19日8時に生息林中の気温約8℃で一斉に産卵を開始し，12月4日8時には同気温約6℃で未産卵個体が残存した．卵期間，幼虫期間とも各90日内外，第1および2齢幼虫期間は東京都内で約4～7および22～24日であった（山田[313]）．

7）ヘラクヌギカメムシ *Urostylis annulicornis* SCOTT, 1874

分布 北海道，本州，四国，九州；千島列島，樺太，朝鮮半島，中国．

成虫 体長11～13 mm．前種に酷似するが，雄の生殖節の中央突起がヘラ状であることで他の2種と識別できる．

卵（図11，A~E） 淡黄青緑色．受精孔突起は全長約250μ，頭状部は長径88μ，短径46μ．卵塊を覆うゼラチン状物質は初期には淡暗褐緑色で光沢を有し，後期には光沢を失い暗褐緑色．

幼虫（図11，F~M） 前部臭腺盤は角の丸い台形状か饅頭型で，第2齢以後3個中最大．第1腹節

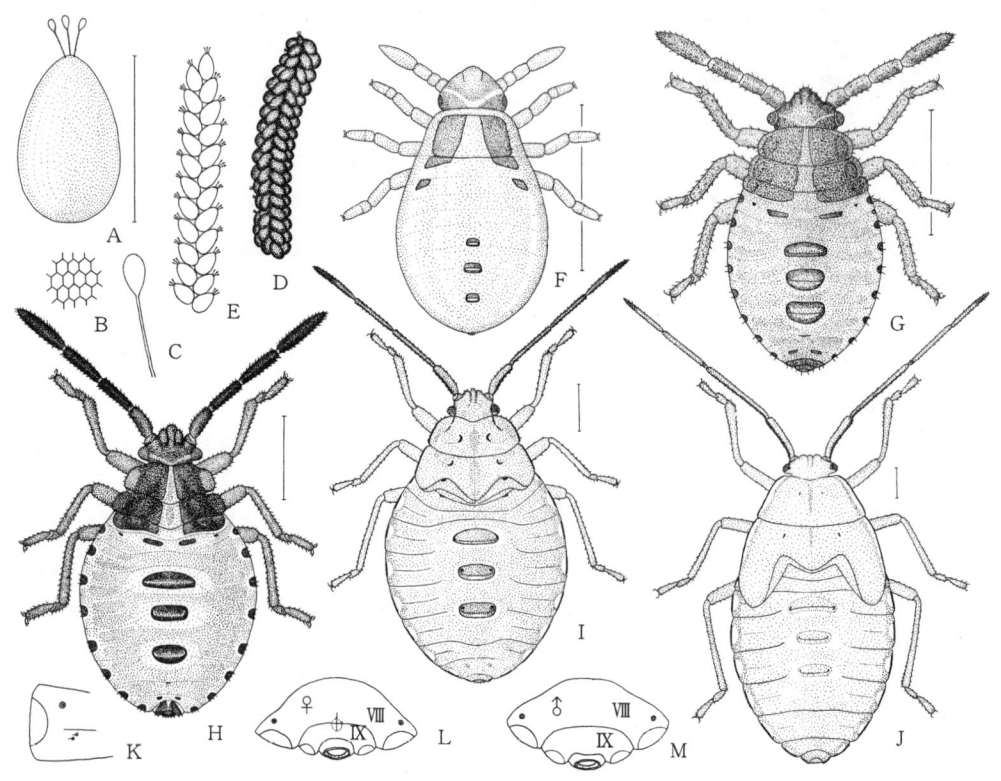

図11 ヘラクヌギカメムシ *Urostylis annulicornis* SCOTT
A. 卵，B. 卵殻の内面に認められる六角形模様，C. 受精孔突起，D. 卵塊，E. 卵塊における卵の配列，F. 第1齢幼虫，G. 第2齢幼虫，H. 第3齢幼虫，I. 第4齢幼虫，J. 第5齢幼虫，K. 同齢第4節腹面の気門と孔毛の位置，L. 同齢雌の性徴，M. 同雄．［傍線は1 mm長］．

（小林原図）

中央部の1対の腹背盤は第2および3齢においては長四辺形状，第4齢においては小点状に認められる．第6・7節境の腹背盤は第2および3齢において認められ，第4齢以後は不明瞭．第8節には第2～4齢において，中央部に1対の腹背盤様の斑紋が認められるが，第4齢のものは不明瞭．第2腹節の気門は，第3齢までは節の前部側縁にあり，背方から見え，第4齢以後は腹面側盤の前方の側縁近くにあり背方から見えない．孔毛の対をなす2個は，第2齢では円形基盤約0.5個分の狭い間隔で並び，第3齢以後はその0.5～2個分内外の間隔で並ぶ．気門は第1齢では褐色，第2および3齢では黒褐色，第4齢以後は淡黄緑色．

剛毛様短毛は頭部では前頭部のみに，胸部では前胸前部のみに，触角では第1・2節のみにあり，やや細く，短い．

第1齢：体長1.6 mm内外．各胸背長の比は2.5：1.2：1，硬化した各胸背板長の比は3.6：1.2：1．触角および口吻の各節長比は1：1.0：1.3：3.3および1：0.9：1.0：1.8．

頭部，硬化した胸背板および腹背盤は灰色，腿節基部は淡灰色，ただし頭部の縫合線，硬化した胸背板に覆われていない胸背部，硬化盤以外の腹節部その他はほぼ淡褐色．個体により側盤が褐色に見える．複眼は淡赤色（1～3齢共通）．

第2齢：体長2.3 mm内外．各胸背長の比は2.9：1.6：1，硬化した各胸背板長の比は4.3：2.7：1．触角および口吻の各節長比は1：1.0：1.4：2.7および1：1.0：0.8：1.4．

頭部，硬化した胸背板，腹背盤および腹端の2節は，頭部の縫合線を除き暗灰色ないし灰黒色．側盤は黒褐色．硬化盤以外の腹節部の中央部は淡褐色で，各節の接合線付近は淡橙褐色の横縞状をなす．触角は暗灰色，節間部は白色．脚は主として灰色．体表には油様光沢がある．

第3齢：体長3.5 mm内外．硬化した各胸背板長の比は4.5：3.3：1．触角および口吻の各節長比は1：1.3：1.6：2.1および1：1.2：0.7：1.1．

前齢とほぼ同色かやや濃色で，淡色部が斑ら状をなし，油様光沢がある．硬化盤以外の腹節部の臭腺盤および側盤の周辺部は淡黄褐色，その他は淡赤黄色と淡黄緑褐色の横縞状．触角の第1節は暗黒色，第2～4節は黒色，節間部は淡褐色．脚は淡灰褐色で油様光沢を有する．

第4齢：体長6.1 mm内外．各胸背板長の比は10.0：8.8：1．触角および口吻の各節長比は1：1.6：1.6：1.7および1：1.3：0.6：1.1．

淡緑黄色ないし淡緑黄褐色で，図（11，I）の斑紋や胸背板および側盤の外縁などは黒色か暗褐色．複眼は赤色．触角突起の前・外縁は黒色に縁どられる．触角の第1節は主として淡褐色，後縁部は暗黒色，第2～4節はほぼ一様に暗黒色，または第2・3節の背面および第4節の基半部がやや淡色．脚は淡黄白色，跗節先端は淡褐色．体表には光沢がある．

第5齢 体長9.0 mm内外．各胸背板長の比は16.4：15.7：1．触角および口吻の各節長比は1：1.7：1.3：1.2および1：1.2：0.6：0.9．

主として淡黄色ないし淡黄青緑色，胸部側縁部や側盤は帯白色，これらの外縁および図（11，J）の斑紋は帯黒色．複眼は暗赤色．触角突起は暗色を帯び，触角は淡黄褐色，ただし第1および2節の後縁部，第3節基部，第4節の先端部などは暗色を帯びる．脚は淡黄白色，跗節先端は淡褐色．

生態 埼玉県内では成虫の出現期は5月下旬～6月中旬，交尾・産卵期は11月上～下旬であり，ふ化期は2月下旬～3月上旬，第3齢への脱皮期は3月下旬～4月中・下旬である．飯能市と横浜市内で筆者（小林）が1994～1995年に観察した結果は，卵期間約105日，幼虫期間約95日，第1および2齢幼虫期間は約5～7日および23～27日であった．

8) *Urochela* DALLAS, 1850

(1) 形　態

a) 卵

卵形（ナシカメムシ）または楕円形状（ヨツモンカメムシ），長径×短径は約 9～1.3 mm×0.6～0.8 mm．受精孔突起は全長 250～330 μ 内外，頭状部は長さ 75～83 μ．ヨツモンカメムシの卵殻破砕器は丸みをもつ二等辺逆三角形状（ヨツモンカメムシの項参照）．卵塊は数卵～50 卵内外からなり，卵は互に間隔をおき，付着面に対して直立または斜立状態で，平面的塊状に並べられ，ゼラチン状物質で覆われる．

b) 幼　虫

口吻の長さの頭幅に対する比は第 2 齢までは 1.2～1.5，第 3 齢では 1.2～1.8，第 4 齢以後は 1.6～2.0 で，加齢に伴って大きくなる傾向があり，老齢では *Urostylis* より大きい．触角は全齢期を通じて長くない（ナシカメムシ）か，第 2 齢以後著しく長い（ヨツモンカメムシ）．

前胸背板は種により前縁線の中央部が第 3 齢以後僅かに湾入し，側縁後部が第 2 および 3 齢において削ぎ落とされたような形に見える．中胸背板の後縁線は中央部が後方へ第 2 齢では弱く，第 3 齢では明瞭に突出し，原小楯板が発達し始めている．後胸背板は中胸背板に比べて第 2 齢までは明瞭に広く，第 3 齢ではほぼ等しい．その後縁は種により第 4 齢から前翅包の内方が前方へ湾入し始め，後翅包が発達し始める．前脛節のグルーミング櫛の傍らは第 2 齢以後稜状に突出する．第 2 跗節は第 2 または 4 齢以後先方が太くなり長円すい形状．

3 対の臭腺開口部の間隔は第 1 齢ではほぼ等しいが，第 2 齢以後では前部のものが中・後部のもの（両者はほぼ等間隔）より広い．前部臭腺盤は角の丸い台形状，饅頭型，幼菌型などで，第 2 齢以後 3 個中最大．腹部第 1 節の側盤の内方に第 2 および 3 齢において認められる小さい腹背盤様のものは滴型か紡錘形状．腹部気門は第 2 節においては，第 3 または 4 齢までは背面側盤の前方または前方側縁に，第 4 齢以後または第 5 齢では腹面側盤の前方に位置する．第 3～8 節においては，第 2 齢までは腹面側盤の前方（ナシカメムシ）または前方側縁（ヨツモンカメムシ）に，第 3 齢以後は腹面側盤の前方または前内方に位置する．孔毛の隣り合う 2 個は第 2 齢までは円形基盤約 0.5～3 個分，第 3 齢以後はその約 0.5～5 個分の間隔で並ぶ．

第 4 齢以後に認められる剛毛様短毛は触角においては第 1 節上にのみ見られ，やや太く目立つか，やや細くあまり目立たない．

齢の検索表

1(6) 翅包は認められない．
2(5) 硬化した後胸背板は左右それぞれ小さい不等辺四辺形状か大きいへら型．
3(4) 複眼は突出しない・・第 1 齢
4(3) 複眼は顕著に突出する・・・第 2 齢
5(2) 硬化した後胸背板は左右それぞれ大きいオール型・・・・・・・・・・・・・・・・・・・・・・第 3 齢
6(1) 前翅包が明瞭に認められる．
7(8) 後翅包は認められない・・・第 4 齢
8(7) 前・後翅包が明瞭に認められる・・・・・・・・・・・・・・・・・・・・・・・・・・・・・・・・・・・・・・第 5 齢

c) 分類上の問題点

卵の全形，卵殻破砕器および卵塊の形，腹部気門の節位と齢による位置関係，臭腺盤の第 2 齢における形，第 2 齢以後における触角の相対長などがナシカメムシとヨツモンカメムシとの間で著しく

3. クヌギカメムシ科 Urostylidae （37）

異なるので，この両種を同一属に所属させておくのは無理でないかと思われる．

(2) 生　態

　Urochela 属は気温の高い9～10月（ナシカムムシ）または6～7月（ヨツモンカメムシ）に，寄主植物の樹幹や葉裏に円盤状の卵塊を産付する．卵期間は約7～8日と短い．ふ化幼虫はゼラチン状物質を吸収して第2齢へ脱皮し，さらにその残りを摂食し尽くした後，移動して樹幹の粗皮間などで越冬に入る（前者）か，または移動して寄主植物からの吸汁生活に入る（後者）．越冬を終えた第2齢幼虫は寄主の芽がほころび始めるころ（3・4月）に，芽部や新梢部に移動して吸汁生活に入る．新成虫の羽化期はナシカメムシが6月～7月上旬ごろ，ヨツモンカメムシが9月で，前者は交尾後産卵をし，後者は間もなく成虫態で越冬に入る．

9）ナシカメムシ　*Urochela luteovaria* Distant, 1881

　分布　北海道，本州，四国，九州；朝鮮半島，中国．

　成虫　体長10～13 mm．帯紫褐色で，半翅鞘革質部の基部と先端部とに黄白紋があり，雄の生殖節の後端突出部の両角からそれぞれ前方へ鋭い棘状突起が出る．

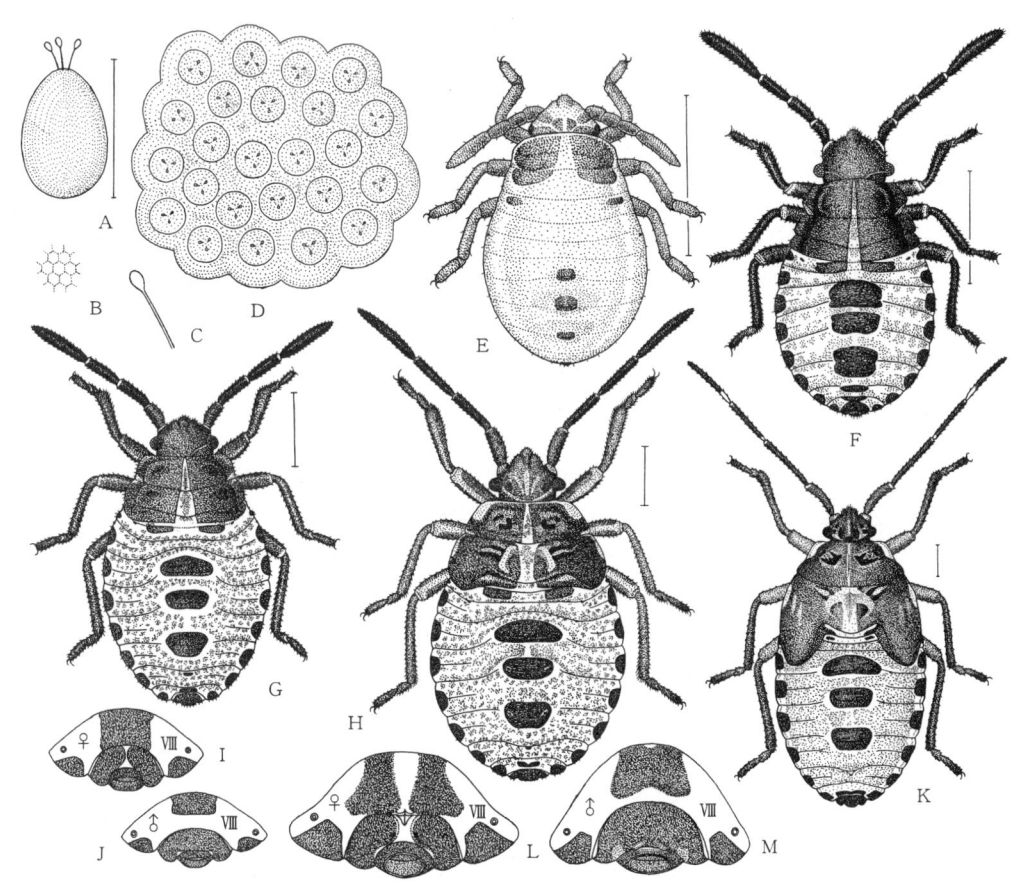

図12　ナシカメムシ *Urochela luteovaria* Distant
A. 卵，B. 卵殻の内面に認められる六角形模様，C. 受精孔突起，D. 卵塊，E. 第1齢幼虫，F. 第2齢幼虫，G. 第3齢幼虫，H. 第4齢幼虫，I. 同齢雌の性徴，J. 同雄，K. 第5齢幼虫，L. 同齢雌の性徴，M. 同雄徴．［傍線は1 mm長］．
(Kobayashi[129]―部改)

卵（図 12, A~D, Kobayashi[129], 安永ら[324]） 卵形，長径約 0.9 mm，短径約 0.6 mm，淡黄白色．受精孔突起は全長約 250 μ，頭状部は長径 75 μ．卵殻破砕器は未確認．卵塊は通常 10〜50 個内外の卵からなり，付着面に対して直立状態で並べられる；ゼラチン状物質は最初にはほぼ透明，約 1 日後ごく淡い赤褐色半透明となる．

幼虫（図 12, E~M, Kobayashi[129], 安永ら[324]） 口吻端の位置は第 1 齢では後脚基節下方，第 2・3 齢では第 2・3 腹節の下方付近，第 4・5 齢では第 2 腹節付近ないし後脚基節付近にある．口吻の長さの頭幅に対する比は第 1〜5 齢においてそれぞれ 1.3，1.5，1.8，2.0 および 2.0 で，加齢に伴って大きくなる傾向がある．触角は第 2・3 齢ではやや太い．

前胸背板の前縁線の正中部は第 3 齢以後僅かに湾入し，側縁後部は第 2 および 3 齢において削ぎ落とされたような形に見える．後胸背板は中胸背板に比べ，第 3 齢ではやや狭いかほぼ等幅，後縁線は側縁のやや内方で第 4 齢から前方へ湾入する．第 2 跗節は第 4 齢以後先方が太くなり長円すい形状．

前部臭腺盤は種と齢により角の丸い台形状，幼菌型または饅頭型．第 2 腹節の気門は，第 2 齢までは背面側盤の前方に，第 3 齢では節の前部側縁にあり，いずれも背方から見え，第 4 齢以後は腹面側盤の前方にあり，背方から見えない．第 3〜8 腹節の気門は，第 2 齢までは腹面側盤の前方に，第 3 齢以後はその前内方に位置し，背方から見えない（ヨツモンカメムシと異なる）．孔毛の対をなす 2 個は第 2 齢以後節位により円形基盤約 0.5〜2 個分の，比較的狭い間隔で並ぶ．気門は黒褐色．性徴は第 4 齢から認められ，クヌギカメムシ科の幼虫の項で前述した特徴のほかに，第 8 節中央部の黒色斑が雌では前後縁間に広がって大きいが，雄では前縁部に偏在して小さい（図 12, I, J）．第 4 齢以後に認められる剛毛様短毛はやや細く，あまり目立たない．

第 1 齢：体長 1.5 mm 内外．各胸背長の比は 1.5 : 1.3 : 1．触角および口吻の各節長比は 1 : 1.0 : 1.3 : 3.0 および 1 : 1.1 : 1.3 : 2.3．

頭部，硬化した胸背板および腹端節はほぼ灰色，頭頂部およびここから複眼前部に至る縫合線部は淡黄白色．上記の胸背板に覆われていない胸背部および硬化盤以外の腹節部はほぼごく淡い褐色半透明；腹背盤の周辺部は淡黄色．腹背盤，触角および脚はほぼ淡灰色，触角の節間部および脚の関節部は半透明．複眼は赤色．

第 2 齢：体長 2.4 mm 内外．硬化した各胸背板長の比は 3.0 : 2.3 : 1．触角および口吻の各節長比は 1 : 1.1 : 1.4 : 2.6 および 1 : 1.4 : 1.1 : 1.7．

頭部，硬化した胸背板，腹背盤，側盤，触角および脚はほぼ帯黒色ないし褐黒色，ただし頭頂部の縫合線および硬化した胸背板に覆われていない胸背部は淡褐色，触角の節間部および腿節の先端は帯白色ないしごく淡い褐色．硬化盤以外の腹節部は淡褐色で赤斑を散在する．複眼は暗色．

第 3 齢：体長 3.9 mm 内外．硬化した各胸背板長の比は 5.0 : 3.9 : 1．触角および口吻の各節長比は 1 : 1.4 : 1.5 : 2.5 および 1 : 1.4 : 1.2 : 1.5．

前齢とほぼ同色，ただし個体によって濃淡があり，硬化盤以外の腹節部が淡黄白色で，腹背盤周辺部および側盤間を除いて帯赤色斑点を密に装い，触角の第 1 節が黒色，他は漆黒色で，節間部は帯白色のものがある．

第 4 齢：体長 5.5 mm 内外．上記の各胸背板長の比は 6.8 : 5.8 : 1．触角および口吻の各節長比は 1 : 1.3 : 1.4 : 2.1 および 1 : 1.5 : 1.2 : 1.6．

前齢とほぼ同色，ただし頭部と胸部の図（12, H）の淡色部は帯白色か淡黄褐色で，正中部には赤色斑点を装う；硬化盤以外の腹節部は淡青白色ないし淡黄白色で，腹背盤の側方および側盤間を除いて赤色または暗赤色斑点を装う．脚は暗褐色，腿節の先端部は淡色，同背面も個体により濃淡の変化がある．

第5齢：体長8.5 mm内外．各胸背板長の比は10.5：10.5：1．触角および口吻の各節長比は1：1.6：1.4：1.5および1：1.4：1.3：1.6．

前齢とほぼ同色，ただし図（12, K）の淡色部は白色，淡黄白色，帯赤色など．複眼および触角は暗赤黒色，触角の節間部および第4節の基部は淡黄色；脚は暗褐色ないし黄褐色で，油様光沢を帯びる．

生態 ヤマザクラ，ソメイヨシノ，オオシマザクラなどのサクラ類，ナシ，リンゴ，ウメなどのバラ科果樹の前年に伸びた枝の芽部，新梢部，幼果などから吸汁する．バラ科果樹の新梢や幼果には被害が出ることもある（門前[193]，野津・園山[220]，高橋[280]）．

徳島県および岩手県内においては，成虫の出現期は6月～7月上旬ごろ，交尾期は8月中旬～9月中旬，産卵期は9月～10月中旬で，卵塊は主として樹幹部，特に樹皮の割れ目部や葉裏などに産付される．ふ化期は9月中・下旬～10月下旬で，9月下旬～11月上旬に第2齢になり，樹幹の粗皮の下や割れ目などに潜りこんで越冬に入る．幼虫の活動開始期は3月中・下旬～4月中旬ごろである．卵期間は徳島市内における筆者（小林）の調査で，1957年9月に約8日であった．幼虫期間は同県内では9月中・下旬～6月上旬，盛岡市内では10月～7月上旬で，共に250日内外であった．

10）ヨツモンカメムシ *Urochela quadrinotata* (REUTER, 1881)

分布 北海道，本州，四国，九州；朝鮮半島，中国，東シベリア．

成虫 体長15 mm内外．帯赤褐色で，半翅鞘上に4黒紋が正方形に並び，腹部気門の周囲は円形に黒色を帯びる．

卵（図13, A～E, 小林[150]） 楕円形状，長径約1.3 mm，短径約0.8 mm，黄色．受精孔突起は全長約330μ，頭状部は長径83μ．卵殻破砕器は丸みをもつ二等辺逆三角形状で，長さ約200μ，幅約100μ，裏側はスプーン状にくぼむ；硬化部は正面からは直線状，側面からは弧状で長さ約150μ，主として淡褐色，中央の歯は三角形状にとがり黒褐色；膜質部は透明ないしごく淡い褐色，上部につく付属膜は白色．卵塊は通常数個～20個内外の卵からなり，付着面に対して斜立状態で並べられる；ゼラチン状物質は初期には淡黄白色不透明であるが，ふ化後はごく淡い青灰色を帯びた半透明となる．

幼虫（図13, F～M, 小林[141,150]） 口吻端の位置は第2齢までは前ないし後脚基節の下方，第3齢以後は中脚基節の下方付近にある．口吻の長さの頭幅に対する比は第1～5齢においてそれぞれ1.2, 1.2, 1.2, 1.6および1.8で，老齢期に大きくなる傾向がある．触角は第2齢以後特異的に長く，体長に比べて第2齢ではほぼ等長かやや短く，第3齢以後はやや長い．

前胸背板の前縁線の正中部は各齢を通じて湾入せず，側縁後部は第2および3齢において削ぎ落とされたような形には見えない．後胸背板は中胸背板に比べ，第3齢では僅かに広いかほぼ等幅，後縁線は第4齢ではほとんど湾入しない．第2附節は第2齢以後先方が太くなり長円すい形状．

前部臭腺盤は饅頭型で，3個中第1齢では最小，第2齢以後は最大．第2腹節の気門は，第2齢までは背面側盤の前方に，第3および4齢では節の前部側縁にあり，いずれも背方から見え，第5齢では腹面側盤の前方にあり，背方から見えない；第3腹節の気門は，第2齢までは節の前部側縁部にあり背方から見え（ナシカメムシと異なる），第3および4齢では腹面側盤の前方に，第5齢ではその前内方にあり背方から見えない；第4～8腹節の気門は第1齢では節の前部側縁部にあり，第5または6節までのものは背方から見え，第2齢では腹面側盤の前方に，第3齢以後は腹面側盤の前内方にある．孔毛の対をなす2個の間隔は第2齢までは第3～5節において円形基盤約1～3個分，第3齢以後は第3～7節において同1～5個分内外．気門は第1齢では黒褐色，第2齢以後はほぼ黒色．

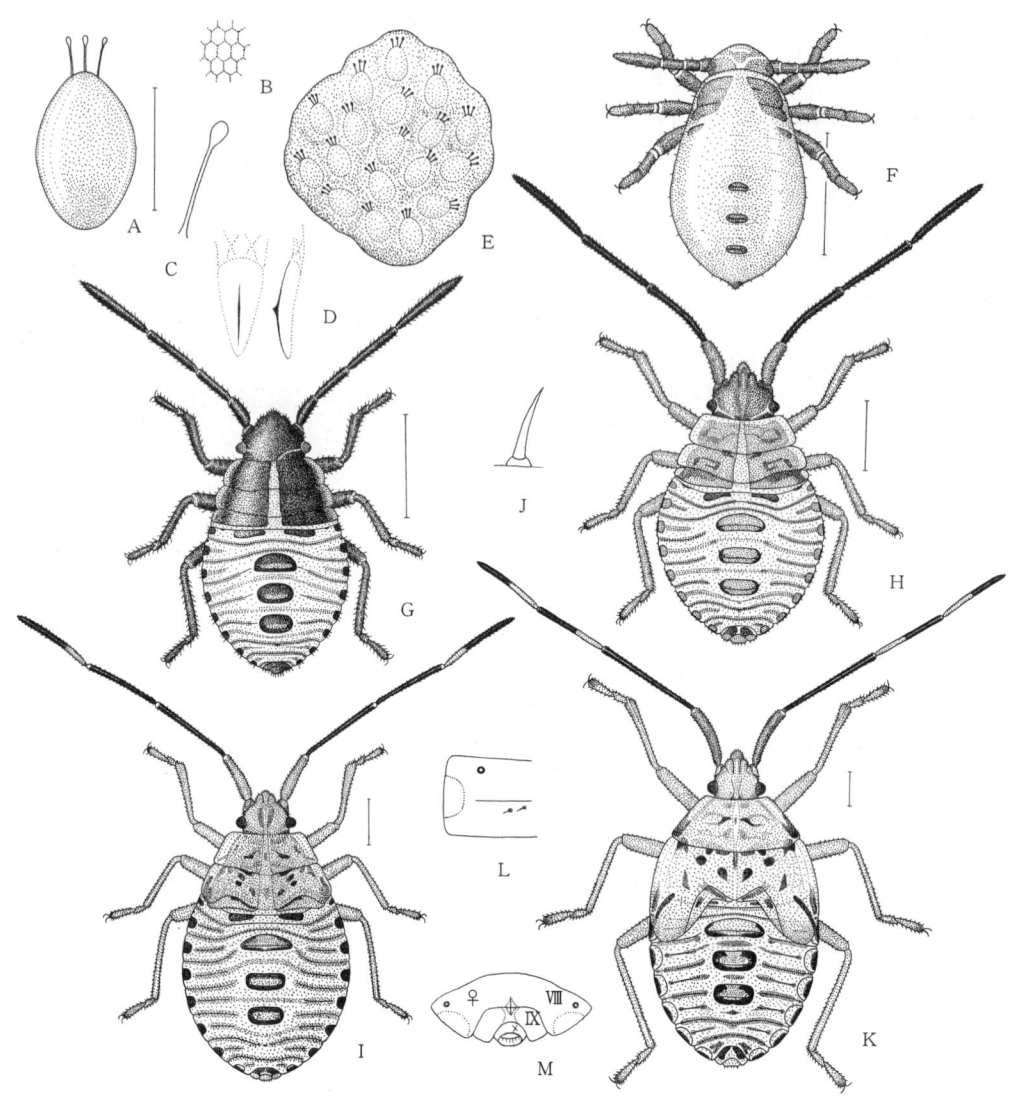

図13 ヨツモンカメムシ *Urochela quadrinotata* Reuter
A. 卵, B. 卵殻の内面に認められる六角形模様, C. 受精孔突起, D. 卵殻破砕器, 左:正面図, 右:側面図, E. 卵塊, F. 第1齢幼虫, G. 第2齢幼虫, H. 第3齢幼虫, I. 第4齢幼虫, J. 剛毛様短毛, K. 第5齢幼虫, L. 同齢第4節腹面の気門と孔毛の位置, M. 同齢雌の性徴と気門. [傍線は1mm長]. (小林原図)

剛毛様短毛は胸部では前胸背前部および原小楯板にあり,やや太く顕著.

第1齢:体長1.9 mm内外. 各胸背長の比は2.0:1.3:1. 触角および口吻の各節長比は1:1.0:1.5:3.1および1:1.1:0.9:1.6.

頭部,硬化した胸背板,腹端節,触角および脚はほぼ暗褐色で,油様光沢を有する,ただし頭部の先端部,頭頂から複眼前方に至る縫合線部,触角節間部,腿節先端部および脛節基部はやや淡色. 硬化した胸背板に覆われていない胸背部および硬化盤以外の腹節部は黄色. 腹背盤は暗色. 複眼は赤色.

第2齢:体長2.7 mm内外. 硬化した各胸背板長の比は3.7:3.7:1. 触角および口吻の各節長比は1:1.4:1.9:2.6および1:1.1:1.0:1.3.

前齢とほぼ同色かやや濃色，ただし頭部の縫合線および臭腺盤の接合線は黄色，胸背板の側縁部および腿節先端部は淡黄白色．腹節の各接合線と第2～8節の各中央の横条は橙色で，横縞状をなす；触角は漆黒色で節間部は帯白色．

第3齢：体長4.0 mm内外．硬化した各胸背板長の比は7.0：5.7：1．触角および口吻の各節長比は1：1.6：1.7：2.0および1：1.3：1.0：1.2．

頭部，硬化した胸背板，腹背盤および側盤は油様光沢を有する褐色で，図 (13, H) のように濃淡部があり，淡色部は淡黄白色．硬化盤以外の腹節部の地色は淡黄白色，各節接合線と第2～8節の各中央の横条は黄赤色で，横縞状をなし，臭腺盤間は幽かに橙黄色を帯びる．複眼は暗赤色．触角の第1節は油様光沢を有する暗褐色，第2～4節は黒色，節間部は帯赤色．脚は橙褐色，跗節先端は暗灰色．

第4齢：体長6.3 mm内外．各胸背板長の比は10.0：6.5：1．触角および口吻の各節長比は1：1.8：1.6：1.8および1：1.3：1.1：1.1．

頭部および胸部はほぼ淡灰黄褐色で，図 (13, I) のように暗黒色または褐黒色部があり，胸背正中部その他が淡赤色を帯びる．硬化盤以外の腹節部は淡黄褐色，各節接合線と第2～8節の各中央の横条は赤色で横縞状をなし，中および後部臭腺盤の側方は淡橙色を帯びる．腹背盤および側盤は主として暗黒色，臭腺盤の中央部は淡黄褐色または淡橙黄色．複眼は赤黒色．触角の第1節はほぼ暗黄褐色，第2，3節および第4節の先半部は黒色，第4節の基半部は黄色，第3節両端の節間部は赤色．脚はほぼ淡黄褐色，跗節先端は暗．

第5齢：体長9.6 mm内外．各胸背板長の比は17.5：13.5：1．触角および口吻の各節長比は1：1.8：1.3：1.3および1：1.2：0.8：0.9．

前齢とほぼ同色かやや淡色，個体により地色は頭部では淡黄褐色と淡灰色，胸部では淡黄色か淡青黄色，前部臭腺盤および側盤では淡黄白色，中および後部臭腺盤では淡黄褐色で，図 (13, K) の濃色部は暗褐色，黒褐色，暗黒色または帯赤褐黒色．腹節部の後半部は腹背盤と側盤との中間部で淡青色を帯びる．触角の第2節および第3・4節の各先半部は漆黒色，第3・4節の各基半部は黄色．

生態 オヒョウ，ハルニレ，ケヤキ，ハシバミなどの新梢部や葉から吸汁する．

成虫態で樹木などの隙間，岩石の割れ目の中，落葉間などで越冬する（四戸[264]）．家屋内で越冬することもあり，建具や器具の隙間に潜む（小林・木村[158]）．交尾・産卵期は東北地方では6月中・下旬～7月上旬で，卵塊は寄主植物の葉裏に産付される（写真1）．ふ化期は6月下旬～7月中旬であ

写真1　ヨツモンカメムシ
左：オヒョウ葉裏の卵塊，右：卵塊を被覆するゼラチン様物質を摂食する第1齢幼虫群　　　　　　　　　　　　　　　　　　　　　　　（小林[150]）

る．第2齢幼虫は，ゼラチン状物質の残りを摂食した後，分散して新梢部や葉からの吸汁生活に入り，新成虫は9月ごろに出現する．盛岡市内での筆者（小林）の観察では，1968年6月28日に産卵された卵の卵期間は7日，第1および2齢幼虫期間は3日と7日であった．

成虫の触角に形態的異状が現れることがしばしばある．田中[289,290]も指摘しているように，本種の触角は著しく細長く，老齢幼虫期から折損し易い．

4．マルカメムシ科 Plataspidae

日本に分布する既知種は次の3属12種，発育期が究明された種は＊印を付した3種である．
① ヒメマルカメムシ ＊*Coptosoma biguttulum* MOTSCHULSKY
② タデマルカメムシ ＊*C. parvipictum* MONTANDON
③ クズマルカメムシ *C. semiflavum* JAKOVLEV
④ クロマルカメムシ *C. chinensis* SIGNORET
⑤ オオマルカメムシ *C. capitatum* JAKOVLEV
⑥ シャムマルカメムシ *C. siamicum* WALKAR
⑦ キボシマルカメムシ *C. japonicum* MATSUMURA
⑧ ミヤコキベリマルカメムシ *C. sphaerula* (GERMAR)
⑨ マルカメムシ ＊*Megacopta punctatissima* (MONTANDON)
⑩ タイワンマルカメムシ *M. cribraria* (FABRICIUS)
⑪ ツヤマルカメムシ *Brachyplatys subaeneus* (WESTWOOD)
⑫ クロツヤマルカメムシ *B. vahlii* (FABRICIUS)

1）生態的特性

主として寄主植物の1年生の茎や葉柄などに寄生して，汁液を吸収して生活する．卵は葉柄の付け根，茎，葉裏などに産付され，幼虫は成虫と同じ部分から吸汁して育つ．マメ科作物を吸害する害虫を含む．成・幼虫とも強い臭気を発散し，群れる習性をもつ．またマルカメムシは成虫が晩秋期に人家へ群をなして飛来し，日干し中の洗濯物や寝具などに付着して汚染したり，屋内に侵入して不快感を起こさせたりする．稀に耳の中に入り，衛生的問題を起こすこともある．

2）形態的特徴

（1）成虫

体長3〜5mm内外，体は球形に近い．小楯板は極めて大きく，ほとんど腹部全体を覆う．前翅は長く，収納時には膜質部の基部で折り畳まれる．跗節は2節．

（2）卵

研究できた2属3種について以下の特徴が認められる．卵は独特な横長の壺形，初期には淡黄白色．卵殻は白色または白色半透明で，表面はスポンジ様の蜂巣状で，これに小棘状突起を装う（*Coptosoma*）か装わない（*Megacopta*）．受精孔突起は円筒状．卵殻破砕器は丸みを帯びた逆三角形状，骨格部はT字型で硬化し，中心の1歯はとがり黒褐色，膜質部はほぼ透明．卵塊は卵の底部が特定の角度で互い違いに向き合う2列の卵列からなる．

（3）幼虫

研究できた2属3種について以下の特徴が認められる．

体は卵形か楕円形状，背面へ膨隆するが，腹面はほぼ偏平で，周縁部はごく薄くなる．

頭部中葉は第1齢では広く，側葉より著しく長く，前下方へ突出するが，加齢に伴い相対的に短く，かつ狭くなる．側葉の前部は狭く，前側縁線は第1～3齢期には中央部ないし後部が弱く湾入するが，老齢期には全体的に滑らかな放物線をなす．複眼は第1齢では円盤状であまり突出しないが，第2齢以後は半球状に顕著に突出する．触角は第1節が長く，第2齢以後は全体的にやや短い．口吻の第1節は上唇の基部から後方へ離れた部分から出ており，前縁部が広く，後縁部が狭い逆台形状で，正中部がV字型に陥入している；第2節は基部の節間部で屈折して斜め下後方に伸び，中部から後方へ湾曲し，第3および4節はほぼ真っ直ぐに後方へ伸びる．

硬化した胸背板は第1齢では胸背の大部分を，第2齢以後はほぼ全面を覆うが，第4齢までは齢の後期に体の膨れに伴って正中部で左右に開く．中胸背板は第1齢ではほぼ逆台形状，各齢を通じ前角のやや後方部分が丸く側方へ突出し，この部分の幅は3胸節中最も広い；後縁線は第2齢から後方へ弱く突出し，原小楯板が発達し始める；前翅包の発達は第4齢から認められる．後胸背板は左右それぞれ第2齢までは長刀刃型，第3齢ではほぼ長刀刃型ないし矛刃型．脛節の断面はほぼ丸く，稜部が認められない．前脛節にグルーミング櫛と，2～4棘をもつグルーミング剛毛を備える．

対をなす臭腺開口部はそれぞれ1個の腹盤上にあり，その間隔は各齢を通じて前部のものが中・後部のもの（この両者はほぼ等幅）より著しく狭い．前部臭腺盤は紡錘形か楕円形または長楕円形で，3臭腺盤中最小，中部臭腺盤はほぼ長楕円形状か浅鉢型または糸巻型で3個中最大，後部臭腺盤は長楕円形状か短いソーセージ型または変形浅鉢型．第2齢以後は臭腺中および後部開口部に，各1個の顕著な牙状突起を備える（図14～16，O）．第1・2腹節には腹盤を欠く．側盤は第1齢では各節のものが独立しており，第1節のものがごく小さいが，第2齢以後は第1・2節のものが両節にまたがる長型の1個となり，他のものより大きい；外縁には顕著な長毛を装い，この基部は突出する．腹部気門は第2～8節腹面に左右1対ずつ開口し，第2節のものは側盤の中部ないし後寄りの内方に，第3～8節のものは側盤の中部ないし前寄りの内方に位置する．孔毛は第3～7節にあり，第2または3齢までは気門の内後方に1個のみ認められ，第3または4齢以後では気門の後内方に2個が狭い間隔で前後に並ぶ．

体表には点刻を欠き，頭部，胸部，腹背盤，側盤，これら以外の腹節部，触角および脛節に帯白色，褐色，褐黒色などの顕著な長・短毛を装う．体上には種により独特な形態の毛を混生することがあり，長毛の位置は若齢期ほど規則的である．

齢の検索表

1 (6) 翅包は認められない．
2 (5) 側盤外縁の顕著な長毛は3本以下．
3 (4) 側盤外縁の顕著な長毛は1本 ··第1齢
4 (3) 側盤外縁の顕著な長毛は3本 ··第2齢
5 (2) 側盤外縁の顕著な長毛は4本以上 ··第3齢
6 (1) 前翅包が認められる．
7 (8) 後翅包は認められない ···第4齢
8 (7) 前・後翅包が明瞭に認められる ··第5齢

3) 発育期における2属の識別

卵は，卵殻表面に *Coptosoma* では棘状小突起を密生するが，*Megacopta* ではそれがない．幼虫においては第1齢の後胸背板上の顕著な毛が *Coptosoma* では3対であるが，*Megacopta* では2対である．第2〜5齢では体上の顕著な毛が *Coptosoma* では針状長毛と同短毛および強く曲がった短毛または槍穂型短毛の3または2種類であるが，*Megacopta* では針状長毛と槍穂型短毛，長刀刃型長毛および鳶（とび）口型短毛の4種類である．

4) *Coptosoma* LAPORTE, 1832

(1) 形　態

a) 卵

卵殻表面のスポンジ様の蜂巣状構造の上に棘状小突起を密に装う．受精孔突起は円筒形状で，中央部でくびれるか，下部が広がる．卵殻破砕器の骨格部は主として淡褐色．卵塊は8〜14個内外の卵よりなり，各卵の長軸が卵塊の長軸となす角度は約36〜55°．

b) 幼　虫

体は第2齢以後ほぼ楕円形状．

孔毛は第3齢までは気門の内後方に1個ずつあり，第4齢以後は気門の後内方に2個ずつあり，これが前後に接近して並ぶ．性徴は第5齢幼虫の第8・9節腹面に認められる．雌では第8節の中央部に後縁から節のほぼ1/3ないし中ほどに達するくぼみが認められ，この中央に黒褐色の1縦溝がある．第9節は短く，中央部が弱くくぼむ．雄では両節の中央部は平坦で上記特徴を有せず，第9節は長い．

体上の顕著な毛は，第1齢では後胸背板上に3対あり，第2齢以後では体上に針状長毛と同短毛および強く曲がった短毛または槍穂型短毛の3または2種類があり，長刀刃型および鳶口型の短毛を有しない．脚の短毛は淡褐色．

5) ヒメマルカメムシ *Coptosoma biguttulum* MOTSCHULSKY, 1859

分布　本州，四国，九州；朝鮮半島，中国，シベリア東部．

成虫　体長3.5〜4.5 mm．光沢ある黒色で，小楯板基部両側に小黄色紋があり，これと背面の点刻が次種より小さい．

卵（図14，A〜E）　長径約0.9 mm，短径約0.5 mm．卵殻は白色，先端が微球状の小棘状突起を密生する．受精孔突起は中央でくびれた円筒形状（タデマルカメムシと異なる），長さ25 μ で，40〜50個内外．卵殻破砕器は縦長約130 μ，横幅約200 μ，主として淡褐色．卵塊は8個内外の卵よりなり，これらが卵塊の長軸となす角度は約55°．

幼虫（図14，F〜O）　頭部中葉は第4齢では側葉とほぼ等長，第5齢では側葉よりやや短く，前縁は狭い．口吻はやや長く，先端は第1齢では第6腹節付近に達するが，加齢に伴って相対的に短くなり，齢の末期に第2齢では第4腹節付近に，第3および4齢では第3腹節付近に，第5齢では第3または2腹節付近に達する．

中胸背板の側縁線はほぼ弧状．前脛節のグルーミング剛毛は第3齢までは2・3本，第4齢以後は3・4本．

前部臭腺盤は楕円形ないし長楕円形状，中および後部臭腺盤は第1齢では浅鉢型（タデマルカメムシと異なる），この前者は第2〜4齢では前縁中央部が弱く湾入した長楕円形状，後者は第2齢では長

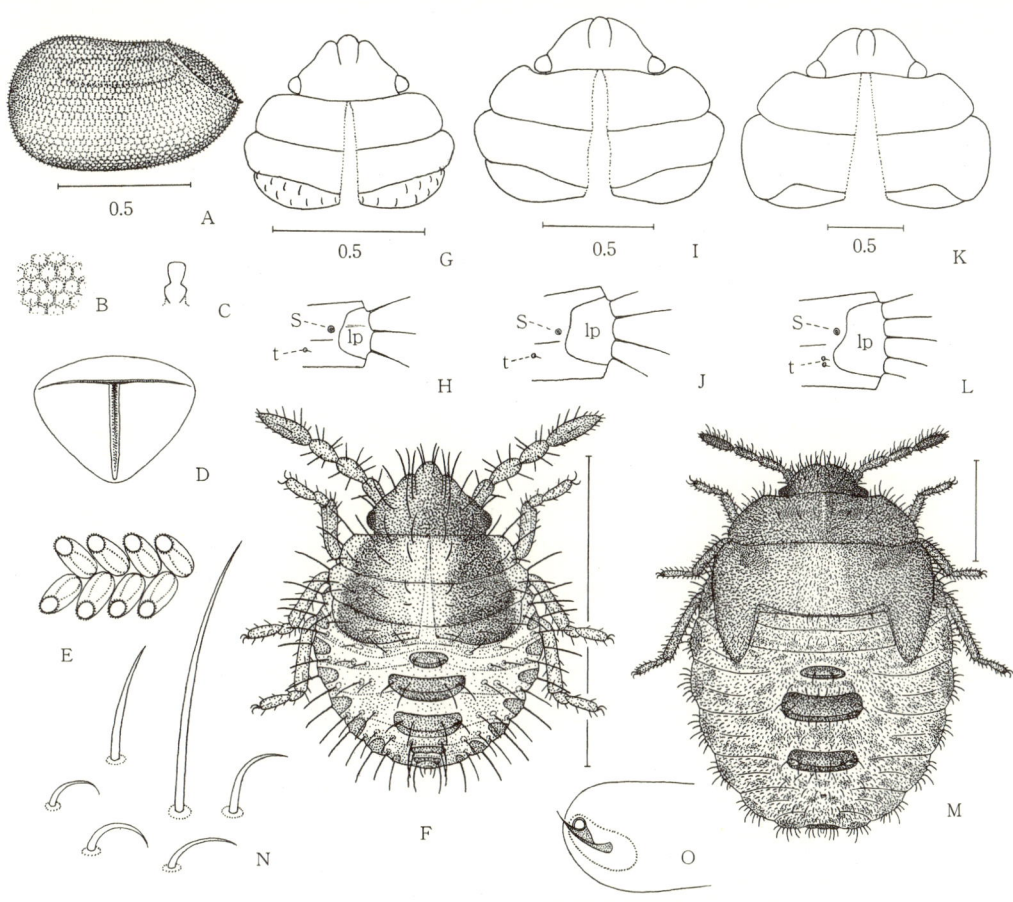

図14 ヒメマルカメムシ *Coptosoma biguttulum* MOTSCULSKY
A. 卵；B. 卵殻表面の蜂巣状構造；C. 受精孔突起；D. 卵殻破砕器；E. 卵塊；F. 第1齢幼虫；G. 第2齢幼虫の頭部および胸背板の形状と後胸背板上の顕著な毛の位置；I・K. それぞれ第3および4齢幼虫の頭部および胸背板の形状；H・J・L. それぞれ第2，3および4齢幼虫の第5腹節腹面の側盤 (lp)，気門 (s)，孔毛 (t) および側盤外縁の顕著な毛の位置；M. 第5齢幼虫；N. 第2～5齢幼虫体上の顕著な毛の種類；O. 臭腺開口部の牙状突起．［無指示の傍線は1mm長］

(小林原図)

楕円形と逆台形の中間的形状，第3および4齢では長楕円形状，第5齢では両者ともソーセージ型．第7および8節の腹背盤は第1齢では中央で弱くくびれた変形長方形状で小さく各1個，第2および5齢では第7節にのみ認められ，前者は三角形状，後者は点状．側盤は第1齢では半楕円形状，第2齢以後は前後にやや長い不等辺四辺形状，外縁は弧状，第8節のものの後縁は各齢を通じ第9節より後方へ突出しない．孔毛は第4齢以後において2個が接触しないで並ぶ．

体上には第2齢以後針状長・短毛のほかに黒色または淡褐色の，強くあるいは緩やかに曲がった短毛（図14, N）が認められる（タデマルカメムシと異なる）．

第1齢：体長1.2mm内外．顕著な長・短毛は図 (14, F) のとおりで，後胸背板上には3対，第1～8節の側盤の外縁には1本ずつあり，体外縁のものは特に長い．各胸背板長の比は4.0：3.7：1．触角および口吻の各節長比は1：1.1：1.0：2.0 および1：1.6：1.4：1.8．

頭部，胸背板，腹背盤および側盤は淡ないし暗褐色．硬化盤以外の腹節部は主として淡青白色で，部分的に淡褐色，淡赤褐色などを帯びる．複眼は淡赤色．触角および脚は主として淡黄褐色．

第 2 齢：体長 1.7 mm 内外．顕著な長・短毛は前齢より僅かに増え，後胸背板上に 10 対（図 14, G），第 2～6 腹節の側盤の外縁に 3 本（図 14, H）を装う．各胸背板長の比は 4.3：3.4：1．触角および口吻の各節長比は 1：1.0：0.9：1.7 および 1：1.6：1.4：1.5．

前齢とほぼ同色，ただし硬化した胸背板に覆われていない胸背部や胸背盤周辺部は黄白色，触角および脚は部分的に暗色．

第 3 齢：体長 2.0 mm 内外．顕著な長・短毛は前齢より短くなり，数が僅かに増え，第 2～6 腹節の側盤外縁のものは 4 または 5 本となる（図 14, J）．各胸背板長の比は 6.1：5.6：1．触角および口吻の各節長比は 1：0.9：0.8：1.4 および 1：1.5：1.3：1.6．

体は前齢とほぼ同色かやや濃色，ただし硬化盤以外の腹節部には淡褐色斑が散在する．触角第 1～3 節は淡黄褐色または灰色，第 4 節は暗褐色または暗色，節間部は淡色．脚は淡ないし暗褐色，跗節先端は暗色．

第 4 齢：体長 2.5 mm 内外．顕著な長・短毛は前齢より短くなり，数が僅かに増え，第 2～6 腹節の側盤外縁のものは 5 または 6 本となる（図 14, L）．各胸背板長の比は 6.6：6.0：1．触角および口吻の各節長比は 1：0.9：0.9：1.4 および 1：1.5：1.3：1.5．

前齢とほぼ同色，ただし硬化盤以外の腹節部は帯白色，帯赤色，淡青色などの斑状．複眼は赤色．

第 5 齢：体長 3.9 mm 内外．顕著な長・短毛は前齢より短く，やや密となり，第 2～6 腹節の側盤外縁のものは 6 または 7 本となる．各胸背板長の比は 15.0：13.5：1．触角および口吻の各節長比は 1：1.1：1.0：1.5 および 1：1.6：1.2：1.3．

前齢とほぼ同色かやや濃色，ただし硬化盤以外の腹節部は淡緑白色の地に暗赤色または黄赤色斑が散在し，第 1 および 2 節の前部は淡緑灰色を帯びる．複眼は暗赤色．

生態 ヤマハギ，マルバハギその他のハギ類やクサフジなどのマメ科植物の茎や葉柄部から吸汁する（四戸[(263)]）．ダイズやアズキなどのマメ科作物を吸害することもある．

岩手県盛岡市内での観察では，越冬後の成虫は 7・8 月に交尾・産卵し，幼虫はその後約 3 カ月間にわたって見られ，食草の茎や葉柄部から吸汁して育ち，新成虫は 10・11 月ごろ出現する．卵塊は寄主植物の葉裏などに産付され，卵期間は筆者（小林）の調査で，1968 年 8 月上旬に 7 日であった．年 1 世代で，新成虫は晩秋期より草むらの株元，石下，枯草の間，朽木中などに潜入して越冬する（名和[(214)]）．

6）タデマルカメムシ *Coptosoma parvipictum* MONTANDON, 1893

分布 本州，四国，九州；中国，済州島．

成虫 体長 3～4 mm．前種に酷似するが，小楯板の後縁は狭く黄色に縁どられる．

卵（図 15, A～E）長径約 0.8 mm 短径約 0.4 mm．卵殻は白色半透明，先端が球状の小棘状突起を前種より疎らに装う．受精孔突起は円筒形状で下部が広がり，長さ 32 μ で，23～25 個内外，背面の 1～3 個は小形．卵殻破砕器は縦長約 130 μ，横幅約 210 μ，横軸は基部では淡褐色，側端部はほぼ透明，縦軸はごく淡い褐色半透明．卵塊は 3～11 卵内外，平均 5.2 卵よりなり，卵の長軸が卵塊の長軸となす角度は約 36°．

幼虫（図 15, F～O）頭部中葉は第 4 齢では側葉より僅かに長く，第 5 齢では側葉とほぼ等長で，前縁は著しく狭くはない．口吻はやや長く，先端は第 1～3 齢では第 4 腹節付近に，第 4 および 5 齢では第 3 節付近に達する．

中胸背板の側縁線はほぼ弧状であるが，第 3 および 4 齢においては弱く湾入する．前脛節のグルーミング剛毛は第 3 齢までは 2・3 本，第 4 齢以後は 4 本．

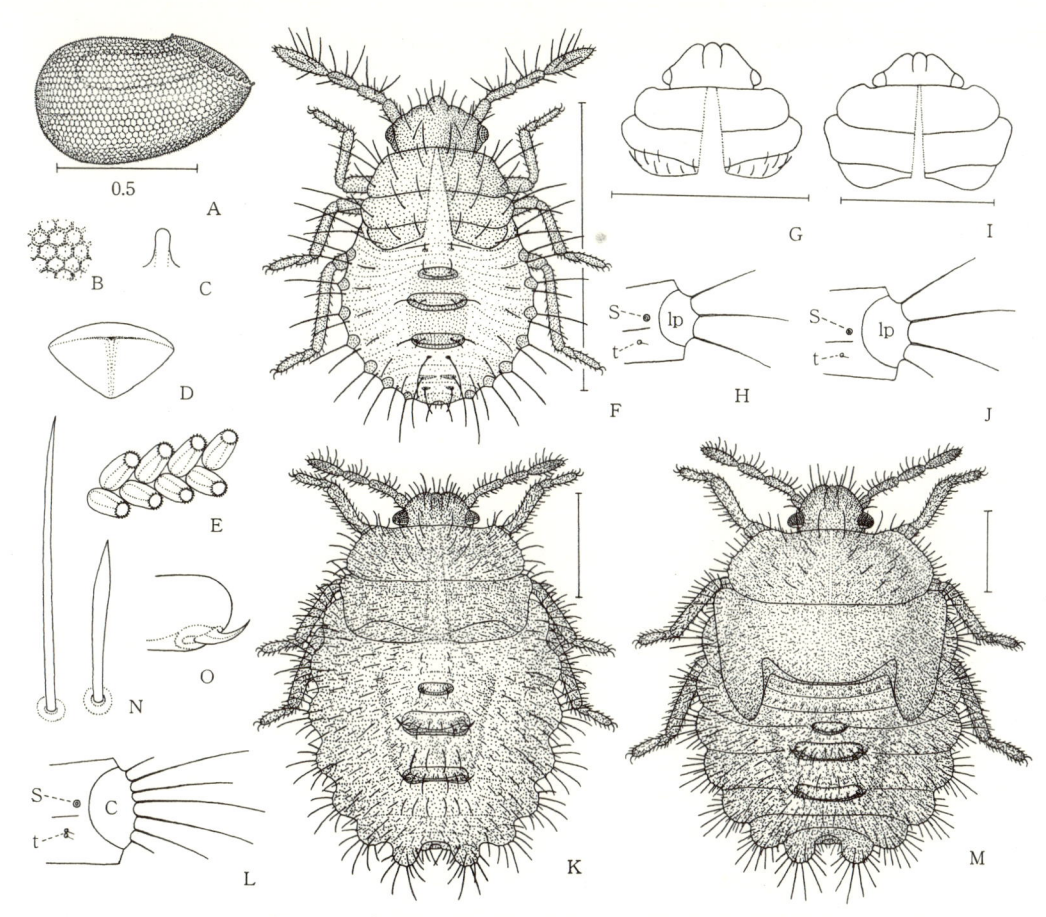

図15 タデマルカメムシ *Coptosoma parvipictum* MONTANDON
A. 卵；B. 卵殻表面の蜂巣状構造；C. 受精孔突起；D. 卵殻破砕器；E. 卵塊；F. 第1齢幼虫；G. 第2齢幼虫の頭部および胸背板の形状と後胸背板上の顕著な毛の位置；I. 第3齢幼虫の頭部および胸背板の形状；K. 第4齢幼虫；H・J・L. それぞれ第2, 3および4齢幼虫の第5腹節腹面の側盤 (lp), 気門 (s), 孔毛 (t) および側盤外縁の顕著な毛の位置；M. 第5齢幼虫；N. 第2〜5齢幼虫体上の顕著な毛の種類；O. 臭腺開口部の牙状突起．[無指示の傍線は1 mm長].

(小林原図)

　前部臭腺盤は各齢ともやや長い楕円形状，中部臭腺盤は一層長い楕円形状で第3齢以後中央部が弱くくびれる．後部臭腺盤は長楕円形状ないし短いソーセージ型．第7および8節の腹背盤は第1齢においてのみ1対認められ，小さい披針形状．側盤は第1齢ではほぼ半円形状，第2齢以後は前後に長い短楕円形状，外縁は弧状，第2齢以後第8節の後縁は第9節の後縁より後方へ突出する．孔毛は第4齢以後において，2個がほぼ接触して並ぶ．

　体上には第2齢以後針状長毛と槍穂型短毛（図15, N）とを装う（ヒメマルカメムシと異なる）．

　第1齢：体長1.1 mm内外．顕著な長・短毛は図 (15, F) のとおりで，後胸背板上には3対，第1〜8節の側盤の外縁には1本ずつあり，体側縁および後部のものは特に長い．各胸背板長の比は3.4：2.4：1．触角および口吻の各節長比は1：1.2：1.2：2.2および1：1.8：1.7：1.9.

　頭部，胸背板，腹背盤，側盤，触角および脚は主として淡褐色．硬化盤以外の腹節部は主として淡黄緑色，臭腺盤間は淡黄赤色，各腹節の中央部は横縞状に淡赤黄色を帯びる．複眼は淡赤色（各齢）．

　第2齢：体長1.7 mm内外．顕著な長・短毛は前齢より僅かに増え，後胸背板上のものは7対（図

15, G), 第2～6腹節の側盤の外縁のものは3本（図15, H）となる．各胸背板長の比は6.0：5.0：1. 触角および口吻の各節長比は1：1.1：1.1：1.9および1：2.1：1.7：1.9.

前齢とほぼ同色，ただし個体により，胸部が淡黄緑色となり，硬化盤以外の腹節部の中央部と各腹節の中央部が部分的に淡橙黄色を帯びる．

第3齢：体長2.3 mm内外．顕著な長・短毛は前齢より僅かに増え，第2～6腹節の側盤の外縁のものは4または5本（図15, J）となる．各胸背板長の比は8.5：7.0：1. 触角および口吻の各節長比は1：1.2：1.1：1.8および1：1.8：1.5：1.8.

体はほぼ淡黄褐色，硬化盤以外の腹節部の中央部および腹部の顕著な毛の基盤の周囲は円形に白色を帯びることが多い．触角および脚は淡褐黄色．

第4齢：体長3.6 mm内外．顕著な長・短毛は前齢より僅かに増え，これらは黒色，白色，褐色などを帯び，第2～6腹節の側盤外縁のものは6または7本（図15, L）となる．各胸背板長の比は6.0：5.8：1. 触角および口吻の各節長比は1：1.1：1.1：1.5および1：1.9：1.5：1.7.

前齢とほぼ同色，ただし硬化盤以外の腹節部は淡く緑色を帯び，側盤は淡黄白色で，触角の先端部が淡橙色を帯びることがある．

第5齢：体長4.7 mm内外．顕著な長・短毛は前齢とほぼ同数で同色．各胸背板長の比は51.0：50.0：1. 触角および口吻の各節長比は1：1.4：1.3：1.8および1：2.0：1.4：1.7.

前齢とほぼ同色，ただし腹背盤とこの周辺部は白色と淡赤褐色の斑状で，腹背盤の側方の腹節上にやや不明瞭な赤褐色縦条を現す．

生態 ママコノシリヌグイ，イヌタデ，ミズヒキ，ギシギシその他のタデ科植物の茎や葉柄部から吸汁する（川沢・川村[94]，矢野[323]）．

徳島県および神奈川県内における筆者（小林）の観察では，越冬後の成虫は5月下旬～6月下旬ごろ交尾・産卵し，幼虫はその後約2カ月間にわたってみられ，食草の茎や葉柄部から吸汁して育ち，新成虫は7月下旬～8月下旬に出現する．卵塊は食草の葉裏などに産付される．6月上・中旬の卵期間は，徳島市内では1955年に8日，横浜市内では1995年に11日であった．年1世代で，新成虫は晩秋期より前種と同様な場所で越冬に入る．

7）マルカメムシ *Megacopta punctatissima*（MONTANDON, 1894）

分布 本州，四国，九州，対島，屋久島；韓国．

成虫 体長4.5～5.7 mm．光沢ある黄褐色で黒色点刻を密布する．小楯板に斑紋を欠く．

卵（図16, A～E, 小林[154]，安永ら[324]）

長径約0.9 mm，短径約0.5 mm．初期には淡黄白色，幼胚の発育につれて淡赤褐色に変わり，光線の具合により虹色を現す．卵殻は白色，表面のスポンジ様の蜂巣状構造の上に小棘状突起はない（*Coptosoma*と異なる）．受精孔突起は円筒形で下部が広がり，長さは35 μ，13～15個内外で，背面の2・3個はやや小形．卵殻破砕器は縦長約200 μ，横幅約260 μ，横軸の基部は淡橙色，その側端部および縦軸はごく淡い褐色半透明．卵塊は12～28個内外の卵よりなり，卵の長軸が卵塊の長軸となす角度は約80°．

幼虫（図16, F～P, 小林[154]，安永ら[324]） 頭部中葉は第4齢では側葉より僅かに長く，第5齢では側葉とほぼ等長で，前縁は狭い．口吻はやや長く，先端は第1齢末期に第5腹節付近に達するが，加齢に伴って短くなり，第4および5齢末期には第3節付近に達する．

中胸背板の側縁線はほぼ弧状であるが，第4齢においては弱く湾入する．前脛節のグルーミング剛毛は第3齢までは2・3本，第4齢以後は4本．

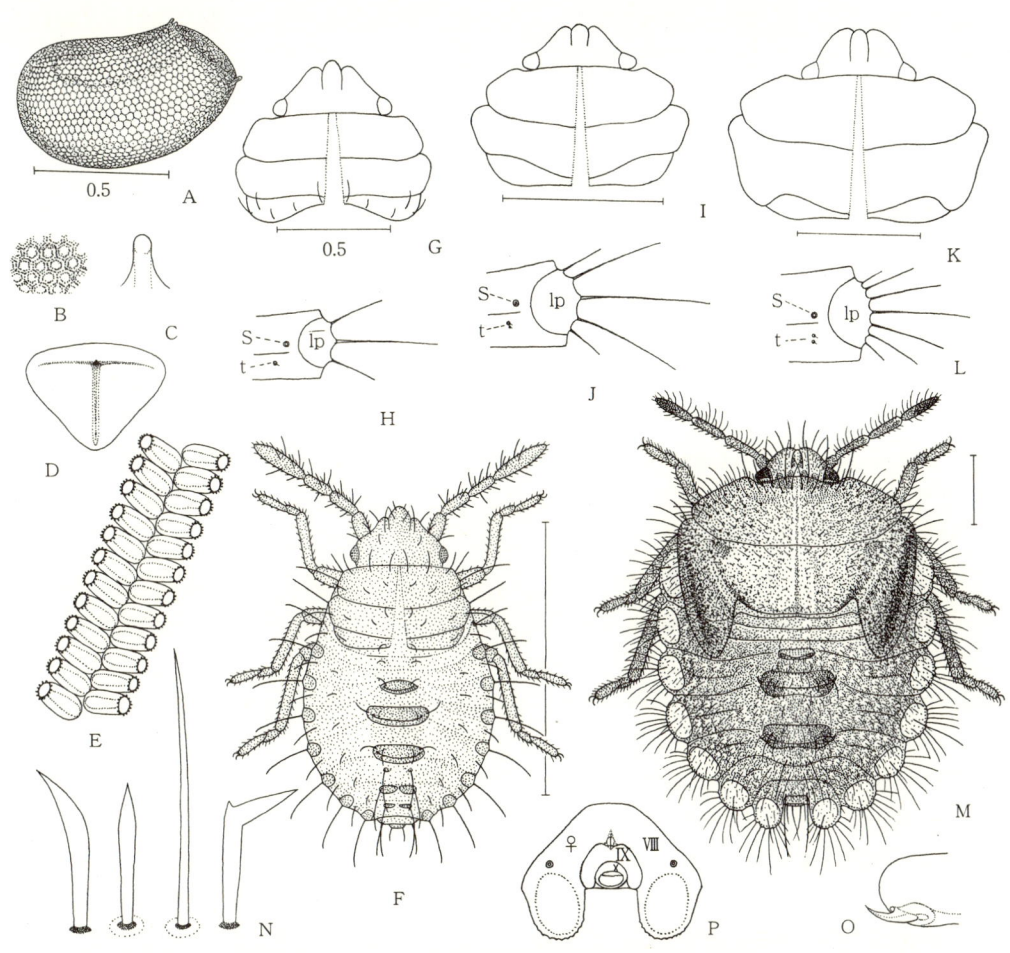

図16 マルカメムシ *Megacopta punctatissima* (MONTANDON)
A. 卵;B. 卵殻表面の蜂巣状構造;C. 受精孔突起;D. 卵殻破砕器;E. 卵塊;F. 第1齢幼虫;G. 第2齢幼虫の頭部および胸背板の形状と後胸背板上の顕著な毛の位置;I・K. それぞれ第3および4齢幼虫の頭部および胸背板の形状;H・J・L. それぞれ第2,3および4齢幼虫の第5腹節腹面の側盤 (lp), 気門 (s), 孔毛 (t) および側盤外縁の顕著な毛の位置;M. 第5齢幼虫;N. 第2～5齢幼虫体上の顕著な毛の種類;O. 臭腺開口部の牙状突起;P. 終齢雌の性徴と気門の位置. [無指示の傍線は1mm長].

(小林[154]―部改)

　前部臭腺盤は第1齢では短紡錘形状，第2齢以後は楕円形状；中部臭腺盤は第2齢まではやや長い楕円形状，第3・4齢では中央部の前・後縁線がほぼ平行か弱く湾入した長楕円形状，第5齢では糸巻型. 後部臭腺盤は第3齢まではやや長い楕円形状，第4齢以後は中部のものとほぼ同形. 第7および8節の腹背盤は小楕円形状で，第1齢のみに1対認められる. 側盤は第1齢では半楕円形状，第2齢以後は前後に長い短楕円形状，外縁は弧状，第2齢以後第8節のものの後縁が第9節後縁より後方へ突出する. 孔毛は気門の後内方にあり，第2齢までは1個ずつ認められ，第3齢以後は2個が前後に並ぶが，第3齢では2個は接近し後側のものは小さく(図16，J-t)，第4および5齢では2個はほぼ等大で，その間隔は円形基盤1個分くらいと狭い. 性徴は第5齢の第8および9腹節腹面に認められ，雌では第8節の中央後縁部に三角形状のくぼみがあり，第9節の中央前縁部に楕円形隆起部が認められ，両者の中央に褐色の1縦溝を有する. 雄では両節の中央部が平坦で，上記特徴が認められない. また，正中線上における第8および9節長の比は雌雄それぞれ3.2：1および1.3：1で，雌で

は第9節が著しく短い．

体上の顕著な毛は，第1齢では後胸背板上に2対あり，第2齢以後は体上に弱く曲がった針状長毛，槍穂型短毛，長刀刃型長毛および鳶口型短毛の4種類（図16, N）がある（*Coptosoma* と異なる）．

第1齢：体長1.2 mm内外．顕著な長・短毛は図（16, F）のとおりで，後胸背板上には2対，第1～8節の側盤の外縁には1本ずつあり，体側縁および後部のものは特に長い．各胸背板長の比は4.5 : 3.0 : 1．触角および口吻の各節長比は1 : 1.1 : 1.1 : 2.2および1 : 2.0 : 1.5 : 2.0．

頭部，胸背板および側盤は淡褐色，硬化した胸背板に覆われていない胸背部は淡黄白色．腹背盤は黄褐色．硬化盤以外の腹節部は主として淡黄褐色，ただし腹背盤間は淡赤色，その側方は帯白色，各腹節の前縁部は僅かに濃色で不明瞭な横縞を現し，顕著な毛の基部の周囲は円形に白色を帯びる．複眼は淡赤色．触角および脚は胸背板より淡い淡褐色．

第2齢：体長1.7 mm内外．顕著な長・短毛は僅かに増え，後胸背板上には5対，第2～6節の側盤の外縁には3本（図16, H）を装う．各胸背板長の比は5.5 : 4.8 : 1．触角および口吻の各節長比は1 : 1.1 : 1.2 : 1.9および1 : 1.8 : 1.3 : 2.0．

前齢とほぼ同色，だし頭部と胸部は黄緑色を幽かに帯び，硬化盤以外の腹節部は主として淡黄褐色と淡緑色が不明瞭な横縞状をなし，腹背盤とこの周辺部は主として淡橙色．

第3齢：体長2.4 mm内外．口吻はやや長く，先端は齢の末期に第4節付近に達する．顕著な長・短毛は第2～6腹節の側盤の外縁に5または4本（図16, J）となる．各胸背板長の比は5.0 : 4.3 : 1．触角および口吻の各節長比は1 : 1.3 : 1.4 : 2.0および1 : 1.7 : 1.3 : 1.7．

前齢とほぼ同色，ただし部分的に淡緑色または白色を帯び，硬化盤以外の腹節部は主として淡黄緑色．

第4齢：体長3.5 mm内外．側盤外縁の顕著な毛は7または8本（図16, L）となる．各胸背板長の比は10.0 : 9.3 : 1．触角および口吻の各節長比は1 : 1.4 : 1.4 : 1.7および1 : 1.6 : 1.4 : 1.7．

頭部および胸背板は主として淡黄褐色，部分的に褐色または暗緑色．硬化盤以外の腹節部は緑色，淡緑色，淡赤色などが斑状をなし，顕著な毛の基盤は点状に盛り上がり，黒色または暗色をなし，この周囲は円形に白色であることが多い．腹背盤と側盤は主として淡黄褐色，部分的に濃色または暗色．その他は前齢とほぼ同色．

第5齢：体長5.6 mm内外．側盤外縁の顕著な毛は9または10本となる．各胸背板長の比は18.7 : 19.0 : 1．触角および口吻の各節長比は1 : 1.5 : 1.4 : 1.6 および1 : 1.6 : 1.2 : 1.6．

主として頭部，胸部および触角は淡緑褐色，硬化盤以外の腹節部は淡黄緑褐色，腹背盤はごく淡い褐色，側盤はごく淡い灰色半透明様，複眼は黄赤色，脚は淡褐色；図示したような濃淡があり，その他は前齢とほぼ同色．

生態　クズ，フジ類，ニセアカシア，ハギ類，ヌスビトハギなどの野生マメ科植物に寄生し，茎部や葉柄部などから吸汁する（日浦[45]，四戸[263]）．ダイズ，アズキ，ソラマメなどのマメ科作物に被害がでることもある（小林[154]，岡田[232]，高橋[284]）．

生息場所は山麓，原野，土堤，路傍などのクズその他の食草が繁茂している草生地である．年1世代で，四国および本州では成虫は4月中・下旬，広葉樹の新芽が伸び始めるころに越冬場所から出て，クヌギやコナラその他の広葉樹の上に暫く留まって吸汁する．その後ヤマフジ，クズ，ソラマメなどの寄主植物に寄生して，幼茎部や葉柄部などから吸汁し，5月中旬～7月下旬に交尾し，寄主植物の茎，葉柄，托葉などに卵塊を産付する．卵期間は筆者（小林）の観察で7～10日内外であった．幼虫は成虫と同じ茎（蔓）や葉柄部に寄生して発育し，新成虫は7月下旬～9月上旬に出現し，10～11月の好天の日に飛び立って越冬場所へ移動する．越冬場所は樹皮下，落葉下，枯草の株元，岩石の

割れ目の間，石や木などが積み重なった間，家屋内の建具類の間などである．越冬のために家屋に飛来して，人に不快感や衛生的被害を及ぼすこともある（中村[210]，佐藤[257]）．

5．ツチカメムシ科 Cydnidae

日本に分布する既知種は次の4亜科14属20種で，発育期が究明された種は7種（*印）である．

i. ツチカメムシ亜科 Cydninae
① ツチカメムシ *Macroscytus japonensis*（SCOTT）
② コツチカメムシ *M. fraterculus* HORVATH
③ ヨコヅナツチカメムシ *Adrisa magna*（UHLER）
④ ヒメツチカメムシ *Profundus pygmaeus*（DALLAS）
⑤ ヒメクロツチカメムシ *P. palliditarsus*（SCOTT）
⑥ マルツチカメムシ *Microporus nigritus*（FABRICIUS）
⑦ ミナミマルツチカメムシ *Aethus pseudindicus* LIS
⑧ オオツヤツチカメムシ *Chilocoris nitidus* MAYER
⑨ クロツヤツチカメムシ *C. nigrescens* JOSIVOF et KERZHNER
⑩ ヒメツヤツチカメムシ *C. piceus* SIGNORET
⑪ チビツヤツチカメムシ *C. confusus* HORVATH
⑫ チャイロツチカメムシ *Parachilocoris minutus*（DISTANT）
⑬ ハマベツチカメムシ *Psamnozetes ater* DISTANT
⑭ ヒラタツチカメムシ *Garsauria aradoides* WALKER

ii. モンツチカメムシ亜科 Sehirinae
① ミツボシツチカメムシ *Adomerus triguttulus*（MOTSCHULSKY）
② フタボシツチカメムシ *A. biguttulus*（MOTSCHULSKY）
③ マダラツチカメムシ *Trigomegas variegatus*（SIGNORET）
④ シロヘリツチカメムシ *Canthophorus niveimarginatus*（SCOTT）

iii. ベニツチカメムシ亜科 Parastrachiinae
① ベニツチカメムシ *Parastrachia japonensis*（SCOTT）

iv. ヂムグリカメムシ亜科 Scaptocorinae
① ヂムグリカメムシ *Stibaropus formosanus* TAKANO et YANAGIHARA

1）生態的特性

　主として地中や地表部で生活し，食餌植物の地表に落ちた果実や種子，落ちる前の種子および根から吸汁する．卵は落葉や植生に覆われた地表部や土粒間に個々ばらばらに産下されたり，産下後立体的にまとめられて母虫に保護されたりする．幼虫は成虫と同様な場所で，同様な食餌を摂取して育つ．卵塊にまとめられる種は幼虫期に集合性を示す．成虫は繁殖期に移動性が高まり，地上に出て歩行したり，夜間に灯火へ飛来したりする種が多く，人の耳孔に入りこんで危害の原因となることもある．刺激に対応して放出する臭気には強弱がある．イネ科やマメ科作物の根を吸害し，作物害虫となる種もある．

2) 形態的特徴

(1) 成　虫

体は楕円形をなし，一般に強固である．触角は普通5節であるがヨコヅナツチカメムシ属とヂムグリカメムシ亜科では4節．脛節に頑丈な棘毛を列生または密生するグループ（ツチカメムシ亜科），脛節の棘毛または棘毛様の毛があまり頑丈でなく，体上に明瞭な色紋を有するグループ（モンツチカメムシ亜科，ベニツチカメムシ亜科）および　前脛節が根掘器状になり，後脛節端が斜に切断されたグループ（ヂムグリカメムシ亜科）がある．地中や地表生活に適応した形態をなし，黒色や褐色で光沢のある中・小形種が多い．

(2) 卵

研究できた3亜科の5種について以下の特徴が認められる．卵は卵頭側が微かに太い楕円形状か楕円形，卵殻は透明か乳白色半透明，表面はほぼ平滑で種により細網状か短曲線状の微小浅溝様構造が微かに認められる．ツチカメムシ亜科では受精孔突起と卵殻破砕器の確認が困難である．モンツチカメムシ亜科とベニツチカメムシ亜科では受精孔突起は半球状，卵殻破砕器は硬化が極めて弱く，膜質状の団扇型であるか，弱く硬化した逆二等辺三角形状で，中心の1歯のみ強く硬化する．卵殻はふ化に際して縦に破れる．

(3) 幼　虫

研究できた3亜科の7種について以下の特徴が認められる．

体は楕円形か卵形ないし短披針形状で，比較的厚いか中庸．

種群によって，中葉前縁と側葉の前側縁に角状短棘を列生したり，触角の節間部が極めて細くなったりする．

硬化した胸背板はツチカメムシ亜科およびモンツチカメムシ亜科では第1齢から，ベニツチカメムシ亜科では第3齢以後に認められ，第3齢までは胸背の大部分か一部を，第4齢以後は全体を覆う．胸部側縁は平滑．前翅包は第4齢から，後翅包は第5齢で認められる．種群によって，前脛節が偏平化したり，跗節が細くなったりする．脛節には稜部が発達せず，そのほぼ全域に頑丈な棘毛またはむしろ細小な棘状毛を列生するか，先端部に疎生する．前脛節の内側の先端にグルーミング櫛が，中部の先寄りにグルーミング剛毛があり，後者は2〜9本内外．

3対の臭腺開口部はそれぞれ1個の腹背盤上にあり，その間隔は前方のものほど僅かに広いが大差ない．側盤外縁は平滑．腹部気門は第2〜8節腹面の側盤の内方か側盤上に，左右1対ずつ開口する．孔毛は第3〜7節の気門の前内方，内方，後内方，後方などに離れて1個ずつで計2個あるか，または後方に2個が内外に並んでいるが，第1齢では1個のみ認められることもある．性徴は第5齢幼虫の第8および9節腹面に認められ，雌では第8節後縁中央にやや不明瞭な三角形状のくぼみがあり，ここに1縦溝が認められる．さらに第9節の前縁中央部に半円形状の膨らみが認められ1縦溝がここから続く亜科もある．雄では両節中央部が平坦で，上記特徴が認められない．

3) 生活への形態的適応

ツチカメムシ科の種は地中や地表生活へ生態的に適応しており，その適応度合いに応じて以下のような形態的変化が生じているものと考えられる．

5. ツチカメムシ科 Cydnidae （53）

（1） 体形の平滑化
体は楕円形ないし卵形をなし，角張った部分がない．

（2） 頭部の形状と付属器
頭部の前側縁線は円弧状をなし，中葉の前縁に1対と側葉の前側縁に数対の角状短棘を備える種群がある．これは，感覚器またはショベルドーザーのショベル先端の爪の機能を果たすものと考えられる．

（3） 頭部・胸部などに長毛をもつ
種群により，頭部，胸部，腹部，側盤，脚などに丈夫な長毛を備える．これは，感覚器の機能をもち，落葉や土砂粒などが直接体に触れるのを防ぐのに役立つと考えられる．

（4） 脛節に棘毛が発達する
各脛節に頑丈な棘毛を列生する．これは落葉や植物屑等が多い地表部や土砂中などを歩行する際，および土砂を後方へ押しやるときに役立つと考えられる．

（5） 前脛節の偏平化
種により前脛節がへら状に偏平化する．これも土砂を掘るときにショベルのような効果を発揮すると考えられる．

（6） 跗節の細小化
種によって各跗節が細く小さくなっている．これは，土砂などの間を歩行したり，土砂を後方へ押しやったりする際に，これを棘毛の間に折り曲げておき，作業をし易くしていると考えられる．

（7） 触角の短小化と節間部の纖細化
種によって触角が第2齢以後比較的短く，節間部とくに第3節両端のものが極めて細くなってい

表5 地中や地表生活への適応形質と考えられる特徴が認められる度合い

特徴	ツチカメムシ	ヒメツチカメムシ	マルツチカメムシ*1	ミナミマルツチカメ*2	ミツボシツチカメムシ	シロヘリツチカメムシ	ベニツチカメムシ
体形のスムースさ	6	6	6	6	5 (1.2齢各0.5)	5 (同左)	4.5 (4齢～成虫各0.5)
頭部の角状短棘	6	6	6	6	0	0	0
頭部・胸部等の長毛	6	6	6	6	0	0	0
脛節の棘毛	6	6	6	6	5 (1.2齢各0.5)	5 (1.2齢各0.5)	3 (全ステージ各0.5)
前脛節の偏平化	6	6	6	6	0	0	0
跗節の細小化	6	6	6	6	4.5 (1齢0,2齢0.5)	0	0
触角第3節両端の節間部のくびれ	6	6	6	6	6	6	0
計	42	42	42	42	20.5	16	7.5

注．配点基準は特徴が十分に認められるステージ：1（全ステージ：幼虫5＋成虫1＝6），不十分に認められるステージ：0.5（全ステージ：0.5×6＝3），特徴が認められないステージ：0．*1：第2～4齢幼虫が，*2：第1～3齢幼虫が共に未調査のため推測で配点した．

る．これは胸部腹面に沿って触角を折り込み，土砂の抵抗を去けるのに役立つと考えられる．

(8) 色彩の暗色化

種群により体，触角および脚の色が暗色で，周囲の環境に溶けこむ隠ぺい効果が期待できるようになっているのではないかと思われる．

上記の特徴の発達程度は種によって異なるので，その程度に応じて成虫および各齢幼虫に1, 0.5または0点を配して集計してみた．その結果は表5のようになり，ツチカメムシ亜科の種はいずれも適応度が高く，モンツチカメムシ亜科の2種はそれがかなり低く，ベニツチカメムシはそれが著しく低いと言えるようである．

4) 発育期における3亜科・6属の識別

(1) ツチカメムシ科の3亜科の検索

a) 卵における検索表

1 (2) 卵は個々ばらばらに産下される ……………………………… ツチカメムシ亜科
2 (1) 卵は立体的卵塊にまとめられて母虫に保護される．
3 (4) 卵殻破砕器はほぼ膜質の団扇型 ……………………………… モンツチカメムシ亜科
4 (3) 卵殻破砕器はほぼ硬膜質らしい逆二等辺三角状 ……………… ベニツチカメムシ亜科

b) 幼虫における検索表

1 (2) 頭部に角状短棘を列生する ……………………………………… ツチカメムシ亜科
2 (1) 頭部に角状短棘を備えない
3 (4) 腹部気門は腹面側盤上に開口する …………………………… モンツチカメムシ亜科
4 (3) 腹部気門は腹面側盤の内方の腹節上に開口する …………… ベニツチカメムシ亜科

(2) ツチカメムシ亜科の4属の検索

a) 卵における2属の検索表

1 (2) 卵は長径1.0 mm内外とやや大きい ………………………………………… *Macroscytus*
2 (1) 卵は長径0.7 mm内外とやや小さい ……………………………………………… *Profundus*

b) 幼虫における3属の検索表

1 (4) 前胸背側縁部に長毛が少ない（第5齢において5対）．
2 (3) 第8腹節に腹背盤が第2齢以後存在しない ……………………………… *Macroscytus*
3 (2) 第8腹節に腹背盤が全齢に存在する ……………………………………… *Profundus*
4 (1) 前胸背側縁部に長毛が多い（第5齢において10対以上）．
5 (6) 頭部中葉は側葉より第5齢において短い ……………………………… *Microporus*
6 (5) 頭部中葉は側葉より第5齢において僅かに長い ……………………………… *Aethus*

(3) モンツチカメムシ亜科の2属の識別

卵においては，卵殻破砕器の縦・横比が*Adomerus*では1.5：1とやや細長く，*Canthophorus*では1.3：1とやや太短い．幼虫においては，第8腹節に腹背盤が*Adomerus*では全齢に存在しないが，*Canthophorus*では第2齢以後存在することで識別できる．

5) ツチカメムシ亜科 Cydninae

(1) 形態的特徴

a) 卵

卵頭部が微かに太い楕円形状．卵殻は透明か乳白色半透明で，表面に不規則な細網状の浅溝様構造を密に装う．受精孔突起および卵殻破砕器は確認し難く，未確認．ふ化に際しては縦に裂け，裂け口は巻きこまない．卵は単独で産下される．

b) 幼虫

体は楕円形ないし卵形で，多くは比較的厚い．

頭部はほぼ半円形で，中葉の前縁および側葉の前側縁に角状短棘を列生する．

複眼は第1齢では円盤状でほとんど突出しないが，第2齢以後は丸みを帯びた低い円すい形状となって僅かに突出する．口吻は軽度の第2節湾曲型．触角は第3節が短披針形状をなし，この両端の節間部が極めて細く，第2齢以後は全体的に短く，第4節の先端は丸みを帯びることが多い．

前脛節は先端部がやや偏平．跗節は細小．

前部臭腺盤は紡錘形状，ソーセージ型，この中部がやや細まった形または長方形状，中および後部臭腺盤は逆台形状，逆饅頭型，楕円形状などで，いずれも横に長く，臭腺開口部はその側端近くに位置する．第1および2腹節には短棒状の腹背盤が1対ずつあるが，第5齢では不明瞭となることがある．第7および8節にも各1個の腹背盤が認められることが多い．側盤は第1節ではごく小さい半円形状，第2～7節では前後に長い不等辺四辺形状，第8節では半円形状ないし四辺形状，外縁は緩弧状で平滑．腹部気門は第2節では側盤の中部内方に，第3～8節では側盤の前部内方に位置する．孔毛は第2齢以後第3節では気門の前内方と後方または内後方に，第4節では気門の後内方，前内方または内方と後方または後内方に，第5および6節では気門の後内方と後方にそれぞれ1個ずつあり，第7節では気門のほぼ後方に2個が狭い間隔で内外に並ぶ．雌では第5齢の第8腹節後縁の三角形状のくぼみと，第9節前縁の半円形状の膨らみの各中央に1縦溝が認められる（図17，20参照）．また，雌では第9節が第8節に比べて著しく短い．

頭部および胸部には丈夫な長毛があり，その数は種と齢によってほぼ一定．脛節には頑丈な棘毛をほぼ全域に列生する．

齢の検索表
1（6）翅包は認められない．
2（5）硬化した後胸背板は中胸背板より著しく狭く，前者の前角部と後者の後角部は著しく隔たる．
3（4）中胸背板後角部の長毛は1対 ·· 第1齢
4（3）中胸背板後角部の長毛は2対 ·· 第2齢
5（2）硬化した後胸背板は中胸背板より僅かに狭く，前者の前角部と後者の後角部はほぼ接する ·· 第3齢
6（1）前翅包が認められる．
7（8）後翅包は認められない ·· 第4齢
8（7）前・後翅包が明瞭に認められる ·· 第5齢

(2) 生態的特性

卵は落葉や草本植物などに覆われた地表部の土壌面や浅い土壌中に個々に産下される．幼虫は草

本や木本寄主植物の地上に落ちた実や種子，寄主植物の根などを吸収して生育し，集合性を示さない．成虫態で生息地付近の地中で越冬する．

（3） ツチカメムシ *Macroscytus japonensis* (SCOTT, 1874)

分布 北海道，本州，四国，九州，対馬，南西諸島；朝鮮半島，東洋区．

成虫 体長7～10 mm．光沢のある黒色であるが，ときに褐色の個体もある．頭部前縁に短棘を欠き，数本の長毛を装う．触角の第1および2節はほぼ等長で短い．

卵（図17, A, B, Kobayashi[118]） 長径約1.0 mm，短径約0.7 mm．表面は初期にはろう白色で光沢を欠き，ふ化が近づくと淡黄褐色となり，眼点が赤色に透視される．卵殻はほぼ透明または半透明，表面に不規則な細網状の浅溝様微細構造を密に装う（図17, B）．

幼虫（図17, C～K, Kobayashi[118]） 体は比較的厚い．

頭部の前側縁線は円弧状．頭部中葉は側葉より僅かに長く，前縁に1対の帯褐色の角状短棘を備える．側葉の前側縁は円弧状をなし，少数の角状短棘と棘状短毛を列生する．口吻は軽度の第2節湾曲型で，先端は第1・2齢では第4腹節付近に，第3齢では第3腹節付近に，第4齢では後脚の基節付

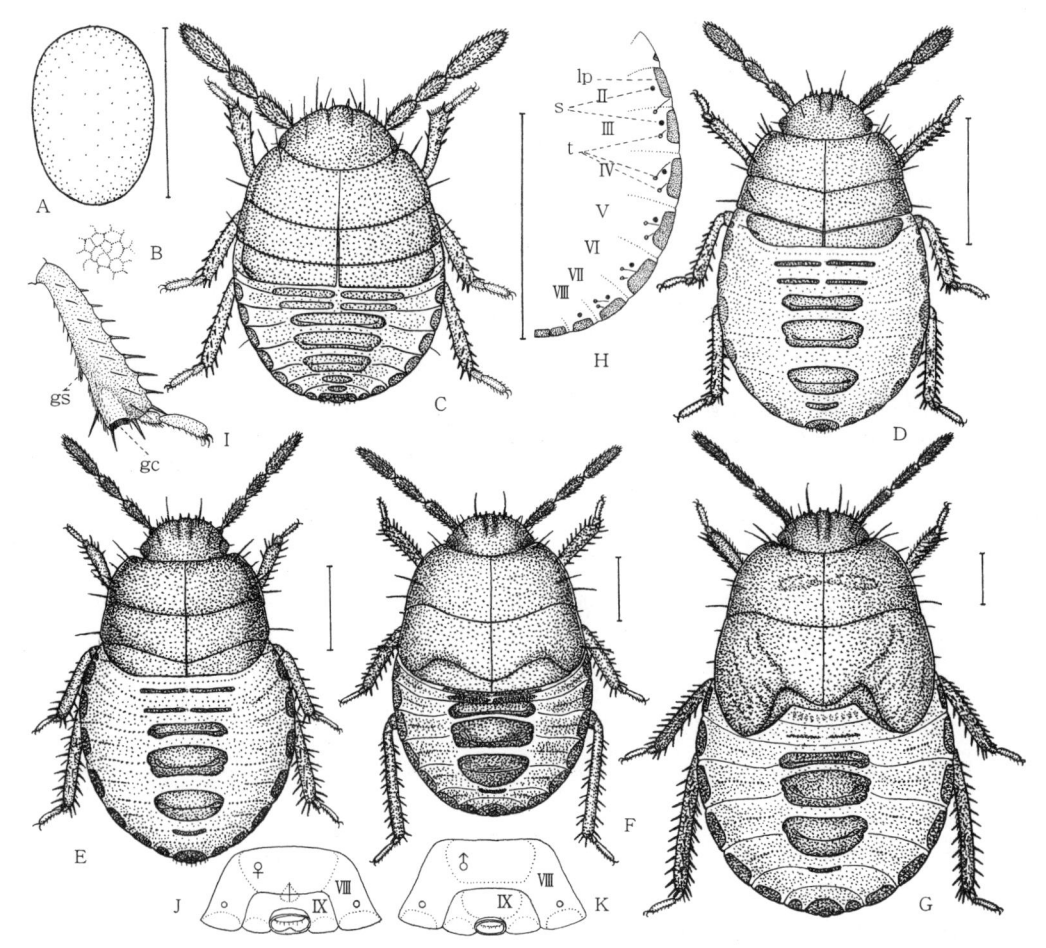

図17 ツチカメムシ *Macroscytus japonensis* SCOTT
A. 卵；B. 卵殻表面の浅溝様微細構造；C. 第1齢幼虫；D. 第2齢幼虫；E. 第3齢幼虫；F. 第4齢幼虫；G. 第5齢幼虫；H. 同齢の腹面の側盤 (lp)，気門 (s) および孔毛 (t) の位置，II～VIIIは第2～8節；I. 同齢の左前脛節のグルーミング剛毛 (gs) とグルーミング櫛 (gc) の位置；J. 同齢雌の性徴；K. 同雄．[傍線は1 mm長]．　　　（Kobayashi[118]―部改）

5. ツチカメムシ科 Cydnidae

近に，第5齢では中脚の基節付近かこのやや後方に達する．触角第4節の先端部は丸みを帯びる．

前胸背板はほぼ台形状，前側縁線は弧状，第4齢から前部が横に張り出して放物線状となり，後角部は第3齢以後鋭角にとがる．中胸背板は第2齢までは横長の台形状，側縁線は直線状，第3齢から原小楯板と前翅包が発達し始める．硬化した後胸背板は，第2齢までは左右それぞれへら型で，この前角部と中胸背板の後角部は著しく隔たるが，第3齢では長刀刃型で，この前角部と中胸背板の後角部は接近する．前脛節のグルーミング剛毛は第1齢では4本，第2齢以後は傍らの2本を加えて6本とも数えられる．

前部臭腺盤はソーセージ型で，第2齢以後は中央部が微かに細くなる；中部臭腺盤は逆台形状で，第1齢では前部臭腺盤より狭く，第2齢以後はこれとほぼ等幅，後部臭腺盤は第1齢では逆台形状，第2および3齢では楕円形状，第4齢以後は逆饅頭型となり，3個中最も狭い．第1および2節の腹背盤は短棒状で1対ずつあり，前者の方が横に長いが，第4齢以後やや不明瞭となり，第1節のものは第5齢では認められない．第7節の腹背盤は小さく，第1齢では長楕円形状，第2齢以後では逆饅頭型．第8節の腹背盤は一層小さい長楕円形状で第1齢にのみ認められる．孔毛は第1齢の第3節では気門の内方に，第4～7節では気門の後内方に1個ずつ認められ，円形基盤はいずれも気門より相当大きく，毛は長い；第2および3齢の第3節では気門の前内方と後方に，第4～6節では気門の後内方と後方にそれぞれ1個ずつあり，円形基盤の前側のものは気門より大きく毛が長いが，後側のものは気門とほぼ等大で毛が短く，第7節では気門の後方に2個が狭い間隔で内外に並ぶ（図17, H）；第4および5齢では位置は前齢とほぼ同様であるが，円形基盤は相対的にやや小さくなり，前側のものは気門とほぼ等大，後側のものはやや小さい．第5齢の腹部第8および9節長の比は雌が5.3 : 1，雄が1.3 : 1．

頭部，胸背板および側盤の表面は微細に網状模様を示す．体上には第3齢までは点刻を欠き，第4および5齢では胸背板上に小点刻を疎布および散布する．

頭部および胸背板に目立つ長・短毛を若干装い，第4腹節の側盤外縁中央部および前脛節の外側中部の基部寄りには1本の長毛があり，これらは褐色または濃褐色．各脛節には褐色または濃褐色の頑丈な棘毛を列生し，複眼の中央にも帯褐色の顕著な1毛がある．これらの顕著な毛以外に体の背面にはほとんど毛を欠き，触角および脚には淡褐色の短毛を装う．

第1齢：体長1.4 mm内外．側葉前側縁に列生する角状短棘は1対，棘状短毛は3対内外．顕著な長毛は，頭部には5対内外，前胸背板には3対，中および後胸背板には各1対．各胸背板長の比は2.7 : 1.5 : 1．触角および口吻の各節長比は1 : 1.6 : 1.5 : 2.9および1 : 1.6 : 1.3 : 1.2．

頭部，胸背板，腹背盤および側盤は褐色で光沢を有する．硬化盤以外の腹節部は主として淡褐色，側盤の内方は白色．複眼は赤色．触角，腿節および脛節は淡褐色，跗節は淡黄白色半透明．

第2齢：体長2.0 mm内外．側葉前側縁に列生する角状短棘は3対，棘状短毛は2対．顕著な長毛は，頭部には5対内外，前胸背板には7対内外，中胸背板には2対，後胸背板には1対．各胸背板長の比は3.6 : 2.6 : 1．触角および口吻の各節長比は1 : 1.8 : 1.7 : 2.8および1 : 1.5 : 1.2 : 1.0．

前齢とほぼ同色，ただし硬化盤以外の腹節部はほぼ淡赤色で，接合部などは白色，触角と脚はほぼ淡灰色，部分的に灰色．

第3齢：体長3.5 mm内外．側葉前側縁に列生する角状短棘数，頭部および胸背板上の顕著な毛の数は前齢とほぼ同様．各胸背板長の比は4.4 : 3.6 : 1．触角および口吻の各節長比は1 : 2.0 : 1.9 : 2.7および1 : 1.8 : 1.7 : 1.1．

体は前齢とほぼ同色，ただし腹節接合部は黄白色．複眼は赤黒色．触角は主として暗色，節間部近くはほぼ白色か淡褐色．腿節と脛節はほぼ淡褐色．

第4齢：体長5.0 mm内外．側葉前側縁に列生する角状短棘は3～6対内外．顕著な毛は，頭部および前胸背板にはそれぞれ数対，中胸背板には2対内外，後胸背板には0となる．各胸背板長の比は5.7：5.2：1．触角および口吻の各節長比は1：2.5：2.1：2.6および1：1.7：1.4：1.0．

頭部，胸背板，腹背盤および側盤は黒褐色で光沢を有する．硬化盤以外の腹節部は各節の中央部では暗赤色，接合部では暗黄白色．触角は主として暗褐色，第2～4節の各両端部は淡色か帯白色．腿節および脛節は褐色，跗節は淡褐色．複眼は前齢と同色．

第5齢：体長6.1 mm内外．側葉前側縁に列生する角状短棘，頭部および胸背板上の顕著な毛の数は前齢とほぼ同数．各胸背板長の比は18.0：17.0：1．触角および口吻の各節長比は1：2.8：2.1：2.4および1：1.5：1.4：0.9．

前齢とほぼ同色，ただし個体により硬化盤以外の各腹節の中央部が淡赤色，接合部が暗黄白色で，同腹節部が全体的に淡灰色に見える．

生態 ヤマザクラその他のサクラ類，クロガネモチ，クスノキ，ヤツデ，センダン，ミズキ，クズなどの地表に落ちた実の果肉および種子から吸汁する（桂ら[92]，川沢・川村[94]）．成虫はクロガネモチやムクゲなどの地表近くに分布する細根からも吸汁する．他の昆虫の体液を吸収することもある（宮本[179]）．

生息場所は林地，公園，庭園，土堤，路傍などの，食草の実が落葉などに混じって多く落ちている地表部である．

本州・四国地方では年1世代あるいは一部2世代を経過する．4月上・中旬から地表に現れて，摂食，交尾，産卵などの活動を始める．約60日間産卵を続けた後，概ね7月中・下旬までに死亡する．卵は4月下旬～5月中旬ごろから7月上～下旬にわたって，幼虫は5月中・下旬から8月下旬にわたってみられる．新成虫は7月上・中旬から8月下旬にかけて羽化し，ほとんど地上に現れることなく地中で過ごす．9月にはほとんど活動しなくなっており，土中に浅く潜ったまま，小室の中で越冬に入る（小林[110]）．

筆者（小林）が1950年に香川県内で，1994年には横浜市内で行った飼育において，卵および幼虫の発育期間は表6のとおりで，40数日～70日であった．1994年の飼育結果が40数日と短かったのは，7月が20数度～30数度の高温に経過したためかと推測される．

幼虫の脱皮や羽化は，土中に作った小室中に1～数頭が入って行われる．成虫は交尾後には土中で生活することが多くなり，餌となる食草の実を地中に搬入することがある．上記香川県内での飼育で，1頭の雌は4月30日～6月25日の間に約130卵を産卵した．

表6　香川県および横浜市内における自然日長でのツチカメムシの発育期間

反復	卵・幼虫期間（日）							発育期間（月日）	
	卵	1齢	2齢	3齢	4齢	5齢	合計	年	月日
1	19	12	8	8	9	15	71	1950	4.30～7.9
2	17	11	7	7	8	14	64	〃	5.21～7.23
平均	18.0	11.5	7.5	7.5	8.5	14.5	67.5		
3	10	4	5	6	9	12	46	1994	5.29～7.13
4	10	4	6	7	8	13	48	〃	5.29～7.14
5	11	5	5	7	8	11	47	〃	5.28～7.14
6	10	5	6	7	8	13	49	〃	6.1～7.19
平均	10.3	4.5	5.5	6.8	8.3	12.3	47.5		

注．観察個体数は各区とも約20．反復1・2は香川県内でクロガネモチの落果とムクゲ根で飼育（小林[110]）．3・4・5は埼玉県飯能市内の個体を，6は横浜市内の個体を共に横浜市内でサクラの落果で飼育．

成虫は数秒～数分間擬死を行うことがある．交尾は幾回か行われる．成虫は繁殖期に燈火に飛来することがある．

（4）ヒメツチカメムシ Profundus pygmaeus (DALLAS, 1851)

分布 本州，四国，九州，南西諸島；中国，東洋区，太平洋諸島．

成虫 体長4～5mm．体は楕円形，黒色ときに褐色で光沢がある．頭部の前縁に短棘を欠き，少数の長毛がある．触角第2節は次節の約2/3長．

卵（図18, A, B, Kobayashi[128]） 長径約0.7mm，短径約0.5mm．表面は初期にはろう白色で光沢を欠き，ふ化が近づくと淡褐色を帯び眼点が赤色に透視される．卵殻は乳白色，表面に短曲線状の浅溝様微細構造を密に装う（図18, B）．

幼虫（図18, C～G, Kobayashi[128]） 体の各部の形状は前種に似るが，以下の点で異なる．

口吻の先端は第1および2齢では第4腹節付近に，第3および4齢では後脚の基節部付近に，第5齢では中および後脚の基節の中間付近に達する．触角の第4節はとがる．

前胸背板の前側縁線は第1齢では弧状，第2齢以後は放物線状．中胸背板の側縁線は緩弧状．前脛節のグルーミング剛毛は第2齢までは2・3本，第3齢では3・4本，第4および5齢では4本．

前部臭腺盤は紡錘形状，中および後部臭腺盤は逆台形状で，前および中部臭腺盤はほぼ等幅．第

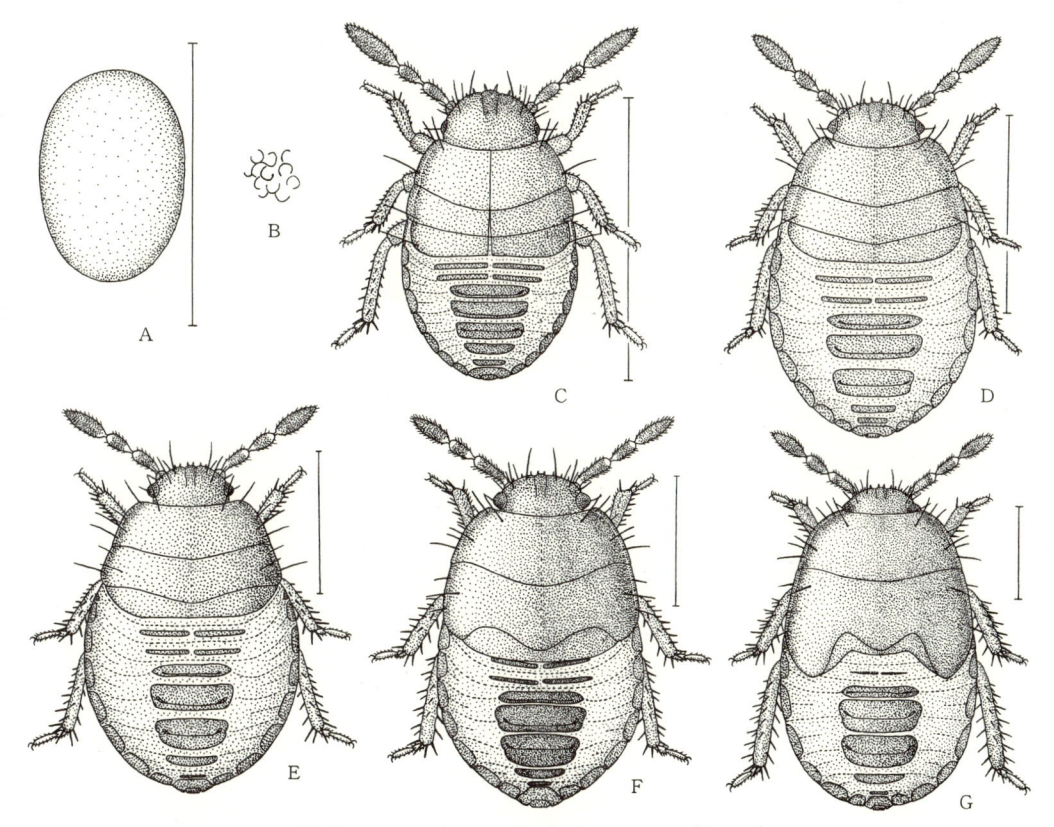

図18 ヒメツチカメムシ Profundus pygmaeus (DALLAS)
A. 卵，B. 卵殻表面の短曲線状の浅溝様微細構造，C. 第1齢幼虫，D. 第2齢幼虫，E. 第3齢幼虫，F. 第4齢幼虫，G. 第5齢幼虫．[傍線は1mm長]．
(Kobayashi[128]一部改)

1および2節の腹背盤は両端が丸い短棒状で1対ずつあるが，第5齢では第1節のものが認められなくなり，第2節のものが不明瞭となる．第7および8節の腹背盤は長楕円形状で各1個あり，後者は小さい．第5齢の腹部第8および9節長の比は雌が5.2：1，雄が1.2：1．第4腹節の側盤の外縁中央部には長毛を欠く．

体の各部の色彩は前種に似るが，以下の点で若干異なる．

硬化盤以外の腹節部は淡赤色を帯び，腹節接合部は帯白色．複眼は赤色または暗赤色．触角第1節は淡褐色，第2および3節の各中央部は淡灰褐色または暗灰色，各両端部は淡色または帯白色，第4節は淡色の基部を除き暗灰色．腿節および脛節は淡褐色．跗節は白色半透明．

第1齢：体長1.0 mm内外．頭部側葉の前側縁に列生する角状短棘は2・3対，棘状短毛は1・2対．顕著な長毛は頭部には7対内外，前胸背板には3対，中および後胸背板には各1対．各胸背板長の比は2.4：1.2：1．触角および口吻の各節長比は1：1.3：1.4：2.8および1：1.5：1.1：1.1．

第2齢：体長1.5 mm内外．頭部側葉の前側縁に列生する角状短棘は前齢とほぼ同数．顕著な毛は，頭部および前胸背では前齢とほぼ同数，中胸背では2対，後胸背では0となる．各胸背板長の比は3.2：2.2：1．触角および口吻の各節長比は1：1.6：1.8：3.0および1：1.5：0.9：1.0．

第3齢：体長2.1 mm内外．頭部側葉の前側縁に列生する角状短棘は前齢とほぼ同数．顕著な長毛は頭部では前齢とほぼ同数，前胸背では5対，中胸背では3対となる．各胸背板長の比は3.3：2.8：1．触角および口吻の各節長比は1：1.6：1.5：2.1および1：1.3：0.9：1.0．

第4齢：体長2.8 mm内外．頭部側葉の前側縁に列生する角状短棘は2〜4対．顕著な毛は頭部では前齢とほぼ同数，前胸背では7対内外．各胸背板長の比は6.0：5.4：1．触角および口吻の各節長比は1：1.9：1.5：2.0および1：1.3：1.1：1.0．

第5齢：体長3.5 mm内外．頭部側葉の前側縁に列生する角状短棘は前齢とほぼ同数．顕著な毛は，頭部では前齢とほぼ同数，前胸背では9対内外，中胸背では3対．各胸背板長の比は20.0：21.5：1．触角および口吻の各節長比は1：1.9：1.5：1.6および1：1.3：1.1：0.8．

生態　シロツメクサなどのシャジクソウ類，メヒシバ，スズメノヒエ，イネなどのマメ科やイネ科植物の根部や地上に落ちた種子から吸汁して発育する（Miller[173]，Zimmerman[326]）．

生息場所は草地，牧草地，畑地，土堤，路傍などの，寄主植物が生えている場所である．四国地方では4月下旬ごろから活動を始め，5・6月に産卵する．幼虫は5〜7月にみられ，新成虫は7・8月に羽化する．石垣島では1973年の6月中旬にブラックライトに多数飛来し，10月中旬にメヒシバ属の牧草地に1 m²当たり41頭の高密度で，105頭のミナミマルツチカメムシに混じって生息していた（小林[142]）．このとき大部分が新成虫で，一部が第4・5齢幼虫であったので，石垣島では少なくとも年に2世代を営むと推測される．

夜間灯火に多数の個体が飛来することがある．石垣市平得の国際農林水産業研究センター構内の20 Wのブラックライト乾式誘殺器に，1973年6月11日には本種が26240頭誘殺され，誘殺された昆虫総数の17.4 %を占めた（小林[142]）．

（5）マルツチカメムシ *Microporus nigritus*（FABRICIUS, 1794）

分布　北海道，本州，四国，九州；朝鮮半島，中国，ヨーロッパ．

成虫　体長4.5〜5.5 mm．体は丸みを帯びた楕円形状で，光沢のある黒褐色．頭部の前側縁には20数本の短棘を列生し，体の外縁には赤褐色の長毛を装う．

卵（未調査）

幼虫（図19，A，B）　体は厚くない．

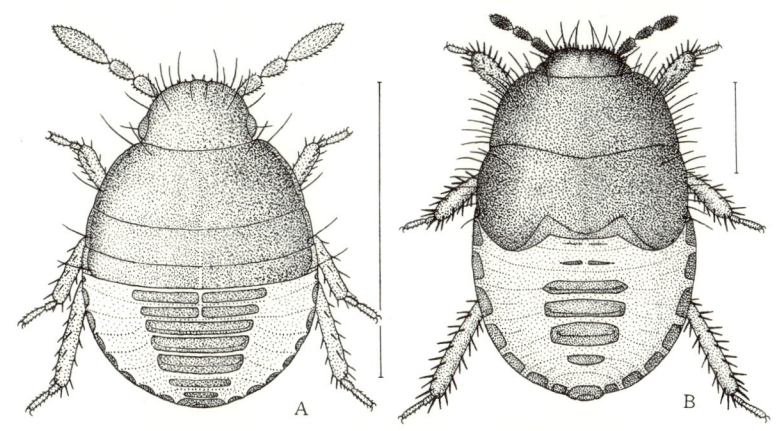

図19　マルツチカメムシ *Microporus nigritus* (FABRICIUS)
A. 第1齢幼虫，B. 第5齢幼虫．[傍線は1mm長]．　　（小林原図）

　頭部中葉は側葉より第1齢では長いが，第5齢では短い．側葉は広く，第5齢ではひだ（襞）状に反り上がり，前側縁に7～9対内外の角状短棘と棘状短毛を列生する．触角第4節の先端は第5齢では丸い．口吻の先端は第1齢では後脚の基節を僅かに超え，第5齢では中脚の基節付近に達する．
　前脛節は偏平化し，外側基部寄りに1本の長毛がある．第5齢では中脛節の先端部もやや広がる．前脛節のグルーミング剛毛は，第1齢では4本，第5齢ではわずかに離れている2本を加えて6本とも数えられる．
　前部臭腺盤は第1齢では逆台形状で3個中最も広く，第5齢では紡錘形状で中部腹背盤とほぼ等幅；中部臭腺盤は逆台形状．第1・2節の腹背盤は第1齢では長楕円形，第5齢では棒状．第7節の腹背盤は第1齢では短棒状，第5齢ではほぼ逆饅頭型．第8節の腹背盤は第1齢では長楕円形状．孔毛は，第1齢では第3～7節の気門のほぼ後内方に1個ずつあり，円形基盤は大きく，毛は長い；第5齢の第3・4節では気門の前内方と後内方に，第5・6節では気門の後内方と後方にそれぞれ1個ずつあり，また第7節では気門の後方に2個あり内外に並ぶ；前側の円形基盤はいずれも気門とほぼ等大か，それよりやや大きく，毛が長いが，後側の円形基盤はやや小さい．
　体表には，第1齢では点刻を欠き，第5齢では頭部，胸背板，腹背盤および側盤上に小点刻を散布する．頭部および胸部には相当数の顕著な長毛を装い，複眼の中央にも1毛があり，それらの長毛以外には体上にほとんど毛を欠く．
　第1齢：体長1.2mm内外．頭部側葉前側縁の角状短棘は7～8対．顕著な長毛は頭部に6対内外，前胸背に3対，中および後胸背に各1対．各胸背板長の比は3.7：1.7：1．触角および口吻の各節長比は1：1.4：1.3：2.6および1：1.4：0.9：1.0．
　頭部，胸背板，腹背盤および側盤は褐色，硬化盤以外の腹節部は側盤内方の白色部を除き淡褐色で，光沢を有する．複眼は赤色．触角，腿節および脛節は淡褐色，跗節は淡黄白色半透明．頭部の角状短棘，脛節の棘毛，頭部および胸部の顕著な長短毛は褐色または濃褐色．
　第5齢：体長4.0mm内外．頭部側葉前側縁の角状短棘は9対内外．体上の顕著な長短毛は，頭部背面内部に2対，側縁部に5対内外，前胸背の内部に3対，側縁部に約20対，中胸背の内部に1対，側縁部に8対内外，後胸背に0．各胸背板長の比は13.3：10.7：1．触角および口吻の各節長比は1：1.9：1.2：1.3および1：1.5：1.1：0.8．

頭部，胸背板，腹背盤および側盤は濃褐色，頭部および胸背板の外縁は黒色．硬化盤以外の腹節部は淡黄褐色．複眼は赤黒色．触角は主として淡灰褐色，第2節先端部，第3および4節の両端部は淡色．脚はほぼ褐色，跗節は淡褐色．角状短棘および棘毛は濃褐色か黒褐色，長毛は褐色ないし淡褐色．

生態 ダイズ，シャジクソウ類やイネなどの根部から吸汁して発育する（川沢・川村[94]）．

四国地方では4月上・中旬より活動を始める．交尾期は四国地方では4月下旬～5月下旬，東北地方では5～6月ごろである．成虫態で生息地付近の地中や木・石等の下などで越冬する（四戸[264]）．夜間灯火に飛来する．

（6）ミナミマルツチカメムシ *Aethus pseudindicus* Lis, 1993

分布 九州，南西諸島；東洋区，オーストラリア，アフリカ．

成虫 体長5.5～7 mm．体は楕円形状で背面がやや強く膨らみ，黒色で全体に粗い点刻を散布する．頭部前縁の短棘は数～10本内外．

卵（未調査）

幼虫（図20，A，B） 以下の諸点において前（属）種と異なる．

第4および5齢幼虫の頭部中葉は側葉より僅かに長く，側葉の前側縁の角状短棘は5対内外，棘状短毛は4本内外．口吻の先端は第4齢では中・後脚の各基節の中間付近に達する．

前翅包の先端部は第5齢ではマルツチカメムシより長く，第2腹節後縁付近に達する．

孔毛は第4および5齢の第3節では気門の前内方と後内方に，第4節では気門の内方と後内方に，第7節では気門の後方とこの内方にそれぞれ1個ずつあり，第5および6節では気門の後内方に2個ある．第5齢の腹部第8および9節長の比は雌が7.0：1，雄が1.1：1．

体表の微小点刻は第4齢では胸背板および腹背盤上に疎布され，第5齢では頭部，胸背板および腹背盤上に散布され，側盤上にはない．頭部の背面と腹面に各2対，側葉前側縁に3対内外，前胸背の背面に3対，中胸背の背面に1対のほか，前および中胸の側縁にも若干の長毛を装う．

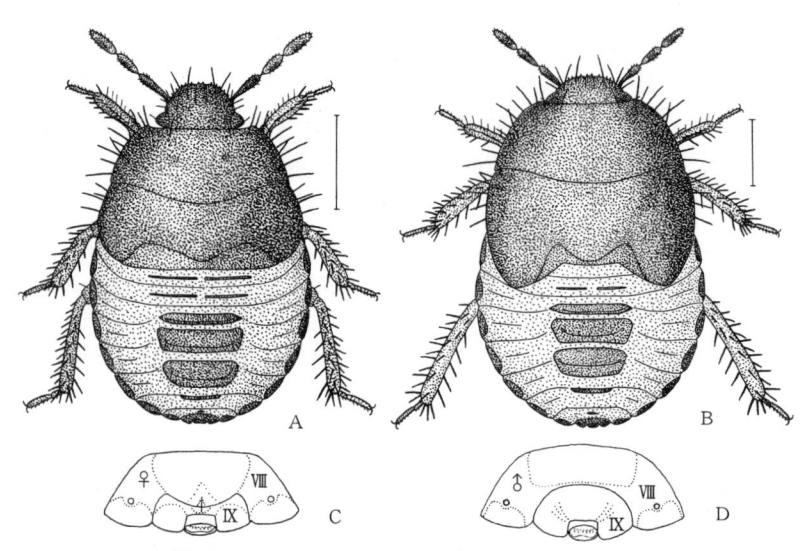

図20 ミナミマルツチカメムシ *Aethus pseudindicus* Lis
A. 第4齢幼虫，B. 第5齢幼虫，C. 同齢雌の性徴，D. 同雄．［傍線は1mm長］（小林原図）

5. ツチカメムシ科 Cydnidae　(63)

第4齢：体長3.5 mm内外．前および中胸側縁部の顕著な長毛は約10対および7対内外．各胸背板長の比は8.0：5.9：1．触角および口吻の各節長比は1：1.8：1.4：1.7および1：1.5：1.1：0.8.

頭部，胸背板，腹背盤および側盤は黒褐色または濃褐色．硬化盤以外の腹節部は主として淡赤色または大部分が淡赤色で周辺部が帯白色．複眼は赤黒色．触角は主として灰，節間部は帯白色．腿節および脛節は主として褐色または濃褐色，跗節は淡褐色．角状短棘，棘毛，体および脚の長毛などは帯褐色または濃褐色．

第5齢：体長5 mm内外．前および中胸側縁部の顕著な長毛は12対内外および8対内外．各胸背板長の比は26.0：22.0：1．触角および口吻の各節長比は1：2.2：1.9：2.0および1：1.6：0.9：0.8.
前齢とほぼ同色．

生態　メヒシバ，エノコログサなどのイネ科植物の根や地上に落ちた種子から吸汁して発育する．南西諸島では年に2世代を経過し，第2世代の成虫が交尾することなく，草生地などの地中で越冬する．池本ら[63]が沖永良部島でエノコログサの種子を餌として7～8月に室内飼育した成績では，卵期間が平均6.7日，第1, 2, 3, 4および5齢幼虫期間がそれぞれ5.8, 4.5, 6.1, 12.3および18.6日であり，新成虫の産卵前期間は9.7日で，第1世代期間は63.7日であった．早くから活動を開始した個体は3世代を営む可能性もある．産卵数は個体により4～33日間に31～58卵であった．

南西諸島の草生地では異常に高い生息密度に達することがある．1973年10月中旬に石垣市平得の国際農林水産業研究センターの *Digitaria*（メヒシバ）属の牧草地では1 m² 当たりに本種が105頭，ヒメツチカメムシが41頭生息し，大部分が新成虫，一部が老齢幼虫であった（小林[142]）．1974年の6～9月には沖永良部島でも大発生し，燈火に群がって飛来し，食事もできない状態だったと言われる（鹿児島県公害衛生研究所山本進氏私信）．さらに1975年7月には沖永良部島のエノコログサやメヒシバの草生地では1 m² 当たり約500頭の成虫の生息が観察された（池本ら[63]）．

多数の成虫が灯火に飛来することがある．1973年6月11日には，前記国際農林水産研究センター構内の20 Wのブラックライト乾式誘殺器に本種が約25600頭誘殺された．これは誘殺された昆虫総数の16.9％を占め，前記ヒメツチカメムシの17.4％とほぼ同率であった（小林[142]）．また，1975年7月中・下旬，8月中および下旬には沖永良部島の60 W白熱電球下の径30 cmの水盤に，2～3日にわたって毎夜数百～約1000頭の本種成虫が誘殺され，水盤の周りの地面には誘殺数の10倍以上と思われる個体が飛来していた（池本ら[63]）．

6) モンツチカメムシ亜科 Sehirinae

(1) 形態的特徴

a) 卵

卵頭部が微かに太い楕円形状か楕円形，卵殻は透明で薄く，表面に不明瞭な曲玉状や曲線状の微小模様があり，ふ化後は圧迫されたように変形するが，卵塊はあまり崩れない．受精孔突起は半球形状，卵殻と同色で判別し難く，卵頭部に輪状に並ぶ．卵殻破砕器は団扇型，大部分淡褐色，中心の1歯は三角形状にとがり，黒色または黒褐色．卵塊は立体的な塊状で50～60卵内外からなる．

b) 幼虫

体は卵形ないし楕円形状で，比較的厚い．

頭部は台形状で，側葉の前部は特に若齢期において比較的狭い．中葉の前縁および側葉の前側縁に角状短棘がなく，頭部および胸部に長毛を欠く．複眼は第1齢では円盤状で僅かに突出し，中央に1毛が明瞭に認められるが，第2齢以後では半球状に明瞭に突出し，毛は不明瞭．触角は第3節両端の節間部が著しくくびれ，第2齢以後全体が種によってやや短い．

脛節にはほぼ全域に短小な棘毛を列生するが，第1齢では特に細小．前脛節は偏平化せず，先端部はやや太くなることがある．跗節は種により第2齢ではやや，第3齢以後は相当細小化する．

臭腺盤はいずれも第1齢では特別小さく，臭腺開口部はその側縁近くに位置するが，第2齢以後はいずれも大きく，臭腺開口部はその中央部に偏在する．第1，2および7腹節には腹背盤を欠く．雌では第5齢の第8腹節後縁の三角形状のくぼみ部に短い1縦溝がある．また第8節の9節に対する相対長が，雌では雄に比べて，著しく長い．腹部気門は腹面側盤上に開口し，第2節では側盤の中部内縁寄りに，第3～8節では側盤の中部前縁寄りに位置する．孔毛は第3～7節の腹面側盤上にあり，気門の後方に2個が円形基盤2個分内外の間隔で内外に並ぶ．

体表には光沢がある．

齢の検索表

1 (6) 翅包は認められない．
2 (5) 硬化した後胸背板は小さく，左右片が不明瞭な三角形状であるかまたはへら型で，この前角部は中胸背板の後角部から著しく隔たる．
3 (4) 臭腺盤はいずれも小さく，臭腺開口部はその側縁近くに位置する ················第1齢
4 (3) 臭腺盤はいずれも大きく，臭腺開口部はその中央部に偏在する ················第2齢
5 (2) 硬化した後胸背板は左右がそれぞれ矛刃型で，この側端部は中胸背の後角部に接する ··第3齢
6 (1) 前翅包が認められる．
7 (8) 後翅包は認められない ··第4齢
8 (7) 前・後翅包が明瞭に認められる ···第5齢

(2) 生態的特性

卵は草本植物に被覆された地表部や落葉下などに，母虫が作った浅いくぼみに産下されて，立体的卵塊にまとめられて，母虫に保護される（後藤[19,20]，Kobayashi[128]，立川[271]）．幼虫は草本寄主植物の地上に落ちた種子や落ちる前の植物上の種子などを吸収して発育し，集合性を示す．越冬は成虫態で，生息地付近の土中に浅く潜って行う．

(3) ミツボシツチカメムシ *Adomerus triguttulus* (MOTSCHULSKY, 1866)

分布 北海道，本州，四国，九州；朝鮮半島，中国，シベリア．

成虫 体長4～6 mm．漆黒色で，側縁は狭く白色に縁どられ，小楯板の先端と革質部に計3個の白紋がある．

卵（図21，A～D） 卵はほぼ楕円形で，長径約0.8 mm，短径約0.5 mm．初期には白色で光沢を有し，淡黄白色を経てふ化前には淡赤色を帯び，眼点が淡赤色に透視される．卵殻はほぼ透明で薄く，表面に不明瞭な曲玉状や曲線状の微小模様があり，受精孔突起は数個内外．卵殻破砕器は縦長約150 μ，横幅約100 μ．

幼虫（図21，E～I） 頭部中葉は側葉より長く，前縁は円弧状，第1齢では前方へ相当突出するが，加齢に伴って相対的に短く，かつ狭くなる．側葉の前部は比較的狭く，前側縁線は前部では放物線状．口吻はほぼ真っ直ぐで，長くなく，先端は第4齢までは後脚の基節付近に，第5齢では中および後脚の基節の中間付近に達する．触角は第2齢以後ではやや短く，第3齢は短披針形状で，両端の節間部は極めて細く，第4節は紡錘形状．

前胸背板は第1齢では長方形状，第2齢以後は台形状，前側縁線は第3齢までは弧状，第4齢から

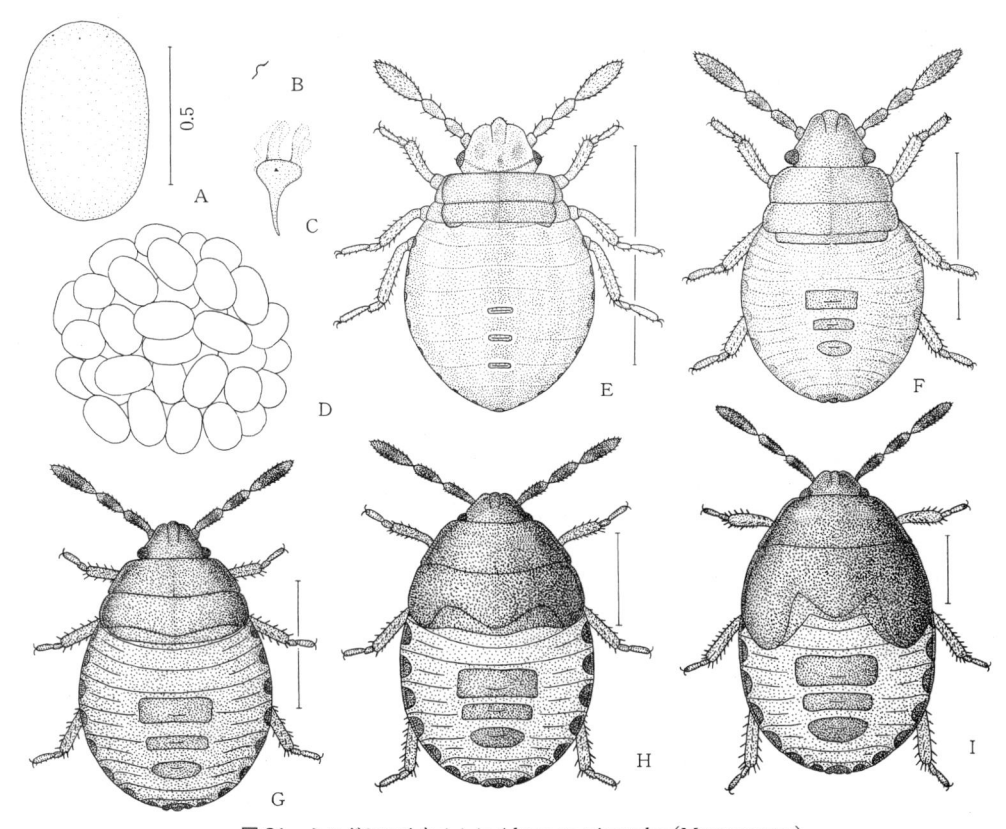

5. ツチカメムシ科 Cydnidae

図 21　ミツボシツチカメムシ *Adomerus triguttulus* (MOTSCHULSKY)
A. 卵，B. 受精孔突起，C. 卵殻破砕器，D. 卵塊，E. 第1齢幼虫，F. 第2齢幼虫，G. 第3齢幼虫，H. 第4齢幼虫，I. 第5齢幼虫．[無指示の傍線は1 mm長]． (小林原図)

中部が微かに湾入する．中胸背板は第2齢では長方形ないし台形状，側縁線は弧状，第3齢から原小楯板と前翅包が発達し始める．硬化した後胸背板の左右片は，第1齢では中胸背板の後角部近くにあって横長の小三角形状であるが不明瞭，第2齢ではへら型で，中胸背板より著しく狭く，この前角部と中胸背板の後角部は著しく隔たり，第3齢では矛刃型を，第4齢では逆長刀刃型をなす．前脛節の先端部は僅かに太くなる．跗節は第1齢では普通，第2齢以後やや細小．前脛節のグルーミング剛毛は第2齢までは3本，第3齢以後は4本．脛節の棘毛は第2齢ではいくらか，第3齢以後は相当頑丈となる．

腹背盤は臭腺が開口する3個のみで，第1齢では側縁の丸い長方形状をなし，第2齢以後は前および中部臭腺盤は角の丸い長方形状を，後部臭腺盤は楕円形状ないし逆饅頭型をなす．側盤は第3〜7節では半短楕円形状，外縁は緩弧状で平滑．第5齢の第8および9腹節長の比は雌が2.0 : 1，雄が1.0 : 1．孔毛は外側のものがやや前寄りに位置し，この円形基盤は気門とほぼ等大で毛が長いが，内側のものの円形基盤はやや小さく毛が短い．

体は第2齢までは硬くなく，体表に点刻を欠くが，第3齢以後は硬くなり，頭部，胸背板，腹背盤および側盤上に微小点刻を疎布（第3齢）ないし散布（第4齢以後）する．体表面は第3齢までは平滑，第4齢以後は微かに網状模様をなす．体上には周縁部に白色微細毛を疎生するほかはほとんど毛を欠く．

第1齢：体長1.3 mm内外．前・中・後の各臭腺盤の幅と各臭腺開口部の間隔との比は，前から順

に 1.4 : 1，1.3 : 1 および 1.4 : 1．各胸背板長の比（正中線上における）は 1.5 : 1.0 : 0．触角および口吻の各節長比は 1 : 1.1 : 1.4 : 3.1 および 1 : 1.2 : 1.0 : 1.3．

頭部はほぼ帯褐色で，部分的に濃淡がある．胸背板は淡黄赤色．胸背板に覆われていない胸部および腹部は主として淡赤黄色，腹節接合部は淡黄白色．腹背盤および側盤は淡褐色．複眼は鮮赤色．触角は淡灰色，節間部は帯白色．脚は淡黄白色．

第 2 齢：体長 1.9 mm 内外．各臭腺盤の幅と各臭腺開口部の間隔との上記比は 3.1 : 1，2.5 : 1 および 2.4 : 1．各胸背板長の比は 3.2 : 2.7 : 1．触角および口吻の各節長比は 1 : 1.5 : 1.7 : 3.1 および 1 : 1.5 : 1.1 : 1.2．

頭部，胸背板，腹背盤および側盤は淡褐色ないし暗褐色．硬化盤以外の腹節部は淡黄赤色ないし黄赤色，腹節接合部は帯赤色．複眼は暗赤色．触角は主として暗黄褐色で，第 2〜4 節の両端部は淡色．脚は淡黄褐色ないし暗黄褐色．

第 3 齢：体長 2.3 mm 内外．各臭腺盤の幅と各臭腺開口部の間隔との上記比は 3.1 : 1，3.4 : 1 および 2.7 : 1．各胸背板長の比は 4.6 : 4.6 : 1．触角および口吻の各節長比は 1 : 1.8 : 1.9 : 3.1 および 1 : 1.6 : 1.2 : 1.2．

前齢とほぼ同色かやや濃色，ただし硬化盤以外の腹節部は主として淡黄褐色．

第 4 齢：体長 3.0 mm 内外．各臭腺盤の幅と各臭腺開口部の間隔との上記比は 3.6 : 1，3.3 : 1 および 3.0 : 1．各胸背板長の比は 5.8 : 5.8 : 1．触角および口吻の各節長比は 1 : 2.3 : 2.2 : 3.1 および 1 : 1.6 : 1.4 : 1.3．

前齢とほぼ同色かやや濃色．

第 5 齢：体長 4.0 mm 内外．頭部中葉は背面からは側葉とほぼ等長に見えるが，顔面に直角な方向から見ると側葉より僅かに長い．各臭腺盤の幅と各臭腺開口部の間隔との上記比は 3.8 : 1，4.0 : 1 および 3.5 : 1．各胸背板長の比は 18.0 : 21.0 : 1．触角および口吻の各節長比は 1 : 2.4 : 2.2 : 2.8 および 1 : 1.7 : 1.5 : 1.3．

前齢とほぼ同色．

生態 オドリコソウ，ヒメオドリコソウ，ホトケノザなどの種子を摂食して発育する（川沢・川村[94]）．

生息場所は食草の生育する山麓，林地，土堤，路傍などの草地の地表部である．本州や九州では 4・5 月ごろから活動を始め，食草上などで交尾し，土を浅く掘って産卵室を作り，その中か地表の物陰のくぼみなどで産卵する．関東地方では卵は 4 月下旬〜6 月上旬ごろに，幼虫は 5 月中旬〜7 月上旬ごろに見られ，新成虫は 6 月中旬〜7 月上・中旬に羽化する．年 1 世代で，新成虫は交尾することなく地中で生活し，11 月中旬ごろから越冬に入る（立川[271]）．

横浜市内では，1994 年 5 月 7 日に埼玉県飯能市内で採集した成虫と卵塊を，広口瓶に土を入れ，ヒメオドリコソウの種子をもつ生または枯茎を給与して飼育し，東京都内では 1986 年 4 月 23〜5 月 5 日に東京都狛江市と神奈川県厚木市で採集した個体を，ヒメオドリコソウとホトケノザの種子で飼育した．結果は表 7 に示したとおりで，卵期間が 10〜16 日，幼虫期間が 28〜44 日であった．

母虫の卵・子虫保護習性 飯能市内で採集した上記個体を，横浜市内でヒメオドリコソウを与えて，自然日長・室温条件で飼育した．雌は 5 月 12 日と 16 日に産卵して保護を始めた．幼虫が第 4 齢になった区の雌は 5 月下旬〜6 月上旬に第 2 回目の産卵をし，再び卵保護を始めた．第 1 回目の卵からふ化した幼虫は 6 月中旬に羽化し，第 2 回目の卵からふ化した幼虫は 7 月上旬に羽化した．また第 2 回目に産卵した卵を取り除いた雌は約 20 日後の 6 月中旬に第 3 回目の産卵をして保護を始めた．母虫は第 2 回目の卵を 15 個内外産卵し，翌日に追加産卵して約 30 卵に増やして保護を続けた例もみ

表7 横浜市および東京都内における自然日長・室温でのミツボシツチカメムシの発育期間

飼育地・年・研究者	反復	卵・幼虫期間（日）							全発育期間	発育期間（月日）
		卵	1齢	2齢	3齢	4齢	5齢	合計		
横浜・1994・小林	1	—	4	4	4	5	10	27	—	5.18～6.14
	2	10	4	4	4	6～10	14	32～36	42～46	5.16～6.30
	3	—	4	4	4	5～9	11～13	28～34	—	5.16～6.19
	4	11	4～5	4～5	4～8	8～9	10～14	30～41	41～52	5.12～7.2
	5	—	4	4	4～5	5～7	12～17	29～37	—	5.17～6.23
平均		10.5	4.1	4.1	4.5	6.9	12.5	32.1	42.6	
東京・1986・立川	1	16	6	5	5	13	15	44	60	（長期の例）
	2	14	4	6	5	4	9	28	42	（短期の例）
平均（N = 16）		15.6	7.9	6.5	10.4	7.7	10.3	42.7	57.7	
SD		1.1	1.7	1.2	3.0	2.6	2.7	5.7		

注．横浜における飼育は1卵塊ずつで各区約50～60個体．

られた．幼虫がふ化するまで卵保護を続けた母虫は再度の産卵をしない場合もあるが，産卵直後に卵を取り除いた場合には再度の産卵がみられ，最も多いものでは4回もの産卵が観察された．関東地方では普通5月上旬に第1回目の産卵を行い，条件次第で第2回目の産卵を約20日後に再び行うのではないかと思われる．

母虫は物陰のくぼみで，胸部の下に卵塊を抱えて保護する．被覆物を取り除くと，母虫は土を掘り下げたり，移動したりして外から見えない状態で抱卵を続ける．卵粒をばらばらにすると，母虫は触角と口吻と前脚でそれを集めるが，卵塊は復元できない．母虫は抱卵中に度々卵を離れて歩くことがある．これは，ツノカメムシ科やキンカメムシ科の中の種が，いったん卵保護を始めると，脚が硬直状態になっていて，幼虫が第2齢になって摂食場所を求めてはい出すまで抱卵姿勢をとり続けるのとは大きく異なる．

抱卵中の母虫に物を近づけると，これに背を向けてさえぎる姿勢をとる個体が僅かながらある．これも，上記2科の卵保護種が必ず近づく物を強力にさえぎるのとはやや異なる．母虫の抱卵には陽光をさえぎるなどの，物理的影響に対するもののほかに，天敵から卵を保護する意味もある．トビイロケアリに近縁の *Lasius sakagamii* が卵塊を大腮でくわえて，丸ごと運び去るのがしばしば観察されるので，多摩川で実験を行ったところ，母虫を隔離した卵塊は20卵塊中19卵塊が消失したが，母虫が保護している卵塊は20卵塊中4卵塊が消失したに過ぎなかった．

幼虫は第1・2齢期には集合性が強いが，第3齢期にはかなり弱くなり，第4および5齢ではそれがほとんど崩れる．しかし，脱皮時には地中の小室に集合しているのがよく見かけられる．

成虫は，驚くとひっくり返って，長い場合には1～数分間も擬死を続けることがある．また10月ごろ燈火に飛来することがある．

（4） シロヘリツチカメムシ *Canthophorus niveimarginatus* (SCOTT, 1874)

分布 本州，四国，九州；シベリア，極東ロシア，朝鮮半島，中国，モンゴル，フィンランド．

成虫 体長6～8 mm．光沢ある黒藍色．粗い点刻におおわれ，体の側縁はほぼ完全に黄白色に細く縁どりされる．

卵（図22, A～D, Kobayashi[128]） 卵は卵頭部が微かに太い楕円形で長径約0.8 mm，短径約0.5 mm．初期には淡黄色，ふ化前には淡赤色を帯び眼点が赤色に透視される．卵殻は透明，表面は平滑，受精孔突起は8～10個．卵殻破砕器は縦長約180 μ，横幅約100 μ．

図22 シロヘリツチカメムシ *Canthophorus niveimarginatus* SCOTT
A. 卵, B. 受精孔突起, C. 卵殻破砕器, D. 卵塊, E. 第1齢幼虫, F. 第2齢幼虫, G. 第3齢幼虫, H. 第4齢幼虫, I. 同齢の腹端部における腹面盤および側盤の構造と気門の位置, J. 第5齢幼虫, K. 同齢雌の性徴と気門の位置, L. 同雄. [傍線は1mm長].
(Kobayashi[128]―部改)

幼虫（図22, E～L, 石原[69], Kobayashi[128], 安永ら[324]）　頭部はほぼ台形状．頭部中葉は側葉に比べて第2齢までは長いが，加齢に伴って短く，かつ狭くなり，第3齢ではほぼ等長，第4齢以後はやや短く，前縁線は各齢とも側端部を除き直截状．側葉は前部が第1齢では狭くややせ型であるが，加齢に伴って広くなる．口吻の各節は真っ直ぐであるが，第2節両端の関節部で屈折し，第2節は下後方に，第1, 3および4節は後方へ伸び，齢の初期にはやや長く先端は第2齢までは第4腹節付近に達するが，加齢に伴って短くなり，第5齢では中および後脚の各基節の中間付近に達する．触角の第3および4節は紡錘形状をなし，第3節両端の節間部は極めて細い．

　前胸背板はほぼ台形状で，前側縁線は第1齢では前部が放物線状，後部がほぼ直線状に近く，第2齢からは弧状をなし，第4齢から中部が側方へ張り出し，前角部が前方へ鈍角状に突出してくる．中胸背板は3胸背板中最も広く，第1齢では台形状で，側縁は直截状に近いが，第2齢から側縁線が緩弧状となり，後縁の中央部が弱く後方へ突出し始め，第3齢から原小楯板と前翅包が発達し始める．硬化した後胸背板は同中胸背板より狭く，左右片がそれぞれ第2齢まではへら型で，この前角部は中胸背板の後角部から著しく隔たり，第3齢では矛刃型をなし，側端がとがって中胸背板の後角部に接する．前脛節の先端部は第3齢以後太くなる．跗節は細小化しない．前脛節のグルーミング剛毛は

第1齢では2・3本，第2および3齢では3および4本，第4・5齢では4本，傍らにある同形の2本を加えて6本とも数えられる．脛節の棘毛は第2齢以後短小ながら強剛になる．

腹背盤は第1齢では臭腺が開口する3個のみでいずれも小さく長楕円形状，臭腺開口部はその側縁近くに位置する；第2齢以後は上記3個のほかに長楕円形状の小さい1個が第8節に認められ，臭腺盤はいずれも大きく，前および中部臭腺盤は角の丸い長方形状を，後部臭腺盤は楕円形状をなし，臭腺開口部はその中央部に偏在する．側盤は第3～8節では半円形ないし半楕円形状で，外縁は緩弧状で平滑．雌では第5齢の第8腹節後縁中央部の三角形状陥入部が赤色で，第9節の腹面盤が中央で切れて左右2片に分かれ，接合部がX状をなす（図22, K）．孔毛の対をなす各2個の位置は腹節位により若干異なる．

頭部，胸背板，腹背盤および側板上には微細網状模様がなく，第3齢までは点刻を欠き，第4および5齢では胸背板，腹背盤および側盤上に微小点刻を疎布するが頭部にはこれを認めがたい．体上には第2齢までは周縁部に淡褐色短毛を疎らに装うが，第3齢以後ではほとんど毛を欠く．

第1齢：体長1.2 mm内外．前・中・後の各臭腺盤の幅と各臭腺開口部の間隔との比は，前から順に1.9：1，2.0：1および2.0：1．各胸背板長の比は4.0：2.5：1．触角および口吻の各節長比は1：1.1：1.1：2.2および1：1.4：1.5：1.5．

頭部，胸背板，腹背盤および側盤は赤褐色または暗褐色で光沢を有する．硬化した胸背板以外の胸部背面および硬化盤以外の腹節部は主として黄赤色または赤黄色で光沢を有する．複眼は暗赤色．触角および脚は主として灰色，触角節間部は淡赤色．

第2齢：体長1.7 mm内外．各臭腺盤の幅と各臭腺開口部の間隔との上記比は3.8：1，4.5：1および4.0：1．各胸背板長の比は3.5：3.0：1．触角および口吻の各節長比は1：1.3：1.4：2.2および1：1.4：1.6：1.5．

頭部，胸背板，腹背盤および側盤は黒褐色で光沢を有する．硬化盤以外の腹節部は鮮赤色で光沢を有する．複眼は黒赤色．触角は黒褐色で，節間部は淡赤色を帯びる．脚は暗褐色．

第3齢：体長2.3 mm内外．各臭腺盤の幅と各臭腺開口部の間隔との上記比は4.7：1，5.7：1および4.7：1．各胸背板長の比は4.5：5.5：1．触角および口吻の各節長比は1：1.6：1.5：2.3および1：1.4：1.7：1.3．

前齢とほぼ同色かやや濃色で赤みを帯びる．

第4齢：体長3.8 mm内外．各臭腺盤の幅と各臭腺開口部の間隔との上記比は4.8：1，5.6：1および5.5：1．各胸背板長の比は7.0：9.0：1．触角および口吻の各節長比は1：2.4：1.9：2.5および1：1.5：1.6：1.3．腹部第8および9節腹面の腹面盤と側盤は共に分離独立しており，性徴は認められない（図22, I）．

前齢とほぼ同色．

第5齢：体長6.1 mm内外．各臭腺盤の幅と各臭腺開口部の間隔との上記比は4.1：1，4.5：1および4.3：1．各胸背板長の比は14.0：24.0：1．触角および口吻の各節長比は1：2.7：2.2：2.5および1：1.5：1.6：1.3．

頭部，胸背板，腹背盤および側盤は黒色で藍色の光沢を帯びる．硬化盤以外の腹節部は主として黄赤色で光沢を有し，周辺部は僅かに白色．複眼は黒赤色．触角および脚は漆黒色，触角の節間部は淡赤色．

生態　カナビキソウの種子，子房，蕾などから吸汁して発育する．

生息場所はチガヤやススキなどが自生し，これにカナビキソウが半寄生する，山野や土堤などの日当たりのよい草地である．四国地方では年1回の発生で，4月上旬ごろから活動を始め，4月中旬

～5月下旬ごろに，植生などの陰の地面のくぼみに産卵する．幼虫は4月下旬～6月下旬ごろに見られ，新成虫は6・7月に出現する（小林[116]）．

母虫は卵塊を抱えて保護する．環境を変えたりすると，母虫は口器を卵塊の中央部の卵粒間に挿しこんで，これを引きずって移動することがある．若齢幼虫には強い集合性があり，母虫はそのそばにいることが多いが，老齢になるほどこの習性は弱くなる．

7) ベニツチカメムシ亜科 Parastrachiinae

(1) 形態的特徴

a) 卵

卵は楕円形で大きい．受精孔突起は半球形．卵殻破砕器は細長い逆二等辺三角形状．卵塊は球形に近い立体的塊状．

b) 幼 虫

触角は短小化しないが，第3節両端の節間部は細い．

前脛節の先端部はやや太まるが，偏平化しない．跗節の第1節は比較的長い．脛節の棘毛は短小で，先端部に少数局生するだけの個体が多い．

腹背盤は臭腺が開口する3個のみで，いずれも著しく小さく，臭腺開口部はその側縁近くに位置する．腹部気門は側盤内方の腹節上に開口する．孔毛は気門の後方に2個ずつある．雌では第5齢幼虫の第8節後縁に三角形状のくぼみがあり，この頂部に1縦溝が短く認められる．

体上に点刻を，頭部および胸部に角状短棘や長毛を欠く．

齢の検索表

1 (6) 翅包は認められない．
2 (5) 硬化した後胸背板は不明瞭，小不等辺三角形状らしく，その前角部は中胸背板の
　　　後角部から隔たるように見える．
3 (4) 複眼はあまり突出しない ・・第1齢
4 (3) 複眼は顕著に突出する ・・・第2齢
5 (2) 硬化した後胸背板は明瞭，左右それぞれ長刀刃型で，その前角部は中胸背板の後角部
　　　にほぼ接する ・・・第3齢
6 (1) 前翅包が明瞭に認められる．
7 (8) 後翅包は認められない ・・・第4齢
8 (7) 前・後翅包が明瞭に認められる ・・第5齢

(2) 生態的特性

生息場所は照葉樹林地，寄主植物はボロボロノキで，核果を摂食する．卵は落葉下に作られた産室内に産下され，母虫によって球形状の卵塊にまとめられて保護される．第1齢幼虫は産室内や落葉間で母虫に保護されながらボロボロノキの核果に群がって摂食する．第2齢幼虫は群れて母虫と共に歩き，落葉間で核果を吸収する．第3齢以後は集合性が弱まるが，脱皮は集合して行われる．

(3) ベニツチカメムシ *Parastrachia japonensis* (SCOTT, 1880)

分布 本州，四国，九州，奄美大島，沖縄本島；済州島，中国．

成虫 体長16～19 mm．鮮紅色の体に大きな黒色紋があり美しい．第3腹板（見掛上の第1節）の基部中央に低い円すい状突起がある．

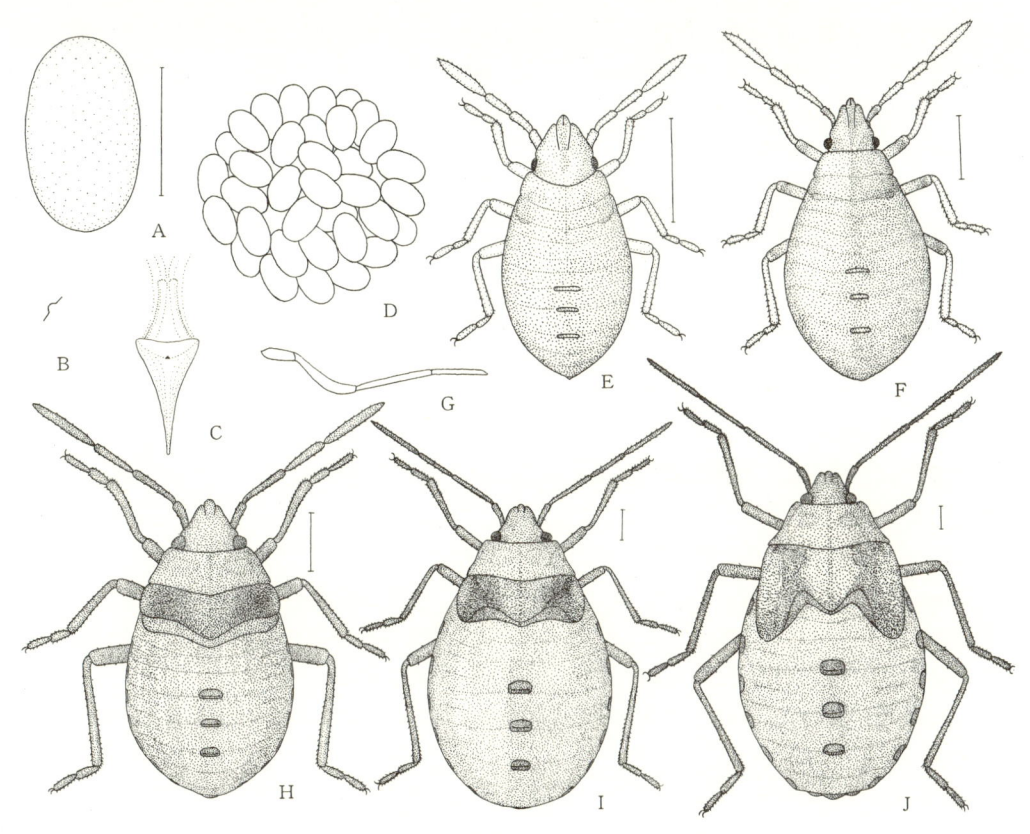

図23 ベニツチカメムシ *Parastrachia japonensis* (Scott)
A. 卵, B. 受精孔突起, C. 卵殻破砕器, D. 卵塊, E. 第1齢幼虫, F. 第2齢幼虫, G. 同齢の口吻（側面図）, H. 第3齢幼虫, I. 第4齢幼虫, J. 第5齢幼虫 [傍線は1mm長].
(小林原図)

卵* (図23, A～D, Tachikawa & Schaefer[272]) 長径1.5～1.7 mm, 短径0.9～10 mmの楕円形. 初期には淡黄白色で光沢を有し, ふ化が近づくと淡赤色を帯び, 眼点が淡赤色に透視される. 卵殻は平滑, ほぼ半透明で僅かに乳白色を帯びる. 受精孔突起は10余個で卵頭部に輪状に並ぶ. 卵殻破砕器はほぼ厚膜質らしく, 縦長約280μ, 横幅約150μ, 主として淡褐色, 中心の1歯は硬化して三角形状にとがり褐黒色, 本体部分の上部から斜め後方へごく淡い褐色ないし半透明の付属膜が伸びる. 卵はふ化に際して縦に破れ, ふ化後の卵殻は圧迫されたように変形するが, 卵塊は崩れないでほぼ原形を保つ. 卵塊は60～100個内外の卵からなり, これらが不規則に球形状に集まる.

幼虫** (図23, E～J, Tachikawa & Schaefer[272]) 体は短披針形ないし長卵形状で, 比較的厚い.

頭部はやや長く, 第3齢まではほぼ三角形状, 第4齢以後はほぼ台形状. 頭部中葉は側葉より第3齢までは著しく長く前方へ突出し, 第4齢以後はやや長く, 前縁は円弧状. 側葉はやややせ型で, 前部は狭く, 前側縁線は中部で弱く湾入する. 口吻は第1齢から長く, 第2節湾曲型（図23, G）で, 先端は第3齢までは齢の初期には腹端を越えるか, その付近に達し, 末期には中腹部に達するが, 第4齢から短くなり, 先端は第4・5腹節付近に, 第5齢では第4腹節付近に達する. 口針は第1齢時か

---

* 行徳直己氏と藤條純夫博士より生卵と卵殻の提供を受けた.
** 行徳直己氏に現地を案内していただき, 幼虫の提供を受けた.

ら長く，比較的太い．上唇も第1齢時から比較的長く，先端は口吻の第1節を越えるが，第2および3齢では第1節の中部に達する．口針と上唇は最初下方に伸びて頭部にほぼ密着するが，第3齢までは個体により頭部との間にごく狭い隙間をつくる．複眼は第1齢では円盤状であまり突出せず，第2齢以後は半球状に顕著に突出する．

前胸背板は台形状，前側縁線は第2齢までは緩弧状であるが，第3齢以後は後角寄りの部分で弱く湾入する．中胸背板は3胸背板中最も広く，第1齢では台形状，第2齢から後縁中央部が後方へ突出し始め，第3齢から原小楯板と前翅包が発達し始める．硬化した後胸背板は第1齢では中胸背板の後角部近くで不等辺小三角形状らしいが不明瞭，第2齢では中胸背板の後角部よりかなり内方から正中線近くまでの不等辺長三角形状に認められ，第3齢では左右それぞれ長刀刃型をなし，前角部は中胸背板の後角部に接し，後縁線は中央部と側縁部の中間で弱く湾入する；前翅包は第4齢から，後翅包は第5齢で認められる．前脛節のグルーミング剛毛は第2齢までは4本内外，第3および4齢では6および7本内外，第5齢では7〜9本．脛節の棘毛は黒褐色で，通常は先端部に数〜10数本局生するだけであるが，かなり広い範囲に列生するように認められる個体もある．

臭腺盤は第2齢までは3個とも短棒型，第3齢以後は饅頭型ないし長方形状，前部臭腺盤は各齢とも最大，中および後部臭腺盤は第3齢までは等大，第4齢からは後部臭腺盤が最小となる．側盤は第2齢までは不明瞭，第3齢以後は第2〜7節では前後に長い不等辺四辺形状，外縁は緩弧状で平滑．腹部気門は第2節では側盤の中部内方に，第3〜8節では側盤の前部内方に位置する．孔毛は第3〜7節の気門の後方にあり，2個が円形基盤約3個分の間隔で内外に並ぶ．

体上の毛は第4齢までは淡褐色の短毛が周縁部にごく疎らに認められる程度で，第5齢ではほとんどこれを欠く．

第1齢：体長2.3 mm内外．各胸背長の比は1.5：1.4：1．触角および口吻の各節長比は1：1.3：1.4：2.9および1：1.5：2.1：1.7．

体はほぼ一様に黄赤色で光沢を有する；ただし頭頂部，複眼の内方，中葉側縁部，胸背板の原厚化斑部などは淡黄褐色；中葉先端部では口針の基部が黒色に透視される．複眼は赤色（1〜3齢共通）．触角および脚は淡黄褐色．

第2齢：体長3.5 mm内外．各胸背長の比は1.4：1.4：1．触角および口吻の各節長比は1：1.8：1.8：2.9および1：1.7：2.0：1.5．

前齢とほぼ同色，ただし中胸背板はやや暗色を帯び，触角第1節の先端近くと，腿節の末端近くは淡暗赤色を帯びる．

第3齢：体長4.7 mm内外．各胸背板長の比は4.3：4.9：1．触角および口吻の各節長比は1：2.0：1.9：2.8および1：1.7：2.0：1.4．

頭部，胸背板，腹背盤および側盤は主として暗赤色，ただし頭部の先端部は淡色，中胸背板および腹背盤は個体により弱く褐色を帯びる．硬化盤以外の腹節部は赤色で光沢を有する．触角第1および2節は淡赤黄色，第3および4節は淡褐色．脚は主として淡黄褐色，腿節基部は暗赤褐色．

第4齢：体長7.9 mm内外．各胸背板長の比は9.5：11.0：1．触角および口吻の各節長比は1：2.1：1.8：2.4および1：1.7：1.8：1.1．

頭部，前胸背板および硬化盤以外の腹節部はほぼ濃赤色．中胸背板，後胸背板および腹背盤は暗赤褐色．側盤および複眼は暗赤色．触角は褐色ないし暗褐色．腿節および脛節基部は赤褐色，脛節先端部および跗節は帯褐色．

第5齢：体長10.5 mm内外．各胸背板長の比は17.3：23.3：1．触角および口吻の各節長比は1：3.0：2.2：2.7および1：1.7：1.7：1.0．

前齢とほぼ同色.

生態 行徳・立川[26] および筆者 (立川[271]) の研究を以下に略記する.

寄主植物はボロボロノキで, 核果の果肉, 胚および子葉を摂食して発育する.

生息場所は自然植生に近い照葉樹林地で, 日陰が多く, 落葉が安定的に堆積している環境の寄主植物付近. 福岡県内では年1世代で, 越冬後の成虫は3月下旬～5月上旬に現れて日陰の低木や草本植物上に集まる. 5月～6月上旬に交尾した雌は寄主植物の熟果から吸汁し, 卵巣が発育する. この雌は6月に落葉下の土中に産卵室を作って60～100卵内外を産下し, これを球状の卵塊にまとめて卵粒間に口器を挿しこんで, 胸部の下に置いて保護する. ふ化は6月中旬からみられ, 第1・2齢幼虫は集団で母虫と一緒に産室内や近くの落葉間のボロボロノキの落果に集まって吸汁する. 7月上旬ごろから第3齢以後の幼虫が地上に現れて活発に歩行するようになり, 地表の落果から吸汁する. 羽化は7月下旬～8月中旬に行われ, 盛期は8月上旬である. その後新成虫は越冬成虫の集団に加わり, 新旧成虫が入り混じって樹上や草上で集合静止するようになり, 越冬成虫は8月下旬ごろまでに死亡する. 新成虫は交尾することなく, 12月上旬からネズミの廃坑, 倒木下, 落葉間などに潜りこんで越冬する.

母虫は卵塊を胸部下に抱えて保護するが, 外敵に対して攻撃的行動はとらない. 産室の第1齢幼虫集団に対して母虫はボロボロノキの落果を持ち帰って給与する (塚本・藤條[294]). 幼虫には集合性があり, 集団で核果を吸収したり, 林床植物上に集合して脱皮したりするが, 寄主植物の実が乏しい場合には共食いを行うこともある. 餌の豊凶は本種の移動や発生量の年変動に関係する (後藤[22]). 成虫にも強い集合性があり, 林床植物上で春から秋まで集合を続けており, ごく一部の個体がこれから抜け出して交尾や産卵を行うに過ぎない. 成虫は驚くと, ジィジィという摩擦音を発しながら放臭したり, 落下して擬死をしたり, 落葉間に逃げこんだりする. 成・幼虫の目立つ色彩は警戒色の機能を持つと考えられる. 成虫は5・6月の交尾期に走光性を現し燈火に飛来する.

6. キンカメムシ科 Scutelleridae

日本に分布する既知種は次の2亜科7属9種, 発育期が研究された種は＊印の8種で, うち5種は全ステージが究明された.

i. キンカメムシ亜科 Scutellerinae
① アカスジキンカメムシ *Poecilocoris lewisi* DISTANT
② ニシキキンカメムシ *P. splendidulus* ESAKI
③ ミカンキンカメムシ *Solenosthedium chinense* STÅL
④ ミヤコキンカメムシ *Phylia miyakonus* (MATSUMURA)
⑤ ナナホシキンカメムシ *Calliphata nobilis* (LINNAEUS)
⑥ モモアカナナホシキンカメムシ *C. excellence* (BURMEISTER)
⑦ オオキンカメムシ *Eucorysses grandis* (THUNBERG)
⑧ アカギカメムシ *Cantao ocellatus* (THUNBERG)

ii. チャイロカメムシ亜科 Eurygasterinae
① チャイロカメムシ *Eurygaster testudinaria* (GEOFFROY)

1) 生態的特性

生息地は日当たりのよい山麓地, 林地, 草生地などである. 寄主植物は木本または草本植物で, 実や種子を摂食する. 産卵は寄主植物の葉裏や穂上などに卵塊を作って行われる. 越冬は多くは成虫

態で行われるが，第5齢幼虫態で行われる属もある．

2）形態的特徴

（1）成　虫

楕円形か長楕円形で，背面がよく盛り上がり，体は厚く硬い．小楯板は著しく大きく，半翅鞘の大部分を覆う．後翅のみに翅刺がある．

（2）卵

球形，短卵形，円筒形などで，表面は平滑．初期には淡黄色か淡黄緑色で光沢を有する．卵殻は乳白色半透明で比較的厚い．受精孔突起は半球形で卵頭部に輪状に並ぶ．卵殻破砕器は開翼型，硬化した骨格部は逆三角形状で，上縁部中央に1歯があり，下端は比較的太く丸い．卵塊は平面状で通常数卵～200数十卵よりなる．

（3）幼　虫

体は楕円形，長楕円形，ほぼ円形などで比較的厚い．頭部，胸背板，腹背盤および側盤は第1または2齢以後金緑色を帯び，中齢以後は脛節も含めて金緑色に輝く（キンカメムシ亜科）か，頭部，胸背板および腹背盤が第3および4齢において赤銅様や白銀様の金属光沢を幽かに現す（チャイロカメムシ亜科）．

頭部中葉は全齢を通じて側葉より長い種が多く，前縁は弧状，加齢に伴って狭くなる．側葉は比較的広く，前側縁線の前部は放物線状，後方は複眼の直前で側方へ弱く反る．一般に口吻と口針が比較的ないし著しく長い．

胸背板はオオキンカメムシ以外では第1齢から硬化するが，本種ではそれが第1齢では不明確，第2齢から明確となる．硬化した胸背板は第3齢までは胸背の大部分を，第4齢以後は全体を覆う．中胸背板において，小楯板の著しい発達の基礎が第2齢，種により第1齢から認められる．脛節の稜部は角張る．前脛節にはグルーミング櫛と同剛毛を備える．

対をなす臭腺開口部の間隔は，前部のものが中部のものの約2～3倍と広く，後部のものは中部のものより僅かに狭い．臭腺盤には次の5型が認められる．

第Ⅰ型：3対の臭腺開口部が1個の半円形の臭腺盤上に位置するように見える．
　第Ⅰ-1型：臭腺盤は完全に1プレート ･･････････････ アカスジおよびニシキキンカメムシ
　第Ⅰ-2型：臭腺盤の輪郭は1個であるが，第5齢においてのみごく狭い間隔で3臭腺盤が
　　　　　　分離するように見える ･････････････････････････････････････ ミカンキンカメムシ
　第Ⅰ-3型：前および中部臭腺盤と後部臭腺盤の側縁境界部に深い切れこみがあり，両者が
　　　　　　接着した形をなす ･･ ミヤコキンカメムシ
第Ⅱ型：3対の臭腺開口部がそれぞれ別個の臭腺盤上にあり，前部臭腺盤は亜鈴型をなす．
　第Ⅱ-1型：前部および中部臭腺盤がほぼ接着する ･･･････ ナナホシおよびオオキンカメムシ
　第Ⅱ-2型：3臭腺盤がそれぞれ分離独立する ･･････････････ アカギおよびチャイロカメムシ

腹部気門は第2～8節腹面にあり，第2節では側盤の中央部の内方または前内縁線が湾入した部分に，第3～8節では側盤の前部の内方か，前内縁線または内縁線が湾入した部分に位置する．孔毛は第3～7節の気門の後方の側盤上またはこの内方にあり，2個が円形基盤2～4個分の間隔で内外に並ぶ．

齢の検索表
1(6) 翅包は認められない.
2(5) 硬化した後胸背板は中胸背板より明瞭または僅かに広い.
3(4) 複眼はあまり突出しない ··· 第1齢
4(3) 複眼は顕著に突出する ··· 第2齢
5(2) 硬化した後胸背板は中胸背板に比べてほぼ等幅か狭い ··················· 第3齢
6(1) 前翅包が認められる.
7(8) 後翅包は認められない ··· 第4齢
8(7) 前・後翅包が明瞭に認められる ··· 第5齢

3) 生活への形態的適応

(1) 口器の発達

木の実の中の種子を摂食する種では口針，口吻および上唇が長い．摂食を開始する第2齢において，口針は種子からの吸収を可能にする長さになっており，その実長は体長よりも長く，1cm以上にも及ぶ種がある．口吻の先端は体が小さい第2および3齢幼虫では腹端を越えることがある．口針は一たん頭部中葉の前方ないし下方に上唇と共に突き出た後，輪を作って後方に曲がり，口吻第1節に入って，その先端を口吻端に合わせている．

(2) 目立つ色彩

成虫は金緑色か黄赤色系で，幼虫は頭部や胸部が金緑色ないし青藍色の金属光沢に輝き，腹節部が黄赤色であるか，体全体がほぼ黄赤色をなす．この特徴は警戒色かと推測される．

4) 発育期における2亜科・7属の識別

(1) キンカメムシ科の2亜科の識別

卵はキンカメムシ亜科ではほぼ球形か円筒形で，卵殻表面に特別な構造物や模様を欠くが，チャイロカメムシ亜科では卵が短卵形で，卵殻表面に六角形網目模様が認められる.

幼虫は，キンカメムシ亜科では側盤の外縁が平滑．頭部，胸部，腹背盤，側盤などに第1または2齢以後金緑色，赤銅色，青藍色などの金属光沢が顕著．チャイロカメムシ亜科では側盤の外縁が第1齢では第7～9節で，第2～5齢では第2または3～8節で小鋸歯状．頭部，胸部および腹背盤には第3および4齢のみに赤銅様ないし白銀様の金属光沢を幽かに現すに過ぎない．

(2) キンカメムシ亜科の5または6属の検索

a) 卵における検索表
1(8) 卵は球形.
2(7) 1卵塊の卵数は通常14個内外と少ない.
3(4) 受精孔突起は40個内外と多い ··· *Poecilocoris*
4(3) 受精孔突起は30個内外以下と少ない.
5(6) 受精孔突起は30個内外 ·· *Solenosthedium*
6(5) 受精孔突起は22個内外 ·· *Calliphata*
7(2) 1卵塊の卵数は通常100～170と多い ····································· *Eucorysses*
8(1) 卵は円筒形．1卵塊の卵数は通常150～230個 ·························· *Cantao*

b）幼虫における検索表

1(6) 3対の臭腺開口部が1個の半円形の臭腺盤上に位置する（I型）．
2(5) 同臭腺盤の側縁はスムースな弧状をなす．
3(4) 同臭腺盤は全齢において完全に1プレート（I-1型）・・・・・・・・・・・・・・・・・・・・・・・*Poecilocoris*
4(3) 同臭腺盤は第5齢においてのみごく狭い間隔で3臭腺盤が分離する（I-2型）
　　・・・*Solenosthedium*
5(2) 同臭腺盤の前・中部開口部があるものと後部開口部があるものとの側縁境界部に深い
　　切れこみ部がある（I-3型）・・・*Phylia*
6(1) 3対の臭腺開口部がそれぞれ別個の臭腺盤上にあり，前部臭腺盤は亜鈴型をなす（II型）．
7(10) 前部と中部の臭腺盤がほぼ接着する（II-1型）．
8(9) 硬化盤以外の腹節上に点刻を第4・5齢において散布する（第1～3齢：未調査）
　　・・・*Calliphata*
9(8) 硬化盤以外の腹節上に点刻がない（全齢）・・・・・・・・・・・・・・・・・・・・・・・・・・・・・・*Eucorysses*
10(7) 3臭腺盤がそれぞれ分離独立する（II-2型）・・・・・・・・・・・・・・・・・・・・・・・・・・・・・・*Cantao*

5）キンカメムシ亜科 Scutellerinae

(1) 形態的特徴

a) 卵

球形か円筒形で，初期には淡黄色か淡黄緑色．卵殻表面は無構造・無模様．卵殻破砕器の翼状部は厚膜質ないし膜質で，淡黄褐色ないしほぼ透明，両端部は丸いか鋭角状にとがる．卵塊は数個～200 数十個の卵からなり，3・4列の塊状または六角形状．

b) 幼　虫

頭部，胸背板，腹背盤および側盤は第1または2齢以後金緑色，赤銅色，青藍色などの金属光沢に輝く．触角の基部および脚も老齢期には金属光沢を現す．

口吻は一般に長く，第2節湾曲型の種が多く，先端が腹端を越えることもある．最も短い種でもその先端は後脚の基節ないし第5腹節付近に達する．口針も一般に長く，上唇と共に一たん頭部の前ないし下方に突き出て，頭部との間に隙間を作って後方に曲がり，口吻第1節に戻る種がある．

各胸背板の側縁は通常平滑であるが，第2および3齢において微かに鈍鋸歯状をなす種（オオキンカメムシ）もある．

臭腺盤はI-1～3型かII-1～2型．臭腺中および後部開口部には各1個の小歯状突起が第2および3齢または第2～5齢において認められる．側盤の外縁は緩弧状で平滑，内縁中央部には内外方向の浅い1条溝がほとんどの節で認められる．腹部気門は第2節では腹面側盤の中部の前内縁線が湾入した部分か同側盤の中部内方に，第3～8節では腹面側盤の前部の前内縁線が湾入した部分か同側盤の前部内方に位置する．孔毛は気門の後方にあり，2個とも側盤上で内外に並ぶか，1個が側盤上，1個がこの内方にあるか，2個とも側盤の内方に位置する．性徴は第5齢幼虫の腹部腹面に認められる．雌では第8節の中央後縁部に三角形状の微かなくぼみがあり，この後部の第9節との境界部に2個の円形か楕円形の小隆起が左右に接して並ぶか，丸味を帯びた三角形状に見える部分があり，これらの中央に黒褐色の浅い1縦溝が認められ，第9節中央部は浅くくぼむ．雄では両節の中央部が平坦で，上記特徴が認められないか，または第8節の正中部に弱い1条の隆起線が認められる（アカギカメムシ）．

（2）生態的特性

寄主植物は木本植物で，その実や種子を吸収して樹上で生活する．卵は寄主植物の葉裏に3～4列の塊状または六角形状の塊状に産付される．若齢期には集合性をもつ．

（3） *Poecilocoris* DALLAS, 1848

a) 形　態

（i）　卵　ほぼ球形で，長径1.8～1.9 mm内外．受精孔突起は38～46個内外．卵殻破砕器の骨格部は縦長175～180μ内外，下端は太く丸く突出し，上縁部は黒色ないし黒褐色，他は淡黄褐色．翼状部は横幅363～396μ内外で基部は淡黄褐色半透明，両端部はほぼ透明で，とがらず緩やかに丸い．卵塊は通常14卵からなり，卵は3または4列に並べられる．

（ii）　幼　虫　体は第1齢ではほぼ円形，第2～4齢では短卵形，第5齢では短楕円形状．

頭部はやや短い．頭部中葉は側葉よりやや長いが，老齢では頭部が下方へ向いて一見側葉より短く見えることがある．側葉は広く，前側縁線は第2齢以後やや角張る．

前胸背板の前側縁部はかなり広く，前側縁線は弧状．中胸背板は第2齢から後縁中央部が後方へ顕著に突出し，原小楯板が発達し始める．後胸背板は第3齢までは左右それぞれへら型で，第2齢までは中胸背板より広く，第3齢ではほぼ等幅．各胸背板の側縁は平滑．前脛節のグルーミング剛毛は第2齢までは6本，第3および4齢では7・8本，第5齢では10～12本内外．

臭腺盤はI-1型に属し，半円形の大きな1プレートを形成する．第1および2腹節には長棒状の腹背盤を有するが，第1および5齢では不明瞭な場合がある．第7節の腹背盤は短棒状．第8節の腹背盤は左右の側盤に連なり，この節のほぼ全面を覆う．側盤は第1齢ではやや不明瞭，第2齢以後は第1節では内外に長いくさび型，第2～7節では正方形に近い不等辺四辺形状，ただし第2節のものは第4・5齢において不等辺三角形状．腹部気門は第2節では側盤の中部の前内縁線が湾入した部分に，第3～8節では側盤の前部の前内縁線が湾入した部分にあり，いずれもほぼその前内縁線上に位置する（図24, I, J）．孔毛は第3～7節の気門の後方の側盤上にあり，2個が円形基盤ほぼ3個分の間隔で内外に並ぶ（図24, J）．性徴は第4齢から認められるようで，第8節腹面の後縁中央部に小三角形状の不明瞭なくぼみが認められるのが雌で，これが認められないのが雄と推測される（図26, I, J）．

頭部，胸背板，腹背板および側盤上の点刻は，地色と同色または黒色で粗大，第1齢では疎，第2齢以後はやや密．体上には短直毛を疎生する．金属光沢は胸背板および腹背盤では第1齢から，頭部では第2齢から，側盤では第3齢から，脚および触角では第4齢から現れる．

（iii）　*Poecilocoris* 2種の識別

卵はアカスジキンカメムシでは僅かに縦長で，長径約1.9 mm，短径約1.8 mmであるが，ニシキキンカメムシでは球形で，縦径・横径とも約1.8 mm．

幼虫においては，硬化盤以外の腹節上の点刻がアカスジキンカメムシでは各齢にあるが，ニシキキンカメムシでは第4・5齢のみにある．

b) 生　態

通常第5齢幼虫（稀に成虫）が落葉間などで越冬する．種々の木や草が繁茂している生息環境で，越冬後の幼虫が元の寄主植物に復帰できる可能性は極めて少ないと考えられるし，成虫が産卵するキブシの果実やヤシャブシなどの種子は春には樹上に残っていない．それでも本種が生存し続けて来られたのは後述するように，多くの植物から吸汁して成虫に発育できるからであろう．

(78)　第III章　主要種の発育期

（4）アカスジキンカメムシ *Poecilocoris lewisi* DISTANT, 1883

分布　本州, 四国, 九州; 朝鮮半島, 中国, 台湾.

成虫　体長16～20 mmの楕円形で, 背面は強く盛り上がる. 光沢ある金緑色に赤色の印字様紋がある.

卵（図24. A～D, Kobayashi[119], 安永ら[324]）　やや縦長の球形で長径約1.9 mm, 短径約1.8 mm. 初期には一様に淡黄色. 受精孔突起は42～46個内外. 卵殻破砕器の骨格部分は縦長約180 μ, 横幅約170 μ, 翼状部は横幅約400 μ.

幼虫（図24, E～K, Kobayashi[119], 安永ら[324]）　頭部側葉の前側縁線はほぼ放物線状. 口吻は第2齢において長くなり, 上唇基部が中葉の前方へ突出し, 第2節湾曲型となるが, この湾曲度は加齢に伴って弱まる. 口吻の先端は第1齢では第4腹節付近, 第2齢の初期には腹端付近, 同末期には第8腹節付近, 第3, 4および5齢の各末期にはそれぞれ第5, 4および3腹節付近に達する. 前脛節のグルーミング剛毛は第5齢では10本内外. 腹部気門は第3齢までは黄赤色ないし淡褐色, 第4齢以後は黒色. 硬化盤以外の腹節上には黒色点刻を疎布し, これは第1齢では大きいが, 加齢に伴って

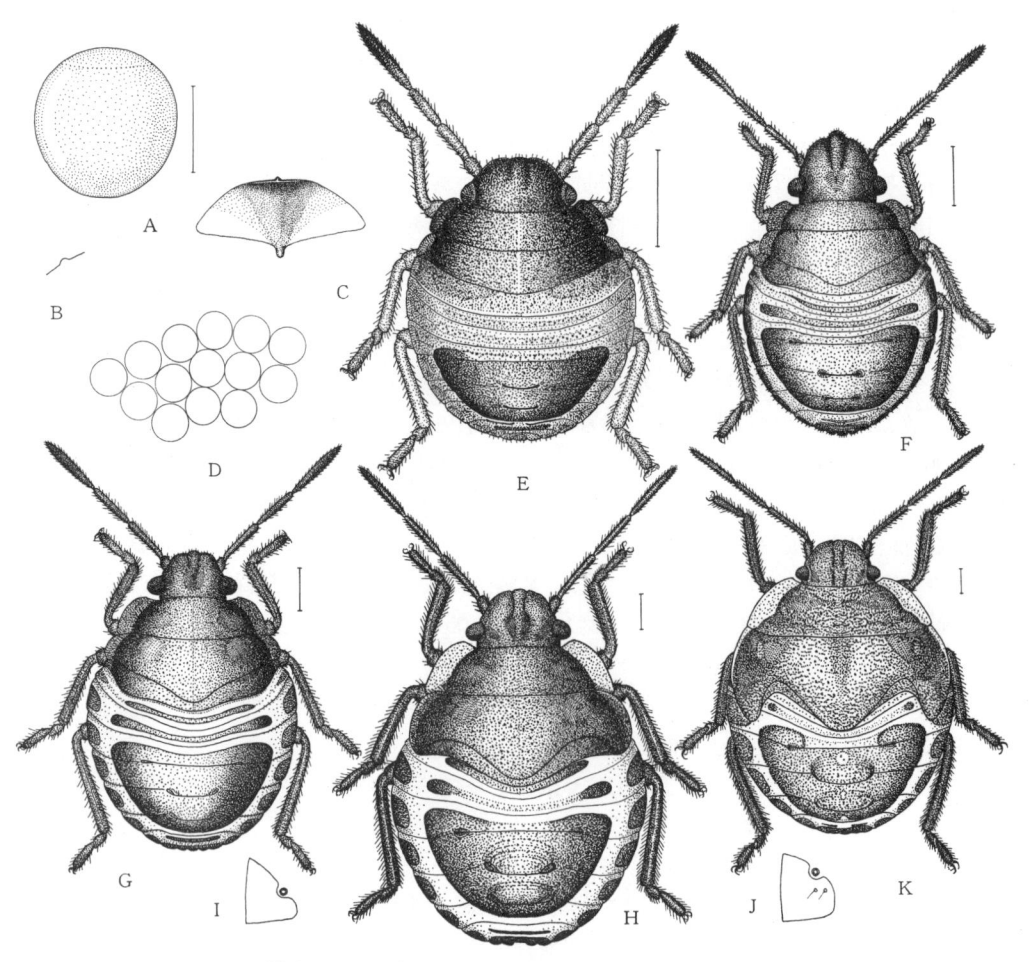

図24　アカスジキンカメムシ *Poecilocoris lewisi* (DISTANT)
A. 卵; B. 受精孔突起; C. 卵殻破砕器; D. 卵塊; E. 第1齢幼虫; F. 第2齢幼虫; G. 第3齢幼虫; H. 第4齢幼虫; I. 同齢第2腹節の気門と側盤の位置; J. 同齢第4腹節の気門, 孔毛および側盤の関係位置; K. 第5齢幼虫. ［傍線は1 mm長］.
（Kobayashi[119] 一部改）

小さくなる.

第1齢：体長2.7 mm内外. 各胸背板長の比は2.2：2.6：1. 触角および口吻の各節長比は1：1.6：1.7：3.2および1：1.4：1.3：1.7.

頭部，前・中胸背板および臭腺盤はほぼ黒褐色で，頭部を除き金緑色光沢を有する；後胸背板と硬化盤以外の腹節部はほぼ赤色；ただし中・後胸背板の側縁部は淡赤色半透明. 第7節の腹背盤は暗褐色. 側盤は淡褐色. 触角の第1～3節はほぼ赤色，第4節は基部を除き黒色，基部は赤黒色. 脚はほぼ淡赤色，ただし脛節先端部および跗節はほぼ淡黄褐色ないし暗褐色.

第2齢：体長4.0 mm内外. 各胸背板長の比は2.5：4.8：1. 触角および口吻の各節長比は1：1.9：1.9：2.9および1：2.1：1.8：2.0.

頭部，胸背板および第2～7節の腹背盤は黒色で金緑色光沢を有する，ただし頭部の先端部および各胸背板の側縁部は淡橙赤色. 側盤，第1および8腹節の腹背盤はほぼ淡褐色，硬化盤以外の腹節部は主として淡橙赤色. 触角および脚の大部分は赤色，触角第4節および跗節の両先端は黒色，脛節先端と跗節の大部分は淡黄赤色.

第3齢：体長6.0 mm内外. 各胸背板長の比は4.5：6.8：1. 触角および口吻の各節長比は1：1.8：1.8：2.4および1：2.0：1.6：1.7.

頭部，胸背板，腹背盤および側盤は主として褐黒色または黒褐色で，顕著な金緑色光沢を有する，ただし胸背板および側盤の両側縁部，および第1・2腹節の腹背盤はやや淡色，部分的に点刻を欠き漆黒色. 硬化盤以外の腹節部は白色または淡赤色. 触角および脚はほぼ赤黒色，ただし触角第4節の先端部および跗節の先端部は暗色，光線の具合により幽かに金緑色光沢を現す.

第4齢：体長9.0 mm内外. 各胸背板長の比は6.5：10.8：1. 触角および口吻の各節長比は1：1.7：1.6：2.0および1：1.6：1.3：1.4.

前齢とほぼ同色；ただし前胸背板の側縁部および中胸背板の前角部はほぼ白色. 触角および脚は光線の具合により金緑色光沢を現す褐黒色，触角の節間部は淡黄赤色.

第5齢：体長13.0 mm内外. 各胸背板長の比は1：1.8：0. 触角および口吻の各節長比は1：2.0：1.8：2.2および1：1.8：1.4：1.6.

前齢とほぼ同色かやや濃色，ただし前および中胸背板の側縁部は図（24, K）のように白色または淡赤色を帯び，第4および5腹節の腹背盤の中央に小白斑を現すことがある，触角は藍青色の金属光沢を有する黒色，節間部は淡色.

生態 キブシ，ヤシャブシ，ハンノキ，スギ，ヒノキ，サワラなどの液果や球果から吸汁して発育する（中西・後藤[211]，小田・杉浦ら[230]）. ほかにヤブデマリ，キハダ，コブシ，ホウノキ，シデコブシ，ヌルデ，ハゼノキ，ウルシ，ツタ，コナラ，クヌギ，ノグルミ，ノイバラなどの落葉広葉樹，ヒサカキ，シキミ，ツバキなどの常緑広葉樹，クロマツなどの針葉樹等で秋に越冬前の第5齢幼虫の生息がみられるという（日置[41]，川沢・川村[94]，小林[113]）. 小林[113]のウワミズザクラはキブシの誤りである. また越冬後の第5齢幼虫はアジサイ，ノリウツギ，テマリバナ，フジ，ミズキ，アオキ，ナツハゼ，エゴノキ，クロモジ，グミ類，ノイバラ，その他の新梢，蕾，幼果などからも吸汁して羽化する.

生息地はキブシやヤシャブシなどの寄主植物が生えている山麓や疎林地である. 四国や本州の比較的温暖な地方では図25に示したように，3月下旬～4月中旬ごろ越冬場所から出て，上記の植物から吸汁し5月上旬～6月中旬ごろに羽化する. 新成虫は交尾後，6月上旬～8月中旬に，キブシその他の寄主植物の葉裏に数回産卵する. 筆者（小林）が1952および1953年に香川県善通寺市内で，7月中旬から自然日長・室温下でキブシの実付き枝で飼育した結果は表8のとおりであった. 第1齢

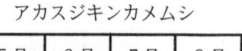

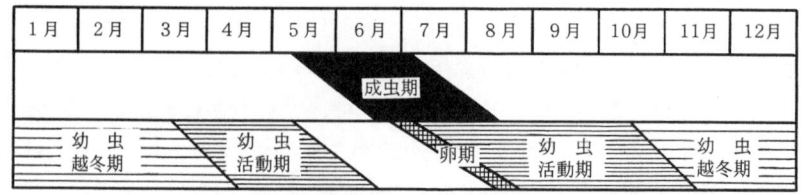

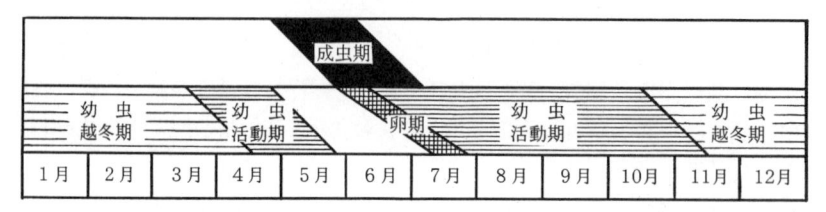

図25 アカスジキンカメムシおよびニシキキンカメムシの発生経過模式図
(Kobayashi[133])

表8 香川県内における自然日長・室温でのアカスジキンカメムシの発育期間 (小林[113])

反復	卵数	卵・幼虫期間 (日)							発育期間 (月日)
		卵	1齢	2齢	3齢	4齢	5齢	合計	
1	14	8 (4)	6 (2)	6	6〜7	9〜15	246〜247	281〜289	7.29〜5.13
2	14	8 (4)	5 (2)	6	8	12〜18	229〜237	268〜282	8.26〜6.3
平均		8.0 (4.0)	5.5 (2.0)	6.0	7.3	13.5	239.8	280.0	

注. 卵 ( ): 眼点発現まで, 1齢 ( ): 移動まで.

幼虫は約2日間卵殻の傍らに集合静止した後, 少し移動して葉裏から吸汁したらしく腹部が膨らみ, 5〜6日の第1齢期を経て脱皮した. 第2齢幼虫は群れのままキブシの幼果に移動して吸汁を始めた. 第5齢幼虫は産卵から30数日〜40数日後の9月上旬〜10月上旬に現れた. 一般に四国地方では第5齢幼虫は8月〜9月下旬ごろ出現し, これまで発育してきたキブシやヤシャブシなどの寄主植物以外の植物にも分散し, 前記のような種々の木の実や種子から吸汁するようになる. 秋冷期(10月中・下旬ごろ)になると, 樹上の枯葉が重なり合った場所や曲がった葉の内側や樹皮の隙き間などに潜りこむ. 幼虫が潜んだ枯葉は間もなく落ちるが, 自ら木を降りて落葉間に潜りこんで越冬に入る個体もある. 年1世代で, 普通第5齢幼虫態で越冬するが, 稀に年内に成虫になる個体がある(宮本[185]).

摂食生態 本種は人工的にダイズとラッカセイの乾燥種子と水だけを給与して, 累代飼育することができ, 守屋ら[198]は22.5℃, 16時間照明条件で, 1981年5月から1987年2月までに38世代を経過させることに成功している. 自然界でも本種の第5齢幼虫は前述のように種々の植物の実や種子以外からも吸汁して羽化する能力を獲得している. 自然界では第4齢以前の幼虫は, 成虫が産卵する寄主植物以外を摂食することはないのであろうが, 人為的には前記のような多くの植物の実, 種子, 新梢部などで発育させることも可能と考えられる. しかし本来の意味で寄主植物と言えるものは成虫が選んで産卵し, 幼虫の大部分のステージが育つことができる, 当初に記した植物(キブシ, ヤシャブシなど)であろう.

若齢期には集合性が認められ, 小群をつくって吸汁したり, 葉裏で休息したり, 脱皮したりする.

6. キンカメムシ科 Scutelleridae　（81）

刺激に反応して触角を小刻みに早く振動させる．また幼虫は吸汁しながら，あるいは歩行中に立ち止って，腹端を左右に振る行動をしばしば行う．雄成虫は腹背から小楯板を僅か離して，数秒の間腹部を上下に1～2mm振動させることがあり，配偶行動に関係するものかと考えられている（守屋[197]）．

（5）ニシキキンカメムシ *Poecilocoris splendidulus* ESAKI, 1935

分布　本州，四国，九州；朝鮮半島．

成虫　体長16～20mm．前種に似るが，金緑色に紫赤色の帯紋がより顕著で，中央の帯紋が波形をしている．

卵（図26，A～D，Kobayashi[133]，小野・近藤[238]，安永ら[324]）　球形で，縦横ともに約1.8mm．初期には一様に淡緑黄色．受精孔突起は38～45個内外．卵殻破砕器の骨格部分は縦長約180μ，横幅約160μ，翼状部は横幅約360μ．各部分は前種より僅かに小さい．

幼虫（図26，E～M，Kobayashi[133]，小野・近藤[238]，安永ら[324]）　頭部側葉は中葉より短く，前側縁線は第2齢以後はやや角ばり，第5齢では背面から中葉より前方に突出するように見える．口吻はアカスジキンカメムシより短く，上唇が中葉の前方に突出せず，第2節が第2齢においてもほとんど側偏も湾曲もしない．口吻の先端は第1齢では後脚の基節を僅かに越え，第2，3および4齢の

図26　ニシキキンカメムシ *Poecilocoris splendidulus* ESAKI
A. 卵，B. 受精孔突起，C. 卵殻破砕器，D. 卵塊，E. 第1齢幼虫，F. 第2齢幼虫，G. 第3齢幼虫，H. 第4齢幼虫，I. 同齢の雌と推測されるものの性徴と気門の位置，J. 同雄，K. 第5齢幼虫，L 同齢雌の性徴と気門の位置，M. 同雄．
［傍線は1mm長］．
(Kobayashi[133])

各末期にそれぞれ第5，4および2腹節付近に達し，第5齢末期には後脚の基節を僅かに越える．前脛節のグルーミング剛毛は第5齢では12本内外．硬化盤以外の腹節上には第3齢までは点刻を欠き，第4齢以後黒色小点刻を疎布する．

　第1齢：体長2.8 mm内外．各胸背板長の比は2.2：2.6：1．触角および口吻の各節長比は1：1.6：1.7：3.3および1：1.3：1.2：1.7．

　頭部，胸背板および腹背盤は主として褐黒色，後胸背板の側縁部は黄赤色で，胸背板と腹背盤には金緑色光沢がある．硬化盤以外の腹節部，側盤，触角および脚はほぼ黄赤色．触角第4節は基部を除き赤黒色，跗節はやや淡色．複眼は暗赤色．

　第2齢：体長4.2 mm内外．各胸背板長の比は2.1：3.5：1．触角および口吻の各節長比は1：2.2：2.4：3.7および1：1.9：1.5：1.7．

　前齢とほぼ同色かやや濃色，ただし金属光沢には青藍色が加わり，複眼は黒色（第2～4齢共通），脛節先端部と跗節は赤黒色．

　第3齢：体長6.3 mm内外．各胸背板長の比は3.0：5.0：1．触角および口吻の各節長比は1：2.0：2.0：3.0および1：1.8：1.4：1.6．

　前齢とほぼ同色．

　第4齢：体長9.5 mm内外．各胸背板長の比は4.6：8.3：1.0．触角と口吻の各節長比は1：2.1：1.9：2.7および1：1.8：1.2：1.6．

　頭部，胸背板，腹背盤および側盤は黒色または褐黒色で，藍色，青緑色，金緑色などに幽かに赤色を帯びた金属光沢を有する．硬化盤以外の腹節部は橙黄色．触角は黒色または濃赤黒色，節間部は暗赤色，頭部同様の金属光沢を有する．腿節は主に暗黄赤色，両端部は暗色；脛節は黒色または褐黒色で胸部同様の金属光沢を有する；跗節は黒色または褐黒色．

　第5齢：体長14.0 mm内外．各胸背板長の比は1：1.77：0．触角および口吻の各節長比は1：2.0：1.7：2.4および1：1.8：1.4：1.6．

　頭部，胸背板，腹背盤および側盤は主として赤色を帯びた金緑色，藍色，青緑色などに輝く．触角（節間部を除く）および脚は金緑色．硬化盤以外の腹節部は濃黄赤色．

　生態　ツゲ，イワフジ，ヤマフジ，ツヅラフジ，コウゾ，ヤマグワ，ウツギなどの実，種子，新梢部，茎などから吸汁して発育する（後藤[21]，小野・近藤[238]）．

　本種は近年までは，福岡県の古処山，高知県の毘沙門滝，広島県の帝釈峡，和歌山県の黒沢山，三重県の藤原岳，東京都の奥多摩，岡山県の新見市や阿哲郡などに広がる石灰岩地域などで，アオツヅラフジ，イワフジ，ウツギなどから少数採集されるだけの大変珍しい種であった．ところが近年愛知県南設楽郡鳳来町黄柳野（ツゲノ）のツゲ栽培地で，結実したツゲに多数発生した．これ以来ツゲが主要な寄主植物と考えられ，加えて上記の寄主植物等が生育する山地，山麓地，林地などが生息可能な環境と考えられるようになった．

　本州，四国，九州などの比較的温暖な地方では，図25に示したように3月中旬～4月中旬ごろ越冬場所から出て，上記のような寄主植物から吸汁し，4月下旬～5月下旬ごろに羽化する．新成虫は交尾後，5月下旬～7月中旬ごろ，上記寄主植物に数回産卵する．1963年7月上旬に小野・近藤の両氏から筆者（小林）に送付された岡山県産の生卵を用い，盛岡市内で自然日長・室温条件でクワとニワトコの実を給与して室内飼育した結果，第1～3齢幼虫期間は7日，7～8日および7～9日であり，第4齢期間は9～18日と推定された．小野・近藤[238]が岡山県倉敷市内でコウゾとビワの実を給与して自然日長・室温飼育した結果では卵期間が11日，第1～3齢期間が5～7日，12～14日および13～15日であった．第4齢幼虫は8月3日から9月9日の間に死亡し，同齢期は確認できなかった．第

5齢幼虫は産卵から40日内外後の7月上・中旬～9月上旬ころに出現し，秋冷期（10月中・下旬ごろ）になると，ウラジロガシやツゲなどの葉裏や葉間に潜んだり，枯葉の間に潜ったりして越冬に入る．後藤[21]によると，和歌山県黒沢山では越冬後の第5齢幼虫は種々の樹上で観察され，4月下旬～5月上旬に羽化し，5月下旬～6月上旬にツゲに飛来して交尾・産卵する．第2および3齢幼虫はツゲの葉，茎および実から吸汁し，第4および5齢幼虫はツゲ以外のコナラ，カキ，イヌエンジュ，コバノトネリコなどの樹上で観察される．年1世代で，普通第5齢幼虫態で越冬するが，稀に年内に成虫になり，成虫態で落葉間などで越冬する個体もある．

摂食生態 人為的に越冬させた第5齢幼虫はノイバラの新芽からよく吸汁して羽化した（行徳[23]）．小野・近藤[238]は飼育にツヅラフジの蔓，コウゾとビワの実を用いほぼ成功している．アカスジキンカメムシ同様本種も人工的にダイズとラッカセイの乾燥種子と水だけを給与して累代飼育することができ，守屋・大久保[199]は1986年8月に黄柳野（ツゲノ）で採集した第4・5齢幼虫60頭を9月1日以降22.5℃，16時間照明の下で飼育し，10月15日から12月末にかけて37頭の新成虫を得た．このことから，本種も前種に似た摂食生態をもつのではなかろうかと推測される．

幼虫の集合性，刺激に対して触角を小刻みに振動させる反応，歩行中に立ち止まって体を左右に振る挙動などは前種と同様である．晩秋期にムラサキシキブやカエデの葉裏に群れている第5齢幼虫は，枝を揺すっても落下しなかったが，手を近づけるとパラパラと落下して下草や落葉間に隠れたという（行徳[23]）．

（6） ミカンキンカメムシ *Solenosthedium chinense* STÅL, 1854

分布 石垣島，西表島；台湾，中国，ベトナム．

成虫 体長16～20 mmの短楕円形．ほぼ一様に赤褐色で，点刻を密布し，前胸背に5個，小楯板に10または8個の小黒紋をもつ．

卵（安永ら[324]，図版95，写真270 f～h，川沢ら[95]） ほぼ球形で，初期には淡青黄緑色で光沢を有し，ふ化前には眼点や幼虫体が透視される．受精孔突起は白色で30数個．卵塊は普通14個の卵からなり，卵は3列内外に並べられるようである．

幼虫（安永ら[324]，図版94, 95，写真270 b～f，川沢ら[95]） 体は第1齢では円形に近く，第2齢以後は短楕円形状．臭腺盤はI-2型．第1および2腹節の腹背盤は長棒状で，後者の方がやや長い．体上には短直毛を疎生する．

第1齢（写真270 f）：頭部後半部，中胸背板，臭腺盤などは褐黒色で幽かに金属光沢を帯びる．頭部前半部，前胸背板，硬化盤以外の腹節部などは淡黄褐色で光沢を有する．

第2齢（未調査）

第3および4齢（写真270 f, e）：頭部，胸背板，腹背盤および側盤は金緑色光沢に輝き，点刻を密布するが，部分的に光沢を欠き帯黒色．硬化盤以外の腹節部および腿節の大部分は淡橙黄色ないし淡黄褐色で光沢を有する．

第5齢（写真270 b, c）：前齢に似るが，光沢に赤銅色が加わり，硬化盤以外の腹節は淡黄白色ないし淡橙黄色となる．

生態概要 センダンの実から吸汁して発育する（川沢ら[95]）．成虫は台湾でミカン類を，中国で柑橘，オオサザンカ（油茶），トウガラシ，綿花などを吸害する害虫として知られる（川沢ら[95]）．

広東では3～10月に成虫が得られ，成虫態で越冬する（友国[293]）．石垣島では日当たりのよい場所に生育するセンダンの木に生息し，8・9月ごろ産卵し，10・11月ごろ新成虫が羽化するようである（川沢ら[95]，安永ら[324]）．

(7) ミヤコキンカメムシ *Philia miyakonus* (MATSUMURA, 1905)

分布 沖縄本島, 先島諸島.

成虫 体長 11 mm 内外の長楕円形. 金緑色に輝き, 通常前胸背に 1 対, 小楯板に 2 対の暗色に見える濃色紋がある.

卵（安永ら[324]. 図版 88, 写真 265 f）ほぼ球形で, 初期には淡黄色で光沢を有し, ふ化前には眼点や幼虫体が赤色に透視される. 卵塊は数個～14 個の卵よりなり, 3 列内外に並べられる.

幼虫（図 27, A～C, 安永ら[324]）

第 1～4 齢（未調査）

第 5 齢：体長 8.0 mm 内外. 体は短楕円形. 口吻の第 2 節は中部において弱く側偏するが, ほとんど湾曲しない. 口吻はやや長く, 先端は第 4 腹節付近に達する. 前胸背板は台形状で, 前側縁線は側端部で緩やかな弧状をなす. 前脛節のグルーミング剛毛は 6・7 本. 臭腺盤はⅠ-3 型. 第 1 および 2 腹節の腹背盤は長棒状で, 後者がやや長い. 第 7 および 8 節の腹背盤はそれぞれ幅の広い逆饅頭型および側端が丸い長方形状. 側盤は主として正方形に近い不等辺四辺形状. 腹部気門は第 2 節では側盤の中部の前内縁線が湾入した部分に, 第 3～8 節では側盤の前部の内縁線が湾入した部分に位置する（図 27, B, C）. 孔毛は第 3～7 節の気門の後方の側盤上に 1 個と, この内方の腹盤上に 1 個あり, 2 個が円形基盤約 4 個分の間隔で内外に並ぶ（図 27, C）. 頭部, 胸背板, 腹背盤および側盤上には地色と同色の小点刻を密布し, 硬化盤以外の腹節上にはこれを欠く. 体上には淡褐色のやや長い細軟毛をやや密に装う. 触角には淡褐色の短毛を, 脚には同色のやや長い毛を装う. 各胸背板長の比は 1：1.5：0. 触角および口吻の各節長比は 1：2.2：2.2：2.8 および 1：1.8：1.2：1.3.

頭部, 胸背板, 腹背盤および側盤は一部の黒色部を除いて, 金緑色光沢に輝く. 硬化盤以外の腹節部は黄赤色. 触角は大部分黒色, 第 1 節および第 2 節の基部は金緑色光沢を帯び節間部は赤色. 腿節は主として黄赤色で, 先端部は金緑色を帯びる, 脛節は金緑色, 跗節は黒色.

生態 カキバカンコノキおよびカンコノキの実から吸汁して発育する（安永ら[324]）. 生息地は上記寄主植物が実をつけている日当たりのよい場所である. 4～5 月ごろおよび 8～9 月ごろ交尾・産卵し, 5～6 月および 10～11 月ごろ新成虫が羽化するようである.

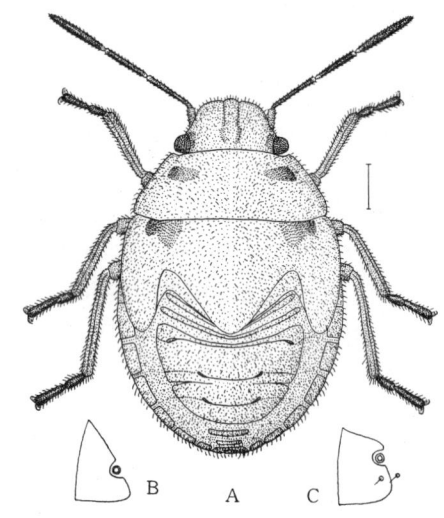

図 27　ミヤコキンカメムシ *Philia miyakonus* (MATSUMURA)
A. 第 5 齢幼虫；B. 同齢第 2 腹節の気門と側盤の関係位置；C. 同齢第 4 腹節の気門, 孔毛および側盤の関係位置. ［傍線は 1 mm 長］.　　　　　　　　　　　（小林原図）

(8) ナナホシキンカメムシ *Calliphara nobilis* (LINNAEUS, 1763)

分布 沖縄諸島, 南・北大東島, 先島諸島；東洋区.

成虫 体長 16～20 mm の長楕円形. 金緑色に輝き, 通常前胸背に 4 個, 小楯板に 7 個の黒青色の小円紋がある.

卵（安永ら[324], 図版 89, 写真 266 e）ほぼ球形, 初期には淡黄色で光沢を有し, ふ化が近づくと眼点および幼虫体が赤色に透視される. 受精孔突起は 22 個内外. 卵塊は数個～14 個の卵よりな

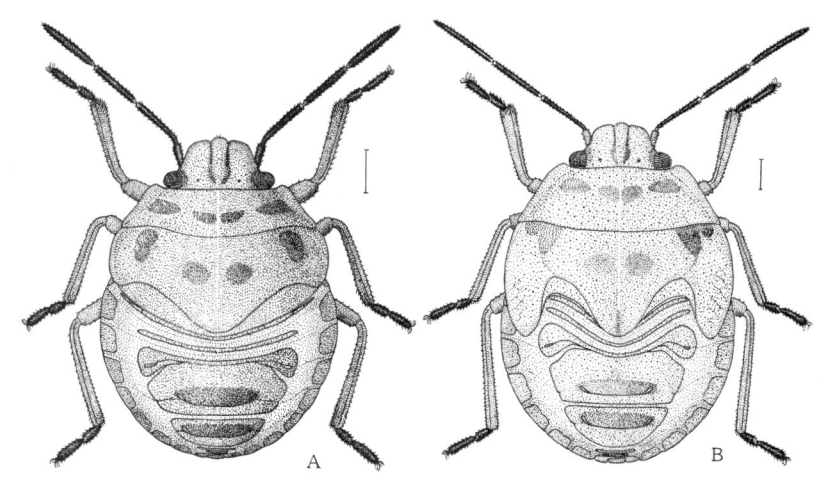

図28 ナナホシキンカメムシ *Calliphara nobilis* (LINNAEUS)
A. 第4齢幼虫, B. 第5齢幼虫. [傍線は1mm長].　　　(小林原図)

り, 3列内外に並べられる.

幼虫(図28, A, B, 安永ら[324])

第1～3齢(未調査)

第4および5齢:体長8～12mm内外, 体は短楕円形ないし楕円形.

口吻の第2節は中部において側偏するが, ほとんど湾曲しない. 口吻は長く, 先端は第4および5齢においてそれぞれ第5および3腹節付近に達する.

前胸背板は台形状, 前側縁線は中央部で弱く湾入する. 前脛節のグルーミング剛毛は第4および5齢においてそれぞれ7本および10本内外.

臭腺盤はⅡ-1型で, 前部臭腺盤は亜鈴型;中部臭腺盤は横長の六角形状で, 中央部が前部臭腺盤に接着する;後部臭腺盤は逆台形状で, 中部臭腺盤から分離する. 第1および2腹節の腹背盤は長棒状でほぼ等長. 第4齢では第1節の上記腹背盤の側方にも長楕円形の腹背盤があるように見える. 第7および8節の腹背盤は横長の逆台形状. 側盤は主として正方形に近い不等辺四辺形状. 腹部気門は第2節では側盤の中部内方, 第3～7節では側盤の前部内方の, 側盤の前内縁線または内縁線より僅かに内側に, 第8節のものは側盤上に位置する. 孔毛は第3～7節の気門の後方の側盤の内縁線が湾入した部分に1個と, この内方に1個あり, 2個が円形基盤約3個分の間隔で内外に並ぶ.

頭部, 胸部, 腹背盤および側盤には点刻を密布し, 硬化盤以外の腹節部には黒色小点刻を疎布する. 体上の短直毛は疎ら.

第4齢:体長8～9mm内外. 各胸背板長の比は15.0:23.0:1. 触角および口吻の各節長比は1:1.9:2.1:2.6 および1:2.1:1.8:1.8.

頭部, 胸部, 腹背盤および側盤は主として金緑色, 光線の具合により金属的青藍色に輝く, ただし図(28, A)の斑紋様濃色部分は光線の具合により黒色または暗色. 硬化盤以外の腹節部は黄赤色. 複眼は暗赤色または赤黒色. 触角は主として漆黒色, 節間部は赤色, 第1節には金緑色光沢を現わす. 腿節および脛節は金緑色や金属的青藍色に輝く, 跗節は漆黒色.

第5齢:体長10.0～12.0mm内外. 各胸背板長の比は1:1.6:0. 触角および口吻の各節長比は1:2.4:2.8:3.1 および1:1.8:1.4:1.4.

第III章 主要種の発育期

前齢とほぼ同色.

生態 シマシラキ，ウラジロアカメガシワ，オオバギ，カキバカンコノキ，タイワンツルグミなどの実から吸汁して発育する（林[37]，安永ら[324]）．

生息地は寄主植物が生えている日当たりのよい林地などである．先島諸島では4月ごろ越冬後の成虫が寄主植物の葉裏に産卵する．幼虫は4〜5月ごろにみられ，新成虫は5〜6月ごろに出現する．

（9）オオキンカメムシ *Eucorysses grandis*（THUNBERG, 1783）

分布 本州，四国，九州，沖縄本島，石垣島，西表島；台湾，中国，東洋区．

成虫 体長19〜26 mmの長楕円形．頭部および胸背板は橙赤色の地に黒色紋があり，一様に紫色の光沢を帯びる．

卵（図29，A〜D，石原[67]，Kobayashi[121]，安永ら[324]） ほぼ球形で長径約1.6 mm，短径約1.4 mm．初期には光沢のある淡青色，発育に伴って幼胚が透視され，ふ化前には黄赤色．受精孔突起は白色で20個内外．卵殻破砕器の骨格部分は硬化し，縦長・横幅ともに約130μの逆三角形状で褐色

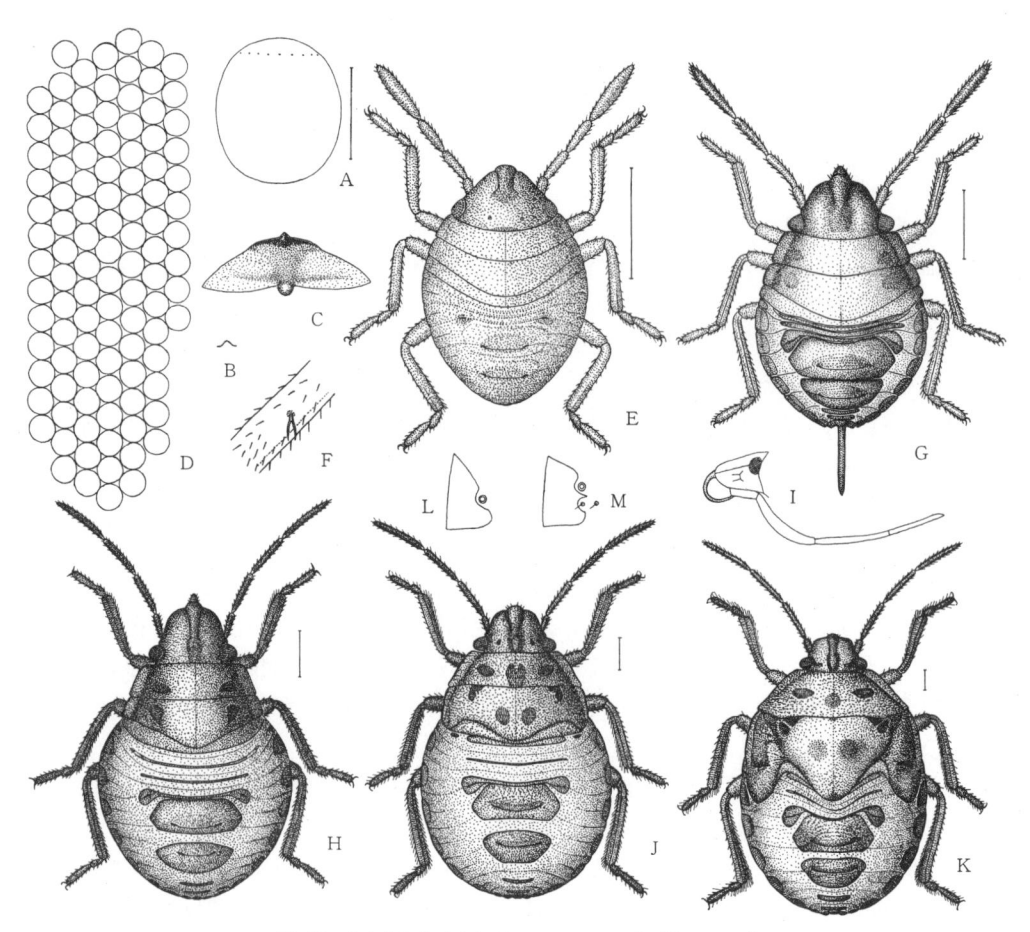

図29 オオキンカメムシ *Eucorysses grandis*（THUNBERG）

A. 卵；B. 受精孔突起；C. 卵殻破砕器；D. 卵塊；E. 第1齢幼虫；F. 同齢の前脛節のグルーミング剛毛；G. 第2齢幼虫；H. 第3齢幼虫；I. 同齢の上唇と口針が頭部との間に造る空間と口吻の湾曲状態；J. 第4齢幼虫；K. 第5齢幼虫；L. 同齢第2腹節の気門と側盤の関係位置；M. 同齢第4腹節の気門，孔毛および側盤の関係位置．［傍線は1 mm長］．

(Kobayashi[121]―部改)

ないし黒褐色，下部は円筒形で天狗鼻状に手前へ突出する．翼状部は膜質で両端はとがり幅約 320 μ，主として淡褐色，下縁近くに脈状に盛り上がった部分が左右に伸び暗褐色を帯びる．卵塊は100～170卵内外，普通約120～140個の卵が規則的に並べられ長六角形状をなす．

　幼虫（図 29, E～M, 石原[67], Kobayashi[121], 安永ら[324]）　体は第1齢では短楕円形，第2～4齢では卵形状，第5齢では楕円形状．

　口吻は第1および第5齢では各節ともほぼ真っ直ぐ，第2～4齢では第2節湾曲型（図 5-7 a, b；図 29-I）．口吻は著しく長く，先端は第1齢では第4腹節付近に達するに過ぎないが，第2齢では腹端をはるかに越え，齢中期には体長の約1.3倍長，第3齢では中期までは腹端を越え，末期には腹端付近に達し，第4および5齢の各末期には第7および6腹節付近に達する．口針は第1および第5齢では真っ直ぐに後方へ伸び，先端は口吻端に一致するが，第2～4齢では上唇と共に前下方ないし下方へ突き出て，中葉との間に半楕円形ないし長披針形状の空間を作って後方へ曲がり，口吻第1節に入るが，先端は口吻端から若干はみ出ることがある．

　前胸背板の前側縁は第2および3齢では微かに鈍鋸歯状，その他では平滑，前側縁線は第3齢までは直線に近い緩弧状，第4および5齢では後寄り部分で弱く湾入する．中胸背板は後縁中央部が第1齢から後方へ突出し，原小楯板は第2齢から，前翅包は第4齢から発達し始める．後胸背板は第3齢までは左右それぞれへら型で，第2齢まで中胸背板より広く，第3齢ではそれとほぼ等幅．前脛節のグルーミング剛毛は第2齢までは5本，第3および4齢では6本内外，第5齢では9本内外．

　臭腺盤はⅡ-1型，第1齢では不明瞭，第2齢以後は中部臭腺盤は六角形状，後部臭腺盤は逆台形状または楕円形状．第1および2節の腹背盤は第1齢では不明瞭，第2齢以後は長棒状，第3および4齢では第1節のものの側方に小楕円形状の腹背盤様のものが認められる．第7および8節の腹背盤は第2齢以後側端が丸い長方形状．側盤は第1齢では不明瞭，第2齢以後は第1節では内外に長い不等辺三角形状，第2節では不等辺四辺形状ないし同三角形状，第3～8節では変形台形状ないし不等辺四辺形状．腹部気門は第2節では第3齢までは側盤の内縁中部のわずか内方に，第4齢以後は側盤の前内縁線が湾入した部分（図 29, L）に，第3～7節では側盤の内縁前部のわずか内方（第3齢まで）および前部内縁線が湾入した部分（第4齢以後，図 29, M）に，第8節では側盤の前内縁角部分の側盤ぎわ（第1齢）および側盤上（第2齢以後）に位置する．孔毛の外側のものは側盤の内縁間際（第3齢まで）およびその湾入した部分（第4齢以後，図 29, M）に，内側のものは外側のものの内方に円形基盤4個分内外の間隔で並ぶ．

　頭部，胸背板，腹背盤および側盤には第2齢以後小点刻を疎布する．硬化盤以外の腹節部には点刻を欠く．体上の毛は短く極めて疎ら．

　第1齢：体長 2.2 mm 内外．各胸背板長の比は 2.8：3.3：1．触角および口吻の各節長比は 1：1.5：1.8：3.1 および 1：1.7：1.6：2.0．

　主として黄赤色．複眼は鮮紅色．触角第4節は淡灰色．腿節の基部は淡黄色がかり，腿節の残余部および脛節の大部分は主として淡褐色がかる，脛節および跗節の各先端部は暗色．

　第2齢：体長 3.9 mm 内外．各胸背板長の比は 5.5：6.9：1．触角および口吻の各節長比は 1：1.7：2.0：2.8 および 1：2.6：2.8：2.2．

　頭部，胸背板，腹背盤および側盤は主として黒褐色ないし淡褐色で，金緑色光沢を帯びる．硬化盤以外の腹節部は主として黄赤色ないし帯赤色．複眼は黒赤色．触角および脚は主として黒褐色ないし淡褐色で，触角の節間部は橙赤色，腿節および脛節は金緑色光沢を帯びる．

　第3齢：体長約 6.4 mm．各胸背板長の比は 7.1：9.6：1．触角および口吻の各節長比は 1：1.7：1.9：2.5 および 1：2.5：2.6：2.0．

表9 オオキンカメムシの卵および幼虫の発育期間 (三浦[174])

項目	卵・幼虫期間（日）							全発育期間
	卵	1齢	2齢	3齢	4齢	5齢	幼虫計	
範囲	3～6	3～5	4～7	4～7	10～14	10～14	31～47	34～53
平均	4	3.9	5.6	5.4	11.3	11.5	37.7	41.7
観察個体数	394	391	384	383	382	378	—	—

前齢とほぼ同色かやや濃色で，金属光沢が強くなる．ただし図 (29, H) の斑紋様濃色部分は金属光沢なく黒色，触角の節間部は赤色．

第4齢：体長約9.3 mm．各胸背板長の比は11.7：18.3：1．触角および口吻の各節長比は1：2.0：2.2：2.8および1：2.4：2.3：1.9．

前齢とほぼ同色．ただし金属光沢を欠く黒色部分が，頭部および胸部の図 (29, J) のように増え，触角の第2節は金緑色光沢を帯びる．

第5齢：体長約14.9 mm．各胸背板長の比は1：1.9：0．触角および口吻の各節長比は1：2.3：2.5：2.8および1：2.1：1.9：1.6．

頭部および胸部は図 (29, K) の金属光沢を欠く黒色部分を除き金緑色．他の部分は前齢とほぼ同色．

生態　アブラギリ，ツバキ，センダン，クチナシ，キブシ，ハゼなどの実，主として種子から吸汁して発育する（石原[67,70]，高橋[278,279]，田中[291]）．トベラ，ネズミモチ，ホルトノキ，ヤブニッケイ，シロダモなどにも寄生するといわれる（川沢・川村[94]）．ラッカセイと水で飼育することもできる（高井[285]）．ナシの果実を吸害することもある（矢野[322]）．

関東以西の主として海岸地域の照葉樹林に生息する．成虫態で，南四国などの温暖な海岸ではツバキ，トベラ，ミカン類などの葉裏で小集団を作って越冬するが（藤本[12]），島根県出雲地方では石垣や石の割れ目などに入って越冬する．三浦[174]および三浦・近木[175]が生態研究を詳細に行っているので，以下は主としてそれに基づいて記述する．出雲地方では越冬後の成虫は普通6月上旬，稀に5月下旬から現れ，6月上旬～7月下旬に交尾・産卵する．幼虫は6月中旬～9月下旬にみられ，9月上旬から新成虫が羽化し，10月上旬頃から越冬場所へ移動する．6～8月における自然日長・自然温の室内飼育で，卵および幼虫各齢の発育期間は表9のとおりで，卵期間が4日内外，幼虫期間が38日内外，全発育期間は42日内外であった．

産卵は大型で早く出た葉を選んで行われ，卵塊は葉裏に主脈を避けて産付される．

成・幼虫とも集合性を場合に応じて発現する．成虫は越冬に際して，南面の陽を受けて暖かい場所のツバキその他の常緑樹の葉裏に幾頭かの小集団をつくる．第1齢幼虫はふ化卵殻の傍らに常に集合静止しており，第2齢以後は日中は分散して吸汁活動を行うが，夕方になると葉裏に集まってきて，集合して夜を過ごす．この習性は老齢期になると弱まるが消失してしまうことはなく，夜から昼前ごろまでは葉裏に小集団が見られる．この集合性を支配する因子は照度で，日中でも暗状態にすると幼虫は集合する．

成虫は越冬前後の時期に長距離を移動することがある．

(10) アカギカメムシ *Cantao ocellatus* (THUNBERG, 1784)

分布　九州（?），南西諸島；東洋区．

成虫　体長17～26 mm．背面は紅色，橙黄色，汚白色などで，黄白色に囲まれた黒紋がある．前

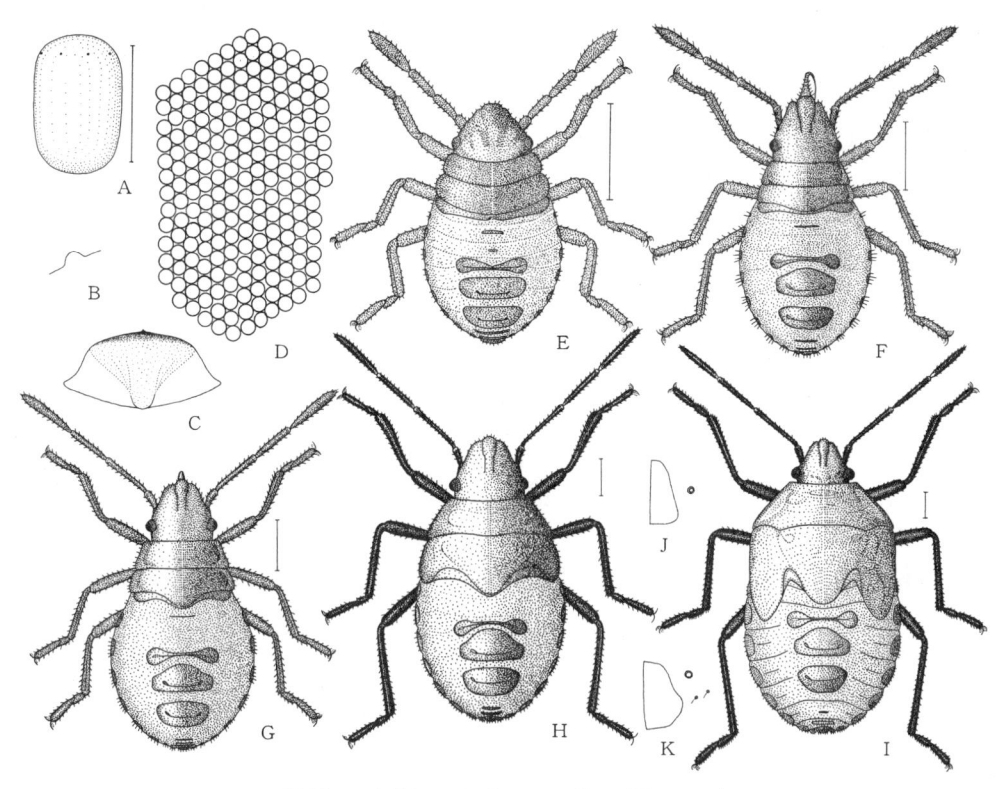

6. キンカメムシ科 Scutelleridae　　(89)

図 30　アカギカメムシ Cantao ocellatus (THUNBERG)
A. 卵；B. 受精孔突起；C. 卵殻破砕器，D. 卵塊；E. 第1齢幼虫；F. 第2齢幼虫；G. 第3齢幼虫；H. 第4齢幼虫；I. 第5齢幼虫；J. 同齢第2腹節の気門と側盤の関係位置；K. 同齢第4腹節の気門，孔毛および側盤の関係位置．［傍線は1 mm長］．
(小林原図)

胸背側角の先鋭度には変異が著しい．

　卵（図30，A〜D，安永ら[324]）　円筒形で長径約1.2 mm，短径約0.8 mm．初期には光沢のある淡黄白色，発育に伴って幼胚が透視され，ふ化前には橙黄色．ふ化後の卵殻の内面には六角形の網状模様が微かに認められる．受精孔突起は白色で7・8個内外．卵殻破砕器の骨格部は縦長約130μ，横幅約180μで黒褐色ないし淡褐色，下部は僅かに前方へ曲がる；翼状部は膜質で幅約260μ，ほぼ透明．卵塊は150〜230個内外の卵が規則的に並べられ長六角形状をなす．

　幼虫（図30，E〜K，安永ら[324]）　体は第3齢までは長卵形．第4齢以後は頭部がややとがった楕円形状．触角および脚は相対的にやや長い．

　頭部はやや長い．側葉の前側縁線は中部で弱く湾入ぎみ．口吻は第2齢で第2節湾曲型となるが，側偏度と湾曲度は加齢に伴って弱まる．口吻は著しく長く，先端は第1齢では第4腹節を越えるていどであるが，第2齢の初期には腹端を越え，末期には腹端近くに達し，第3齢の初期には腹端部に，末期には第7節後縁付近に，第4齢では第6節後縁付近に，第5齢の初期には第4節を越え，末期には同節付近に達する．口針は第1および5齢では真っ直ぐ後方へ伸び，先端は口吻端に一致する．しかし，第2〜4齢では上唇と共に前下方ないし下方へ突き出て，中葉との間に短楕円形ないし小披針形状の空間をつくって後方へ曲がり，口吻第1節に入るが，先端は口吻端から僅かにはみ出る場合が第2・3齢においてみられる．

　各胸背板の側縁は平滑．前胸背板の前側縁線は第1齢では弧状，第2齢以後は中部の大部分におい

てほぼ直線状．中胸背板は第2齢から後縁中央部が後方へ突出して原小楯板が発達し始めていると認められる．後胸背板は第3齢までは左右それぞれへら型で第2齢までは中胸背板より広く，第3齢では中胸背板より狭い．前脛節のグルーミング剛毛は第1齢では3本，第2および3齢では6本，第4および5齢では10および12本内外．

臭腺盤はII-2型，前部臭腺盤は第1齢ではファン羽根型，第2齢以後は亜鈴型でこの中部は加齢に伴って細くなり，第5齢では線状となる；中部臭腺盤は第1齢では楕円形状，第2齢以後は前縁中央部が前方へ突出した角の丸い五角形状；後部臭腺盤は逆台形状；第1腹節の腹背盤は短棒状で第3齢まで認められ，第2腹節の腹背盤はごく短い棒状で個体により第1齢にのみ認められる．第7および8節の腹背盤は両端の丸い長方形状か長楕円形状で各齢に認められる．側盤は第1節では小半円形状，第2〜8節では前後に長い不等辺四辺形状．

腹部気門は第2節では側盤の中部内方（図30, J）に，第3〜8節では側盤の前部内方（図30, K）に位置する．孔毛は気門のほぼ後方とこの内方の斜め前寄りにあり，2個が円形基盤約3個分の間隔で並ぶ（図30, K）．雄では第5齢の第8節の正中部に1条の弱い隆起線が認められる．

体上には硬化盤以外の腹節部を含めて点刻を欠き，淡褐色の微細な棘状に見える短直毛とやや長い軟毛を比較的密に装い，毛の基部は鳥肌状に小さく隆起する．

第1齢：体長2.4 mm内外．各胸背板長の比は3.2：3.3：1．触角および口吻の各節長比は1：1.6：1.6：2.8および1：1.5：1.3：2.0．

頭部および胸背板は主として淡赤褐色，頭頂部は淡黄赤色．腹背盤および側盤は淡ないし暗赤褐色．硬化盤以外の腹節部は主として黄赤色，腹節接合部は黄色，前部は黄色と赤色の斑状をなす．複眼は暗赤色．触角および脚は主として暗褐色または灰色で，触角の節間部は帯白色または帯赤色．

第2齢：体長4.0 mm内外．各胸背板長の比は7.3：8.3：1．触角および口吻の各節長比は1：2.1：2.0：2.7および1：1.9：1.6：2.2．

頭部および胸部は金緑色．腹背盤および側盤は黒色で，頭部とほぼ同様の金緑色光沢を帯びる．硬化盤以外の腹節部は黄赤色．複眼は赤黒色．触角はほぼ黒色，節間部は赤色．脚は暗黒色．

第3齢：体長5.8 mm内外．各胸背板長の比は12.1：17.1：1．触角および口吻の各節長比は1：2.5：2.2：2.8および1：1.8：1.4：1.8．

前齢とほぼ同色．

第4齢：体長7.9 mm内外．各胸背板長の比は14.3：23.6：1．触角および口吻の各節長比は1：2.9：2.5：2.9および1：2.1：1.5：1.9．

前齢とほぼ同色，ただし脚は黒色で外側面は藍色の金属光沢を現す．

第5齢：体長12.0 mm内外．各胸背板長の比は1：1.7：0．触角および口吻の各節長比は1：3.0：2.5：2.7および1：1.9：1.2：1.6．

前齢とほぼ同色，ただし前胸背板の前側縁部は黄赤色．脚の金属光沢は青藍色．

生態 アカメガシワ，ウラジロアカメガシワ，オオバギ，キリなどの種子を摂食して発育する（前原・日高[169]，川沢・川村[94]）．台湾ではキナノキをも吸害するといわれる（楚南[269]）．

生息地は寄主植物が生えている山麓や疎林地帯である．台湾では成虫が4月ごろ出現し，年に2・3世代を営む．南西諸島ではアカメガシワ類が夏から秋に開花し，これに同調して本種は7〜10月に産卵するので，年に2世代を繰り返す可能性がある．越冬は成虫態で温暖な場所の広葉樹の葉裏に群がって静止して行われる（前原・日高[169]）．

成虫の前胸背の側角が著しく発達して．鋭い棘状突起となる個体があるが，これは日長の影響で，インドネシアやマレーシアなどの熱帯地域ではほぼ100％の出現率である．

6. キンカメムシ科 Scutelleridae

母虫は卵塊の上にまたがってこれを保護する習性をもつ．高橋[275,276]の台湾での詳細な観察によると，雌は産卵すると体の腹面を卵に接し，触角を斜前方に伸ばして卵塊上に静止し続け，摂食しない．卵は約8日でふ化し，ふ化後の幼虫は卵殻上に集合静止してほとんど動かず，母虫の体下におり，約6日後に第2齢となる．この幼虫は1～2日後に群れをつくって母虫の体下よりはい出し，枝先のアカメガシワの実に到達して，群れ状態を保って吸汁活動を始める．母虫は幼虫が去ったあともふ化卵殻上に静止を続けて死に至る．時には卵がふ化する前に母虫が死亡することがあるが，卵は母虫に保護されなくても異常なくふ化する．高橋は観察と実験から，本種の雌は自分の卵と他の個体の卵を区別できず，母虫は産卵後静止的となり，産卵した場所に単に長く静止するに過ぎない，と結論している．

筆者（小林[143]）も1973年10月に石垣島で本種の卵保護を観察し若干の実験を行った結果から次の事実が新たに判明した．母虫が卵および幼虫を保護している期間は16日以上に及び，この間母虫は摂食しないので，産卵当時には橙赤色であった体背面が褪色してほとんど白色となってしまう．この卵または幼虫保護中の雌に物を近付けると，背面を楯にしてそれが卵または幼虫に接近するのを妨げる．陽光を当てた場合も背面でそれをさえぎる．雄が来て体上を前後左右にはい廻っても，卵塊上に密着してほとんど動かない（写真2, C）．これらの所作は天敵や陽光から卵または幼虫を保護しているようにうかがえる．飼育室内で，卵保護中の雌の約3 cm傍らに卵塊の大きさに切った白色の発砲スチロール板を貼付し，指で雌をつまみ上げてこの上に移すと，雌はこれを抱く姿勢で静止を続け，物や陽光に対して上記同様の所作を示した（写真2, D）．母虫を取り去られた卵は異常なくふ化し，卵塊の傍らのアカメガシワの葉裏に集合して静止していた後，正常に第2齢となって1日後に，左右の触角先端を交互に枝に接触させながら，縦列を作っておもむろに幼果を求めて移動して行った．模擬卵塊上の雌は，この2週間の間に位置を約1 cm，集合・静止している第1齢幼虫の方にずらしただけで，同様の静止姿勢を継続していたが，幼虫群がいなくなって間もなく，緩慢に動き始め，ぎこちなくはい去った（小林[145]）．

写真2　アカギカメムシ
A. 母虫の卵保護，B. 母虫の第1齢幼虫保護，C. 卵保護中の母虫に迫る雄，D. 卵塊の隣にはり付けた発泡スチロール板を抱く母虫．
(A, B：小林[145]；C, D：小林[143])

6) チャイロカメムシ亜科 Eurygasterinae

(1) 形態的特徴

a) 卵

短卵形で，初期には淡青緑色，次第に淡黄緑色となる．卵殻表面には六角形状網目模様が微かに認められる．卵殻破砕器の骨格部は撥（ばち）型に近い逆三角形状，下端は太く丸く突出する．翼状部は厚膜質ないし膜質らしく，側端部は鋭角状にとがる．卵塊は通常14卵からなり2列（稀に3列）に並べられる．

b) 幼 虫

体上には金属光沢がほとんどなく，頭部，胸背板および腹背盤の黒色部に限り第3および4齢期に赤銅色ないし白銀様の金属光沢が幽かに現れるのみ．

口吻は長くなく，各節ともほぼ真直ぐで，第2節は側偏しない．口針は上唇と共にほぼ真直ぐ後方に伸び，先端は口吻端に一致する．

各胸背板の側縁は弧状で，第2齢以後小鋸歯状．

臭腺盤はⅡ-2型．臭腺中および後部開口部には第2齢以後各1個の小歯状突起を備える．側盤の外縁は緩弧状で，第1齢では第6節までは平滑，第7および8節は小鋸歯状，第2齢以後は第2～8節で小鋸歯状，内縁中央部は平坦で，内外方向の1条溝やくぼみはない．腹部気門は第2節では腹面側盤の中部内方に，第3～8節では腹面側盤の中部よりやや前寄りの内方に，側盤からかなり離れて位置する．孔毛は気門の後方とこの内方の斜め前寄りにあり，2個が円形基盤約2～3個分の間隔で並ぶ．性徴はキンカメムシ亜科の臭腺盤のⅠ型とほぼ同じ．

(2) 生態的特性

寄主植物は草本植物で，その種子を吸収して草上で生活する．卵は寄主植物の穂，葉または茎に普通2列の卵塊で産付される．

(3) チャイロカメムシ *Eurygaster testudinaria* (GEOFFROY, 1785)

分布 本州，四国，九州；朝鮮半島，中国．

成虫 体長10 mm内外．淡褐色または暗赤褐色で，ぼやけた不規則な斑紋をもつ個体がある．頭部側葉は幅広く，中葉より長い．

卵（図31，A～F, Kobayashi[122]） 長径約1.3 mm，短径約1.1 mm×1.0 mm．ふ化前には眼点が赤色に，卵殻破砕器が暗色に透視される．受精孔突起は20個内外．卵殻破砕器の骨格部は縦長約100 μで黒色，翼状部は幅約250 μで黒褐色，側端部はやや淡色．

幼虫（図31，G～K Kobayashi[122]，安永ら[324]） 体は楕円形か短卵形状．触角および脚はやや短い．

頭部はやや短い．中葉は側葉に比べて第3齢までは長く，第4齢ではほぼ等長，第5齢ではやや短く，前縁は弧状で加齢に伴って相対的に狭くなる．側葉は加齢に伴って広くなり，第5齢では前内角部が中葉の前側縁部に被さるように見える．側葉の前側縁線は第1齢では弧状で平滑．第2齢以後は放物線状となって微細鈍鋸歯状をなす．口吻の先端は第3齢までは第3腹節付近に，第4齢以後は後脚の基節付近に達する．

中胸背板は第3齢から後縁中央部が後方へ明瞭に突出し，原小楯板が発達し始める．後胸背板は第1齢ではへら型，第2および3齢では左右それぞれオール型で，第2齢までは中胸背板より広く，第

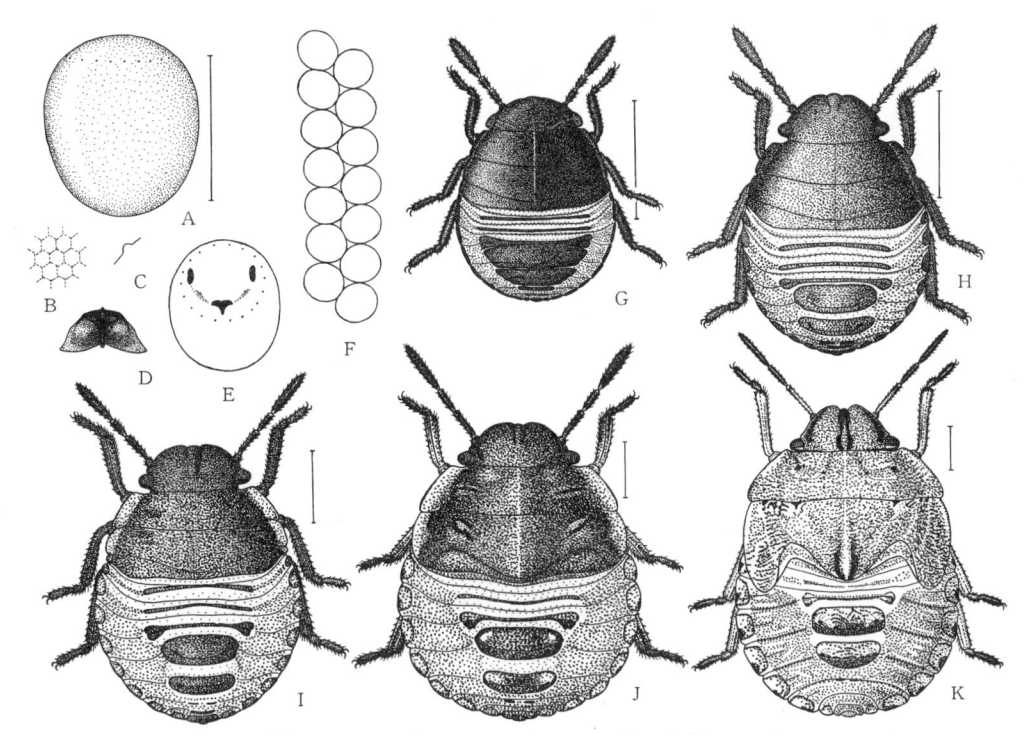

6. キンカメムシ科 Scutelleridae　(93)

図31　チャイロカメムシ *Eurygaster testudinaria* (GEOFFROY)
A. 卵, B. 卵殻表面に認められる網目模様, C. 受精孔突起, D. 卵殻破砕器, E. 孵化前の卵において卵殻破砕器と幼体の一部が透視される状態, F. 卵塊, G. 第1齢幼虫, H. 第2齢幼虫, I. 第3齢幼虫, J. 第4齢幼虫, K. 第5齢幼虫. [傍線は1mm長].
(Kobayashi[122])

3齢ではそれとほぼ等幅．前脛節のグルーミング剛毛は第2齢までは3本，第3齢以後は4本．
　中および後部臭腺盤は第1齢では逆台形状で中部の方が大きく，第2齢では長楕円形状と逆台形状，第3齢以後は側縁が丸い長方形状と長楕円形状，臭腺開口部に黒色の歯状突起がある．第1および2腹節の腹背盤は長棒状；ただし第1節のものは第4齢以後，第2節のものは第5齢において不明瞭．第7および8節の腹背盤は第1齢では側端が丸い長方形状，前節のものは第2齢以後小披針形状の1対となり，第5齢ではやや不明瞭，後節のものは第2および3齢では長楕円形状，第4齢以後は不明瞭．側盤は第1節では内外に長い不等辺三角形状，第2または3～8節では正方形に近い不等辺四辺形状．
　体上には硬化盤以外の腹節部を含めて黒色または暗褐色の円形粗大点刻をややないしむしろ密に装い，淡褐色の短毛を疎生する．
　第1齢：体長1.7mm内外．各胸背板長の比は3.0：2.8：1．触角および口吻の各節長比は1：0.9：0.8：2.3および1：1.4：0.8：1.4.
　頭部，胸背板，腹背盤および側盤は漆黒色．硬化盤以外の腹節部は淡黄赤色または黄白色，腹節接合部は帯赤色．複眼は赤黒色（各齢共通）．触角および脚はほぼ黒色，触角の節間部は帯赤色．
　第2齢：体長2.3mm内外．各胸背板長の比は3.8：3.6：1．触角および口吻の各節長比は1：1.0：0.9：2.0および1：1.7：0.8：1.1.
　硬化盤以外の腹節部を除き前齢とほぼ同色，同腹節部は淡黄白色または淡橙白色，腹節接合部は帯赤色．
　第3齢：体長3.7mm内外．各胸背板長の比は5.3：6.0：1．触角および口吻の各節長比は1：1.3：

1.1：2.4および1：1.6：0.6：0.8.

　頭部，胸背板および腹背盤は主として漆黒色で，幽かに赤銅色光沢を帯びる．ただし胸背板の側縁部は淡黄褐色．側盤は主として淡褐色，周縁部は帯黒色．硬化盤以外の腹節部は淡褐白色，腹節接合部は淡褐色．触角は赤黒色または帯黒色で，節間部は帯赤．脚は黒色，跗節はやや淡色．

　第4齢：体長5.2 mm内外．各胸背板長の比は7.8：11.3：1．触角および口吻の各節長比は1：1.3：1.1：2.1および1：1.7：0.7：0.8.

　前齢とほぼ同色かやや淡色で，幽かな金属光沢は赤銅様または白銀様となる．個体により体上の淡色部分（図31，J）は帯褐白色を帯び，脚は主として淡褐白色で，腿節の中央部，脛節の先端部および跗節は帯黒色．

　第5齢：体長7.4 mm内外．各胸背板長の比は1：1.6：0．触角および口吻の各節長比は1：1.4：1.0：1.6および1：1.7：0.6：0.8.

　体の地色は主として淡褐色または帯白色で，図（31，K）のように黒ずむ部分や点刻が疎または密な部分がある．硬化盤以外の腹節部の地色は個体により淡青色を帯びる．触角は主として基部では帯褐色，先端部では帯黒色．脚は主として淡褐色，脛節先端部は濃色，跗節の第1節は褐黒色，第2節は黒色．色彩は個体により濃淡の変化に富む．

　生態　カモジグサ，エノコログサ，チカラシバ，メヒシバ，ススキ，チガヤ，トボシガラ，イチゴツナギ，チモシー，オーチャードグラス，ジュズスゲ，ヤワラスゲ，ウマスゲその他のイネ科やカヤツリグサ科植物の種子を摂食して発育する．ウマノアシガタやキツネノボタンにも寄生し（川沢・川村[94]，安永ら[324]），そう果で発育する．イネやムギ類の穂を吸害することもある．

　生息場所は山麓，原野，土堤，路傍などの日当たりのよい草生地で，寄主植物の穂やそう果上などで生活する．四国の暖地では3月下旬より活動を，4月上旬ごろから交尾・産卵を始め，産卵は6月上旬ごろまで続く．越冬成虫は幾回も交尾・産卵を繰り返した後，6月下旬ごろまでに死ぬ．卵は4月上旬ごろから，幼虫はその約2週間後から認められ，上記の寄主植物から吸汁して発育する．卵および幼虫の発育期間は，筆者（小林）の徳島市内における自然日長・室温飼育で，卵期間が9～14日，平均12.3，幼虫期間が30数日～40数日，平均ほぼ40日であった（表10）．新成虫は6月中旬ごろから7月下旬ごろにかけて出現する．年1回の発生で，越冬は日当たりのよい比較的暖かい場所の落葉間，枯れた叢の茂みの間などで，成虫態で行われる．

　成・幼虫とも人が近づくと触角を小刻みに振動させ，幼虫は素早く転落して擬死を行う．

表10　徳島市内における自然日長・室温でのチャイロカメムシの発育期間

反復	卵・幼虫期間（日）							総計	発育時期	供試卵数	羽化率
	卵	1齢	2齢	3齢	4齢	5齢	合計				
1	14	4	8	7～8	7～8	12～14	38～42	52～56	5.19～7.14	9	44.4
2	13	4	9	5～8	7～11	12～15	37～47	50～60	5.21～7.17	28	28.6
3	13	5	8～9	6～9	8～9	9～11	36～43	49～56	5.23～7.7	14	28.6
4	9	7	5～6	6～11	7～9	10～12	35～45	44～54	5.31～7.20	28	14.3
平均	12.3	5.0	7.8	7.5	8.3	11.9	40.5	52.8	5.19～7.20	19.8	30.0

注．飼育年：1956年．飼育容器：腰高シャーレ．餌：カモジグサ，トボシガラなどのイネ科の穂やウマノアシガタ，キツネノボタンなどのそう果．

7. ノコギリカメムシ科 Dinidridae

日本に分布する既知種は次の4属4種で，発育期が究明された種は＊印の2種である．
① ノコギリカメムシ *Megymenum gracilicorne* DALLAS
② コカボチャカメムシ *Cyclopelta parva* DISTANT
③ ツマキクロカメムシ *Coridius chinensis* (DALLAS)
④ ヒロズカメムシ ＊*Eumenotes obscura* WESTWOOD

1）生態的特性

ノコギリカメムシとコカボチャカメムシはカラスウリ，カボチャその他のウリ科植物に，ヒロズカメムシはヒルガオ，サツマイモその他のヒルガオ科植物に寄生する．主として成虫態，稀に幼虫態で石の下，叢間，落葉下などで越冬し，年に1または2世代を経過する．幼虫期間がノコギリカメムシでは54日内外，ヒロズカメムシでは80日内外と特徴的に長い．幼虫の齢期はカメムシ上科ではほぼ5齢と固定しているが，ノコギリカメムシは特異的に4齢である．

2）形態的特徴

ノコギリカメムシ属（*Megymenum*）とヒロズカメムシ属（*Eumenotes*）は形態的に著しく異なるが，両属に共通する特徴として以下が認められる．

（1）成　虫

頭部側葉は中葉より著しく長く，基部から前部までほぼ等幅で広い．複眼の直前に短角状突起がある．触角は4節．跗節は2節．腹部気門は雌では第2～8節に認められる．

（2）卵

全形は横倒しのビール樽型．初期にはろう白色か緑色であるが，ふ化前には帯赤紅色となる．卵殻は白色，表面は一見平滑．卵塊は数個～10余個の卵からなり，卵は長辺方向に1列の紐状に連なる．

（3）幼　虫

終齢幼虫において，頭部側葉は中葉より著しく長く，基部から前部までほぼ等幅で広く，中葉の前方で左右葉が接近する．複眼の直前に顕著な短角状突起を備える．臭腺開口部は3対で，それぞれ1個の臭腺盤上にあり，開口部間隔はノコギリカメムシでは前部のものが中・後部のものより相当狭い．腹部気門はノコギリカメムシでは第2～8節にある．

3）発育期における2属の識別

卵はビール樽型で，蓋部と側壁部がノコギリカメムシ属では分化していないが，ヒロズカメムシ属では分かれている．

幼虫においては，側盤がノコギリカメムシ属では歯状に突出し，腹部外縁が鋸歯状をなすが，ヒロズカメムシ属では歯状に突出しない．

4) ノコギリカメムシ *Megymenum gracilicorne* Dallas, 1851

分布 本州, 四国, 九州, トカラ列島；朝鮮半島, 台湾, 中国.

成虫 体長約 12～16 mm, 汚黒褐色で表面に著しい凹凸がある. 頭部背面はショベル状にくぼみ, 腹部外縁は大鋸歯状に突出する.

卵（図 32, A～E, Kobayashi[120], 安永ら[324]） 長径約 1.4 mm, 短径約 1.2 mm. 初期には一様にろう白色, ふ化が近づくと淡赤色となり, 受精孔列が帯白条となって浮き出てくる（図 32, E）. 卵殻表面には白色の微小棘状突起が密生し, 白色の菌糸様物が網状にからまることがある（図 32, B）. 卵殻の内面は透明. ふ化に際しては, 上面が片方から図（32, C）のように楕円形状に裂ける. 受精孔は微小点状で 50 個内外かと推測され, 卵の上部中央から左下隅部に至る傾斜した輪状に並ぶ（図 32, C）. 卵殻破砕器は縦長・横幅とも約 400 μ, 硬化した骨格部は工字型で中心部は褐色, 1 歯は黒褐色, その他は淡褐色, 膜質部は透明またはごく淡い褐色半透明. 卵塊は普通数個～10 個内外の卵

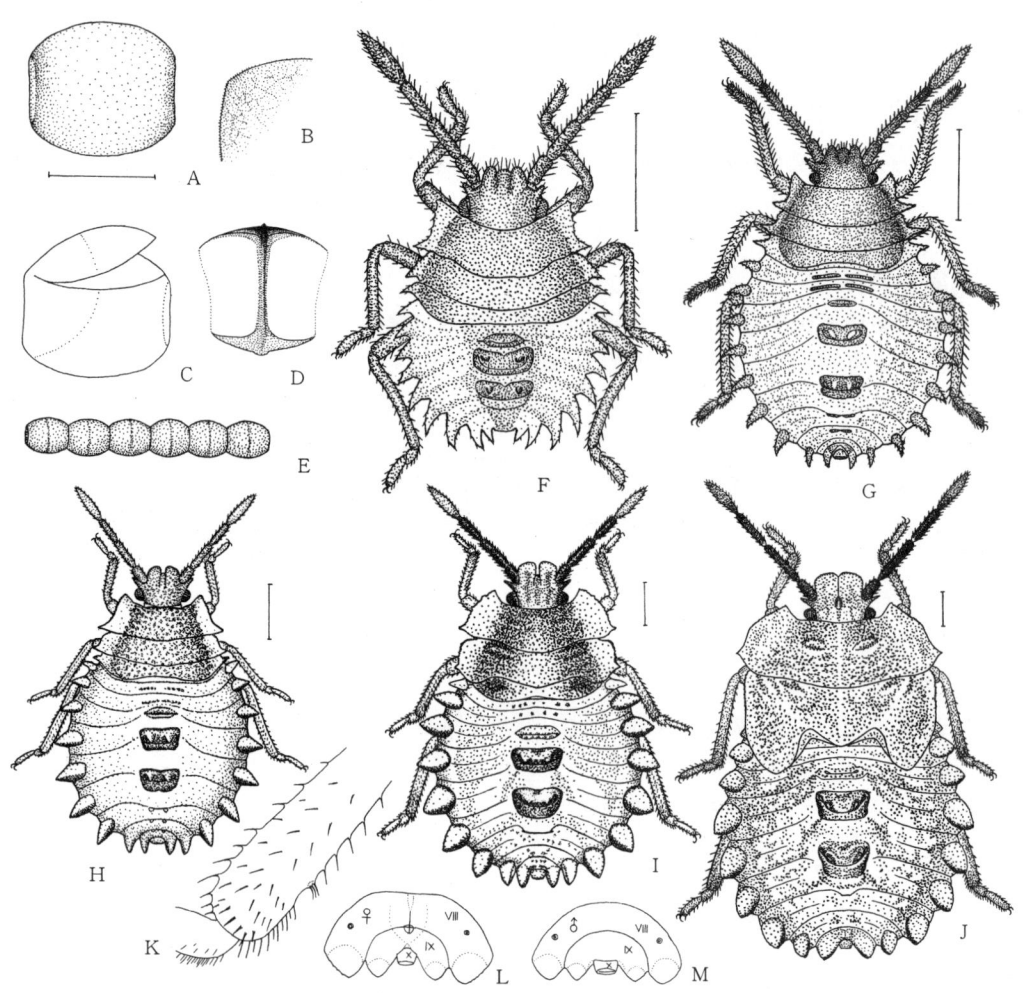

図 32　ノコギリカメムシ *Megymenum gracilicorne* Dallas
A. 卵（正面図）, B. 卵殻表面の微小棘状突起群と菌糸様物, C. 孵化卵殻における受精孔列と卵殻の裂開状態, D. 卵殻破砕器, E. 卵塊, F. 第 1 齢前期幼虫, G. 同齢後期幼虫, H. 第 2 齢幼虫, I. 第 3 齢幼虫, J. 第 4 齢幼虫, K. 同齢の前脛節先端部外側とグルーミング剛毛の状態, L. 同齢雌の性徴, M. 同雄.［傍線は 1 mm 長］.

(Kobayashi[120] 一部改)

7. ノコギリカメムシ科 Dinidridae

からなる.

幼虫（図32, F～M, Kobayashi[120], 安永ら[324]） 体の外縁は, 各胸背板および側盤の突出により大鋸歯状をなす.

　頭部中葉は側葉と比べて第1齢ではほぼ等長・等幅, 第2齢以後は短小で, 先端部は老齢ほど側葉の下方に位置する. 側葉は第1齢では半長楕円形状, 第2齢以後は先端部が基部より広くなり, 左右葉が第3齢では接近し, 第4齢では中葉の前方で長く接触し, 中央部がショベル状に窪む. 複眼の直前部には角状突起があり, 前側方へ顕著に突出する. 触角は比較的短く, やや太く, 第4節は第3齢まで披針形状. 口吻は上唇近くから出てやや短く, 先端は第1齢前期の初期には第4腹節付近に達し, 以後加齢に伴って相対的に短くなり, 第1齢後期および第2齢では第2腹節付近に, 第3および第4齢では後脚基節のやや前方および中脚基節のやや後方付近に達する.

　原小楯板と前翅包は第3齢から発達し始め, 後翅包は第4齢で認められる. 各胸背の前側縁および側縁は微細鋸歯状. 脚はやや短く, 脛節の断面は丸い. 後脚の脛節は第1齢前期には弱く湾曲する. 前脛節にはグルーミング櫛および同剛毛を備え, グルーミング剛毛は第2齢までは4本, 第3齢以後は波形をなし6本内外.

　対をなす臭腺開口部の間隔は, 中部と後部はほぼ等しく, 前部のものは第1齢ではかなり, 第2齢以後はやや狭い. 前部臭腺盤は紡錘形状で3個中最小；中および後部臭腺盤はほぼ逆台形状で, 臭腺開口部の内側に顕著な瘤状突起を有し, 同開口部には第2齢以後牙状突起が痕跡的に認められる. 第1齢の後期には第1および2腹節の中央部に各1対または1個の短棒状の腹背盤が, 第6・7節境および第8節には紡錘形状またはこの中央がくびれた腹背盤が認められるが, これらは第1齢前期および第2齢の後期以後には不明瞭. 腹部気門は第2～8節の各腹面側盤の前内方に左右1対ずつ開口し, 第8節では他よりやや小さい. 孔毛は第3～7節の各気門の後内方に第1齢では1個, 第2齢以後は2個ずつあり, 円形基盤約2～4個分の間隔で内外に並ぶ. 雌では第8節の後縁中央に小三角形のくぼみがあり, 第9節の中央前縁部に半円形状の隆起部があり, この中央後端から第8節の中部に至る褐色縦溝が認められる. また, 第9節後縁線の中央部は逆V字型に前方へ湾入する. 雄では両節中央部が平坦で, 上記特徴が認められず, 第9節後縁線の中央部はほぼ直線状.

　体上には点刻を欠き, 硬化しているように見える小斑点を装う. これは円形褐色で, 第1齢前期には胸背板に, 同後期にはこれと頭部および腹背盤に疎らに, 第2齢では側盤上にも認められ, 第3齢以後密となる. 体背面には淡褐色または白色の一般的短毛のほかに, 黒褐色微小点状隆起を基部にもつ白色短毛を硬化盤以外の腹節部に疎生する. 腿節, 脛節, 触角第1～4節基部などには基部に半球状の基盤をもつ剛毛様短毛があり, これは老齢では褐色ないし黒色となって顕著であるが, 体の外縁部のものは第2齢以後顕著でなくなる.

齢の検索表

1 (6) 翅包は認められない.
2 (5) 中葉と側葉はほぼ等長・等幅.
3 (4) 第1および2腹節に腹背盤が認められない ・・・・・・・・・・・・・・・・・・・・・・・・・・・・・・・第1齢前期
4 (3) 第1および2腹節に腹背盤が認められる ・・・・・・・・・・・・・・・・・・・・・・・・・・・・・・・・・第1齢後期
5 (2) 中葉は側葉より著しく短く, 狭い ・・・第2齢
6 (1) 前翅包が認められる.
7 (8) 後翅包は認められない ・・・第3齢
8 (7) 前・後翅包が明瞭に認められる ・・第4齢

第1齢：
前期　体長2.7 mm内外．頭幅（複眼両端間）約860μ．各胸背板長の比は3.1：2.1：1．触角および口吻の各節長比は1：1.6：1.5：2.2および1：1.2：0.8：0.8．

頭部，胸背板，触角および脚はほぼ暗赤色，ただし胸部側縁部および跗節は淡色，胸部は後に濃褐色．硬化盤以外の腹節部はほぼ淡赤色，ただし第1，8および9節の側方は淡黄白色，後に斑状に汚褐色．腹背盤および複眼は紅色，前者は後に濃褐色．

後期　体長3.8 mm内外．頭幅約870μ．体の各部分の形態や毛の状態は前期幼虫とほぼ同様．各胸背板長の比は3.3：2.0：1で，前期とほぼ同じであり，触角および口吻の各節長比は1：1.6：1.5：2.2および1：1.2：0.8：0.8で，前期と全く差がない．

頭部および胸背板は暗灰色，ただし胸背側縁部は幽かに赤色を帯びる白色．硬化盤以外の腹節部は帯緑白色．腹背盤，触角および脚はほぼ帯白赤色，触角第4節は赤色．複眼は黒赤色．

第2齢：体長5.0 mm内外．頭幅約1160μ．各胸背板長の比は3.2：2.4：1．触角および口吻の各節長比は1：1.7：1.4：2.1および1：1.3：0.7：0.7．

頭部，胸背板，腹背盤，側盤の後縁部および触角第1～3節の地色はほぼ褐色，粉状白色物が生じ斑状をなす，ただし胸背側縁部はろう白色，触角第4節は橙黄色．硬化盤以外の腹節部はろう白色で，白色短毛の基部の微小点状隆起部が黒色になって目立つ．複眼は赤黒色（2～4齢）．脚は淡黄色半透明，跗節先端は暗色．

第3齢：体長7.6 mm内外．頭幅約1.6 mm．各胸背板長の比は4.3：3.5：1．触角および口吻の各節長比は1：2.0：1.6：2.4および1：1.3：0.6：0.7．

体の地色はほぼ白色，ただし頭部および胸背は胸部の中央部および側縁部を除いて，褐色の円形小斑点のため一見褐色に見え，頭部の角状突起はほぼ黒褐色．硬化盤以外の腹節部はほぼ白色で，黒色の微小点状隆起を中心にもつ暗色小斑点を密に装う．中部および後部臭腺盤の後半部および側盤の後縁部は黒褐色．触角の第1節～4節基部は帯黒色，第4節の大部分は橙黄色（3・4齢）．脚は主として淡黄色，腿節中央部は淡灰色，脛節および跗節の各先端部は暗色．

第4齢：体長11.1 mm内外．頭幅約2.1 mm．各胸板の正中部に1縦溝がある．各胸背板長の比は1.12：1：0．触角および口吻の各節長比は1：2.1：1.7：1.9および1：1.3：0.6：0.6．

頭部，胸背，腹背盤および側盤の地色はほぼ淡褐色で，褐色の円形小斑点を装い，一見褐色に見える．硬化盤以外の腹節部の地色はほぼ淡黄白色で，黒色の微小点状隆起を中心にもつ褐色の円形小斑点を装う．脚はほぼ淡褐色，ただし腿節中部，脛節の先端部および跗節は暗色または褐色を帯びる．

生態　カラスウリ類，カボチャ，スイカ，キュウリその他のウリ類などのウリ科植物の蔓，葉柄，巻鬚などから吸汁して発育する（馬場[6]，川沢・川村[94]）．

表11　自然日長・自然室温飼育におけるノコギリカメムシの発育期間

反復	卵数	卵・幼虫期間（日）						羽化率（%）	発育期間（月日）
		卵	1齢	2齢	3齢	4齢	幼虫計		
1	43	9～10	12～14	12～14	10～15	—		0	7.25～ −
2	27	7～9	13	10	14	22		11.1	7.20～9.26
3	4	8	14	11	20	—		0	7.23～ −
4	8	7	15	14	18	—		0	7.24～
平均		8.1	13.7	12.7	15.3	22.0	63.7		

注．反復1：1950年香川県内，2～4：1953年徳島県内で，カボチャ蔓で飼育．

表12 ノコギリカメムシ各齢幼虫の体長と頭幅 (mm) (小林[157])

項目		齢期				
		1齢前期	1齢後期	2齢	3齢	4齢
体長	$\bar{x}$	2.68	3.75	5.00	7.64	11.09
	$2S\bar{x}$	0.100	0.129	0.183	0.473	0.356
	N	20	4	4	14	20
頭幅	$\bar{x}$	0.855	0.865	1.163	1.580	2.097
	$2S\bar{x}$	0.010	0.010	0.028	0.025	0.029
	N	21	4	4	14	20

注. $\bar{x}$:平均値, $2S\bar{x}$:標準誤差の2倍, N:調査標本数.

年1世代．越冬後の成虫は静岡県内では4月下旬～5月下旬に現れ，産卵期は5月下旬～6月中旬，新成虫は晩夏～初秋に出現し，間もなく落葉や枯葉などの下，木片や構造物の地際の土中などに潜って越冬に入る．

栃木農試[292]の飼育成績によると，卵期間は6～7月に13.0日，幼虫期間は7～9月に56～76日であり，矢後[306,307]の静岡県内での飼育では卵期間は6月に12～15日であった．一方筆者（小林）の香川および徳島県内での飼育では卵期間は7～8月に8.1日，幼虫期間は8～9月に64日内外で，第1齢前期はほぼ10日であった（表11）．

第1齢幼虫は人の気配を感じると慌しくはいだし，たやすく上向きにひっくり返って死に至る点，エビイロカメムシの第1齢に似る．第2齢以後は極めて不活発で，吸汁姿勢を続けてめったに移動しない．夜の休息時にクズの蔓に体を巻かれて動けなくなった成虫さえ観察されている（日高[39]）．刺激を感じると触角を小刻みに振動させる．成虫は日中飼育容器の底に隠れていることが多い．

Miller[172]は本種と同属でウリ科害虫である *Megymenum brevicorne* F.の幼虫は5齢を経過すると報告している．しかしノコギリカメムシの幼虫の体長と頭幅を測定した結果は表12（小林[157]）のとおりで，第1齢後期幼虫は体長や腹部の形態があたかも次齢のように見えるが，頭幅は同齢前期幼虫とまったく差がなく，本種の幼虫期は飼育成績表や検索表が示すとおり4齢である．

友国監修安永ら[324]の写真271c，dは5および4齢幼虫となっているが，第4および3齢幼虫と考えられる．

5）ヒロズカメムシ *Eumenotes obscura* WESTWOOD, 1837

分布 奄美大島，沖縄本島；台湾，中国，マレーシア，ビルマ，インド．

以下は牧・玉野[170]に基づいて記述する．

成虫 体長7.2～8.3mm内外．暗褐色ないし黒色．頭部は広く，前胸背前縁より僅かに狭いていど．複眼は小さく，単眼を欠く．

卵（図33，A～C）　長径約1.0mm，短径約0.7mm，初期には緑色，ふ化前にはほぼ紅色．上面に円形の蓋部があり，この周囲の側壁との境界部は弱く隆起する．ふ化に際してはこの蓋部が分離する．卵塊は通常数卵からなる．

幼虫（図33，D）　第1齢時の体長1.6mm内外，羽化前の体長6～7mm内外．第5齢幼虫の体形は成虫に似ており，頭部の全形，中・側葉，角状突起，前胸背，触角，脚などの形態や色彩も成虫に似る．

生態 ヒルガオ，ハマヒルガオ，サツマイモなどの蔓から吸汁して発育する．

奄美大島では山間原野，海岸，畑地などに生息し，寄主植物上で生活する．越冬後の成虫は3月中旬ごろから活動を始め，4月上旬ごろから交尾し，4月中旬～8月中旬に産卵する．その盛期は4月下旬～5月下旬で，卵は越冬場所付近の小石や枯葉の裏面に産付され，食草への産付は少ない．若齢幼虫は蔓の先端部に寄生し，老齢幼虫や成虫は蔓の中間部に群れて寄生する．新成虫は7～8月ごろに出現し，約2～5週間の産卵前期間を経て8～10月に第2世代の卵を産卵する．この幼虫の大部分は10～11月ごろに羽化して成虫態で，一部は幼虫のままで，生息地付近の木石，雑草，落葉等の下に潜伏して越冬に入る．産卵数は越冬後の成虫では平均42.2日間に75.4卵，1日平均5.2卵，第1世代成虫では平均65日間に104卵，1日平均4.6卵であった．

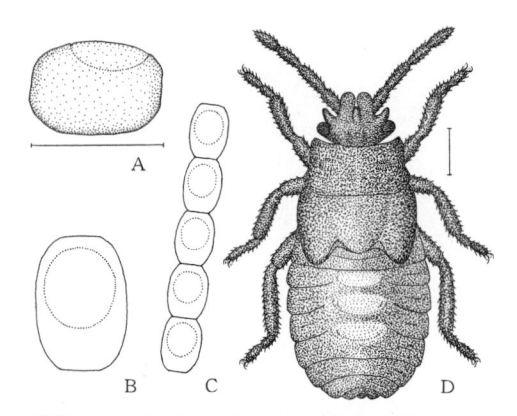

図33　ヒロズカメムシ Eumenotes obscura WESTWOOD　A. 卵（正面図），B. 同（背面図），C. 卵塊，D. 第5齢幼虫．［傍線は1mm長］．　　（牧・玉野[169]から転写）

　奄美大島の自然日長・室温条件下で，カンショ蔓を餌として飼育した結果によると，卵期間は4月中旬～5月上旬に16～21日，平均18.7日であり，幼虫期間は第1世代の各齢がそれぞれ17，12，11，12および15日で合計68日，第2世代が同様に12，11，10，13および19日で合計66日であった．全発育期間は第1世代が81～84日，第2世代が75～83日で，これはノコギリカメムシの67日内外より長く，年1世代のエビイロカメムシの80日内外と同様特異的な長さである．

　寄主植物上に群れて寄生する．大発生したカンショ畑では，独特の臭いが数十m先まで達するといわれる．敏捷でないが，触れると直ぐ落下して擬死を行う．成虫や老齢幼虫は日光を忌避し，成虫は夏眠を行うようである．

8．カメムシ科 Pentatomidae

　カメムシ科はカメムシ上科中最大の科で，日本にはクロカメムシ亜科，カメムシ亜科およびクチブトカメムシ亜科が分布し，既知種は下記の54属79種である．発育期は＊印の49種について研究され，47種は全ステージが究明された．

　　i．クロカメムシ亜科 Podopinae
　　①アカスジカメムシ ＊Graphosoma rubrolineatum（WESTWOOD）
　　②ハナダカカメムシ ＊Dybowskyia reticulata（DALLAS）
　　③コブハナダカカメムシ Neocazira confragosa DISTANT
　　④ヒメクロカメムシ ＊Scotinophara scotti HORVATH
　　⑤オオクロカメムシ ＊S. horvathi DISTANT
　　⑥イネクロカメムシ ＊S. lurida（BURMEISTER）
　　⑦コクロカメムシ S. parva YANG
　　ii．カメムシ亜科 Pentatominae
　　①タマカメムシ ＊Sepontiella aenea（DISTANT）
　　②ウシカメムシ ＊Alcimocoris japonensis（SCOTT）
　　③ズグロシラホシカメムシ ＊Analocus gibbosus（JAKOVLEV）
　　④ツマジロカメムシ ＊Menida violacea MOTSCHULSKY

⑤ ナカボシカメムシ M. musiva (JAKOVLEV)
⑥ スコットカメムシ * M. scotti PUTON
⑦ ホソツマジロカメムシ Apines grisea BANKS
⑧ ナガメ * Eurydema rugosa MOTSCHULSKY
⑨ ヒメナガメ * E. dominulus (SCOPOLI)
⑩ イチモンジカメムシ * Piezodorus hybneri (GMELIN)
⑪ シラホシカメムシ * Eysarcoris ventralis (WESTWOOD)
⑫ ムラサキシラホシカメムシ * E. annamita BREDDIN
⑬ マルシラホシカメムシ * E. guttiger (THUNBERG)
⑭ トゲシラホシカメムシ * E. aeneus SCOPOLI
⑮ オオトゲシラホシカメムシ * E. lewisi (DISTANT)
⑯ ヒメシラホシカメムシ E. insularis DALLAS
⑰ ヒメカメムシ * Rubiconia intermedia WOLFF
⑱ クロヒメカメムシ R. peltata JAKOVLEV
⑲ ヒウラカメムシ Holcostethus breviceps (HORVATH)
⑳ ミヤマカメムシ Hermolaus amurensis HORVATH
㉑ Hermolaus sp.
㉒ アカカメムシ Pyrrhomenida bengalensis (WESTWOOD)
㉓ オオアカカメムシ Catacanthus incarnatus (DRURY)
㉔ トゲカメムシ * Carbula humerigera (UHLER)
㉕ タイワントゲカメムシ * C. crassiventris (DALLAS)
㉖ カタビロカメムシ C. obtusangula REUTER
㉗ ウズラカメムシ * Aelia fieberi SCOTT
㉘ フタテンカメムシ Laprius gastricus (THUNBERG)
㉙ ミナミフタテンカメムシ * L. varicornis DALLAS
㉚ トビイロカメムシ Caystrus depressus (ELLENRIEDER)
㉛ ウスモントビイロカメムシ Aednus obscurus DALLAS
㉜ イネカメムシ * Lagynotomus elongatus (DALLAS)
㉝ シロヘリカメムシ * Aenaria lewisi (SCOTT)
㉞ エゾアオカメムシ * Palomena angulosa (MOTSCHULSKY)
㉟ アオクサカメムシ * Nezara antennata SCOTT
㊱ ミナミアオカメムシ * N. viridula (LINNAEUS)
㊲ ホシアオカメムシ Massocephalus maculatus DALLAS
㊳ アヤナミカメムシ * Agonoscelis femoralis WALKER
㊴ ブチヒゲカメムシ * Dolycoris baccalum (LINNAEUS)
㊵ ムラサキカメムシ * Carpocoris purpureipennis DEGEER
㊶ フタホシツマジロカメムシ Axiagastus rosmarus (DALLAS)
㊷ イワサキカメムシ Starioides iwasakii MATSUMURA
㊸ イシハラカメムシ * Brachynema ishiharai LINNAVEORI
㊹ チャバネアオカメムシ * Plautia crossota ståli SCOTT
㊺ ヒメチャバネアオカメムシ P. splendens DISTANT

㊻ ルリカメムシ *P. cyanoviridis* RUCKES
㊼ ツヤアオカメムシ * *Glaucias subpunctatus* (WALKER)
㊽ クチナガカメムシ *Bathycoelia indica* (DALLAS)
マカダミアカメムシ * *B. distincta* DISTANT
㊾ ミカントゲカメムシ * *Rhynchocoris humeralis* (THUNBERG)
㊿ ミナミツノカメムシ *Vitellus orientalis* DISTANT
(51) クサギカメムシ * *Halyomorpha picus* (FABRICIUS)
(52) トホシカメムシ * *Lelia decempunctata* (MOTSCHULSKY)
(53) ヨツボシカメムシ * *Homalogonia obtusa* (WALKER)
(54) ツノアオカメムシ * *Pentatoma japonica* (DISTANT)
(55) アシアカカメムシ *P. rufipes* (LINNAEUS)
(56) チョウセンオオカメムシ *P. semiannulata* (MOTSCHULSKY)
(57) ヒラタトガリカメムシ *Brachymna tenuis* STÅL
(58) ツシマオオカメムシ *Placosternum alces* STÅL
(59) イシガキトゲオオカメムシ *Amblycara gladiatoria* (STÅL)
(60) ツシマキボシカメムシ *Dalpada cinctipes* WALKER
(61) キマダラカメムシ * *Erthesina fullo* (THUNBERG)

iii. クチブトカメムシ亜科 **Asopinae**

① アオクチブトカメムシ * *Dinorhynchus dybowskyi* JAKOVLEV
② アカアシクチブトカメムシ * *Pinthaeus sanguinipes* (FABRICIUS)
③ クチブトカメムシ * *Picromerus lewisi* SCOTT
④ オオクチブトカメムシ *P. fuscoannulatus* STÅL
⑤ キュウシュウクチブトカメムシ * *Eocanthecona kyushuensis* ESAKI et ISHIHARA
⑥ シコククチブトカメムシ *E. shikokuensis* ESAKI et ISHIHARA
⑦ キシモフリクチブトカメムシ * *E. furcellata* (WOLFF)
⑧ シモフリクチブトカメムシ *E. japonicola* (ESAKI et ISHIHARA)
⑨ シロヘリクチブトカメムシ * *Andrallus spinidens* (FABRICIUS)
⑩ チャイロクチブトカメムシ * *Arma custos* (FABRICIUS)
⑪ ルリクチブトカメムシ * *Zicrona caerulea* (LINNAEUS)

1） 生態的特性

種により草上・樹上の一方または両方の生活をし，寄主植物の生殖生長部や栄養成長部の一方または両方から吸汁したり，小昆虫を捕食したりして発育する．卵は通常自種または餌昆虫の寄主植物上に平面的卵塊で産付される．第1齢幼虫は卵殻上かこの傍らに集合していて，ほとんど摂食しない．幼虫は5齢期を経て羽化する．年に1〜3・4世代を営み，ほとんどの種は成虫態で越冬するが，ごく一部に卵または幼虫態で越冬するものもある．

2） 形態的特徴

(1) 成 虫

小楯板はクロカメムシ亜科では舌形で大きく，先端は腹端付近に達するが，基部では革質部の一部を露出する；カメムシ亜科とクチブトカメムシ亜科では一部の例外を除き逆三角形状で，先端は

中腹部付近かこれをやや越えるていどで，革質部の大部分を露出する．口吻は概して長く，先端は前脚の基部を越える．触角と脚も比較的長く，跗節は3節．腹部気門は第2～7節に6対開口する（クロカメムシ亜科とカメムシ亜科の6気門群）か，または第2～8節に7対開口する（クチブトカメムシ亜科とカメムシ亜科の7気門群）．

（2）卵

楕円形，卵形，円筒形，球形などで，卵殻は厚く，蓋部と側壁部が明瞭に分化している．受精孔突起は棍棒型，頭状，無花果型，オール型，触手型などをなし，側壁の上縁部に輪状に並ぶ．卵殻破砕器は逆三角形状，骨格部は硬化してT字型，縦・横軸ともあまり太くない；正面の膜質部は逆三角形状で広く，横軸後方の膜状部は弓形状．卵塊の卵は平面的に並べられる．

（3）幼虫

頭部は半円形状，台形状，長方形状などで，頭部側葉が鋏状をなすことはない．口吻の第1節は第2齢以後，上唇基部より相当後方から出る．

原小楯板は第2または3齢から，前翅包は第4齢からそれぞれ発達し始め，後翅包は第5齢で認められる．後胸背板は第1齢では（ウシカメムシを除いて）中胸背板より広く，左右それぞれへら型をなすが，第3齢では中胸背板よりほとんどの種で狭い．

3対の臭腺開口部の間隔は，若齢期に前部のものが他よりやや広い種もあるが，いずれも大差ない．前部臭腺盤は一般にはプロペラ型，稀に第4齢以後変形して翅果型などになる．腹部気門は成虫と同様に第2～7節または第2～8腹節の腹面に左右1対ずつ開口する．孔毛は第3～7腹節の各気門の後方，後内方または後側方に1または2個ずつある．

齢の検索表（ウシカメムシを除くカメムシ科全体対象）
1（6）翅包は認められない．
2（5）後胸背板は左右それぞれへら型かオール型で，中胸背板に比べてほとんどの種では広いが，稀に等幅かやや狭い種もある．
3（4）複眼はあまり突出しない・・・第1齢
4（3）複眼は顕著に突出する・・第2齢
5（2）後胸背板は左右それぞれオール型，長刀刃型，矛刃型などで，中胸背板に比べて，ほとんどの種で狭いが，稀に等幅かやや広い種もある・・・・・・・・・・・・・・・・第3齢
6（1）前翅包が認められる．
7（8）後翅包は認められない・・第4齢
8（7）前・後翅包が明瞭に認められる・・・・・・・・・・・・・・・・・・・・・・・・・・・・・・・・・第5齢

3）発育期における3亜科の識別

（1）カメムシ科の3亜科の検索

a）**卵における検索表** *
1（4）卵は膠質様の被膜に厚く覆われない．
2（3）卵殻表面に小棘か微小突起をもつ網状構造があり，この網目がごく不規則，複雑であるかごく粗いひだ状．または卵殻表面に不明瞭な六角形模様があり，この目の中に

―――――――――

* クロカメムシ亜科とカメムシ亜科の識別は，卵においては困難である．

　　　　微小顆粒が認められる ………………………………………… クロカメムシ亜科
　3（2）卵殻表面に顕著な棘状突起をもつ網状構造があり，この網目が単純で明瞭．または種
　　　　により表面に細網状構造，蜂巣状構造，顆粒状小突起等を装うか，表面が平滑で微小
　　　　点や短浅溝，六角形や小円丘状模様等が微かに認められる ……………… カメムシ亜科
　4（1）卵は膠質様の被膜に厚く覆われる ………………………………… クチブトカメムシ亜科
　b）幼虫における検索表
　1（4）口吻は細く，第2齢以後第1節は上唇基部よりかなり後方から出る．
　2（3）口吻は比較的短く，先端は後脚の基節を全幼虫期を通じて越えない ‥ クロカメムシ亜科
　3（2）口吻はやや長く，先端は全種のほとんどの齢で後脚の基節を越え，若干の齢では腹端
　　　　を越える ……………………………………………………………………… カメムシ亜科
　4（1）口吻は幅が広く，太く，第2齢以後も第1節は上唇基部の直ぐそばから出る
　　　　 …………………………………………………………………… クチブトカメムシ亜科

4）クロカメムシ亜科 Podopinae

（1）生態的特性

　生態が判明している5種はセリ科植物の果実部を吸汁する群およびイネ科植物の主として葉鞘部から吸汁する群からなる．幼虫は食餌探索の歩行活動をあまりすることなく摂食し続けて，成虫まで発育することができる．セリ科の果実を吸収する種群は，完熟して乾燥した果実からも摂食を続けて発育できる．イネ科植物の主として葉鞘部から吸汁する種群は，それが出穂した後は穂をも摂食して発育する．平地に生息し，生息範囲は種により乾燥地から湿潤地にまで及ぶ．いずれも年1世代で，越冬は成虫態で，落葉間，枯れた草むらの中，木片や石の間などで行われる．

（2）形態的特徴

a）成　虫

　中・小形で，後翅に翅刺がない．小楯板は長大で，その末端はしばしば腹端に達するが，革質部の基方の外縁は露出している．口吻はカメムシ科の中では比較的短く，第1節は上唇の基部よりかなり後方から出ており，口吻先端は後脚の基節を越えない．触角および脚もカメムシ科の中では比較的短い．腹部気門は第2～7節に6対開口する．

b）卵

　短卵形か短楕円形で，長径約1.0～1.3 mm．初期には帯白色ないし帯褐色で，斑紋をもたない．表面に小棘か微小突起をもつ網状構造があり，この網目が不規則・複雑であるか，粗いひだ状．または不明瞭な網状構造か六角形模様があり，網目の中に顆粒が認められる．受精孔突起は頭状または棍棒状で，比較的小さく（26～59 μ），ほぼ白色で，30～45個内外．卵塊は通常14個以下の卵からなり，2列，1列または塊状であるが，卵塊が形成されないこともある．

c）幼　虫

　体は楕円形または卵形状で，カメムシ亜科の7気門群に比べて一般に厚い．
　触角および口吻はカメムシ科の中では比較的短く，第3節が太く短い種が多く，口吻の先端は第3齢までは後脚の基節付近に，第4齢以後は中脚の基節ないし後脚の基節直前部付近に達し，後脚の基節を越えない．上唇も比較的短く，先端は第4齢までは口吻第1節の中部以前に，第5齢では同節の先端部に達するがこれを越えない．
　前胸背板の前側縁は弧状で，第1齢では平滑，第2齢以後は微細ないし小鋸歯状．脚はカメムシ科

の中では比較的短く，脛節の稜部は鈍く角張る．

　臭腺は臭腺盤の側縁近くに開口する．前部臭腺盤は細いプロペラ型，中部臭腺盤は逆台形状または前縁中央部が前方へ突出した五角形状．側盤の外縁は緩弧状，種により第2齢以後小鋸歯状．腹部気門は第2～7節腹面に左右1対ずつ開口し，第2節のものは腹面側盤の中部ないし前寄りの内方に，第3～7節のものは腹面側盤の前部内方に位置する．孔毛は各齢とも第3～7節の各気門の後内方に2個ずつあるか，同気門の後方に1個ずつあるか，2個または1個ずつある節位が種や齢によって異なる．2個は斜め内外方向に並ぶ．雌では第5齢幼虫の第8腹節の正中線上に，後縁から節のほぼ中央部に達する黒褐色の浅い1縦溝があり，後縁中央部に三角形状のくぼみが認められる．また第9節の中央部に1対の縦長の楕円形隆起が認められることもある．雄では両節の中央部が平坦で，第9節の正中部に狭い弱いくぼみが認められることがある．

　体上には硬化盤以外の腹節部を含めて点刻を第1齢では疎らに，第2齢以後はむしろ密に散布する．同腹節上の点刻の周囲には円形，紡錘形状または不整形の暗色部分が認められる種がある．体上には種により短直毛が疎生するか，顕著な短曲毛が密生する．

(3) 発育期における3属の識別

a) クロカメムシ亜科・3属の検索

(ⅰ) 卵における検索表

1 (4) 卵殻表面に網状構造があり，これに棘状突起を装う．
2 (3) 網目の細かい線状の網状構造上に細い長・短の棘状小突起が密生する ····· *Graphosoma*
3 (2) 網目の粗いひだ状の網状構造上に太く短い棘状突起が疎生する············ *Dybowskyia*
4 (1) 卵殻表面に棘状突起をもたない網状構造か網目模様があり，網目の中に微小顆粒を
　　　装う ·· *Scotinophara*

(ⅱ) 幼虫における検索表

1 (4) 第1齢では前部臭腺盤は胴細のプロペラ型．第2・3齢では第8腹節に腹背盤がある．
　　　第4・5齢では側葉の左右葉が中葉の前方で接近するか接触する．
2 (3) 腹節上の点刻は周囲に暗色部分を伴う ······························· *Graphosoma*
3 (2) 腹節上の点刻は周囲に暗色部分を伴わない ·························· *Dybowskyia*
4 (1) 第1齢では前部臭腺盤は胴太のプロペラ型．第2・3齢では第8腹節に腹背盤がない．
　　　第4・5齢では側葉の左右葉が中葉の前方で接近しない ················· *Scotinophara*

(4) アカスジカメムシ *Graphosoma rubrolineatum* (WESTWOOD, 1873)

分布　北海道，本州，四国，九州，南西諸島；朝鮮半島，中国，シベリア東部．

成虫　体長9～12 mm．体は比較的偏平で，黒地に赤色縦縞が前胸背板では7本，小楯板と前翅革質部上では5本ある．

卵（図34，A～E，Kobayashi[130]）　短卵形で上方がやや太く，長径1.1～1.3 mm，短径0.9～1.0 mm．初期には全体白色，後に淡黄褐色となり，ふ化前には眼点が赤色に，卵殻破砕器が暗色に透視される．卵殻は白色で，表面に目の細かい不規則な線状の網状構造があり，これに多数の長・短の棘状小突起を装う．受精孔突起は梶棒型で長さ59μ内外，白色半透明，30個内外．卵殻破砕器の骨格部は縦長約200μ，横幅約410μ，ほぼ黒褐色，縦軸上部はやや淡色；膜質部は主として透明，下端部と横軸後方の弓形部は暗色，下側縁部が灰色に縁どられることもある．卵塊は通常14卵からなり，卵は2列に並べられる．

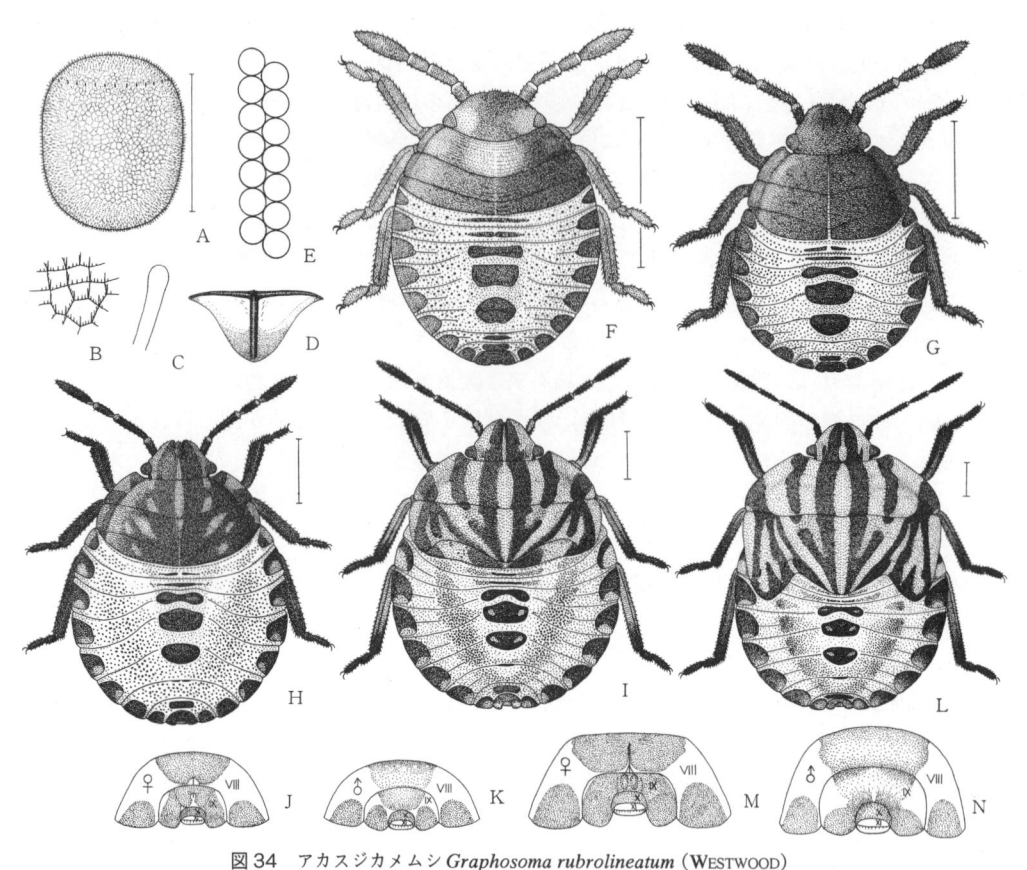

(106)　第Ⅲ章　主要種の発育期

図34　アカスジカメムシ *Graphosoma rubrolineatum* (Westwood)
A. 卵，B. 卵殻表面の網状構造，C. 受精孔突起，D. 卵殻破砕器，E. 卵塊，F. 第1齢幼虫，G. 第2齢幼虫，H. 第3齢幼虫，I. 第4齢幼虫，J. 同齢の雌と推測される個体の性徴，K. 同雄，L. 第5齢幼虫，M. 同齢雌の性徴，N. 同雄．
［傍線は1mm長］．
(Kobayashi[130])

幼虫（図34，F〜N，Kobayashi[130]，安永ら[324]）　頭部中葉は側葉に比べて第1齢では長く，第2齢ではほぼ等長，第3齢以後は短い．側葉は第3齢以後には前部が鈍くとがり，第5齢では中葉の前方で左右葉が著しく接近するか接触し，頭部の前部は半円形状をなす．口吻の第3節は太く短く，第4節は第2齢以後太く短い．口吻は比較的短く，先端は各齢とも後脚の基節付近に達する．

前胸背板の前側縁線は第3齢までは緩弧状，第4齢以後は後部の曲度が強まる．後胸背板は左右それぞれ第1齢ではへら型で中胸背板より広く，第2齢ではオール型で中胸背板とほぼ等幅，第3齢では矛刃型で，中胸背板より著しく狭い．胸背板の側縁は第1齢では平滑，第2齢以後は微小鋸歯状．脛節の稜部は各齢とも直角に角張る．前脛節のグルーミング剛毛は第1齢では3本，第2〜4齢では4本，第5齢では5本．

前部臭腺盤はほぼプロペラ型で幅は3個中最大，側端部は第1齢では細くならないが，第2齢以後は細くなる；中部臭腺盤は第1齢では六角形状，第2齢以後は前縁中央部が前方へ突出し，ほぼ五角形状で，面積は3個中最大．第1腹節の腹背盤は第1齢では長棒状で1個，第2・3齢では短棒状のものが1対あるように見え，第4齢では短棒状で1個，第5齢では認められない．第2腹節の腹背盤は第1〜4齢で認められ短棒状．第7節の中央部には紡錘形状の腹背盤が第1齢で認められ，前縁には小さい披針形の1対の腹背盤が第1〜3齢で，紡錘形状の1個が第4および5齢で認められる．第

8. カメムシ科 Pentatomidae

8節の腹背盤はほぼ長方形状で，各齢に認められる．側盤は第1節では不等辺三角形状，第2節以後ではひずんだ半楕円形状，内縁中央部に1条の浅いくぼみがあり，この部の内縁線はやや湾入する，外縁は弧状で，第1齢では平滑，第2齢以後は微細に鈍鋸歯状．孔毛は第3～7節の気門の後方とこの内方に1個ずつあり，両者の間隔は加齢に伴って広くなる．性徴は第4齢から認められるようで，第4齢では第8節後縁中央部および第9節の後縁から中央部にかけて不明瞭なくぼみがあり，両者の中央に短い黒色縦条が認められるのが雌で，第8および9節の中央部が平坦で，上記特徴が認められないのが雄と考えられる（図34, J, K）．第5齢の雌では前記特徴（亜科の特徴）のほかに，第9節の正中線上における長さが短く，第8節との比が1：0.5．雄ではその長さが長く，第8節との比が1：0.9（図34, M, N）である．

　頭部，胸背板，腹背盤および側盤上の点刻は第2齢までは微小で疎ら，第3齢以後はやや大きくなるが密ではない．硬化盤以外の腹節上の点刻は第1齢では微小で周囲に黒色の円形または紡錘形の硬化部を伴い，粗大黒点状に見える，第2齢以後はやや大きくなり，第3齢以後は周囲の硬化部が褐黒色や不整形のものを加えて多形となり相当密，特に腹背盤と側盤との中間部で密となり，老齢ではこの部分が暗帯状をなす．体上の毛は短直毛で疎ら．

齢の検索表

下記以外はカメムシ科全体の検索表（前記8-2)-(3)）に同じ．

　2 (5) 後胸背板は左右それぞれへら型かオール型で，中胸背板より広いか（第1齢），これとほぼ等幅（第2齢）．
　5 (2) 後胸背板は左右それぞれ矛刃型で，中胸背板より狭い……………………第3齢

第1齢：体長1.6 mm内外．各胸背板長の比は3.0：2.3：1．触角および口吻の各節長比は1：1.4：0.9：2.6および1：1.2：0.7：1.7．

　頭部は主として褐黒色，複眼の内方は淡く暗橙黄色．胸背板，腹背盤および側盤はほぼ暗褐色または暗色，前胸背板の中央部と側方はやや淡色．硬化盤以外の腹節部はほぼ淡橙色，中央部は淡橙黄色．複眼は暗赤色（各齢）．触角および脚は主として淡い暗褐色，脛節基部は淡黄褐色．

第2齢：体長2.5 mm内外．各胸背板長の比は4.8：4.0：1．触角および口吻の各節長比は1：1.7：1.1：2.0および1：1.6：0.7：0.8．

　頭部，胸背板，腹背盤および側盤は主として帯黒色で，幽かに赤銅様光沢を帯び，頭部の側方は狭く淡褐色．硬化盤以外の腹節部は淡褐色，腹節接合線は帯赤色．触角の第1節は暗褐色，第2～4節は主として赤黒色，節間部は赤色．脚は褐黒色．

第3齢：体長4.0 mm内外．各胸背板長の比は5.1：5.3：1．触角および口吻の各節長比は1：1.9：1.1：2.0および1：1.5：0.6：0.7．

　頭部，胸背板，腹背盤および側盤は主として褐黒色で，前2者には弱い赤銅色の光沢を帯び，図 (34, H) のような帯橙黄色斑を現す．硬化盤以外の腹節部は主として淡黄褐色で，僅かに淡緑色を帯びる．腹背盤間および側盤間は淡赤色を帯び，腹節周辺部の腹節接合線は帯赤色．触角および脚は前齢とほぼ同色，ただし腿節基部は淡色．

第4齢：体長5.8 mm内外．各胸背板長の比は10.0：10.8：1．触角および口吻の各節長比は1：2.4：1.4：2.3および1：1.4：0.6：0.7．

　体は前齢とほぼ同色で，黒色部と淡橙黄色部が図 (34, I) のように虎斑状をなし，黒色部には弱い赤銅色光沢がある．個体により腹節部の腹背盤の前方および腹背盤間は帯白色，側盤間は帯黄色となり，臭腺開口部直前部は淡褐色または黄白色となる．触角の第1節は黒褐色，第2～4節は主として漆黒色，節間部は帯赤色．腿節は淡褐色，先端部は帯黒褐色，脛節は帯褐色または淡褐色で，先

端部は帯黒色，跗節は黒色．
　第5齢：体長8.3 mm内外．各胸背板長の比は1：1.4：0．触角および口吻の各節長比は1：2.3：1.3：2.1および1：1.5：0.6：0.8．
　前齢とほぼ同色，ただし，胸背板上の虎斑様色斑は図（34, L）のようにやや複雑となり，触角がほぼ漆黒色で，第2および3節の各先端部が赤色を帯びる個体もある．
　生態　ヤブジラミ，ヤマニンジン，シシウド，ミヤマシシウド，エゾニュウ，ハマボウフウ，ボタンボウフウ，アシタバ，ハナウド，ウイキョウ，ニンジン，アスパラガスなどのセリ科植物の双懸果や花蕾から吸汁する（川沢・川村[94]，四戸[263]）．
　生息場所は原野，山間地，湖沼，河川，海洋などの沿岸部，路傍などである．冷涼地や寒地では年1世代で，越冬を終えた成虫は5～6月に出現する．産卵は6～8月に行われ，8～9月ごろ新成虫が出現する．暖地では年2世代を繰り返すことがあるようで，第2回目の新成虫は9～10月ごろ出現する．越冬は成虫態で，温暖な場所の枯くさむらの株元や落葉の間などで行われる（高橋[282]，三宅[176]）．
　1964年に交尾中の雌雄3組を野外より採集して室内飼育で交尾頻度を調査した．図35に示した

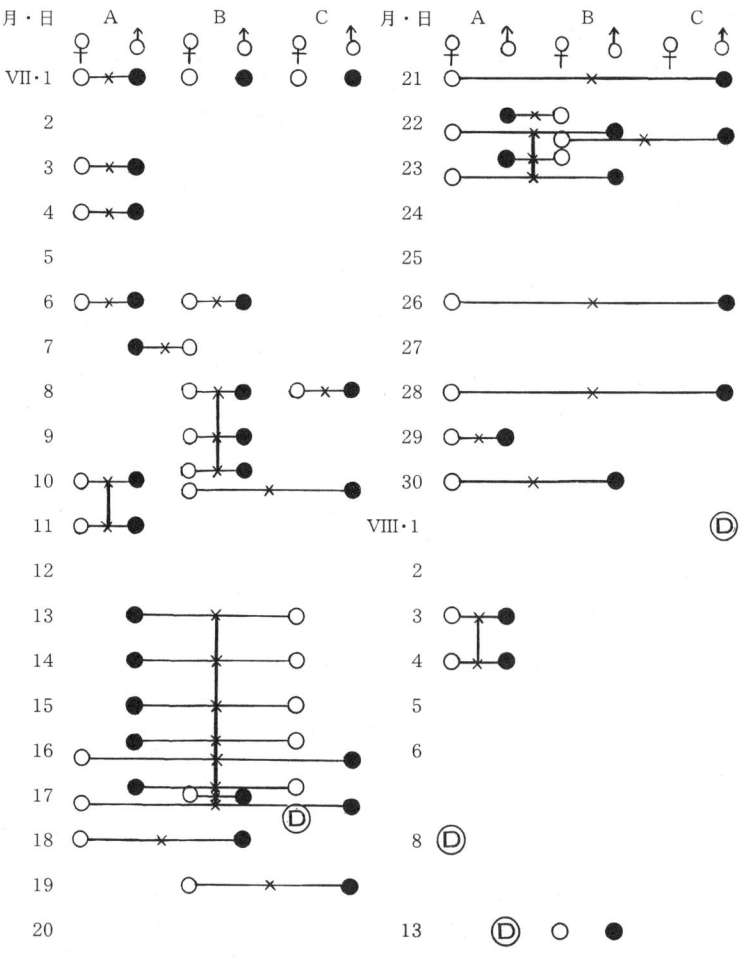

図35　アカスジカメムシ3対の雄雌間における交尾の頻度
横線：交尾個体，縦線：交尾継続期間，D：斃死．　　（小林原図）

ように, 7月1日採集のA♀は14回延べ18日間交尾し8月8日に死んだ. A♂は9回延べ17日間交尾し8月13日に死に, 同様にB♀は9回11日間, B♂は5回8日間, C♀は2回6日間, C♂は8回延べ9日間交尾し, 8月1日に死んだ. 産卵は7月13日と23日に各1卵塊 (13と11卵) 産下されたのみであった. 本種はこのように交尾回数が多く, その時間が長い特徴をもつ.

(5) ハナダカカメムシ *Dybowskyia reticulata* (DALLAS, 1851)

分布 本州, 四国, 九州;中国, シベリア.

成虫 体長5.0～5.5 mm. 体は頭部が突出した短楕円形で厚い. 小楯板は大きく, 腹部の外縁部を除くほぼ全体を覆う. 黄褐色で, 黒色点刻を密布し, 光沢を欠く.

卵 (図36, A～E, Kobayashi[117]) 短楕円形で, 長径約1.0 mm, 短径約0.8 mm. 白色半透明から幽かに光沢を有する淡灰色に変わり, ふ化前には橙赤色を帯び幽かに虹色を現す. 卵殻は白色半透明で, 表面に白色のひだ状の網目が粗く不規則な網状構造があり, 網目の交点に白色半透明の不揃いな微小突起を装う. 受精孔突起は頭状で38μと短く, 頭部は白色半透明, 柄部はほぼ透明で, 35～40個内外. 卵殻破砕器の骨格部は縦長約160μ, 横幅約330μ, 主として淡褐色, 中心部は黒褐色, 膜質部の正面の逆三角形部は透明, 横軸後方の弓形部は淡褐色. 卵は数個が1列に並べられたり, 不規則な塊状に並べられたり, 個々に産付されたりする.

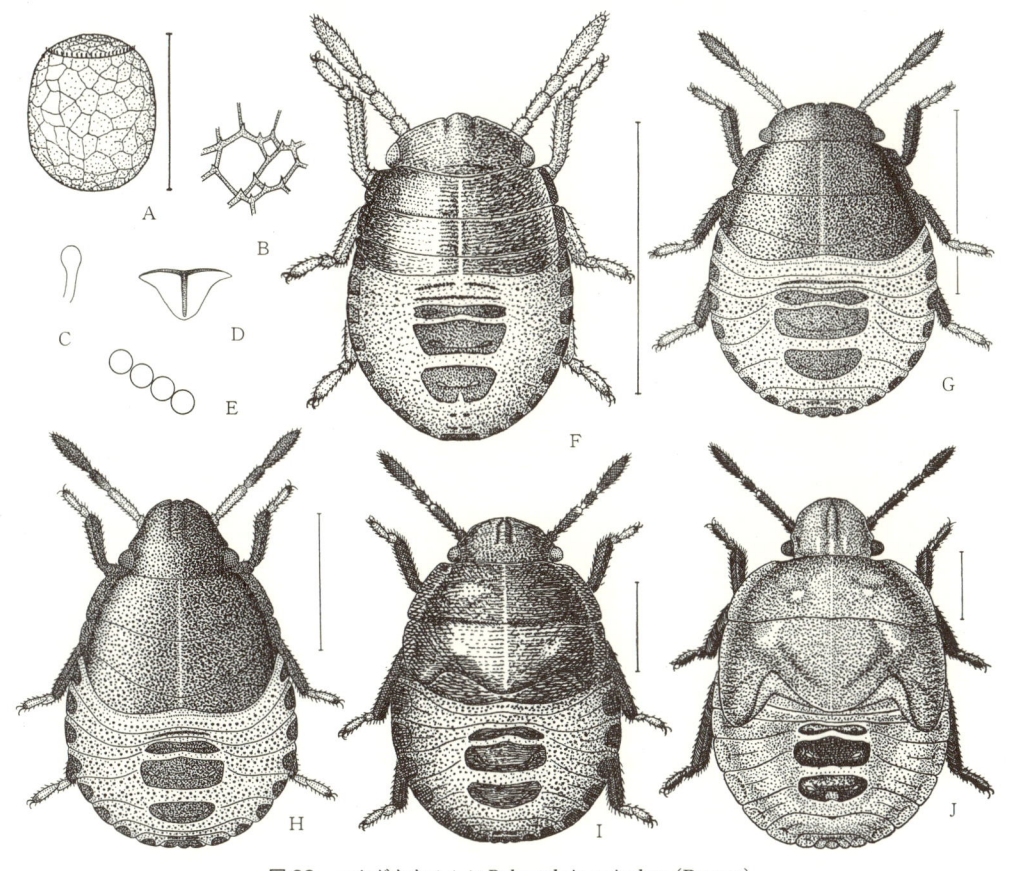

図36 ハナダカカメムシ *Dybowskyia reticulata* (DALLAS)
A. 卵, B. 卵殻表面の網状構造, C. 受精孔突起, D. 卵殻破砕器, E. 卵塊, F. 第1齢幼虫, G. 第2齢幼虫, H. 第3齢幼虫, I. 第4齢幼虫, J. 第5齢幼虫. [傍線は1 mm長] (Kobayashi[117] 一部改)

幼虫（図36, F〜J, Kobayashi[117], 安永ら[324]）　頭部中葉は側葉に比べて第1齢では長く，第2齢ではほぼ等長，第3齢以後は短い．側葉は第2齢以後先端部が鈍くとがり，第4齢では左右葉が中葉の前方で接近し，第5齢では接触する．触角の第3節は短い．口吻の第3および4節は太く短い．口吻は比較的短く，先端は第3齢までは後脚基節付近に，第4および5齢では中脚基節付近に達する．

前胸背板の前側縁線は第4齢までは緩弧状，第5齢ではやや強く曲がる．後胸背板は左右それぞれ第1齢ではへら型，第2齢ではオール型で共に中胸背板より広く，第3齢では長刀刃型で中胸背板より狭いかこれとほぼ等幅．前および中胸背板の側縁は第1齢では平滑，第2齢以後は鈍鋸歯状．脛節の稜部は直角状をなす．前脛節のグルーミング剛毛は第1齢では3本，第2〜4齢では4本，第5齢では5・6本．

前部臭腺盤はプロペラ型で，側端部は第1齢では鈍角状にえぐれて見え，第2齢以後はほぼとがる；中部臭腺盤はほぼ逆台形状であるが，前縁中央部が前方へ弱く突出する．第1腹節の腹背盤は第1齢にのみ認められ長棒状で，中央で切れるように見え，第2節の腹背盤は第1〜3齢に認められ，長棒状．第7節の腹背盤は小形の楕円形状で，第1齢では1対に見え，第5齢では1個で，共にやや不明瞭．第8節の腹背盤は楕円形ないし長方形状，第4齢までは1対に見え，いずれも不明瞭．側盤は主として弱くひずんだ偏半楕円形状で，内縁中央部に1条の浅いくぼみがあり，外縁は弧状で平滑．孔毛は第3〜7節の気門の後方と，この内方に1個ずつあり，2個が円形基盤3個分内外の間隔で内外に並ぶ．

体表の点刻は硬化盤以外の腹節部を含めて各部ともほぼ同じ円形粗大で，第1齢では疎ら，第2齢以後は密となる．体上の毛は短直毛で疎ら．

齢の検索表

下記以外はカメムシ科全体の検索表（前記8-2)-(3)）に同じ．

　2(5)　後胸背板は左右それぞれへら型（第1齢）かオール型（第2齢）で，中胸背板より広い．

　5(2)　後胸背板は左右それぞれ長刀刃型で，中胸背板より狭い･･････････････････････第3齢

第1齢：体長1.2 mm内外．各胸背板長の比は2.5：2.3：1．触角および口吻の各節長比は1：1.0：0.7：2.3および1：1.1：0.8：1.1．

頭部，胸背板，腹背盤および側盤は黒色，ただし胸部の正中線上は淡黄赤色．硬化盤以外の腹節部，触角および脚は主として淡黄赤色．触角第4節は暗黄色，跗節は暗色の先端部を除き淡黄色．複眼は赤色．

第2齢　体長1.8 mm内外．各胸背板長の比は5.7：4.6：1．触角および口吻の各節長比は1：1.3：0.8：2.3および1：1.5：0.6：0.8．

頭部，胸背板，腹背盤，側盤，複眼および跗節は前齢とほぼ同色．硬化盤以外の腹節部は白色または淡黄色の地に赤色の接合線と斑点および黒色点刻があり，淡褐色に見える．触角は主として淡赤色，第4節は黒灰色．脚はほぼ黒色．

第3齢：体長2.7 mm内外．各胸背板長の比は6.0：5.0：1．触角および口吻の各節長比は1：1.6：1.0：2.5および1：1.6：0.7：0.8．

前齢とほぼ同色，ただし複眼は黒赤色，触角の第1・2節は大部分淡黄褐色，第2節の先端部と第3節の基部は赤色，第3節の大部分と第4節は黒色．

第4齢：体長3.6 mm内外．各胸背板長の比は16.0：15.5：1．触角および口吻の各節長比は1：2.0：1.2：2.8および1：1.7：0.7：0.8．

頭部，胸背板，腹背盤および側盤は灰褐色，ただし胸部の一部は図（36, I）のように黒色点刻が少なく，淡色で幽かに光沢を有する．硬化盤以外の腹節部の地色は淡黄白色，接合線は赤色，黒色の

粗大点刻を密布し，一見灰色に見える．複眼は赤黒色．触角は黒色，第2・3・4節間の節間部は赤色．脚は黒色ないし黒褐色．

第5齢：体長5.0mm内外．各胸背板長の比は1：1.5：0．触角および口吻の各節長比は1：2.7：1.3：3.0および1：1.8：0.7：0.7．

前齢とほぼ同色，ただし点刻の疎密による濃淡部があり（図36, J），硬化盤以外の腹節部の地色は淡青白色．

生態 ヤブジラミの双懸果や花蕾等から吸汁する．

原野，河川敷，土堤，海岸，山間地，路傍などの食草が自生する日当たりのよい場所に生息する．香川県内では，越冬後の成虫は5月下旬ごろより現れ始める．産卵はヤブジラミの開花が始まる6月上・中旬ごろより始まり，産卵最盛期は7月上旬ごろである．8月中・下旬になるとヤブジラミの双懸果は成熟乾固するが，新成虫や老齢幼虫はその上で吸汁活動を続けている．神奈川県湘南地方ではヤブジラミの双懸果が8月中・下旬に落ちてしまい，これに伴って新成虫もその付近の落葉，石礫，冬枯れ草むらなどの間や下に潜入して越冬に入る．香川県内でのその時期は9月上・中旬ごろである．産卵数は藤沢市内での筆者（小林）の飼育で，2000年6月30日～8月7日に雌4頭で計552卵であった．

1949年には香川県綾歌郡飯山町の樹下の涼しい環境に容器を置き，2000年には神奈川県藤沢市内で室内に容器を置いて，ヤブジラミの幼果が着いた果序部の水挿しを入れて，自然日長下で飼育を行った．結果は表13のとおりで，卵期間はほぼ6・7日，幼虫期間は23～29日内外であった（小林[113]）．

幼虫は集合性を持たないが，羽化時には寄り集まる．成虫はヤブジラミの双懸果上で交尾していることが多い．

表13 香川県および藤沢市内における自然日長でのハナダカカメムシの発育期間

反復	卵数	卵・幼虫期間（日）							羽化数	発育期間（月日）
		卵	1齢	2齢	3齢	4齢	5齢	幼虫計		
1	15	8	4	5	5	6	10	30		6.30～8.6
2	17	6	4	4	5	5	9	27		7.5～8.7
平均		7.0	4.0	4.5	5.0	5.6	9.5	28.5		
3	3	7	4	5	3～4	4	7～8	23～25	雄2	6.30～8.1
4	5	7	2～3	4～5	4	4	7	21～23	雄4 雌1	7.1～7.31
5	6	7	3～4	4～5	3～4	4	7	21～24	雄3 雌3	7.2～8.1
6	3	8	3～4	3～4	3～4	4～5	7～8	20～25	雄1 雌1	7.4～8.4
7	3	6～7	3	4	4	5	6～7	22～23	雌3	7.5～8.3
8	8	5～6	4	4	4	3～5	7	22～24	雄3 雌4	7.6～8.5
9	21	4～6	3～4	3～4	4	4～5	6～7	20～24	雄10 雌9	7.7～8.4
10	3	6	3	4	4	5	6	22	雌3	7.8～8.5
平均		6.5	3.4	4.1	3.3	4.3	6.9	22.6		

注．反復1・2は香川県内で飼育（小林[113]），3～10は藤沢市の室内で飼育．

（6）クロカメムシ属　*Scotinophara* STÅL, 1867

a）形　態

（i）卵　上方がやや太い短卵形で，長径1.0～1.1 mm内外．初期には帯褐色．卵殻は白色，表面に網目状構造または六角形模様があり，網目内に顆粒状微小突起を装う．受精孔突起は棍棒状で内方へ弱く曲がり，26～30μmと微小で，35～45個内外．卵殻破砕器の骨格部は縦長160～200μ内外，褐色ないし黒色，膜質部は主として無色透明で，下側縁部は淡灰色または淡褐色，横軸後方の弓形部は暗色または淡褐色．卵塊は通常2列に並べられた14個，12個または6個などの卵からなる．

（ii）幼　虫

頭部中葉は側葉に比べ種により各齢とも長いか，第4齢以後または第5齢では短い．側葉は第2齢以後側縁の後方が著しく側方へ反る．触角突起は第1齢では前背方から見えないが，第2齢以後は小牙状または直角状をなし，前背方から見える．口吻第3節は前後の齢より太く，第3または4齢まで短い．上唇は短く，先端は第4齢までは口吻第1節の中央部以前に，第5齢ではその後部に達する．口吻は比較的短く，先端は第2または4齢までは後脚の基節付近に，それ以後はこれと中脚の基節との中間付近に達する．

前および中胸背板の側縁線は緩弧状で，側縁は第1齢では平滑，第2齢以後は鋸歯状．後胸背板は左右それぞれ第1齢ではへら型で中胸背板より広く，第2齢ではオール型で中胸背板より広いかそれとほぼ等幅，第3齢では長刀刃型か矛刃型かオール型で，中胸背板より狭い．脛節の稜部は各齢とも丸みを帯びる．前脛節のグルーミング剛毛は第1齢では3本，第2～4齢では3・4本，第4および5齢では4または4・5本．

前部臭腺盤はプロペラ型，第1齢では胴太であるが，第2齢以後は胴細となる；中部臭腺盤は逆台形状か前縁の中央部が弱く突出した五角形状．第1および2腹節には長または短棒状の腹背盤が第1齢または第1～3齢において認められ，第7節の前縁部には小片状の腹背盤が各齢においてやや不明瞭に認められる．さらに第1齢においては第7および8節に披針形状の各1対が不明瞭に認められることがある．側盤はほぼ半円形状で，内縁中央部にくぼみはなく，外縁は第1齢では平滑，第2齢以後は小鋸歯状，第1節のものは小型，内縁の輪郭は不明瞭なことがある．孔毛は第3～7節の各気門のほぼ後方に各齢とも1個ずつあるか，第2または3齢まで同気門の後内方に1個ずつ，第5齢では2個ずつあり，第3・4または4齢では2個または1個ある節位が異なり，2個ずつあるものは2個が斜め内外に並ぶ．性徴は種により第4齢から認められる．

体表の点刻は黒色ないし褐色，各部ともほぼ同様に円形粗大であるが，第1齢の頭部の点刻は種によりやや小さい．体上の毛は淡褐色で短く，直毛が疎生するか，曲毛が密生する．

齢の検索表

下記以外はカメムシ科全体の検索表（前記8-2）-（3））に同じ．

　2（5）後胸背板は左右それぞれへら型かオール型で，中胸背板より広いか，これとほぼ等幅．

　5（2）後胸背板は左右それぞれ矛刃型かオール型で，中胸背板より狭い ················第3齢

（iii）*Scotinophara* 属3種の検索表

卵

　1（4）卵殻表面の網状構造は不規則．

　2（3）網状構造の所々の交点に1顆粒があり，網目内の顆粒状微小突起は疎ら

　　　·· ヒメクロカメムシ

　3（2）網状構造の各交点に1顆粒があり，網目内の顆粒状微小突起は密····· オオクロカメムシ

　4（1）卵殻表面に規則的な六角形模様があり，網目内の微小顆粒はごく密·· イネクロカメムシ

8. カメムシ科 Pentatomidae

幼虫
1 (4) 体上の毛は多くが根元から曲がる.
2 (3) 体上の毛はやや長く, 第2齢以後は強く曲がったものが腹部を含めて密生し, 各齢とも顕著 ………………………………………………………………… ヒメクロカメムシ
3 (2) 体上の毛はやや短く, 第2齢以後は頭部と胸背板には強く曲がったものが密生するが, 腹部のものはごく短く, 各齢とも顕著でない ……………………… オオクロカメムシ
4 (1) 体上の毛は直毛でごく短く, 各齢とも極めて疎ら ……………… イネクロカメムシ

b) 生 態

年に1世代を営み, 成虫態で落葉, 苔, 石礫, 木片等の下や間, 構築物等の地際部などで越冬する. 寄主植物はイネ科で, 主として葉鞘部, 輪葉部, 茎部などから吸汁して育つ. 卵は寄主植物の葉片や葉鞘部に通常2列に並べて産付される.

(7) ヒメクロカメムシ *Scotinophara scotti* HORVATH, 1879

分布 本州, 四国, 九州, 沖縄本島；朝鮮半島, 中国.

成虫 体長6〜7 mmで, 一様に黒色. 小楯板は大きく腹端に達する. 頭部側葉は前方へ突出し, 前胸背前縁両側の棘状突起は長く, 斜め前方へ伸びる.

卵（図37, A〜E, Kobayashi[127]） 長径0.95 mm, 短径0.85 mm. 初期には帯褐白色, ふ化前に

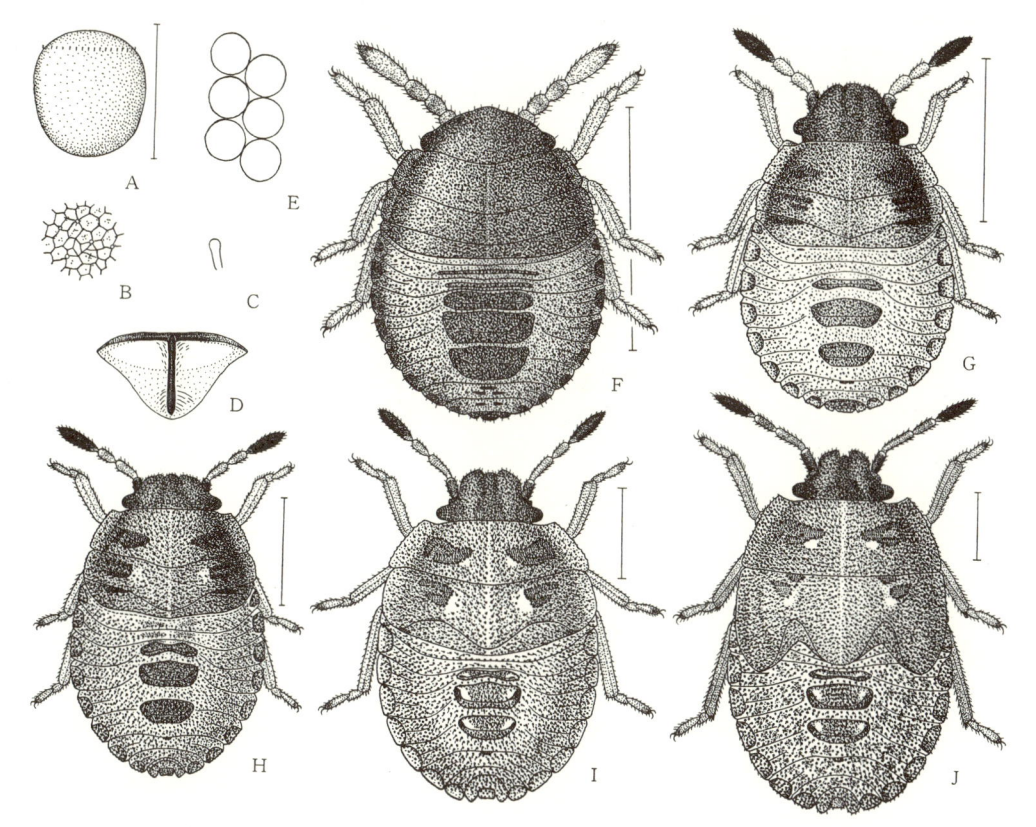

図37 ヒメクロカメムシ *Scotinophara scotti* HORVATH
A. 卵, B. 卵殻表面の構造, C. 受精孔突起, D. 卵殻破砕器, E. 卵塊, F. 第1齢幼虫, G. 第2齢幼虫, H. 第3齢幼虫, I. 第4齢幼虫, J. 第5齢幼虫. [傍線は1 mm長].
(Kobayashi[127])

は淡褐色で眼点などの幼体の一部が赤色に透視される．卵殻表面に不規則な網状構造を装い，網目の処処の交点に白色のやや大きい円形の1顆粒があり，網の目内に同色の顆粒状微小突起を疎らに装う．受精孔突起は微小で26μ，帯白色半透明で35・6個内外．卵殻破砕器の骨格部は縦長約160μ，横幅約290μ，主として黒色，側方は淡褐色，膜質部の中央部は透明，下側縁部は広く淡い灰色，横軸後方の弓形部は暗色．卵塊は通常2列に並べられた6個またはこれ以下の卵からなる．

幼虫（図37, F~J, Kobayashi[127]）　頭部中葉は側葉に比べて第2齢までは長く，第3齢ではほぼ等長，第4齢以後は短い．口吻は3種中では最短で，先端は第2齢まで後脚基節付近に達する．

後胸背板は左右それぞれ第2齢ではオール型で，中胸背板より広いかこれとほぼ等幅，第3齢では矛刃型で中胸背板より狭い．前脛節のグルーミング剛毛は第1齢では3本，第2~4齢では3または4本，第5齢では4本．

第1・2腹節の腹背盤は長棒状で前者が長く，第1齢にのみ認められる．第7節の前縁近くの腹背盤は各齢とも小楕円形状，第1齢においてはさらに第7および8節に小披針形状の各1対が不明瞭に認められる．孔毛は第3~7節の各気門のほぼ後方に各齢とも1個ずつある．

体上の毛はやや長く，第1齢では根元から弱く曲がったものが直毛に混って疎生し，第2齢以後は根元から強く曲がったものが顕著に密生する．

第1齢：体長1.2mm内外．各胸背板長の比は3.8:2.3:1．触角および口吻の各節長比は1:1.0:1.1:2.8および1:1.6:1.1:1.9．

頭部，胸背板，腹背盤および側盤は暗褐色．硬化盤以外の腹節部は淡褐色で，腹節接合線は帯赤色．複眼は暗赤色．触角と脚は主に淡黄褐色，触角の第2・3節の各中央部は僅かに帯赤色，第4節先端部は灰色，跗節先端部は僅かに暗色．

第2齢：体長1.8mm内外．各胸背板長の比は6.7:4.3:1．触角および口吻の各節長比は1:1.3:1.3:3.0および1:2.0:1.2:1.7．

体は前齢とほぼ同色かやや濃色で，図（37, G）のように濃淡部があり，最淡色部は帯白色．複眼は赤黒色．触角の第1および4節の大部分は黒色，第2・3節の大部分は淡黄褐色または淡褐色，第3節基部はかすかに帯赤色．脚は淡ないし黒褐色，跗節先端は暗色．

第3齢：体長2.5mm内外．各胸背板長の比は7.5:5.5:1．触角および口吻の各節長比は1:1.3:1.2:2.4および1:2.0:1.1:1.1．

前齢とほぼ同色かやや淡色，ただし硬化盤以外の腹節部は側盤の内方部分で青色を帯び，触角の第2・3節の各中央部は灰色を帯びた淡黄橙色，第2~4節の各基部は帯赤色．腿節基部は帯白色，脛節は帯白色ないし淡褐色．

第4齢：体長3.5mm内外．各胸背板長の比は9.0:9.0:1．触角および口吻の各節長比は1:1.3:1.1:2.2および1:1.7:1.2:1.3．

前齢とほぼ同色で，図（37, I）のような濃淡部があり，硬化盤以外の腹節部は淡緑白色で，赤色小斑を疎布する．触角第2・3節の大部分は淡暗褐色，各先端部は橙黄色，第3・4節の各基部は淡赤色．

第5齢：体長5.4mm内外．各胸背板長の比は1:1.22:0．触角および口吻の各節長比は1:1.5:1.1:1.9および1:1.7:1.3:1.2．

前齢とほぼ同色であるが，個体により濃淡の変化がある．

生態　チガヤ，スズメノカタビラ，メヒシバ，チカラシバ，イネなどのイネ科植物の葉鞘部，輪葉部，茎部などから吸汁する．

生息地はチガヤやチカラシバその他のイネ科やスゲなどが生えている日当たりのよい土堤，路傍，畦畔などである．越冬後の成虫は徳島市内では4月下旬ごろから，久留米市内では5月上旬ごろから

8. カメムシ科 Pentatomidae （ 115 ）

表14　徳島市内における自然日長・室温でのヒメクロカメムシの発育日数

反復	卵数	卵・幼虫期間（日）							発育期間（月日）
		卵	1齢	2齢	3齢	4齢	5齢	幼虫計	
1	6×2	16	7	10	13	14	16	60	5.6～7.21
2	6×2	15	7	9	12	15	14	57	5.9～7.21
平均		15.5	7.0	9.5	12.5	14.5	15.0	58.5	

6月上旬ごろにかけて，交尾・産卵する．幼虫は5月下旬から出現し始め，8月下旬ごろまで見られる．新成虫は7月下旬から8月下旬あるいは9月上旬ごろにかけて出現するようである．年1世代で，新成虫は不活発で交尾することなく越冬に入る（宮本[181]）．新潟県内ではイネクロカメムシに混って水稲を加害したり，越冬したりしているのが確認されている（安部・上田[2]）．越冬場所は筆者（小林）が確認したのは草原のチカラシバの株元だけであるが，おそらく生息地付近のオイシバその他の冬枯れのイネ科やスゲ類の株元にも潜伏し，イネクロカメムシと同様，落葉や石の下などでも越冬するものと推測される．

　1958年4月26日に徳島市内で採集した6頭の成虫を水稲苗とスズメノヤリを植えこんだ飼育瓶で室内飼育した．4月29日から5月6日にかけて産下された4および6卵は5月14，15日に眼点は現われたがふ化しなかった．5月6日と9日に産下された6個ずつの4卵塊の発育期間は表14に示したとおりで，卵期間が15.5日，幼虫期間が58.5日，計74日であった．一方，宮本[181]が1955年にスズメノカタビラとメヒシバで飼育した成績では，6月6日に産卵されたものの卵期間は8日，幼虫期間は77日，全発育期間は85日とやや長かった．

　本種は乾燥地を好むようである．継続的に吸汁された水稲苗は黄変して衰弱した．

（8）オオクロカメムシ *Scotinophara horvathi* DISTANT, 1883

分布　本州，四国，九州；中国.

成虫　体長8～10 mm．体は次種より幅が広く，褐色の地に黒色点刻を密布．頭部側葉は中葉より長く，前胸背板の側角は鋭く突出する．

卵（図38，A～E，Kobayashi[127]）　長径約1.1 mm，短径約1.0 mm．初期には淡黄褐色，後期には淡橙白色．卵殻表面に円形または楕円形の顆粒を連ねた不規則な微細網状構造が認められ，網の目内に微小顆粒を密に装う．受精孔突起は微小で30μ内外，白色で，35個内外．卵殻破砕器の骨格部は縦長約200μ，横幅約390μ，主として褐色または黒褐色で，側方は淡色，膜質部は主として透明，下側縁部はごく淡い灰色，横軸後方の弓形部は淡褐色．卵塊は通常2列に並べられた12～14卵からなるが，偏平な場所に産付させる場合には3列に並べられることが多い．

幼虫（図38，F～J，Kobayashi[127]）　頭部中葉は側葉と比べて第2齢までは長く，第3齢ではほぼ等長，第4齢以後は短い．口吻の先端は第4齢まで後脚基節付近に達する．

　後胸背板は第2および3齢では左右それぞれオール型で，中胸背板より前齢では広く，後齢では狭い．前脛節のグルーミング剛毛は第1齢では3本，第2・3齢では3・4本，第4・5齢では4本．

　第1および2腹節の腹背盤は第1齢にのみ認められる．孔毛は第2齢までは第3～7節の各気門の後内方に1個ずつ，第5齢では同節の各気門の後方に2個ずつあり，2個が円形基盤2個分内外の間隔でやや斜め（外側のものが後方）に内外に並ぶ．しかし第3および4齢ではその数に個体変異がみられ，第3齢では9個体中8個体は前齢と同様各節とも1個ずつであったが，1個体は第3～5節に2個ずつ，第6および7節に1個ずつであった．また第4齢では7個体中に次の3型が認められた．①

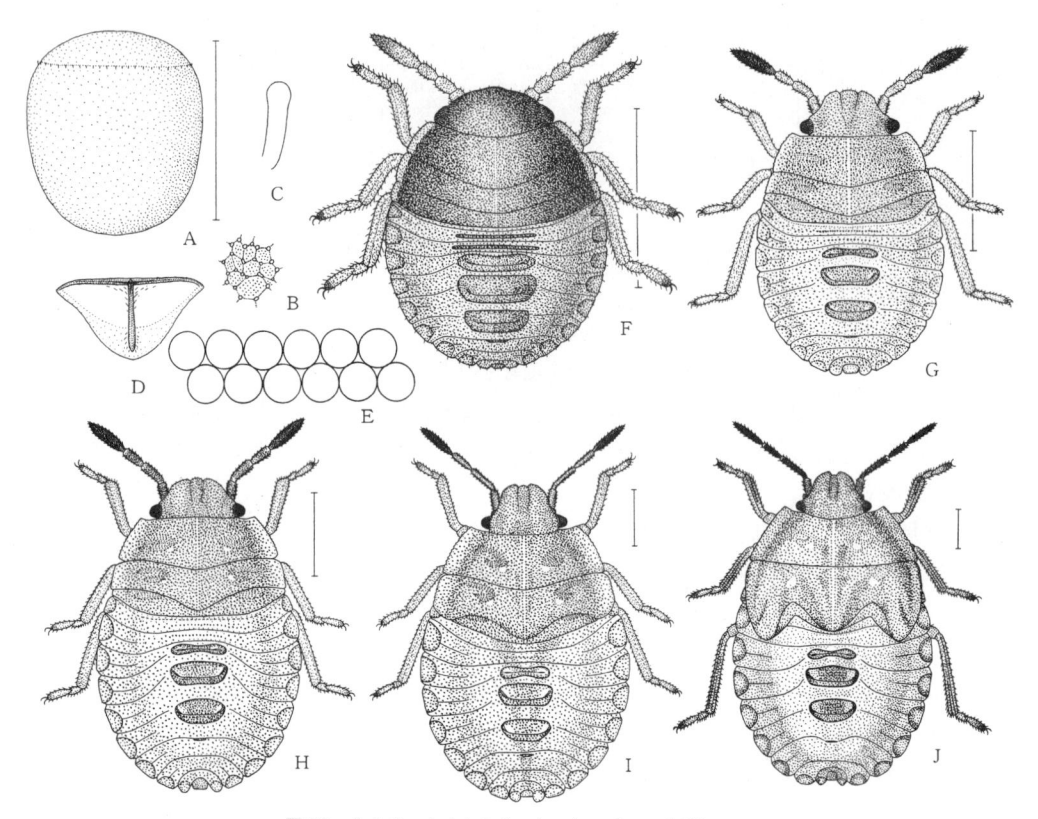

図 38 オオクロカメムシ *Scotinophara horvathi* DISTANT
A. 卵，B. 卵殻表面の構造，C. 受精孔突起，D. 卵殻破砕器，E. 卵塊，F. 第1齢幼虫，G. 第2齢幼虫，H. 第3齢幼虫，I. 第4齢幼虫，J. 第5齢幼虫．[傍線は1mm長]． (Kobayashi[127])

5個体は第3～5節に2個ずつ，第6および7節に1個ずつ；②1個体は第3～6節に2個ずつ，第7節に1個；③1個体は第4節には2個が接近（円形基盤1個分）して前後に並び，他の節には1個ずつであった．

体上の毛は第1齢ではやや短く，根元から弱く曲がったものが直毛に混って疎生し，第2齢以後は頭部および胸背板には根元から強く曲がったものをやや密生するが，腹部のものはごく短く各齢とも目立たない．

第1齢：体長1.4 mm内外．各胸背板長の比は3.6：1.8：1．触角および口吻の各節長比は1：0.9：0.9：2.4および1：1.3：1.1：2.1．

頭部および胸背板は暗褐色，胸部側縁部は淡褐色．腹背盤は褐色または淡褐色．側盤および硬化盤以外の腹節部は淡褐色，腹節接合線は淡赤色を帯びる．複眼は暗赤色．触角の第1～3節は淡黄褐色，第4節の基部は淡褐色がかり，先端部は暗色を帯びる．脚は主として淡黄褐色，跗節先端部は暗色．

第2齢：体長2.2 mm内外．各胸背板長の比は5.8：3.4：1．触角および口吻の各節長比は1：1.1：1.0：2.4および1：1.6：1.2：1.4．

体と脚は前齢とほぼ同色かやや淡色，ただし硬化盤を除く腹節部の接合線以外はほぼ白色となり，褐色の粗大点刻と暗赤色の斑点を装い，側盤のやや内方部分は淡緑色を帯びる．複眼は赤黒色（2～5齢）．触角の第1節は暗色，第2・3節は淡褐色，第4節はおおむね黒色，基部は淡色．

第3齢：体長3.5 mm内外．各胸背板長の比は6.4：5.0：1．触角および口吻の各節長比は1：1.3：1.2：2.3および1：1.7：1.1：1.2．

前齢とほぼ同色で図 (38, H) のように濃淡部があり，最も淡色の部分は白色，腹節接合線は部分的に赤色または淡青緑色．

第4齢幼虫：体長5.0 mm内外．各胸背板長の比は10.6：10.0：1．触角と口吻の各節長比は1：1.6：1.3：2.2および1：1.7：1.3：1.3．

前齢とほぼ同色，ただし個体により淡色部が黄褐色，触角第2・3節が主に暗褐色．

第5齢：体長7〜8 mm内外．各胸背板長の比は1：1.35：0．触角および口吻の各節長比は1：1.9：1.4：2.1および1：1.8：1.3：1.3．

前齢とほぼ同色で，図 (38, J) のような濃淡部があり，最淡色部は白色．個体により触角第2〜4節は黒色，節間部は帯白色，脚は淡褐色で暗褐色斑点を散布する．

生態 アシ，ジュズダマ，イネなどのイネ科植物の葉鞘部や茎部から吸汁する (安部・上田[2]，川沢・川村[94])．

生息地は上記食草が生えている池沼，クリーク，河川などの岸辺である．関東地方では4月上旬ごろよりアシなどのイネ科植物の株元で吸汁および交尾を始め，5月上旬ごろよりその株元へ産卵を始める．幼虫は5月中旬ごろから出現し，その葉鞘部や茎部から吸汁して育つ．新成虫は早いものが7月下旬から見られるが，多くは8・9月に現れる．年1世代で，新成虫は不活発で，交尾することなく越冬に入る．越冬場所は土堤や路傍などの日当たりのよい場所の，アシなどの食草の根際の土中，地上部が枯れたイネ科植物の株元などのほか，イネクロカメムシと同様に山麓，畦畔などの雑草の株元，落葉や石の下，石垣の隙間などである．多数が集まって越冬していることもある (黒佐[167])．

寄主植物のアシやジュズダマの上部 (地上1 m内外) に寄生する (宮本[182])．これはイネクロカメムシがイネやアシの下部 (株元に近い部分) に寄生するのと対照的である．

(9) イネクロカメムシ *Scotinophara lurida* (BURMEISTER, 1834)

分布 本州，四国，九州，南西諸島；韓国，台湾，中国，東南アジア．

成虫 体長8〜10 mm，黒色か黒褐色．小楯板は大きく腹端に達する．頭部側葉は中葉と同長．前胸背の前縁両側の棘状突起は側方へ伸び，短い．

卵 (図39, A〜E, Kobayashi[127]，安永ら[324]) 長径約1.0 mm，短径約0.9×0.8 mm．初期には淡緑褐色，ふ化前には黄赤色を帯びる．卵殻表面に同大の顆粒状微小突起を密に装い，規則的な六角形模様が透視される．受精孔突起は微小で30 μ 内外，白色で40〜45個内外．卵殻破砕器の骨格部は縦長約200 μ，横幅約320 μ，主として褐色；膜質部は中央部では透明，下側縁部ではごく淡い褐色，横軸後方の弓形部は淡褐色．卵塊は普通14個の卵からなり，卵は2列に，稀に3列に並べられる．

幼虫 (図39, F〜N, Kobayashi[127]，安永ら[324]) 頭部中葉は各齢を通じて側葉より長い．口吻の先端は第4齢まで後脚基部付近に達する．

後胸背板は左右それぞれ第2齢ではオール型で中胸背板より広く，第3齢では矛刃型で中胸背板より狭い．前脛節のグルーミング剛毛は第1齢では3本，第2齢では3・4本，第3齢以後では4本であるが，第5齢では後方に僅かに離れる1本を加えて5本とも数えられる．

第1および2腹節の腹背盤は第3齢まで認められる．第7節前縁には小楕円形状の腹背盤が第1齢では1対，第2齢以後は1個認められ，さらに第1齢では第7および8節の中央部に小片状の各1対が，第2齢では第8節の中央部に同様の1対が認められるが，いずれも不明瞭．孔毛は第2齢までは

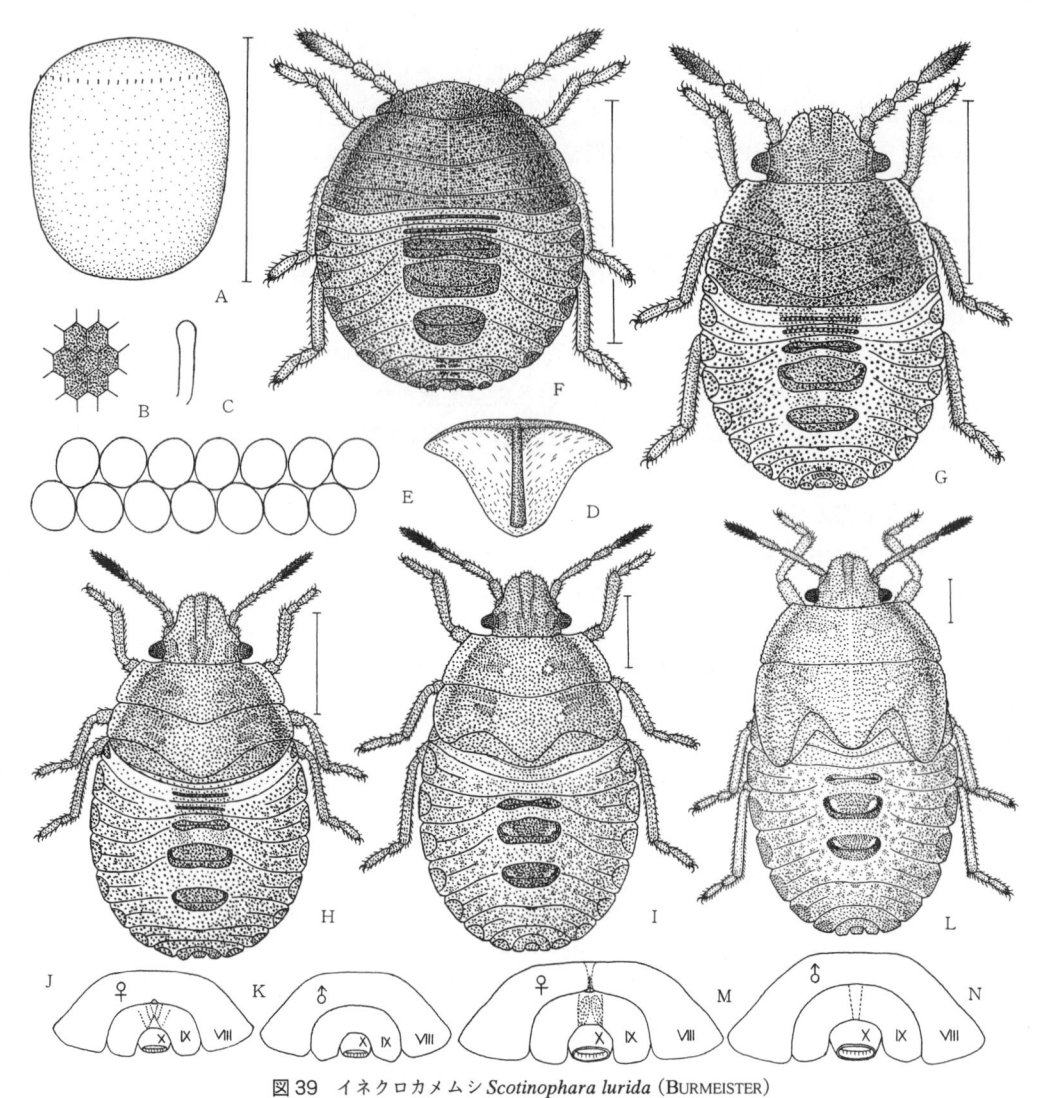

図39 イネクロカメムシ *Scotinophara lurida* (BURMEISTER)
A. 卵, B. 卵殻表面の構造, C. 受精孔突起, D. 卵殻破砕器, E. 卵塊, F. 第1齢幼虫, G. 第2齢幼虫, H. 第3齢幼虫, I. 第4齢幼虫, J. 同齢の雌と推測される個体の性徴, K. 同雄, L. 第5齢幼虫, M. 同齢雌の性徴, N. 同雄. [傍線は1mm長].
(Kobayashi[127])

第3～7節の各気門の後内方に1個ずつ,第5齢では第3～7節の各気門の後方に2個ずつあり,2個ずつあるものは円形基盤2個分内外の間隔で斜め(外側のものが後方)内外に並ぶ.しかし第3および4齢ではその数に個体変異がみられ,第3齢では10個体中に次の4型が認められた.①6個体は前齢と同様各節とも1個ずつであったが;②1個体は第5および6節に2個ずつ,他の節には1個ずつ;③1個体は第3～5節に2個ずつ,第6および7節に1個ずつ;④1個体は第4～6節に2個ずつ,他の節には1個ずつであった.また第4齢では8個体中に次の4型が認められた.①3個体は第3～5節に2個ずつ,第6および7節に1個ずつ;②2個体は第4および5節に2個ずつ,他の節には1個ずつ;③1個体は第3～6節に2個ずつ,第7節に1個;④1個体は第5齢と同様各節に2個ずつであった.雌では第4および5齢の第8腹節の後縁中央部が不明瞭な三角形状にくぼみ,第5齢ではここに縦溝が認められ,第9節の外縁線が正中線に対してほぼ直角をなし,中央に1対の楕円形に近い不

8. カメムシ科 Pentatomidae （119）

明瞭な隆起が認められる．雄では両節の中央部が平坦で，第9節の外縁線が正中線に対して傾斜しており，その中央よりやや外方が鈍角状に角張る（図39, J, K）．

体上には短直毛を疎生する．

第1齢：体長1.3 mm内外．各胸背板長の比は3.7：2.3：1．触角および口吻の各節長比は1：1.2：1.1：3.0 および 1：1.4：1.3：1.5．

頭部，胸背板および腹背盤は褐色，胸部側縁部および側盤は淡褐色．硬化盤以外の腹節部は黄褐色ないし赤褐色，腹節接合線は赤色，腹背盤間は赤褐色．複眼は鮮赤色．触角は主として淡黄褐色でかすかに淡赤色を帯び，第4節先端部は黒褐色．腿節は基部を除き帯褐色，脛節および跗節は主として淡褐色，跗節先端は暗色．

第2齢　体長2.0 mm内外．各胸背板長の比は6.7：5.0：1．触角および口吻の各節長比は1：1.1：1.1：2.5 および 1：1.6：1.3：1.3．

前齢とほぼ同色で，図（39, G）のように濃淡部があり，硬化盤以外の腹節部は主として帯白色ないしごく淡い褐色，腹節接合線，腹背盤間，部分的不特定部分などは帯赤色．複眼は黒赤色．触角は主として淡褐色，第1～3節の各先端部は僅かに帯赤色，第4節先端部は暗色．

第3齢：体長3.3 mm内外．各胸背板長の比は8.3：7.3：1．触角および口吻の各節長比は1：1.4：1.2：2.7 および 1：1.7：1.2：1.3．

前齢とほぼ同色，ただし個体により頭部は黄褐色ないし淡赤褐色を，胸部は黄褐色を帯び，硬化盤以外の腹節部は主として淡褐色で，赤褐色小斑が散在する．触角第4節は大部分暗黒色．脚は主として黄褐色，跗節先端は暗色．

第4齢：体長5.0 mm内外．各胸背板長の比は9.6：10.0：1．触角および口吻の各節長比は1：1.7：1.3：2.5 および 1：1.7：1.3：1.3．

前齢とほぼ同色，ただし前および中胸背板の各中央部に1対の円形黄白色斑を現し，臭腺中および後部開口部の直前部は淡褐色．

第5齢：体長7.5～8.5 mm内外．各胸背板長の比は1：1.5：0．触角および口吻の各節長比は1：2.5：1.8：2.8 および 1：1.8：1.3：1.3．

前齢とほぼ同色，ただし臭腺中および後部開口部の直前部は淡黄白色．

生態　イネの葉鞘部，輪葉部，茎部，穂などから吸汁する．ノビエ，マコモ，アシ，ジュズダマ，ハトムギ，オオムギ，コムギなどにも野外で寄生が認められる．飼育ではトウモロコシ，アワ，コアワ，キビ，サトウキビなどでも幼虫が育つ（川沢・川村[94]）．越冬成虫と若齢幼虫は主として分けつ期のイネの葉鞘部や輪葉部から，老齢幼虫と新成虫はイネの上部の茎，穂首，穂などから吸汁する．

勝又[87]，川瀬ら[96] および安部・上田[2] によると，北陸地方では越冬後の成虫は6月上・中旬～8月上旬に稲田へ飛来し，その盛期は6月下旬～7月上旬である．成虫は飛来の1週間～10日後から交尾を，更に1週間後から産卵を始める．その時期は普通6月下旬～8月中旬で，盛期は7月中・下旬である．幼虫期は7月上旬～9月下旬で，盛期は8月中旬である．新成虫の出現期は8月中旬～10月下旬で，盛期は9月上旬である．一方，徳島県内では1965年ごろ以前の発生は北陸地方より若干遅く，苗代および本田への飛来は6月上旬および7月上旬に始まり，7月中旬に盛期となった．産卵は7月上・中旬に始まり7月下旬～8月中旬に盛期となった．幼虫の発生も北陸よりやや遅く，新成虫の羽化は8月下旬から始まり，盛期は9月中旬～10月上旬であった．

新成虫の越冬場所への移動期は9月～10月中旬で，盛期は9月中旬である．移動は盛夏を過ぎ朝夕冷気を覚える季節となってから訪れる蒸し暑い夕刻に多く起こる．越冬場所は発生地付近の山麓

や林地，土堤，路傍，畦畔などの草むら間，落葉下，苔の下，ブッシュの株元，石礫の間や下，構築物の地際などである．

発育期間は勝又[87]によると，6月下旬産卵のものは卵期間が7.4日内外，幼虫期間が67日内外，計74日内外，7月下旬～8月上旬産卵のものは卵期間が4.1日内外，幼虫期間が25日内外，計29日内外であり，全体の平均では卵期間が4.8日，幼虫期間が37.9日，合計42.7日であった．

主として勝又[87]，川瀬ら[96]および市原・神定[60]によると，分けつ期の稲では株元や水面近くの葉鞘部に寄生して吸汁し続けてあまり動かないが，出穂後は夜間はもちろん，日中でも穂や穂首に集まって吸害することが多くなる．日射が強い時刻には株内に潜伏するが，夜間や朝夕や曇雨天の日には比較的上部に移動する．物が触れると脚を縮めて落下して擬死を行い，水中でもしばらくは動かない．家鴨や蛙の捕食を逃れて稲の上部に移動してしばらく降りてこないこともある．歩行は随時行われるが，飛翔は気温が20℃以上の日の日没後1時間内外になされることが多い．長距離移動は初夏と秋に，越冬場所と繁殖地の間で行われ，2000～3000 mを1夜で飛ぶ．走光性はあまり強くないが，長距離移動期には多少燈火に飛来する．成虫は繁殖のために生育のよい稲を選び，株間や水田間移動を行うことがある．一方，若齢幼虫は株外にほとんど移動しないが，第3齢以後になると若干株間移動を行う．

交尾は最盛期には1日中随時行われるが，午後6～8時ごろに多い傾向がある．交尾時間は30分内外から1昼夜以上に及ぶこともあるが，普通2時間内外である．交尾回数は週1回くらいで，多いものは数回以上に及ぶ．産卵は午後6～8時ごろに多く行われる．浅水田では葉鞘部に，深水田では葉片部に多く産卵される傾向がある．

5) カメムシ亜科 Pentatominae

(1) 生態的特性

一般に多食性で，普通作物，油脂作物，果樹，花き，特用作物などの農作物を加害する害虫も多い．成虫が越冬前後の時期に寄主植物でない果実を激しく吸害したり，晩秋季に越冬のために家屋へ大群で飛来して，居住者に不快感や衛生的被害を及ぼしたりすることもある．年に1～4世代を営み，一般に成虫態で越冬するが，幼虫態で越冬する種もある．

(2) 形態的特徴

a) 成虫

カメムシ亜科には腹部気門が第2～7節にある種群と，第2～8節にある種群がある．前者は体形が小形で厚く，上唇が短い種が多く，後者は一般に大型で偏平であり，上唇や口針が長い種が多い特徴をもつ．これらの特徴はカメムシ亜科の系統分類上無視できないものと考えられるので，暫定的に前者を6気門群，後者を7気門群とし[159]，区別して記述した．口吻は細長く，第1節は上唇基部よりかなり後方から出て，口吻の先端は前脚の基節ないし後脚の基節を越える．触角は一般に細長く，5節よりなる．翅刺は普通欠如する．小楯板は中庸の大きさであるが，腹部全体を覆う種もある．脚は中庸か細長く，跗節は3節，一般には特異な形態を示さないが，前および後脛節が弱く葉状に広がる種もある．

b) 卵

楕円形，円筒形，短卵形，球形などで，長径0.7～2.4 mm内外．卵殻は厚く，表面に明瞭な小突起状構造や不明瞭な微細構造または模様を装うことが多い．ふ化後蓋部は側壁から離れるが，両者とも変形しない．受精孔突起は棍棒型，頭状，オール型，無花果型などで，20～60個内外．卵塊はむ

しろ規則的な1～4列状，4～6角形状，不規則な平面的塊状などである．

c）幼　虫

口吻は細長く，第2・3齢期に最も長くなり，先端は後脚の基節を越え，多くは腹部の半ばまで達するが，腹端を越える種もある；第5齢期には短くなるが，先端は中・後脚の基節ないし第3・4腹節付近に達する．上唇も比較的長く，先端は第1齢時には口吻第1節の基部ないし第3節中央部に達し，第2齢以後やや短くなる．この相対長は6気門群と7気門群とで差があり，前者では17種中12種で先端が口吻第1節を越えないが，後者では19種全種において，その先端が口吻第2節の基部ないし中部以後に達する．口針もカメムシ亜科には口吻より相当長い種が多く，特に長い種群ではこれを頭部の前・下方で迂回させる仕組みが認められる．

原小楯板は第2または3齢から，前翅包は第4齢から発達し始める．前および中胸背板の側縁部は主に第2および3齢期に葉状に発達したり，第2または4齢以後に翼状に発達したりする種もある．前および中胸背板の側縁は多くは第1齢では平滑，第2齢以後は鋸歯状となるが，各齢とも平滑であったり，第2および3齢だけが鋸歯状を示したりする種もある．脚は中庸かやや長く，脛節の稜部はよく発達して鋭角となったり，細長い葉状になったりする種がある．

臭腺の開口部は一般に腹背盤の側縁近くにあるが，齢によってその中央部に偏在するようになる種もある．対をなす3対の臭腺開口部の間隔はほぼ等幅．前部臭腺盤はプロペラ型か翅果型，中部臭腺盤は逆台形状，前縁中央部が前方へ突出した五角形状，長方形状，ベレー帽型，楕円形状，逆饅頭型などと種や齢によって変化に富む．腹部気門は第2～7または8節の腹面に左右1対ずつ開口し，ほとんどの種では第2節のものは腹面側盤の中部内方に，第3～7または8節のものは同側盤の前部内方に位置する．しかし一部が同側盤の前方や側盤上に位置する種もある．各節の気門の大きさは，6気門群ではいずれもほぼ同大であるが，7気門群では第8節のものが他よりややまたは相当小さい．孔毛は各齢とも第3～7節の各気門の後内方か後方にあり，第1齢では同気門の後内方に1個のみ明確に認められる種が多く，第2齢以後は同気門の後方に2個ずつあり内外に並ぶが，各齢とも各節に2個ずつある種もある．性徴は第5齢の第8および9腹節腹面に認められる．雌では前節の正中線上に後縁部からほぼ中央部ないし前縁部に達する黒褐色の浅い1縦溝があり，後縁中央部に三角形状のくぼみが認められ，第9節の中央部に1対の縦長の楕円形隆起が認められることもある．雄では両節の中央部が平坦で，上記特徴が認められず，第9節の正中部に狭い弱いくぼみが認められることがある．性徴は種により第4齢から認められる．

体表には通常円形の点刻を散布するが，ほとんどの種が第1齢で，稀には第3齢までこれを欠く；硬化盤以外の腹節部には第3齢まで，または全齢を通じて点刻を欠く種群があり，点刻の周囲には円形，楕円形，不整形などの暗色部分を伴うものもある．体上の毛は通常短直毛で，加齢に伴って疎らとなるが，短曲毛または長軟毛が密生する種もある．

d）生活への口器の形態的適応

カメムシ亜科には口吻が細長く，上唇と口針が長い種が多い．特に長い種では口吻の先端が腹端を越える時期がある．長い口針を口吻に納めて保持するときには，口針の基部と上唇を頭部の前方ないし下方に突き出し，口針自体で輪をつくったり，頭部との間に空間（隙間）をつくったりして，口針を迂回させている．この口針迂回ステージをもつ種は，カメムシ亜科の中では図7に示した12種であるが，それが比較的顕著であるのは，イネカメムシ，*Nezara*属2種，イシハラカメムシ，チャバネアオカメムシ，ツヤアオカメムシ，マカダミアカメムシおよびミカントゲカメムシの8種である．これらはいずれも寄主植物の種子部を摂食する．これらのうち，チャバネアオカメムシまでの5種は第2齢時に，ツヤアオカメムシは第2・3齢時にのみ，小披針形状か偏滴型の小空間をつくる

に過ぎないが，これは摂食部位である種子部が比較的外皮表面から近い所にあるためであろう．マカダミアカメムシとミカントゲカメムシは口針と上唇が特に長く，第2～5齢期に独特な輪を形づくる．これは前者の本来の寄主植物である *Warburgia ugandensis* や，後者の寄主植物である柑橘類の種子が外皮表面から数 mm ～10 mm 以上も離れた深い所にあるため，これへの適応として口針が特異的に長くなり，これに対応して独特な口針保持法ができあがったものと推測される．上唇が長いのも長い口針を支えて操作するのに必要な適応的発達と考えられる．

(3) 発育期における28属の識別
a) 6気門群10属の検索
(i) 卵における検索表

 1 (8) 卵殻表面に突出した構造物がない．
 2 (5) 表面は平滑．
 3 (4) 表面に微小点と浅い短溝が微かに認められる・・・・・・・・・・・・・・・・・・・・・・・・・・・ *Sepontiella*
 4 (3) 表面に小点が疎らに透視される・・・・・・・・・・・・・・・・・・・・・・・・・・・・・・・・・・・・ *Analocus*
 5 (2) 表面に微細または小網状構造を装う．
 6 (7) 受精孔突起は頭状細柄立型・・ *Alcimocoris*
 7 (6) 受精孔突起は頭状標準型・・・ *Menida*
 8 (1) 卵殻表面に突出した構造物がある．
 9 (10) 構造物は蜂巣状・・ *Eurydema*
10 (9) 構造物は棘状突起をもつ網目状．
11 (12) 受精孔突起はオール型・・ *Piezodorus*
12 (11) 受精孔突起は棍棒型．
13 (16) 卵殻破砕器の正面膜質部は下端部が暗色．
14 (15) 卵殻表面の網状構造は不規則で，3・4本の線が交わる・・・・・・・・・・・・・・・・ *Rubiconia*
15 (14) 同網状構造はやや規則的で，4～6本の線が交わる・・・・・・・・・・・・・・・・・・・・・ *Aelia*
16 (13) 卵殻破砕器の正面膜質部は全体透明．
17 (18) 卵殻表面の網状構造の網目は大きく，側壁に幅の狭い2または1輪の暗色斑を現す
　　　　・・・ *Eysarcoris*
18 (17) 卵殻表面の網状構造の網目は小さく，側壁のほぼ全体または大半がほぼ一様に灰色
　　　　・・・ *Carbula*

(ii) 幼虫における検索表

 1 (2) 腹部気門は各齢とも第3～7節では側盤の前方の体側部にあり，背面から見える
　　　　・・・ *Sepontiella*
 2 (1) 腹部気門は各齢とも第2～7節では側盤の内方にあり，背面から見えない．
 3 (4) 孔毛は第2～5齢では外側のものが側盤上にある・・・・・・・・・・・・・・・・・・・ *Alcimocoris*
 4 (3) 孔毛は第2～5齢では外側のものも側盤外の腹節部上にある．
 5 (8) 孔毛は第2～5齢では外側のものが側盤の内縁湾入部にある．
 6 (7) 第1腹節の腹背盤と側盤の間に盤状物は認められない・・・・・・・・・・・・・・・ *Analocus*
 7 (6) 第1腹節の腹背盤と側盤の間に盤状物が第1～4齢において認められる・・・・・・・・・ *Menida*
 8 (5) 孔毛は第2～5齢では外側のものも側盤の内方にある．
 9 (10) 孔毛は第2～5齢では外側のものが側盤の間際に位置する・・・・・・・・・・・・・・ *Eurydema*

10 (9) 孔毛は第2〜5齢では外側のものも側盤から隔たる．
11 (12) 第1・2腹節に腹背盤がない ································· *Piezodorus*
12 (11) 第1・2腹節に腹背盤がある．
13 (14) 第1腹節に腹背盤が第4または2齢まで認められる ············· *Eysarcoris*
14 (13) 第1腹節に腹背盤が第1齢のみで認められる．
15 (16) 体上の毛は各齢とも短い直毛のみ ······························ *Rubiconia*
16 (15) 体上の毛は短い直毛と短い曲毛の両方．
17 (18) 体上の毛は第1齢では短い直毛，第2齢以後は短い曲毛を混生する ·········· *Carbula*
18 (17) 体上の毛は第1齢では短い直毛であるが，第2齢以後は根元から強く曲がった曲毛
　　　　··· *Aelia*

b）7気門群18属の検索

(i) 卵における検索表

 1 (22) 卵殻表面に突出した顕著な構造物がある．
 2 (15) 構造物は棘状突起を密生する．
 3 (4) 棘状突起をもつ構造物は顆粒状 ································ *Lagynotomus*
 4 (3) 棘状突起をもつ構造物は網状．
 5 (10) 卵は上下非対称形のほぼ卵形．
 6 (9) 受精孔突起は一般的棍棒型．
 7 (8) 卵殻破砕器の正面膜質部は大部分暗色 ······························ *Aenaria*
 8 (7) 同膜質部は下端部のみ暗色 ··· *Palomena*
 9 (6) 受精孔突起はずんぐり型の棍棒型 ··································· *Carpocoris*
10 (5) 卵は上下・左右対称形．
11 (14) 卵は円筒形．
12 (13) 卵殻破砕器の正面膜質部は下端部のみ暗色 ························ *Agonoscelis*
13 (12) 卵殻破砕器の正面膜質部は下側縁全体が暗色 ······················ *Dolycoris*
14 (11) 卵は楕円形 ··· *Halyomorpha*
15 (2) 卵殻表面の構造物には棘状突起がない．
16 (21) 卵殻表面の構造物は顆粒状で規則的に並ぶ．
17 (18) 卵はほぼ円筒形 ·· *Brachynema*
18 (17) 卵はほぼ楕円形．
19 (20) 受精孔突起は34個内外 ·· *Plautia*
20 (19) 受精孔突起は24個内外 ·· *Glaucias*
21 (16) 卵殻表面の構造物は蜂巣状 ····································· *Homalogonia*
22 (1) 卵殻表面に突出した顕著な構造物がない．
23 (28) 卵殻破砕器の横軸後方にある弓形膜状部の幅は狭い．
24 (27) 卵は上下・左右対称形．
25 (26) 卵は円筒形 ··· *Nezara*
26 (25) 卵はほぼ楕円形 ··· *Bathycoelia*
27 (24) 卵は全方位対称形の球形 ·· *Rhynchocoris*
28 (23) 卵殻破砕器の横軸後方にある弓形膜状部の幅は広い．
29 (32) 卵殻破砕器の正面膜質部は全体透明．

30（31）受精孔突起は頭状標準型··· *Lelia*
31（30）受精孔突起は棍棒型で先端部は楕円形状に膨れる ························ *Pentatoma*
32（29）卵殻破砕器の正面膜質部の下側縁部は暗色 ································ *Erthesina*

(ii) 幼虫における検索表

 1（34）腹部気門は各齢において各節とも腹面側盤の内方にある．
 2（3）孔毛は第4・5齢（1～3齢は未調査）において各節とも気門の後側方にある ······ *Laprius*
 3（2）孔毛は各齢において各節とも気門の後内方ないし後方にある．
 4（17）前胸背の側縁部または口器が著しく発達することはない．
 5（12）臭腺盤上における臭腺開口部の位置は側縁寄り．
 6（7）第1・2腹節に腹背盤が各齢において認められない ······················ *Lagynotomus*
 7（6）第1・2腹節に腹背盤が，第1齢において認められる．
 8（9）頭部側葉の前側縁は複眼の直前部において第2齢以後短角状か三角形状に側方へ突出する
　　　··· *Aenaria*
 9（8）頭部側葉の前側縁は複眼の直前部において側方へ小丘状に突出する．
10（11）腹節上に円形色斑はない ·· *Palomena*
11（10）腹節上に3対以上の白色または黄色の円形斑がある ························· *Nezara*
12（5）臭腺盤上における臭腺開口部の位置はやや中寄り．
13（16）体上の毛は長い軟毛．
14（15）第2齢では後胸背板がオール型，第3齢以後胸背の正中部に淡褐色ないし淡黄
　　　褐色斑を，第4齢以後は胸背の側縁部やこの内方にも同色斑を鮮明に現す·· *Agonoscelis*
15（14）第2齢では後胸背板が長刀刃型，第2齢以後胸背に淡褐色と黒褐色の4・5条の縦帯
　　　を不鮮明に現すことがあるが，淡黄褐色斑を鮮明に現すことはない ········· *Dolycoris*
16（13）体上の毛は短い直毛·· *Carpocoris*
17（4）前胸背の側縁部が葉状か翼状に発達するか，または口器（口吻・口針）が著しく長くなる
　　　ステージをもつ．
18（29）前胸背の側縁部が2・3齢において葉状になるか，口器が第2齢以後著しく長くなるが，
　　　前胸側縁が翼状になることはない．
19（28）臭腺盤上における臭腺開口部の位置は側縁寄り．
20（25）口針と上唇は前頭部との間に第2・3齢において隙（すき）間を造る．
21（22）口針と上唇が前頭部との間に造る隙間は第2齢において小披針形状 ······· *Brachynema*
22（21）口針と上唇が前頭部との間に造る隙間は第2・3齢において偏滴型．
23（24）脛節が葉状に広がることはない ·· *Plautia*
24（23）脛節は第2齢において葉状に広がる ·· *Glaucias*
25（20）口針と上唇は体との間または自身で著しく大きい空間を造る．
26（27）その空間は半楕円形状で頭部の下方に造られる ···················· *Bathycoelia*
27（26）その空間は滴型で頭部の前方に造られる ···························· *Rhynchocoris*
28（19）臭腺盤上における臭腺開口部の位置は相当中央寄り ·················· *Halyomorpha*
29（18）前胸背の側縁部は第2・3齢で葉状に，第4・5齢で翼状に発達する．
30（31）第1腹節に腹背盤が各齢において認められない ······························· *Lelia*
31（30）第1腹節に腹背盤が第4齢まで認められる．
32（33）前胸の側角部は第3齢以後もとがらず丸い ································ *Homalogonia*

8. カメムシ科 Pentatomidae （125）

33（32）前胸の側角部は第3齢以後直角ないし鋭角状にとがる・・・・・・・・・・・・・・・・・・・・・・ *Pentatoma*
34（1）腹部気門は各節とも第1齢では腹面側盤の内方に，第2齢以後は側盤上にある
・・ *Erthesina*

（4）6気門群

腹部気門の側盤に対する関係位置は，タマカメムシ，ウシカメムシおよびズグロシラホシカメムシでは以下に記載するように，他の14種と微妙に異なる．

a）タマカメムシ *Sepontiella aenea*（DISTANT, 1883）

分布 本州，四国，九州．

成虫 体長3.2〜3.8 mm，日本のカメムシ科の中で最小．短楕円形で黒褐色．小楯板は腹部全体を覆い，基部に1対の白色小紋を有する．

卵（図40，A〜E） 長径約0.7 mm，短径約0.6 mmの短楕円形．初期には淡灰色で，幽かに真珠様光沢を有し，ふ化前には淡橙色を帯び，眼点のほか幼体の一部が赤色に透視される．卵殻は透明，表面は一見平滑であるが，微小点と短い浅溝よりなる微細構造を装う．受精孔突起は細長い無花果型，長さ25 μ，受精孔の直径は5 μ，頭部は白色，頸部は短くほぼ透明，26〜32個．卵殻破砕器は縦長約130 μ，横幅約240 μ，骨格部は主として淡褐色，歯部は褐色，膜質部は透明．卵塊は数個ないし10個内外の卵からなり，卵は通常1列に並べられる．

幼虫（図40，F〜M） 体は短楕円形ないしほぼ円形，胸・腹部背面が強く盛り上がり，頭部が著

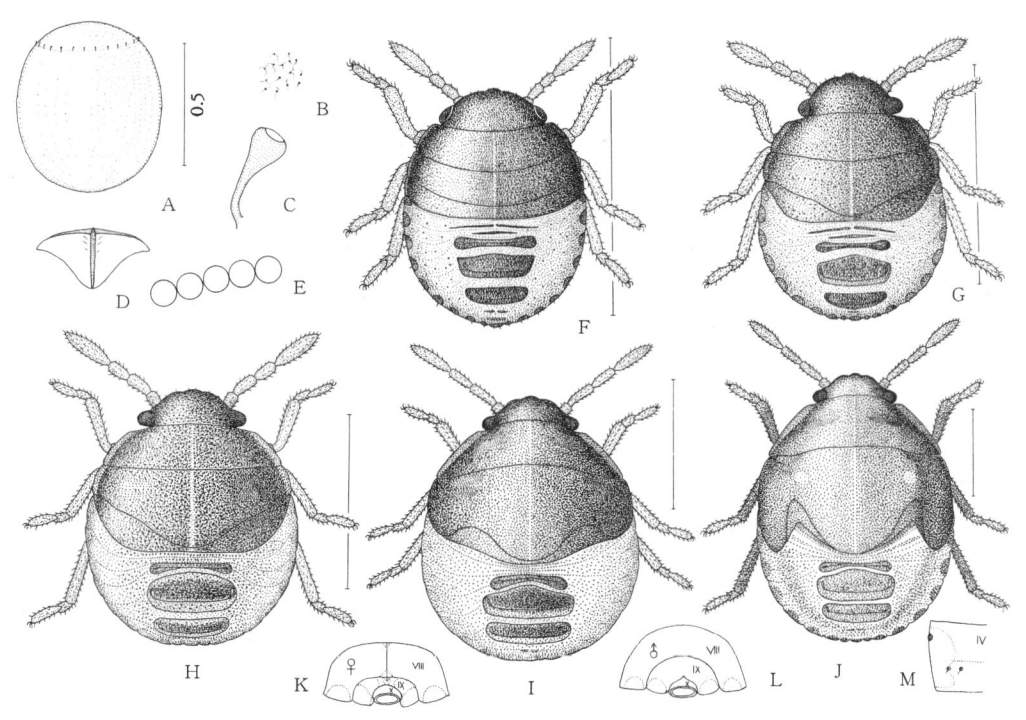

図40 タマカメムシ *Sepontiella aenea*（DISTANT）
A. 卵；B. 卵殻表面の微細模様；C. 受精孔突起；D. 卵殻破砕器；E. 卵塊；F. 第1齢幼虫；G. 第2齢幼虫；H. 第3齢幼虫；I. 第4齢幼虫；J. 第5齢幼虫；K. 同齢雌の性徴；L. 同雄；M. 同齢の第4腹節の気門，孔毛および側盤の関係位置．［第2〜5齢では頭部が著しく下を向くので，図はそれを僅かにもたげて描いた．無指示の傍線は1 mm長］．

（小林原図）

しく下方を向き，半球状で著しく厚い．
　頭部中葉は側葉より長い．触角は比較的短い．口吻の先端は第1～5の各齢においてそれぞれ第2，4，5，5および3腹節付近に達する．
　前胸背板は台形状．中胸背板は第1齢では台形状，第2齢から後縁中央部が後方へ突出し，原小楯板が発達し始める．前および中胸背板の側縁は弧状で平滑．後胸背板は左右それぞれ第1齢ではへら型で中胸背板より広く，第2齢では長刀刃型に近いオール型で中胸背板とほぼ等幅，第3齢では長刀刃型で，中胸背板より狭い．脚は比較的短く，脛節の稜部は第1～3齢ではやや丸みを帯び，第4・5齢では直角状となる．爪は小さい．前脛節のグルーミング剛毛は第1～5の各齢においてそれぞれ2，3・4，4・5，4・5および5本．
　前部臭腺盤はプロペラ型で，中央部の細い部分が長い；中部臭腺盤は主として前縁中央部が前方へ突出した五角形状，第3齢では饅頭型に近い；後部臭腺盤は逆饅頭型か楕円形状．臭腺中および後部開口部に各1個の牙状突起を第2齢以後備え，その傍らは第4・5齢において隆起する．第1腹節の腹背盤は中央で切れた長棒状，第2節のものは前者より短い長棒状で，共に第2齢まで認められる．第7節前縁中央部の腹背盤は紡錘形状の1個か，披針形状の1対であり，第8節の腹背盤は長方形状の1個または小楕円形状の1対である．側盤は第1節では不等辺三角形状，第2～8節では半楕円形ないし半円形状，外縁は緩弧状で平滑．腹部気門は各齢とも第2節では腹面側盤の内縁中部に接して側盤外にあり，背面から見えないが，第3～7節では腹面側盤前方の腹節外縁部にあり，背面から見える（図40, M）．孔毛は第1齢では第3～7節の気門の後内方に1個ずつあるらしく，第2齢以後は同気門の後内方に2個ずつあり，2個が内外に円形基盤2・3個分の間隔で並ぶ（図40, M）．雌では第5齢幼虫の第8腹節の中央に，後縁からは前縁近くに達する1縦溝がある．
　体表の点刻は第1齢では微小で疎ら，硬化盤以外の腹節上のものは周囲に黒色の小円板様部分を伴う．第2齢以後は粗大となり，上記腹節上のものも他部のものと同じ円形で，加齢に伴って密となる．体上には淡褐色短直毛を疎生する．
　齢の検索表
　下記以外はカメムシ科全体の検索表（前記8-2)-(3)）に同じ．
　2(5) 後胸背板は左右それぞれへら型かオール型で，中胸背板より広いか，これとほぼ等幅．
　5(2) 後胸背板は左右それぞれ長刀刃型で，中胸背板より狭い・・・・・・・・・・・・・・・・・・・・・・・・・・・第3齢
　第1齢：体長0.9 mm内外．各胸背板長の比は4.6：3.6：1．触角および口吻の各節長比は1：0.9：0.9：2.7および1：1.1：0.9：1.3．
　頭部，胸背板，腹背盤および側盤は黒褐色ないし暗褐色．硬化盤以外の腹節部は淡黄赤色，腹節接合線はほぼ淡赤色．複眼は暗赤色．触角および脚は主として淡黄褐色，触角第1節の基部および腿節の先端部を除く大部分は暗褐色．
　第2齢：体長1.1 mm内外．中葉は側葉より著しく長い．各胸背板長の比は8.8：8.3：1．触角および口吻の各節長比は1：1.3：1.3：3.0および1：1.3：0.9：1.0．
　前齢とほぼ同色，ただし個体により腹背盤および側盤はやや淡色，腹節接合線は腹節と同色，複眼は赤黒色ないし暗赤色，触角先端部はわずかに暗色を，脛節基部は幽かに淡赤色を帯びる．
　第3齢：体長1.5 mm内外．各胸背板長の比は10.6：10.8：1．触角および口吻の各節長比は1：1.3：1.1：2.7および1：1.6：0.9：0.9．
　前齢とほぼ同色かやや淡色，ただし硬化盤以外の腹節部は淡黄赤褐色，周縁部は側盤を含めてやや淡色で淡黄褐色．体，触角および脚はべっ甲様の光沢を有する．
　第4齢：体長2.0 mm内外．各胸背板長の比は23.0：30.0：1．触角および口吻の各節長比は1：1.5：

表15　横浜市内における自然日長・室温でのタマカメムシ幼虫の発育期間

反復	ふ化虫数	幼虫期間（日）						発育期間（月日）
		1齢	2齢	3齢	4齢	5齢	合計	
1	6	5〜6	4	4	6	9	28〜29	5.14〜6.12
2	4	4〜7	4〜6	4〜6	6〜8	9〜10	27〜37	5.15〜6.18
3	7	4	5	4〜6	4〜5	9〜12	26〜32	5.17〜6.17
4	7	3〜6	5〜7	4	6〜7	9〜11	27〜35	5.19〜6.21
5	8	4〜6	8〜10	5	6〜7	8〜10	31〜38	5.22〜6.27
6	7	5〜6	6〜8	6〜9	5〜8	8〜9	30〜40	5.28〜6.30
7	4	4	7〜8	6	5〜6	7	29〜31	5.30〜6.29
8	7	4	7〜13	4〜8	5〜9	8〜11	28〜45	5.31〜7.5
範囲		3〜7	4〜13	4〜9	4〜9	7〜11		5.14〜7.5
平均		4.8	6.7	5.3	6.2	9.2	32.2	

注．飼育容器：透明ガラス瓶（内径6.0 cm，高さ5.5 cm，口径3.7 cm），ゴース布（オーガンディ）で口を覆う．6月上旬まではヤエムグラの実着き蔓の水挿しで，それ以後はヤエムグラの乾燥果実と給水装置（市販弁当用プラスチック製醬油容器に水を入れ，ちり紙を撚って口に挿入）の水だけで飼育．

1.3：2.5および1：1.5：0.9：0.9.

色彩および光沢は前齢とほぼ同様，ただし中胸背板の側縁部は淡黄褐色を示さない．硬化盤以外の腹節部は個体により主として淡黄褐色，腹部周縁部は側盤を含めて帯赤淡黄褐色．

第5齢：体長3.0 mm内外．各胸背板長の比は1：1.52：0．触角および口吻の各節長比は1：1.9：1.6：2.9および1：1.4：0.8：0.8.

色彩および光沢は前齢とほぼ同様かやや淡色，ただし中胸背板の中央部の左右1対の小隆起部に淡褐色円形斑を現す．腹節部は第1・2節および腹背盤付近では帯白色，周縁部では淡褐色，この内方の亜側縁部は暗褐色，触角および脚はやや濃色．

生態　ヤエムグラおよびオドリコソウの種子を摂食する．

山麓や林地などに生息し，年1世代を営む．落葉や枯草などの下で越冬した成虫は4・5月ごろ食草群落に現われる．交尾・産卵期は久留米市の高良山や関東地方では5月上旬〜6月中旬，幼虫は5月中旬〜7月上旬に，新成虫は6月中旬〜7月上旬に現われる（宮本[177]）．新成虫は7月上・中旬以降不活発で，落葉の裏面や枯草間で静止することが多く，時折植物汁液や水を吸う．

横浜市内で1998年に筆者（小林）が自然日長・室温でヤエムグラの果実を餌として飼育した結果，卵期間は5月上・中・下旬にそれぞれ，7，6，5日であり，幼虫期間は5月中旬〜7月上旬に32日内外であった（表15）．

成・幼虫とも動きは緩慢で，人の気配を感じると落下して擬死を行う．幼虫には弱い集合性があるらしく，比較的狭い範囲内におり，1個のヤエムグラの果実に数頭が集まって吸汁することも稀ではない．

b）ウシカメムシ *Alcimocoris japonensis*（SCOTT, 1880）

分布　本州，四国，九州，対馬，奄美大島，沖縄本島，八重山諸島；台湾．大野[239]は国内の全産地を記録して図示し，生態を簡単に解説している．

成虫　体長8〜9 mmで地色は光沢のある黄褐色．前胸背の側角は角状に著しく突出し，先端は斜に切断され，小楯板の基部両側に黄白紋がある．

卵（図41，A〜E，Katsura and miyatake[88]，安永ら[324]）　短卵形で長径約1.1 mm，短径約1.0 mm．白色でふ化が近づくと眼点や幼体の一部が淡赤色に，卵殻破砕器が灰色に透視される．卵殻は

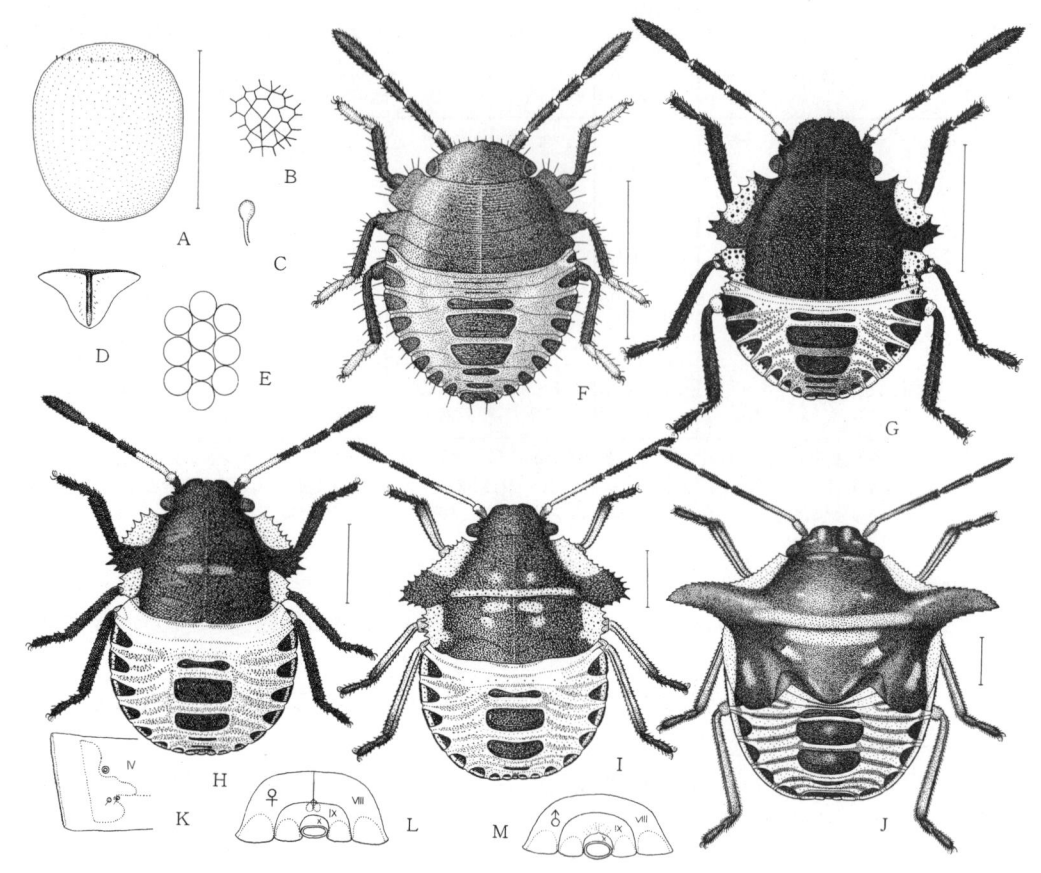

図41 ウシカメムシ *Alcimocoris japonensis* (Scott)
A. 卵；B. 卵殻表面の細網状構造；C. 受精孔突起；D. 卵殻破砕器；E. 卵塊；F. 第1齢幼虫；G. 第2齢幼虫；H. 第3齢幼虫；I. 第4齢幼虫；J. 第5齢幼虫；K. 同齢の第4腹節の気門，孔毛および側盤の関係位置；L. 同齢雌の性徴；M. 同雄．［傍線は1mm長］． (J：小林[137]；他は小林原図)

白色，表面に不規則な細網状構造があり，表面に光沢を欠く．受精孔突起は頭状（細柄立型）で弱く内方に曲がり，微小で25μ，白色で20～22個内外．卵殻破砕器は縦長約250μ，横幅約450μ，骨格部の中心部はほぼ褐色，歯は褐黒色，末端部は淡褐色，縦軸の中央部は暗色，膜質部は透明．卵塊は通常10卵内外からなり，卵は3列に並べられる．

幼虫（図41, F～M，小林[137], Katsura and miyatake[88], 安永ら[324]） 体は第1齢ではほぼ楕円形状，第2齢以後は加齢に伴って肩部が側方へ著しく突出し，第4・5齢では茶釜型で，厚い．

頭部は著しく下方を向く．頭部中葉は側葉より第2齢までは長く，第3齢以後は短い．側葉は第2齢以後では前部が広くなり，側縁の後方が側方へ著しく反り，複眼の直前部で三角形状に突出する．触角は比較的長い．触角突起は角張って突出し，前背方からよく見える．口吻の第1節は第2齢以後において上唇基部からやや後方に離れた所から出ており，口吻の先端は第2齢までは第2・3腹節，第3齢では第2腹節，第4齢以後では後脚基節付近に達する．

前胸背板は側縁部が第1齢では葉状に，第2齢以後は翼状に発達して側方へ突出し，ほぼ横長の六角形状をなし，中央からやや後寄り部が著しく背方へ盛り上がる．中胸背板は第3齢まで側縁部が葉状に発達し，第2齢から原小楯板が発達し始め，第4齢から前翅包の発達が認められる．後胸背板は各齢とも中胸背板より狭く，左右それぞれ第1齢ではひずんだへら型，第2齢ではオール型，第3齢

8. カメムシ科 Pentatomidae

では矛刃型. 各胸背板の側縁は第1齢では平滑, 第2齢以後は前および中胸背板では顕著に鋸歯状. 脚は普通長, 脛節の稜部は各齢とも鋭角状をなし, 第2齢以後は著しく角ばる. 前脛節のグルーミング剛毛は第2齢までは3本, 第3齢では3・4本, 第4齢では4本, 第5齢では4・5本.

前部臭腺盤はプロペラ型, 中部臭腺盤はほぼ逆台形状, 後部臭腺盤は第1・2齢ではほぼ逆台形状, 第4・5齢では逆饅頭型;臭腺中および後部開口部には小牙状突起が第2および3齢において認められる. 第1および2腹節の腹背盤は細棒状で, 第1齢においてのみ認められるが, 淡色個体では認め難い場合がある. 第7節前縁部の腹背盤はほぼ第1・2齢では長楕円形状, 第4・5齢では紡錘形状, 第8節の腹背盤はほぼ長方形状. 側盤は第1節では不等辺小三角形状, 第2～8節ではほぼ半楕円形状ないし半円形状, 外縁は緩弧状で第1齢では各節とも平滑, 第2齢以後は前部の節では鋸歯状, 中部の節では小ないし鈍鋸歯状, 後部の節では平滑. 腹部気門は各齢とも第2節では腹面側盤の中部内方に, 第3～7節では腹面側盤の前部内方のその真際 (第2～5齢ではその湾入部) に位置する. 孔毛は第1齢では第3～7節の気門の後内方に1個ずつあり, 第2齢以後では同気門の後方に2個ずつあり, これが気門と二等辺三角形を形づくるように内外に並ぶ;これらの側盤に対する位置は, 第1齢では各節とも側盤の真際に, 第2～5齢ではいずれも側盤の湾入部にあり, その外側のものは第2および3齢では第3節のものが, 第4齢では第3および4節のものが, 第5齢では第3～5節のものが側盤上に位置する;並ぶ2個の間隔は, 円形基盤1～2個分と狭い. 雌では第5齢幼虫の第8腹節が第9節より長く, 前者の中央に後縁から前縁に達する1縦溝があり, 第9節中央前部に楕円形状の盛り上がり部が2個並ぶ;雄では第8節が第9節より短く, 後者の後縁線の中央が弱く前方へ陥入する.

体表には第1齢では点刻を欠き, 第2齢以後は硬化盤以外の腹節部を含めて黒色の円形粗大点刻を散布し, 第3齢以後密となる. 第1齢では頭部前側縁, 触角, 脛節内側面, 跗節などに淡褐色の短直毛を装い, 胸背板および側盤の外縁と脛節の稜線上には褐黒色のやや長い直毛を疎生するが, 第2齢以後は触角および脛節の稜線上の毛は短くなり, 体上にはほとんど毛を欠く. 硬化盤以外の腹節上には光沢を有する.

齢の検索表

下記以外はカメムシ科全体の検索表 (前記8-2)-(3)) に同じ.

2 (5) 後胸背板は左右それぞれひずんだへら型かオール型で, 側縁は第1腹節の前側角部より側方へ突出する.

5 (2) 後胸背板は左右それぞれ矛刃型で, 側縁は第1腹節の前側角部より側方へ突出しない ··第3齢

第1齢:体長1.5 mm内外. 各胸背板長の比は4.3:2.3:1. 触角および口吻の各節長比は1:1.7:1.3:2.7および1:1.1:0.9:1.3.

頭部, 胸背板, 腹背盤および側盤はほぼ黒色か褐黒色で, 表面には細かい皮革状のしわを有し, 光沢を欠く. 硬化盤以外の腹節部は光沢を有し (各齢), 主として暗赤色, 腹背盤近くは僅かに黄色を帯びるか, または腹背盤周辺部や前部臭腺盤の斜め前側方および第1腹節の側盤付近が白色を帯び, 側盤間の外縁部は白色半透明. 複眼は赤黒色 (各齢). 触角はほぼ暗褐色, 節間部は淡色, 油様光沢を帯びる. 脚は主として褐黒色, 跗節は淡黄褐色, 先端は暗色, 油様光沢を有する.

第2齢:体長2.2 mm内外. 各胸背板長の比は4.5:3.1:1. 触角および口吻の各節長比は1:3.6:2.2:3.2および1:1.9:1.0:1.2.

頭部, 胸背板, 腹背盤および側盤はほぼ黒色, ただし胸部側縁部と側盤には図 (41, G) のように (淡黄) 白色半透明部がある. 硬化盤以外の腹節部は主として白色, 接合線と各腹節中央の1条はやや幅広く赤色, 第7節より後方と中部臭腺盤以降の腹背盤間などは暗赤色. 触角は大部分黒色, 第1

節先端部と第2節基半部は淡黄白色半透明，第3節両端の節間部は淡赤色半透明．腿節の中央部，脛節および跗節は主として黒褐色か暗褐色，腿節の基部と先端部は白色．

第3齢：体長3.3 mm 内外．各胸背板長の比は5.3：3.4：1．触角および口吻の各節長比は1：3.2：1.7：2.7および1：1.6：1.0：1.0．

体は前齢とほぼ同色かやや淡色，ただし中胸背板の中央部に図 (41, H) のような淡褐色斑が現れることがある．硬化盤以外の腹節部は第1および2節ではほぼ全体白色ないし淡黄白色，第3節以後は淡黄褐色ないし帯白色の地に，各接合線とこの中間の1条が暗赤色で，これらが横縞状をなす．触角第1節基部と第2節先端部は暗灰色，第1節先端部と第2節基部はほぼ白色，第3・4節は黒色．脚は主として褐黒色，腿節の基部と先端部は白色半透明．

第4齢：体長5.0 mm 内外．各胸背板長の比は9.2：6.7：1．触角および口吻の各節長比は1：3.9：2.2：2.9および1：1.8：1.1：1.3．

前齢とほぼ同色，ただし胸背に図 (41, I) のような帯白色ないし褐色斑を現し，脛節の大部分は白色，先端部と稜部は灰黒色．

第5齢：体長7.0 mm 内外．各胸背板長の比は1.1：1：0．触角および口吻の各節長比は1：3.7：2.4：2.7および1：1.6：1.0：1.1．

前齢とほぼ同色，ただし個体により体上の帯白色ないし淡褐色斑が図 (41, J) のように増加し，触角第1節の基部は暗褐色，この先端部から第2節の基部の大半部の上・下面は白色，同節の残余部，第3および4節はほぼ黒色，第3節両端の節間部は赤色．脚は主として帯白色，腿節の中央部，脛節の稜部，これに沿う内側の2縦条および跗節は暗褐色ないし黒色．

生態 大野[241]は過去の知見を総覧して，食性等の記録を解説している．

長谷川[32]はアセビ，シキミ，ミカンを，日浦[47]はアセビ，シキミ，ナツミカンを，中島ら[208]はツバキ，ヤブツバキ，ミズキを，安永ら[324]はアセビ，シキミ，サクラ，ヒノキ，ナツミカンを，川沢・川村[94]はナツミカン，クリ，アケビを寄主植物としている．桂ら[89]，Katsura and Miyatake[88]および靫公園自然探求グループ[304]はアラカシとウバメガシから吸汁するのを確認し，成虫はその他のいろいろな照葉樹からも吸汁するであろうと推測している．筆者は室内飼育でアラカシ，シロダモ，ネズミモチ，サクラなどから吸汁するのを確認した．摂食部位は葉柄，葉脈，若枝部などであった．しかし幼虫はこれらの水挿し枝だけでは第2齢以後へ発育することができず，桂ら[89]も，第3齢になったのは1頭のみで，これも3日後には死んだと述べている．

一方，後藤[20]はナツミカンの枯れた小枝に集っている本種の成・幼虫がセミの卵を吸収しているのを観察し，桂ら[90,91]もトベラの枯枝に産みこまれたクマゼミと思われるセミの卵を，成虫および第2〜5齢幼虫が集って吸収しているのを観察している．筆者（小林）が前記植物の水挿し枝とキュウシュウクチブトカメムシの卵塊を給与した飼育（後述）では，植物から吸汁している場合より卵を吸収している場合の方がはるかに多く観察された．

以上の事実から，本種は幼虫の発育および成虫の生殖機能発達のために，植物の汁液と昆虫卵の両方を必要としているのではなかろうかと考えられる．

生息地は広葉樹のある低山地帯，林地，公園，果樹園，庭園などである．桂ら[89,92]によると，大阪市内では越冬後の成虫は3月下旬ごろから活動を始め，4月下旬ごろから交尾・産卵し，6〜7月ごろに第1世代成虫が出現する．9〜10月ごろから第2世代成虫が現れ，年に2世代を営むようである．一方，横須賀市観音崎での1995〜1998年における筆者（小林）の観察では，越冬後の成虫は6月上・中旬に産卵し，新成虫は7月中・下旬に出現し，越冬後の産卵母虫は8月下旬に死んだ．

筆者（小林）は横浜市内で1997年6月5日〜8月23日に，自然日長・自然室温で，シロダモとネ

表16 横浜市内における自然日長・室温でのウシカメムシの発育期間

反復	卵・幼虫期間（日）							発育期間（月日）
	卵	1齢	2齢	3齢	4齢	5齢	幼虫計	
1	8	4〜5	8〜9	5〜8	5〜6	10〜13	33〜40	6.7〜7.25
2	8	4〜7	7	5〜6	6〜7	11〜−	34〜?	6.8〜7.20
3	7	4〜6	6〜8	4〜6	7〜8	10〜−	33〜?	6.10〜7.20
4	7	4	6〜11	6〜7	6〜11	12〜−	35〜?	6.12〜7.24
範囲	7〜8	4〜7	6〜11	4〜8	5〜11	10〜13	33〜40	6.7〜7.24
平均	7.5	4.8	7.8	5.9	7.0	11.2	36.7	

注．反復の各区は1卵塊ずつ．卵数はNo.1〜3：各10, No.4：8.

ズミモチの水挿し枝およびキュウシュウクチブトカメムシの卵を給餌して飼育瓶で飼育した．結果は表16に示したとおり，卵期間が7〜8日，全幼虫期が33〜40日であった．

成虫は樹上を敏捷にはい回り，人が近づくと素早く飛び立ったり，落下したりする．灯火にも飛来する．

第1齢幼虫は卵殻の周囲に，頭部を内方に向けて静止しているが，齢の後期には移動して葉面から吸汁するようで，その後第2齢へ脱皮する．第2〜5齢幼虫は単独で行動する．触角を左右交互に上下に振って枝や葉の面に触れながら敏捷に歩き回る．この行動はあたかもカメムシの卵寄生蜂が卵上で示すドラミング行動のようで，歩行面を打診しているように見える．

食性についての考察

① 主たる食餌は何か

前述のように10種の照葉樹，2種の落葉樹と1種の針葉樹が寄主植物と認められており，このほかに多くの樹種が吸汁されている可能性があると推測されている．これらの種類は特定の科または属に限定されてもいないし，吸汁される部位が局限されている訳でもない．室内飼育ではこれらの植物だけでは第2齢（稀に第3齢）以後に齢を進めることができない．一方，セミの卵や或る種のカメムシの卵には強く誘引され，成・幼虫（第2齢以後の各齢）とも多少の刺激では中断することなくそれらを吸収し続ける．そのためか飼育観察中に目撃される頻度は，植物からの吸汁より昆虫卵吸収の方が遙かに高いし，植物だけでは腹部が萎縮したままであるが，昆虫卵を吸収するとそれが極限まで膨れ，その後は休止していて次期ステージへ脱皮する．この事実から，本種の成育には或る種の昆虫卵が必要不可欠であり，主たる食餌は何であろうかと考えさせられる．

筆者は飼育中に，キュウシュウクチブトカメムシの大きな卵塊を中央から2つに切断して紙片に貼付して給与した．ウシカメムシは切断されていない，無傷の卵を吸収し，その卵には角状の口針鞘が明瞭に認められ，内容物が無くなっていたが，微針で突いてみた卵は内容物が白く穴から盛り上がっていて口針鞘がなく，ウシカメムシには吸収されなかった．この飼育ではキュウシュウクチブトカメムシの卵塊をナイフで切断したために，内容物が露出していてそれが吸収刺激となった可能性もあるので，無傷の卵塊を給与しても吸収されるかどうかを確認する必要がある．

② セミおよびキュウシュウクチブトカメムシの卵以外の昆虫への反応

エサキモンキツノカメムシの卵塊を第3齢幼虫が吸収するのが観察できた飼育区では，3頭が4齢に齢を進めた．しかしこの観察は1例だけであるので，例外的であるかもしれない．他にムラサキシラホシカメムシとマルカメムシの卵塊を給与してみたが，これらには注意が払われなかった．種名不詳の小蛾の卵塊やモンシロチョウの蛹も同様であった．キュウシュウクチブトカメムシを飼育し

第III章　主要種の発育期

た際，セマダラコガネやバッタ類の首を半ば引き抜いて，活動できなくして給与するとよく吸収されていたので，ビロウドコガネを同様にしてウシカメムシに与えてみたが，これにも注意が向けられなかった．これらの実験例から本種の食虫性はクチブトカメムシのものとは著しく異なると考えられる．

③ 吸収される昆虫卵の推測

本種の口吻は細いので，活動的な昆虫を吸収するには不適当であろう．成・幼虫とも樹枝上を触角で打ちながら，敏速にはい回る習性をもっている．神奈川県南部では，越冬後の本種成虫の産卵期は6月上～下旬ごろであり，この時期には生息地にセミの卵はないので，他の卵を探している可能性がある．ツマグロオオヨコバイはこの時期に個体数が比較的多く樹枝に産卵するので，本種にねらわれる可能性があろう．セミやカメムシなどを含むカメムシ目の昆虫卵が植物の汁液と共に吸収されるのであろうか．

c）ズグロシラホシカメムシ Analocus* gibbosus （JAKOVLEV, 1904）

分布　北海道，本州；朝鮮半島，千島，シベリア，中国，ベトナム．

成虫　体長5.5～6.5 mm，淡灰褐色の地に黒色点刻を散布する．前胸背前縁の両側部および小楯板の基半を占める三角紋は紫黒色．

卵（図42，A～E）　短楕円形で，長径約0.8 mm，短径約0.6 mm．初期には白色，ふ化前には淡黄色を帯び，眼点が赤色に透視される．卵殻は白色半透明，表面は平滑で，小点が疎らに透視される．

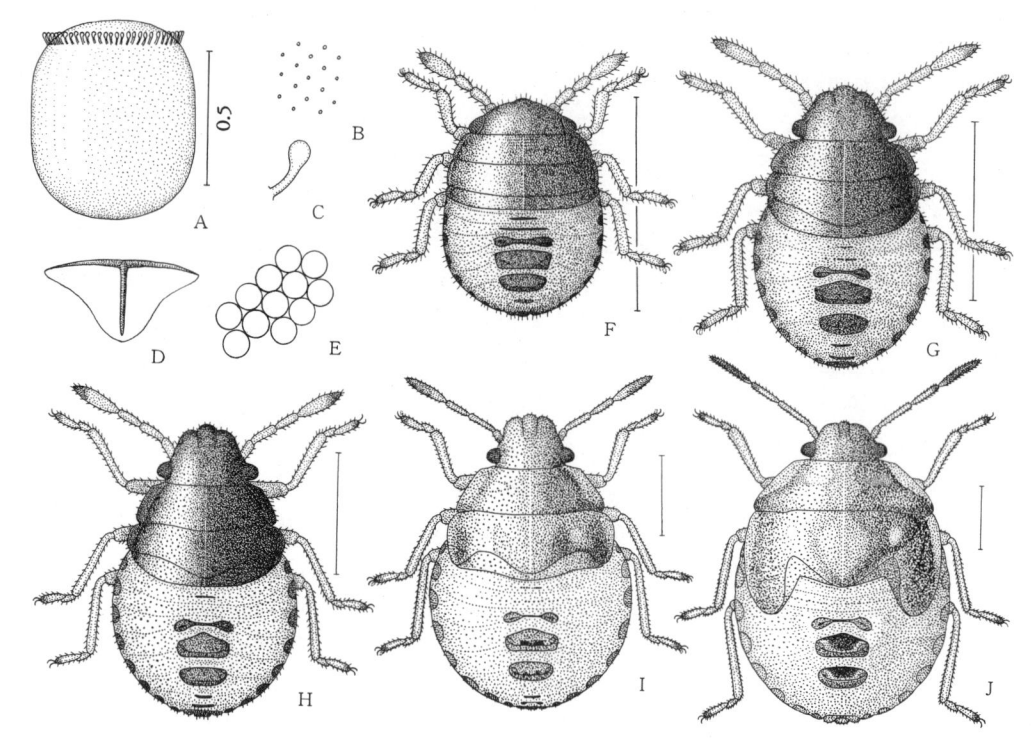

図42　ズグロシラホシカメムシ Analocus gibbosus JAKOVLEV
A. 卵，B. 卵殻表面に透視される小点，C. 受精孔突起，D. 卵殻破砕器，E. 卵塊，F. 第1齢幼虫，G. 第2齢幼虫，H. 第3齢幼虫，I. 第4齢幼虫，J. 第5齢幼虫．［無指示の傍線は1 mm長］．　　　　　　　　（小林原図）

---

* 本種は卵および幼虫の形態から Eysarcoris 属に含めることはできないと考えられた（小林[147]）．標記の属名は宮本正一博士の御教示に従った．

受精孔突起は白色で頭状，長さ約40〜50μで，57〜59個内外．卵殻破砕器は縦長約180μ，横幅約300μ，骨格部の中央部は褐色，側方は淡色，膜質部は透明．卵塊は通常12卵よりなり，卵は3列に並べられる．

幼虫（図42，F〜J）　体は厚い．

頭部中葉は側葉より長い．触角は比較的短い．口吻長は普通で，先端は第1齢では第2・3腹節，第2齢では第3・4腹節，第3齢以後は第4腹節付近に達する．

原小楯板は第2齢から発達し始めていると認められる．前および中胸背板の側縁は弧状で平滑．後胸背板は左右それぞれ第1齢ではへら型で中胸背板より広く，第2齢ではオール型で中胸背板とほぼ等幅，第3齢では長刀刃型で中胸背板より相当狭い．前脛節のグルーミング剛毛は第2齢までは2本，第3齢では4本，第4齢以後では4・5本．脚は比較的短く，脛節の稜部は各齢とも角ばらない．

前部臭腺盤はプロペラ型で，第1齢では両側端に切れ込みがあり，中央部の細い部分が長く，この部分は齢が進むほど著しく細くなる；中部臭腺盤は第1齢ではほぼ逆台形状，第2齢以後は前縁中央部が前方へ突出した五角形状．臭腺中部および後部開口部には各1個の小牙状突起が第2齢以後かすかに認められ，その傍らは第4および5齢において隆起する．第1および2腹節の腹背盤は短棒状で，第2齢以後不明瞭となり，第5齢では両者とも認められない．第7・8節の腹背盤は短棒状か長楕円形状または長方形状で，第5齢では不明瞭．側盤は第1節では不等辺三角形状，第2〜8節では半楕円形状ないし半円形状，外縁は緩弧状で平滑．腹部気門は第1齢では各節とも側盤の前部内方に，第2齢以後では第2節のものは側盤の中部内方に，第3〜7節のものは側盤の前部内方に位置する．孔毛は第1齢では第3〜7節の気門の後方に1個ずつあり，第2齢以後は同気門の後方とこの内方に1個ずつあり，2個が円形基盤2〜4個分の間隔で内外に並ぶ．雌では第5齢幼虫の第8腹節の中央に1縦溝が認められる．雄では両節の中央部が平坦で，特別な構造が認められない．

体上の点刻は第3齢までは黒色，第4齢以後は黒褐色；第1齢ではいずれも微小でごく疎ら，硬化盤以外の腹節上のものは周囲に黒色円板様部分を伴い小点状に見える，第2齢以後は円形でやや大きく第4齢までは疎ら，第5齢では密となる，硬化盤以外の腹節上のものも他部分のものと同形でやや小さく疎ら（点刻はタマカメムシに似る）．体上には淡褐色短直毛を疎生するが，第4齢以後腹節上にはほとんどこれを欠く．

齢の検索表

前記タマカメムシに同じ．

第1齢：体長1.0 mm内外．各胸背板長の比は3.4：2.8：1．触角および口吻の各節長比は1：1.0：1.0：2.3および1：1.0：0.9：1.4．

頭部，胸背板，腹背盤および側盤は褐黒色．硬化盤以外の腹節部は暗赤褐色で小黒点を疎布する．複眼は暗赤色．触角および脚は淡黄色，ただし触角，腿節および跗節の各先端部は僅かに暗色がかる．体表には光沢を有する．

第2齢：体長1.6 mm内外．各胸背板長の比は4.4：4.2：1．触角および口吻の各節長比は1：1.3：1.3：2.6および1：1.2：0.6：1.0．

前齢とほぼ同色，ただし硬化盤以外の腹節部は主に淡黄褐色，腹背盤間および側盤間は帯赤色，接合線は帯赤色．

第3齢：体長2.5 mm内外．各胸背板長の比は5.7：5.3：1．触角および口吻の各節長比は1：1.4：1.4：2.6および1：1.6：0.7：0.9．

体は前齢とほぼ同色，ただし硬化盤以外の腹節部は帯緑黄褐色で，腹背盤間および側盤間はほぼ淡赤色，前部臭腺盤の側方は時に帯白色．触角および脚はほぼ黄褐色，触角第1節基部は帯暗色，腿

節の基部および跗節先端部は暗色.

第4齢：体長3.8mm内外．各胸背板長の比は9.3：11.0：1．触角および口吻の各節長比は1：1.7：1.4：2.4および1：1.5：0.5：0.8.

前齢とほぼ同色，ただし図(42, J)のように濃淡部があり，硬化盤以外の腹節部は淡黄緑色，腹背盤の側方は個体により帯白色．触角および脚はほぼ淡褐色，触角第1節基部，第4節先端部，腿節基部および跗節先端部は暗色．

第5齢：体長4.8mm内外．各胸背板長の比は1：1.2：0．触角および口吻の各節長比は1：2.0：1.7：2.4および1：1.6：0.6：0.8.

前齢とほぼ同色かやや淡色，ただし中胸背に1対の円形白斑を現わし，前部臭腺盤，中・後部臭腺盤の臭腺開口部付近および側盤は淡黄緑褐色，触角第3節先端部および第4節は黒褐色．

生態* ホウズキのしょう(漿)果から吸汁する．シソ科の植物上でも生活するといわれ，川沢・川村[94]はゴマノハグサ，オドリコソウ，クルマバナ，キツネノボタンを列挙している．

生息地は本州では山地や樹林地の草間で，稀種に属する．岩手県内での筆者(小林)の観察では越冬後の成虫は6月ごろから活動を始め，7～8月ごろ交尾し，寄主植物の葉裏などに産卵する．ふ化後の幼虫は卵殻の周囲か近くに集合して静止し，第1齢の後期に葉面から吸汁して脱皮を行う．第2齢幼虫はホウズキの果実の外袋の先端にある裂け目(数mm長が数本)から袋内に入り，漿果から吸汁する．幼虫はホウズキの袋内で摂食を続けて発育し，8～9月に羽化する．新成虫はホウズキの袋内に留まったままで，雪に埋まって越冬することもあり，年1世代を営む．

筆者(小林)は岩手県盛岡市内で1967年7月16日に採集した2対を，鉢植えの実着きホウズキで飼育して採卵し，卵と幼虫を腰高シャーレに収容して，自然日長・自然室温下で，ホウズキの漿果を給餌して飼育した．結果は表17のとおりで，卵期間は4日，全発育期間は1ヵ月弱であった．

ホウズキの1袋内で羽化していた成虫数は1・2頭と少なかったが，これは幼虫が発育に伴って過密になるのを避けるために，発育途中で1・2頭を残して他の袋に移住したためかと推測される．

本種の幼虫の脛節の稜部は全齢を通じて発達せず，横断面は楕円形状である．これは発育途中において歩行をあまり必要としない生活への適応形態かと考えられる．

交尾は普通寄主植物上で行われるが，ホウズキの果実の外袋内で行われることもあり，1カ月内外にわたる産卵期間中に幾回か行われる．

表17 盛岡市内における自然日長・室温でのズグロシラホシカメムシの発育期間

反復	卵・幼虫期間(日)							発育期間 (月日)
	卵	1齢	2齢	3齢	4齢	5齢	幼虫計	
1	4	3	4	4	4～5	7～8	26～28	7.18～8.14
2	4	3	6	—	—	—		7.31～—
平均	4.0	3.0	5.0	4	4.5	7.5	24.0	

注．卵数は1・2区とも各1卵塊12卵．

---

* 盛岡市下厨川でX.16.1965に瀬口有子氏(筆者の娘，当時小学生)がホウズキの袋内に本種成虫がいるのを見つけたことにより，この研究が可能になった．

d) *Menida* MOTSCHULSKY, 1861

（i）形　態

ア）卵：ほぼ円筒形，長径1.1 mm内外，短径0.9 mm内外．初期には淡黄緑色，ふ化が近づくにつれて淡黄色から帯白色に変わり，ふ化前には眼点が赤色に，卵殻破砕器が灰色に透視される．卵殻は透明であるが，表面に不規則で不明瞭な微細網状構造があり，これが白いため卵殻は白く見える．受精孔突起は頭状（標準型）で弱く内方へ曲がる，白色短小で33～35μ内外，数は24～30個内外．卵殻破砕器は縦長250～280μ内外，横幅420～450μ内外，骨格部は帯褐色または黒色，膜質部は全体が透明であるか，下端部が僅かに暗色を帯びる．卵塊は通常14卵よりなり，卵は3列に規則的に並べられる．

イ）幼虫：体は厚い．

頭部中葉は側葉に比べて第5齢まで僅かに長いか，第3齢以後ほぼ等長．触角突起は前背方から見えないか，第2齢以後辛うじて見える．口吻長は普通，第3節は前後の節よりやや太く，比較的長い．口吻の先端は第3齢までは第2・3腹節，第4齢では後脚基節～第2腹節，第5齢では後脚基節付近に達する．

原小楯板は第2齢から発達し始めていると認められる．後胸背板は左右それぞれ第1齢ではへら型で中胸背板より広く，第2齢ではオール型で中胸背板より僅かに広いかこれとほぼ等幅，第3齢ではほぼ長刀刃型で側端が小円弧状に鈍くとがり，中胸背板よりやや狭い．胸背板の側縁は2齢以後，中胸背板の側縁は2～4齢において鋸歯状．脛節の稜部は各齢とも直角状に角ばる．前脛節のグルーミング剛毛は第2齢までは2または3本，第3齢以後は4本．

前部臭腺盤はプロペラ型で，側端がとがる，中部臭腺盤はほぼ逆台形状で，第2齢以後前縁の中央部が弱く前方へ突出する．第1および2腹節の中央の腹背盤は短棒状で第4齢まで認められ，第5齢では個体により不明瞭．第1腹節の側盤の内方に短棒状，長紡錘形状または披針形状の腹背盤様のものが第1齢では不明瞭に，第2～4齢では明瞭に認められる．第7節の腹背盤はほぼ紡錘形状，ただし第1齢では中央部がくびれるか欠損して披針形状のものが1対あるように見えることがある．第8節の腹背盤は長方形状．側盤は第4齢まで第1節では小さい不等辺三角形状，第2～8節では内外に長い半長楕円形状ないし半円形状，第5齢では第4～8節において半楕円形状ないし半円形状；外縁は緩弧状で，第1齢では各節とも平滑，第2および3齢では第1節が小または鈍鋸歯状，第2および3節が微細鋸歯状またはほぼ平滑，第4齢以後は平滑，第4齢では第1節が小鋸状または平滑，第2節以後は平滑，第5齢では各節とも平滑；中央部の内方に内外方向の1黒条を有する．孔毛は第1齢では第3～7節の気門の後内方に1個ずつ明確に認められ，第2齢以後は同気門の後方に2個ずつが，気門と二等辺三角形を形づくるようにほぼ等距離にあり，外側のものは側盤の湾入部に位置し，2個は円形基盤1～3個分内外の間隔で並ぶ．雌では第5齢幼虫の第8腹節の中央に，後縁から節の中央部ないしほぼ前縁に達する縦溝がある．

体表の点刻は第1齢では微小で疎ら，硬化盤以外の腹節上の点刻は周囲に黒色か褐黒色の円板様部分を伴い小点状に見える．第2齢以後は黒色円形粗大で，硬化盤以外の腹節部では比較的疎ら，その他ではやや密．体上には淡褐色の短直毛を疎生するが，第4齢以後は著しく疎ら．頭部，胸背板，腹背盤および側盤上には赤銅色の金属光沢が第2または4齢以後認められる．

齢の検索表

前記タマカメムシに同じ．

ウ）*Menida*属2種の識別：卵はツマジロカメムシでは受精孔突起が30個内外，卵殻破砕器の骨格部が中心部で褐色，末端部で淡褐色．スコットカメムシでは受精孔突起が24～26個，卵殻破砕器

の骨格部が黒色.

幼虫においては，ツマジロカメムシでは硬化盤以外の腹節部が主として第1齢では黄橙色，第2齢以後では深紅色ないし紅色．スコットカメムシでは硬化盤以外の腹節部が主として第1齢では暗赤色，第2齢以後では淡黄白色ないし白色．

(ii) 生態

ツマジロカメムシは樹林地や草生地に，スコットカメムシは山地や樹林地に生息し，ツマジロカメムシは食餌植物の種子，花蕾，茎葉部などから，スコットカメムシは主として食餌植物の新梢部などから吸汁する．成虫態で，樹皮間，岩石の割れ目の中，落葉間，木材や石礫などの堆積間，家屋等の内外の物の隙間，藁葺き屋根やすのこ巻きの中などで越冬する（伊藤[78]，上野・庄野[300]）．同一越冬場所にかなり多くの個体が集まることがあり，スコットカメムシにおいて特に著しい（小林・木村[158]）．越冬を終えたカメムシは樹木の新芽が伸び始めるころ出てきて，近くにある木の新梢などから吸汁した後生息場所へ分散して増殖する．新成虫は夏から秋にかけて出現し，秋季に越冬場所へ移動する．

ツマジロカメムシおよびスコットカメムシは成・幼虫とも活発で，多くの寄主植物を渡り歩き，しばしば小昆虫を捕食する（宮本[186]，小林[114]-表3）．

e) ツマジロカメムシ *Menida violacea* MOTSCHULSKY, 1861

分布　北海道，本州，四国，九州；朝鮮半島，中国，シベリア東部．

成虫　体長7.5～10 mm．光沢ある紫黒色で，前胸背の後半部に幅の広い黄白色の横帯があり，小楯板の先端は鮮明に白色．

卵　(図43, A～E, Kobayashi[118])　受精孔突起は33μ長で30個内外．卵殻破砕器は縦長約250μ，横幅約420μで，骨格部の中心部は褐色，末端部は淡褐色，膜質部は全体透明．

幼虫　(図43, F～J, Kobayashi[118])　頭部中葉は第2齢までは側葉より長く，第3齢以後はそれとほぼ等長．触角突起は前背方から見えない．中胸背側縁は第5齢では平滑．臭腺中および後部開口部に牙状突起が第2齢では小さく認められるが，第3齢以後は不明瞭．側盤外縁は第1節では第2～4齢で小鋸歯状，第2節では第2・3齢で，第3節では第3齢で微細鋸歯状．

第1齢：体長1.4 mm内外．各胸背板長の比は4.9：3.1：1．触角および口吻の各節長比は1：1.0：1.1：2.6および1：1.1：1.0：1.7．

頭部，胸背板，腹背盤，側盤，触角および脚は主として黒色，触角第2および3節の各先端部は白色半透明．硬化盤以外の腹節部は主として黄橙色，胸部に接する左右の中央部分は帯白色．複眼は赤色．

第2齢：体長2.1 mm内外．各胸背板長の比は5.2：4.6：1．触角および口吻の各節長比は1：1.4：1.5：2.5および1：1.3：1.1：1.2．

頭部，胸背板，腹背盤および側盤は漆黒色，硬化盤以外の腹節部は主として深紅色，第1～3腹節の左右1対の横長部分は帯黄白色．複眼は赤黒色．脚および触角はほぼ黒色，触角節間部は橙黄色．

第3齢：体長3.1 mm内外．各胸背板長の比は5.3：7.0：1．触角および口吻の各節長比は1：2.3：2.3：3.5および1：1.4：1.1：1.2．

頭部，胸背板，腹背盤および側盤は主として帯緑黒色で金属光沢を有する．中胸背板の前角部に小白斑を現すことがある．硬化盤以外の腹節部は主として深紅色，第1～3腹節の左右1対の横長部分，臭腺盤域の側方および後方部分は白色．その他は前齢と同色．

第4齢：体長4.5 mm内外．各胸背板長の比は11.5：15.5：1．触角および口吻の各節長比は1：2.3：2.2：2.9および1：1.4：1.1：1.2．

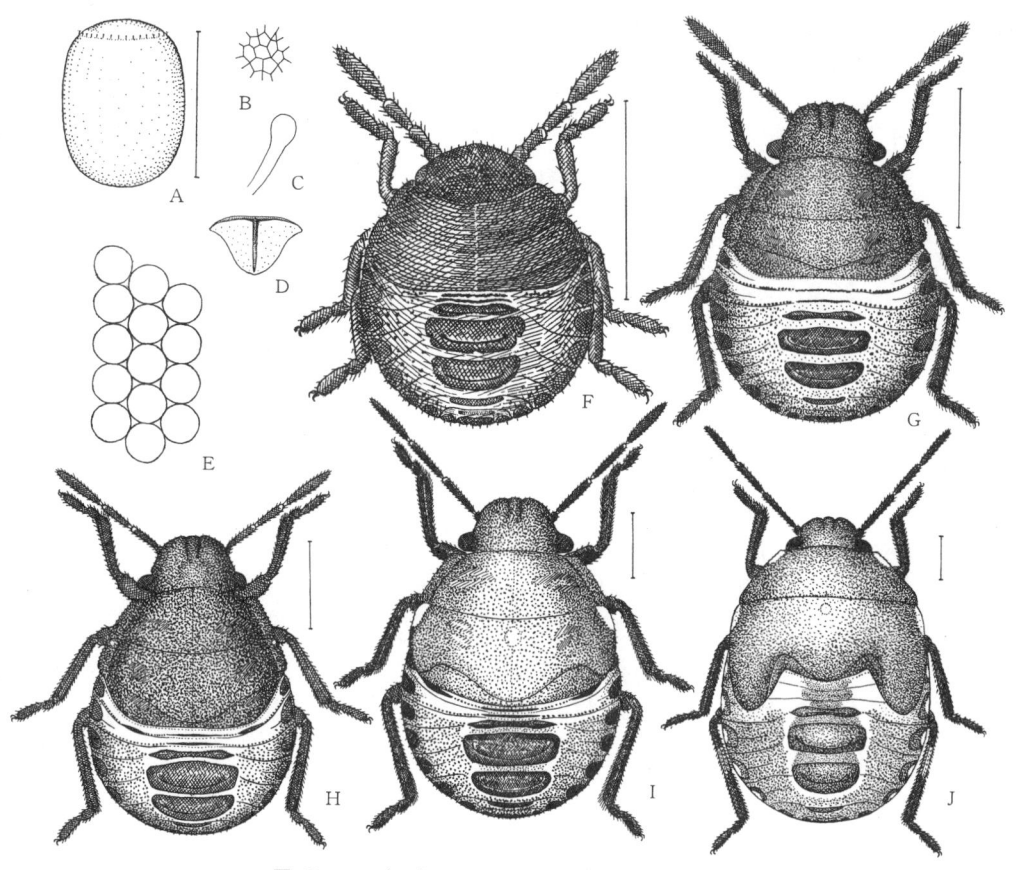

8. カメムシ科 Pentatomidae

図43 ツマジロカメムシ *Menida violacea* MOTSCHULSKY
A. 卵, B. 卵殻表面の微細網状構造, C. 受精孔突起, D. 卵殻破砕器, E. 卵塊, F. 第1齢幼虫, G. 第2齢幼虫,
H. 第3齢幼虫, I. 第4齢幼虫, J. 第5齢幼虫. [傍線は1mm長]. (Kobayashi[118]―部改)

前齢とほぼ同色,ただし中胸背板の前角部の白斑が大きくなり,中央の前寄りに円形の白斑を現す.

第5齢:体長6.6mm内外.成虫にみられる中胸腹板正中線上の隆起線および第3腹板中央の棘状突起の原形と考えられるものが,稜線状および円丘状にかすかに認められる.各胸背板長の比は1:1.3:0.触角および口吻の各節長比は1:3.2:2.7:3.5および1:1.5:1.1:1.3.

頭部,胸背板,腹背盤および側盤は主として光沢のある金緑色で,図(43, J)のように白斑を現す.その他は前齢とほぼ同色,ただし後脛節の中央よりやや基部寄り部分は黄色.

生態 キイチゴ,ナワシロイチゴ,カジイチゴ,クマイチゴなどのイチゴ類の実,クズ,ヌスビトハギ,ナツフジ,フジなどの莢や若茎,ヤマシロギク,アレチノギク,ヒヨドリバナ,オミナエシ,シソ,エゴマ,トコロなどの種子,キリ,クヌギ,ミズナラ,コナラ,ミツマタなどの若茎や葉,クワ,サクラ,クサギ,ノリウツギ,ニワトコ,グミなどの花蕾や実など,多くの植物の多くの部分から吸汁する.キュウリの花梗,ソラマメやダイズの莢,モモ,オウトウ,リンゴ等の幼果などを吸害することや(上野・庄野[301]),稲に斑点米を発生させることもある.

四国地方では4月上・中旬ごろ,東北地方では5月上~下旬ごろ越冬場所から出現する.新成虫は四国地方では7月下旬~9月下旬ごろ,東北地方では8~9月に出現し,9~11月に越冬場所へ移動し,年1世代を営むようである.

表18 善通寺市および盛岡市内における自然日長・室温でのツマジロカメムシの発育期間

反復	卵数	卵・幼虫期間（日）							発育期間（月日）
		卵	1齢	2齢	3齢	4齢	5齢	幼虫計	
1	14	7	9	—	—	13	—		5.13〜-
2	14	—	5	12	13	—	—		5.28〜-
3	17	8	5	11〜15	—	—	—		5.24〜-
4	14	6	5	7	13	18	20	63	7.12〜9.9
平均		7.0	6.0	10.7	13.0	15.5	20	65.2	

注. No.1〜3は善通寺（1951）で，No.4は盛岡市（1968）で飼育.

筆者（小林）は自然日長・室温下で腰高シャーレを用い，善通寺市ではカジイチゴやサクラの果実，ミヤコグサの若莢つき茎葉部を，盛岡市ではエンドウやクローバ生莢，モミジイチゴの実と若枝，サクラの果実などを給餌して飼育した．結果は表18に示したように中・老齢期に死ぬことが多かったが，一部では成虫が出現し，卵期間は7日内外，幼虫期間は60日余であった．

f）スコットカメムシ *Menida scotti* PUTON, 1886

分布 北海道，本州；朝鮮半島，中国，シベリア東部．

成虫 体長9〜11 mm. 銅色または藍緑色の光沢を有する暗褐色．小楯板の基部および先端の白色部の前方に黒紋がある．

卵（図44, A〜E, 小林[153]） 受精孔突起は35 μ で24〜26個内外．卵殻破砕器は縦長約280 μ，横幅約450 μ，骨格部は黒色，膜質部は無色透明であるか，下端部が僅かに暗色を帯びる．

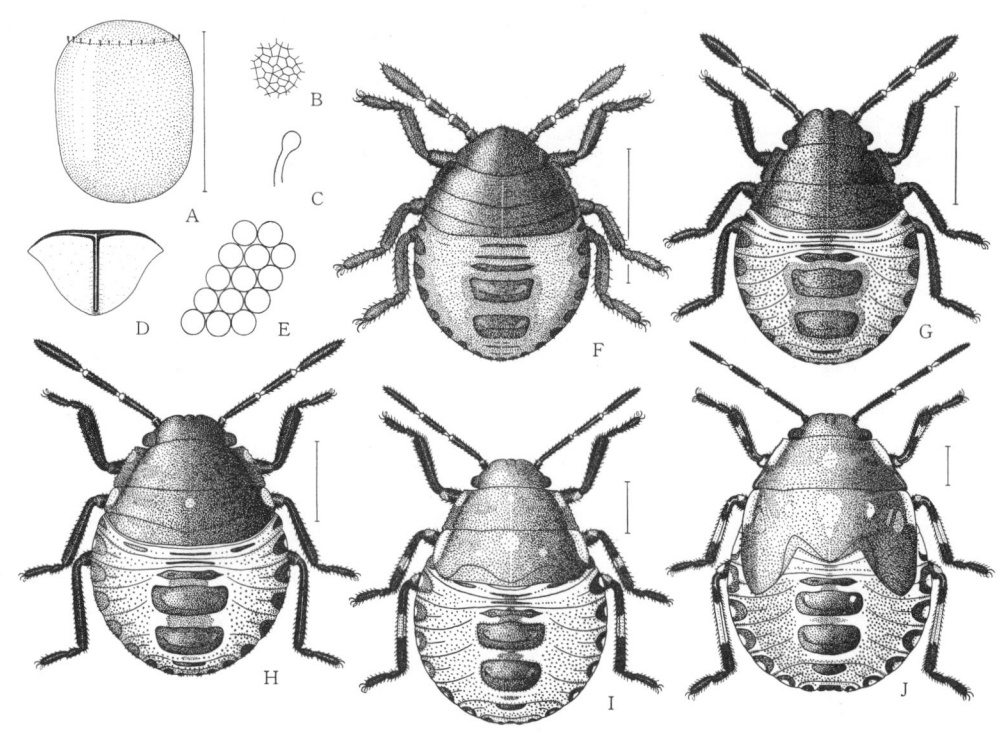

図44 スコットカメムシ *Menida scotti* PUTON
A. 卵，B. 卵殻表面の微細網状構造，C. 受精孔突起，D. 卵殻破砕器，E. 卵塊，F. 第1齢幼虫，G. 第2齢幼虫，H. 第3齢幼虫，I. 第4齢幼虫，J. 第5齢幼虫．［傍線は1 mm長］． （小林[153]―一部改）

8. カメムシ科 Pentatomidae

幼虫（図44, F～J, 小林[153]）　頭部中葉は各齢を通じて側葉より僅かに長い．触角突起は第2齢以後前背方から辛うじて見える．中胸背側縁は第5齢では細波状．臭腺中および後部開口部に牙状突起は不明瞭．側盤外縁は第1節では第1・2齢で鈍鋸歯状，他は平滑．硬化盤以外の腹節上の点刻はツマジロカメムシよりやや密．

第1齢：体長1.5 mm内外．各胸背板長の比は3.9：2.3：1．触角および口吻の各節長比は1：1.0：1.2：2.5および1：1.2：1.1：1.5．

頭部，胸背板，腹背盤および側盤は黒色または褐黒色で，重油様の光沢を有する．硬化盤以外の腹節部は主として暗赤色，腹背盤の側方の前部（中部臭腺盤の前縁線あたりまで）は幅広く淡黄白色，齢の終期にはこの部分に淡赤色または淡褐色の小点（第2齢幼虫の点刻）が透視される．複眼は赤黒色．触角および脚は主として褐黒色で油様の光沢を有し，触角の第4節の先端約2/3はやや淡色，節間部は白色，脛節の先端部および跗節は個体によりやや淡色．

第2齢：体長2.3 mm内外．各胸背板長の比は4.5：3.8：1．触角および口吻の各節長比は1：1.9：2.1：3.1および1：1.3：0.9：1.2．

頭部，胸背板，腹背盤，側盤，触角および脚は主として漆黒色，触角節間部は白色．硬化盤以外の腹節部は主として淡黄白色，接合線は帯赤色，腹背盤間の中央部は赤色，齢の終期には腹背盤および側盤の周辺部が赤色となり，黄白色部に淡赤ないし暗赤色斑点（第3齢幼虫の点刻）が透視される．

第3齢：体長3.3 mm内外．各胸背板長の比は4.1：3.1：1．触角および口吻の各節長比は1：2.5：2.6：3.6および1：1.6：1.1：1.3．

前齢とほぼ同色かやや淡色，体の黒色部には光線の具合により幽かに金属光沢と，図（44, H）のような白斑を現す．硬化盤以外の腹節部は主として帯白色または帯黄白色，臭腺盤間，側盤間，接合線の側方部分などは暗赤色．

第4齢：体長5.2 mm内外．各胸背板長の比は9.1：9.5：1．触角および口吻の各節長比は1：2.6：2.5：3.1および1：1.5：1.0：1.2．

前齢とほぼ同色，ただし体の黒色部には青緑色か黄赤色の金属光沢を有し，白斑部が図（44, I）のように増える．腿節の基部は白色，その先端の一部，中および後脚の脛節の各央部などは帯白色または淡褐色．

第5齢：体長7.2 mm内外．成虫にみられる第3腹板中央部の棘状突起の原形と考えられるものは認められない．各胸背板長の比は1：1.3：0．触角および口吻の各節長比は1：3.0：2.6：2.8および1：1.5：1.2：1.2．

前齢とほぼ同色，ただし金属光沢がやや強くなり，白色斑が図（44, J）のように若干増える；個体により頭部側葉先端，前翅包基部の中ほど，触角第4節基部，各脛節の中央部と基部の稜部などにも白色ないし淡褐色部を現わす．硬化盤以外の腹節部は主として白色で，腹背盤間の一部，接合線の側端部分などは帯赤色．

生態　ハンノキ，コバハンノキ，ヤマハンノキ，タニガワハンノキ，シラカバ，ダケカンバ，ブナなどの新梢部から吸汁する．ケンポナシ，シナノキ，キリ，ミズナラ，オオバマユミ，タラノキなどにも寄生すると言われる．

岩手山麓や北上山系では，家屋内越冬を終えた成虫は4月下旬ごろから活動し始め，越冬場所離脱の盛期は5月中・下旬の新緑初期である．交尾は主として越冬場所に潜入してから越冬場所を離脱するまでの間に行われる．産卵は6月ごろから寄主植物の葉裏になされる．幼虫は食草の新梢部から吸汁して発育し，新成虫は8月上旬～9月上旬ごろ出現する．年1世代で，新成虫は9月下旬から11

月上・中旬，主として10月上～下旬ごろの紅葉期～落葉期に越冬場所へ飛来する（小林[140,153]，小林・木村[158]，四戸[264]）.

　筆者（小林）は1968年7月上旬～8月上旬に盛岡市内で，第2齢までは腰高シャーレにコバハンノキの新梢を入れて2日間隔で餌交換を行い，第3齢以後はダケカンバの水挿し新梢を飼育瓶に入れて飼育を試みた．第2齢以後死亡する個体が多く，新成虫は得られなかったが，卵期間は5日，第1および2齢期間は3日および15.8日であった．一方，同年7月に岩手郡滝沢村の林業試験場で，幼木の新梢にゴース網袋を被せて1卵塊ずつを入れて野外飼育を行ったものでは，ハンノキ，コバハンノキ，ヤマハンノキ，タニガワハンノキ，シラカバ，ダケカンバおよびブナにおいて，9月にやや小形の成虫が少数羽化していた．

　本種は群れて越冬し，越冬場所で交尾を行う習性をもっている．岩手山麓の営林署の日がよく当たる建物では，1戸に2万頭内外が飛来して屋内で越冬する例が認められた．本種は夜が放射冷却で冷えこみ，翌日が快晴に近い好天に恵まれた場合に，建物の日向の面に大粒の雨の降り初めのような音を立てて飛来する．しかし，建物の周囲に樹木が残されていて，建物がカメムシの発生地やその数10mくらいの上空からは見えないと考えられる所へは飛来しない．この事実から，カメムシは建物の日射面から放射される熱線（赤外線）に誘導されて飛来するのではなかろうかと推測される（小林[155]）.

　岩手山付近では本種は10月上～下旬ごろに家屋へ飛来し，畳の下，腰板その他の物の隙間などに数十～数百頭ぐらいずつ集まって越冬する．11月1日，10日および21日に網張および西根町で調査を行った際には，気温は建造物上では約13℃，畳の下では3～10℃という低温であったが，この低温下で交尾しており，交尾個体率は11月1日にほぼ4%，11月21日にほぼ1%であった（小林[139]）．また西根町の岩手山植林宿舎では，4月24日にヤマハンノキの雌花の房が8cm内外に伸び，葉芽がほころび，カメムシが屋外に脱出する直前の時期であったが，この時ここで4組の交尾が認められた．群で越冬し，この群の中で集団で交尾する生態は，多くの広葉樹の新梢部から吸汁し，特定の樹種に集中しない生態に関連しているように思える．

g）ナガメ属 *Eurydema* LAPORTE, 1832

（i）形　態

ア）卵：ほぼ円筒形で，長径1.0～1.1mm内外．短径0.7～0.8mm内外．大部分暗黒色で，蓋部の中心の円形紋，肩部の輪形紋および側壁正面の中央やや上寄り部の横長の長方形紋は帯白色，この帯白色部の中に1個の大きな暗黒色円紋を有し，さらに種によりこの側方に同色の点状紋を散在する．卵殻は白色で，表面にスポンジ様の蜂巣状構造を装う．受精孔突起は白色，頭状で柄部が短く，全長30～35μ内外で，39～42個内外．卵殻破砕器は縦長200～210μ内外，横幅380～400μ内外，骨格部は褐色または黒褐色，膜質部は透明．卵塊は通常12卵内外からなり，卵は2列に並べられる．

イ）幼虫：体は厚い．

　頭部中葉は側葉に比べて第4齢までは長く，第5齢では短いが，加齢に伴って著しく下方に向くため，背方からは第2齢ではほぼ等長に，第3齢以後は短く見える．中葉の前縁は加齢に伴って狭くなり，第5齢では両側葉に挟まれて，その前部は背方から長円すい形状または細線状に見える．側葉は先端部が厚く球面状をなし，前側縁の中部は背方へ弱く反り上がり，第5齢では両葉が中葉の前方で極めて接近するか接触する．触角突起は前背方から第2齢以後見える．口吻の第1節は上唇基部に比較的近い所から出ており，第3節は太く短い．口吻先端は第1齢では第3・4腹節付近に達するが，加齢に伴って相対的に短くなり，第5齢では中・後脚の両基節の中間付近に達する．

　原小楯板は第2齢から発達し始めていると認められる．前および中胸背板の側縁は緩弧状で平滑．

後胸背板は左右それぞれ中胸背板と比べて，第1齢ではへら型で広く，第2齢ではオール型でほぼ等幅，第3齢では長刀刃型で著しく狭い．脛節の稜部は各齢とも相当丸い．前脛節のグルーミング剛毛は第2齢までは2本，第3齢では3・4本，第4齢以後は4本．

前部臭腺盤は第3齢まではプロペラ型，第4および5齢では翅果型，中部臭腺盤は第2齢まではほぼ逆台形状，第3齢では前縁中央部が突出して五角形状，第4および5齢ではベレー帽型．前および中部臭腺盤は相対的に幅が広く，その側縁は老齢ほど臭腺開口部より著しく側方に位置する．第8節の腹背盤は第5齢では側盤に連なる．第1腹節には第1齢においてのみ，第2腹節には種によって第2齢まで棒状の腹背盤が認められる．第1節の側方(側盤の内方)にやや不明瞭な紡錘形状の腹背盤様のものが第3および4齢において認められる．側盤は第4齢まで第1節では小さい不等辺三角形状，第2～8節ではほぼ半楕円形状，第5齢では第4～8節において半楕円形ないし半長楕円形状，外縁は緩弧状で平滑，中央部の内方に内外方向の1条の浅溝を有する．孔毛は第1齢では第3～7節の気門の後内方に1個ずつあり，第2齢以後では同気門の後方に2個ずつあり，2個が円形基盤2～3個分内外の間隔で内外に並び，外側のものは側盤の真際に位置する．雌では第5齢幼虫の第8腹節の中央に後縁から節のほぼ2/3地点に達する縦溝がある．

体表には第2および3齢では黒色，第4および5齢では黒褐色の小点刻を疎布し，硬化盤以外の腹節上では他より疎ら．体上には淡褐色短直毛を第1齢では疎生し，第2齢以後は加齢に伴ってさらに疎らとなる．

齢の検索表

前記タマカメムシに同じ．

ウ) *Eurydema*属2種の識別

卵はナガメでは蓋部および肩部の暗黒色輪紋の幅が狭く，両者間の白色部の幅が広く，蓋部中央の白色円紋が大きい．ヒメナガメでは蓋部および肩部の暗黒色輪紋の幅が広く，両者間の白色部の幅が狭く，蓋部中央の白色円紋が小さい．

幼虫においては，ナガメの第1齢では前部臭腺盤が細長く，第2齢では第2腹節に腹背盤がなく，第3齢では前胸背板の側縁部だけに幅広い橙黄色斑が現れ，第4および5齢では側葉に橙黄色斑が現れない．ヒメナガメの第1齢では前部臭腺盤が太く，第2齢では第2腹節に短棒状の腹背盤があり，第3齢では前胸背板の側縁部のほかに前縁部および中胸背板の側縁部にも幅広い橙黄色斑が現れ，第4および5齢では側葉中央部にもそれが現れる．

(ii) 生 態 上記2種は山麓地から海岸に至る草生地や農地などに生息し，ともにナズナ，イヌガラシ，コンロンソウ，ワサビ，タネツケバナ，ハタザオ，キャベツ，ダイコン，カブ，アブラナその他のアブラナ科植物に寄生し，成・幼虫とも栄養生長部や花や種子などの生殖成長部から吸汁する(高橋[281]，日浦[45])．夜間は葉裏に隠れ，驚くと落下する．幼虫は全期間を通じて集合性を保つ傾向があり，この習性は若齢期に強い．両種は分布域が若干異なり，ナガメはやや寒地系，ヒメナガメは暖地系である．

中武[212]が宮崎県内で両種の生態を比較した調査成績を要約すると以下のようである．① 宮崎県内では両種とも年に2世代を経過し，ナガメは山寄り地帯に，ヒメナガメは海岸地帯に多い．② 卵期間はナガメがほぼ10.7日，ヒメナガメがほぼ12.9日，幼虫期間は前者が34.3日内外，後者が41.3日内外で，後者の方が卵期間，幼虫期間ともやや長かった．③ 成虫の生存日数はナガメが21.8日内外，ヒメナガメが31.5日内外，1雌当たり産卵数は前者が29.7内外，後者が75.0内外で，後者の方が長生きで産卵数が多かった．

両種とも成虫態で，落葉等の間や冬枯れ草むらの根際などで越冬する．

h) ナガメ *Eurydema rugosa* MOTSCULSKY, 1861

分布 北海道, 本州, 四国, 九州; 中国.

成虫 体長6.5〜9.5 mm. 藍色を帯びた黒色に橙色斑紋がある. 頭部の中葉は短小, 両側葉は中葉の前方で長く接触する.

卵(図45, A〜E, Kobayashi[122], 安永ら[324]) 長径約1.1 mm, 短径約0.8 mm. 蓋部は中央部が台形状に膨出する. 相対的に蓋部中央の帯白色円紋が大きく, 肩部の帯白色輪紋の幅が広く, 側壁正面の帯白色部の中には大きな1個の暗黒色円紋があるのみ. 受精孔突起は約30μ長で, 42個内外. 卵殻破砕器は縦長約210μ, 横幅約410μ, 骨格部は黒褐色.

幼虫(図45, F〜J, Kobayashi[122], 安永ら[324])

第1齢: 体長1.3 mm内外. 前部臭腺盤は著しく細長い. 各胸背板長の比は5.0:3.5:1. 触角および口吻の各節長比は1:1.1:1.1:2.6および1:1.3:0.8:1.4.

頭部, 胸背板, 腹背盤, 側盤, 触角および脚は主とし帯黒色, 触角第2・3節の先端部は淡黄赤色. 硬化盤以外の腹節部は帯赤色. 複眼は黒赤色.

第2齢: 体長1.9 mm内外. 第2腹節に腹背盤を欠く. 各胸背板長の比は7.0:6.0:1. 触角および口吻の各節長比は1:1.5:1.5:2.7および1:1.3:0.7:1.2.

前齢における帯黒色部は黒色, 硬化盤以外の腹節部は主として赤黄色, 中央部は濃色, この周辺

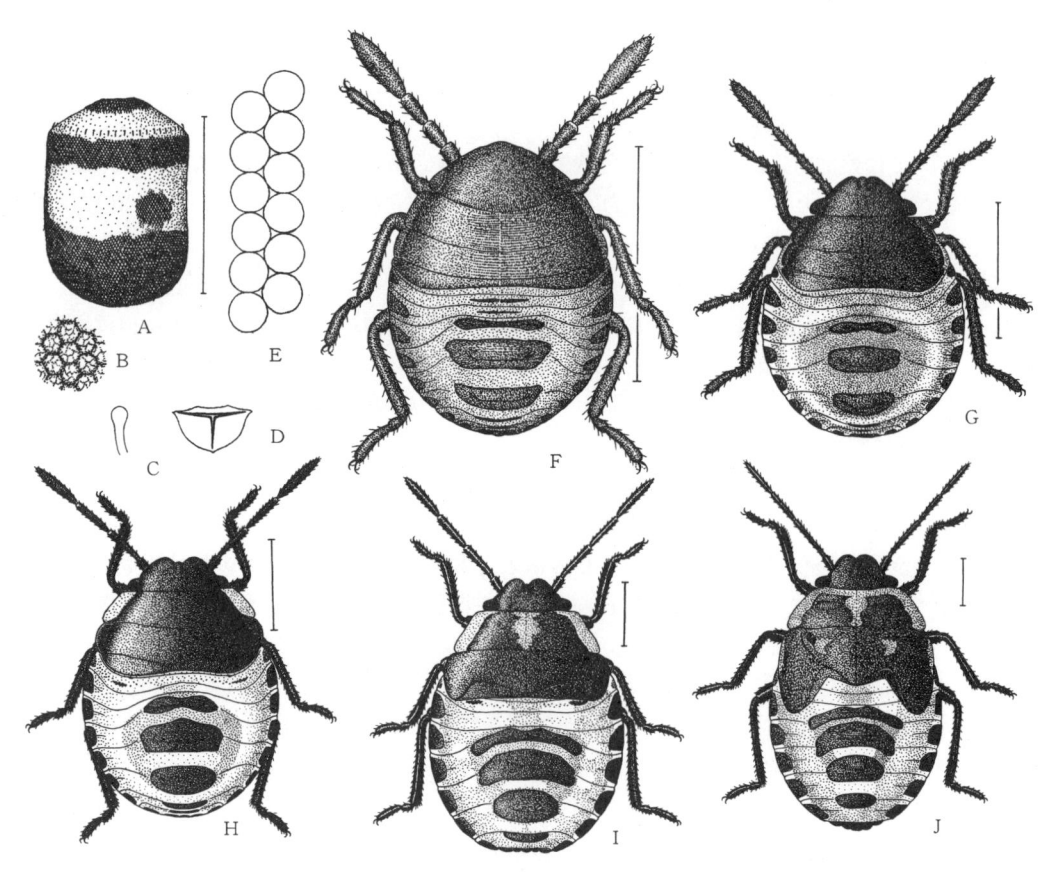

図45 ナガメ *Eurydema rugosa* MOTSCULSKY
A. 卵, B. 卵殻表面の蜂巣状構造, C. 受精孔突起, D. 卵殻破砕器, E. 卵塊, F. 第1齢幼虫, G. 第2齢幼虫, H. 第3齢幼虫, I. 第4齢幼虫, J. 第5齢幼虫. [傍線は1mm長]. (Kobayashi[122]一部改)

部は環状に淡黄色，側盤間と触角節間部も同色．複眼は赤黒色．

第3齢：体長2.8 mm内外．各胸背板長の比は7.2：6.4：1．触角および口吻の各節長比は1：1.8：1.8：3.1および1：1.4：0.6：1.0．

前齢とほぼ同色かやや淡色，ただし前胸背板の側縁部は広く橙黄色，個体により中胸背板の側縁部は狭く黄色，硬化盤以外の腹節部の中央部は大部分灰橙色，この周辺部は環状に帯黄白色，中・後部臭腺盤間および側盤間は帯白色，後者の内方は橙色．

第4齢：体長4.2 mm内外．各胸背板長の比は10.0：11.0：1．触角および口吻の各節長比は1：2.2：2.0：2.8および1：1.4：0.7：0.8．

前齢とほぼ同色，ただし前胸背に橙黄色斑が増え，硬化盤以外の腹節部は主として橙黄色で，図（45，I）の淡色部はいずれも帯白色．

第5齢：体長6.0 mm内外．各胸背板長の比は1：1.6：0．触角および口吻の各節長比は1：2.7：2.0：2.3および1：1.6：0.6：0.9．

前齢とほぼ同色，ただし胸背部の図（45，J）の色斑は帯黄色ないし黄赤色，硬化盤以外の腹節部の濃淡部の形や色が若干変化する．

生態 年に寒地では1世代，温暖地では2世代を営む．越冬後の成虫は，温暖地では早春から活動を始め，交尾の盛期は徳島市付近では5月上・中旬であり，新成虫は6〜7月ごろ羽化する．新成虫は間もなく交尾・産卵し2世代目の成虫は8〜9月ごろ出現する．

宮崎市内で1953年4〜7月にキャベツを給餌して自然日長下で室内飼育した結果（中武[212]）は前記のとおりであった．一方，盛岡市内で1977年6・7月にナタネの乾燥種子と水を与えて25℃，17時間照明条件で，6月1日の9〜17時に産卵された149卵について，卵と幼虫の発育期間を調べた結果は表19のとおりで，卵期間は6.5日，全発育期間は37日内外であった（小林[146,148]）．

表19 17L・7D，25℃恒温条件下での集団飼育におけるナガメの発育期間（日）（小林[148]）

項目	卵	1齢	2齢	3齢	4齢	5齢	合計
最短	6.5	4	5	4	5	9	33.5
最長	6.5	4	8	5	7	10	40.5
平均	6.5	4.0	6.5	4.5	6.0	9.5	37.0

卵は一斉にふ化し（森本[195]），幼虫は全期間を通じて集合性を保持する傾向があり，これは幼虫の生存に有利であると考えられている（桐谷[102]）．

本種は寄主植物の汁液だけで十分成育し，増殖するが，食虫性を示すこともある（荒川[5]）．

葉・茎・莢等の緑色部は吸汁されると，細胞が破壊されて白化する（Hori[48]，石倉[73]）．種子は吸汁されると被害粒となる．宮尾[189]は大根の発芽・発根に及ぼす影響を調査しているが，莢中で異常発根がみられることもある．盛岡市の東北農業試験場の圃場で連作栽培していた旭ナタネに本種が多数発生し，筆者（小林）の調査で密度が1975年の8月11日に1 m^{2}当たり成虫230〜270頭，幼虫100〜130頭（主に第5齢，一部第3・4齢）と高かった．この時このナタネの稔実状態は，健全粒率が56％，発根粒率が23％であり，これは無発根被害粒率（17％）より高かった．

i） ヒメナガメ *Eurydema dominulus* (SCOPOLI, 1763)

分布 本州，四国，九州，南西諸島；台湾，東南アジア

成虫 体長6.0〜8.5 mm．前種に似るが，藍色を帯びた黒色上の橙色紋が複雑であることで識別できる．

卵（図46，A〜E） 長径約1.0 mm，短径約0.7 mm．蓋部は円弧状に突出する．蓋部中央の帯白色

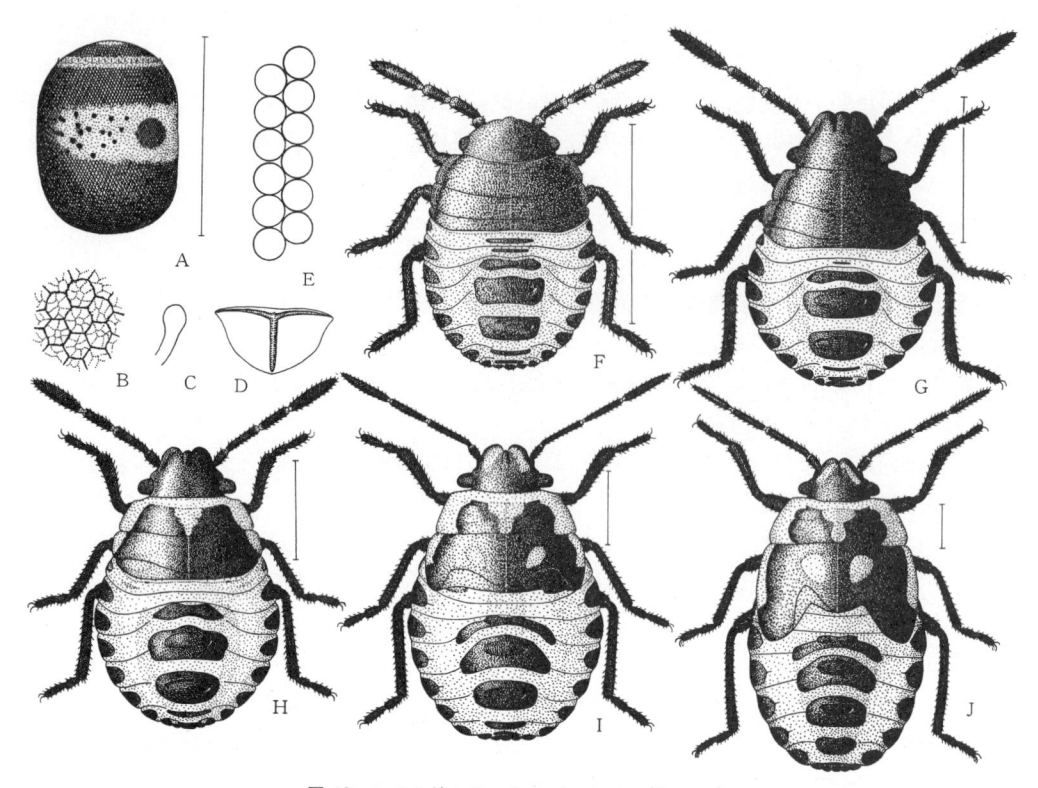

図 46　ヒメナガメ *Eurydema dominulus* (SCOPOLI)
A. 卵，B. 卵殻表面の蜂巣状構造，C. 受精孔突起，D. 卵殻破砕器，E. 卵塊，F. 第1齢幼虫，G. 第2齢幼虫，H. 第3齢幼虫，I. 第4齢幼虫，J. 第5齢幼虫．［傍線は1mm長］．　　　　　　　　　　　　　　　　　（小林原図）

円紋が小さく，肩部の帯白色輪紋の幅が狭く，側壁正面の帯白色部の中には大きな1個の暗黒色円紋のほかに10個余の同色の点状斑を散在する．受精孔突起は長さ35μで，39個内外．卵殻破砕器は縦長約200μ，横幅約380μ，骨格部は褐色．

幼虫（図46，F〜J）

第1齢：体長1.3 mm内外．前部臭腺盤は一般的プロペラ型．各胸背板長の比は3.0：2.0：1．触角および口吻の各節長比は1：1.3：1.3：2.9および1：1.2：0.8：1.3．

頭部，胸背板，腹背盤，側盤，触角および脚は主としてほぼ黒色，触角節間部は淡橙黄色．硬化盤以外の腹節部は橙黄色．複眼は暗赤色．

第2齢：体長1.9 mm内外．第2腹節の中央部に短棒状の腹背盤を有する．各胸背板長の比は5.0：4.3：1．触角および口吻の各節長比は1：1.8：1.8：3.1および1：1.2：0.7：0.8．

前齢とほぼ同色，ただし前齢における黒色部は漆黒色で，前および中胸背板の側縁部は暗橙黄色．

第3齢：体長2.8 mm内外．各胸背板長の比は8.0：7.0：1．触角および口吻の各節長比は1：2.1：1.9：2.9および1：1.3：0.6：0.9．

前齢とほぼ同色，ただし胸背の色斑は淡黄白色ないし橙黄色，側盤間は淡緑黄色．

第4齢：体長4.0 mm内外．各胸背板長の比は10.9：12.6：1．触角および口吻の各節長比は1：2.8：2.7：3.2および1：1.3：0.5：0.8．

前齢とほぼ同色，ただし頭部側葉と中胸背中央部にも橙黄色斑が現れ，腹背盤の間および前後は部分的に淡緑黄色を帯び，脚の基節〜腿節基部は帯白色となる．

8. カメムシ科 Pentatomidae （145）

第5齢：体長6.0 mm内外．各胸背板長の比は1：1.4：0．触角および口吻の各節長比は1：2.9：2.4：2.5および1：1.3：0.5：0.8．

前齢とほぼ同色，ただし個体により原小楯板の先端にも橙黄色斑が現れ，硬化盤以外の腹節部の中央部がほぼ一様に淡緑黄色を帯びる．

生態 越冬後の成虫は温暖地では早春から活動を始め，年に少なくとも2世代を営む．加藤[86]は本種がガマズミに寄生するのを観察しているが，これは越冬後の時期の成虫にみられる補助的吸汁であろうと考えられる．

j）イチモンジカメムシ *Piezodorus hybneri* (GMELIN, 1789)

分布 本州，四国，九州，南西諸島；東洋区，オーストラリア，アフリカ．

成虫 体長9.5～11 mm. 淡黄緑色で光沢があり，前胸背に紅色または白色の横帯があり，その前後が暗色を帯びる．第3腹板の棘状突起は中脚に達する．

卵（図47, A～E, Ishihara[71], 安永ら[324]） 円筒形で，長径約1.0 mm, 短径約0.7 mm. 初期にはごく淡い灰色を帯びた淡黄緑色，ふ化が近づくと淡赤褐色を帯びる．卵殻は白色，表面に不規則な網状構造があり，網の交点に1本の顕著な棘状突起を有し，網目内は不規則な細網状となる．これらの色により側壁上に2個，蓋部上に1個の暗色輪紋を形成する．また蓋部の周縁と側壁の最上縁に

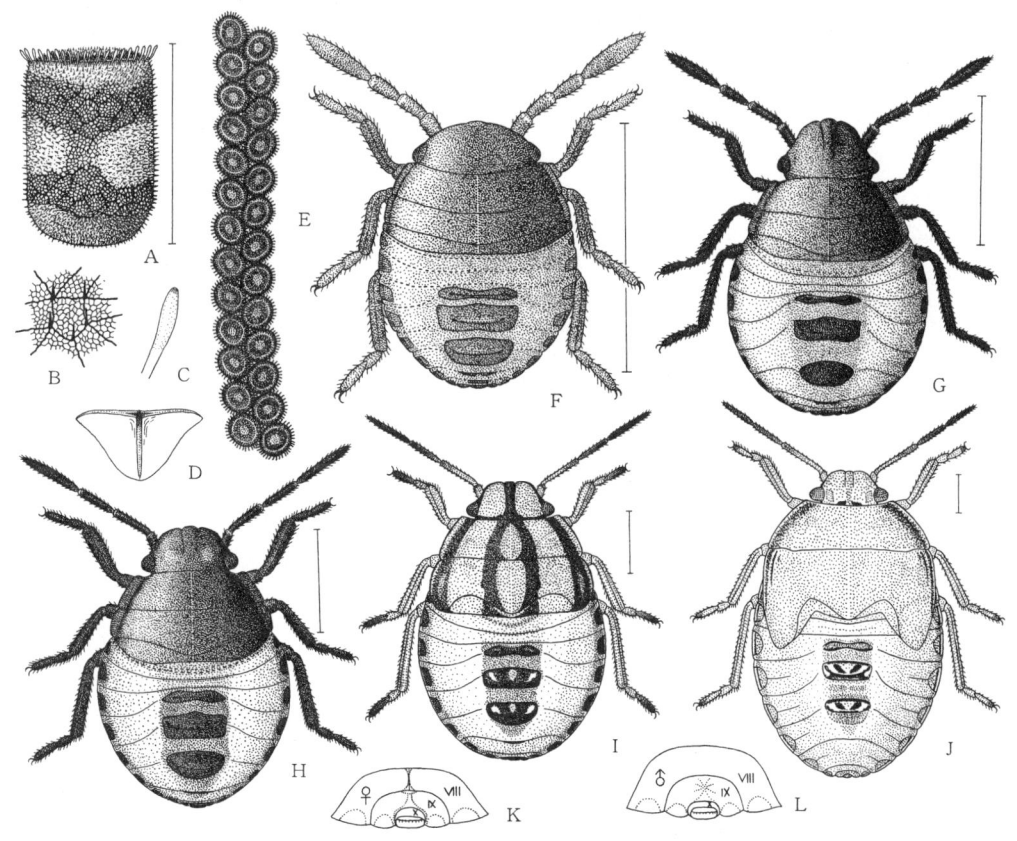

図47　イチモンジカメムシ *Piezodorus hybneri* (GMELIN)
A. 卵, B. 卵殻表面の顕著な棘状突起をもつ網状構造, C. 受精孔突起, D. 卵殻破砕器, E. 卵塊, F. 第1齢幼虫, G. 第2齢幼虫, H. 第3齢幼虫, I. 第4齢幼虫, J. 第5齢幼虫, K. 同齢雌の性徴, M. 同雄．［傍線は1 mm長］．

（小林原図）

白色で先端が丸い小突起が密に並び，受精孔突起輪の内側に一見ひだ状の2輪を形成する．受精孔突起はオール型で，130～140μと長く，基部は半透明，先端部は白色で，35～40個あり，先端は斜め外方へ向く．卵殻破砕器は縦長約200μ，横幅約360μ，骨格部の大部分は淡褐色，中心部は褐色，末端部は極めて淡い褐色；膜質部は無色透明．卵塊は通常20～50卵内外からなり，これらは2列に並べられる．

　幼虫（図47，F～L，Ishihara[71]，安永ら[324]）　体は厚い．

　頭部中葉は側葉より長い．口吻先端は第1齢では第3腹節，第2・3齢では第4腹節，第4齢では第3腹節，第5齢では後脚の基節付近に達する．

　原小楯板は第2齢から発達し始める．前および中胸背板の側縁は弧状，第1齢では平滑，第2齢以後では前者は不規則な小鋸歯状か鈍鋸歯状，後者は微かな細波状．後胸背板は左右それぞれ第1齢ではへら型で中胸背板より広く，第2齢ではオール型で中胸背板とほぼ等幅，第3齢では長刀刃型で中胸背板より狭い．脛節の稜部は第1齢では丸みを帯び，第2齢以後は直角状に角張る．前脛節のグルーミング剛毛は第1齢では3本，第2・3齢では3・4本，第4齢以後は4本，第5齢では僅かに離れている2本を加えて6本とも数えられる．

　前部臭腺盤はプロペラ型，中部臭腺盤は逆台形状で，前縁中央部が弱く前方へ突出する．第1および2腹節には腹背盤を欠く．第7節前縁の腹背盤は第1齢では披針形状のものが1対あるように見え，第2齢以後は紡錘形状．第8節の腹背盤はほぼ長方形状，第2・3齢では中央部で切れて2片に見えることがある．側盤は第1節では第4齢まで不等辺三角形状，第2～8節の前部節のものはややひずんだ半楕円形状，後部節のものは半円形状，外縁は緩弧状で平滑．孔毛は第1齢では第3～7節の気門の後内方に1個ずつあり，第2齢以後は同気門からほぼ等距離の後方に2個ずつあり，2個が円形基盤ほぼ1～3個分の間隔で内外に並ぶ．雌では第5齢幼虫の第8腹節の中央に，後縁から前縁に達する縦溝がある．

　体表には第1齢では点刻を欠き，第2齢以後は黒色または体と同色の円形小点刻を散布するが，硬化盤以外の腹節上では疎ら．体上には淡褐色短直毛を第2齢までは疎生し，第3齢以後はほとんどこれを欠く．体には光沢を有する．

　齢の検索表

　前記タマカメムシに同じ．

　第1齢：体長1.3mm内外．各胸背板長の比は4.5：3.5：1．触角および口吻の各節長比は1：1.0：1.1：2.6および1：1.1：1.2：1.5．

　頭部，胸背板，腹背盤および側盤は赤黒色．硬化盤以外の腹節部は赤色．複眼は暗赤色．触角および脚は主として暗赤褐色，触角第4節の先端部はやや淡色，節間部は黄赤色，脛節の先端部および跗節は暗色がかる．

　第2齢：体長1.9mm内外．各胸背板長の比は6.0：4.5：1．触角および口吻の各節長比は1：1.4：1.3：2.4および1：1.6：1.4：1.6．

　頭部，胸背板，腹背盤，側盤および脚は漆黒色．硬化盤以外の腹節部は主として橙黄色，中央部，側盤間および接合線は帯赤色．複眼は赤黒色．触角は主として黒色，節間部は淡赤色．

　第3齢：体長2.8mm内外．各胸背板長の比は9.1：9.5：1．触角および口吻の各節長比は1：1.9：1.9：2.9および1：1.7：1.5：1.6．

　体は前齢とほぼ同色，ただし頭部側葉の基部に1対の帯褐色小斑を現すことがあり，硬化盤以外の腹節部は主として淡緑黄色，腹背盤付近および側盤間は赤色か帯赤色，腹背盤域の側方部分は黄白色．触角の第1節は黒色，第2～4節は赤黒色ないし帯赤褐黒色，節間部は帯白色か帯赤色．脚は暗

赤褐色か帯赤褐黒色．

第4齢：体長4.5 mm内外．各胸背板長の比は9.6：11.5：1．触角および口吻の各節長比は1：2.4：2.2：2.9および1：1.6：1.4：1.2．

頭部および胸背部は主として黄褐色となるが，図（47, I）のような黒斑を残す．硬化盤以外の腹節部は主として淡緑黄褐色で，前齢と同様に赤色部や淡黄白色部がある．腹背盤および側盤は主として黒色，前者の淡色部と後者の外縁は淡褐色がかる．複眼は暗赤色．触角および脚は前齢とほぼ同色かやや淡色．色彩には個体変異があり，頭部，胸背板，腹背盤，側盤などが全て漆黒色のものもある．

第5齢：体長7.8 mm内外．成虫にみられる第3腹板中央の棘状突起の原形と考えられるものが円形の小瘤状に認められる．各胸背板長の比は1：1.6：0．触角および口吻の各節長比は1：3.0：2.2：2.5および1：1.5：1.2：1.1．

頭部および胸背部は主として淡褐色，ただし中・後胸背は僅かに淡黄緑色を帯び，図（47, J）のように暗黒色部を残す．硬化盤以外の腹節部と腹背盤は前齢とほぼ同色かやや淡色．側盤は硬化盤以外の腹節部とほぼ同色，外縁は帯白色か淡黄白色，亜外縁線は帯黒色．複眼は赤色または淡赤色，この後部は淡黄褐色．触角の第1節および第2節基部は淡褐色，第2節先端部および第3節は淡ないし暗赤褐色，第4節は赤褐色または赤黒色．脚は淡褐色，跗節先端部は濃色または暗色．色彩には個体変異があり，秋冷期には黒色部の多い個体が多くなる．

生態 ウマゴヤシ，アルファルファ，シャジクソウ類，ゲンゲ，レンリソウ，ハウチワマメ，カワラケツメイ，ヌスビトハギ，ハギ，クサネム，クズ，ダイズ，アズキ，ササゲ，インゲンマメ，ソラマメ，エンドウその他のマメ科の野生植物や作物の種子を摂食する．タチイヌノフグリに寄生したり，イネを吸害して斑点米を発生させたりもする（石倉ら[74]，伊藤[80]，川沢・川村[94]）．

山麓地帯や平地の草生地や農耕地に生息し，成虫態で日向の枯草むらや落葉等の間などで越冬する．四国地方では図48に示したように，越冬後の成虫は早春から活動を始め，年に3世代を経過する．

善通寺市内で1950年8～9月にダイズの子実をもつ生莢を餌として，自然日長・室温下で卵塊ごとに腰高シャーレを用いて集団飼育した結果は表20のとおり，卵期間は3～5日，幼虫期間は18

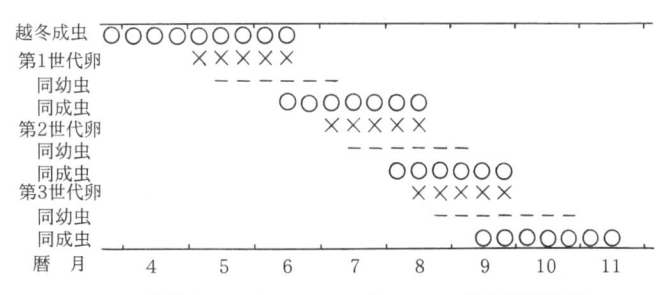

図48 四国地方におけるイチモンジカメムシの発生経過模式図
○：成虫活動期，×：卵期，—：幼虫期． （Kobayashi[151]）

表20 善通寺市内における自然日長・室温でのイチモンジカメムシの発育期間（石倉・永岡・小林・田村[74]）

反復	ふ化月日	卵期間（日）	幼虫期間（日）						全発育期間
			1齢	2齢	3齢	4齢	5齢	合計	
1	—	—	—	3～4	2	3	8	—	—
2	8.22	3	2	4	3	—	—	—	—
3	24	3	2	3	3	—	5	16	19
4	31	4	2	—	—	—	—	—	—
5	9.1	5	3	—	—	—	—	—	—
範囲		3～5	2～3	3～4	2～3	3	5～8	15～21	18～26
平均		3.8	2.3	3.5	2.7	3.0	6.5	18.0	21.8

表21 16L・8D下でアカクローバ+ダイズで簡易飼育したイチモンジカメムシの発育期間その他（菊池・小林[99]）

項目	試験温度					発育零点	有効積算温度	回帰式[1]		
	19℃	22℃	26℃	28℃	30℃			a	b	r^2
	日	日	日	日	日	℃	日℃			
卵期間	11.7	7.0	4.6	3.3	3.0	16.1	42	−0.3838	0.0239	0.929
調査卵数	55	268	232	147	289					
幼虫期間	—	—	19.5	16.7	14.5	14.3	227	−0.0632	0.0044	0.939
反復数			3	3	3					
羽化率	—	—	57.8 %	23.2 %	67.5 %					
産卵数[2]	—	—	1628.0	974.3	1089.7					
産卵前期間	—	—	7.5日	9.8日	8.0日					

注．1) $y = a + bx$，発育速度 y (1/卵期間) (1/幼虫期間) の温度 x に対する回帰式．
　　2) 雌2頭当たりの産卵数．

表22 イチモンジカメムシを28℃，16L・8Dで簡易飼育した試験における幼虫期間・羽化率・産卵数等（菊池・小林[100]）

餌種子	幼虫期間	成虫体長		羽化率	成虫寿命	産卵数	ふ化率
		雄	雌				
	日	mm	mm	%	日	卵	%
アカクローバ [a, b]	17.1	9.3	9.3	47.5	90.9	213.0	43.4
ダイズ [a, b]	18.3	9.3	9.2	56.3	45.4	7.0	0
ラッカセイ [a, b]	20.5	8.8	8.9	46.7	62.8	102.0	65.4
エンドウ [b]	—	—	—	0	—	—	—
アカクローバ+ダイズ [b]	18.8	8.5	9.4	66.2	98.3	505.3	86.1
アカクローバ+ラッカセイ [a, c]	18.4	8.0	9.5	27.8	63.0	104.0	—
アカクローバ+エンドウ [a, b]	17.7	8.9	9.5	75.0	122.6	693.3	75.2
ダイズ+ラッカセイ [a, c]	19.0	8.8	9.7	44.5	107.5	822.5	60.4
ダイズ+エンドウ [a, b]	18.9	8.9	9.2	83.4	60.3	361.5	90.8
ラッカセイ+エンドウ [a, c]	20.5	8.8	8.8	22.2	133.3	—	—
アカクローバ+ダイズ+ラッカセイ [a, c]	18.0	9.3	9.5	33.3	110.3	392.0	69.8

注．各区10個体，次記以外は3反復調査．
　　a) 幼虫は2反復，b) 成虫は2反復，c) 成虫は1反復．

～26日であった．また，つくば市内で1981年10月に採集した成虫を室内で越年させ，翌年1月末から19～30℃，16L-8D条件下で飼育した結果は表21のとおりであった．

つくば市内で1981～1984年の9～10月に採集した成虫を，給餌テープに貼付したクローバ，ダイズ，ラッカセイその他の乾燥種子で飼育して，幼虫期間，羽化率，産卵数その他を比較した結果は表22のとおりで，アカクローバとダイズ，アカクローバとエンドウなどの混合餌が比較的優れていると考えられた．

成虫は灯火に飛来する．産卵には明確な日周リズムが認められ，温度に関係なく，産卵は明期開始後8時間目から始まり，その後暗期開始まで続く（菊地[97]）．

k) シラホシカメムシ属 *Eysarcoris* HAHN, 1834

(i) 形　態

ア) 卵：ほぼ短楕円形で，長径0.7～1.0 mm内外．表面に顕著で相当規則的な網状構造を有し，この網の各交点に顕著な棘状突起があり，蓋部に1輪，側壁部に2または1輪の暗色輪紋を現す．受精孔突起は棍棒（標準）型で弱く内方へ曲がり，白色，54～57 μ内外と比較的長く，数は18～35個内外．卵殻破砕器は縦長110～190 μ内外，横幅250～350 μ内外，膜質部は一様に透明．卵塊は通常

12個またはこれ以下の卵からなり，卵は2列または1列に並べられる．

イ）幼虫：体は厚い．

頭部中葉は各齢を通じて側葉より長いか，老齢においてそれとほぼ等長．触角突起は前背方から，第1齢では不明瞭に，第2齢以後は明瞭に見える．口吻の第3節は太く短くビール樽型．口吻の先端は後脚の基節ないし第2腹節付近に達する．上唇は短く，先端は口吻第1節の，第1齢では先端部，第2〜4齢では基部，第5齢では中部に達する．

原小楯板は第2齢から発達し始める．後胸背板は左右それぞれ第1齢ではへら型で中胸背板より広い；第2齢ではオール型で側縁は小円弧状か弧状，中胸背板より広いかこれとほぼ等幅；第3齢では長刀刃型で側縁がとがり，中胸背板より相当狭い．前および中胸背板の側縁は第2齢以後小鋸歯状．脛節の稜部は第3齢までは相当丸く，第4・5齢ではやや丸味を帯びる直角状．前脛節のグルーミング剛毛は第1・2齢では2・3本，第3齢以後は4本．

前部臭腺盤はプロペラ型，中部臭腺盤は第1齢では逆台形状，第2齢以後では前縁中央部が前方へ突出した五角形状．臭腺の中および後部開口部の前内方は弱く隆起し，第1または2齢以後開口部に各1個の小牙状突起が認められるが，種と齢により不明瞭な場合もある．第1および2腹節の腹背盤は棒状で，第2または4齢まで認められる．第7節の腹背盤は小紡錘形状か短棒状，第2・3齢では前者の中央部がくびれることがある．第8節の腹背盤はほぼ長方形状で前節のものより大きいが，第4・5齢では不明瞭な場合がある．側盤は第1節では第3齢までは不等辺三角形状か半円形状，第2〜8節では第3齢までは台形状か半楕円形状ないし半円形状，第4・5齢期には台形状ないし半円形状；外縁はいずれも緩弧状でほぼ平滑．孔毛は第1齢では第3〜7節の気門の後内方に1個ずつあり，第2齢以後は同気門の後方とこの内方に1個ずつあり，2個が円形基盤約1〜3個分の間隔で内外に並ぶ．雌では第5齢幼虫の第8節に後縁から前縁近くに達する縦溝がある．

体上には第1齢では点刻を欠き，第2齢以後は硬化盤以外の腹節部を含めて円形の粗大または小点刻をやや密に散布するが，同腹節上では第1・2齢期にやや疎ら．体上の毛は淡褐色の短直毛で，第1・2齢では疎ら，第3齢以後は著しく疎らになる．

齢の検索表

前記タマカメムシに同じ．

ウ）*Eysarcoris* 属5種の検索表

卵

1（2）卵は長径約0.7 mm，卵殻破砕器は幅約250 μ とやや小型 ・・・・・・・・・・・ シラホシカメムシ

2（1）卵は長径約0.8〜1.0 mm，卵殻破砕器は幅約300 μ 以上とやや大きい．

3（4）側壁上の輪紋は1輪で狭く，受精孔突起数は23〜28 ・・・・・・・・ ムラサキシラホシカメムシ

4（3）側壁上の輪紋は2輪，受精孔突起数は21以下か33以上．

5（6）受精孔突起数は18〜21 ・・・・・・・・・・・・・・・・・・・・・・・・・・・・ マルシラホシカメムシ

6（5）受精孔突起数は33〜35内外．

7（8）卵は長径約0.9 mm，卵殻破砕器は幅約300 μ とやや小さい ・・・・・・ トゲシラホシカメムシ

8（7）卵は長径約1.0 mm，卵殻破砕器は幅約350 μ とやや大きい

・・ オオトゲシラホシカメムシ

幼虫

1（2）第1齢：硬化盤以外の腹節部は黄赤色；第2〜5齢：体上の点刻はやや小型

・・・ シラホシカメムシ

2（1）第1齢：硬化盤以外の腹節部は帯褐黄赤色，橙黄色，淡黄白〜淡赤色または淡黄色；

第2～5齢：体上の点刻は粗大.
3 (4) 第1齢：硬化盤以外の腹節部は帯褐黄赤色；第2～5齢：体表に光沢がある
……………………………………………………………………… ムラサキシラホシカメムシ
4 (3) 第1齢：硬化盤以外の腹節部は橙黄色，淡黄白～淡赤色または淡黄色；第2～5齢：
体表に光沢がない.
5 (6) 第1齢：硬化盤以外の腹節部は橙黄色；第2～5齢：同腹節部地色は帯橙・赤紫色
……………………………………………………………………………… マルシラホシカメムシ
6 (5) 第1齢：硬化盤以外の腹節部は淡黄白～淡赤色または淡黄色；第2～5齢：同腹節部
地色は帯白～帯褐色.
7 (8) 第1齢：硬化盤以外の腹節部は淡黄白～淡赤色；第2齢：後胸背板の側縁は小円弧状；
第3・4齢：第1・2腹節に腹背盤が明瞭，胸背板に金属光沢がない；第5齢：後脚脛節
は先端部が僅かに暗褐色 ……………………………………… トゲシラホシカメムシ
8 (7) 第1齢：硬化盤以外の腹節部は淡黄色；第2齢：後胸背板の側縁は緩弧状；第3・4齢：
第1・2腹節に腹背盤が不明瞭，個体により胸背板に金属光沢がある；第5齢：後脚脛
節は両端部が顕著に黒褐色 ……………………………………… オトゲシラホシカメムシ

(ii) 生　態

　各種とも草生地に生息して草上生活を行うが，ムラサキシラホシカメムシは山間部，山麓部，林縁部などの弱く遮光される環境に，他の4種は原野，土堤，路傍，水田地帯，林縁地，海岸，山麓などの日当たりのよい環境に生息する．いずれも多食性で，寄主植物はイネ科，マメ科，キク科，シソ科，キンポウゲ科，タデ科，その他と多岐にわたるが，ムラサキおよびマルシラホシカメムシはイネ科以外のものを，シラホシおよびトゲシラホシカメムシはイネ科を嗜（し）好し，オオトゲシラホシカメムシは中間的のようである．いずれも主として種子を中心とする生殖成長部を摂食して発育するが，茎葉部その他の栄養生長部からも吸汁する．稀に食虫性が示されることもある．産卵は主として寄主植物の生殖成長部（穂，花蕾，花序，莢等）やこの近くの茎葉部に平面的に2または1列の卵塊で行われる．移動性や飛翔性は比較的弱い．灯火にはほとんど飛来しない．寒冷地では年に1・2世代，暖地では2～4世代を営み，成虫態で，生息場所付近の日向の冬枯れのイネ科やスゲ科の株内，冬枯れの草むら，落葉，木片，石礫等の間や下などで越冬する．

1) シラホシカメムシ *Eysarcoris ventralis* (WESTWOOD, 1837)

　分布　本州，四国，九州，南西諸島；台湾，中国，東南アジア．
　成虫　体長5～7mm，淡灰色で黒色点刻を散布する．前胸背側角の先端は丸く，小楯板基部両側に各1個の小形の円形黄白紋を有する．
　卵（図49, A～E, 小林[126], 安永ら[324]）　長径約0.7 mm，短径約0.6 mm．初期には淡黄褐色，ふ化前には淡赤褐色を帯び，眼点が赤色に透視される．卵殻は白色，蓋部に1輪と側壁部に2輪の比較的明瞭で広い暗色輪紋を現す．受精孔突起は長さ 54μ で，25個内外．卵殻破砕器は縦長約110 μ，横幅約250μ，骨格部は主として淡褐色，中心部は褐色．卵塊は通常数個ないし10個余の卵よりなり，これらは1列または2列に並べられる．
　幼虫（図49, F～N, 小林[126], 安永ら[324]）　頭部中葉は各齢を通じて側葉より長い．
　後胸背板は第2齢では中胸背板より広く，側縁は弧状．
　臭腺開口部の牙状突起は第2・3齢においてトゲシラホシカメムシのものよりやや小さく，他の齢では不明瞭．第1および2腹節の腹背盤は第4齢まで認められる．第7節の腹背盤は小紡錘形状，第

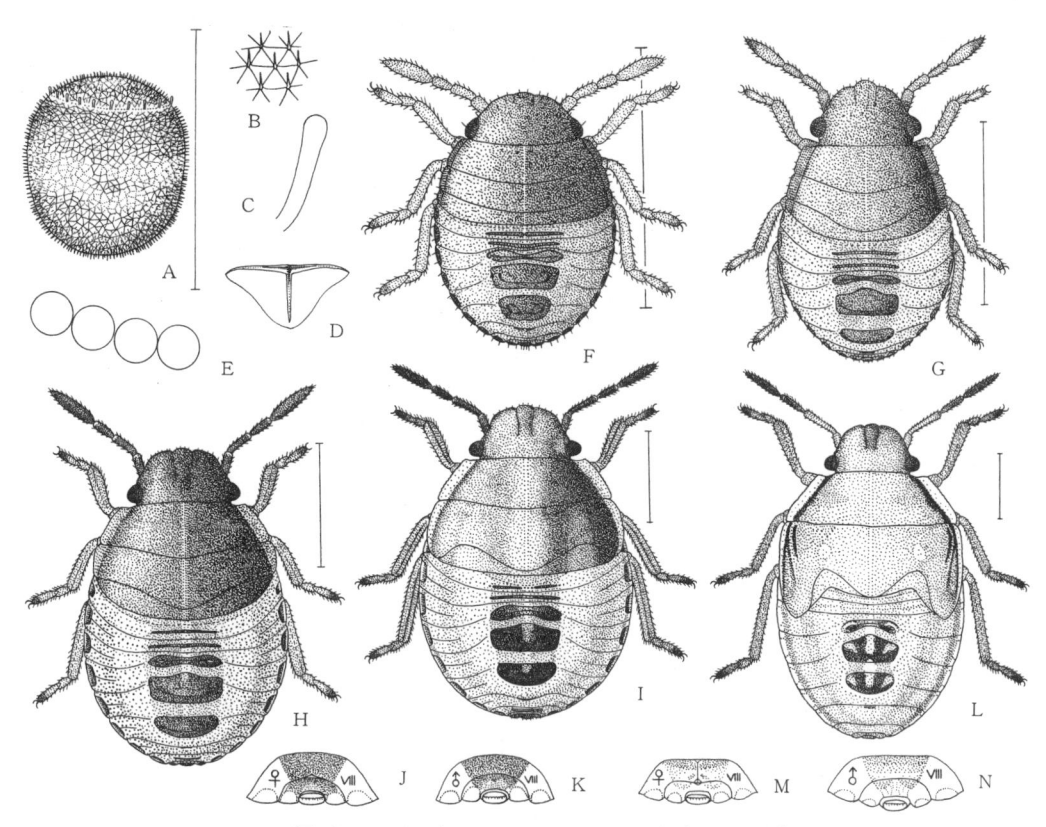

8. カメムシ科 Pentatomidae　(151)

図49　シラホシカメムシ *Eysarcoris ventralis* (Westwood)
A. 卵, B. 卵殻表面の棘状突起をもつ網状構造, C. 受精孔突起, D. 卵殻破砕器, E. 卵塊, F. 第1齢幼虫, G. 第2齢幼虫, H. 第3齢幼虫, I. 第4齢幼虫, J. 同齢の雌と推測される個体の第8～10節腹面, K. 同雄, L. 第5齢幼虫, M. 同齢雌の性徴, N. 同雄. ［傍線は1mm長］.
(小林[126]一部改)

3齢では中央部がくびれることがある. 第8節の腹背盤は長方形状, 第4・5齢では時に不明瞭. 各節の孔毛2個の間隔は円形基盤2個分内外.

体上には第2齢以後他種より小さい小点刻を散布する. 体表には光沢を有する.

第1齢：体長1.0mm内外. 各胸背板長の比は2.8：2.2：1. 触角および口吻の各節長比は1：0.8：0.8：1.9および1：1.4：0.8：1.4.

頭部, 胸背板, 腹背盤および側盤は赤褐色または暗褐色. 硬化盤以外の腹節部は黄赤色. 複眼は暗赤色. 触角と脚は主として淡赤黄色, 触角第4節は大部分淡黄褐色, 跗節はごく淡い黄褐色で, 先端は暗色.

第2齢：体長1.5mm内外. 各胸背板長の比は5.0：4.0：1. 触角および口吻の各節長比は1：1.0：1.0：2.1および1：1.7：0.6：1.0.

前齢とほぼ同色, ただし体の赤色が弱くなり, 腹節接合線と腹背盤間は正中部を除きほぼ赤色, 複眼は赤黒色, 触角第1節と腿節の両基部は暗褐色, 第4節は個体により主に淡橙黄色.

第3齢：体長2.3mm内外. 各胸背板長の比は5.0：4.8：1. 触角および口吻の各節長比は1：1.3：1.2：2.2および1：1.6：0.4：0.7.

体は前齢とほぼ同色かやや濃色, ただし胸背板および側盤の各側縁部はほぼ淡褐色；個体により胸部正中線上, 前および中部臭腺盤の中央部なども淡褐色；硬化盤以外の腹節部は主として淡黄褐

色，接合線はほぼ赤色，腹背盤間は正中部を除き淡黄赤褐色，側盤のやや内方は点刻がやや密で淡緑色を帯びる．触角は主として暗褐色，ただし第3節両端の節間部は淡赤色．腿節は主として暗褐色，この先端および脛節は褐色，跗節は暗色の先端部を除き淡褐色．

第4齢：体長3.4 mm内外．各胸背板長の比は10.3：12.8：1．触角および口吻の各節長比は1：1.5：1.2：2.2および1：1.7：0.5：0.6．

前齢とほぼ同色で，全体的に黒褐色ないし淡褐色，最淡色部はほぼ白色；腹背盤間の腹節部も淡緑色を帯び，側盤間と接合線は黄赤色を帯びる；触角の節間部は白色または赤色．

第5齢：体長5.0 mm内外．各胸背板長の比は1：1.38：0．触角および口吻の各節長比は1：2.3：1.8：2.8および1：1.8：0.5：0.6．

前齢とほぼ同色，図（49, L）のような濃淡部があり，濃色部はほぼ黒色，中胸背に1対の白色円紋を現わし，側盤内縁部付近の亜側縁部は赤褐色を，この内方の縦帯部と前部臭腺盤の前方はほぼ淡青緑色を帯びる．

生態 寄主植物はイネ科のイタリアンライグラス，オーチャードグラス，カナリーグラス，スズメノテッポウ，*Setaria* spp., *Panicum* spp., ダリスグラス，*Digitaria* spp., オヒシバ，イチゴツナギ，カモジグサ，イネその他，カヤツリグサ科のミズガヤツリ；トウダイグサ科のエノキグサ；マメ科のアズキ，シャジクソウ類その他；タデ科の *Polygonum* spp., アカネ科のカワラマツバなどである．イネでは不稔籾や斑点米を発生させ，ダイズやムギなどの乾燥種子でも飼育できる（川沢・川村[94]，農林水産技術会議事務局[218]）．

越冬後の成虫は年に1～3・4世代を営むようである．中沢ら（広島県立農試[43]）の研究によると，広島県下では地帯により1～3世代を営み，1世代地帯は県西北部のごく一部（芸北町）にみられ，2世代地帯は県中北部地帯に，3世代地帯は中南部にみられる．年2世代地帯と3世代地帯の境界線は，標高500 mの線とほぼ一致する．越冬後の成虫を賀茂郡黒瀬町で採集し，30対を自然日長・自然室温下で玄米を給餌して飼育した成績によると，第1世代雌成虫は大多数が次世代卵を産卵するが，幼虫末期を休眠条件臨界日長（14.0～13.5 hrsと推定）以下の光条件下で経過した少数個体は，第1世代成虫で越冬すると推測される．第2世代成虫は7月末ごろから羽化し始めるが，8月中旬（日長臨界値14.0 hrs）か8月下旬（同13.5 hrs）以前に羽化した雌（7月20日以前か8月上旬以前の産卵に由来する）は第3世代の卵を産卵する．これより後に羽化した雌は産卵することなく越冬に入る．第3世代成虫は9月10日ごろから羽化し始めて越冬虫となるが，有効積算温量から推測して8月下旬までに産下された卵でないと幼虫発育が全うできないと考えられた．中沢ら（広島県立農試[44]）はその後（1979），8月中旬以降に採集した幼虫を玄米で飼育し，羽化した成虫の卵巣発育を調べ，8月第6半旬に羽化した雌の約60 %，9月第2半旬以後に羽化した雌の総てにおいて卵巣が発育しないことを確認している．

農林水産技術会議事務局[218]の取りまとめ資料によると，富山，長野，愛知，滋賀，岡山，広島，山口などの諸県では年に2世代を，佐賀と宮崎県では3・4世代を営む．富山県（常楽・長瀬[81]）内ではトゲシラホシカメムシとほぼ同様の経過（後述）をたどるが，発生量はやや少ない．宮崎県（永井・野中[204]）内ではヒエ，メヒシバ，タデ，エノコログサ，イタリアンライグラス，イネなどの主として生殖成長期の混合餌飼育において，第1世代成虫は5月下旬，第2世代成虫は7月上旬，第3世代成虫は8月中旬，第4世代成虫は10月上旬から羽化したが，一部3世代で終るものも認められた．成虫の寿命は越冬世代が176～258日，平均208日，第1～3世代成虫が21～106日，平均約60日であった．また，恒温飼育下における産卵前期間（平均値±標準誤差）は広島県立農試[43]では20.0 ℃で29.7±4.9日，22.5 ℃で43.4±8.2，25.0 ℃で26.6±3.1日，27.5 ℃で8.6±0.5日，

8. カメムシ科 Pentatomidae

表23 シラホシカメムシの温度別発育期間 (石井ら[72])

温度	卵数	卵期間(日)	幼虫数	羽化率(%)	性	幼虫期間(日)						産卵前期間(日)
						1齢	2齢	3齢	4齢	5齢	合計	
20	68	7.8±0.9	65	32.3	雌	4.6	6.5	5.9	7.8	10.1	34.9±3.4	21.0±4.2
					雄	5.0	9.2	8.0	6.9	8.9	38.0±9.0	
					雌雄	4.8	8.2	7.2	7.2	9.4	36.8±7.4	
25	99	3.1±0.6	86	44.2	雌	2.5	4.0	3.1	3.3	5.1	18.0±2.0	10.3±6.9
					雄	2.4	3.9	3.2	3.1	4.9	17.5±1.7	
					雌雄	2.4	3.9	3.2	3.2	5.0	17.7±1.7	
30	126	2.7±1.0	112	28.6	雌	2.3	3.0	2.3	2.8	4.1	14.5±1.2	8.2±3.7
					雄	2.1	3.3	2.9	3.0	3.9	15.2±1.5	
					雌雄	2.1	3.2	2.7	2.9	4.0	14.9±1.4	

注. 飼育は長日条件 (16時間照明).

30.0℃で7.4±0.8日であり，菊地[98]が長日条件 (15L・9D) でダイズとアカクローバの乾燥種子を給餌して19.5℃～29.5℃で恒温飼育した試験では，産卵前期間は6～26日内外，産卵数は42～212内外，生存日数は31～39日内外であった.

発育期間は前記広島県立農試[43]が自然日長・自然室温下で飼育した成績によると，卵期間は5月上～下旬に14.2～7.0日，6月上～下旬に7.1～5.7日，7月上～下旬に5.8～4.3日，8月上～下旬に4.8～6.9日であり，全発育期間は5月下旬に42日内外，6月上～下旬に41～35日内外，7月上～下旬に30～28日内外，8月上旬に33日内外であった．また，中沢・林[213]によると，発育零点と有効積算温量は卵が13.7℃と60.3日度，雌幼虫が16.0℃と232.1日度，雄幼虫が16.2℃と227.0日度であり，発育速度の回帰式は卵が $Y = -0.2274 + 0.0166 X$，雌幼虫が $Y = -0.0688 + 0.0043 X$，雄幼虫が $Y = -0.0715 + 0.0044 X$ であった．

一方，宮崎県 (永井・野中[205]) 内では卵期間が4～9の各月に，それぞれ7.8, 6.7, 5.4, 4.1, 4.3および4.7日であり，幼虫期間が第1世代 (5～6月) において平均31.9日，第2世代 (6～7月) において平均19.1日，第3世代 (8月) において17.6日，第4世代 (9～10月) において37.6日であった．菊地[98]も前記試験でほぼ同じ成績を得ている．

石井ら[72] (島根農試) がコムギ種子を餌として成虫を1対，幼虫を個体別に恒温飼育した結果は表23のとおりで，全発育期間は20℃で45日内外，25℃で21日内外，30℃で17.6日内外であった．

斑点米発現力は強く (鳥取)，乳～糊熟期放飼でホソハリカメムシの1.6倍 (島根) であった．乳熟期における1頭1日当たり斑点米発生粒数は1.30 (高知)，5日および10日当たり同発生粒数は3.4および5.3 (山口) であった (農林水産技術会議事務局[218]).

食虫性がみられることがある．日高[38]は雌雄の成虫がイネクロカメムシの卵を1日に135個も吸収したという．

m) ムラサキシラホシカメムシ *Eysarcoris annamita* BREDDIN, 1913

分布 本州, 四国, 九州; ベトナム.

成虫 体長4.5～5.5 mm. 次種に似るが，紫褐色の地に黒色点刻を密布して光沢を有し，小楯板基部両側の黄白色の楕円紋がはるかに大きい．

卵 (図50, A～E, 小林[126], 安永ら[324]) 長径約0.8 mm, 短径約0.7 mm. 初期には極めて淡い褐色，ふ化前には淡橙黄色を帯び，眼点が赤色に透視される．卵殻は帯白色半透明，蓋部と側壁上部に各1輪の不明瞭で狭い暗色輪紋を現す．受精孔突起は長さ57μで，23～28個内外. 卵殻破砕器

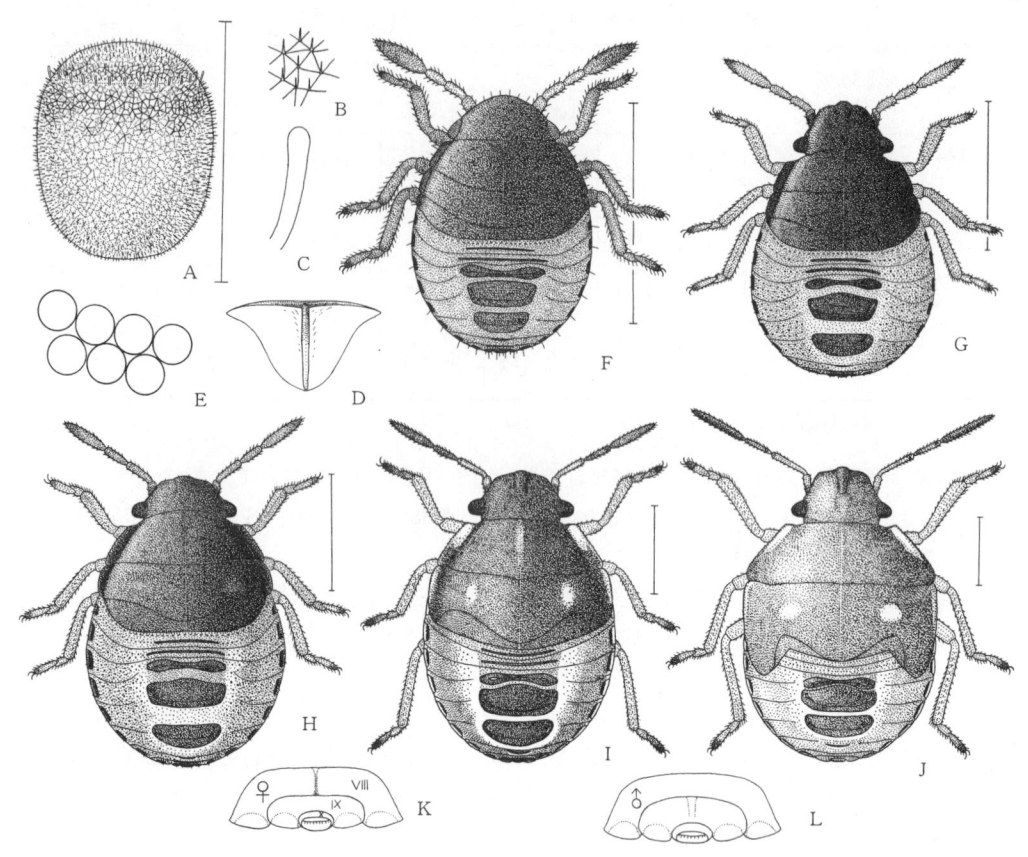

図 50　ムラサキシラホシカメムシ *Eysarcoris annamita* BREDDIN
A. 卵，B. 卵殻表面の棘状突起をもつ網状構造，C. 受精孔突起，D. 卵殻破砕器，E. 卵塊，F. 第1齢幼虫，G. 第2齢幼虫，H. 第3齢幼虫，I. 第4齢幼虫，J. 第5齢幼虫，K. 同齢雌の性徴，L. 同雄．[傍線は1mm長].

(小林[126]一部改)

は縦長約170μ，横幅約310μ，骨格部の歯状突起は黒褐色，その周辺部は褐色，末端部はごく淡い褐色．卵塊は通常3〜12個，平均7個の卵よりなり，これらが2列に並べられる．

　幼虫（図50，F〜L，小林[126]，安永ら[324]）　頭部中葉は各齢を通じて側葉より長い．

　後胸背板は第2齢では中胸背板とほぼ等幅，側縁は小円弧状．

　臭腺開口部の牙状突起は第2および3齢においてトゲシラホシカメムシのものよりやや小さく，他の齢では不明瞭．第1および2節の腹背盤は第4齢まで認められる．第7節の腹背盤は第1齢では短棒状，第2齢以後は小紡錘形状．第8節の腹背盤は各齢とも長方形状．各節の孔毛2個の間隔は円形基盤1〜2個分内外とやや狭い．

　体上の点刻は黒色で粗大．体表には光沢を有し，第4齢以後体上にほとんど毛を欠く．

　第1齢：体長1.0mm内外．各胸背板長の比は4.3：3.2：1．触角および口吻の各節長比は1：1.0：1.0：2.5および1：1.2：0.8：1.5．

　頭部，胸背板，腹背盤および側盤は黒褐色．硬化盤以外の腹節部は帯褐黄赤色．複眼は鮮紅色．触角第1節の基部は暗色，同先端部〜第3節は淡褐黄色，第4節はほぼ灰色，先端は暗色．腿節は暗褐色，脛節および跗節はほぼ淡褐色，跗節先端は暗色．

　第2齢：体長1.7mm内外．各胸背板長の比は4.3：4.5：1．触角および口吻の各節長比は1：1.2：1.1：2.5および1：1.4：0.6：0.9．

前齢より体はやや濃色，触角と脚はやや淡色，ただし胸背側縁部と側盤外縁部はやや淡色で暗褐色，腹節部の腹背盤付近は淡赤黄色，触角の第2〜4節の大部分は淡褐黄色.

第3齢：体長2.2 mm内外．各胸背板長の比は5.2：5.4：1．触角および口吻の各節長比は1：1.4：1.3：2.7および1：1.6：0.6：0.9．

前齢とほぼ同色，ただし胸背側縁部と側盤の外縁部は褐色となり，中胸背板に左右1対の暗褐色小斑を現わし，硬化盤以外の腹節部は主として黄赤褐色で，腹背盤付近は帯黄色．

第4齢：体長3.3 mm内外．各胸背板長の比は9.5：10.0：1．触角および口吻の各節長比は1：1.7：1.4：2.7および1：1.6：0.5：0.9．

頭部，胸背板，腹背盤および側盤は主として褐黒色で，幽かに赤銅色光沢を有し，前および中胸背の側縁の前半部および側盤外縁部はほぼ白色．中胸背に1対の楕円形白斑を現し，個体により前胸背の正中部が淡褐色を帯びる．硬化盤以外の腹節部は主として暗赤褐色で，腹背盤付近は白色．複眼は赤黒色．触角と脚は前齢とほぼ同色かやや濃色で，触角第2節先端部は淡黄赤色．

第5齢：体長5.0 mm内外．各胸背板長の比は1：1.23：0．触角および口吻の各節長比は1：1.9：1.5：2.4および1：1.6：0.6：0.8．

前齢とほぼ同色，ただし体表に強い赤銅色光沢を有し，個体により頭頂部がやや淡色で，触角の第2・3節の両端部が暗色を帯びる．

生態 下記の植物に寄生する．キク科：タンポポ，ニガナ，*Erigeron* spp.など；マメ科：アズキ，ダイズ，シャジクソウ類；イネ科：*Panicum* spp.，トウモロコシ，オヒシバ，アシボソなど；クワ科：クワクサ；タデ科：ミズヒキ；スベリヒユ科：マツバボタン；ナデシコ科：ミミナグサ；キンポウゲ科：ウマノアシガタ；バラ科：ナワシロイチゴ；カタバミ科：カタバミ；スミレ科：スミレ；アカバナ科：ミズタマソウ；セリ科：チドメグサ，オオバチドメグサ，ドクゼリ；シソ科：*Salvia* spp.，シソ，アキチョウジ；ゴマノハグサ科：タチイヌフグリ；オオバコ科：オオバコ；ツユクサ科：ツユクサ．イネの穂に寄生して斑点米を発生させることがあり，玄米や小麦でも飼育できる（日浦[46]，川沢・川村[94]，農林水産技術会議事務局[218]）．

越冬後の成虫は，四国地方では4月中旬から活動を始め，5月中旬ごろから約1ヵ月間交尾，産卵し，7月上・中旬ごろまでに死ぬ．年に2世代を営み，第1世代成虫は6月下旬から7月下旬にかけて出現し，約1カ月間にわたって交尾，産卵した後，概ね9月上旬ごろまでに死ぬ．第2世代成虫は8〜9月に出現し，11月上旬ごろから越冬に入る．

筆者（小林）は1951年5〜7月に香川県琴平町産の成虫から得た卵と幼虫を，タチイヌフグリ，タンポポ，オオバコ，カタバミなどの種子部分，切開したダイズ若莢などを餌として，腰高シャーレを用いて自然日長・室温下で飼育した．結果は表24のとおりで，平均の卵期間は6.8日，幼虫期間

表24 ムラサキシラホシカメムシの第1世代の卵および幼虫の発育経過と発育期間

反復	卵数	卵・幼虫期間（日）							発育期間（月日）
		卵	1齢	2齢	3齢	4齢	5齢	幼虫計	
1	12×2	7〜8	4〜5	6	6〜7	8	13〜15	37〜41	5.26〜7.13
2	12×2	7	5	5	7	8	14〜17	39〜42	5.28〜7.16
3	12	7	4	7	5	8	10〜14	34〜38	5.30〜7.14
4	3,6,7,10×2	6〜7	4	6〜7	5	8	12〜15	35〜39	5.31〜7.15
5	7,8,12	6	4	7	5〜6	8〜9	10〜13	34〜39	6.1〜7.16
平均		6.8	4.3	6.3	5.8	8.1	13.3 (11.8〜14.8)	37.8 (35.8〜39.8)	

表25 恒温飼育におけるムラサキシラホシカメムシの産卵および発育関係数値（菊池[98]―部訂正）

温度	産卵前期間（日）	産卵数（/1雌）	孵化率	生存日数（雄）	生存日数（雌）
19.5℃	15.38±2.12 (34)	185.1±68.10 (10)	63.53	130.35±48.62 (36)	86.7±22.37 (10)
24.5℃	6.95±1.03 (37)	265.7±151.63 (10)	87.73	89.74±32.45 (36)	60.25±30.16 (10)
29.5℃	6.06±1.06 (33)	233.55±82.99 (11)	77.73	68.80±25.97 (32)	38.45±13.82 (11)

温度	卵期間（日）	幼虫期間（雄）	幼虫期間（雌）	幼虫期間（雄＋雌）	羽化率（％）
19.5℃	10.09±0.28 (117)	45.53±2.71 (38)	45.51±3.22 (41)	45.52±2.97 (79)	67.52
24.5℃	5.01±0.10 (110)	22.73±1.48 (40)	22.37±1.40 (38)	22.55±1.45 (78)	72.22
29.5℃	3.78±0.42 (108)	17.03±0.87 (34)	16.76±0.93 (37)	16.89±0.90 (71)	66.36

注．平均値±標準偏差（調査数）．

は38日であった．

伊藤[79]がつくば市内で小麦と玄米を餌として26℃，長日（16L・8D）条件で飼育した成績によると，幼虫期間は21～23日，成虫の寿命は80～130日内外，産卵前期間は8日内外，産卵数は少ないものは200卵以下，多いものは300卵以上であった．小麦の餌では1卵塊が12卵よりなるものが多かったが，玄米の餌では3・4卵よりなるものが多かった．

菊地[98]が長日（15L・9D）条件下でダイズとアカクローバの乾燥種子を給餌して，19.5～29.5℃で恒温飼育した試験では，産卵前期間が6～15日内外，産卵数が185～266内外，成虫の生存日数が38～130日内外，卵期間が4～10日内外，幼虫期間が17～46日内外，羽化率が66～72％内外であった（表25）．また，島根農試[262]のカメムシ類試験成績概要によると，卵期間は20℃で9.1日，25℃で6.0日，幼期間は25℃で31.0日であった．

n）マルシラホシカメムシ *Eysarcoris guttiger* (THUNBERG, 1783)

分布 本州，四国，九州，南西諸島；朝鮮半島，台湾，中国，ビルマ，インド等．

成虫 体長4.5～6.0 mm．淡褐色の地に暗色の点刻が目立ち，光沢がなく，小楯板基部の黄白紋は南西諸島や東洋熱帯では淡赤色を帯びることがある．

卵（図51, A～E, Kobayashi[118], 小林[126]） 長径約0.8 mm，短径約0.7 mm．初期には一見灰色，ふ化前には一見褐色を帯び，眼点が赤色に透視される．卵殻は淡褐色，蓋部に1輪と側壁に2輪の不明瞭で狭い暗色輪紋を現す．受精孔突起は長さ55μで，18～21個内外．卵殻破砕器は縦長約160μ，横幅約310μ，骨格部は淡褐色．卵塊は通常3～12個，平均7個内外の卵からなり，卵は2列に並べられる．

幼虫（図51, F～J, Kobayashi[118], 小林[126], 安永ら[324]） 頭部中葉は各齢を通じて側葉より長い．

後胸背板は第2齢では中胸背板より僅かに広いか，これとほぼ等幅，側縁は小円弧状．

臭腺開口部の牙状突起は第2・3齢においてトゲシラホシカメムシのものよりやや小さく，他の齢では不明瞭．第1および2腹節の腹背盤は第4齢まで認められる．第7腹節の腹背盤は第3齢までは小短棒状，第4齢以後では小紡錘形状．第8腹節の腹背盤は第3齢まではほぼ長楕円形状，第4齢以後では長方形状であるが，個体により第4齢以後不明瞭．各節の孔毛2個の間隔は円形基盤2～3個分内外．

体上の点刻は黒色で粗大．第2齢以後体表に光沢がなく，第4齢以後体上にほとんど毛を欠く．

第1齢：体長1.0 mm内外．各胸背板長の比は4.3：3.2：1．触角および口吻の各節長比は1：1.0：1.0：2.9および1：1.4：0.9：1.4．

頭部および胸背板は漆黒色，臭腺盤および側盤は褐黒色，硬化盤以外の腹節部および脚は橙黄色．

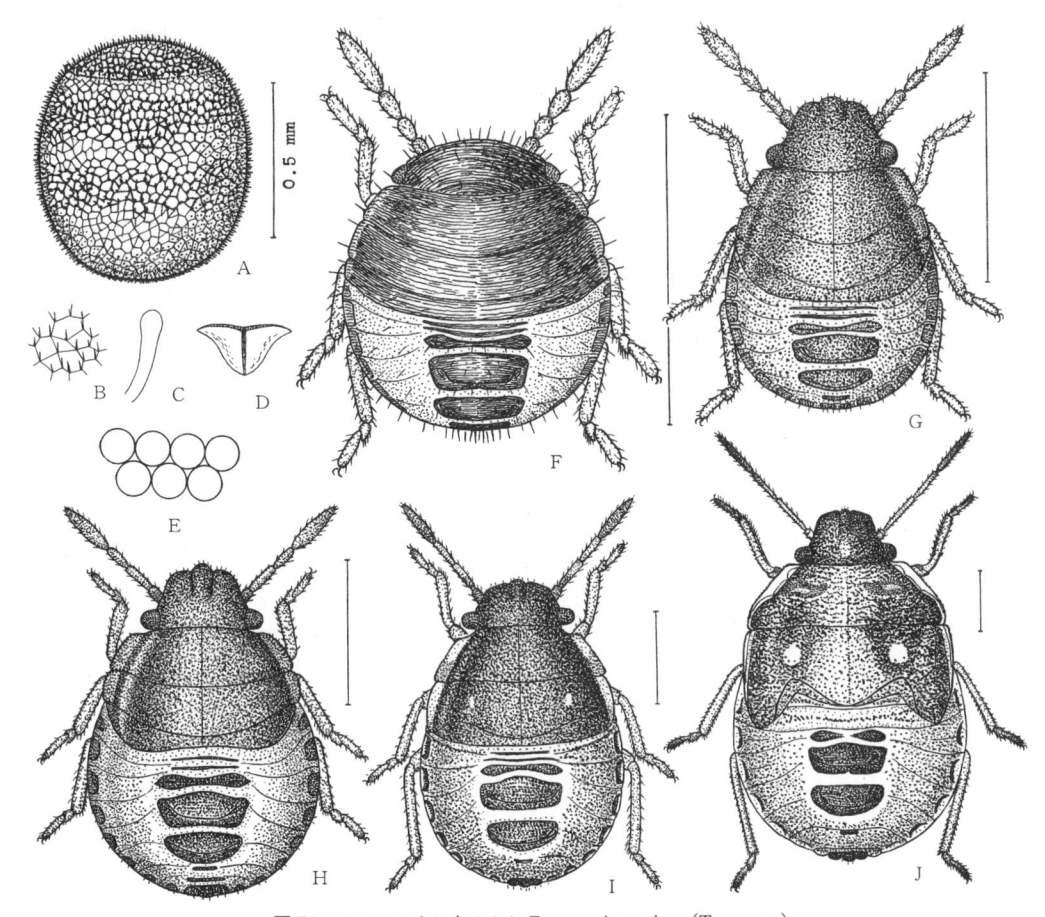

8. カメムシ科 Pentatomidae　(157)

図51　マルシラホシカメムシ *Eysarcoris guttiger* (Thunberg)
A. 卵，B. 卵殻表面の棘状突起をもつ網状構造，C. 受精孔突起，D. 卵殻破砕器，E. 卵塊，F. 第1齢幼虫，G. 第2齢幼虫，H. 第3齢幼虫，I. 第4齢幼虫，J. 第5齢幼虫．[無指示の傍線は1mm長]．　　　　　　(Kobayashi[118]一部改)

跗節および触角はほぼ淡黄色半透明，触角の節間部は淡紅色．複眼は紅色．

第2齢：体長1.7mm内外．各胸背板長の比は5.8：3.9：1．触角および口吻の各節長比は1：1.3：1.2：2.8および1：1.5：0.8：0.9．

前齢とほぼ同色かやや淡色，ただし胸背側縁部はやや淡色，硬化盤以外の腹節部は橙褐色，複眼は暗赤色，触角と跗節は主として淡橙黄色，触角第1節は暗褐色，第4節先端部は暗色，節間部は淡赤色．

第3齢：体長2.3mm内外．各胸背板長の比は5.8：4.8：1．触角および口吻の各節長比は1：1.4：1.3：2.5および1：1.6：0.7：0.9．

前齢とほぼ同色，ただし硬化盤以外の腹節部は主として暗黄赤色，臭腺盤の周辺部は僅かな淡赤色部を隔ててほぼ白色，触角第1節は赤色の先端部を除き赤黒色，跗節先端部は暗色．

第4齢：体長3.5mm内外．各胸背板長の比は8.0：8.3：1．触角および口吻の各節長比は1：1.6：1.4：2.6および1：1.5：0.5：0.7．

体はほぼ前齢と同色，ただし前胸背の側縁部の前半部，中胸背の側縁部と中央部の1対の円形斑，側盤の外縁部などはほぼ白色，腹節部は周縁部では暗赤色，腹背盤付近はほぼ白色，両者の中間部は灰色．複眼は赤黒色．触角は基部と第4節ではほぼ褐黒色，その他の部分および脚は主として淡褐

色，跗節先端部は暗黒色．

第5齢：体長5.7 mm内外．各胸背板長の比は1：1.35：0．触角および口吻の各節長比は1：2.0：1.7：2.4および1：1.6：0.5：0.8．

前齢とほぼ同色，ただし頭頂部や胸背中央部が淡褐色ないし白色，腹節部の前齢における灰色部が淡紫色，外縁部がほぼ白色となる；触角の第3節まではほぼ淡黄色，脚は淡黄褐色で跗節を除き赤色小斑点を散布する．

生態　寄主植物は下記のとおりである．マメ科：*Vicia* spp., ミヤコグサ，ゲンゲ，*Medicago* spp., ヤハズソウ，*Microlespedeza* spp., シャジクソウ類，アルファルファ，ダイズ，アズキ，ササゲその他；イネ科：エノコログサ，カモジグサ，スズメノチャヒキ，ネズミノオ，メヒシバ，ヒエ類；クワ科：クワクサ，クワ，イチジク，アコウ；タデ科：*Polygonum* spp.；ヒユ科：イヌビユ；カタバミ科：カタバミ；オトギリソウ科：*Hypericum* spp.；セリ科：チドメグサ；ゴマノハグサ科：*Veronica* spp.；キク科：*Erigeron* spp..　イネに斑点米を発生させることがある（川沢・川村[94]，小林[126]，農林水産技術会議事務局[218]）．

越冬後の成虫は四国地方では図52に示したように4月上旬から活動を始め，5月上旬から約1ヵ月半交尾，産卵し，7月上旬までに死ぬ．第1世代成虫は6月下旬から7月下旬にかけて羽化し，約1ヵ月半交尾，産卵した後，8月下旬までに死ぬ．第2世代成虫は8～9月に羽化し，11月上旬から越冬に入る．経過の早い個体は3世代を繰り返すことがあり，その成虫は10月中旬から11月上旬にかけて出現する（小林[126]）．

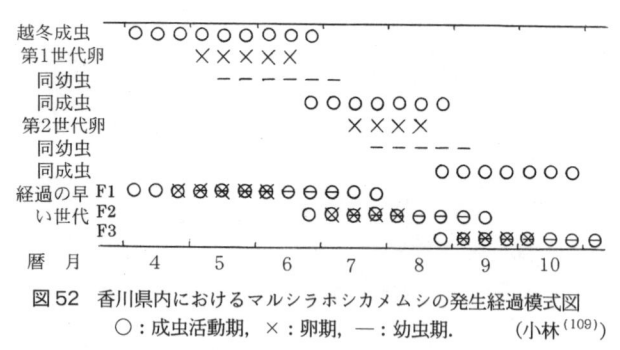

図52　香川県内におけるマルシラホシカメムシの発生経過模式図
○：成虫活動期，×：卵期，—：幼虫期．　　（小林[109]）

宮崎県（永井・野中[204]）内では，ヒエ，メヒシバ，タデ，エノコログサ，イタリアンライグラス，イネ等の主として生殖生長期の混合餌による飼育で第1世代成虫が5月下旬，第2世代成虫が7月中旬，第3世代成虫が8月下旬，第4世代成虫が10月下旬から羽化し，年間4世代を繰り返すが，3世代で終るものもかなり認められ，第3と第4世代成虫が越冬する．

宮崎県（永井・野中[205]）内における成虫の寿命は前記飼育で越冬成虫が194～279日で平均230日，第1世代成虫が31～131日で平均83日，第2世代成虫が43～182日で平均91日，第3世代成虫が44～146日で平均98日であった．

表26　善通寺市内における自然日長・室温飼育でのマルシラホシカメムシの産卵（小林[109]）

反復	対数	産卵		1卵塊中の卵数		産卵期間	
		卵塊数	卵数	範囲	平均	開始月日	終了月日
1	1	20	166	3～12	8.3	7.24	8.25
2	2	31	209	3～14	6.7	7.24	8.20
3	1	20	137	3～12	6.9	7.24	9.3
4	1	19	146	3～14	7.7	7.24	9.5
計	5	90	658	3～14	29.6		
平均		18*	131.6*	3～13	7.4	7月下旬	8月下旬

注．＊1雌当たりの値．

表27　善通寺市内における自然日長・室温でのマルシラホシカメムシの第1世代の発育期間（小林[109]）

反復	卵数	卵・幼虫期間（日）							発育期間（月日）
		卵	1齢	2齢	3齢	4齢	5齢	幼虫計	
1	3,4,4,6	11	5	6	6	9	14	40	5.14～7.4
2	6×3	11	5	6	7	8	15	41	5.15～7.6
3	3,4,5×2	11	4	7	6	8	15	40	5.16～7.6
4	7	10	5	6	6	8	14	39	5.17～7.5
5	5,6	11	5	5	7	8	14	39	5.17～7.6
6	3,12	11	4	6	6	8	14	38	5.18～7.6
7	3,5,6	6	5	6	8	7	15	41	5.23～7.7
平均		10.1	4.7	6.0	6.3	8.0	14.4	39.4	

　善通寺市内で1951年7月上旬に羽化した第1世代成虫5対を腰高シャーレ内で，ダイズ若莢とカタバミの未熟さく果を与えて自然日長・室温下で飼育した．結果は表26のとおりで，7月下旬～8月下旬の1カ月余にわたって1雌平均18卵塊，130卵内外産卵された．1卵塊の卵粒数は3～14卵で，90卵塊の平均は7.3卵であった．

　善通寺市内のタチイヌフグリから1951年に採集した複数の雌雄を，タチイヌフグリとカラスノエンドウを植えこんだ飼育瓶を用いて自然日長・室温下で飼育し，得られた卵を逐次 No.1～No.7として径12 cmのシャーレに，幼虫を腰高シャーレに収容し，種子をつけているタチイヌフグリの茎，カラスノエンドウの莢，イヌビユの穂，カタバミのさく果，切開したダイズ未熟莢などを給餌して，成虫と同様に室内飼育した．結果は表27のとおりで，平均の卵期間は10.1日，全発育期間は49.9日であった．また，引き続いて第2世代の卵および幼虫の合計発育期間を6個の卵とこの幼虫について調べた結果は27日であった．一方，宮崎県（永井・野中[205]）内での前記飼育における卵期間は4～6月が6～8日，7～9月が4～5日であり，幼虫期間は第1世代が30～39日で平均33日，第2世代が17～23日で平均21日，第3世代が18～34日で平均24日，第4世代が39～54日で平均45日であった．

　前記の産卵調査を行った5対の成虫の交尾は7月24日に始まり，2対は2日間，1対は3日間，他の2対は4日間続いた．2日間で離れた1対は8月1日に再び交尾した．成虫は産卵期間中に幾回か交尾を繰り返す．

　o）トゲシラホシカメムシ *Eysarcoris aeneus*（SCOPOLI, 1763）

　分布　本州，四国，九州；朝鮮半島，中国，旧北区．

　成虫　体長4.5～7 mm．前胸背側角が棘状に鋭くとがる．淡黄褐色の地に黒褐色の粗大点刻を装い，小楯板の基部に1対の淡黄白色の長楕円形紋がある．

　卵（図53，A～E，小林[126]，安永ら[324]）　長径約0.9 mm，短径約0.8 mm．初期には淡黄褐色，ふ化前には淡赤褐色を帯び，眼点が赤色に透視される．卵殻は白色，蓋部に1輪と側壁に2輪の比較的明瞭で中程度の広さの暗色輪紋を現す．受精孔突起は57 μ長で，35個内外．卵殻破砕器は縦長約130 μ，横幅約300 μ，骨格部は主として淡褐色，中心部は褐色．卵塊は通常12個またはこれに近い数の卵よりなり，これらは2列に並べられる．

　幼虫（図53，F～N，小林[126]，安永ら[324]）　頭部中葉は第3齢までは側葉より長く，第4齢以後はそれとほぼ等長．

　後胸背板は第2齢では中胸背板とほぼ等幅，側縁は小円弧状．

　臭腺開口部の牙状突起は各齢において明瞭．第1および2腹節の腹背盤は第4齢まで認められる．第7腹節の腹背盤は第1齢では短棒状，第2齢ではその中央部が著しくくびれ，第3齢以後は小紡錘

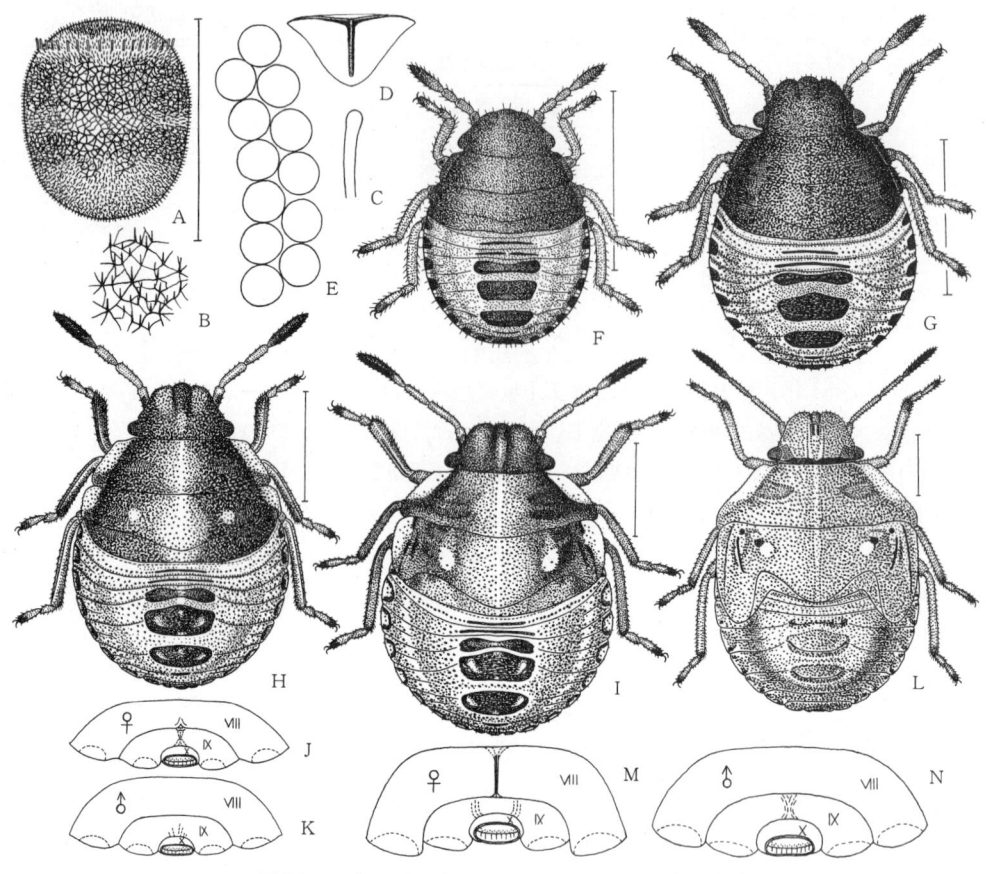

図53 トゲシラホシカメムシ *Eysarcoris aeneus* (Scopoli)
A. 卵，B. 卵殻表面の棘状突起をもつ網状構造，C. 受精孔突起，D. 卵殻破砕器，E. 卵塊，F. 第1齢幼虫，G. 第2齢幼虫，H. 第3齢幼虫，I. 第4齢幼虫，J. 同齢の雌と推測される個体の第8〜10節腹面，K. 同雄，L. 第5齢幼虫，M. 同齢雌の性徴，N. 同雄．[傍線は1mm長]． (小林[126])

形状．第8腹節の腹背盤は各齢とも長方形状．各節の孔毛2個の間隔は円形基盤1〜2個分内外とやや狭い．

体上の点刻は黒色で粗大．

第1齢：体長1.1mm内外．各胸背板長の比は2.8：2.0：1．触角および口吻の各節長比は1：1.2：1.0：2.6および1：1.3：1.0：1.6．

頭部，胸背板，腹背盤および側盤は褐黒色ないし黒色．硬化盤以外の腹節部は主として淡黄白色ないし淡赤色，腹背盤間，側盤のやや内方の縦帯，接合線などは帯赤色．複眼は暗赤色．触角と脚は主として淡黄赤色，触角の第1節，第4節および附節の両先端部，腿節などは暗色，触角第4節基部および附節の大部分は淡黄褐色．

第2齢：体長1.7mm内外．各胸背板長の比は3.8：3.5：1．触角および口吻の各節長比は1：1.3：1.3：2.8および1：1.6：0.6：0.9．

前齢とほぼ同色，ただし硬化盤以外の腹節部の地色はほぼ淡褐色ないし白色，腹背盤間は黄赤色，側盤間，側盤のやや内方のいくぶん点刻が密な縦帯部および接合線は赤色．複眼は赤黒色．触角第2〜4節の基部は淡黄褐色．腿節は褐黒色，脛節は暗褐色，稜部の基部は帯白色．

第3齢：体長2.6mm内外．各胸背板長の比は4.7：4.9：1．触角および口吻の各節長比は1：1.4：

1.1：2.4および1：1.6：0.8：0.8.

前齢とほぼ同色かやや淡色，ただし図 (53, H) の淡色部分は褐色ないし帯白色，腹節部の側盤のやや内方の点刻の疎らな部分は淡黄白色，この内方の幾分点刻が密な縦帯部は暗色，接合線は赤褐色．触角第1節の基部は暗色，この先端ないし第4節基部は主として淡黄褐色，第4節の大部分は黒色，第3節両端の節間部はほぼ赤色．腿節の基部はほぼ白色，先端部は褐黒色．

第4齢：体長3.4 mm内外．各胸背板長の比は7.6：8.4：1．触角および口吻の各節長比は1：1.6：1.3：2.5および1：1.6：0.6：0.8.

前齢とほぼ同色かやや淡色，ただし個体により硬化盤以外の腹節部の大部分が淡暗緑色，接合線の一部も緑褐色を帯びる．

第5齢：体長5.0 mm内外．各胸背板長の比は1：1.2：0．触角および口吻の各節長比は1：2.2：1.8：2.7および1：1.7：0.6：0.8.

前齢とほぼ同色かやや淡色，ただし個体により図 (53, L) のような暗黒色部があり，触角の第1・2節が淡褐色，第3節と4節基部が黒褐色．脚は大部分が淡黄褐色で，腿節の先端近く，脛節の基部近くと先端部，跗節の先端部などが僅かに褐色ないし黒色を帯びる．

生態 寄主植物は下記のとおりである．イネ科：イタリアンライグラス，スズメノカタビラ，スズメノテッポウ，*Setaria* spp., *Digitaria* spp., オヒシバ，カナリーグラス，ダリスグラス，トダシバ，カモノハシ，*Panicum* spp., イチゴツナギ，カモジグサ，イヌムギ，チガヤ，イネ，アワ，トウモロコシ，ササ類，ネマガリダケなど；カヤツリグサ科：*Cyperus* spp., ホタルイなど；マメ科：ダイズ，アズキ，ササゲ，ヤハズソウ，イエロートリフォイル，シャジクソウ類，クサネムなど；タデ科：*Polygonum* spp., *Rumex* spp.；キンポウゲ科：*Ranunculus* spp.；バラ科：モミジイチゴ；トウダイグサ科：エノキグサ；ウコギ科：ウド；オオバコ科：オオバコ；キク科：*Erigeron* spp., ヨモギ，タンポポなど．イネでは不稔籾や斑点米を発生させる (川沢・川村[94], 農林水産技術会議事務局[218]).

年間発生回数は以下に述べるように1〜4回である (農林水産技術会議事務局[218])．長野県 (柳[317,318]) 内には1回発生地帯と一部が2回発生する地帯があり，両地区の本種は生態型が異なる．1回発生地帯の宮田地区では畦畔雑草中での越冬量が1 m^{2}当たり60頭内外に達する所もあるほど多い．成虫は越冬直後の5月から7月中旬ごろまでほとんど移動せず，雑草の根元に潜んでいて，摂食活動は活発でない．水田への侵入と交尾はイネの出穂期 (8月上旬) 直前の7月下旬ごろから始まり，8月上旬に急増する．産卵は9月上旬まで続き，盛期は8月第2半旬ごろ．飼育調査における産卵数は1雌当たり53〜353，平均211卵であった．卵期間は4日内外，幼虫期間はほぼ1カ月で，9月上旬に新成虫が出現し始め，稲刈期の9月下旬には大部分羽化する．稲刈後は成虫も発育の遅れた幼虫も畦畔に移動してダイズに寄生し，ダイズが枯れるころにはほとんど成虫になって畦畔雑草の根元に潜って越冬に入る．一方，一部が2回発生する穂高地区では畦畔で5月に越冬世代の交尾・産卵が始まり，産卵はだらだらと9月中旬まで続くが，7月下旬に羽化した第1世代成虫は間もなく産卵を始め，8月中旬を最盛期として越冬成虫と同様9月中旬まで産卵する．飼育調査における産卵数は1雌当たり越冬世代が平均で161〜172卵，第1世代成虫が平均で100〜114卵であった．

2回発生が知られている所は富山，石川，福井，愛知，滋賀，岡山，山口などの諸県である．富山県 (常楽・長瀬[81]) 内では越冬後の成虫は4月中・下旬から交尾・産卵を始め，その盛期は5月中・下旬である．第1世代幼虫は水田外の草地でオオバコやキンポウゲその他の食草に寄生して育ち，その盛期は6〜7月で，第1世代成虫は7月下旬〜8月に出現する．この成虫は水田へも侵入して出穂前後の時期のイネに産卵する．第2世代の幼虫期は8月上旬〜11月上旬で，その盛期は8月中旬〜10月上旬である．幼虫密度は水田よりも草地の方が高い．第2世代成虫の羽化期は8月下旬〜11月上

表28 トゲシラホシカメムシ各世代の成虫期間，産卵期間，産卵数等（滋賀農試[260]）

項目		越冬世代		第1世代		第2世代	
		1977	1978	1977	1978	1977	1978
成虫50%へい死日	雌	7.27	7.17	9.10	8.18	2.下旬	9.16
	雄	7.29	7.10	9.5	8.18	2.下旬	10.13
最長寿個体へい死日	雌	9.9	8.21	11.7	9.25	—	—
	雄	9.12	8.14	1.14	9.30	—	—
産卵開始日		5.13	5.20	7.18	7.16	8.21	8.16
50%雌産卵開始日		6.8	6.21	7.25	7.23	8.27	8.23
最終産卵日		9.8	8.11	9.27	9.19	9.24	9.27
成虫期間（日）	雌	231〜348	243〜329	56.4±4.3	37.6±1.9	—	—
	雄	231〜351	238〜322	56.2±7.1	41.3±3.1	—	—
産卵前期間（日）		229〜288	236〜301	11.7±0.6	11.8±0.7	10.5±0.7	9.7±0.7
産卵期間（日）		59.6±3.7	29.0±3.6	37.2±3.4	24.3±2.4	14.3±2.1	15.1±1.7
1雌当たり産卵数		178.1±21.6	79.0±9.7	144.7±13.1	91.8±7.9	78.6±11.2	68.4±8.6

注．反復数は42（各1雌雄）．

旬で，この成虫が11月から越冬に入る．福井県（杉本・今村[270]）内でも越冬後の成虫の交尾・産卵は4月中旬ごろから始まり，第1世代成虫は7月末〜8月上旬に，第2世代成虫は9月中旬に出現し，この成虫が越冬に入る．2〜3回発生は香川県で，3回発生は大分県で，3〜4回発生は宮崎県で知られている．

滋賀農試[260]において，4月下旬に採集した成虫を親とし，小麦＋玄米を餌として自然日長・自然室温で累代飼育した成績では，第1世代成虫は7月上・中旬に，第2世代成虫は8月上〜下旬に，第3世代成虫は9月中旬から出現し，第2世代成虫の一部と第3世代成虫が越冬に入った．各世代の成虫期間，産卵等に関するデータは表28のとおりであった．また，前年8月13〜21日に羽化した第2世代成虫は，自然日長・自然室温条件下の前記混合餌飼育において，30対中25頭が前年に産卵し，このうちの6頭は翌年にも産卵した．この産卵数は1雌平均65.5卵で，これは前年に産卵しなかった4雌の平均37.3卵より多かった．このことから第2世代成虫の一部は越冬を挟んで2年にわたって産卵する可能性がうかがえた．

宮崎県（永井・野中[204]）内ではヒエ，メヒシバ，タデ，エノコログサ，イタリアンライグラス，イネなどの混合餌での自然温飼育において，第1世代成虫が5月下旬，第2世代成虫が7月上旬，第3世代成虫が8月下旬，第4世代成虫が10月上旬から羽化した．一部3世代で終るものも認められ，この成虫の一部と第4世代成虫が越冬すると考えられた．

飼育における成虫の寿命は，宮崎県（永井・野中[205]）内では越冬世代が最長264日，最短180日，平均214.5日，第1世代成虫が同様に127日，22と67.5日，第2世代成虫が116日，26日と66.1日，第3世代成虫が136日以上（越冬），44日と97.6日であった．また福井県では27℃下で雌成虫が80.1日であり（農林水産技術会議事務局[218]），島根県（島根県農試[262]）内では20℃下で52.3日，25℃下で67.8日であった．また，菊地[98]がつくば市内の長日（15L・9D）条件下でダイズとアカクローバの乾燥種子を給餌して19.5〜29.5℃で恒温飼育を行った試験では，産卵前期間が10〜24日，産卵数が21〜232，成虫の生存日数が25〜111日であった．

長野県内でコムギ種子を給餌して自然日長・室温で飼育した試験において，卵と幼虫の発育期間は表29（柳[317]）のとおりであった．また長野農試（柳[318]）が16hL下で，穂高系と宮田系の卵と幼虫の発育速度を玄米飼育で調べた成績によると，発育零点と有効積算温量は，前者の卵が13.5℃

8. カメムシ科 Pentatomidae (163)

表29 コムギ種子での室温飼育におけるトゲシラホシカメムシの卵と幼虫の発育期間 (柳[317])

試験年次	採卵月日	供試卵数	卵期間(日)	幼虫期間(日)						卵からの羽化率(%)
				1齢	2齢	3齢	4齢	5齢	合計	
1965	8.1	34	4	3.4	6.1	4.7	5.7	8.6	28.5	65
	8.6	34	5	3.1	5.8	5.0	6.4	11.6	31.9	62
	8.14	12	5	3.3	6.0	5.7	7.4	10.2	32.6	58
1966	7.31	33	6	2.7	4.4	5.0	6.1	8.2	26.4	24
	8.2	11	5	3.0	4.0	5.4	6.4	7.0	25.8	36
	8.6	35	4	2.7	6.2	5.0	6.5	9.2	29.6	46
	8.9	36	4	4.3	5.8	6.5	5.8	8.1	30.5	61
	8.13	12	5	5.0	4.5	6.5	8.0	17.0	41.0	8
	8.21	11	5	3.0	5.8	4.6	5.6	11.5	30.5	73
平均または合計		218	4.8	3.4	5.4	5.4	6.4	10.2	30.8	50

注. 第1齢幼虫はふ化後1日(8.13区以外)または2日(8.13区)で分散した.

表30 恒温飼育におけるトゲシラホシカメムシの卵および幼虫期間 (菊池[98], 一部訂正)

温度	卵期間	幼虫期間(雄)	幼虫期間(雌)	幼虫期間(雄+雌)	羽化率
19.5℃	9.97±0.24 (88)	54.83±8.80 (6)	52.94±7.75 (18)	53.41±7.87 (24)	27.27
24.5℃	5.00±0.00 (73)	26.20±3.31 (30)	25.48±3.23 (25)	25.87±3.26 (55)	75.34
29.5℃	3.37±0.48 (117)	20.13±1.79 (24)	20.59±2.25 (27)	20.38±2.04 (51)	44.74

注. 平均値±標準偏差(調査数).

と62.1日度,幼虫が14.1℃と345日度,後者の卵が13.2℃と63.7日度,幼虫が13.6℃と363日度であり,両者間に大きな差は認められなかった.島根農試[262]で調べられた発育期間は,卵期間が自然温度条件下で5月下旬に9.4日,6月上旬に9.0日,6月中旬に8.0日,20℃および25℃の恒温下で10.6および5.5日であり,幼虫期間が自然温度条件下で6月上・中旬に36.3日,25℃および30℃の恒温下で29.3日および26.5日であった.また,宮崎県(永井・野中[205])内における前記飼育での卵期間は4～5月に7～8日,6～9月に4～5日であり,幼虫期間は第1世代が27～36日,平均32日,第2・3世代が17～23日,平均20日,第4世代が33～40日,平均37日であった.一方,菊地[98]が前記飼育で得た卵と幼虫の発育関係の成績は表30のとおりであった.

柳[318]は長野県穂高産と宮田産の個体群を用いて,本種の日長や気温等に対する生態反応を解析し,年間発生回数の制御要因を集約した模式図と以下の成果を得た.①穂高産の個体群は休眠覚醒の早い生態型,宮田産の個体群は遅い生態型と考えられる.②卵巣発育にかかわる臨界日長は14:00～14:15 hL付近で,この感受期は第5齢幼虫期であり,これらは両生態型間にほとんど差がない.③発育零点と有効積算温量は前記のとおり,両生態型間に大きな差は認められない.④自然日長下で羽化した成虫は,8月15～20日を界として,これより前では非休眠虫となり,後では休眠虫となる.⑤年間発生回数を休眠臨界日長と発育速度から計算すると,穂高系では越冬成虫から7月15日以前に産出された個体は年2回発生となり,これより後に産出されたものは1回発生で終ることになる.宮田系では産卵が遅く始まるためほとんど年1回発生で終ることになり,野外実態と符合する.⑥成虫の側角にみられる先鋭度の違いは光周反応によるもので,先鋭なものは非休眠虫,鈍角のものは休眠虫であり,この感受期は第4齢幼虫期であるらしいことが判明した.

雌成虫の産卵期間中における交尾回数は,一般的には10回内外であるが,多いものでは20～30回に及ぶ.交尾を制限すると産卵量が減少する傾向が認められる.

移動性や飛翔性は小さい．水田周辺に嗜好性の高い食草，例えば種子を着けたオオバコ，アカクローバ，イタリアンライグラス等が存在すると，これらに寄生し続ける傾向が強い．イネが出穂して嗜好性が高まり，産卵適期となっても，野草の種子が落ちるなどしてその餌が減少するまでは，水田への侵入があまり進まないようである（松浦・石崎[171]）．

斑点米発現力はホソハリカメムシやブチヒゲカメムシより強く（鳥取），乳熟期にホソハリカメムシの約1.5倍（島根）であり，1頭1日当たり斑点米発生粒数は乳熟期と糊熟期にそれぞれ0.3，黄熟期に0.5（高知），1頭5日当たり発生数は2.7（山口）であった（農林水産技術会議事務局[218]）．

p）オオトゲシラホシカメムシ *Eysarcoris lewisi* (DISTANT, 1883)

分布　北海道，本州；千島列島，極東ロシア，サハリン．

成虫　体長 5～7 mm．前種に酷似するが，側角は鋭くとがらず，頭部および腹部腹面が大部分黒色でやや銅色光沢を帯びることで識別できる．

卵（図54，A～E，小林[126]）　長径約1.0 mm，短径約0.9 mm．初期には淡黄褐色，ふ化前には淡赤褐色を帯び，眼点が赤色に透視される．卵殻は白色，蓋部に1輪と側壁に2輪の比較的明瞭で狭い暗色輪紋を現す．受精孔突起は長さ57μで，33個内外．卵殻破砕器は縦長約190μ，横幅約350μ，骨格部は主として淡褐色，中心部は褐色．卵塊は通常12個またはこれに近い数の卵よりなり，これらは2列に並べられる．

幼虫（図54，F～L，小林[126]）　頭部中葉は各齢とも側葉より長い．
後胸背板は第2齢では中胸背板より広く，側縁は緩弧状．

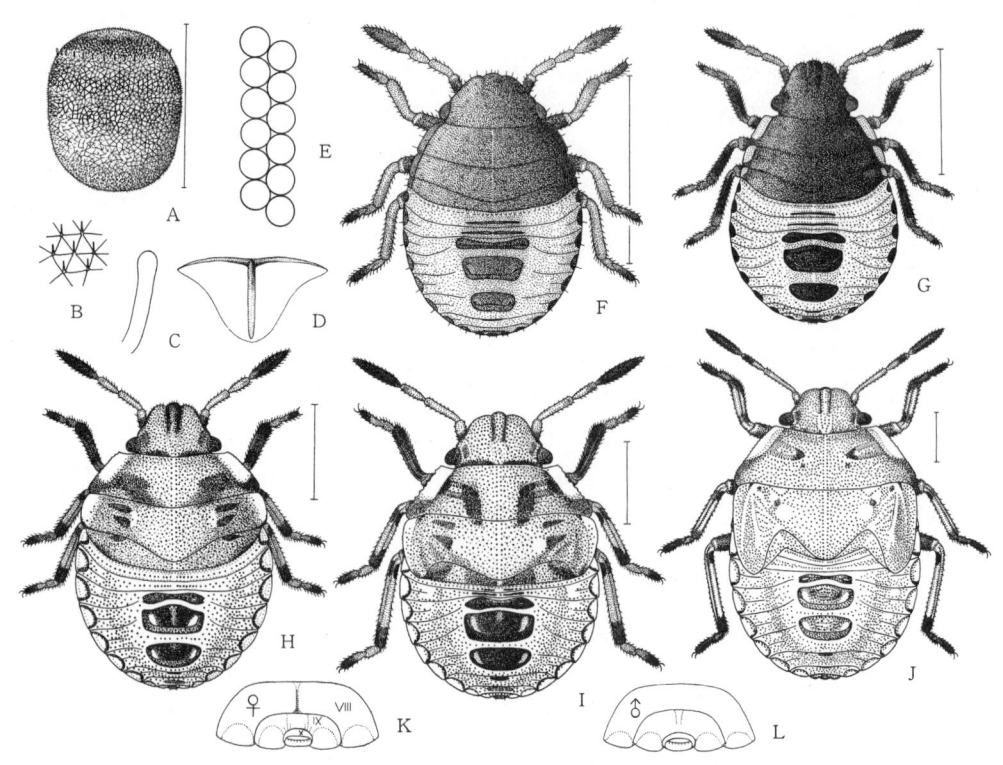

図54　オオトゲシラホシカメムシ *Eysarcoris lewisi* (DISTANT)
A. 卵，B. 卵殻表面の棘状突起をもつ網状構造，C. 受精孔突起，D. 卵殻破砕器，E. 卵塊，F. 第1齢幼虫，G. 第2齢幼虫，H. 第3齢幼虫，I. 第4齢幼虫，J. 第5齢幼虫，K. 同齢雌の性徴，L. 同雄．［傍線は1 mm長］．

(小林[126]―部改)

8. カメムシ科 Pentatomidae

臭腺開口部の牙状突起は第1齢では不明瞭,第2・3齢では顕著,第4齢以後はやや小さい.第1および2腹節の腹背盤は第2齢までは明瞭,第3齢以後は不明瞭か認められない.第7および8節の腹背盤は短棒状と長方形状で,後節のものは第4齢以後個体により不明瞭.各節の孔毛2個の間隔は円形基盤1～2.5個分内外.

体上の点刻は黒色で粗大.

第1齢:体長1.2 mm内外.各胸背板長の比は4.0:3.3:1.触角および口吻の各節長比は1:1.4:1.2:3.0および1:1.1:1.0:1.2.

頭部,胸背板,腹背盤および側盤はほぼ暗褐色.硬化盤以外の腹節部は淡黄赤色.複眼は暗赤色.触角と脚は主として淡黄褐色,触角の第1節,第4節先端部,腿節および跗節先端は暗褐色,触角第2・3節の各中央部は帯赤色.

第2齢:体長2.0 mm内外.各胸背板長の比は3.4:2.6:1.触角および口吻の各節長比は1:1.5:1.3:3.0および1:1.4:0.6:0.9.

頭部および胸背板は漆黒色で,個体により幽かに銅色の金属光沢を有し,各胸背板の側縁部は後部を除き白色を帯びる.腹背盤および側盤は一様に黒色,または前方数個の側盤の外縁中央部が白色を帯びる.硬化盤以外の腹節部は主としてごく淡い黄褐色またはほぼ白色,腹背盤間は黄色を帯びた中央部を除き淡褐色または淡赤色,接合線はほぼ赤色,側盤のやや内方の黄白色部を除き赤色または灰色の小斑点を散布する.複眼は赤黒色(2～5齢).触角第1節は先端部を除き黒色,第2節は淡黄褐色で先端部は淡赤色,第3節は淡黄色で両端部は淡赤色を帯び,第4節はほぼ黒色で基部は灰黄色.腿節と脛節は主として褐黒色,脛節の基部は淡色,先端部および跗節の大部分は淡黄褐色,跗節先端部は暗色.

第3齢:体長3.0 mm内外.各胸背板長の比は5.0:5.0:1.触角および口吻の各節長比は1:1.4:1.3:2.5および1:1.4:0.6:0.8.

主として頭部と胸背板は淡黄褐色,腹背盤は黒褐色,側盤はごく淡い褐色で,図(54, H)のように濃淡部があり,濃色部は黒色か黒褐色,淡色部は白色ないし淡褐色.硬化盤以外の腹節部は主としてごく淡い褐色,側盤のやや内方は点刻が疎ら,この内方はやや点刻が密で淡緑色を帯び,接合線は黄褐色を帯びる.触角第1節の基部は暗褐色,先端部はほぼ白色,第2および3節は主として淡黄褐色,第2節先端部および第3節両端部は橙黄色,第4節はほぼ黒色で基部は黄赤色.腿節基部は白色,先端部は暗褐色,脛節中央部は淡褐色,両端部は暗褐色,跗節は淡褐色で先端部は暗褐色.頭部および胸背板に黒色部が多く,幽かに金属光沢を有する個体もある.

第4齢:体長4.0 mm内外.各胸背板長の比は8.6:9.6:1.触角および口吻の各節長比は1:1.9:1.5:2.7および1:1.6:0.6:0.7.

前齢とほぼ同色,ただし中胸背板の1対の白色円形斑が鮮明になる.

第5齢:体長5.5 mm内外.各胸背板長の比は1:1.18:0.触角および口吻の各節長比は1:2.0:1.7:2.5および1:1.6:0.6:0.7.

前齢とほぼ同色かやや淡色,ただし個体により前齢の体の淡黄褐色部分が赤味を,白色部分が黄味を,淡緑色部分が淡赤色を帯びたり,前および中部臭腺盤間が淡赤褐色を,前部臭腺盤の前方が帯緑または帯赤淡褐色を帯びたりする.また触角の第1節が淡褐色で基部が淡色または暗褐色を,第2節および第3節基部が暗褐色で第3節先端部および第4節がほぼ黒色を,第3節両端の節間部がほぼ白色を帯びたり,腿節および脛節が主として淡黄褐色で腿節先端部および脛節の両端部が黒褐色を,跗節がやや淡色の基部を除いて褐黒色を帯びたりする.

生態 寄主植物は下記のとおりである.イネ科:スズメノカタビラ,スズメノテッポウ,チモ

シー，オーチャードグラス，イタリアンライグラス，レッドトップ，アワガエリ，エノコログサ，チガヤ，ヌマガヤ，ヒエ類，メヒシバ，オヒシバ，カモジグサ，イネ，ムギ，ササ類，ネマガリダケなど；マメ科：シャジクソウ類，ダイズ，アズキ，その他；タデ科：*Polygonum* spp.；ウコギ科：ウド；オオバコ科：オオバコ；キク科：タンポポ，*Erigeron* spp.，ヤマヨモギ，ヨメナ，ノゲシ．稲では斑点米を発生させ，飼育では玄米，ヒマワリ，ナタネ等の乾燥種子でも発育する（川沢・川村[94]，農林水産技術会議事務局[218]）．

年間発生回数は北海道では1・2回，山形や富山県では2回，秋田・群馬の両県では2・3回であり（農林水産技術会議事務局[218]），北海道における成虫の出現盛期は第1回目が8月上旬，第2回目が9月上旬である．山形県（山形農試[315]）内における成虫の出現盛期は，新庄市では越冬成虫が5月下旬，第1世代成虫が7月中旬～8月中旬，第2世代成虫が10月中旬，南陽市では第1世代成虫が7月下旬，第2世代成虫が9月下旬～10月上旬で，共に年2回の発生である．

一方，新潟県（小嶋ら[162]）内における発生経過は図55のように，越冬成虫の産卵は5月中旬から始まり7月上旬まで続き，卵期間は約1週間，幼虫期間は20余日で第1世代成虫が6月下旬から出現し，第2世代成虫は8月中旬から出現する．産卵期間が長いため，7月中旬ごろから，第1・2世代の成幼虫が混生するようになり，8月下旬から第3世代目の産卵が始まる可能性もある．

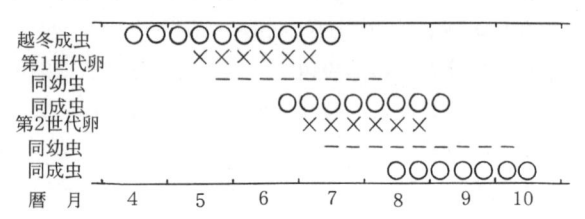

図55 新潟県内におけるオオトゲシラホシカメムシの発生経過模式図
○：成虫活動期，×：卵期，—：幼虫期（小嶋ら[162]による）

成虫の寿命と産卵数は，山形農試作物保護部[314]がアワとヒエ種子の芽出しを給餌して25℃・16時間照明で飼育した試験において，雌の生存期間は33～55日，1雌平均の産卵数は8～14卵塊，77～133卵であった．雌と雄成虫の寿命は北海道では15℃で34.5日と24.5日，20℃で27.5日と20.0日，25℃で21.0日と15.5日であり，秋田県では25℃で雌が42.3日であった（農林水産技術会議事務局[218]）．産卵前期間は北海道（上記資料）において15℃で15.6日，20℃で11.2日，25℃で9.4日であった．

筆者（小林）が盛岡市内で1965年の6～8月にオーチャードグラスの穂を給餌して自然日長・室温下で飼育した試験における発育期間は表31のとおりで，卵期間が5～8日，平均6.7日，幼虫期間が32～50日，平均40.2日であった．安部ら[1]が数段階の恒温下で同様の飼育を行って卵と幼虫の発育期間から発育速度を計算した成績は表32のとおりであった．また，小嶋ら[162]が玄米，ヒエ，ナタネ，ヒマワリなどの種子を与えて卵塊別に自然室温飼育を行った結果は表33のとおりであった．

表31 盛岡市内における自然室温飼育でのオオトゲシラホシカメムシの発育期間

反復	卵数	卵・幼虫期間（日）							発育期間（月日）
		卵	1齢	2齢	3齢	4齢	5齢	幼虫計	
1	12	7	5	9～10	6～9	9～10	15～16	44～50	6.5 ～7.31
2	11	8	6	10	7～9	6～7	9～13	38～45	6.22～8.13
3	9	7	5	6～7	7	5～7	10～22	33～48	7.12～9.5
4	11	8	5	4	4～7	6～11	17～16	36～43	7.15～9.5
5	10	5	4	9	3～7	5	11	32～36	7.30～9.9
6	11	5	4	6～9	4～7	8～9	11～16	33～45	8.2 ～9.21
平均		6.7	4.8	7.8	6.4	7.3	13.9	40.2	

8. カメムシ科 Pentatomidae

表32 山形市内におけるオオトゲシラホシカメムシの卵と幼虫の発育期間と発育速度 (安部ら[1])

形態	温度 (x)	供試数	生存数	卵または幼虫期間 (平均 $\bar{x} \pm (0.05)s\bar{x}$)	回帰式 (y)	最低発育限界温度	有効積算温度
卵	15℃	116	113	24.6 ± 0.5 日	y = 0.014 x − 0.175	12.5℃	64.9 日度
	20	120	115	10.7 ± 0.6			
	25	162	155	5.5 ± 0.3			
	30	108	105	3.3 ± 0.3			
幼虫	20	16	10	53.9 ± 2.2	y = 0.0023 x − 0.028	12.1	439.3
	25	14	10	33.0 ± 1.5			
	30	15	10	24.2 ± 1.2			

形態	温度 (x)	個体数					齢期間 (日, 平均 $\bar{x} \pm (0.05)s\bar{x}$)					
		齢 1	2	3	4	5	1	2	3	4	5	計
幼虫	20	16	13	12	10	10	5.5 ± 0.5	11.1 ± 0.7	11.3 ± 1.1	11.4 ± 1.0	14.5 ± 0.6	53.8 ± 3.9
	25	14	11	10	10	10	5.0 ± 0	6.9 ± 1.0	5.7 ± 0.7	6.1 ± 0.4	9.6 ± 1.2	33.3 ± 3.3
	30	15	14	13	12	10	2.1 ± 0.1	4.1 ± 0.2	4.3 ± 0.5	5.6 ± 0.7	7.8 ± 0.8	23.9 ± 2.3

表33 新潟県内におけるオオトゲシラホシカメムシの卵および幼虫期間 (小嶋ら[162])

世代	産卵月日	餌	卵期間 (日)	幼虫期間 (日)			計
				最短	最長	平均	
1	5.27	玄米	7.0	30	36	33.7	40.7
	6.1〜2	ヒエ	6.7	28	35	30.4	37.1
	6.3	ナタネ	8.0	31	34	32.8	40.8
2	7.8〜21	混合	4.8	22	36	27.5	32.3

注. 1971年室内飼育. 平均は加重平均値.

農林水産技術会議事務局[218]によると, 北海道では卵期間が15℃で8.9日, 20℃で7.8日, 25℃で6.5日であり, 秋田県では卵期間が15℃で24.6日, 20℃で10.7日, 25℃で5.5日, 30℃で3.3日, 卵の発育限界温度が12.5℃, 幼虫期間が20℃で53.9日, 25℃で33.0日, 30℃で24.2日, 幼虫の発育限界温度が12.1℃であり, 群馬県では自然室温下における卵期間は5月下旬に7.5日, 7月中・下旬に9.8日, 幼虫期間は5月下旬〜6月下旬に32.7日, 7月中旬〜8月中旬に27.5日であった.

斑点米発現力は宮城では比較的弱く, 群馬ではコバネヒョウタンナガカメムシの4頭分相当という. 飛翔性や移動性は小さく, 水田では畦畔際に多い. 灯火にはほとんど飛来しない (農林水産技術会議事務局[218]).

q) ヒメカメムシ *Rubiconia intermedia* (WOLFF, 1811)

分布 本州, 四国；旧北区.

成虫 体長6〜8 mm. 頭部側葉は広く, 中葉の前方で左右葉が接近する. 淡褐色に黒色点刻を散布し, 前胸背の前側縁と小楯板の後縁は黄白色で, 小楯板の前縁角に同色の微小斑がある.

卵 (図56, A〜E, Kobayashi[117]) 短楕円形で, 長径約1.0 mm, 短径約0.9 mm. 初期には蝋白色, ふ化が近づくと眼点が淡赤色に, 幼体の一部が黄橙色に, 卵殻破砕器が灰黒色に透視される. 卵殻はほぼ無色透明, 表面に不規則な微細網状構造物があり, この網の交点に1個の白色で不明瞭な微小突起を装う. 受精孔突起は棍棒型で白色, 長さ約25 μ, 22〜28個内外. 卵殻破砕器は縦長約180 μ, 横幅約320 μ, 骨格部は黒褐色, 膜質部は大部分透明, 下端部は狭く淡灰色を, 横軸の後方の弓形部は淡褐色を帯びる. 卵塊は通常10〜14卵よりなり, 卵は4, 3または2列に並べられる.

幼虫 (図56, F〜J, Kobayashi[117]) 体は厚い.

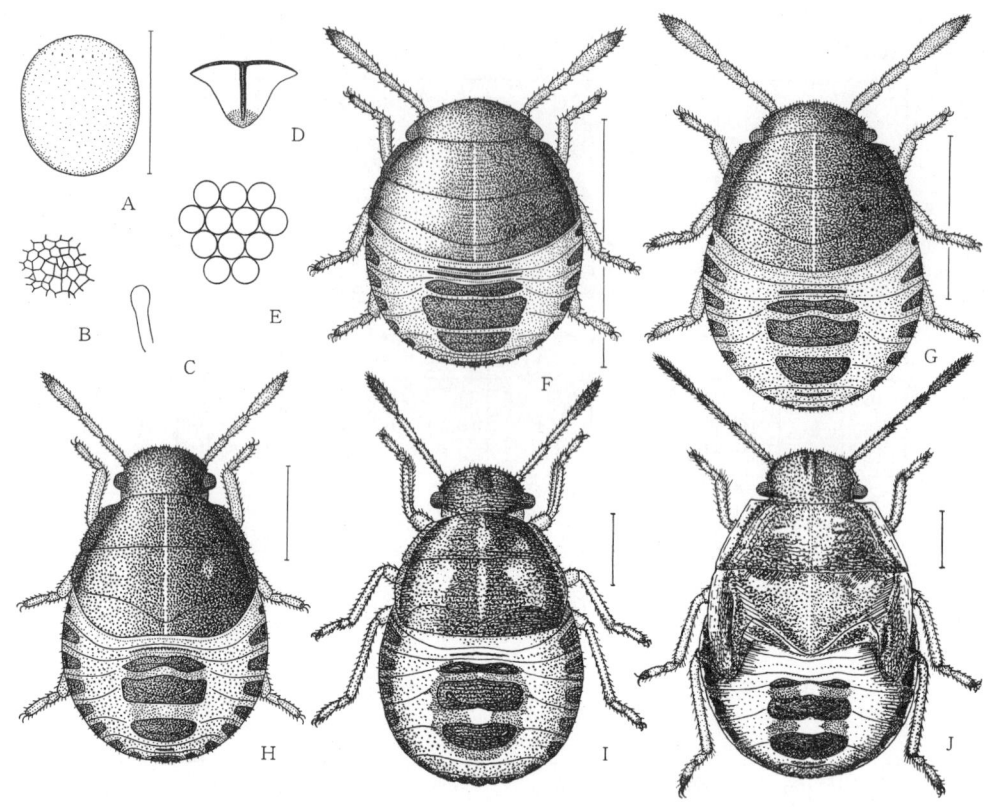

図56 ヒメカメムシ *Rubiconia intermedia* (WOLFF)
A. 卵, B. 卵殻表面の微細網状構造, C. 受精孔突起, D. 卵殻破砕器, E. 卵塊, F. 第1齢幼虫, G. 第2齢幼虫, H. 第3齢幼虫, I. 第4齢幼虫, J. 第5齢幼虫. [第3および4齢は頭部が著しく下を向くので, 図はそれを僅かにもたげて描いた. 傍線は1mm長].
(Kobayashi[117]一部改)

頭部は4齢までは下方を向き, 頭部中側葉が背面から見えない. 中葉は側葉と比べて第1齢では長く, 第2齢では等長, 第3齢以後は短い. 側葉は広いが前部は狭く, 第3齢以後は小円弧状をなして中葉の前方へ突出する. 口吻の先端は第1〜5の各齢においてそれぞれ, 第2, 4, 4, 3および2・3腹節付近に達する.

胸部は背面中央部が若齢ほど強く背方へ盛り上がる. 中胸背板は第1齢から後縁の中央部が後方へ突出し, 原小楯板は第2齢から発達し始める. 後胸背板は左右それぞれ第1齢ではへら型, 第2齢ではへら型に近いオール型で, 側縁は弧状, 共に中胸背板より広い；第3齢では矛刃型で, 側縁はとがり, 中胸背板より狭い. 前および中胸背板の側縁は緩弧状で, 第1齢では共に平滑, 前者は第2齢以後小鋸歯状, 後者は第2齢においてのみ小鋸歯状. 脚はやや短く, 第3齢まで腿節が背面から見えない. 脛節の稜部は第3齢まではやや丸みを帯び, 第4齢以後は直角状に角張る. 前脛節のグルーミング剛毛は第3齢までは2本, 第4齢以後は4本.

前部臭腺盤はプロペラ型, 中部臭腺盤は第1齢では逆台形状, 第2齢以後は前縁中央部が前方へ弱く突出し, 逆台形状に近い五角形状. 臭腺中および後部開口部には第2〜4齢において小牙状突起が認められる. 第1・2腹節の腹背盤は長棒状で, 前者は第1齢においてのみ, 後者は第4齢まで認められる. 第7・8腹節の腹背盤は各齢においてそれぞれ紡錘形状および長方形状. 側盤は第1節では小さい不等辺三角形または四辺形状, 第2〜6節では第4齢まで内外に長い不等辺四辺形ないし台形

状，第5齢では第4〜7節のものは内外に長い台形状ないし半楕円形状，第8節のものは半円形状；外縁は緩弧状で平滑；内方の中央部に内外方向の硬化しているような1黒条を有する．孔毛は第1齢では第3〜7節の気門の後内方に1個ずつあり，第2齢以後では同気門の後方に2個ずつがほぼ等距離にあって，円形基盤2〜4個分内外のやや広い間隔で内外に並ぶ．雌では第5齢幼虫の第8腹節が次節の約2倍と長く，中央の縦溝が後縁から前縁近くに達する．雄では第8・9節がほぼ等長で，第8節に縦溝がない．

体上には第1齢では点刻を欠き，第2齢以後は円形の黒色粗大点刻を，硬化盤以外の腹節部ではやや疎らに，その他ではやや密に散布する．体上の毛は淡褐色，第1齢では短直毛で疎ら，第2齢では曲がった短毛を混生してかなり密であるが，第3齢以後は後齢ほど著しく疎らとなる．体表には光沢を有する．

齢の検索表

下記以外はカメムシ科全体の検索表（前記8-2)-(3)）に同じ．

　2(5) 後胸背板は左右それぞれへら型かオール型で，中胸背板より広い．

　5(2) 後胸背板は左右それぞれ矛刃型で，中胸背板より狭い························第3齢

第1齢：体長1.3 mm内外．各胸背板長の比は3.6：2.8：1．触角および口吻の各節長比は1：1.2：1.1：2.7および1：1.2：1.2：2.5．

頭部，胸背板，腹背盤および側盤は主として黒色．硬化盤以外の腹節部は黄赤色．複眼は赤色．触角および脚は主として淡黄色，触角第4節先端部および跗節先端部は暗色．

第2齢：体長1.8 mm内外．第2腹節の側盤の外，前，内および後縁の長さの比は1：3.2：0.4：2.8．各胸背板長の比は2.5：1.9：1．触角および口吻の各節長比は1：1.3：1.3：2.6および1：1.8：1.2：1.4．

前齢とほぼ同色．

第3齢：体長3.0 mm内外．各胸背板長の比は4.0：3.4：1．触角および口吻の各節長比は1：1.4：1.4：2.4および1：1.8：1.1：1.3．

前齢とほぼ同色，ただし中胸背に1対の黄色円形斑が現れ，硬化盤以外の腹節部は主として黄色，腹背盤付近および側盤間は赤色，複眼は黒赤色，触角および脚はやや淡色．

第4齢：体長4.4 mm内外．各胸背板長の比は8.0：8.4：1．触角および口吻の第1〜4節長の比は1：2.0：1.7：2.6および1：1.7：1.1：1.1．

前齢よりやや淡色で，図(56, I)のように濃淡部が現れ，濃色部は黒褐色，淡色部はほぼ黄白色ないし黄褐色；ただし硬化盤以外の腹節部は主として黄白色，腹背盤間および側盤間はほぼ赤色．複眼は赤黒色．触角は主として赤黄色，第4節は基部を除き赤黒色．

第5齢：体長6.2 mm内外．各胸背板長の比は1：1.4：0．触角および口吻の各節長比は1：2.5：2.1：2.7および1：1.7：1.0：1.0．

前齢とほぼ同色で，図(56, J)のような濃淡部の淡色部は白色ないし淡褐色；ただし硬化盤以外の腹節部は主として白色，正中部を除く腹背盤間，側盤間および接合線は赤色，腹背盤間の正中部は黄色．触角第1および2節は赤黄色，第3節の基半と第4節の基部は赤色，第3節の先半と第4節の大部分は黒色．

生態　カワラニンジン，マツヨイグサ，カワラマツバ，ヒナギキョウ，*Silene* spp.，ヒロハノマンテマ，ハタザオ，スルボ，アゼスゲ，チモシー，オーチャードグラス，イネなどの花蕾，種子，穂などから吸汁する．イネに斑点米被害を出すことがある（川沢・川村[94]，農林水産技術会議事務局[218]）．

(170)　第III章　主要種の発育期

日当たりのよい堤防や山麓などの草生地に生息する（後藤[17], 小林[108]）. 香川県内では図57に示したように年に3世代を繰り返す. 成虫態で, 生息地付近の枯れた草むらや落葉間などのほか, 岩石の割れ目でも越冬する（四戸[264]）といわれる. 越冬後の成虫は4月下旬から活動を始め, 5月中旬から産卵を開始し, ほぼ6月下旬までに死ぬ. 第1・2・3世代目の成虫はそれぞれ7月, 8月および9～10月に羽化する. 成

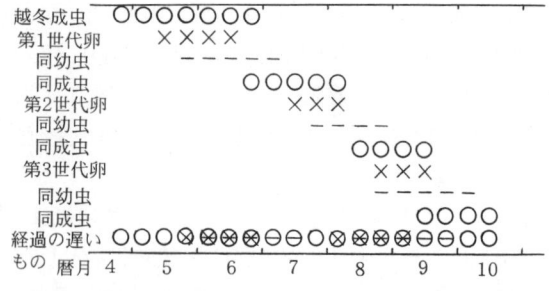

図57　香川県内におけるヒメカメムシの発生経過模式図
○：成虫活動期，×：卵期，—：幼虫期.　　(小林[110])

表34　香川県内における自然日長・自然温でのヒメカメムシの発育期間（小林[110]）

| 反復 | 卵数 | 卵 | 卵・幼虫期間（日） | | | | | | 発育期間 |
			1齢	2齢	3齢	4齢	5齢	幼虫計	（月日）
1	13	5	5	4	4	5	6	24	7.2 ～7.31
2	14	5	4	4	4	5	6	23	7.3 ～7.31
3	13	4	4	4	4	5	6	23	7.14～8.10
平均		4.7	4.3	4.0	4.0	5.0	6.0	23.3	

注. 産卵後眼点発現までは3日, ふ化後初齢幼虫分散までは2日.

虫の産卵期間および発育期間は共に約1カ月で, 夏季世代には重なり合いが起こる（小林[110]）.

筆者（小林）が香川県内で樹陰の涼しい環境に容器の腰高シャーレを置いて, マツヨイグサの種子, 未熟さく果および若芽部を給餌して飼育した2頭の雌は, 1949年7月2日～31日に25卵塊, 216卵を産卵した. 卵は葉の上・下面, 未熟さく果, 若芽部, 茎部などにほぼ規則的な卵塊で産付される. この方法で飼育した第2世代の卵と幼虫の発育期間は表34のとおりで, 卵期間は5日内外, 幼虫期間は23日内外であった.

第1齢幼虫は刺激で転落して擬死を行う.

r）トゲカメムシ属 *Carbula* STÅL, 1865

(i) 形　態

ア）卵：短楕円形. 表面に不規則な細網状構造を有し, この網の各交点に小棘状突起がある. 受精孔突起は棍棒型で白色, 数は30数個～45個内外. 卵殻破砕器の骨格部は褐色, 膜質部は無色透明. 卵塊は通常14卵からなるが, 7卵以下や28卵以下のこともあり, 卵は2・3列に並べられる.

イ）幼虫：体は厚い.

頭部中葉は側葉に比べて第3齢までは長く, 第4齢以後ではほぼ等しいが, 種により背方からは第5齢においてやや短く見える. 口吻の第3節は太く短くビール樽型. 口吻の先端は第5齢において後脚基節付近に達する.

前胸背板は第5齢において側角部が側方へ丸く膨出し, 後角部は直角に近い鈍角で中胸背の前角部に僅かに被さる. 前胸背板の前側縁および中胸背板の側縁は第2齢以後鋸歯状. 脛節の稜部は第5齢では直角状に角張る. 前脛節のグルーミング剛毛は中齢以後4本.

前部臭腺盤はプロペラ型. 側盤は第5齢の第2節では不等辺四辺形状, 第3～8節では半円形状；外縁は各齢とも緩弧状で平滑. 臭腺開口部に牙状突起は認められない. 孔毛は第1齢では第3～7節の気門の後内方に1個ずつあり, 第2齢以後は同気門の後方に2個ずつあり, 内外に並ぶ. 雌では第5

齢幼虫の第8腹節に後縁から中央部以前に達する縦溝がある．

体上には第2齢以後硬化盤以外の腹節部を含めて黒色の円形粗大点刻を散布する．体上の毛は第1齢では短直毛，第2齢以後短曲毛を混生するが加齢に伴って不明瞭となる．

齢の検索表

前記タマカメムシに同じ．

ウ）Carbula属2種の識別：卵はトゲカメムシでは卵表面がほぼ黄褐色で，不明瞭な灰色の1輪紋を蓋部に，幅広い同色の横帯を側壁上に現わし，受精孔突起が45個内外．タイワントゲカメムシでは卵表面がほぼ一様に淡ないし暗灰色で，受精孔突起が30数個内外．

幼虫は第5齢の前胸背が中胸背に比べてトゲカメムシでは僅かに広いが，タイワントゲカメムシでは等幅．

（ii）生　態　トゲカメムシは寒地系，タイワントゲカメムシは亜熱帯系で，生息地が地理的に隔離されている．前者は山地，山麓地，林縁地などに生息し，キク科，スイカズラ科，オオバコ科，アカバナ科，マメ科，バラ科，ユキノシタ科，ヒユ科，タデ，イネ科などの種子や茎葉部から吸汁する多食性を示す．日本では第2～4齢幼虫態で越冬する．後者はキク科やマメ科植物上で見られるが生態はよく分かっていない．

s）トゲカメムシ *Carbula humerigera*（UHLER, 1860）

分布　北海道，本州，四国，九州；千島列島，サハリン，中国．

成虫　体長7～11.5 mm．前胸背側角が棘状に鋭く突出する．銅色光沢を帯びた暗褐色で，前胸背前側縁の前半と小楯板の先端は白色．触角第4・5節の先端は黒色．

卵（図58, A~E, Kobayashi[121], 安永ら[324]）　長径約1.2 mm，短径約1.1 mm．ほぼ黄褐色で，不明瞭な灰色の1輪紋を蓋部上に，幅広い1横帯を側壁上に現す．卵殻は汚白色，表面に小棘状突起を密生する不規則な細い網状構造を装う．受精孔突起は約50μ長で，45個内外．卵殻破砕器は縦長約250μ，横幅約430μ．

幼虫（図58, F~J, Kobayashi[121], 安永ら[324]）　頭部中葉は第5齢において背方から側葉よりやや短く見える．触角突起は前背方から第3齢までは辛うじて見え，第4齢以後は見えない．口吻の先端は第1・2齢では第2腹節付近，第3～5齢では後脚基節付近に達する．

前胸背は第5齢において中胸背より僅かに広く，前側縁の中部は弱く湾入する．原小楯板は第2齢から発達し始めると認められる．後胸背板は左右それぞれ第1齢ではへら型で中胸背板より広く，第2齢ではオール型で中胸背板とほぼ等幅，第3齢ではほぼ長刀刃型で中胸背板より相当狭い．脛節の稜部は第1齢では丸みを帯び，第2齢以後は直角状に鋭く角張る．前脛節のグルーミング剛毛は第3齢までは2本が密接していて，第1齢では2・3本に，第2・3齢では3・4本に見え，第4齢以後では4本．

前部臭腺盤の中央部は第1齢では弱く，第5齢では強く細くなるが，その輪郭が不明瞭になることもある；中部臭腺盤は第1齢では逆台形状，第2齢以後は前縁中央部が前方へ突出した五角形状．第1・2腹節の腹背盤は棒状で，第2齢以後不明瞭．第7節の腹背盤はほぼ紡錘形状，第1および5齢では中央部が著しくくびれて，短披針形または小片状のものが1対あるように見えることがある．第8節の腹背盤は長方形状，第2齢以外では個体により不明瞭．側盤は第2～8節では第2齢までは半楕円形ないし半円形状，第3および4齢では半円形状．各節の孔毛2個の間隔は円形基盤1～2個分内外とやや狭い．

体上の点刻は第3齢以後やや密．体上の毛は淡褐色，第1齢では短直毛が疎生し，第2齢では基部から強く曲がった短毛が直毛と共に密生して顕著となり，第3齢では頭部と胸部においては短く，疎

らになるが明瞭，腹部では不明瞭，第4齢以後は体全体で不明瞭となる．

第1齢：体長1.7 mm内外．各胸背板長の比は3.6：2.4：1．触角および口吻の各節長比は1：1.1：1.0：2.3および1：1.5：1.0：1.7．

頭部，胸背板，腹背盤および側盤は褐黒色．硬化盤以外の腹節部は主として橙赤色で，腹背盤の側方と側盤の内方に黄白色小斑を現す．複眼は赤黒色（各齢）．触角および脚は主として黄赤色，跗節第2節の大部分は淡黄色，先端部は暗色．

第2齢：体長2.6 mm内外．各胸背板長の比は5.2：4.4：1．触角および口吻の各節長比は1：1.5：1.3：2.8および1：1.5：0.8：0.9．

体は硬化盤以外の腹節部を除き主として黒色で，図（58，G）のような帯白色ないし褐色部を現す；同腹節部は主として赤色，図の淡色部はほぼ白色．触角および脚はほぼ黒色がかるが，触角第2・3節は淡色，節間部は赤色．

第3齢：体長3.8 mm内外．各胸背板長の比は4.6：4.2：1．触角および口吻の各節長比は1：1.6：1.3：2.6および1：1.6：0.7：0.8．

体は硬化盤以外の腹節部を除き主として淡褐色で，図（58，H）のような黒色ないし白色の濃淡部がある；同腹節部は帯白色，接合線部は帯赤色，同色の斑点を散布する．触角と脚は前齢とほぼ同

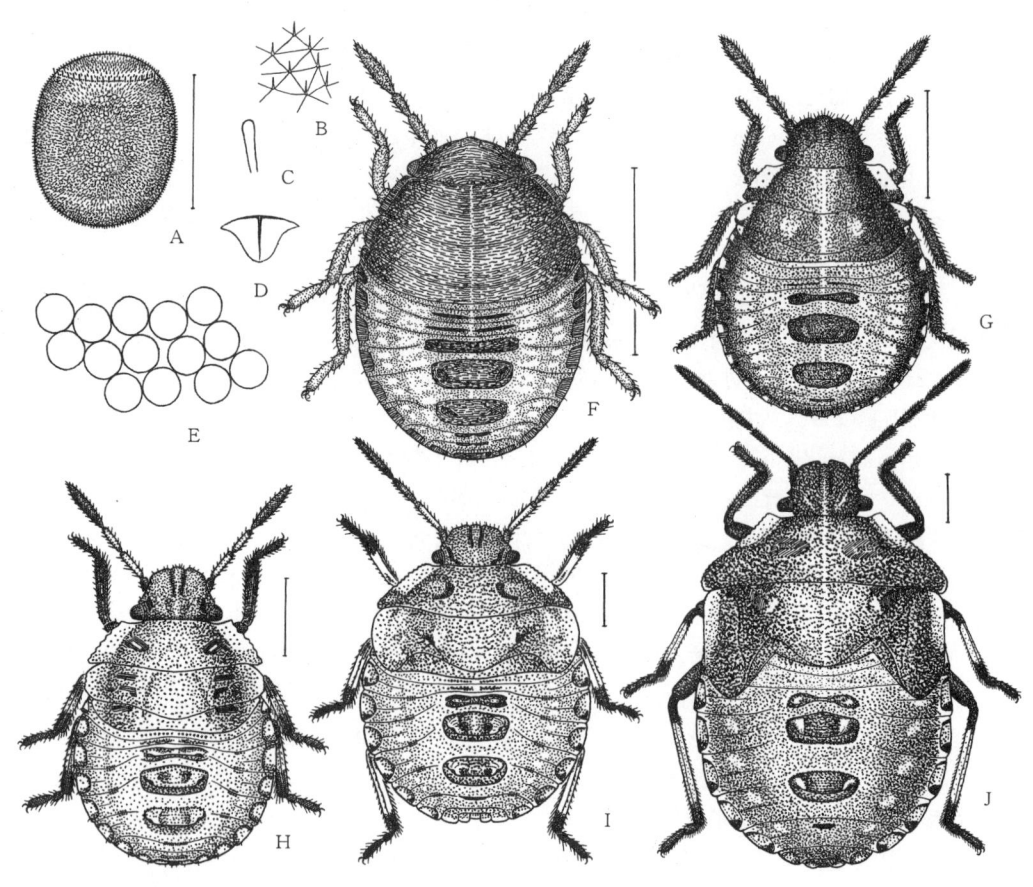

図58　トゲカメムシ Carbula humerigera (UHLER)
A. 卵，B. 卵殻表面の棘状突起をもつ網状構造，C. 受精孔突起，D. 卵殻破砕器，E. 卵塊，F. 第1齢幼虫，G. 第2齢幼虫，H. 第3齢幼虫，I. 第4齢幼虫，J. 第5齢幼虫．[傍線は1 mm長]．　　　　　(Kobayashi[121]—部改)

色，ただし触角の第2・3節は淡黄色，腿節の基半部，脛節の先端部を除く大部分はやや淡色．

第4齢：体長5.7mm内外．各胸背板長の比は7.1:7.8:1．触角および口吻の各節長比は1:1.7:1.5:2.4および1:1.6:0.7:0.9．

前齢とほぼ同色か地色がやや白色を帯びる；また個体により触角第1節は暗褐色，第2・3節の各中央部は帯白色，第3節の両端部が黒色を帯び，脛節は先端部と基部のごく一部を除き淡褐色または黄白色を帯びる．

第5齢：体長8.4mm内外．各胸背板長の比は1:1.2:0．触角および口吻の各節長比は1:2.3:1.8:2.5および1:1.6:0.6:0.8．

頭部，胸背板および腹背盤の地色は主として淡褐色または淡黄白色，黒色の粗大点刻のため黒褐色に見える．頭部および胸背の正中線その他の図（58，J）の淡色部は前齢とほぼ同色かやや濃色で，地色は帯白色，淡黄白色および淡褐色；腹節部の第1・2接合線およびその他の接合線の側端部は帯赤色，腹背盤付近には小赤点を散布する．個体により触角第1節の両端と第2節の基部は淡色または帯白色，第2節の先端と第3節の両端は淡赤色．腿節の基部までと脛節の中央部は淡黄白色．

生態 キク科のヨモギ，*Erigeron* spp.，ヒヨドリバナ，アキノノゲシ，アザミ類，ヤブタバコ，タンポポ，フキ；バラ科のキンミズヒキ，*Rubus* spp.，サルトリイバラ，ウシコロシ；オオバコ科のオオバコ；タデ科の*Polygonum* spp.，スイバ；セリ科のオオカサモチ，ニホントウキ，ドクゼリ；マメ科の*Desmodium* spp.，ダイズ，クズ；イネ科の*Setaria* spp.，オオアワガエリ，カモジグサ，ヒエ，イネ，ネザサ，ススキ；カヤツリグサ科のゴウソなどの種子や茎葉部から吸汁して発育する．成虫はニワトコ，ミズタマソウ，バイカウツギ，イノコズチ，アオビユ，キブシ，ウド，タラ，ナタネなどの果実や種子からも吸汁する．イネには斑点米を発生させる（川沢・川村[94]，農林水産技術会議事務局[218]）．

本種は幼虫態で越冬する．筆者（小林）は1954年8月に四国の剣山見越で採集した成虫数頭をオオバコとイヌタデを給餌して自然室温飼育を行い，8月12〜16日に8卵塊114卵が産卵された．これらは8月18〜20日にふ化し，8月22〜27日に第1回脱皮を，8月31日〜9月上旬に第2回脱皮を，9月中旬に第3回脱皮を，9月下旬〜10月上旬に第4回脱皮を行って第5齢になったが，10月末になっても羽化せず，休眠に入ったり，死んだりした．一部の個体は10月中旬になっても4齢を続けて遂にへい死した．これらのことから徳島地方では8月中旬に産下された卵は第5または4齢で越冬に入るのではないかと推測された．

表35 自然室温飼育におけるトゲカメムシの幼虫期間（保積[59]）

越冬態	齢期	観察数	期間平均±SE	Min	Max
4齢幼虫	1齢	26	6.2± 0.9	4	8
	2	20	12.4± 4.0	8	21
	3	19	17.3± 2.4	11	21
	4	17	218.0± 6.9	205	235
	5	17	29.9± 2.0	27	34
	全幼虫期間	17	283.2± 6.0	273	300
3齢幼虫	1	30	7.4± 1.7	5	11
	2	19	21.3± 5.5	15	33
	3	16	201.9±10.0	187	212
	4	16	22.9± 1.5	19	26
	5	16	24.6± 5.0	19	39
	全幼虫期間	16	277.1± 6.4	268	294

注．4齢および3齢幼虫のふ化日はそれぞれ1976年8.11〜9.6および9.6〜9.24．

一方，保積[59]が滋賀農試で1976〜1978年にイネ科雑草，ゴウソ，イネなどの未熟穂や穂発芽させた稲幼苗などを給餌して自然室温飼育を行った結果によると，9月上旬までにふ化した個体は第4齢で，9月上旬以降にふ化した個体は第3齢で越冬に入るが，9月下旬に産卵されたものは少数ではあるが第2齢で越冬に入る．越冬後の幼虫は4月上・中旬ごろから活動を始め，成虫は6月上旬から7月上・中旬にかけて羽化する．産卵前期間は約40〜80日で，成虫は8月上・中旬から10月中・下旬，稀に11月上旬にかけて数十〜100数十卵を産卵し，10月下旬〜翌年の1〜2月ごろまでに死ぬ．幼虫越冬は短日効果によって誘起される（Kiritani[105]）．

保積[59]の上記飼育によると，卵期間は5〜10日，平均7日内外，幼虫期間は表35に示したように280日内外である．本種の幼虫発育は長日型に属し，増大する日長効果によって促進される（Kiritani[104]）．

若齢幼虫は刺激によって転落する習性をもつ．

t）タイワントゲカメムシ *Carbula crassiventris*（DALLAS, 1849）

分布 トカラ列島，奄美諸島，沖縄本島，先島諸島；台湾，ビルマ，インド．

成虫 体長7.5〜8.5mm．前種より小さく，前胸背の側角の先端は丸く，小楯板端が白くなく，触角が一様に淡褐色であることで識別できる．

卵（安永ら[324]，図版105，写真296b） トゲカメムシの卵に似るがやや小さく，短楕円形で，ほぼ一様に淡ないし暗灰色．受精孔突起は棍棒型で白色，数は30数個内外．卵塊も前種に似る．

幼虫（図59，A，安永ら[324]） 第5齢において以下の特徴が認められる．

頭部中葉は背方からも側葉とほぼ等長に見える．触角突起は前背方からよく見える．

前胸背は中胸背と等幅，前側縁の中部は湾入しない．

前部臭腺盤は中央部があまり細くならない；中部臭腺盤は前縁中央部が前方へ弱く突出し，逆台形状に近い五角形状．第7節の腹背盤は中央部が著しくくびれて小披針形状のものが1対あるように見え，第1・2および8腹節には腹背盤が認められない．各節の孔毛2個の間隔は円形基盤2個分内外．

第1，3，4齢：未調査

第2齢（安永ら[324]，図版105，写真296c）：上記写真296cは説明に1齢幼虫とあるが，これは第2齢幼虫であると判断される．中葉はやや広く，側葉より長い．前および中胸背板の側縁は鋸歯状．体は一見黒褐色であるが，前および中胸背板の側縁の後部を除く大部分ならびに側盤の外縁部の大部分はほぼ白色．複眼は赤黒色．触角および脚はほぼ黒色で，触角の節間部は帯赤色．

第5齢：体長7.0mm内外．各胸背板長の比は1：1.0：0．触角および口吻の各節長比は1：2.5：1.9：2.8および1：1.5：0.6：0.8．

体，触角および脚の地色は淡褐色，体上は黒色の粗大点刻のため一見褐色ないし暗褐色に見え，図（59，A）のように濃淡部があり，最淡色部は淡黄白色．腹部接合線は帯赤色．複眼は赤黒色．触角は一様に淡褐色であるが，個体により第4節が暗色を帯びる．

生態 シマアザミ，ベニバナボロギク，ハルノノゲシ，ダイズなど（安永ら[324]，小林の観察）の

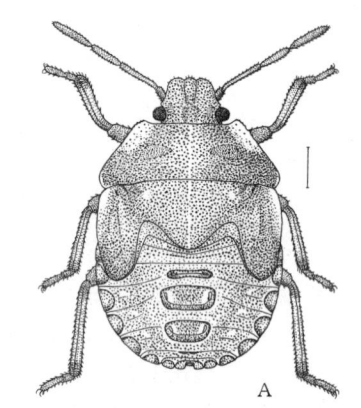

図59　タイワントゲカメムシ *Carbula crassiventris* (DALLAS)
A. 第5齢幼虫［傍線は1mm長］．
（小林原図）

8. カメムシ科 Pentatomidae

上で見られる．

u）ウズラカメムシ *Aelia fieberi* SCOTT, 1874

分布 本州，四国，九州；千島列島，極東ロシア，朝鮮半島，中国．

成虫 体長 8〜10 mm. 体は厚く，頭部の先端から前胸背の側角部まではほぼ三角形状にとがる．頭部と胸部は淡黄褐色と暗褐色の縦縞模様をなす．

卵（図 60, A〜E, Goto[18], 小林[125]） 長径約 1.0 mm, 短径約 0.8 mm, 上方がやや太い短卵形．初期にはごく淡い褐色，ふ化前には赤褐色がかり，幼体の複眼その他が帯赤色に，卵殻破砕器が灰色に透視される．卵殻はごく淡い褐色で，表面に帯褐色の不明瞭な細網状構造があり，この網の交点に 1 本の淡褐色または暗色の小棘状突起を装う．受精孔突起は先端が膨れた短い棍棒型で，約 35 μ 長，主とし白色，基部はほぼ半透明，30〜34 個．卵殻破砕器は縦長約 200 μ, 横幅約 360 μ, 骨格部は縦軸の上部が帯褐色であるほかはほぼ黒色，膜質部は主として透明，下端部と横軸後方の弓形部は暗色．卵塊は通常 12 個内外の卵よりなり，卵は 2 列に並べられる．

幼虫（図 60, F〜M, Goto[18], 小林[125]） 体は厚い．

頭部は第 2 齢までは幅広く，下方を向き，背方からは頭頂部付近が見えるのみであるが，前方から見るとほぼ円形，第 3 齢以後はやや長くなる．頭部中葉は側葉に比べて第 1 齢では長く，第 2 齢ではほぼ等長，第 3 齢以後は短い；前縁は弧状で，第 1 齢では広いが，加齢に伴って狭くなり，第 5 齢では著しく狭い．側葉の先端部は第 2 齢以後やや細くなり，第 3 齢以後は中葉の前方へ突出し，第 5 齢

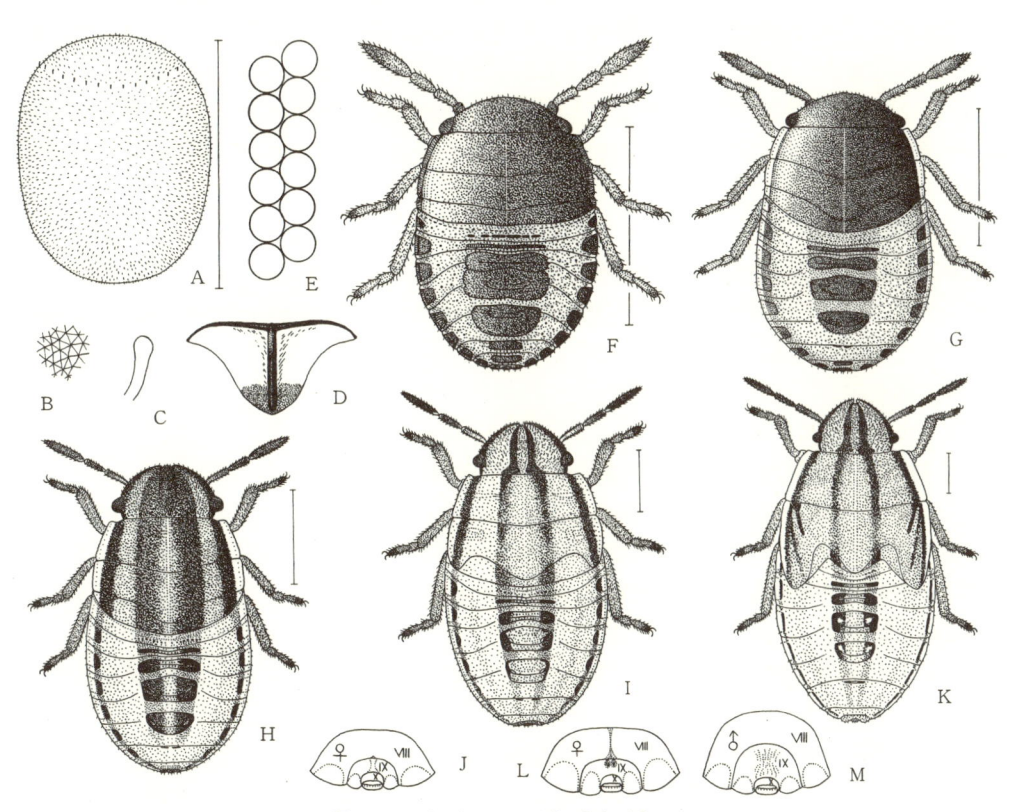

図 60 ウズラカメムシ *Aelia fieberi* SCOTT

A. 卵，B. 卵殻表面の網状構造，C. 受精孔突起，D. 卵殻破砕器，E. 卵塊，F. 第 1 齢幼虫，G. 第 2 齢幼虫，H. 第 3 齢幼虫，I. 第 4 齢幼虫，J. 同齢の雌と推測される個体の第 8〜10 節腹面，K. 第 5 齢幼虫，L. 同齢雌の性徴，M. 同雄．[傍線は 1 mm 長]．

(小林[125])

では左右葉が著しく接近する；前側縁は狭いひだ状に弱く反り返り，前側縁線は第2齢以後弱く波打つ．触角は比較的短い．口吻の先端は第1～4の各齢ではそれぞれ第2, 4, 3, 2腹節付近に，第5齢では後脚基節付近に達する．

原小楯板は第2齢から発達し始める．前および中胸背板の側縁は緩弧状で，第2齢以後弱く小鋸歯状．後胸背板は左右それぞれ第1齢ではへら型で中胸背板より広く，第2齢ではオール型で中胸背板よりやや広いが，第3齢では矛刃型で中胸背板よりやや狭く，側縁は鈍くとがる．脚は比較的短く，脛節の稜部は第2齢までは丸みを帯び第3齢以後は直角状に角張る．前脛節のグルーミング剛毛は第3齢までは2・3本，第4齢以後は4本．

前部臭腺盤はプロペラ型で，第1齢では太く，後縁が中部臭腺盤に接するが，第2齢以後はかなり細くなり，中部臭腺盤から離れる；中部臭腺盤は前縁中央部が前方へ弱く突出し，第1齢では逆台形状と五角形状の中間形，第2齢以後はむしろ五角形状．臭腺開口部は腹背盤の中央部に若齢ほど著しく偏在する．臭腺中部および後部開口部には各1個の牙状突起を第2齢以後備える．第1腹節の腹背盤は断片状で第1齢にのみ認められる．第2節の腹背盤は短棒状で，前部臭腺盤とほぼ等幅．第7節前縁の腹背盤は第1齢では長方形状，第2齢以後は紡錘形状のものが1個か短披針形状のものが1対あるように見える．第8節の腹背盤は第2齢までは長楕円形状，第3齢では不明瞭，第4齢以後は認められない．側盤は第1節では小形の不等辺三角形状，第2～8節ではほぼ台形状で，第3齢までは内外に長い長方形に近く，第4齢以後では前後にやや長く，内縁の前・後角部が丸くなる；外縁は緩弧状で平滑．孔毛は第1齢では第3～7節の気門の後内方に1個ずつあり，第2齢以後は同気門の後内方に2個あり，円形基盤ほぼ2個分の間隔で内外に並ぶ．性徴は第4齢から認められ，第8節の後縁中央部が不明瞭な三角形状に浅くくぼみ，第9節の中央部がやや幅広く縦に浅く陥入するのが雌で（図60, J），これらの特徴が認められないのが雄と推測される．第5齢においては，雌では第8節の縦溝が後縁からほぼ前縁に達し，第9節中央部の前縁近くに暗色の1対の楕円形隆起部が認められる（図60, L）．

体上の点刻は，第1齢においては硬化盤以外の腹節部のみに黒色円盤を周囲に伴うものが疎らに認められ；第2齢以後は各体節部にほぼ同形の粗大点刻を密布する．体上の短毛は，第1齢では弱く曲がったものが疎生して不明瞭であるが，第2齢以後は根元から強く曲がったものが密生し，第2・3齢では全体で，第4・5齢では頭部だけで顕著．

齢の検索表
前記ヒメカメムシに同じ．

第1齢：体長1.4 mm内外．臭腺盤の幅と臭腺開口部間隔との比は前から順に1.5：1, 2.1：1および1.9：1．また，3対の臭腺開口部の間隔の比は1.6：1.1：1で，前部のものが他より相当広い．各胸背板長の比は3.3：2.3：1．触角および口吻の各節長比は1：1.1：1.1：2.7および1：1.5：0.8：1.3．

頭部，胸背板，腹背盤および側盤は褐黒色．硬化盤以外の腹節部は淡黄赤色，接合線は赤色，粗大黒点と赤色斑点をごく疎らに装う．複眼は暗赤色．触角第1節は暗褐色，第2・3節および第4節基部は淡赤黄色，第4節先端部は暗色を帯びる．腿節は暗褐色，脛節は主として淡黄赤色，先端部は暗色，跗節は主として淡黄褐色，先端部は暗色．

第2齢：体長2.0 mm内外．臭腺盤の幅と臭腺開口部間隔との比は前から順に1.5：1, 1.7：1および1.7：1．また，3対の臭腺開口部の間隔の比は1.4：1.2：1で，3者間の差がやや縮まる．各胸背板長の比は4.2：3.4：1．触角および口吻の各節長比は1：1.3：1.3：2.7および1：1.5：0.8：0.9．

前齢とほぼ同色，ただし胸背板および側盤の外縁部は点刻を欠き淡黄白色となる．硬化盤以外の腹節部は主として淡赤黄色で，腹背盤間および側盤の内方は帯赤色となり，赤色斑点のほかに黒色

粗大点刻を装う．複眼は赤黒色（2〜5齢）．脛節および跗節は主として黄褐色，跗節先端は暗色.

第3齢：体長3.0 mm内外．臭腺盤の幅と臭腺開口部間隔との比は前から順に1.5：1, 1.6：1および1.7：1．また，3対の臭腺開口部の間隔の比は1.4：1.2：1で，これらの比は前齢と同じ．各胸背板長の比は4.7：4.3：1．触角および口吻の各節長比は1：1.7：1.5：2.5および1：1.8：0.7：0.8.

体は黒色（硬化盤以外の腹節上では赤色）部と淡褐色部と淡黄白色部（腹節の腹背盤と側盤間では広く）が縦縞状をなす．触角の第1, 2, 3および4節はそれぞれほぼ淡褐色，淡黄赤色，帯赤色および暗赤色．腿節は主として淡褐色，先端部は帯暗色，脛節および跗節は主として黄褐色，跗節先端部は暗色.

第4齢：体長4.5 mm内外．臭腺盤の幅と臭腺開口部間隔との比は前から順に1.4：1, 1.6：1および1.6：1．また，3対の臭腺開口部の間隔の比は1.3：1.2：1で，前齢より差がやや小さくなる．各胸背板長の比は6.6：7.0：1．触角および口吻の各節長比は1：1.7：1.6：2.6および1：1.7：0.5：0.8.

体色は前齢と同じ縦縞状をなすが，図（60, I）のように中央の黒（赤）条が狭くなり，淡黄褐色部が広くなる．触角の第1節は淡褐色，第2節は淡褐色ないし暗赤色，第3・4節は主として赤黒色，前者の両端部と後者の基部では暗赤色．脚は淡褐色で，腿節はやや淡色，跗節はやや濃色，先端部は暗色.

第5齢：体長6〜8 mm内外．臭腺盤の幅と臭腺開口部間隔との比は前から順に1.4：1, 1.5：1および1.6：1．また，3対の臭腺開口部の間隔の比は1.4：1.2：1で，これらの比は前齢と大差ない．各胸背板長の比は1：1.11：0．触角および口吻の各節長比は1：2.2：1.7：2.5および1：1.8：0.5：0.7.

前齢とほぼ同色で，図（60, K）のように縦縞状をなす．個体により触角の第2節の背面基部が淡黄褐色，第3節が主に暗赤色で両端部が第4節同様赤黒色.

生態 イネ科の*Agropyron* spp., カニツリグサ，スズメノチャヒキ，スズメノテッポウ，エノコログサ，オオアワガエリ，イタリアンライグラス，トールフェスク，カゼクサ，ウィーピングラブグラス，*Poa* spp., オヒシバ，メヒシバ，チカラシバ，ノビエ，チガヤ，ススキ，その他の主に種子部から吸汁する．エンバク，コムギ，ハダカムギ，アワなどの穂にも寄生し，イネでは斑点米を発生させる（川沢・川村[94]，日高[40]）．他にオオバコ，クローバ類，ギシギシなどにも寄生するといわれる（農林水産技術会議事務局[218]）.

生息地は原野，河川沿い地，土堤，海岸，山麓，路傍などの日当たりのよい草生地で，主としてイネ科の草本植物の穂上で生活する．越冬は成虫態で，日当たりのよい山麓，土堤，畦畔などの冬枯れしたイネ科雑草の株元や，落葉，木片，石礫などの間などで行われる．越冬後の成虫は筆者（小林）の観察によれば，香川および徳島県内では4月中旬ごろから活動を始め，主に5〜6月に交尾・産卵し，第1世代幼虫は5〜7月ごろ，同世代成虫は6〜7月ごろ，第2世代幼虫は6〜8月ごろ，同世代成虫は7〜9月ごろ出現する．その後さらに1世代を営む個体もあるようで，幼虫は10月ごろまで認められる．滋賀県（滋賀県農試[259]）内では第1世代幼虫が6〜7月に，第2世代幼虫が8月に認められ，その後わずかではあるが10月にも幼虫を認めている．埼玉県と横浜市内で1995年5月に採集した2雌とこれらが産出した卵と幼虫を10月まで飼育した例では，7〜8月に羽化した成虫は交尾を行わず，容器底の敷紙に隠れるような行動を示していたが，1雌は3卵塊を正常な形（2列の12個）に産卵した．これは不受精卵らしく発育しなかったが，これらのことから，本種は暖地では2・3世代を営むようである.

横浜で1995年に採集した雌とこれが産出した幼虫を自然日長，室温下で，カモジグサとエンバクに近縁の植物の穂を餌として飼育した結果は表36のとおりで，卵期間と幼虫期間は6月には8日内外と31日内外，7月には4日内外と24日内外であった.

表36 横浜市内における自然日長・室温飼育でのウズラカメムシの発育期間

反復	産卵月日	卵・幼虫期間（日）							羽化率（%）	発育期間（月日）
		卵	1齢	2齢	3齢	4齢	5齢	幼虫計		
1	6.4	9	6	6	4〜6	5	8〜10	29〜33	25.0	6.13〜7.15
2	6.5	9	6	6	5〜7	5〜6	7〜10	29〜35	25.0	6.14〜7.16
3	6.29	5	5	5	7	5〜6	7	29〜30	8.3	7.4〜8.2
平均		7.7	5.7	5.7	6.0	5.3	8.2	30.9	19.4	
1	7.7	4	3	4	5	3〜10	8	23〜30	58.3	7.11〜8.10
2	7.13	4	4	3	4	3〜5	7	21〜23	58.3	7.17〜8.9
3	7.24	4	4	3	4	4〜5	9	24〜25	8.3	7.28〜8.21
4	7.26	3	4	4	4	4〜6	9	25〜27	8.3	7.29〜8.25
5	7.30	3	3	4	3〜4	4	6	20〜21	66.7	8.2〜8.23
平均		3.6	3.6	3.6	4.1	4.7	7.8	23.8	40.0	

注．供試卵数はいずれも1卵塊12卵．

乳熟期〜糊熟期の稲穂に斑点米を発生させる加害強度はホソハリカメムシの約半分（島根）ないしほぼ同等（鳥取）である（農林水産技術会議事務局[218]）．

人が近づくと触角を小刻みに振るわせて警戒する．成虫は落下して隠れる習性をもつ．飛翔性は弱く，灯火には飛来しない．

（5）7気門群

腹部気門の側盤に対する関係位置は，キマダラカメムシでは後述するように，他の18種と顕著に異なる．第8節の気門は他のものよりイシハラカメムシではわずかに小さく，他の18種では相当小さい．

a）ミナミフタテンカメムシ *Laprius varicornis*（DALLAS, 1851）

分布 沖縄本島，宮古島，石垣島，西表島；中国，タイ，インド．

成虫 体長10〜13 mm．体は楕円形状でやや偏平，褐色の地に黒色点刻を密布する．フタテンカメムシは小楯板の前側角に黄白色小斑をもつことで識別できる．

卵（未調査）

幼虫（図61，A〜F） 第4および5齢における特徴

体は楕円形状でやや偏平．

頭部の前部は半円形状をなし，中央部がスプーン状に弱くくぼむ．頭部中葉は狭く，側葉より著しく短い．側葉は広く，中葉の前方で左右葉が第4齢では著しく接近し，第5齢では接触し，前側縁は複雑な小鋸歯状をなし，複眼の直前で三角形状に側方へ突出する．触角突起の外側は牙状に突出する．口吻は短く，先端は中・後脚の基節の中間付近に達する．

前および中胸背板の側縁は緩弧状で，複雑な小鋸歯状をなす．脚はやや短い．脛節の稜部は直角状に角張る．前脛節のグルーミング剛毛は4本．

前部臭腺盤はプロペラ型，中部臭腺盤は第4齢では逆饅頭型，第5齢では長方形に近い逆台形状，後部臭腺盤は両齢とも逆饅頭型，第1・2および8腹節には腹背盤を欠き，第7節の腹背盤は長楕円形状らしいが不明瞭．側盤は半楕円形状で，外縁は複雑な小鋸歯状，内縁中央部に長方形状の小さ

---

* 西表島大原の草間で，筆者（立川）によりⅥ.23.1966に11頭採集され，成虫は得られなかったが，宮本正一博士により本種と同定された（宮本[187]）．

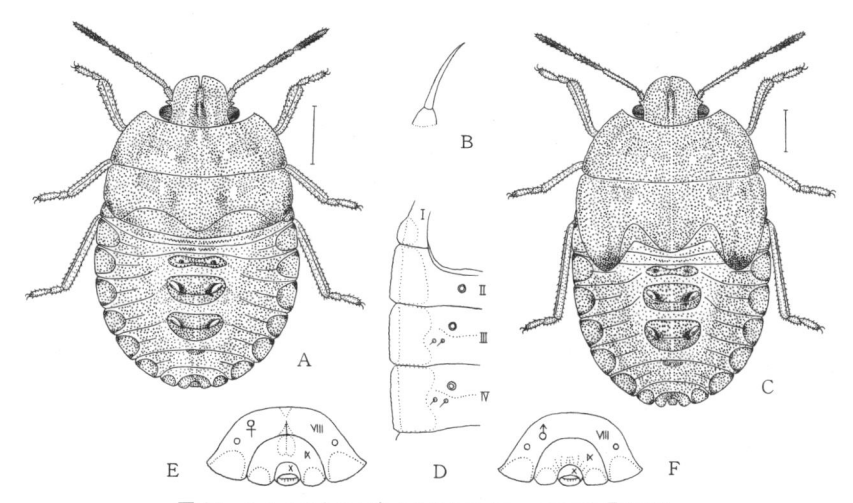

8. カメムシ科 Pentatomidae

図61　ミナミフタテンカメムシ *Laprius varicornis* DALLAS
A. 第4齢幼虫，B. 同齢の腿節および脛節上の太い黒色短毛，C. 第5齢幼虫，D. 同齢の第2～4節腹面の気門と孔毛の位置，E. 同齢雌の性徴，F. 同雄．［傍線は1mm長］．　　（小林原図）

いくぼみがある．孔毛は第3～7節の気門の後側方に2個ずつあり，外側のものは側盤の内縁の湾入部に位置し，2個は円形基盤2個分内外の間隔で内外に並ぶ．雌では第5齢幼虫の第8腹節の中央に後縁から中央部に達する縦溝があり，第9節に1対の楕円形状の弱い隆起が認められる．

体上には硬化盤以外の腹節部を含めて，淡ないし濃褐色の円形粗大点刻を密布し，ほとんど毛を欠く．腿節および脛節には基部に円すい状の突出部をもつ黒色の太い短毛（図61, B）を疎らに装う．

第4齢：体長6.0mm内外．各胸背板長の比は8.2：8.2：1．触角および口吻の各節長比は1：2.0：1.6：2.4および1：1.6：1.3：1.0．

ほぼ淡黄褐色で，図（61, A）のように濃淡部があり，濃色部は黒褐色，前および中胸背の各中央部の1対部分と臭腺開口部付近は黄白色，硬化盤以外の腹節部は主として帯赤淡黄褐色，腹節接合線は部分的に赤色がかる．複眼は暗赤色．触角の第1・2節は主として淡褐色，第3・4節は主として暗褐色，第3節両端の節間部は帯赤色．脚はほぼ淡黄褐色，跗節先端は暗色．

第5齢：体長7～9mm内外．各胸背板長の比は1：1.1：0．触角および口吻の各節長比は1：2.2：1.6：2.1および1：1.7：1.3：1.0．

前齢とほぼ同色であるが，翅包先端部は褐黒色を帯びる．

b) イネカメムシ *Lagynotomus elongatus* (DALLAS, 1851)

分布　本州，四国，九州，沖縄本島，久米島，八重山諸島；台湾，中国．

成虫　体長12～13mm．長楕円形，淡黄褐色．前胸背の側縁と半翅鞘の前縁は淡黄色．頭部側葉は中葉よりやや長いが，左右葉はあまり接近しない．

卵（図62, A～F，小林[125]）　長径約1.2mm，短径約1.1mm×0.9mm．前後にやや偏平な短楕円形．初期には淡黄色ないし黄白色，ふ化前には卵殻破砕器が暗色に，複眼その他の幼体の一部が帯赤色に透視される（図62, F）．卵殻はほぼ透明で，表面に白色の微小顆粒状物が不規則な網の目状に並び，この上に無色の小棘状突起を装う．顆粒は部分的に細い白色線状となる．蓋部と側壁部の境界は明瞭．受精孔突起はほぼ半透明で，先端が楕円形状に膨れた短い棍棒型で，長さ約40μ，40個内外．卵殻破砕器は縦長約230μ，横幅約390μ，骨格部は黒褐色，膜質部の正面部分は上部

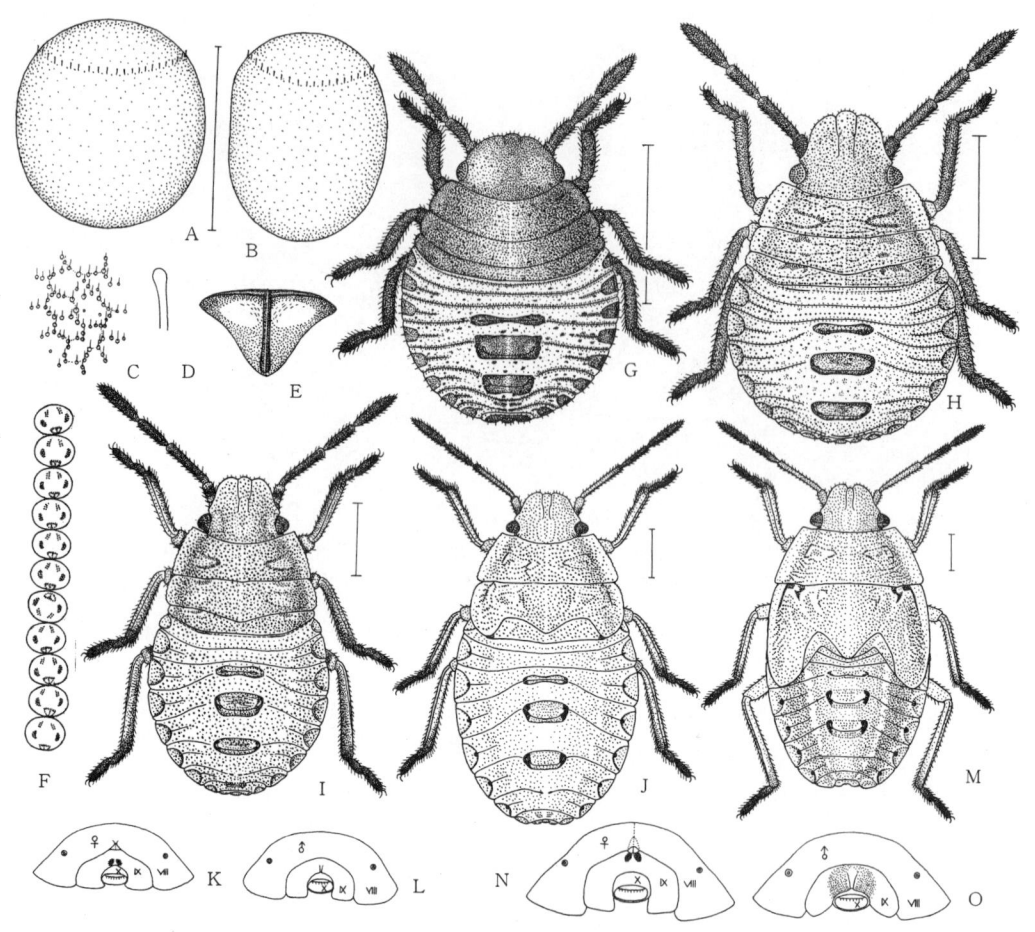

(180) 第III章 主要種の発育期

図62 イネカメムシ *Lagynotomus elongatus* (DALLAS)
A. 卵（正面），B. 同（側面），C. 卵殻表面の構造，D. 受精孔突起，E. 卵殻破砕器，F. 卵塊，G. 第1齢幼虫，H. 第2齢幼虫，I. 第3齢幼虫，J. 第4齢幼虫，K. 同齢の雌と推測される個体の性徴，L. 同雄，M. 第5齢幼虫，N. 同齢雌の性徴，O. 同雄．[傍線は1mm長]． (小林[125])

中央の透明な窓状部を除き暗色，横軸後方の弓形部分も幅広く暗色．卵塊は通常10～16個内外，平均約13～14個の卵よりなり，これらは1列または2列，稀に3列に並べられる．

幼虫（図62, G～O, 小林[125]，安永ら[324]）　頭部中葉は側葉に比べて第2齢までは長く，第3齢ではほぼ等長，第4齢以後は短い．側葉の前側縁線は第1齢ではほぼ放物線状，第2齢以後では中部で弱く角張り，複眼の直前部で三角形状に側方へ突出する．触角突起は前背方から第1齢では見えないが，第2齢以後は見える．口吻長は普通で，先端は第3齢までは第4腹節付近に，第4齢では第2腹節付近に，第5齢では後脚の基節付近に達する．

後胸背板は左右それぞれ第1齢ではへら型で中胸背板より広く，第2および3齢ではむしろオール型，第2齢では中胸背板より広く，側縁は弧状で小鋸歯状，第3齢では中胸背板よりやや狭く，側縁は短弧状で，鈍鋸歯状．前および中胸背板の側縁は緩弧状で，第1齢では平滑，第2齢以後は鋸歯状．脛節の稜部は第1齢ではやや丸みを帯び，第2齢以後は直角状に角張る．前脛節のグルーミング剛毛は第1齢では2・3本，第2齢では3・4本，第3齢では4本，第4齢では4・5本，第5齢では5本．

前部臭腺盤は標準的なプロペラ型，中部臭腺盤は各齢ともほぼ逆台形状で角が丸い．第1・2腹節

には腹背盤を欠く．第6・7節境の腹背盤は各齢にあり，披針形状のものが1対あるように見えることが多い．第8節の腹背盤は角の丸い長方形状で，第4齢までは輪郭が不明確，第5齢では認められない．側盤は第1節では第3齢までは小形の不等辺三角形状，第2～8節のものは不等辺四辺形状ないし半楕円形状；外縁は緩弧状で，第1齢では平滑，第2および3齢では第1節が小鋸歯状，第2～8節が微細鈍鋸歯状，第4および5齢では各節とも微細鈍鋸歯状；第2齢以後内縁中央部に小さいくぼみが認められる．孔毛は第1齢では第3～7節の気門の後内方に1個ずつ明確にみとめられ，第2齢以後では同気門の後方とこの内方に1個ずつあり，2個が円形基盤2～2.5個分の間隔で内外方向に並ぶ．性徴は第4齢から認められ，雌では第8腹節後縁中央部が小三角形状に不明瞭にくぼみ，第9節の中央部の後縁近くに暗褐色の1対の楕円紋を現わすが，雄ではこれらの特徴が認められない（図62, K, L）．第5齢の雌では第8中央の縦溝が後縁からほぼ前縁に達し，第9節の中央部前縁近くに1対の黒褐色楕円紋が認められる（図62, N）．雄では上記の特徴がなく，第9節の左右の外縁線は八字形をなす（図62, O）．

第1齢では頭部，胸背板および硬化盤以外の腹節部に暗褐色ないし黒色の微小点刻と赤色小斑点を疎布し，第2齢以後は全体に同色の円形点刻を，硬化盤以外の腹節部に赤色小斑点を散布し，これらは加齢に伴って密となる．体上の毛は淡褐色の短直毛で，第1齢では疎生し，第2齢以後は極めて疎らとなる．

齢の検索表
下記以外はカメムシ科全体の検索表（前記8-2)-(3)）に同じ．
 2(5) 後胸背板はへら型かオール型で，中胸背板より広い．
 5(2) 後胸背板はオール型で，中胸背板よりやや狭い・・・・・・・・・・・・・・・・・・・・・・・・・・・・・・・・第3齢
第1齢：体長1.8 mm内外．各胸背板長の比は2.8：2.0：1．触角および口吻の各節長比は1：1.2：1.2：2.2および1：1.3：1.2：1.8．

頭部，腹背盤および側盤は主として淡褐色，頭部中葉と腹背盤の周縁部は暗色，頭頂部は褐色．胸背板は主として暗褐色，中央部と側縁部は淡色．硬化盤以外の腹節部は帯白色，接合線は赤色．触角は暗赤色，節間部と複眼は赤色．脚はほぼ黒色．

第2齢：体長2.7 mm内外．各胸背板長の比は2.8：2.8：1．触角および口吻の各節長比は1：2.5：2.0：3.0および1：1.6：1.7：1.2．

頭部，胸背板，腹背盤および側盤は主として淡赤褐色ないし淡黄褐色，頭部と胸背の側縁部は帯白色，胸背の原厚化斑部は淡灰色，腹背盤の周縁部は黒褐色．硬化盤以外の腹節部はほぼ淡黄色，接合線は淡赤色．複眼は黒赤色．触角の第1節基部は暗色，その他は暗赤色，節間部は赤色．腿節は主として淡黄白色で先端近くに暗褐色帯があり，脛節は暗褐色，附節は褐黒色．

第3齢：体長4.2 mm内外．各胸背板長の比は3.2：3.2：1．触角および口吻の各節長比は1：2.3：1.7：2.2および1：1.3：1.0：0.8．

頭部，胸背板，側盤および硬化盤以外の腹節部は主として淡黄白色，胸背の原厚化斑部は淡灰色，側盤の内後縁部は黒褐色．腹背盤は主として淡黄色ないし淡赤色，側端部は帯黒色．複眼と触角は主として赤黒色，触角第1節の中央部は暗色，節間部暗赤色．腿節はほぼ白色で先端近くに暗色帯があり，脛節の大部分は暗色または淡灰色で，稜部は帯白色，先端部は黒褐色．附節はほぼ黒色．

第4齢：体長6.5 mm内外．各胸背板長の比は4.2：5.5：1．触角および口吻の各節長比は1：2.7：1.9：2.2および1：1.3：1.0：0.7．

硬化盤以外の腹節部と触角を除き前齢とほぼ同色，ただし図（62, J）のように暗褐色部がある．硬化盤以外の腹節部は主として淡緑白色，第2～8節の側盤の内方の点刻と赤色斑点を欠く小部分は淡

黄色．触角第1節は主として暗灰色，第2節は主として黒赤色，第1節の先端部と第2節の背面は淡黄白色，第3・4節は赤黒色，節間部は赤色．

第5齢：体長10.0 mm 内外．各胸背板長の比は1：1.4：0．触角と口吻の各節長比は1：3.1：2.0：2.2 および1：1.3：1.0：1.0．

硬化盤以外の腹節部と脚を除き前齢とほぼ同色，ただし，触角は個体により主として第1節が淡褐色，第2・3節が暗ないし黒赤色と帯褐白色，第4節が赤黒色．硬化盤以外の腹節部は主として淡緑色，中央部は淡黄白色．脚は主として淡黄褐色，脛節先端部は暗黒色，跗節の大部分はほぼ黒色，基部は暗褐色．

生態 イネ科だけに寄生し，主として種子部を摂食して発育する．イネのほかにスズメノテッポウ，イチゴツナギ，セトガヤ，カモガヤ（オーチャードグラス），ヌカボ，ムギ，カモジグサ，*Setaria* spp.，*Digitaria* spp.，イヌビエ，キビ，サトウキビ，ススキなどの穂からも吸汁する．イネには不稔や斑点米被害を発生させる（川沢・川村[94]，農林水産技術会議事務局[218]）．

成虫態で越冬し，茨城県内では年に1世代，高知県内では2世代を経る．大内[244～250]の一連の研究によると，茨城県内では越冬後の成虫は4月ごろから活動を始め，イネ科雑草から吸汁する．イネが出穂し始める7月下旬～8月上旬ごろ，成虫は数日にわたって毎日夜間前半に飛翔して稲田へ移動する．稲田に飛来した成虫の交尾と産卵は約10日以内に始まり，8月下旬まで続く．卵および幼虫期間は40日余で，新成虫は8月末から9月初めにかけて羽化し，晩生稲を吸害した後9月上旬から中旬にかけて，毎日夜間前半に飛翔して越冬地へ移動する．越冬地は水田の北方に位置する丘陵地帯や土堤の南側の傾斜面，平坦部，山腹などで，冬季に日当たりがよく温暖で，イネ科植物の群落がある所であった．イネ科植物はスズメカルカヤ，サイトウガヤ，ススキ，チガヤ，トダシバ，ムラサキススキなどで，標高は場所により一定しなかった．

産卵は交尾後平均3日ぐらいで行われ，その最盛期は8月第1半旬ごろである．越冬成虫の死は8月第2～4半旬ごろに見られ，その最盛期は8月第3半旬ごろであるが，個体により9月初めまで生存するものもある．

一方，高知県（山本[316]，小川ら[231]）の南部では3月ごろから活動を初め，イネ科植物の茎葉部や穂から吸汁する．早生稲の出穂期は6月下旬～7月上旬で，稲田への成虫の飛来は穂ばらみ期から始まり，出穂期に盛期となる．水田に飛来した成虫は稲穂から吸汁しながら交尾し，産卵する．その盛期は7月下旬で，幼虫は穂を摂食して発育し，8月上・中旬に幼虫の加害盛期となり，新成虫が羽化し始める．第1世代成虫の羽化盛期は8月中・下旬で，この成虫は8月上旬ごろから中生稲に飛来して，吸害しながら交尾・産卵を始める．第2世代の幼虫は中生稲の穂を摂食して育ち，9月上・中旬までに羽化する．この成虫は8月下旬ないし9月上旬ごろから9月下旬にかけて越冬地へ移動する．移動に当たって成虫は相当高く上昇して北方の山脈へ飛び，標高250 m 付近の採草地のススキやカモノハシなどの密生した株元で越冬する．越冬場所の標高は200～600 m 内外で，稲田付近では越冬虫を認めていない．越冬はイネ科を主とする冬枯れ雑草の株間や茂みの間だけでなく，土に浅く潜っても行われる（小貫[243]）．

発育期間は大内[250]が茨城県内の水田のイネの株元に飼育瓶を置いて，7月下旬～8月上旬に調査した成績によると，3カ年（1951～1953）にわたる82卵塊の平均卵期間は5.29日±0.97日であり，この期間の平均気温は25.8～28.8℃であった．また，鉢植え稲の開花直後の穂を寒冷紗袋で覆い，ふ化直後の幼虫を1頭ずつ放った個別飼育と，穂に寒冷紗を被せないで同時期の幼虫を稲1株当たり20～30頭放った集団飼育を8月12日～9月27日の間に行った．この成績は表37のとおりで，幼虫期間は個別飼育で36日内外，集団飼育で37日内外であった．

8. カメムシ科 Pentatomidae

表37 茨城県内におけるイネカメムシ幼虫の齢別発育日数 (大内[250])

飼育方法	性	幼虫齢					
		1	2	3	4	5	計
個別飼育	雌	3.2	4.8 ± 1.1	5.5 ± 1.8	9.9 ± 1.4	13.6 ± 1.2	35.9 ± 1.9
	雄	3.3	5.1 ± 0.9	5.2 ± 1.5	10.1 ± 1.4	13.7 ± 0.9	36.6 ± 2.3
	雌雄	3.2	5.0 ± 1.0	5.4 ± 1.6	10.1 ± 1.5	13.6 ± 1.0	36.2 ± 2.1
群飼育	雌雄	4.3 ± 0.7	5.1 ± 0.7	4.0 ± 0.8	7.5 ± 2.0	16.2 ± 3.1	37.2

　本種は夜行性で，日中はイネなどの株元に潜んでおり，夜間に活動する．活動は約10〜30 luxから次第に盛んになり，2 luxかこれ以下の照度で最も活発となる．交尾もほとんど夜間に行われ，午前5時と午後11時ごろにそのピークが見られた．交尾の継続時間はほぼ1〜18時間で，2時間以下の場合が約半数を占めた．交尾回数は普通1〜4回であるが，1回の場合が最も多く，回を追うに従って急減する．産卵は葉の表面や裏面に，稀に葉鞘や穂に対し1日中行われるが，夜間に多い．

　吸汁中の個体に触れると落下して擬死を行う．走光性があり，白熱灯よりも蛍光灯や水銀灯によく飛来する．

　稲穂の吸害は激しく，胚から胚乳にかけて黒化する半黒型を示す．高知県における乳熟期の1頭1日当りの斑点米発生数は約1.1粒であった（農林水産技術会議事務局[218]）．

c) シロヘリカメムシ *Aenaria lewisi* (SCOTT, 1874)

分布　北海道（西島[215]），本州，四国，九州；中国．

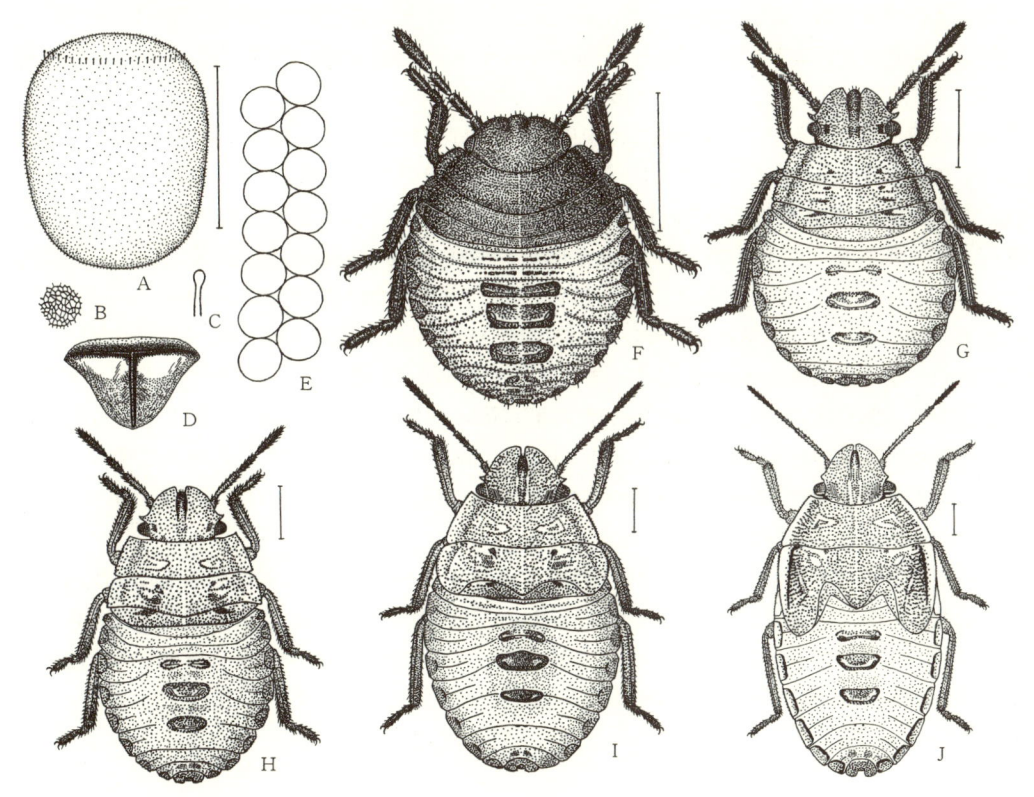

図63　シロヘリカメムシ *Aenaria lewisi* (SCOTT)
A. 卵，B. 卵殻表面の細網状構造，C. 受精孔突起，D. 卵殻破砕器，E. 卵塊，F. 第1齢幼虫，G. 第2齢幼虫，H. 第3齢幼虫，I. 第4齢幼虫，J. 第5齢幼虫．[傍線は1 mm長]． (Kobayashi[122])

成虫 体長12～15 mm. 緑色を帯びた灰褐色で，半翅鞘の前縁部は黄白色ないし汚黄色. 前種に似るが頭部の両側葉が中葉の前方で接し，体色が異なる.

卵（図63，A～E，Kobayashi[122]，小林[125]） 長径約1.5 mm，短径約1.2 mm×1.1 mmのほぼ卵形で，上方がやや太い. 初期には一様に白色，ふ化約5日前に眼点が淡赤色に，同約3日前に卵殻破砕器が灰色に透視されるようになる. 卵殻は白色半透明で，表面に同色の小棘状突起をもつ細網状構造を装う. 受精孔突起は梶棒型で，57μ長内外，44個（42～47）内外. 卵殻破砕器は縦長約300μ，横幅約490μ，骨格部は黒色，膜質部の正面部分は上部中央の透明な窓状部を除き暗色，横軸後方の弓形部分も幅広く暗色. 卵塊は通常14個の卵よりなり，これらは2列にならべられる.

幼虫（図63，F～J，Kobayashi[122]，小林[125]，安永ら[324]） 体は第3齢までは厚く，第4齢以後ではやや厚い.

頭部中葉は側葉に比べて第1齢では長く，第2齢ではほぼ等長，第3齢以後は著しく短い；前縁は加齢に伴って狭くなり，第5齢では著しく狭い. 側葉は第1齢では前側縁線の前部は放物線状，後方は複眼の直前部で小円弧状に真後ろ方向へ強く曲がる，第2齢以後は前縁部が小円弧状で，加齢に伴って狭くなり，中部は弧状をなし，後方は複眼の直前で短角状に突出する. この角状突起は第2齢時に最も長く，前側方へ顕著に突出するが加齢に伴って小さくなり，第5齢では小三角形状に側方へ突出する. 触角突起は前背方から見えない. 触角はやや短い. 口吻の先端は第4齢までは第2腹節付近に，第5齢では後脚の基節付近に達する.

後胸背板は左右それぞれ第1齢ではへら型で中胸背板より広く，第2齢ではオール型で中胸背板よりやや広いかそれとほぼ等幅，側縁は短弧状で小鋸歯状；第3齢では矛刃型で中胸背板より明瞭に狭い. 前および中胸背板の側縁は緩弧状で，第1齢では平滑，第2齢以後は鋸歯状. 脚はやや短い. 脛節の稜部は各齢とも直角状に角張る. 前脛節のグルーミング剛毛は第1齢では3・4本，第2～4齢では4本，第5齢では5本.

前部臭腺盤はプロペラ型で，第1齢では中央部および側端部があまり細くならず，第2齢以後は標準的，中部臭腺盤は第1齢では逆台形状，第2齢以後は前縁中央部が前方へ弱く突出してむしろ五角形状. 第1腹節には第1齢時にのみ断片状の腹背盤が認められ，第2腹節には腹背盤が認められない. 第6・7節境の腹背盤は第1齢では細線状らしいが不明瞭，第2齢以後は小披針形状か点状で各1対，第8節の腹背盤は角の丸い長方形状に見えるが不明瞭；第1齢では第7節の中央部に不明瞭な腹背盤様のものが認められる. 側盤は第1齢の第1節ではやや小形の不等辺三角形状，第2～8節ではほぼ半楕円形状，第2齢以後は第2～7節でほぼ半円形状；外縁は緩弧状で，第1齢では平滑，第2齢以後は歯先が丸い鋸歯状，内縁中央部に浅い凹み部が第4・5齢において認められる. 孔毛は各齢とも第3～7節の気門の後方とこの内方に1個ずつあり，2個が円形基盤1～2個分内外の間隔で内外に並ぶ. 雌では第5齢幼虫の第8腹節に後縁から中央部近くに達する縦溝があり，第9節の中央部に1対の楕円形状の隆起が不明瞭に認められる.

第1齢では頭部，胸背板，腹背盤および側盤上に点刻を欠き，硬化盤以外の腹節上には小円形の黒色部を周囲にもち，中心に1本の白色短直毛を有する微小点刻を疎布し，第2齢以後では頭部，胸背板，腹背盤および側盤上には円形の小点刻を硬化盤以外の腹節部よりやや密に散布する，硬化盤以外の腹節部のものは同形であるがやや小さい. 体上には淡褐色の短直毛を第2齢までは疎生し，以後は著しく疎らとなる.

齢の検索表

前記アカスジカメムシに同じ.

第1齢：体長2.1 mm内外. 各胸背板長の比は4.0：2.3：1. 触角および口吻の各節長比は1：0.9：

0.9：1.7および1：1.1：1.3：1.6.

頭部，胸背板，腹背盤，側盤，触角および脚はほぼ黒色，触角の節間部は黄赤色．硬化盤以外の腹節部は黄白色，接合線は赤色．複眼は赤黒色（各齢）．

第2齢：体長3.5 mm内外．各胸背板長の比は3.5：2.7：1．触角および口吻の各節長比は1：1.6：1.1：2.1および1：1.3：1.4：1.3．

頭部，胸背板および側盤はごく淡い褐色で，黒色粗大点刻を散布し一見灰色に見え，図（63, G）のような帯黒色部がある．硬化盤以外の腹節部は白色，黒色点刻と赤色小斑点を散布し，節合線は帯赤色．臭腺盤は淡黄褐色．触角と脚は主として帯黒色，ただし触角第1節は淡色，第2節は帯白色で黒色斑点を散布し，節間部は黄赤色，腿節の両端部と脛節の稜部は帯白色．

第3齢：体長5.3 mm内外．各胸背板長の比は4.5：4.0：1．触角および口吻の各節長比は1：2.0：1.4：2.3および1：1.6：1.6：1.4．

前齢とほぼ同色，ただし触角の第3節が赤黒色で，脚が次齢とほぼ同色の個体もある．

第4齢：体長7.5 mm内外．各胸背板長の比は8.4：8.8：1．触角および口吻の各節長比は1：2.3：1.7：2.4および1：1.4：1.7：1.3．

主として，頭部と腹背盤は淡褐色，胸背板は同色か淡黄緑色，側盤は帯白色で，図（63, I）のように濃淡部があり，最淡色部は白色．硬化盤以外の腹節部は主として白色と暗緑色の斑状，接合線は側縁部で赤色を帯び，帯赤色の小斑点と黒色小点刻を散布し，灰緑色に見える．触角第1節は帯白色，第2節は淡褐色，第3節は黒褐色，第4節は黒色，節間部は帯赤色，黒点を散布する．腿節は帯白色，脛節および跗節は淡褐色，それらの先端は黒褐色，前2者に黒点を散布する．

第5齢：体長11.0 mm内外．各胸背板長の比は1：1.24：0．触角および口吻の各節長比は1：2.4：1.6：2.1および1：1.5：1.6：1.2．

頭部，胸背板，腹背盤，脚などは淡褐色，硬化盤以外の腹節部は青緑色で，図（63, J）のように濃淡部があり，体の周縁部は淡黄色，濃色部は帯黒色．触角の基部は淡褐色，第3節の先端は暗色がかり，第4節は黒色，触角および脚には黒点を毛の基部に散布する．

生態 *Pleioblastus* spp.やミヤコザサなどのササ類に寄生し，若茎部から吸汁して発育する（Kobayashi[122]）．イネやススキにも寄生することがあるといわれる（石原[70]，四戸[263]）．

山麓，山間地，河川岸などに自生するササ類上で生活するが，群生することはない．四国南部では成虫は4月ごろ出現し，5月上旬〜6月上旬ごろ交尾し，若笹の葉や茎部に産卵する．幼虫は5月中旬ごろから若笹上で見られ，新成虫は7月上旬ごろから9月上旬ごろにかけて羽化する．年1世代のようで，成虫態で生息地やその付近の女竹や根笹の根際，ススキの株元，落葉間などで越冬する（四戸[264]）．

筆者（小林）が徳島市内で1955年5月上旬から6月下旬にかけて，腰高シャーレに1卵塊の幼虫を入れ，根笹の新鮮な切茎を給餌して自然日長・室温下で5反復の飼育を試みた．死亡率が高く，新成虫を得ることができなかったが，卵期間は8日，第1齢期間は7〜9日，第2齢期間は7〜14日，第3齢期間は7〜10日，第4齢期間は9〜12日であった．

安永ら[324]の写真283cは若齢幼虫と説明されているが，第4齢幼虫である．

d）エゾアオカメムシ *Palomena angulosa* (MOTSCHULSKY, 1861)

分布 北海道，本州，四国，九州；朝鮮半島，済州島，中国．

成虫 体長12〜16 mm．頭部側葉は中葉より長く，この前方で左右葉が接近する．弱い光沢のある濃緑色の地に細かい黒色の点刻を散布し，半翅鞘の膜質部は淡褐色．

卵（図64, A〜E，小林[123]） 長径約1.6 mm，短径約1.3 mm．ほぼ卵形で上方がやや太い．初期

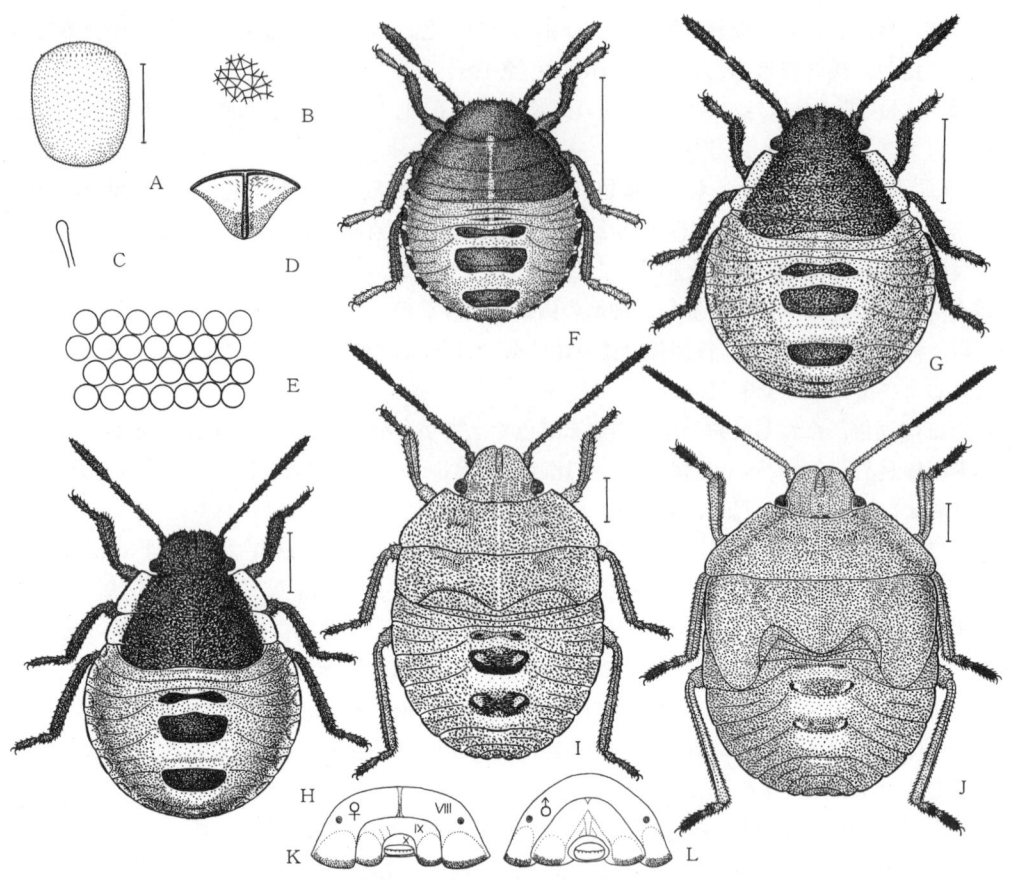

図 64　エゾアオカメムシ *Palomena angulosa* (Motsculsky)
A. 卵，B. 卵殻表面の網状構造，C. 受精孔突起，D. 卵殻破砕器，E. 卵塊，F. 第1齢幼虫，G. 第2齢幼虫，H. 第3齢幼虫，I. 第4齢幼虫，J. 第5齢幼虫，K. 同齢雌の性徴，L. 同雄．[傍線は1mm長]．　　　　　（小林[123]一部改）

には淡青緑色，ふ化前には淡褐色を帯び，眼点が淡赤色に，卵殻破砕器が暗色に透視される．卵殻は白色半透明で，表面に白色の短棘状突起を比較的密に備える細網状構造を有する．受精孔突起は先端が膨張した棍棒型で，長さ約60μ，ほぼ透明で39個内外．卵殻破砕器は縦長約300μ，横幅約500μ，骨格部は黒色，縦軸の下端は太く，横軸の側端は細まった後わずかに広がる；膜質部は主として透明，下側縁部は全体灰色に縁取られ，横軸後方の弓形部は暗色．卵塊は通常10数個ないし28個内外の卵からなり，これらは六角形状，平行四辺形状または塊状などに並べられる．本種の卵は著しく大きい特徴を有する．

　幼虫（図64，F〜L，小林[123]，安永ら[324]）　体は第3齢までは比較的厚く，第4齢以後はやや偏平．

　頭部中葉は側葉に比べて第2齢までは長く，第3齢ではほぼ等長，第4齢以後は相当短い；前縁は加齢に伴って狭くなり，第5齢では著しく狭い．側葉の前部は加齢に伴って広くなり，第5齢では中葉の前方で左右葉が著しく接近する．口吻の先端は第4齢までは第2腹節付近に，第5齢では後脚の基節付近に達する．

　後胸背板は第1齢ではへら型で中胸背板より広く，第2齢ではオール型で中胸背板とほぼ等幅かそれよりやや狭い，第3齢では長刀刃型で中胸背板より著しく狭い．前および中胸背板の側縁は緩弧状

で，第1齢では平滑，第2齢以後は小鋸歯状．脛節の稜部は第1齢ではやや丸みを帯び，第2齢以後は直角状に角張る．前脛節のグルーミング剛毛は第1齢では3・4本，第2・3齢では4本，第4・5齢では4・5本．

前部臭腺盤は標準的なプロペラ型，中部臭腺盤は第1齢では逆台形に近い6角形状，第2齢以後は前縁中央部が前方へ弱く突出した五角形状．第1・2腹節の腹背盤は第1齢にのみ認められ，前者は長棒状，後者は短棒状のものが1対あるように見える．第6・7節境の腹背盤は長紡錘形状，第8節の腹背盤はほぼ長楕円形状で，第4・5齢では不明瞭．側盤は第4齢までは第1節では小形の不等辺三角形状，第2節では大形の不等辺四辺形状，第3～8節では半楕円形または半円形状，第5齢では第2・3節のものは前後に長く，前者は不等辺三角形状，後者は不等辺四辺形状，第4～7節のものは半円形状；外縁は緩弧状で，第2齢の第1節のもののみ鈍鋸歯状，他は皆ほぼ平滑；内縁中央部にくぼみや溝は認められない．孔毛は第1齢では第3～7節の気門の後内方に1個のみ明瞭にみとめられ，第2齢以後は同気門の後方とこの内方に1個ずつあり，2個が円形基盤1.5～3個分内外の間隔で並ぶ．雌では第5齢幼虫の第8腹節に後縁から中央部以前に達する縦溝がある．

体表には第1齢では点刻を欠き光沢を有し，第2齢以後は硬化盤以外の腹節部を含めて黒色の円形粗大点刻を顕著に散布する．体上には淡褐色の短直毛を疎生する．

齢の検索表

下記以外はカメムシ科全体の検索表（前記8-2)-(3)）に同じ．
 2(5) 後胸背板は左右それぞれへら型で中胸背板より広いか，オール型でそれとほぼ等幅かそれよりやや狭い．
 5(2) 後胸背板は左右それぞれ長刀刃型で中胸背板より著しく狭い・・・・・・・・・・・・・・・・・・・・・第3齢

第1齢：体長2.0 mm内外．各胸背板長の比は3.3：2.0：1．触角および口吻の各節長比は1：1.5：1.4：3.1および1：1.6：1.1：1.7.

頭部，胸背板，腹背盤および側盤は黒色，ただし頭頂部の小斑は橙黄色，胸部の正中部は帯白色．硬化盤以外の腹節部は概ね黒褐色または暗色で，腹背盤の後方および側方と側盤間は白色．複眼（各齢），触角および脚は赤黒色，触角の先端部は淡色，第3節両端の節間部は帯赤色，跗節は黄灰色．

第2齢：体長3.0 mm内外．各胸背板長の比は4.0：3.8：1．触角および口吻の各節長比は1：2.1：1.5：2.8および1：1.6：1.3：1.3.

頭部，胸背板および腹背盤は主として漆黒色，前および中胸背板の側縁部は主として白色，外縁は黒色に縁どられる．硬化盤以外の腹節部は主として暗緑色，ただし図（64，G）の淡色部は側盤を含めて帯白色，側盤の外縁は黒色．触角は赤黒色，第3節両端の節間部はほぼ赤色．脚は褐黒色，跗節はやや淡色．

第3齢：体長4.7 mm内外．各胸背板長の比は4.2：4.0：1．触角および口吻の各節長比は1：2.2：1.7：2.7および1：1.7：1.1：1.1.

色彩は前齢に似るが，頭部および胸部中央部などが緑色味を帯び，臭腺盤が淡色となることがある．触角は黒色，節間部は赤黒色．脚は主として褐黒色，腿節の大部分は淡褐色．

第4齢：体長7.0 mm内外．各胸背板長の比は9.5：10.0：1．触角および口吻の各節長比は1：2.9：2.3：3.1および1：1.6：1.1：1.0.

体はほぼ黄緑色，ただし腹背盤は前部のものを除きほぼ黒色で，この臭腺開口部直前部は黄白色，硬化盤以外の腹節部の中央部は淡緑白色，側盤間は白色；頭部，胸部および側盤の外縁は黒色に縁どられる．触角は前齢と比べて先端部では同色，基部ではやや淡色．腿節は淡黄緑色，脛節は帯褐黄緑色，この先端部および跗節第1節の先半は暗色，第2節はほぼ黒色．

第5齢：体長9〜12 mm内外，平均10.5 mm．各胸背板長の比は1：1.23：0．触角および口吻の各節長比は1：3.2：2.2：3.0および1：1.6：1.1：1.0．

前齢とほぼ同色，個体により次の諸点が幾分異なる．腹背盤は帯黄緑色，ただし臭腺前部開口部の内方は帯黄褐緑色，中および後部開口部の直前部は帯褐黄色，側方は黒色．触角の第1節と第2節基部は帯褐黄緑色，第2節先端部と第3節は褐黒色，第4節は主として黒色，先端部はやや淡色，節間部は緑褐色．脚は附節を除き緑黄色．

生態　多食性で，以下に列記する多くの科の植物を寄主とする．カバノキ科：ヤシャブシ；クワ科：クワ；タデ科：ソバ，*Polygonum* spp.，スイバ；キンポウゲ科：ウマノアシガタ，ボタンヅル；メギ科：ヘビノボラズ；アブラナ科：ナタネ；ベンケイソウ科：ベンケイソウ；ユキノシタ科：ウツギ，ノリウツギ；バラ科：ダイコンソウ，キンミズヒキ，ノイバラ，*Rubus* spp.，ナナカマド，サクラ類；マメ科：ダイズ，アズキ，インゲンマメ，ヌスビトハギ；ニガキ科：ニガキ；ニシキギ科：マユミ；ミツバウツギ科：ミツバウツギ；ブドウ科：ノブドウ；アカバナ科：オオマツヨイグサ；ウコギ科：ウコギ，*Aralia* spp.，セリ科：ウマノミツバ，ヤマニンジン，イブキボウフウ，ニホントウキ，オオカサモチ，ハナウド；モクセイ科：ライラック；シソ科：ウツボグサ，カメバヒキオコシ；ナス科：ジャガイモ；ゴマノハグサ科：キリ，クガイソウ；オオバコ科：オオバコ；スイカズラ科：*Sambucus* spp.；オミナエシ科：*Patrinia* spp.；キキョウ科：ツリガネニンジン；キク科：ヒマワリ，オタカラコウ，サジガンクビソウ，オケラ，ノブキ，タンポポ，エゾノキツネアザミ，ヒメジョオン，コウゾリナ，ハチジョウナ；ツユクサ科：ツユクサ；イネ科：イネ，オオムギ，キンエノコロ，スズメノヒエ，ネザサ類；アヤメ科：アヤメ．新成虫はオニグルミやヤマウルシの実を吸うこともある（川沢・川村[94]，中西・後藤[211]，四戸[265]）．栄養生長部と生殖生長部の両方から吸汁して発育するが，中・老齢幼虫は生殖生長部を嗜好する．一般に種子部を摂食しないと，正常に成虫まで発育することができないようである（Hori et al.[54]）．

生息場所はやや涼しい所で，暖地では山地や山間部などの木本植物と草本植物が混生する環境．草本，木本の両植物上で生活する．越冬後の成虫は5月ごろ出現し，徳島県や岩手県下では6〜7月ごろ交尾・産卵し，8〜9月ごろ新成虫となり，交尾することなく越冬に入り，年に1世代を営む．

発育期間は，筆者（小林）が盛岡市内で6〜9月に，自然日長・室温条件で腰高シャーレを用い，ナタネ，オオバコ，ウマノアシガタなどの種子部を給餌した飼育において，卵期間が9〜12日，幼虫期間が59〜86日内外であった（表38）．また長谷川[34]が長日（16 L・8 D）・恒温条件下で，ダイズの若莢を開いて与えて集団飼育した成績は表39のとおりで，19〜28℃下で卵期間が4.8〜10.4日，幼虫期間が43.6〜64.2日であった．

Hori[49,50]によると，固定または短縮する日長条件で幼虫を飼育した場合，どちらにおいてもより短い日長条件で発育速度と日当たり獲得体重が増進されるという．また幼虫の発育は若齢期には養

表38　盛岡市内における自然日長・室温でのエゾアオカメムシの発育期間

反復	卵	卵・幼虫期間（日）						発育期間（月日）
		1齢	2齢	3齢	4齢	5齢	幼虫計	
1	12	6	14〜16	16〜19	12〜22	—	—	6.8 〜 —
2	9	10	11〜15	13〜15	12〜21	—	—	6.16〜 —
3	—	?	?	?	?	17〜19	?	?〜9.19
範囲	9〜12	6〜10	11〜16	13〜19	12〜22	17〜19	59〜86	
平均	10.5	8.0	14.0	15.8	16.8	18.0	72.5	

注．試験年：反復1・2は1966年，3は1968年．供試卵数：各区とも1卵塊28卵．

表39　エゾアオカメムシの長日・恒温条件下における発育期間（長谷川[34]）

温度 (℃)	供試 卵数	ふ化数	卵期間 (日)	供試 虫数	幼虫期間（日）						羽化数
					1齢	2齢	3齢	4齢	5齢	合計	
19	57	47	10.4	47	9.2	13.6	11.4	11.8	18.2	64.2	13
24	66	56	6.4	56	5.0	8.4	8.0	8.4	13.6	43.6	11
28	69	59	4.8	59	4.8	8.2	9.2	15.2	22.0	59.9	1

注．岩手県宮古市で1964年に得た成虫を岩手郡内で飼育．

分濃度の低い食草（アルファルファ茎葉部等）の摂食で遅れるが，その後養分濃度の高い食草（菜豆種子等）を摂食すると老齢期には発育速度と日当たり獲得体重が増進されるという（Hori & Kuramochi[53], Hori & Saruta[55]）．

本種の幼虫期間は12L・12Dの日長下で最短であり，これ以上の日長範囲ではそれが短いほど上述のように発育が増進されるが，これは消化酵素の活性化に由来するのではなく，幼虫の摂食活性を高めることによると推測される（Hori[51]）．

雌成虫は産卵選択性が厳密でなく，広範囲の植物に産卵するが（春木[35], Hori et al.[52]），幼虫はより好適な食餌を求めて食餌植物間を渡り歩く習性をもつ．

第1および2齢幼虫は顕著な集合性を示す．

e）*Nezara* AMYOT et SERVILLE, 1843

（i）形　態

ア）卵：円筒形で，長径1.2 mm内外，短径0.8 mm内外，上下左右にほぼ対称形，側壁上縁はごくわずかに肥厚する．初期には一様に淡黄色ないし淡緑黄色，ふ化前には淡橙黄色となり，卵殻の下に眼点が赤色に，卵殻破砕器が暗色に，ミナミアオカメムシでは幼体の頭頂部の赤斑も通視される．卵殻は乳白色で，表面はほぼ平滑，微かに凹凸し不明瞭な六角形模様に見える．受精孔突起は白色，棍棒型で先端がほぼ球形に弱く膨れ，比較的短く長さ36μ内外で，30～30数個．卵殻破砕器は縦長約270μ，横幅約450μ，骨格部は淡褐色ないしほぼ黒色，横軸部の側端部は薄く広がる．膜質部はほぼ透明，側端部のみ淡灰褐色であるか，または下側縁全体がごく淡い灰色に縁どられ，横軸後方の弓形部は淡褐色か暗色．卵塊は通常数十（約50～70）卵よりなり，卵はほぼ規則的な六角形状に並べられる．

イ）幼虫：体は第3齢までは比較的厚く，第4齢以後はあまり厚くない．

頭部中葉は側葉に比べて第3齢までは長く，第4齢以後はほぼ等長かやや短い．触角突起は前背方から第1齢時のみまたは第4齢まで見えず，それ以後は見える．口吻の先端は第1および4齢では第3・4腹節，第2・3齢では齢の後期に第4腹節，第5齢では第3腹節付近に達する．

原小楯板は第2齢から発達し始める．前および中胸背板の側縁は第2齢以後鋸歯状または鈍鋸歯状．後胸背板は左右それぞれ第1齢ではへら型で中胸背板より広い；第2・3齢ではむしろ長刀刃型で側縁は鈍くとがる，第2齢では前胸背板より広いが中胸背板よりやや狭く，側縁は中胸背板の側縁部の中部かこれよりやや外方に位置し，第3齢では前胸背板とほぼ等幅で，側縁は中胸背板の側縁部の基部付近に位置する．脛節の稜部は第1齢ではやや丸みを帯び，第2齢以後は直角状に角張る．前脛節のグルーミング剛毛は第2齢までは2・3本，第3齢では4・5本，第4齢では5・6本，第5齢では5～7本．

前部臭腺盤はプロペラ型で，第1齢では中央部のくびれが弱く長方形に近く，側縁は直截状かいくらか湾入する，第2齢以後は一般的；中部臭腺盤は第1齢ではほぼ逆台形状ないし六角形状，第2齢

以後は前縁中部が前方へ弱く突出した五角形状. 第1・2腹節には第1齢では長棒状と短棒状の腹背盤を有するが, 第2齢以後はこれを欠く. 第6・7節境の腹背盤は第1齢では小披針形状で1対, 第2齢以後はほぼ紡錘形状かこの中央部がくびれた形状. 第8節の腹背盤はほぼ饅頭型かこの上縁中央部が湾入した形. 側盤は第1節では第3齢までは小形の不等辺三角形状, 第2～7節では齢と節位によりほぼ不等辺四辺形状, 偏半楕円形状, 半短楕円形状, 半円形状, 偏半円形等；外縁は緩弧状で平滑, 内縁の中央部には小さいくぼみが第3齢以後認められる. 孔毛は第1齢では第3～7の気門の後内方に1個ずつ明確に認められ, 第2齢以後は同気門の後方に2個ずつが, ほぼ等距離にあり,

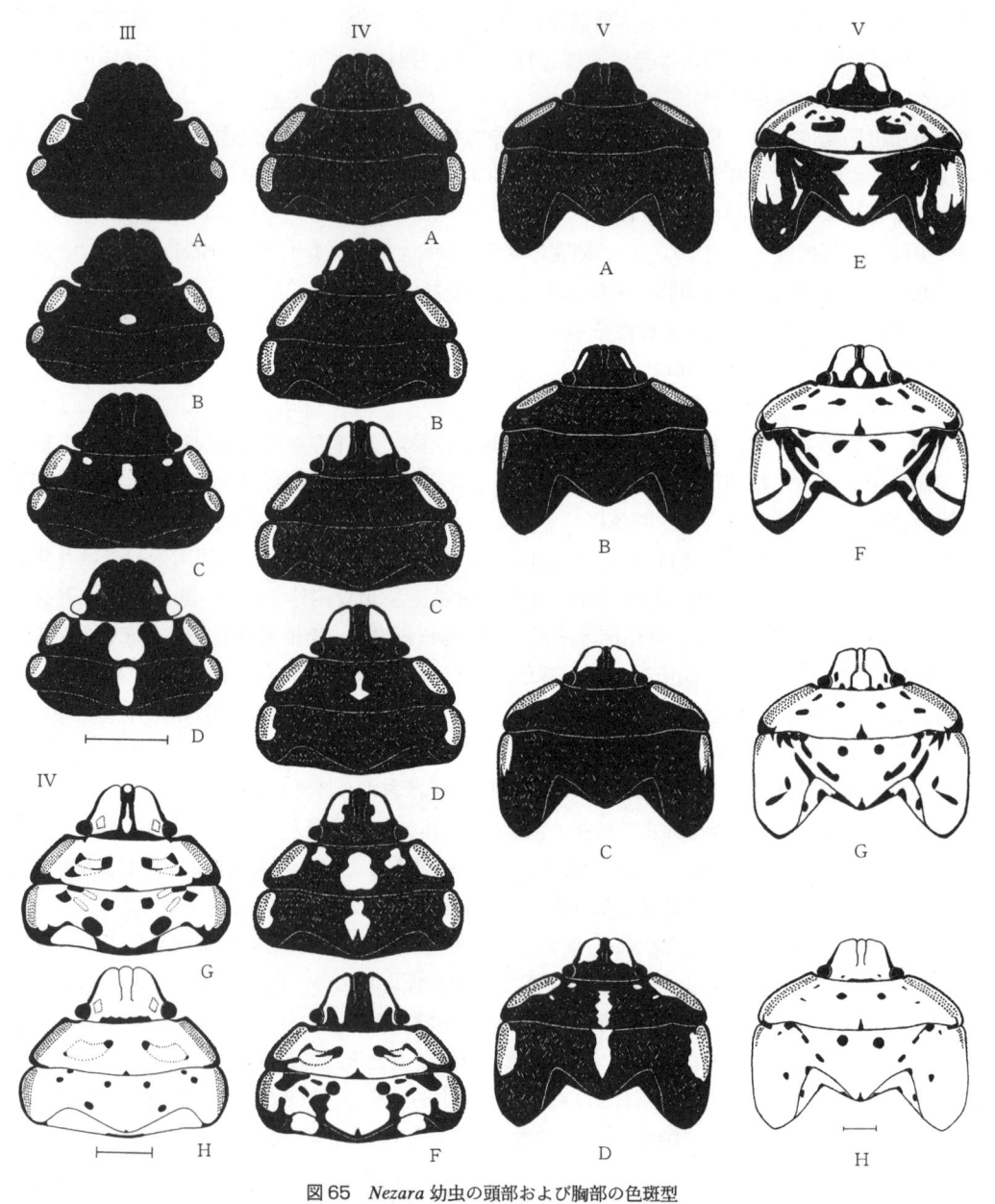

図65 *Nezara* 幼虫の頭部および胸部の色斑型

Ⅲ・Ⅳ・Ⅴ：第3, 4および5齢；A～H：色彩変化の代表型. ［図はミナミアオカメムシのもの. アオクサカメムシもほぼ同様, 傍線は1mm長］

(小林)[123]

第2齢では円形基盤2・3個分，第3齢以後は同基盤2～4個分内外の間隔で並ぶ．性徴は第4齢から認められるようで，第8腹節の後縁中央部がわずかに小三角形状にくぼむのが雌で，この特徴がないのが雄でないかと推測される．第5齢の雌では第8節に後縁から節のほぼ中央部に達する縦溝がある．

体表には光沢を有し，第1齢では点刻を欠き，第2・3齢では頭部，胸背板，腹背盤および側盤上に地色とほぼ同色の点刻を疎布し，第4齢以後は上記のほか硬化盤以外の腹節部の中央部にも黒色の小点刻を散布する．体上の毛は淡褐色の短直毛でごく疎ら．

第1齢幼虫は頭部から後胸にかけて，1個の大形の橙黄色または淡褐色の円形斑を，腹部には図 (67, G, 68, G) のように白斑を有する．第2齢以後は通常腹背盤に接して4対の橙黄色か白色の円形か楕円形状の色斑を，腹部周辺部には図 (67, H～J, 68, H～J, M) のように7対内外の白斑を有する．

頭部と胸部の色斑には図65のような変化がある（小林[123]）．

齢の検索表

下記以外はカメムシ科全体の検索表（前記8-2)-(3)）に同じ．

 2 (5) 後胸背板は左右それぞれへら型で中胸背板より広いか，または長刀刃型で前胸背板より広く，側端は中胸背板の側縁部の中部かこれよりやや外方に位置する．

 5 (2) 後胸背板は左右それぞれ長刀刃型で前胸背板とほぼ等幅，側端は中胸背板の側縁部の基部付近に位置する ……………………………………………………………第3齢

ウ）*Nezara* 属2種の識別：卵はアオクサカメムシではふ化前に眼点が赤色に，卵殻破砕器が暗色に透視される．卵殻破砕器の骨格部は主として淡褐色で，付属膜はほとんど透明で側端部のみごくわずかに淡灰褐色．ミナミアオカメムシではふ化前に眼点と卵殻破砕器のほかに，蓋部の下に幼体の頭部の一部が大きな赤色の台形状に透視される．卵殻破砕器の骨格部は主として黒色，付属膜は概ね透明で，下側縁全体がごく淡い灰色に縁取られる．

幼虫はアオクサカメムシの第1齢では胸背中央の大形の円形斑が淡褐色；第2齢では中胸背板の側縁が鈍鋸歯状；第3齢では側葉の後方が三角形状（高い）に側方へ突出する；第4齢では第6・7腹節境の腹背盤がプロペラ型で，腹節中央部の3対の大型円形斑が白色；第5齢では前胸背板の後角部が中胸背板の前角部より若干側方へ突出する．ミナミアオカメムシの第1齢では胸背中央の大形円形斑が橙黄色；第2齢では中胸背板側縁が小鋸歯状；第3齢では側葉の後方が低丘状に側方へ突出する；第4齢では第6・7腹節境の腹背盤が紡錘形状で，腹節中央部の3対の大型円形斑が通常橙黄色；第5齢では前胸背板の後角部が中胸背板の前角部より側方へ突出しない．

(ii) 生　態

ア）国内分布と生息場所：アオクサカメムシは温帯系で，日本では1月の月平均気温が－1.5℃の等温線（陸中海岸の浜岩泉付近から鳴子温泉当たりを経て津軽の関付近に至るU字形）以南に生息する（小林・奥[161]）．一方ミナミアオカメムシは暖・熱帯系で，1月の平均気温が5℃以上の所（紀伊半島南部，室戸，阿南海岸，足摺岬地帯，九州南部）に生息する（桐谷[102]）．

生息場所は両種とも田園地帯，原野，山麓地帯，河川沿い地，路傍などで，日当たりのよい草生地である．

イ）食性：両種とも多食性で極めて多くの植物の栄養生長部と生殖成長部の両方から吸汁するが，健全な発育のためには後者を摂食することが必要であるようである．寄主植物の種類はアオクサカメムシが下記の23科75種以上，ミナミアオカメムシが32科145種以上とされている（川沢・川村[94]，農林水産技術会議事務局[218]）．寄主植物の種類とその数の違いは分布圏の違いに基づくも

ので，両種が混生する地帯ではほぼ同様である．しかし，嗜好性には若干差があり，アオクサカメムシはマメ科を，ミナミアオカメムシはイネ科を好む（桐谷[102]）．

アオクサカメムシの寄主植物の代表的なものは以下の通りである．クワ科：アサ；タデ科：ソバ，*Polygonum* spp.，スイバ；アカザ科：サトウダイコン；ヒユ科：*Amaranthus* spp.，ケイトウ；ケシ科：ヒナゲシ；アブラナ科：ダイコン，*Brassica* spp.；バラ科：オランダイチゴ；マメ科：ダイズ，ササゲ，*Phaseolus* spp.，*Vicia* spp.，エンドウ，フジマメ，ゲンゲ，シャジクソウ類，ヌスビトハギ，クサネム，レンリソウ，*Lupinus* spp.，カワラケツメイ，*Medicago* spp.，*Lespedeza* spp.，ヤハズソウ，ミヤコグサ，クズ；トウダイグサ科：トウゴマ；アオイ科：ワタ，オクラ，*Hibiscus* spp.，ケナフ；アカバナ科：マツヨイグサ；セリ科：オランダゼリ，ニンジン；ヒルガオ科：サツマイモ；クマツヅラ科：ビジョザクラ；シソ科：サルビア；ナス科：ナス，トマト，*Capsicum* spp.，ジャガイモ，タバコ，ホオズキ，クコ；ゴマノハグサ科：キンギョソウ；ゴマ科：ゴマ；キク科：ヒマワリ，ヒメジョオン；イネ科：イネ，ムギ類，アワ，キビ，サトウキビ，トウモロコシ，ノビエ，イタリアンライグラス，メヒシバ，ジュズダマ；ユリ科：アスパラガス，*Allium* spp.；アヤメ科：*Iris* spp.，ヒオウギ，モントプレチア，グラジオラス等．

ミナミアオカメムシの摂食植物は32科145種に及ぶとされているが（桐谷[102]），幼虫が発育しない，成虫だけの吸害植物が相当含まれているようである．寄主植物のうち主要栽培作物だけを以下に略記する．ソバ，ダイコン，*Brassica* spp.，オランダイチゴ，ダイズ，ササゲ，*Phaseolus* spp.，ソラマメ，エンドウ，フジマメ，シャジクソウ類，アルファルファ，ハウチワマメ，トウゴマ，ワタ，オクラ，ケナフ，パセリー，ニンジン，サツマイモ，ナス，トマト，*Capsicum* spp.，ジャガイモ，タバコ，ゴマ，*Cucumis* spp.，スイカ，ヒマワリ，イネ，ムギ類，アワ，キビ，サトウキビ，トウモロコシ，アスパラガス，*Allium* spp.，ヒオウギ，グラジオラス等．

アオクサカメムシの成虫はイチジク，ビワ，モモ，スモモ，ウメ，ナシ，リンゴ，ミカン，ブドウ，カキなどの果実や熟期が近づいた果実を吸害して，激しい被害を発生させることがある（農林水産省農蚕園芸局植物防疫課[219]）．これは主として越冬直後または越冬前の生理的要求に由来するものであるらしく，これらで幼虫が発育することはない．

植物には季節的遷移があるので，寄主植物も季節的に移り変わる．ミナミアオカメムシの主要寄主作物は，和歌山では5月から11月にかけてムギ類，アブラナ，ジャガイモ，インゲンマメ，ダイズ，キビ，イネ，ゴマなどと遷移するといわれる（桐谷[102]）．

ウ）生活史：両種は似た生活史をもつ．越冬場所は共に常緑樹（スギ，ヒノキ，イブキ，タケその他）の樹冠部の葉の茂みの間，バナナ，バショウ，シュロなどの葉鞘の内側の

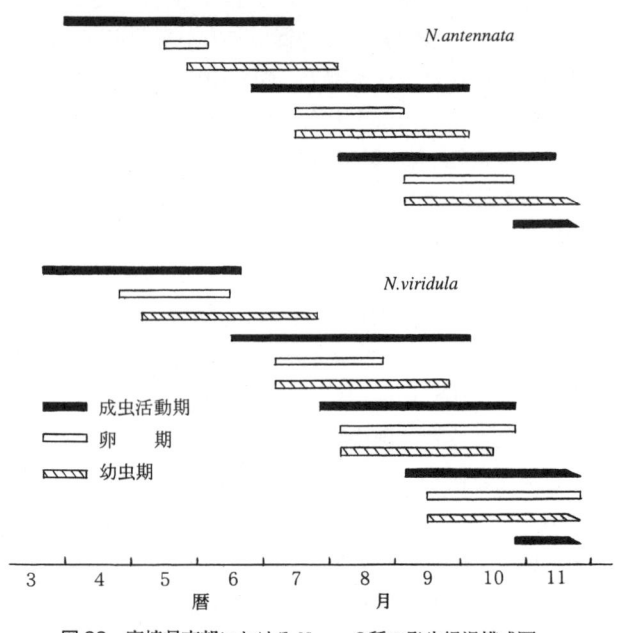

図66 宮崎県南部における*Nezara*2種の発生経過模式図
(鮫島・永井[256]による)

8. カメムシ科 Pentatomidae

隙間，ココス，キミガヨラン，ヤシ類などの心部や近くの葉柄基部，土堤，畦畔，山麓などのイネ科その他の植物の冬枯れ株の間や同叢の下，積みわらの間，屋根瓦の下，石礫や木片などの間，ハクサイやダイコン等の葉の間その他で，風当たりや温度差が少なく，体水分の消失を防ぐか，その補給条件を備える所のようである（崎村・永井(252)）．

　両種の生態は鮫島・永井(254,256)および桐谷(102)らによって詳細に研究されているので，以下は主としてこれらに筆者等の研究を加えて記述する．アオクサカメムシは本州，四国，九州の大部分では年に2世代，宮崎県南部では3世代，和歌山県南部では2・3世代を営むが，ミナミアオカメムシは宮崎県南部や和歌山県南部では3～4世代を営む．越冬後の活動開始は宮崎では前者が4月上旬，後者が3月下旬～4月上旬で，後者の方がやや早い．両種の各世代の発生経過を摸式的に示すと図66のようである．和歌山では9月中旬以後に羽化したミナミアオカメムシの第3世代成虫は卵巣が成熟せず未交尾のまま越冬に入るが，それ以前に羽化した個体は続いて産卵し，9月下旬以降に第4世代成虫が出現する．越冬場所への移動は和歌山では9月中旬～1月中旬の約4カ月間に緩慢に行われる．

　エ）産卵関係：成虫の交尾・産卵行動は両種間にほとんど差がないが，産卵前期間はミナミアオカメムシの方がアオクサカメムシより短く，産下卵塊数，1卵塊の卵粒数，産卵総数なども表40に示すようにミナミアオカメムシの方が多い．年間世代数もミナミアオカメムシの方が多いので増殖力は同種の方が相当大きい．

　オ）発育：宮崎（総合）農試でアオクサカメムシとミナミアオカメムシの各世代の卵と幼虫を自然日長・室温下で，第1世代幼虫にはジャガイモ，ダイズ，水稲を，第2世代以後の幼虫にはダイズ，陸稲，サツマイモを給餌して飼育した試験における卵と幼虫の各齢期間は表41および42のとおりで，発育速度は各世代の卵・幼虫ともミナミアオカメムシの方が相当早い．また，両種を長日・恒温条件下で飼育した成績を比較してみると，長谷川(34)が岩手県宮古市内で得たアオクサカメムシを16L・8D，19～28℃で恒温飼育した成績は表43のとおりであり，宮崎農試(191)において16L・8D，15～35℃で恒温飼育した成績は表44のとおりであった．飼育温度がわずかに違うので，成績をグラフにして比較してみると，発育速度は卵・幼虫ともやはりミナミアオカメムシの方が早い．

表40　宮崎県内における Nezara 2種の産卵前期間，産卵数等（鮫島・永井(256)）

世代	種名	平均産卵前期間（日）	産卵数		産卵塊数		1卵塊卵数	
			範囲	平均	範囲	平均	範囲	平均
越冬	an	29.0	18～125	59.0	1～2	1.3	18～69	47.2
	vi	18.8	56～355	159.9	1～5	2.7	13～88	55.3
1	an	33.3	24～74	43.4	1～3	1.5	10～74	31.0
	vi	21.8	29～242	100.0	1～4	2.2	13～69	45.5
2	an	35.0	35～180	94.1	1～4	2.0	5～59	47.1
	vi	14.2	40～643	240.5	1～8	3.3	23～100	83.6
3	vi	16.6	79～409	214.4	1～7	3.6	15～93	68.9

注．屋外網框内にジャガイモ，アブラナ，ダイズ，リクトウ，サツマイモを混植して飼育．

表41　宮崎県内における自然日長・室温での Nezara 2種の卵期間（日）（鮫島・永井(256)）

種名	第1世代			第2世代			第3世代			第4世代		
	卵塊数	範囲	平均	卵塊数	範囲	平均	卵塊数	範囲	平均	卵塊数	範囲	平均
アオクサ	6	10～13	11.0	2	6～6	6.0	11	5～10	7.4	—	—	—
ミナミアオ	24	5～19	10.3	4	4～5	4.9	49	4～11	5.1	19	4～15	8.8

第III章　主要種の発育期

表42　宮崎県内における自然日長・室温でのNezara 2種の幼虫期間（日）（鮫島・永井[256]）

世代	種名	第1齢		第2齢		第3齢		第4齢		第5齢		合計	
		範囲	平均	範囲	平均	範囲	平均	範囲	平均	範囲	平均	範囲	平均
1	アオクサ	4〜8	5.7	6〜16	11.4	8〜16	11.1	8〜22	11.8	11〜24	14.4	49〜62	53.5
	ミナミアオ	4〜8	7.0	8〜13	9.6	6〜13	8.4	6〜15	10.6	6〜20	9.8	38〜48	44.5
2	アオクサ	3〜9	3.4	5〜11	8.6	3〜10	5.8	2〜10	5.6	3〜20	8.4	23〜45	28.9
	ミナミアオ	2〜3	2.9	3〜8	5.8	2〜8	4.2	2〜6	4.1	4〜16	6.4	18〜31	23.1
3	アオクサ	3〜10	4.6	4〜16	9.9	3〜19	6.3	6〜16	10.1	15〜35	19.3	42〜66	52.1
	ミナミアオ	2〜4	3.2	2〜14	4.4	2〜7	3.9	2〜12	4.1	4〜8	6.8	20〜34	22.0
4	ミナミアオ	4〜6	4.8	5〜16	7.8	5〜17	9.5	6〜16	10.0	13〜21	18.1	35〜56	47.6

注．供試虫は卵期試験のものを用いて個体飼育した．

表43　長日・恒温飼育におけるアオクサカメムシの卵および幼虫期間（長谷川[34]）

温度	卵数	卵期間（日）	ふ化率（%）	幼虫数	幼虫期間（日）						羽化率（%）
					1齢	2齢	3齢	4齢	5齢	合計	
19	334	13.7	97.9	327	8.0	11.5	9.5	12.5	21.5	63.2	2.1
24	323	7.2	99.0	320	4.2	6.7	5.0	5.7	10.1	31.7	15.0
28	399	4.7	98.9	395	3.0	4.7	3.7	5.7	8.4	25.5	11.6

注．ダイズ若莢を開いて与えて集団飼育した．

表44　長日・恒温飼育におけるミナミアオカメムシの卵および幼虫期間（宮崎農試[191]）

温度	卵期間（日）	幼虫期間（日）					
		1齢	2齢	3齢	4齢	5齢	合計
15	33.0±2.4	—	—	—	—	—	—
20	10.5±1.1	7.8±0.7	9.1±1.4	6.8±1.6	9.8±1.1	17.3±5.0	50.8±1.4
25	6.0±0.2	3.0±0	4.0±1.3	3.6±0.5	4.2±0.8	12.3±0.9	27.1±1.1
30	4.5±0.8	3.3±0.5	3.1±0.4	3.0±0.6	3.3±1.0	6.7±0.5	19.4±3.7
35	未ふ化	3.0±0	3.1±0.4	3.6±0.3	3.3±0.5	4.4±0.5	17.4±0.5

注．20〜30個体を，幼虫にはタデ，ヒエ，メヒシバの生花穂を混合給餌して大型試験管で飼育した．数値は平均値±標準偏差．

　発育零点と発育有効積算温度等は，アオクサカメムシではダイズと赤クローバの乾燥種子と水を用いた簡易集団飼育で8.8℃と529日度，発育速度（y）の温度（x）に対する回帰式は $y = -0.0166 + 0.0019x$ と求められた（菊池・小林[99]），ミナミアオカメムシでは卵が12.6℃と74日度，幼虫が11.5℃と366日度と推定され，卵と幼虫を合わせた全発育期における発育零点と発育有効積算温度は13.2℃と390日度と考えられた．苅谷[85]も両種のそれらを芽出しダイズを給餌して調査しているが，餌が適切でなかったためか数値が過大に評価されていて，和歌山県の実情に合わないといわれる（桐谷[102]）．

　カ）生命表

　卵〜成虫羽化期の死亡率と生存曲線　和歌山県南部におけるミナミアオカメムシについての調査で，卵期には卵寄生蜂，若齢期には気象条件の影響が大きく，齢が進むにつれて脱皮前後の消失が大きくなる．もちろんアリ，クモその他の捕食虫やカエル，トリ等の天敵の影響もあるがこれらは特に大きくはない．死亡率は第2齢末までに85%に，産卵までに98.9%に達し，生存曲線は一般にはDeevey[8]のいうB型（死亡が各ステージに一定の率で起きる）に当てはまるといわれる（桐

谷[101,102]).

<u>卵塊サイズと集合性</u>　卵塊サイズはミナミアオカメムシの方が相当大きく，卵寄生蜂の寄生率が同一場所では高い傾向がある．幼虫の集合性は若齢ほど強く，第3齢までは顕著であるが，第4齢以後急激に弱まる．脱皮の斉一性は集団が大きいほど顕著である．齢期間は第1齢では集団の大きさに無関係であるが，第2齢では大きいほど短縮し，第3齢は移行期で，第4・5齢では長びく．日当り死亡率は1頭区では高い傾向があり，2～10頭区では不明瞭である．総括して，集合性は幼虫の生存に対して若齢期には有利に，老齢期には不利に働くようであるが，両種間に違いがあるかどうかは不詳である（桐谷[102]）．

キ）両種の発育に影響するその他の要因

<u>種間交尾</u>　卵は種間交尾では受精しない．和歌山南部における種間交尾の第1回目は越冬成虫間で，第2回目はアオクサカメムシの第1世代成虫とミナミアオカメムシの第2世代成虫間で起こる．ミナミアオカメムシが圧倒的に優勢な時以外では，種間交尾は V♀×A♂（V：ミナミアオカメムシ，A：アオクサカメムシ）の組み合わせが普通で，これはミナミアオカメムシの方により不利に働くと考えられるが，両種とも生存期間中に幾回も交尾するので，どの程度影響してしるか判断し難い．しかし朝来では *Nezara* 属中のアオクサカメムシ率が1953年には33％であったのが年ごとに低下し，1962年には0.06％にまで下がったが，この急速な低下は種間交尾によって拍車がかけられたと考えられている（桐[102]）．

<u>水稲の栽培型</u>　早期栽培水稲の出穂期はミナミアオカメムシの第1世代成虫の羽化期にほぼ一致する．そのため，好適な寄主植物が不足がちなこの時期（7月上・中旬～8月上旬ごろ）における水稲の穂の存在は，その増殖にとって非常に重要な意義をもつ．アオクサカメムシの第1世代成虫も7月中・下旬から出現し始めるが，早期水稲は産卵適期（出穂前後の時期）を過ぎているうえ，本種はマメ類をより嗜好する．早・中・晩期と作期の異なる水稲の混作は水稲を嗜好するミナミアオカメムシの増殖を著しく助長することになった（桐谷・法橋・榎本[103]）．この現象は宮崎県南部においても明瞭に認められている（鮫島・永井[255]）．

成虫は走光性を有し，越冬時に帯褐色などの休眠色となる．

f）アオクサカメムシ *Nezara antennata* SCOTT, 1874

分布　本州，四国，九州，沖縄本島；朝鮮半島，中国，南アジアと東南アジアのパラワン島以北の一部（長谷川[30]）．

成虫　体長12～16 mm．触角第3節の先端部，第4・5節の先半部は黒色．半翅鞘革質部の下の腹背部は黒褐色．全体が緑色の基本型（f. *antennata*）の他に，黄帯型（f. *balteata*），無紋黄色型（次種の f. *aurantica* に相当），緑紋型（f. *icterica*）等の遺伝的色彩型がある（長谷川[30]）．

卵（図67，A～F, Ishihara[71], 小林[123]）　卵殻破砕器の骨格部の縦軸は主として淡褐色，上端部は焦茶色，横軸は主として黒褐色か焦茶色で側方はやや淡色；膜質部は主として透明で側端部は淡灰褐色，横軸後方の弓形部は淡褐色；次種より淡色．

幼虫（図67，G～O, Ishihara[71], 小林[123], 筒井[295], 安永ら[324]）　頭部中葉は第5齢において側葉よりやや短い．側葉の後方は第3齢において複眼の直前で三角形状にやや大きく側方へ突出する．触角突起は前背方から第3齢までは見えず，第4齢以後は見える．第5齢における前胸背板の前側縁線の湾曲度は比較的弱く，後角部は中胸背板の前角部より若干側方へ突出する．中胸背板の側縁は第2齢時に鈍鋸歯状．中部臭腺盤は第1齢ではほぼ台形状．第6・7腹節境の腹背盤は第4齢では主として小さく短いプロペラ型．第1齢前半期において，胸背中央部の大型円形斑は淡褐色．腹節中央部の3対の大型円形斑は白色．

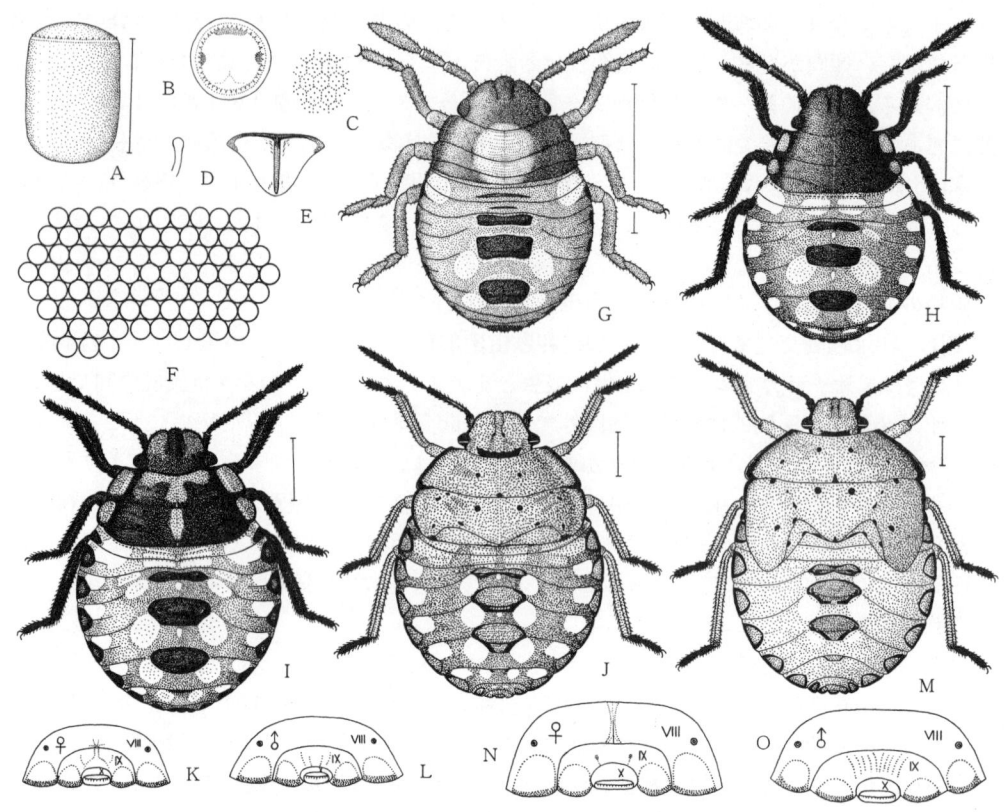

図67 アオクサカメムシ Nezara antennata Scott
A. 卵, B. 孵化が近ずいた卵に透視される眼点と卵殻破砕器の一部, C. 卵殻表面に微かに認められる六角形模様, D. 受精孔突起, E. 卵殻破砕器, F. 卵塊, G. 第1齢幼虫, H. 第2齢幼虫, I. 第3齢幼虫, J. 第4齢幼虫, K. 同齢の雌と推測される個体の第8〜10節腹面, L. 同雄, M. 第5齢幼虫, N. 同齢雌の性徴, O. 同雄. [傍線は1mm長].

(小林[123]―部改)

第1齢 体長1.5mm内外. 各胸背板長の比は4.0：2.5：1. 触角および口吻の各節長比は1：1.5：1.5：3.1および1：1.3：1.5：2.0.

前半期 頭部, 胸背板, 腹背盤および側盤は主として暗褐色, 頭頂後縁部を含む胸背中央部の大型の円形斑は淡褐色. 硬化盤以外の腹節部はほぼ淡黄褐色, ただし第1・2節側方は帯白色, 各臭腺盤の後側方は帯黄色. 複眼は淡赤褐色. 触角の第1〜3節は主として幽かに暗色を帯びた淡褐色, 第2・3節の各先端部は淡赤色, 第4節は暗色. 脚は主として淡褐色, 跗節の先端部は暗色.

後半期 頭部, 胸背板および腹背盤は主として濃赤褐色ないし赤黒色, 頭頂後縁部を含む胸背中央部の大型の円形斑は帯褐黄色, 胸部側縁は前半期と同じ暗褐色. 硬化盤以外の腹節部は主として暗赤褐色で, 第1・2節側方にやや大型の楕円形状白斑を現す. また, 前部臭腺盤の側方と後側方には2個の小型の紡錘形または楕円形状の淡橙色または橙黄色斑を, 中部および後部臭腺盤の後側方には各1個のやや大型の楕円形または円形の橙黄色斑を現す. 側盤は前半期と同じ暗褐色. 複眼は暗赤色. 触角および脚は主として灰褐色, 触角の節間部は帯赤色, 脚の関節部は淡褐色.

第2齢：体長2.5mm内外. 各胸背板長の比は9.0：7.0：1. 触角および口吻の各節長比は1：2.0：1.7：2.8および1：1.6：1.5：1.4.

頭部, 胸背板, 腹背盤, 側盤および脚はほぼ黒色, ただし前および中胸背板の側縁部の中央部は広く黄橙色. 硬化盤以外の腹節部は主として暗赤褐色ないし茶褐色で, 腹背盤の後側方の色斑は橙

8. カメムシ科 Pentatomidae

黄色か黄白色，その他の色斑は皆白色．複眼は赤黒色（2〜5齢）．触角の第1節は黒色，第2〜4節は帯赤黒色．

第3齢：体長4.3 mm内外．各胸背板長の比は7.8：7.8：1．触角および口吻の各節長比は1：2.3：1.8：2.7および1：1.6：1.5：1.5．

体は前齢とほぼ同色，ただし個体により側葉の中央部に淡橙黄緑色斑を，前および中胸背板の中央部に緑黄色斑を現し，同側縁部の色斑が淡橙黄緑色となる．また硬化盤以外の腹節部が暗緑色を帯び，側盤の中央部に橙色斑が現れ，触角と脚が幽かに赤褐色味を帯びることもある．

第4齢：体長6.4 mm内外．各胸背板長の比は15.0：17.0：1．触角および口吻の各節長比は1：2.6：2.0：2.4および1：1.7：1.3：1.2．

硬化盤以外の腹節部を除き次齢とほぼ同色，同腹節部は主として黄緑色，中央部と側盤間では濃緑色がかり，図（67，J）のように明瞭な白斑と不明瞭な帯白色斑を有する．体の色彩，特に黒色部，黄緑色部および橙色部の割合には著しい個体変異が認められる．

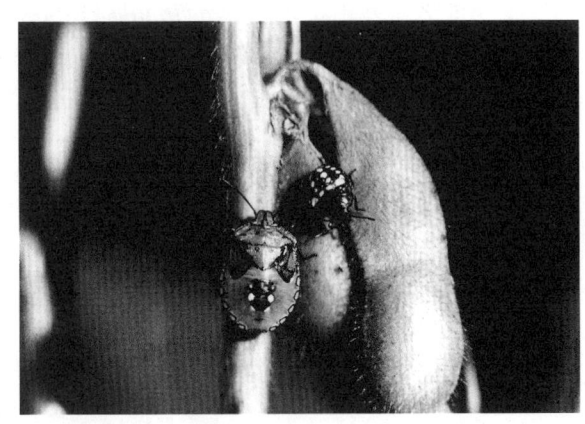

写真3 アオクサカメムシ
ダイズ上の第4および5齢幼虫 （小林[149]）

第5齢：体長10.0 mm内外．前胸背板の前側縁線の前部の直線部と中胸背板の側縁線がなす角度は130°内外．各胸背板長の比は1：1.3：0．触角および口吻の各節長比は1：3.3：2.4：2.6：および1：1.7：1.3：1.1．

頭部および胸背は主として淡黄緑色，硬化盤以外の腹節部は主として緑黄色，腹背盤と側盤は淡赤色，図（67，M）のように黒色部があり，前および中胸背板外縁の黒色部の内側はわずかに橙黄色を帯び，硬化盤以外の腹節部の色斑は白色で個体により明瞭か不明瞭．触角第1節の基部は暗緑色，先端部は帯黒色，第2節は主として黒色，上面および下面中央部は緑黄色，第3・4節は漆黒色．腿節は大部分淡緑黄色，先端部は暗色，脛節は淡赤色がかり，外稜部は黒褐色，跗節は漆黒色．色彩には次種に似た個体変異が認められる．

生態　四国地方では3月下旬ないし4月上旬から吸汁活動を始め，4月末ごろから交尾・産卵を開始する．交尾は数回におよび7月上旬まで続けられ，産卵は5月上旬から7月下旬にわたって主とし

表45　善通寺市内における自然日長・室温でのアオクサカメムシの発育期間（石倉ら[74]）

反復	産卵月日	ふ化月日	卵期間（日）	幼虫期間（日）					
				1齢	2齢	3齢	4齢	5齢	合計
1	—	8.1	—	3	4	3	4	—	—
2	—	8.4〜5	—	3〜4	5	5	4	8	25〜26
3	—	8.9	—	4	5	4	8	8	29
4	8.8	8.11	3	3	7	4	6〜7	—	—
5	8.9	8.12	3	3	6	5	6	—	—
6	8.9	8.15	6	2	5	5	5	—	—
平均			4.0	3.1	5.3	4.3	5.6	8.0	27.3

て野草に行われるが，エンドウやソラマメなどの冬作マメ科作物にも行われる．越冬成虫は5月下旬ないし7月上旬，普通6月中・下旬に死亡する．第1世代幼虫は6月下旬から8月上旬に成虫になり，8月中旬から9月中旬に交尾・産卵し，およそ2カ月の寿命を保ち，8月中旬〜10月上旬に，普通9月中に死ぬ．第2世代幼虫は10月初めから秋末にかけて成虫となり，11月中・下旬ごろ移動して越冬に入る（石倉ら[74]）．

発育期間は，善通寺市内で1950年8月〜10月に，自然日長・室温で生ダイズ莢を給餌した卵塊ごとの集団飼育において，卵期間が4日，幼虫期間が27.3日であった（表45）．

g) ミナミアオカメムシ *Nezara viridula* (LINNAEUS, 1758)

分布 本州南端部，四国南端部，九州南端部，南西諸島，小笠原諸島：韓国，中国，台湾，南アジア，東南アジア，オーストラリア区，南ヨーロッパ，アフリカ，南北アメリカ，ミクロネシア等（長谷川[30]）．

成虫 体長12〜16 mm，前種に酷似するが，触角第3〜5節の先半部が褐色で，半翅鞘革質部の下の腹背部が帯緑色であることなどで識別できる（長谷川[30]）．前種同様緑色型（f. *smaragdula*），黄

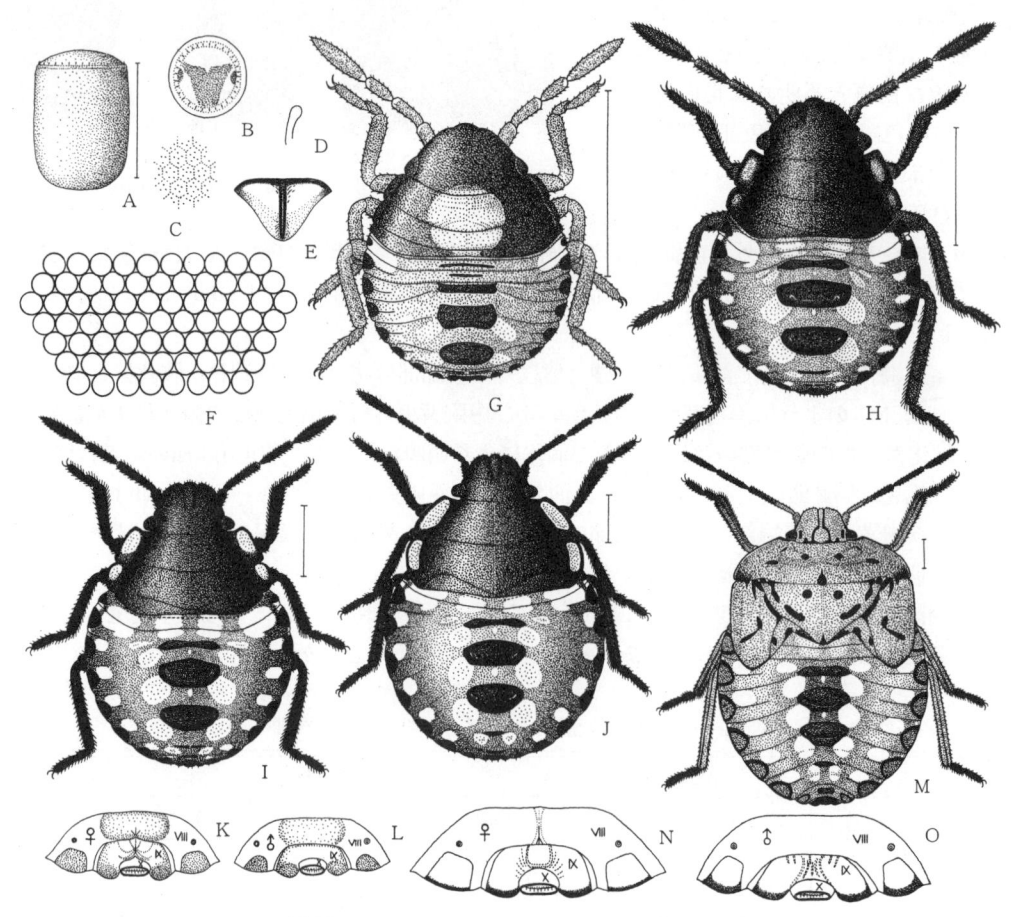

図68 ミナミアオカメムシ *Nezara viridula* (LINNAEUS)
A. 卵，B. ふ化が近づいた卵に透視される幼虫の複眼と頭頂部の赤斑，C. 卵殻表面に微かに認められる六角形模様，D. 受精孔突起，E. 卵殻破砕器，F. 卵塊，G. 第1齢幼虫，H. 第2齢幼虫，I. 第3齢幼虫，J. 第4齢幼虫，K. 同齢の雌と推測される個体の第8〜10節腹面，L. 同雄，M. 第5齢幼虫，N. 同齢雌の性徴，O. 同雄．［傍線は1 mm長］．

(小林[123]一部改)

8. カメムシ科 Pentatomidae (199)

帯型 (f. *torquata*), 無紋黄色型 (f. *aurantica*) 緑紋型 (f. *viridula*), その他の遺伝的色彩多型が知られている (於保・桐谷[221]).

卵 (図 68, A～F, 小林[123], 安永ら[324]) 卵殻破砕器の骨格部は主として黒色, 中心部はほぼ褐色, 膜質部はほぼ透明で, 下側縁は全体がごく淡い灰色に縁どられるか, 側端部のみが淡灰褐色を帯び, 横軸の後方の弓形部は暗色.

幼虫 (図 68, G～O, 小林[123], 安永ら[324]) 頭部中葉は第5齢において側葉よりわずかに長いかほぼ等長. 頭部側葉の後方は第3齢において複眼の直前で低丘状に小さく側方へ突出する. 触角突起は前背方から第1齢では見えないが, 第2齢以後は見える. 第5齢における前胸背板の前側縁線の湾曲度は比較的強く, 後角部は中胸背板の前角部より側方へ突出しない. 中胸背板の側縁は第2齢時に小鋸歯状. 臭腺中部腹背盤は第1齢ではほぼ六角形状. 第6・7腹節境の腹背盤は第4齢では短い紡錘形状. 第1齢前半期において, 胸背中央部の大型円形斑は橙黄色. 第1齢後半期以後, 腹背中央部の3対の円形斑は通常橙黄色.

第1齢：体長1.4 mm内外. 各胸背板長の比は4.8：2.3：1. 触角および口吻の各節長比は1：1.4：1.3：2.6および1：1.3：1.4：1.8.

<u>前半期</u> 体は橙黄色の硬化盤以外の腹節部を除き主として暗褐色, ただし頭部の中央部は暗赤色, 周辺部は淡色, 頭頂後縁部を含む胸背中央部の円形斑は橙黄色, 第1・2腹節の側方は帯白色, 臭腺盤の後側方は帯黄色. 複眼は赤色. 触角第1～3節は主として淡灰褐色, 第2・3節の各先端部は淡赤色, 第4節は暗色. 脚は淡褐色, 跗節先端部は淡灰色.

<u>後半期</u> 頭部, 胸背板および腹背盤は主として濃赤褐色. 頭頂後縁部を含む胸背中央部の円形斑は前期と同じ橙黄色. 胸部側縁部は暗褐色. 硬化盤以外の腹節部は主として暗黄赤色. 胸部および腹部には前半期の色斑のほか, 前部臭腺盤の側方と後側方に, 紡錘形状の不明瞭な小白斑を現す. 複眼は暗赤色. 触角は灰褐色, 節間部は帯赤色. 脚は帯暗色か灰褐色, 腿節の先端および脛節の両端は淡褐色.

第2齢：体長2.5 mm内外. 各胸背板長の比は10.0：7.5：1. 触角および口吻の各節長比は1：2.0：1.6：2.6および1：1.7：1.5：1.3.

頭部, 胸背板, 腹背盤および側盤は主として漆黒色で, 前・中胸背板の側縁部に楕円形の橙黄色ないし暗黄褐色斑を有する. 硬化盤以外の腹節部は主として焦茶色で, 中央部の3対の円形斑は橙黄色, その他の色斑は白色. 触角はほぼ黒色, 節間部は帯黄赤色. 脚は褐黒ないし黒色.

第3齢：体長4.3 mm内外. 各胸背板長の比は7.5：7.8：1. 触角および口吻の各節長比は1：2.3：1.9：2.6および1：1.9：1.3：1.3.

前齢とほぼ同色. 頭部および胸部の色斑には変化があり, 4基本型が認められる (前述).

第4齢：体長7.0 mm内外. 各胸背板長の比は13.0：15.0：1. 触角および口吻の各節長比は1：3.2：2.2：3.2および1：1.8：1.2：1.2.

色彩には著しい個体変異があり, 頭部と胸部の色斑には8基本型が認められる (前述). 個体により, 腹背盤と側盤は漆黒色か中央部が橙赤色, 暗赤色ないし黄緑色, 硬化盤以外の腹節部は暗 (赤) 褐色, 暗緑色などか, 次齢とほぼ同色. 触角と脚は前種とほぼ同色.

第5齢：体長9～12 mm内外, 平均10.5 mm. 前胸背板の前側縁線の前部の直線部と中胸背板の側縁線がなす角度は120°内外. 各胸背板長の比は1：1.48：0. 触角および口吻の各節長比は1：3.5：2.4：2.5および1：1.7：1.4：1.0.

色彩には前種同様8基本型が認められる. 硬化盤以外の腹節部は主として濃茶褐色で中央部が暗赤褐色, 黄緑色または帯青黄緑色で中央部が暗緑色など. 触角と脚は前種とほぼ同色.

表46 徳島市内における自然日長・室温でのミナミアオカメムシの発育期間

反復	卵・幼虫期間（日）						幼虫計	発育期間（月日）
	卵	1齢	2齢	3齢	4齢	5齢		
1	7	6	6	5	6	8	31	5.25〜7.2
2	7	6	6	5	4〜6	8	29〜31	5.28〜7.5
平均	7.0	6.0	6.0	5.0	5.5	8.0	30.5	

注．供試卵数は 1：62，2：81．

生態 鮫島[253]によると，宮崎県では水・陸稲の早期栽培が台風に対する防災営農技術として取り上げられたのであるが，1957年ごろからミナミアオカメムシの発生が目立ち始めた．発生は急速に増え，黒褐色の被害斑点米の混入が消費者の苦情を招き，被害斑点粒の混入数によって玄米の等級が下がることになった．

1957年当時徳島県下における *Nezara* 属2種の分布は，徳島市内ではアオクサカメムシが，県南端の海部町では反対にミナミアオカメムシが圧倒的に多く，日和佐町付近では種間交尾が見られた（小林[115]）．第1世代幼虫は5月中旬ごろから発生し，6月下旬〜7月上旬ごろ羽化していた．

筆者（小林）が徳島市内で1958年6〜7月に自然日長・室温でソラマメ，エンドウ，その他の生種子を給餌して卵塊ごとに集団飼育した結果は表46のとおりで，卵期間は7日，幼虫期間は30.5日であった．

h）アヤナミカメムシ *Agonoscelis femoralis* WALKER, 1868

分布 本州南部，四国，九州，南西諸島；台湾，中国，東洋熱帯．

成虫 体長8.5〜12 mm．橙黄色の地に黒色の点刻と波状紋を装い，小楯板の先端は広く橙黄色で，体表に長軟毛を密生する．

卵* （図69，A〜E） 径約1.1 mm，短径約0.7 mm，ほぼ円筒形で，下方がわずかに細くなる．淡黄褐色．卵殻は淡褐色，表面に褐色の比較的繊細なひだ状の網状構造を装い，これに淡褐色または白色の小棘状突起を備える．ただし蓋部と側壁の境界部には網状構造がなく，帯白色の細輪を形成する．受精孔突起は棍棒状で白色，長さ約30μ，18個内外．卵殻破砕器は縦長約170μ，横幅約300μ，骨格部は褐黒色；膜質部は大部分透明，下端部と横軸後方の弓形部は暗色．卵塊は通常30卵内外からなり，卵は平面的塊状に並べられる．

幼虫（図76，F〜L） 体は各齢の後期には比較的厚い．

頭部中葉は側葉より長い．触角突起は前方から第2齢までは見えず，第3齢以後は見える．口吻長は普通で，先端は第1, 2, 3, 4および5齢においてそれぞれ第3, 4, 3・4, 3および2腹節付近に達する．

後胸背板は左右それぞれ第2齢ではオール型で，中胸背板よりやや広いか，これとほぼ等幅，第3齢では矛刃型で中胸背板より狭い．前および中胸背板の側縁は緩弧状で平滑．脛節の断面は第3齢まではほぼ楕円形状，稜部は第4齢以後も角ばらない．前脛節のグルーミング剛毛は第1齢では2本，第2齢ではわずか後方に離れた1本を加えると4本，第3齢以後は2本ずつが2叉状をなし4本．

前部臭腺盤はプロペラ型で，中央部が第3齢までは相当細まり，第4齢以後はあまり細くならない；中部臭腺盤は第1齢では前縁中央部が微かに突出した逆台形状，第2齢以後は前縁中央部が前方へ弱く突出した五角形状．第2齢以後臭腺中および後部開口部に各1個の牙状突起（これは次種のものよ

---

* 宮本正一博士がⅧ. 29, 1974に福岡県内で，奥野晴三氏がⅦ. 11, 2000に大阪府内で採集して，ご提供くださった．

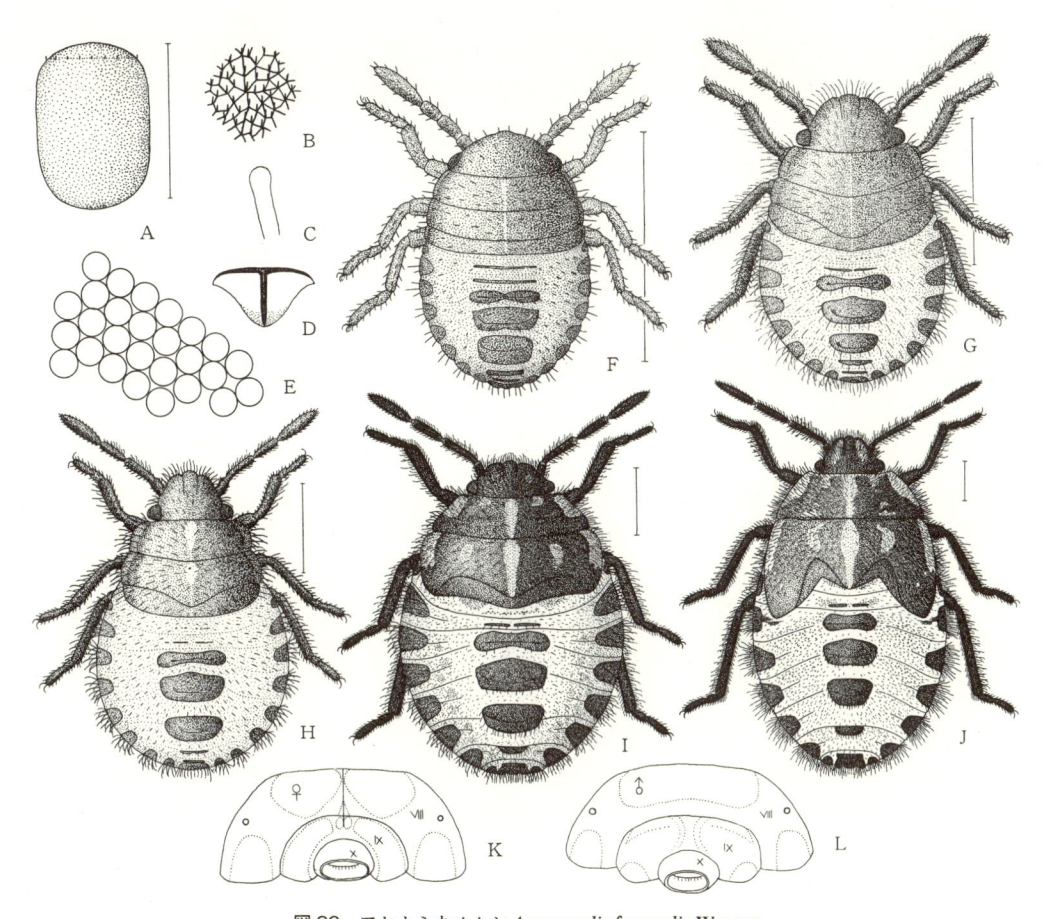

8. カメムシ科 Pentatomidae　(201)

図69　アヤナミカメムシ *Agonoscelis femoralis* WALKER
A. 卵, B. 卵殻表面の網状構造, C. 受精孔突起, D. 卵殻破砕器, E. 卵塊, F. 第1齢幼虫, G. 第2齢幼虫, H. 第3齢幼虫, I. 第4齢幼虫, J. 第5齢幼虫, K. 同齢雌の性徴, L. 同雄. [傍線は1mm長].　　　　　(小林原図)

りやや小形)を備える．第1・2腹節の腹背盤は第1齢では長棒状，前者は第2齢以後不明瞭，後者は第2齢以後中央部で切れ，短棒状のものが1対あるように見える．第7節前縁の腹背盤は第1齢では長方形状，第2齢では紡錘形状，第3齢以後はほぼ逆饅頭型，第8節の腹背盤は各齢とも長方形状．側盤は第1節では第4齢まで小形の不等辺三角形状；第2〜8節のものは半長か短楕円形状または内外か前後に長い不等辺四辺形状；外縁は緩弧状で平滑，内縁中央部には内外方向の長い浅溝が第4齢においてあり，この部分で内縁線が弱く湾入することがある．孔毛は第1齢では第3〜7節の気門の後内方に1個ずつ明確に認められ，第2齢以後は同気門からほぼ等距離の後方に2個ずつあり，2個が円形基盤3〜5個分内外の間隔で内外に並ぶ．雌では第5齢の第8腹節に後縁から前縁に達する縦溝があり，第9節の中央前縁部に1対の小楕円形状隆起部が認められる．

　体表には第3齢までは点刻を欠き，第4齢以後は頭部，胸背板，腹背盤および側盤に不明瞭な微小点刻を，第4齢では疎らに，第5齢では密に散布し，硬化盤以外の腹節部では第1節の腹背盤がある位置に黒点が並び，他の腹節では毛の基部に微小黒点がごく疎らに認められる．体上，脚および触角の毛は第1齢ではやや長い短直毛，第2齢以後は触角第4節を除いてごく淡い褐色の弱く曲がった柔軟な長毛と短直毛．

齢の検索表

下記以外はカメムシ科全体の検索表(前記8-2)-(3))に同じ.
　2(5)　後胸背板は左右それぞれへら型かオール型で,中胸背板より広いかこれとほぼ等幅.
　5(2)　4後胸背板は左右それぞれ矛刃型で,中胸背板より狭いかこれとほぼ等幅 ‥‥‥第3齢.

第1齢*：体長1.1mm内外.各胸背板長の比は2.4：2.0：1.触角および口吻の各節長比は1：1.7：1.4：3.8および1：1.0：0.8：1.5.

頭部,胸背板,腹背盤および側盤は暗赤褐色.硬化盤以外の腹節部は黄赤色で,齢の前期には黄色が,後期には赤色が強い.複眼は赤黒色.触角の第1節～4節基部は暗赤褐色,第4節の大部分はやや淡色,節間部は黄赤色.脚は暗褐色,跗節はやや淡色.

第2齢**：体長2.1mm内外.各胸背板長の比は3.7：3.4：1.触角および口吻の各節長比は1：1.6：1.7：3.1および1：1.4：0.9：1.3.

頭部,胸背板,腹背盤および側盤は褐色.硬化盤以外の腹節部は淡褐色で,前部臭腺盤と胸部との間は淡赤色を帯びる.複眼は鮮赤色.触角および脚はやや淡い褐色.

第3齢**：体長3.4mm内外.各胸背板長の比は4.4：4.4：1.触角および口吻の各節長比は1：1.7：1.6：2.5および1：1.6：1.0：1.3.

前齢とほぼ同色であるが,前および中胸背板の正中部の前部に披針形状の淡褐色斑を現す.

第4齢**：体長5.0mm内外.各胸背板長の比は4.0：5.0：1.触角および口吻の各節長比は1：1.8：1.7：2.4および1：2.8：1.8：2.0.

頭部,胸背板,腹背盤および側盤は主として黒色で弱い金属光沢を有し,図(69,I)の淡色部は淡黄褐色.硬化盤以外の腹節部は主として淡褐色で,側盤の内方,胸部に接する部分および第8節などに淡橙赤色斑が散在する.複眼は暗赤色.触角および脚は主として黒色,触角の第1節先端部は淡褐色,第3節両端の節間部は淡赤色.

第5齢**：体長8.0mm内外.各胸背板長の比は1：1.6：0.触角および口吻の各節長比は1：2.4：2.2：2.6および1：1.6：1.0：1.2.

前齢とほぼ同色,ただし体上の淡黄褐色斑は図(69,J)のように増え,個体により第3腹節の側盤の内方に暗色斑を現わす.頭部,胸背板,腹背盤および側盤の金属光沢は弱いがやや明瞭となる.複眼は赤黒色.

　生態　メハジキ,ヒメジョオン,オオムカシヨモギ,セイタカアワダチソウ,シマフジバカマ,カワラニンジン,ブタクサなどに寄生し(川沢・川村[94],奥野・竹本[236]),生殖成長部を摂食して発育する.他にアレチハナガサ,カワラマツバ,ヒキヨモギなどでも見られると言う(細井[58]).

熱帯系のカメムシで,日当りのよい川原,海岸近くや原野などの草生地に生息し,九州では年に2回発生し,6月ごろと9月ごろに産卵がみられる(宮本[184]).通常は稀な種であるが,時に大発生して大集団をつくることがある.大阪では6月～8月上旬に交尾・産卵が見られ,越冬は成虫態で,生息地付近の枯草などの堆積物の間や下などで行われる(奥野・竹本[235,236]).

　i)　ブチヒゲカメムシ *Dolycoris baccarum* (LINNAEUS, 1758)

　分布　北海道,本州,四国,九州；朝鮮半島,中国,印度,サハリン,シベリア,欧州など.

　成虫　体長11～13mm.赤褐色ないし黄褐色で,小楯板の先端は広く白色.体は白色の軟らかい細毛に覆われる.触角は各節が黄白色と黒色のぶち状.

---

*　奥野晴三氏が大阪府下でⅦ.11.2000採集の卵よりふ化.
**　第2～5齢幼虫は宮本正一博士が福岡県下で1974年に採集し,アルコール液浸標本としたもの.記載の色彩は若干淡くなっていると思われる.

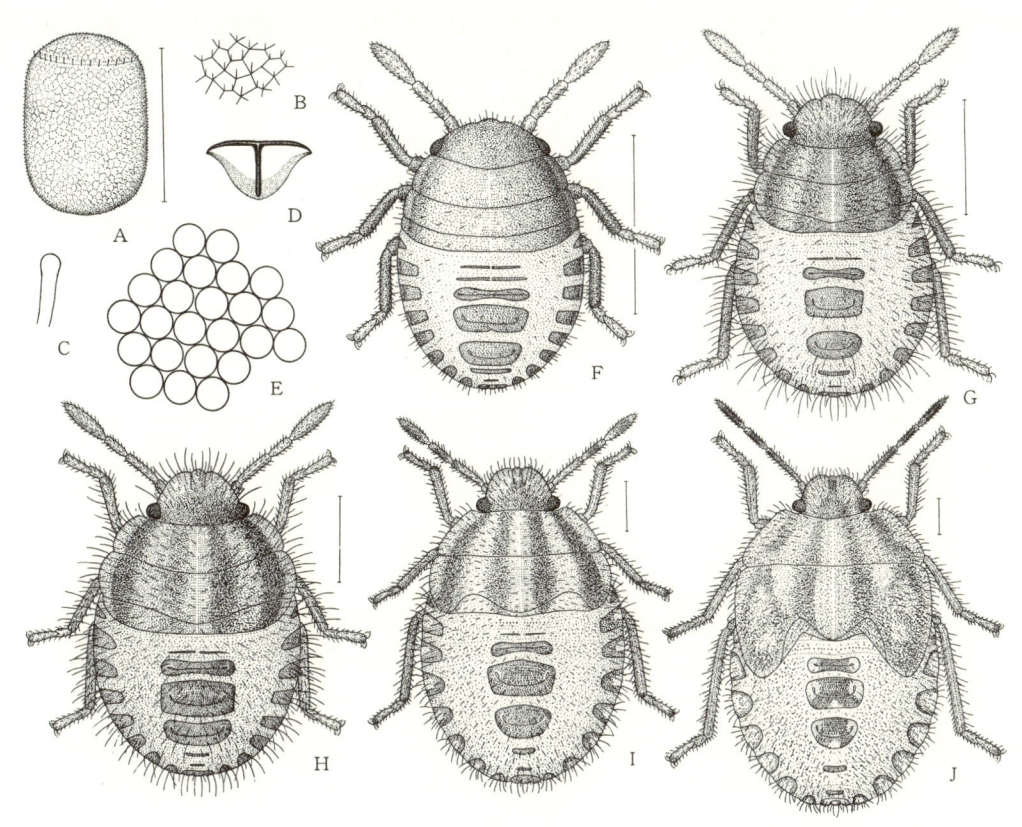

8. カメムシ科 Pentatomidae （203）

図70 ブチヒゲカメムシ *Dolycoris baccarum* (LINNAEUS)
A. 卵，B. 卵殻表面の網状構造，C. 受精孔突起，D. 卵殻破砕器，E. 卵塊，F. 第1齢幼虫，G. 第2齢幼虫，H. 第3齢幼虫，I. 第4齢幼虫，J. 第5齢幼虫．[傍線は1mm長．第2〜5齢の図は淡色型．Kobayashi[118]の図は暗色型].
(Kobayashi[118]一部改)

卵（図70, A〜E, Kobayashi[118], 安永ら[324]）

長径約1.2mm，短径約0.8mmで，円筒形．初期には淡赤色，ふ化が近づくと淡黄橙色となり，眼点が淡赤色に，卵殻破砕器が暗灰色に透視される．卵殻は淡褐色，表面に褐色の目の粗い繊細なひだ状の網状構造を装い，これに同色または白色の小棘状突起を備える．ただし蓋部と側壁の境界部には網状構造がなく，帯白色輪を形成する．受精孔突起はほぼ棍棒型で先端がやや膨らみ白色，基部は白色半透明，長さ約40μ，32個内外．卵殻破砕器は縦長約200μ，横幅約400μ，骨格部は黒褐色または漆黒色；膜質部は上方では透明，下側縁と横軸の後方の弓形部は暗色．卵塊は通常30卵内外からなり，卵は平面的塊状に並べられる．

幼虫（図70, F〜J, Kobayashi[118], 安永ら[324]）　体は若齢では比較的厚い．

頭部中葉は側葉より第4齢までは長く，第5齢ではやや短い．触角突起は前背方から見えない．触角はやや短い．口吻の先端は第3齢までは第4腹節付近，第4齢以後は第2腹節付近に達する．

後胸背板は左右それぞれ第1齢ではへら型で中胸背板より広く，第2・3齢ではむしろ長刀刃型と矛刃型で，共に中胸背板よりやや狭い．前および中胸背板の側縁は緩弧状で平滑．脚は中庸，脛節の稜部は第1齢では丸く，第2齢以後も相当丸い．前脛節のグルーミング剛毛は第2齢までは2本，第3・4齢では4本，第5齢では4〜6本．

前部臭腺盤はプロペラ型で，中央部が第2齢までは明瞭に細くなるが，第3齢以後はあまり細くな

らない；中部臭腺盤は第1齢では逆台形状で後縁中央部が逆Ｖ字型に湾入し，第2齢以後では前縁中央部が前方へ弱く突出してむしろ五角形状．第2齢以後臭腺中および後部開口部に各1個の牙状突起を備える．第1・2腹節の腹背盤は長棒状で，前者は第1齢では明瞭であるが第2齢以後は不明瞭，後者は第4・5齢まで認められる．第7腹節前縁の腹背盤は第3齢まではほぼ逆台形，第4齢以後は上弦の弓型．第8腹節の腹背盤は角の丸い長方形状．側盤は第1節では第3齢まで小不等辺三角形状，第2～8節では半または半長楕円形状か台形状；外縁は緩弧状で平滑，内縁中央部には内外方向の短い浅いくぼみがあり，この部分で内縁線が弱く湾入することがある．孔毛は第1齢では第3～7節の各気門の後内方に1個のみ明確に認められ，第2齢以後は同気門のほぼ後方とこの内方に1個ずつあり，2個が円形基盤2～4個分内外の間隔で内外に並ぶ．雌では第5齢幼虫の第8腹節に後縁から節の中央部以前に達する縦溝がある．

体表には第1齢では点刻を欠き，第2齢以後は硬化盤以外の腹節部を含めて黒色の円形点刻を疎布する．毛は淡褐色かごく淡い褐色で，体上のものは第1齢ではやや長い短直毛で疎ら，第2齢以後は弱く曲がった長毛や短直毛で比較的密，脚および触角第3節までのものは，第2齢以後は長短の直毛．

齢の検索表

下記以外はカメムシ科全体の検索表（前記8-2)-(3)）に同じ．

2(5) 正中線上における中胸背板長は後胸背板長のほぼ3倍．

5(2) 上記の中胸背板長は後胸背板長のほぼ6倍 ･････････････････････････････････第3齢

第1齢：体長1.5 mm内外．各胸背板長の比は3.2：2.2：1．触角および口吻の各節長比は1：1.4：1.3：3.3および1：1.1：0.7：1.6．

頭部，胸背板，腹背盤，側盤および脚は主として黒褐色，ただし前脛節はやや淡色，跗節は淡黄褐色．硬化盤以外の腹節部と触角は主として淡黄褐色，臭腺盤付近および各腹節接合部は淡赤色．複眼は鮮赤色．

第2齢：体長2.5 mm内外．各胸背板長の比は4.0：3.3：1．触角および口吻の各節長比は1：1.6：1.3：2.5および1：1.5：0.9：1.1．

色彩には2型があり，淡色型は高温期に，暗色型は低温期に多くみられる．

淡色型　頭部および胸背板は主として淡褐色，頭頂部および胸背の4縦帯は黒褐色．腹背盤および側盤は主として黒褐色．硬化盤以外の腹節部は橙黄色．複眼は赤黒色．触角および跗節は淡黄褐色，腿節および脛節は淡褐色．

暗色型　頭部，胸背板，腹背盤および側盤はほぼ黒色，臭腺の中および後部開口部は淡褐色．硬化盤以外の腹節部と複眼は淡色型と同色．触角は黄褐色．脚は主として黒褐色，脛節先端部と跗節は黄褐ないし暗褐色．

第3齢：体長3.8 mm内外．各胸背板長の比は5.7：6.0：1．触角および口吻の各節長比は1：1.5：1.4：2.3および1：1.7：1.1：1.1．

淡色型　前齢とほぼ同色．

暗色型　硬化盤以外の腹節部と触角以外は前齢とほぼ同色．同腹節部は淡黄褐色．触角は主として淡褐色，第4節は暗色．脚は黒褐色ないし淡褐色．

第4齢：体長6.0 mm内外．各胸背板長の比は8.0：10.0：1．触角および口吻の各節長の比は1：2.1：1.5：2.4および1：1.5：0.9：1.0．

淡色型　前齢とほぼ同色，ただし第2～7節の側盤の外縁中央部が淡褐色，触角第3・4節の各中央部と跗節先端部が濃色となる．

暗色型　硬化盤以外の腹節部，触角および脚を除き前齢とほぼ同色．同腹節部は淡黄橙色．触角

および脚は主として黒色または帯褐色，触角第3節両端の節間部付近は白色．

第5齢：体長9.0mm内外．各胸背板長の比は1：1.5：0．触角および口吻の各節長比は1：2.4：1.8：2.3および1：1.6：0.9：1.0．

淡色型　前齢とほぼ同色，ただし腹背盤と側盤の図 (70, J) の淡色部は淡褐色，触角第2節先端部は褐色，第3・4節の各中央部は黒褐色．

暗色型　頭部，胸背板，腹背盤および側盤は淡褐色の地に黒色点刻を密布し，一見灰褐色．硬化盤以外の腹節部と脚は主として淡黄白色の地に黒色点刻を散布し，一見灰色．複眼は黒色か赤黒色．触角と跗節は主としてほぼ黒色か帯褐色．

生態　多食性で多くの科の多くの植物種に寄生し，主として生殖成長部を摂食して発育する．主なものは下記のようである．アカザ科：サトウジシャ；アブラナ科：アブラナ；マメ科：ダイズ，ササゲ，*Phaseolus* spp.，Vicia spp.，エンドウ，ゲンゲ，シャジクソウ類，クサネム，レンリンソウ，*Lupinus* spp.，カワラケツメイ，*Medicago* spp.，*Lespedeza* spp.，ヤハズソウ；アカバナ科：マツヨイグサ；ウコギ科：ウド；セリ科：ヤブジラミ，*Angelica* spp.，ニンジン，オランダゼリ；シソ科：シソ；ナス科：タバコ；ゴマノハグサ科：キリ；ゴマ科：ゴマ；アカネ科：カワラマツバ；キク科：ヒメジョオン，ヨモギ，フキ，ノゲシ，タンポポ，アザミ類，オナモミ，ゴボウ；イネ科：イタリアンライグラス，メヒシバ，オイシバ，エノコログサ，イヌビエ，ムギ類，イネ；カヤツリグサ科：カヤツリグサ；ユリ科：*Allium* spp.，アスパラガス等．イネには寒冷地方において斑点米を発生させる（石倉ら[74]，川沢・川村[94]，農林水産技術会議事務局[218]，四戸[266]）．

生息場所は山麓地，原野，土堤，河川敷，路傍などの草生地．四国地方では越冬後の成虫は3月下旬ないし4月上旬から活動を始め，4月中旬頃から産卵を始める．年に2世代を経過するようで，第1世代幼虫は6～7月に，第2世代幼虫は9～10月に出現する．第2世代の成虫は交尾することなく，冬枯れのイネ科雑草の株元，落葉，枯枝等の堆積物の間，石礫等の間，樹皮下などで越冬する（石倉ら[74]）．

善通寺市内で1950年に自然日長・室温下で生ダイズ莢を給餌して飼育した第1世代成虫は，1例であるが8月中旬～9月上旬に5卵塊，104卵を産下した．この卵と幼虫を卵塊ごとにシャーレや飼育瓶に入れ，生ダイズ莢で飼育した結果，5卵塊の発育期間の平均値は卵が3.9日，第1齢幼虫が3.5日，第2齢幼虫が5.8日，第3齢幼虫が3.2日，第4齢幼虫が5.3日，第5齢幼虫が6日で，全発育期間は27.7日であった（石倉ら[74]）．

灯火には飛来しない．

j) ムラサキカメムシ *Carpocoris purpureipennis* (DE GEER, 1773)

分布　北海道，本州；中国，東シベリア，蒙古，小アジア，欧州など旧北区．

成虫　体長12～15 mm．頭部中葉は側葉よりやや短い．前胸背側角はやや角張って突出し帯黒色．紫色を帯びた赤褐色で，小楯板の先端は広く黄白色．

卵（図71, A～E）　長径約1.6 mm，短径約1.2 mmで，上方が太くほぼ卵形．初期には淡褐色ないし暗褐色，ふ化が近づくと赤味を帯び，眼点が淡赤色に，卵殻破砕器が暗色に透視される．卵殻は淡褐色で，表面に黒褐色の繊細なひだ状構造を装い，これにごく短い棘状突起が密生する．受精孔突起は先端部が楕円形状に膨れた棍棒（ずんぐり）型で短く約36μ長，基部は淡褐色，頭部は帯白色，38～40個内外．卵殻破砕器は縦長約270μ，横幅約500μ，骨格部は主として漆黒色，中心部は褐黒色；膜質部は主として透明，下端部と横軸の後方の弓形部は暗色．卵塊は通常28卵内外からなり，卵は多角形状か平面的塊状に並べられる．

幼虫（図71, F～M）　体は第3齢までは比較的厚いが，第4・5齢ではやや偏平．

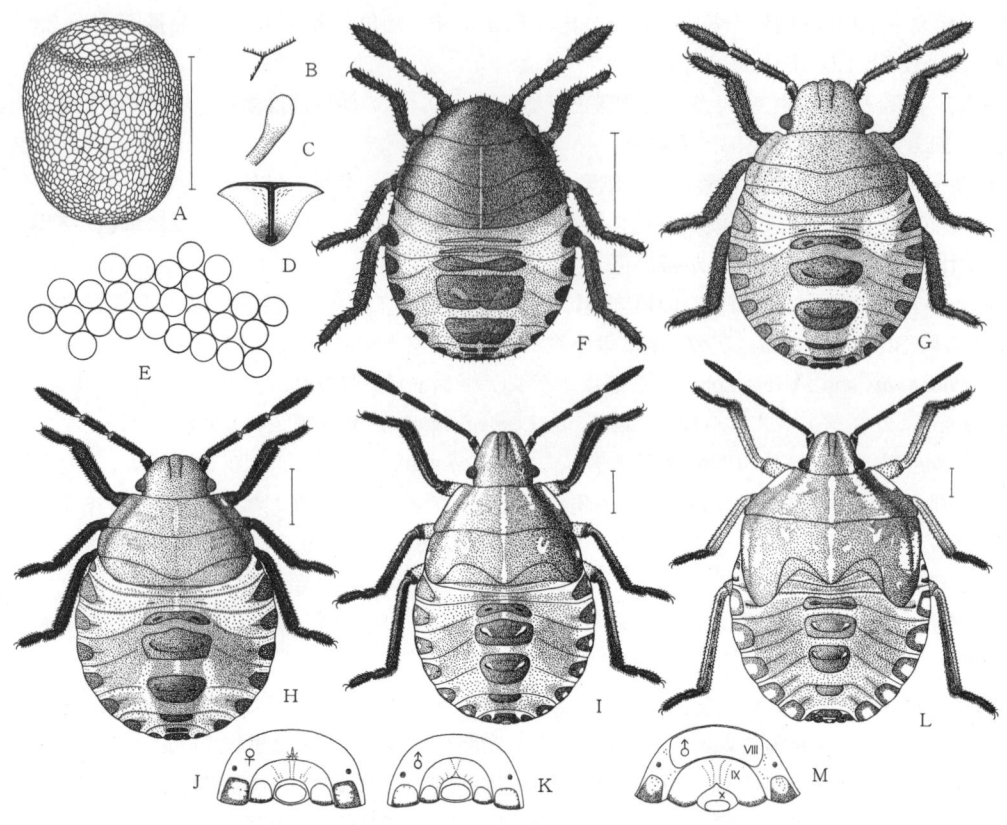

図71 ムラサキカメムシ *Carpocoris purpureipennis* (DE GEER)
A. 卵，B. 卵殻表面の網状構造，C. 受精孔突起，D. 卵殻破砕器，E. 卵塊，F. 第1齢幼虫，G. 第2齢幼虫，H. 第3齢幼虫，I. 第4齢幼虫，J. 同齢の雌と推測される個体の第8〜10節腹面，K. 同雄，L. 第5齢幼虫，M. 同齢雄の性徴．［傍線は1mm長］． (小林原図)

頭部中葉は側葉に比べて第3齢までは長く，第4齢ではほぼ等長，第5齢では短い．触角突起は前背方から見えない．口吻の先端は第1および第4齢では第3腹節付近，第2齢では第4腹節付近，第3齢では第3・4腹節付近，第5齢では第2腹節付近に達する．

後胸背板は左右それぞれ第1齢ではへら型で中胸背板より広く，第2齢ではオール型で中胸背板とほぼ等幅，第3齢では矛刃型で中胸背板より狭い．前および中胸背板の側縁は緩弧状で平滑．脛節の稜部は第1齢ではやや丸味を帯び，第2齢以後は直角状に角張る．前脛節のグルーミング剛毛は，各齢とも4本であるが，第1齢では2本ずつが密着し2本に見える．

前部臭腺盤はプロペラ型で，中央部と側端部が第4齢までは細くなるが，第5齢ではほとんど細くならない；中部臭腺盤は第1齢では逆台形状，第2齢以後は前縁中央部が前方に弱く突出してむしろ5角形状．第2齢以後臭腺中および後部開口部に各1個の白色の小葉状突起が認められる．第1・2腹節の腹背盤は第1齢では短棒状のものが各1対，第2齢以後は前者では認められず，後者では不明瞭．第7腹節前縁の腹背盤は小形の逆饅頭型で，第2齢時に後縁中央部が逆V字型に湾入することがある．第8腹節の腹背盤は角の丸い長方形状．側盤は第1節では第3齢までは小不等辺三角形状，第2〜8節では不等辺三角形または四辺形状や半楕円形状；外縁は緩弧状で平滑，内縁中央部には内外方向の短いくぼみがあり，この部分で内縁線が弱く湾入することがある．孔毛は各齢とも第3〜7節の各気門の後方のほぼ等距離に2個ずつ内外に並び，その円形基盤は第1齢では外側のものが内側のも

のの約1/2大, 第2齢以後はほぼ同大, 2個の間隔は大きい方の円形基盤1.5〜2個分内外. 性徴は第4齢から認められ, 第8腹節腹面の後縁中央に小三角形状のくぼみが認められるのが雌で, これが認められないのが雄と推測される. 第5齢の雌は第8節に1縦溝を有する.

体表には第1齢では点刻を欠き光沢を有し, 第2齢以後は硬化盤以外の腹節部を含めて黒色の円形粗大点刻を散布し, 第4齢以後は頭部, 胸背板, 腹背板および側盤上の点刻が密となり, 同腹節上には楕円形状のものが加わり, 顕著に密布される. 体上には淡褐色の短直毛を装い, 第2齢までは疎生し, 以後は著しく疎ら.

齢の検索表

前記アカスジカメムシに同じ.

第1齢: 体長1.9 mm内外. 各胸背板長の比は2.8:1.8:1. 触角および口吻の各節長比は1:1.5:1.5:3.0および1:1.1:0.9:1.4.

頭部, 胸背板, 腹背盤, 側盤および脚は主として褐黒色, ただし第1・2腹節の腹背盤は淡色. 硬化盤以外の腹節部は前部および後部臭腺盤の前後では淡橙黄色, 側方では淡黄白色, 後部では橙赤色. 複眼は赤色. 触角第1節はほぼ暗色, 第2・3節はほぼ暗褐色, 第4節はほぼ黒色.

第2齢: 体長3.0 mm内外. 各胸背板長の比は4.3:3.2:1. 触角および口吻の各節長比は1:1.8:1.5:2.6および1:1.5:0.9:1.0.

頭部と胸背板は黒色で強い金緑色光沢を有し, 腹背盤と側盤は漆黒色で幽かな同色光沢を有する. 硬化盤以外の腹節部は主として濃赤色で, 図(71, G)の淡色部はほぼ白色, 側盤間はやや淡色, 接合線は赤色. 複眼は黒赤色(2〜4齢). 触角は主として赤黒色, 第3節両端の節間部は帯赤色. 脚は赤黒色.

第3齢: 体長5.0 mm内外. 各胸背板長の比は4.2:4.4:1. 触角および口吻の各節長比は1:2.2:1.8:2.7および1:1.5:0.8:1.0.

頭部, 胸背板, 腹背盤および側盤は前齢とほぼ同色で, 金緑色光沢が相当強くなり, 図(71, H)の淡色部は淡褐色. 硬化盤以外の腹節部は主として淡黄白色で, 同図の濃色部と接合線はほぼ赤色. 触角および脚は主として漆黒色, 触角の節間部は帯赤色, 腿節基部は淡黄褐色.

第4齢: 体長6.9 mm内外. 各胸背板長の比は19.0:19.0:1. 触角および口吻の各節長比は1:2.6:2.1:2.7および1:1.7:0.9:1.0.

頭部, 胸背板, 腹背盤および側盤は赤銅色で強い金属光沢を有し, 図(71, I)の淡色部は黄白色. 硬化盤以外の腹節部, 触角および脚は前齢とほぼ同色, ただし触角第1節基部は淡黄褐色, 第3節両端の節間部は帯赤色, 腿節基部は淡黄褐色, 脛節の外面基部は帯褐色. 色斑の大小や多少には個体変異がある.

第5齢: 体長10.0 mm内外. 各胸背板長の比は1:1.26:0. 触角および口吻の各節長比は1:2.7:2.1:2.4および1:1.5:0.8:0.9.

前齢とほぼ同色かやや淡色; ただし体上の色斑は黄色となり, 点刻も赤銅色の金属光沢を帯びる; 複眼は赤黒色, 脚は主として淡黄褐色となるが, 腿節と脛節の両先端部や跗節には黒色ないし暗色が残る.

生態 アザミ類, タンポポ, ノゲシその他のキク科の種子部を摂食して発育する. 成虫はニンジン, ネギ類, ダイズ, アズキなどの種子部を吸害したり, イネに斑点米を発生させたりすることがあるといわれる(古川[16], 川沢・川村[94], 高橋[283]).

寒地系で北海道では平地にも生息するが, 本州では山地に生息する.

k）イシハラカメムシ *Brachynema ishiharai* Linnavuori, 1961

分布　本州，四国．

成虫　体長10〜11 mm．黄緑色を帯びた褐色の地に黒色点刻を散布し，小楯板の先端部は黄白色．頭部中葉は側葉と等長．中胸板に正中線に沿う低い隆起がある．

卵（図72, A〜E, Kobayashi[131]）　長径約1.0 mm，短径約0.7 mmでほぼ円筒形．初期には淡黄白色ないし淡黄褐色，後に淡赤褐色となり，ふ化前には眼点が赤色に透視される．卵殻は淡褐色，表面に艶のない暗褐色の円形小顆粒をむしろ規則的に密に装う．受精孔突起は棍棒型で，強く内方へ曲がり，短くほぼ33μ，白色で20〜25個．卵殻破砕器は縦長約200μ，横幅約380μ，骨格部は主として淡黄褐色，中央部は濃褐色，膜質部はほぼ透明．卵塊は通常14卵からなり，卵は2〜4列または平面的塊状に並べられる．

幼虫（図72, F〜N, Kobayashi[131]）　体は厚い．
頭部中葉は側葉に比べて第3齢までは長く，第4齢ではほぼ等長，第5齢ではほぼ等長かやや短い．触角は第2齢までは比較的長い．口吻の先端は第1・2齢では第3・4腹節付近，第3齢以後は第3腹節付近に達する．口針は第2齢においては相当長く，上唇と共に中葉の下方に突き出て，中葉との間

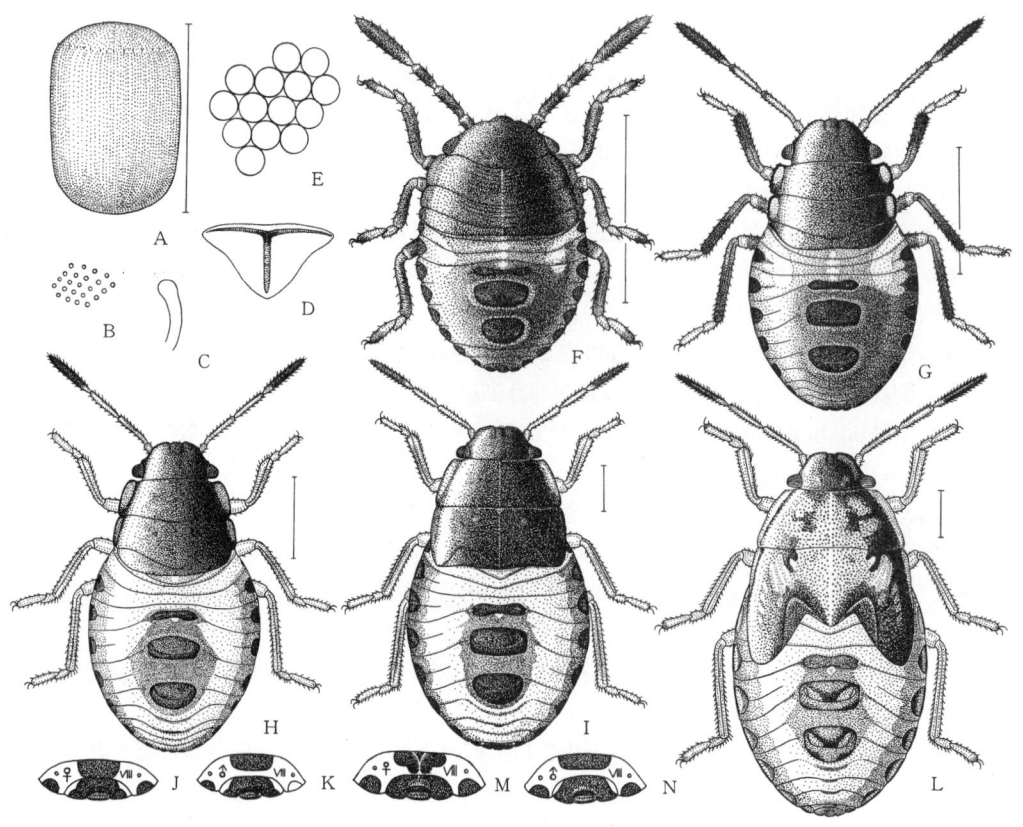

図72　イシハラカメムシ *Brachynema ishiharai* Linnavuori
A. 卵，B. 卵殻表面の顆粒状構造，C. 受精孔突起，D. 卵殻破砕器，E. 卵塊，F. 第1齢幼虫，G. 第2齢幼虫，H. 第3齢幼虫，I. 第4齢幼虫，J. 同齢の雌と推測される個体の第8〜10節腹面，K. 同雄，L. 第5齢幼虫，M. 同齢雌の性徴，N. 同雄．［傍線は1 mm長］．
(Kobayashi[131])

---

* 本種の属名は，Ribes & Schmitz (1992) によって *Charazonotum* に改変されたと大野[242]博士が紹介しているが，ここでは従来の学名に従った．

に隙間を作って口吻第1節後部に戻る．

　胸部は第2齢以後比較的長い．小楯板は第2齢から発達し始める．前および中胸背板は第2および3齢において側縁部が葉状に発達して顕著に広くなる．前胸背板の前側縁は第1齢と第4齢以後では平滑，第2齢では鋸歯状，第3齢では鈍鋸歯状；中胸背板の側縁は第1齢と第3齢以後では平滑，第2齢では鋸歯状．後胸背板は左右それぞれ第1齢ではへら型で中胸背板より広く，第2齢ではオール型で，中胸背板とほぼ等幅かこれよりやや狭く，第3齢では矛刃型で中胸背板より明瞭に狭い．脚長は中庸，脛節は稜部が第1齢ではやや丸味を帯び，第2齢以後は直角状に角張る．前脛節のグルーミング剛毛は第3齢までは3・4本，第4齢以後は4本．

　前部臭腺盤はほぼ標準的なプロペラ型；中部臭腺盤は第1，4および5齢では角の丸い長方形に近い逆台形状，第2・3齢では前縁中央部が前方へ突出した五角形状．第1・2腹節には腹背盤を欠く．第7節前縁部の腹背盤は第1齢では小楕円形のものが1対あるように見えるが不明瞭，第2齢以後は小プロペラ型か紡錘形状．第8節の腹背盤は第1齢では小楕円形状のものが1対あるように見えるが不明瞭，第2・3齢では小楕円形状または長方形状のものが1対，第4・5齢では長方形状または長楕円形状のものが1個．側盤は第1節では小不等辺三角形状，第2～8節では不等辺三角形状，半楕円形状または半円形状；外縁は直線に近い緩弧状で平滑．孔毛は第1齢では第3～7節の気門の後内方に1個ずつあり，第2齢以後は同気門の後方とこの内方に1個ずつあり，2個が円形基盤2個分内外の間隔で内外に並ぶ．性徴は第4齢から認められ，雌では第8節と第9節の腹面盤が接触し，第8節の後縁中央部が三角形状に微かにくぼむ．雄では第8節と9節の腹面盤が離れている．第5齢の雌では第8節の中央に後縁から前方約2/3部分に達する浅い1縦溝があり，雄では第8節と第9節の腹面盤が離れている．

　体表には光沢を有し，第1齢では点刻を欠き，第2齢以後は硬化盤以外の腹節部を除き黒色ないし褐色の小点刻を散布する．体上の毛は淡褐色短直毛で，第1齢では疎生し，第2齢以後は著しく疎らとなる．

　齢の検索表
　　下記以外はカメムシ科全体の検索表（前記8-2)-(3)）に同じ．
　　2(5)　後胸背板は左右それぞれへら型かオール型で，中胸背板より広いかまたはほぼ等幅かやや狭い．
　　5(2)´ 後胸背板は左右それぞれ矛刃型で，中胸背板より明瞭に狭い‥‥‥‥‥‥‥第3齢
　第1齢：体長1.4 mm内外．各胸背板長の比は5.3：3.2：1．触角および口吻の各節長比は1：1.5：1.3：2.9および1：1.6：1.3：1.6．

　頭部，胸背板，腹背盤および側盤は黒色．硬化盤以外の腹節部は主として暗赤褐色，前部臭腺盤の前方と中・後部臭腺盤の周辺部は淡色，第1～3節の正中部と同側盤の内方の大形楕円形斑は白色．複眼は暗赤色．触角と脚は主として淡赤褐色，触角の節間部は帯白色，跗節は大部分淡黄色，先端部は暗色．

　第2齢：体長2.2 mm内外．各胸背板長の比は4.5：4.3：1．触角および口吻の各節長比は1：1.9：1.9：3.1および1：1.9：1.9：1.8．

　頭部，胸背板，腹背盤および側盤は主として漆黒色，前および中胸背板の側縁葉状部の中央部は広く淡黄褐色．硬化盤以外の腹節部は主として暗赤灰色，前齢同様の淡色部と白斑があり，接合線は暗赤色．複眼は赤黒色（2～5齢）．触角の第1～3節の大部分は淡黄色，第4節はほぼ黒色，節間部や第2・3節の前縁部などは帯赤色．腿節の基部は暗色，先端部は淡黄色，脛節は主として帯黒色または暗赤色で，基部は（暗）赤色を帯びる．

第3齢：体長3.4 mm内外．各胸背板長の比は5.7：6.6：1．触角および口吻の各節長比は1：2.3：2.0：3.4および1：1.9：1.9：1.6．

頭部，胸背板，腹背盤，側盤および触角は前齢とほぼ同色かやや淡色．硬化盤以外の腹節部は主として帯黄色，中央部，周辺部および接合線は暗赤色．脚は主として淡黄色，脛節の中央部は黄赤色，脛節および跗節の各先端部は灰色または暗色．

第4齢：体長5.2 mm内外．各胸背板長の比は7.8：10.0：1．触角および口吻の各節長比は1：2.5：2.2：3.4および1：2.1：1.8：1.6．

前齢とほぼ同色，ただし個体により中胸背板の中央部に左右1対と前縁部中央に1個の帯褐色小斑を現し，前部側盤の外縁部が帯褐色となる．

第5齢：体長7.8 mm内外．各胸背板長の比は1：1.4：0．触角および口吻の各節長比は1：2.6：2.3：3.3および1：1.9：1.7：1.5．

頭部，胸背板，腹背盤および側盤は全体漆黒色，またはべっ甲様淡黄色ないし淡黄褐色と漆黒色が図（72，L）のような斑状をなすが，斑紋の形状にはかなり個体変異がある．硬化盤以外の腹節部，触角および脚は前齢とほぼ同色でべっ甲様の光沢を現す．

生態 ミツバウツギの種子を摂食して発育する．

林地や山地の樹間で生息し，越冬後の成虫は7月中旬～8月下旬にミツバウツギの葉裏に産卵する．幼虫は第1齢時にはふ化卵塊上か近くに集まって静止しており，第2齢幼虫は分散してミツバウツギのさく果の先端の裂け目から莢の中に潜入する．莢内に潜入した幼虫は成育中の種子から吸汁して発育する．幼虫は長く莢内に留まることで，外敵の目から逃れることができるものと考えられる．新成虫は9月ごろ出現する．越冬場所は樹皮下，建造物の中など（小林・木村[158]）のほか，倒木の腐朽部の中，材木等の堆積物の間や落葉間などと推測される（四戸[264]）．

1) チャバネアオカメムシ *Plautia crossota ståli* SCOTT, 1874

分布 北海道，本州，四国，九州，対馬，南西諸島；朝鮮半島，中国．

成虫 体長10～12 mm．光沢のある緑色で，半翅鞘は褐色ないし暗褐色．前胸背前側縁の稜線は黒色．後胸板中央は菱形に，第3腹板（見掛上の第1節）の前縁中央部は瘤状に隆起する．

卵（図73，A～E，Kobayashi[121]，安永ら[324]） 長径約1.2 mm，短径約1.1 mmで短楕円形．初期には淡褐色，幼胚の発育に伴って赤褐色となり，ふ化が近づくと眼点や幼体の一部が淡赤色に，卵殻破砕器が灰色に透視される．卵殻は帯白色で，表面に光沢のない暗褐色の顆粒状小突起をむしろ規則的に密に装う．受精孔突起は棍棒型で弱く内方に曲がり，約50μ長，白色で34個内外（31～38）．卵殻破砕器は縦長約280μ，横幅約450μ，骨格部の中心部はほぼ褐色，歯は褐黒色，末端部は淡褐色，膜質部は無色透明．卵塊は通常14卵内外からなり，卵は2～4列に並べられる．

幼虫（図73，F～J，Kobayashi[121]，安永ら[324]） 体は厚い．第2齢初期には胸部と腹部の各中央部が盛り上がり，両者の境界部が著しくくぼんで，体は一見2こぶ状に見える．

頭部中葉は第4齢までは側葉よりやや長く，第5齢ではそれとほぼ等長．触角突起は前背方から見えない．触角はやや長い．口吻は弱い第2節湾曲型．口吻の先端は第1齢では第5腹節付近に達し，第2齢の初期には腹端を越え，末期には第7腹節付近に，第3・4齢では第4・5節付近に，第5齢末期には第3腹節付近に達する．口針は第2齢において中葉の先端から上唇と共に一たん下方へ伸び，中葉の下で短披針形状の空間を作って後方へ曲がり，口吻第1節の中部に入り，先端は口吻第4節の先端付近に達する．大腿の先端は第2齢から微細な鈍鋸歯状であり，第5齢では小鋸歯状．

原小楯板は第2齢から発達し始める．前および中胸背板は第2および3齢において側縁部が葉状に発達して広くなり，中央部が背方へ強く盛り上がる．前胸背板の前側縁は緩弧状で，第1齢では平

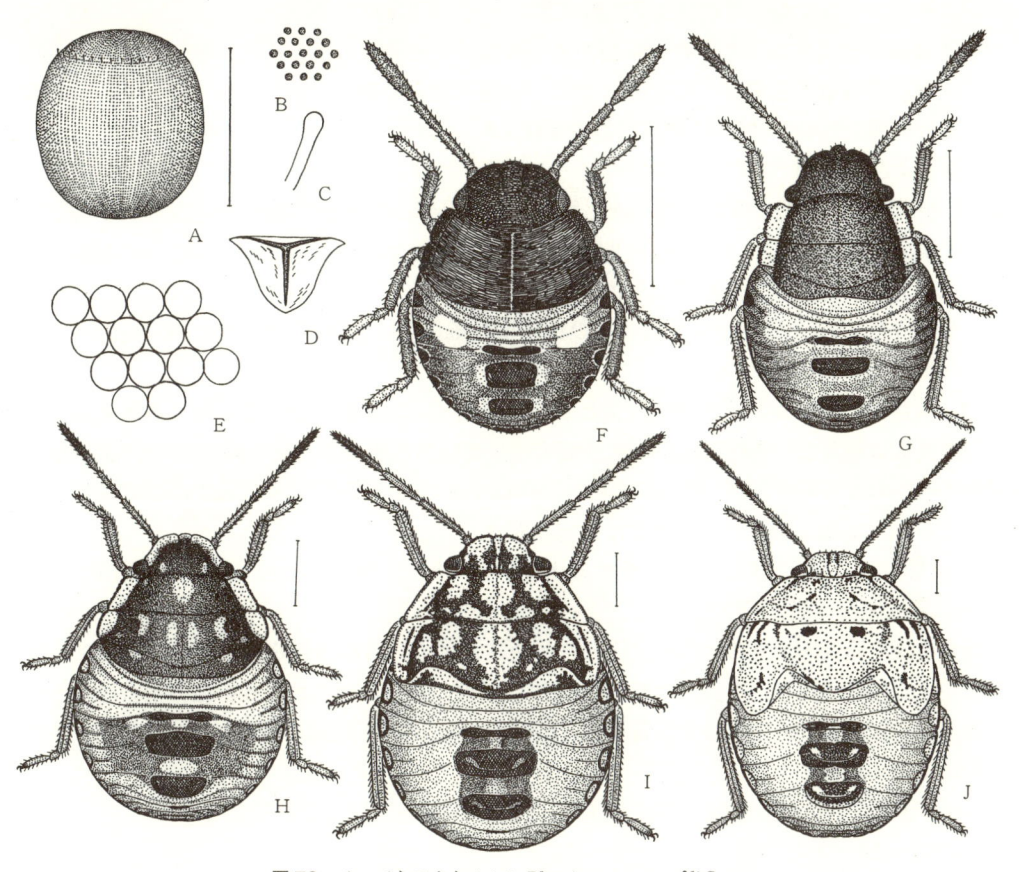

8. カメムシ科 Pentatomidae （211）

図73 チャバネアオカメムシ *Plautia crossota ståli* SCOTT
A. 卵，B. 卵殻表面の顆粒状構造，C. 受精孔突起，D. 卵殻破砕器，E. 卵塊，F. 第1齢幼虫，G. 第2齢幼虫，H. 第3齢幼虫，I. 第4齢幼虫，J. 第5齢幼虫．［傍線は1mm長］． (Kobayashi[121]—部改)

滑，第2・3齢では鋸歯状，第4齢では鈍鋸歯状，第5齢では細波状；中胸背板の側縁は第2齢時にのみ鋸歯状．後胸背板は左右それぞれ第1齢ではへら型で中胸背板より広く，第2齢ではオール型で側縁は小円弧状をなし中胸背板より狭く，第3齢では長刀刃型で中胸背板より著しく狭い．脚は普通，脛節の稜部は第1および5齢では直角状，第2～4齢では鋭角状に角張る．前脛節のグルーミング剛毛は第1齢では3・4本，第2齢以後は4本．

前部臭腺盤は標準的なプロペラ型，中部臭腺盤はほぼ台形状，第1・2および8腹節には腹背盤を欠く．第7節前縁部の腹背盤は第1齢では不明瞭，第2齢以後は短小プロペラ型か小紡錘形状．側盤は第1節では不等辺三角形状，第2節では第3齢まで半楕円形状，第3節以後では半円形状，外縁は直線に近い緩弧状で平滑．孔毛は第1齢では第3～7節の気門の後内方に1個ずつ明確に認められ，第2齢以後は同気門の後方とこの内方に1個ずつあり，2個が円形基盤3～4個分内外の間隔で内外に並ぶ．雌では第5齢幼虫の第8腹節に後縁から前縁近くに達する縦溝があり，第9節中央部に楕円形状の1対の不明瞭な隆起が認められる．

体表には光沢を有し，第1齢では点刻を欠き，第2齢以後は硬化盤以外の腹節部を除き黒色ないし褐色の点刻を散布する．体上には第1齢では淡褐色短直毛を疎生するが，第2齢以後は著しく疎らとなる．

齢の検索表

下記以外はカメムシ科全体の検索表（前記8-2)-(3)）に同じ．
   2(5) 後胸背板は左右それぞれへら型かオール型で，中胸背板より広いか狭い．
   5(2) 後胸背板は左右それぞれ長刀刃型で，中胸背板より著しく狭い･････････････････第3齢
   第1齢：体長1.7 mm内外．各胸背板長の比は4.3：2.5：1．触角および口吻の各節長比は1：2.5：2.0：3.3および1：1.5：1.1：1.6．

頭部，胸背板，腹背盤，側盤および硬化盤以外の腹節部は主として褐黒色，同腹節部の第1〜3節は淡色，第2・3節の側方に1対の白色卵形斑があり，臭腺盤の周辺部は白色がかる．複眼は赤黒色（1〜4齢）．触角は赤褐色，節間部は赤色．脚は褐色，跗節は主として淡黄色半透明，先端部は暗色．
   第2齢：体長2.7 mm内外．各胸背板長の比は5.6：5.0：1．触角および口吻の各節長比は1：2.5：2.0：3.3および1：1.9：1.5：1.6．

頭部，胸背板，腹背盤および側盤は主としてほぼ黒色，胸背板の最外縁を除く側縁葉状部および側盤の中央部は淡黄色．硬化盤以外の腹節部の中央部は概ね暗赤色，第3節以前，第6節以後および臭腺盤付近はほぼ帯黄色，接合線は暗赤色．触角は主として淡黄赤色，第4節先端部は暗色．脚は主として帯赤色，腿節先端部および跗節はほぼ淡黄色．
   第3齢：体長4.1 mm内外．各胸背板長の比は6.2：7.8：1．触角および口吻の各節長比は1：2.7：2.2：3.4および1：2.2：1.7：1.7．

硬化盤を除く腹節部以外の体部は主として黒色で，図(73, H)の色斑は黄褐色．硬化盤以外の腹節部は主として淡緑白色，中央部は暗赤色，第1・2節の接合線は赤色，その他の接合線は暗緑色ないし暗赤色．触角と脚は主として淡黄赤色，第4節はほぼ黒色，跗節は淡色，先端は暗色．体の色彩や色斑には個体変異がある．
   第4齢：体長6.0 mm内外．各胸背板長の比は7.6：10.6：1．触角と口吻の各節長比は1：3.0：2.5：3.0および1：1.8：1.4：1.4．

前齢とほぼ同色；ただし図(73, I)のように斑状をなす色斑は淡褐色，硬化盤以外の腹節部は個体により主として淡黄緑色，淡青色，淡緑白色または暗緑色で，腹背盤付近は暗赤色，触角と脚はやや淡色．
   第5齢：体長9.0 mm内外．各胸背板長の比は1：1.6：0．触角および口吻の各節長比は1：3.3：2.7：3.0および1：1.7：1.3：1.3．

体はほぼ淡黄緑色で，図(73, J)の斑紋の濃色部は黒色か黒褐色，腹背盤間は淡色の中央部を除き赤色，臭腺開口部付近は帯白色．複眼は黒赤色．触角の第1・2節は主として淡黄緑色，第3・4節の先半部は黒褐色，その他は淡褐色．脚は主として淡緑色，脛節の先端部および跗節は淡褐色．

体色には個体変異があり，主として頭部と胸部における黒斑量によって暗色型が3型に，中間型と淡色型がそれぞれ2型に分けられる（志賀・守屋[261]）．

生態　本種はクサギカメムシやツヤアオカメムシと並んで，果実を激しく吸害する重要なカメムシである．福島，長野，千葉，奈良，鳥取および福岡の6県は，農林水産省が1979〜1983年に実施した「果樹カメムシ類の発生予察方法の確立に関する特殊調査」事業（農林水産省農蚕園芸局植物防疫課[219]）に参加して精力的に研究を行った．以下はその成果を中心に記述する．

寄主植物と摂食部位　多食性で，川沢・川村[94]は30科55種を寄主植物として列記し，山田・宮原[309]は成虫の寄生植物を47科112種，幼虫の寄生植物を20科28種としているが，筆者その他の観察（中西・後藤[211]，農林水産省農蚕園芸局植物防疫課[219]）を加えて整理すると，幼虫が発育する寄主植物は以下のようである．

カバノキ科：*Alnus* spp.；クワ科：クワ，コウゾ，(イチジク)*；メギ科：ナンテン，ヘビノボラズ；ユキノシタ科：ノリウツギ；バラ科：サクラ類，ズミ，(ナシ，ユスラウメ)**，ノバラ；マメ科：ダイズ；ミカン科：(ウンシュウミカン)*；トウダイグサ科：ナンキンハゼ；ウルシ科：*Rhus* spp.，モチノキ科：*Ilex* spp.；クロウメモドキ科：クマヤナギ，ナツメ；ブドウ科：ブドウ類；シナノキ科：シナノキ；アオイ科：タチアオイ，ムクゲ；アオギリ科：アオギリ；サルナシ科：サルナシ；キブシ科：キブシ；ウコギ科：ウコギ；ミズキ科：ミズキ；(カキノキ科：カキ)*；モクセイ科：ネズミモチ，オリーブ；キョウチクトウ科：テイカカズラ；クマツヅラ科：クサギ，ハマゴウ；ゴマノハグサ科：キリ；ノウゼンカズラ科：キササゲ；スイカズラ科：*Weigela* spp.，ニワトコ，サンゴジュ；イネ科：ソルガム；(アヤメ科：アヤメ)*；スギ科：スギ；ヒノキ科：*Chamaecyparis* spp. ネズ．

飼育ではラッカセイ，インゲンマメ，シャジクソウ類，レンゲ，ヒマワリ，アサ，クルミ，ソバなどの乾燥種子でも健全に育つ．

摂食部位は生殖成長部と栄養生長部の両方であるが，少なくとも中齢または老齢幼虫の時期に熟度が進んで養分濃度が高くなった種子部を摂食しないと健全な発育を全うすることができない．

生活史 福田・藤家[15]，伊藤[78]，小田[222]，小田・中西[223]，小田・中西ら[226]，小田・杉浦ら[228,229,230]，田中[288]，内田[296]，山田[308]，柳・萩原[319]等の調査結果をまとめると以下のようである．

生息場所は日当りのよい山麓，樹林地，樹園地，特にスギ，ヒノキ，サワラなどの寄主植物が結実樹齢に達している所で，主として樹上生活をする．

越冬成虫は3月中旬ごろから気温の高い日に活動を始め，4月中旬ごろ（最高気温が20℃を越える頃）に越冬場所を離れる．越冬後の成虫は近くのヒノキなどに一時生息した後，ウメ，ビワ，サクラ，クワその他の木本植物やソラマメ，エンドウ，草花その他の草本植物に飛来して吸汁し，卵巣を発育させる．産卵は5月中・下旬～6月下旬にクワやキササゲなどに，6月下旬～9月中・下旬にはスギやヒノキなどに行われ，引き続いて幼虫が発生する．室内および野外

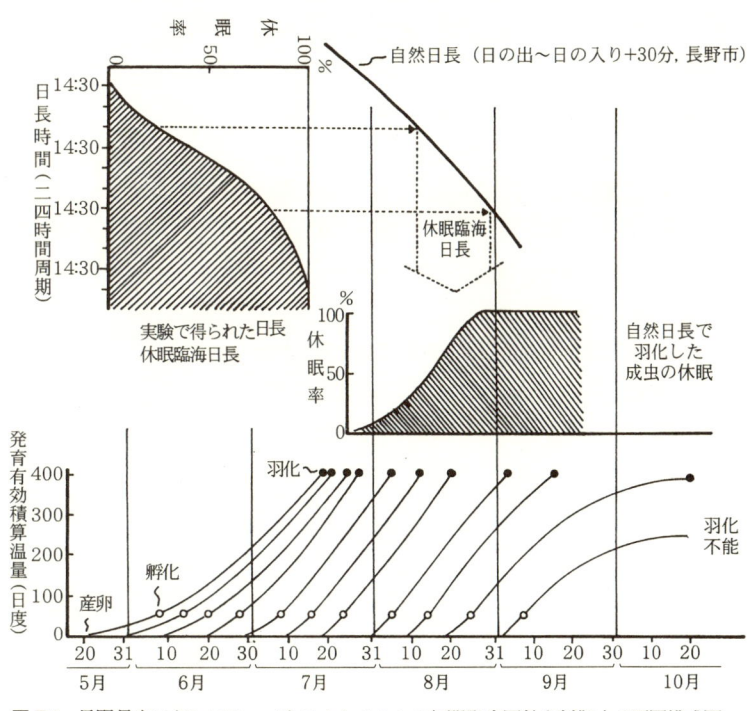

図74 長野県内においてチャバネアオカメムシの年間発生回数を制御する要因模式図
(柳・萩原[318]による)

( )*：老齢幼虫が認められないもの．( )**：稀に寄生を認めるもの．

飼育で追跡すると，新成虫は第1世代が6月下旬～9月上・中旬に，第2世代が8月上旬～10月中旬に，第3世代が9月中旬～11月中旬に羽化する．しかし安定的増殖源となるスギやヒノキでは通常7月以降に産卵が行われ，新成虫は8月以降に出現するし，卵巣発育の臨界日長が13.5～14時間であるので（感応期は老齢幼虫と成虫期），1回発生が主体になるとも考えられる．いずれにしても野外で世代を明確に識別するのは困難であるが，年間世代数は福島では1世代，長野では1～2世代，千葉，奈良，鳥取および福岡では1～3世代と考えられる．ただし，奈良では通常は2世代止まりという．年間世代数を制御する要因を摸式化した長野県の成績を示すと図74のとおりである．

佐賀県では，村岡ら[203]がチャバネアオカメムシとツヤアオカメムシのヒノキ球果での生息密度と越冬密度ならびに予察灯における誘殺数の年次変動を調査し，それらの相互関係を解析している．

越冬には第3世代成虫だけでなく，第1・2世代成虫にも入るものがあり，越冬場所への移動は10月中旬～11月中旬に行われる．越冬虫は褐色の休眠色となり，若干日光が射しこみ，やや乾燥する場所の広葉樹などの落葉の間，倒木などの樹皮下，木片や石礫などの間，冬枯れイネ科雑草の株元，ネズ，イブキ，シャシャンボなどの常緑樹の樹冠の茂みの中や樹冠に懸った枯葉ボールの中などで越冬する．

産卵 本種は長日型昆虫で，前述のとおり，卵巣発育の臨界日長は13.5 hr（長野，奈良）～14 hr（鳥取）で，この感応期は老齢幼虫と成虫期と推測される．

産卵前期間は世代，餌の種類，配偶者の成熟度などによって異なる．小滝ら[163]によると，ラッカセイが約11日で最も短く，ダイズの第3世代が約18日で最も長かった．長日（16 L・8 D）・25℃条件下の産卵前期間は7.8～15日内外である（小田[222]）．

産卵数は母虫の生存日数や栄養条件に大きく左右されるが，小滝ら[163]の実験では約70～200卵であり，奈良で越冬成虫を集団飼育し

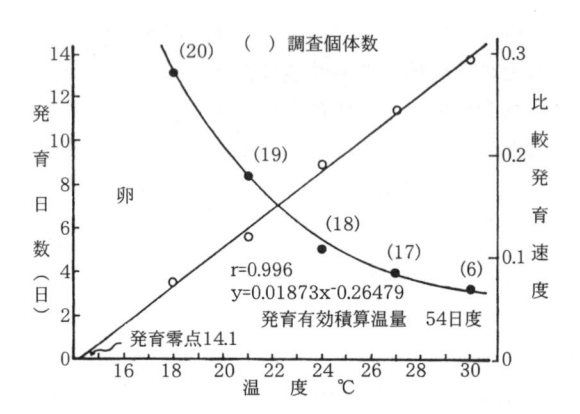

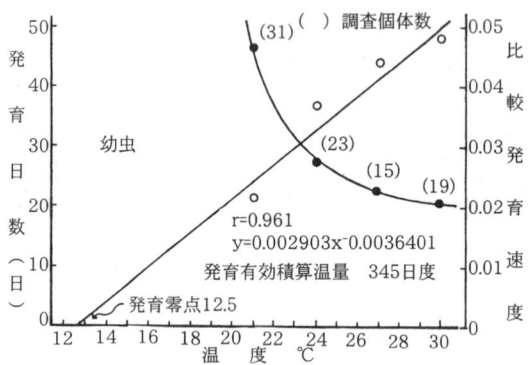

図75 チャバネアオカメムシの卵および幼虫の発育速度
（柳・萩原[319]による）

表47 チャバネアオカメムシの発育における発育零点と有効積算温度（内田[297]）
（農林水産省農蚕園芸局植物防疫課[219]）

調査県	卵		幼虫		報告者
	零点（℃）	積算温度（日度）	零点（℃）	積算温度（日度）	
長 野	14.1	54	12.5	345	柳・萩原（1980）
鳥 取	10.9	94	12.4	400	内田（1980）
神奈川	—	—	14.0	411	梅谷ら（1977）
静 岡	13.2	56	12.7	333	山内（1981）
三 重	11.9	71	13.8	385	田中（1979）
大 阪	13.1	64	13.9	332	真田（1981）

8. カメムシ科 Pentatomidae

表48 奈良県内下おける自然日長条件でのチャバネアオカメムシの発育期間（小田・中西ら[226]）

試験方法		卵期間(日)	幼虫期間(日)						羽化率(%)(卵から)
			1齢	2齢	3齢	4齢	5齢	計	
自然室温 インゲン生莢	範囲	4～6	3	4～5	6～8	5～9	9～13	27～38	40.6
	平均	5.0	3.0	4.5	7.0	6.0	10.0	30.5	
網室鉢植	接種日		1齢	2齢	3齢	4齢	5齢	計	
スギ球果	7.3		3	3	3	5	8	22 (～24)	
	8.21		3	4	4	6	9	26 (～29)	
ヒノキ球果	7.5		3	3	4	5	10	25 (～30)	
	8.24		3	4	4	6	10	27 (～33)	

注. 自然室温試験 供試卵数：248卵. 網室鉢植試験 卵期間：4～5日. 供試幼虫数：28頭（2卵塊）無（ ）数値：発育の早かったもの．（ ）内数値：発育の遅かったもの．

た場合には産卵回数が16回内外，産卵数が約220卵，千葉で5月中旬に採集した成虫の産卵数は約250卵であり，ふ化率は99％であった．

発育

① 発育零点と有効積算温度　関係県の研究者によって求められた発育零点と有効積算温量は表47のとおりで，前者が約11～14℃，後者が卵では約55～95日度，幼虫では約330～410日度である．また，本種の卵および幼虫の発育速度を求めた長野県における成績を示すと図75のとおりである．千葉では卵から羽化までの発育零点と有効積算温量は12.7℃と430日度と求められている（福田・藤家[15]）．

② 自然日長下の発育期間　自然日長条件での発育期間は，奈良農試で1975年5～6月に野外採集した成虫由来の卵と幼虫を，インゲンマメの生莢を給餌して自然室温で飼育する一方，1979年7～8月に網室で鉢植えのスギとヒノキの球果をもつ枝にふ化幼虫を接種して調査した結果は表48のとおりで，卵期間が4～6日，幼虫期間が22～38日であった．

③ 長日・恒温下の発育期間　長日・恒温条件での発育期間は，鳥取果試（内田[297]）で1980年6月に桑樹から採集した成虫由来の卵と幼虫を15時間照明・17.6～31℃の恒温下で，菜豆生莢（第4齢まで）と乾燥ダイズとラッカセイの混合餌を給餌して飼育した試験では，表49のとおり卵期間が4.5～12.6日内外，幼虫期間が14～60日内外であり，20℃以下の低温と30℃以上の高温では発育期間の長短が著しいことがわかる．

幼虫の発育期間は餌の種類や質によっても異なり，小滝ら[163]の実験によると，表50のように雌雄ともヒマワリが最短で，それぞれ20.1日と19.5日であり，ラッカセイとダイズがこれに続き，レンゲとソバでは29日内外と最長であった．

習性

① 走光性　成虫は走光性をもち，夜灯火とくに波長の短い青色蛍光灯や水銀灯によく飛来する．

② 夜行性　成虫は夜行性で，果実への飛来とこの吸害は日没後から夜

表49 長日（15L・9D）・恒温条件下におけるチャバネアオカメムシの発育期間（内田[297]（農林水産省農蚕園芸局植物防疫課[219]））

温度(℃)	卵期間(日)	幼虫期間(日)	
		雌	雄
17.6	—	60.1 ± 12.9	56.7 ± 8.1
18.7	12.6 ± 1.5	41.8 ± 6.1	40.3 ± 4.8
19.7	9.2 ± 2.6	36.8 ± 7.0	36.9 ± 5.2
24.7	7.8 ± 2.0	24.8 ± 4.5	24.1 ± 3.3
31.0	4.5 ± 1.2	13.8 ± 2.9	14.6 ± 3.0

注. 数値は平均±標準偏差．

表50 市販種子飼育におけるチャバネアオカメムシの幼虫発育期間，羽化体重および羽化率（小滝ら[163]）

飼育餌	世代	供試数	幼虫期間（日）		羽化体重（mg）		羽化率（%）
			♂	♀	♂	♀	
ダイズ	1	67	23.2 ± 1.3	22.5 ± 1.6	63.0 ± 7.0	76.2 ± 4.5	83.6
	2	68	22.2 ± 1.5	22.3 ± 1.5	68.2 ± 5.1	78.0 ± 5.6	82.4
	3	75	23.6 ± 0.8	23.6 ± 0.7	71.4 ± 6.2	76.3 ± 5.5	81.3
ラッカセイ	2	65	21.3 ± 0.7	20.6 ± 1.1	77.2 ± 7.7	86.4 ± 6.5	90.8
ヒマワリ	2	61	20.1 ± 9.6	19.5 ± 0.7	70.1 ± 5.2	87.6 ± 6.6	88.5
アサ	3	75	26.8 ± 2.2	26.5 ± 2.0	77.5 ± 8.3	83.7 ± 10.3	64.0
クルミ	3	75	24.5 ± 1.6	24.2 ± 1.6	74.6 ± 6.3	79.2 ± 7.5	81.3
クローバ	3	75	27.9 ± 2.5	27.7 ± 2.4	59.8 ± 7.7	68.0 ± 6.1	76.0
レンゲ	3	75	28.6 ± 1.8	29.3 ± 2.2	61.2 ± 7.6	65.4 ± 6.6	60.0
ソバ	3	75	28.8 ± 2.4	29.4 ± 2.7	52.6 ± 5.8	58.3 ± 6.6	53.3

注．15L・9D，25℃下で，1卵塊（14個体）ずつを群飼育．

半にかけて多く，夜明けには減少する（山田・野田[311]）．

③ 集合性　雄成虫はフェロモンを放散する．これに同種の他個体（雌雄とも）が誘引されるが，その時刻には日周性があり，夕暮ごろに特に多い（守屋[196]，Moriya & Shiga[200]）．幼虫における集合性は，第1齢時には顕著であるが，それ以後加齢に伴って弱まり，老齢ではほとんど目立たない．

m）ツヤアオカメムシ *Glaucias subpunctatus* (WALKER, 1867)

分布　本州，四国，九州，南西諸島；台湾，中国，インドネシア．

成虫　体長14〜17 mm．油様光沢をもつ緑色で，背面は *Nezara* より盛り上がっている．中胸板に竜骨状隆起が，第3腹板中央に前方に向かう円すい形突起がある．

卵（図76，A〜E，小林[144]，Kobayashi[134]）　長径約1.5 mm，短径約1.2 mm，ほぼ楕円形で明るい淡赤褐色．卵殻は帯白色，表面に光沢のある明褐色の円形顆粒を規則的に密布する．受精孔突起は先端部が楕円形状に膨れた棍棒型で，弱く内方に曲がり，小さく長さ約45 μ，楕円部は白色，柄部は無色半透明，19〜27個，平均23.7 ± 1.4個．卵殻破砕器は縦長約330 μ，横幅約600 μ，骨格部は主として淡黄褐色，中央部は黒褐色，膜質部はほぼ透明．卵塊は通常14〜28個の卵からなり，卵は数列または平面的塊状に並べられる．

幼虫（図76，F〜J，小林[144]，Kobayashi[134]，安永ら[324]）　体は比較的厚い．

頭部中葉は側葉より長い．触角は比較的長い．口吻は第2齢において著しく長くなり，第2節湾曲型．口吻の先端は第1齢では第3・4腹節付近に達し，第2齢の初期には（第4節の半ば以上が）腹端をはるかに越え，同末期には第8腹節付近に達し，第3齢の初期には腹端付近に，同後期には第5・6節付近に，第4および5齢では第4・5および4節付近に達する．口針は第2齢において中葉の先端から上唇と共に一たん前下方に突き出た後，中葉の下に短披針形状の空間を作って後方へ曲がり，口吻第1節の中部に入り，先端は口吻第4節の先端部に達する．第3齢においては，口針は上唇を伴って中葉先端をわずかに越えて前方へ突き出て，中葉との間に前齢の場合より小さい隙間を作る．第2・3齢以外の齢では口針は体との間に目立つ隙間をつくらない．

原小楯板は第2齢から発達し始める．前および中胸背板は第2・3齢において側縁部が葉状に発達して広くなる．前胸背の前側縁は第1齢では平滑，第2・3齢では鋸歯状，第4齢以後細波状．中胸背板の側縁は第1齢および第3齢以後はほぼ平滑，第2齢では鋸歯状．後胸背板は左右それぞれ第1齢ではへら型で中胸背板より広く，第2齢ではオール型で側縁は小円弧状をなし中胸背板とほぼ等幅かこれよりやや狭く，第3齢では長刀刃型で中胸背板より明瞭に狭い．脛節の稜部は第1齢では直角

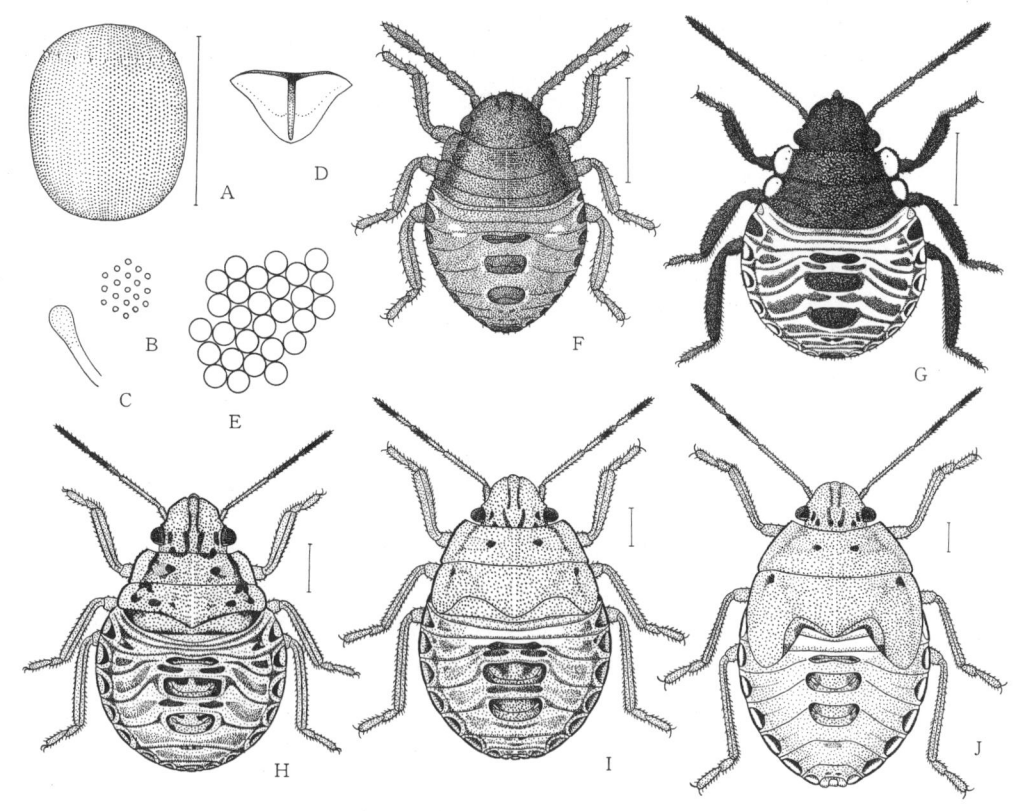

8. カメムシ科 Pentatomidae （217）

図76　ツヤアオカメムシ *Glaucias subpunctatus* (WALKER)
A. 卵，B. 卵殻表面の顆粒状構造，C. 受精孔突起，D. 卵殻破砕器，E. 卵塊，F. 第1齢幼虫，G. 第2齢幼虫，H. 第3齢幼虫，I. 第4齢幼虫，J. 第5齢幼虫．［傍線は1mm長］．
(Kobayashi[134])

状に角張り，第2齢では細葉状に広がり，第3齢以後は鋭角状に角張る．前脛節のグルーミング剛毛は，各齢とも4本であるが，第3齢までは2本ずつが密着していて2本に見える．

　前部臭腺盤はほぼ一般的なプロペラ型，中部臭腺盤はほぼ逆台形状．第1・2節には腹背盤を欠く．第7節前縁部の腹背盤は第1齢では小楕円形のものが1対，第2齢以後は小さいプロペラ型．第8節の腹背盤は各齢とも小楕円形の1対に見えるが，不明瞭．側盤は第1節では小形の不等辺三角形状，第2～8節では不等辺三角形状，半楕円形状，半円形状，変形半円形状など；外縁は直線に近い緩弧状で平滑．孔毛は第1齢では第3～7節の気門の後方に1個ずつあり，第2齢以後は同気門の後方とこの内方に1個ずつあり，2個が円形基盤3個分内外の間隔で内外に並ぶ．性徴は前種と同形．

　体表には光沢を有し，第1齢では点刻を欠き，第2齢以後は硬化盤以外の腹節部を除き黒色ないし褐色の小点刻を散布する．体上の毛は淡褐色短直毛で，第1齢では疎生し，以後は後齢ほど著しく疎らとなる．

　齢の検索表
　前記エゾアオカメムシに同じ．
　第1齢：体長2.2mm内外．各胸背板長の比は3.3：2.1：1．触角および口吻の各節長比は1：1.8：1.5：2.9および1：1.4：1.3：1.8.

　頭部，胸背板，腹背盤，側盤および複眼はほぼ赤黒色．硬化盤以外の腹節部は主として暗赤褐色，第1節前半部，中央部，側盤間などはやや淡色，第1～3節の図（76，F）の淡色部は帯白色．触角お

よび脚はほぼ暗赤色，節間部は帯赤色．

第2齢幼虫：体長3.6 mm内外．各胸背板長の比は4.8：4.6：1．触角および口吻の各節長比は1：3.2：2.4：3.3および1：2.2：1.9：1.6．

頭部，胸背板，腹背盤，側盤および脚は主として黒色または褐黒色，ただし図（76，G）の淡色部は淡黄白色，跗節は帯褐色．硬化盤以外の腹節部は淡黄白色に暗赤褐色の横縞があり，虎斑模様をなす．複眼は赤黒色または黒色（2～5齢）．触角第1・2節は主として暗褐色，第3節は赤黒色，第4節は帯黒色または赤黒色．

第3齢：体長5.5 mm内外．各胸背板長の比は6.0：7.0：1．触角および口吻の各節長比は1：2.8：2.0：2.6および1：2.1：1.9：1.5．

頭部，胸背板および腹背盤は主として淡緑褐色で，図（76，H）のように褐黒色または黒色の斑紋を装い，頭部の前縁，前側縁および胸背板の側縁は黒色か赤黒色．硬化盤以外の腹節部と側盤は主として淡緑黄色または淡黄緑色で，前者には暗赤褐色の横縞が虎斑模様をなし，後者の内・外縁部は黒色．触角の第1・2節は主として淡黄色，第3節は基部では黄赤色，先端部では赤黒色，第4節は主として帯黒色．脚は淡黄褐色，脛節の稜部は褐黒色．

第4齢：体長7.8 mm内外．各胸背板長の比は10.0：11.2：1．触角および口吻の各節長比は1：3.6：2.7：3.2および1：1.9：1.8：1.4．

体は前齢とほぼ同色かやや淡色で，油様光沢を帯びる．触角の第1・2節は主として淡黄緑色，第3節は基半部では淡褐黄色，先半部では帯褐黒色，第4節は大部分褐黒色，基部は淡褐黄色，先端部は黒褐色．脚は主として淡黄緑色，脛節先端部と跗節は淡黄褐色．色彩の濃淡や暗黒色部の多少・広狭などには個体変異が認められる（4・5齢）．

第5齢：体長11 mm内外．中胸腹板中央部および第3腹板に小隆起が稜線状および小円丘状に認められる．各胸背板長の比は1：1.3：0．触角および口吻の各節長比は1：3.6：2.6：2.8および1：1.7：1.5：1.2．

前齢とほぼ同じ色彩と光沢を有する．ただし個体により硬化盤以外の腹節部は図（76，J）のように主として淡黄緑色，前部臭腺盤の前方および側盤間は淡黄白色，側盤の中央部は帯白色，前部の接合線付近は横縞状に淡赤色か赤色．

生態

寄主植物と摂食部位　成虫の寄生植物としてはヤマモモ科：ヤマモモ；ブナ科：*Shiia* spp., *Quercus* spp.；ニレ科：エノキ；クワ科：クワ；（ボロボロノキ科：ボロボロノキ）**；バラ科：ナシ，ウメ，（モモ）**，*Prunus* spp.；（まめ科：クズ，モリシマアカシア）**；ミカン科：*Citrus* spp.；トウダイグサ科：ナンキンハゼ；ウルシ科：ハゼノキ；アオギリ科：アオギリ；ウコギ科：コシアブラ；（ツツジ科：ヨドガワ）**；カキノキ科：カキ；ニシキギ科：モクレイシ；ハイノキ科：ハイノキ；エゴノキ科：エゴノキ；モクセイ科：ネズミモチ；（ムラサキ科：チシャノキ）**；ゴマノハグサ科：キリ；スイカズラ科：ニワトコ；スギ科：スギ；ヒノキ科：ヒノキ；マツ科：クロマツ等が報告されている（川沢・川村[94]，山田・宮原[309]）．しかし幼虫が発育を全うできるのはスギとヒノキだけのようである（池田・福代[62]，山田・宮原[309]）．摂食部位は栄養生長部と生殖成長部の両方であるが，幼虫の発育には熟度が進んで養分濃度が高くなった種子の摂食が必要である．第2齢期から口針が著しく長くなっていることは，チャバネアオカメムシと同じく種子部への摂食適応を意味するものであると考えられる．

注．（ ）**：稀に寄生を認めるもの．

生活史 本種はチャバネアオカメムシやクサギカメムシと並んで，果実を激しく吸害するカメムシで，静岡県農業試験場および佐賀県果樹試験場と前記の「果樹カメムシ類の発生予察方法の確立に関する特殊調査」事業における奈良県農業試験場および福岡県農業総合試験場によって生態が研究されている．行徳[24,25]，池田[61]，池田・福代[62]，小田・中西[224]，山田・野田[310]等の調査結果をまとめると以下のようである．

生息場所は前種と同様な所で，専ら樹上生活を行う．越冬成虫は福岡県内では前種より半月余り遅い4月上・中旬から活動を始め，高圧水銀灯へは4月上〜下旬から飛来し始める．ミカン類の開花前後には（5月下旬まで）同樹上で吸汁するが，6月以降には他へ移動する．静岡県内では6月中・下旬〜9月上旬にスギやヒノキの葉や球果上に産卵し，第1世代幼虫が引き続いて発生し，7月中旬〜9月に新成虫が出現する．早く羽化した第1世代成虫の一部は8月上旬〜9月上旬に同寄主上に産卵する．8月中にふ化した幼虫は9月下旬に羽化するが，9月以降にふ化した幼虫は羽化できず，越冬には第1世代成虫の一部と第2世代成虫が入る．一方，奈良県内では10W水銀灯へ5月下旬〜10月下旬に飛来し，ヒノキ球果では第5齢幼虫が8月中・下旬〜9月中・下旬に，新成虫が8月中旬〜11月上旬にみられ，年に1世代を営むようである．越冬場所は常緑樹（ネズ，イブキ，スギ，ヒノキ類等の針葉樹やナギ，マキ，カシ，シイ，カンキツ，サザンカ，ヤマモモ，ビワ等の広葉樹）の茂みの中，樹冠に懸った枯葉ボールや，落葉や石礫等の下，枯草の株元などである．本種は前種と異なり，越冬中も体色は緑色のままである．

筆者（小林）が静岡産の越冬成虫を1974年5月下旬〜9月中旬に盛岡市内の硝子室内でスギの球果を給餌し，自然日長条件で飼育した1例では産卵回数が5回，産卵数が98卵，卵期間が6日内外，幼虫期間が37〜40日であった．しかし，静岡県下で池田・福代[62]が1974〜1975年にスギ球果を与えて自然日長・室温条件で飼育した結果では，産卵数はほぼ同じであったが発育期間は相当短く，第1世代（7月1日〜8月2日）には卵期間が4日，幼虫期間が25〜30日，第2世代（8月19日〜9月12日）には幼虫期間が34〜40日であった．

習性 成虫は走光性を有し，夜間灯火とくに波長の短い青色蛍光灯や水銀灯によく飛来する．

雄成虫は前種と同じように集合フェロモンを放散し，これに同種の他個体が誘引される．山田・野田[310]によると桐樹の下に雄成虫100頭を入れた網箱を設置すると，誘引されて飛来した成虫が桐の葉裏に留まっているので，樹を揺って大型捕虫網で捕獲できる（桐下おとり法）という．

n）**クチナガカメムシ属** *Bathycoelia* AMYOT et SERVILLE, 1843

日本に産する本属の種はクチナガカメムシ *Bathycoelia indica* (Dallas) 1種で，石垣島，西表島および東洋区に分布するが（安永ら[324]），発育期や生態は研究されていない．しかし，同属のマカダミアカメムシ *B. distincta* Distant がクチナガカメムシに酷似しており，その発育期と生態が研究できたので，参考のためにこれを略述しておく．

o）**マカダミアカメムシ** *Bathycoelia distincta* DISTANT, 1878

本種の学名 1996年現在ナイロビ産の本種は，ロンドンおよび南アフリカの国立博物館によって *Bathycoelia biquerti* SCHOUTEDEN (1912, Rev. Zool, Afr, 2 : 106；タイプ標本産地：S. Africa) と同定されている．Leston (1956, Bull. Inst. Franc. Afr. Noire, (A), 18, 618-626.) は本種を *B. natalicola* DISTANT (1912, Rhynchotal Notes. Ann. Mag. Nat. Hist., Ser. 8, Vol. 10；タイプ標本産地：S. Africa (Natal. Tongaat)) と共に *B. distincta* DISTANT (1878, Ent. Month. Mag., 14. p. 247；タイプ標本産地：W. Africa (Isubu)) のシノニムとしたが，*B. distincta* は西アフリカに分布し，寄主植物がカカオやハイビスカスと報告されているので，ナイロビ産のマカダミアカメムシとは別種である可能性もある．しかし，その根拠が十分でないので，ここでは Leston (1956) に従うことにし

(220)　第III章　主要種の発育期

分布　ケニア（Nairobi, Thika, その他），南アフリカ，西アフリカ．

成虫（図77，A～C）　体長14～19 mm. 主として淡黄緑色で光沢があり，頭部側葉の側縁部と前胸背の前側縁は黒色に縁どられ，前胸背の側角部以後の体側部は淡橙黄色または黄色．小楯板の基部の両側部に円形の小黒点があり，この周囲は前側角部を除いてほぼ円形に淡黄白色．前胸背板の前角部に側方へ向く棘状の小突起を有する．口吻は長く，先端は第6腹節の前縁ないし第7節の前縁付近に達する．中胸板の正中部は稜状に隆起し，第3腹板の前縁部は前方へ半楕円形状に突出し，この中央から第7腹板の

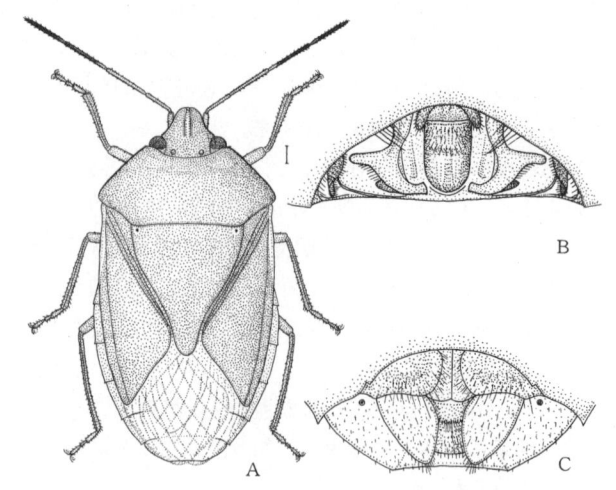

図77　マカダミアカメムシ*Bathycoelia distincta* DISTANT 成虫
A. 成虫の背面，B. 雄の性徴（腹端部），C. 同雌．［傍線は1mm長］．
(小林原図)

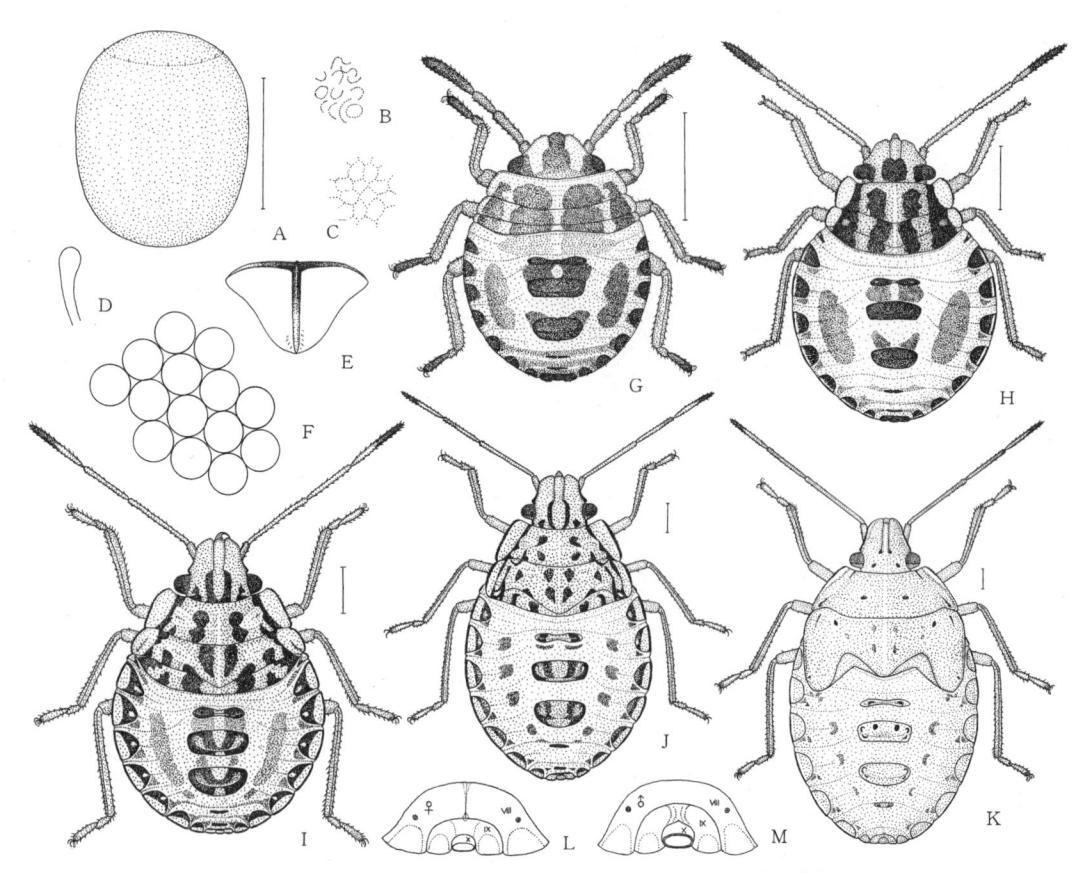

図78　マカダミアカメムシ*Bathycoelia distincta* DISTANT 卵・幼虫
A. 卵，B. 卵殻表面の微細な曲線状の浅溝構造，C. 卵殻表面に認められる微かな網目様凹凸，D. 受精孔突起，E. 卵殻破砕器，F. 卵塊，G. 第1齢幼虫，H. 第2齢幼虫，I. 第3齢幼虫，J. 第4齢幼虫，K. 第5齢幼虫，L. 同齢雌の性徴 M. 同雄．［傍線は1mm長］．
(小林原図)

前部に至る正中部に縦溝がある．各胸背板長の比は1：1.66：0．触角の第1～5節および口吻の第1～4節長の比は1：1.6：2.9：3.0：2.8および1：1.7：2.7：1.5．前脛節のグルーミング剛毛は5～7本．背面図および性徴は図77，A～Cのとおりである．

クチナガカメムシはやや大きく，体側部の縁どり線が白と黒（外側）の2重であり，小楯板基部両側の円形小紋は横並びの白色部と黒色部（外側）からなることで本種と識別できる．

卵（図78，A～F）　長径約1.7 mm，短径約1.4 mmのほぼ楕円形．初期には一様に淡黄褐色で光沢がなく，ふ化が近づくと淡暗黄褐色となり眼点が淡赤色に透視される．卵殻は淡赤白色，表面はほぼ平滑であるが，微小で複雑な曲線状の浅溝が密にあり（B），微かな網目様の凹凸が認められる（C）．受精孔突起は白色の棍棒型で小さく，内方へ曲がり長さ約50μ，18個内外．卵殻破砕器は縦長約400μ，横幅約660μ，骨格部の中心部は黒褐色，下端および側端部は淡褐色または白色，膜質部は透明．卵塊は通常14卵からなり，卵は葉上では平面的塊状に，細枝上では2列に並べられる．

幼虫（図78，G～M）　体は第3齢までは比較的厚く，以後はやや偏平となる．

頭部中葉は側葉より第2齢まではやや長く，第3齢以後は短いが，この前方に上唇基部が突き出るため，第5齢においても一見側葉とほぼ等長に見える．触角突起は前背方から見える．上唇は極めて長く，先端は第1齢では口吻第3節の中部に達する；第2齢では口針と共に一たん前下方に突き出た後，頭部との間にほぼ楕円形状の空間を作って後方へ伸びて口吻第2節の前部（前脚基節付近）に達し，ここから折り返して前方へ戻り，滴型の輪を形作って先端は上唇の見かけ上の中部に帰着する（図5.12 a）；口針は第2齢では上唇先端からこの基部に添って中葉先端部に戻った後，口吻第1，2，3節を通って，その先端は口吻第4節の先端部に達する；第3齢では上唇は口針と共に一たん前下方に突き出た後，頭部との間に半長楕円形状の空間を作って口吻第1節の中部に帰着し，口針はここから口吻に添って口吻先端部に達する（図5.12 b）；第4および5齢でもほぼ同様で，上唇は口針と共に一たん下方に突き出て，頭部との間に半楕円形および滴型の空間を作って口吻第1節の中部に帰着する（図5.12 c, d）．第2齢の口針は極めて長く，全長約11.5 mmで，体長の約3倍に達した．第5齢では約12.5 mmであった．口吻は第2節湾曲型で，極めて長く，先端は第1齢では第4腹節付近，第2・3齢の各初期には腹端をわずかに越え，後期には第6・7節付近，第4および5齢では齢の末期に第6・7節および第5・6節付近に達する．触角は第2齢以後やや長い．

前胸背板は第1齢ではほぼ台形状で前側縁は緩弧状，第2齢では前角部が前方へ突出して側縁部が葉状に発達して楕円形状をなし，前側縁線が円弧状をなす；第3齢ではその発達程度がやや弱まって後角部が後方へ突出し始め，前側縁線は放物線状をなす；第4齢以後はその発達が更に弱まって後角部が鋭角状に後方へ伸び，前側縁線は緩弧状となる．中胸背板の後縁線は第2齢から中央部が後方へ突出して原小楯板が発達し始めており，前翅包は第3齢から発達し始め，第4齢からそれと認められる．後胸背板は左右それぞれ第1齢ではへら型で中胸背板より広く，第2齢では矛刃型に近いオール型で，齢の初期には中胸背板とほぼ等幅であるが後期にはそれよりやや狭い；第3齢では矛刃型で中胸背板より著しく狭い．胸背板の側縁は第1齢ではいずれも平滑，第2～4齢では前および中胸で鋸歯状，第5齢では前胸で鋸歯状，中胸では前部のみ鈍鋸歯状．第5齢幼虫の中および後胸腹板の正中部に稜状隆起が別々にあり，この中央に縦溝が認められる．脛節の稜部は第1，4および5齢では直角状に，第2・3齢では鋭角状に角張る．前脛節のグルーミング剛毛は，第1齢では3・4本，第2齢では4・5本，第3齢では5・6本，第4齢以後は6・7本．

前部臭腺盤は標準的なプロペラ型，中部臭腺盤はほぼ逆台形状で前縁中央部が弱く前方へ突出する．第6・7節境の腹背盤はほぼ紡錘形状で，中央部の前・後縁の片方または両方がくびれることがある．第8節の腹背盤は弓形状ないし長方形状で角が丸い．第1・2腹節には腹背盤を欠く．側盤は

第1節では第1および4齢において不等辺三角形状，第2・3齢ではくさび型で外縁は弧状をなし側方へ突出する；第2～8節では不等辺四辺形状，半または半長楕円形状，半円形状など；外縁は緩弧状で平滑，内縁部の中央は第1齢では円形に浅くくぼみ，第2齢以後は横溝状に浅くくぼむ．孔毛は第1齢では第3～7節の気門の後内方に1個ずつ明確に認められ，第2齢以後では同気門の後方とこの内方に1個ずつあり，2個が円形基盤2～3個分内外の間隔で並ぶ．雌では第5齢の第8腹節に後縁からほぼ前縁に達する縦溝がある．

体表には光沢を有し，第1齢では点刻を欠き，第2齢以後は頭部，胸背板，腹背盤および側盤上に帯黒色または帯褐色の円形小点刻を散布するが，第4齢以後は個体により臭腺盤付近の腹節上にも地色と同色の円形微小点刻を疎布する．体上の毛は淡褐色の短直毛で，第1齢では疎生し，第2齢以後は著しく疎らとなる．

齢の検索表

前記イシハラカメムシに同じ．

第1齢：体長2.5 mm内外．各胸背板長の比は3.3：2.3：1．触角および口吻の各節長比は1：1.8：1.6：3.3および1：1.2：1.2：1.6．

体は主として淡黄白色，ただし腹背盤，側盤，複眼および図 (78, G) の濃色斑は黒褐色か褐黒色，腹節の前部臭腺盤の前方部分，側盤間，第6～8節の各後縁部の横帯様色斑，触角の第1・2節，腿節先端部，脛節，附節の第1節などは橙黄色．触角第4節の大部分は暗褐色，この基部と第3節は淡黄灰色．腿節の大部分は暗褐色，附節の第2節は淡暗黄褐色．

第2齢：体長4.0 mm内外．各胸背板長の比は4.2：3.5：1．触角および口吻の各節長比は1：3.2：2.8：3.8および1：2.0：2.0：1.9．

前齢とほぼ同色調，ただし腹節上の色斑は図 (78, H) のとおりで暗赤褐色．複眼は赤黒色．頭部前半部および触角の第1節と2節基部は淡橙黄色，第2節の大部分，第3節の中央部および第4節の基部は淡黄褐色，第4節の大部分は暗黒色．腿節および脛節は淡黄橙色または淡赤黄色．附節は淡黄褐色．

第3齢：体長6.0 mm内外．各胸背板長の比は5.0：5.0：1．触角および口吻の各節長比は1：3.4：2.7：3.2および1：1.8：1.8：1.6．

体は前齢と同色かやや濃色で，色斑の形は図 (78, I) のように複雑となる．触角の第1節は橙黄色，第2・3節は帯暗淡褐色，第4節の基部は淡黄褐色，残余部は帯黒色．脚は淡橙黄褐色．

第4齢：体長9.0 mm内外．各胸背板長の比は10.0：12.5：1．触角および口吻の各節長比は1：3.5：2.5：2.8および1：1.9：2.1：1.7．

前齢とほぼ同色，ただし地色は淡黄褐色か淡黄白色，色斑は図 (78, J) のように小さくなり，触角の第1節および脚は淡橙黄色．触角の第2節，第3および4節の両基部は淡黄褐色，第3節の先端部は暗色，第4節の先端部は黒色．

第5齢：体長14～15 mm内外．各胸背板長の比は1：1.27：0．触角と口吻の各節長比は1：3.8：2.8：2.5および1：1.9：2.2：1.5．

前齢とほぼ同色かやや淡色，ただし体の地色は主として淡青緑色，周辺部では淡暗橙褐色がかり，色斑は図 (78, K) のように小さくなる．複眼は黒赤色か暗赤色．

生態　寄主植物はケニアでは，*Canellaceae: Warburgia ugandensis* SPRAGUE; *Meliaceae: Melia volkensii* GURKE; Rhamnaceae: *Zizyphus abyssinica* A. RICH; Sterculiaceae: *Brachychiton populneum* (SCHOTT); Proteaceae: *Macadamia integriforia* F. MUELL, *M. tetraphylla, M. ternifolia* 等で，本種はそれらの種子（仁）部を摂食して発育する．マカダミア以外の寄主植物の多くは本来の寄主植物

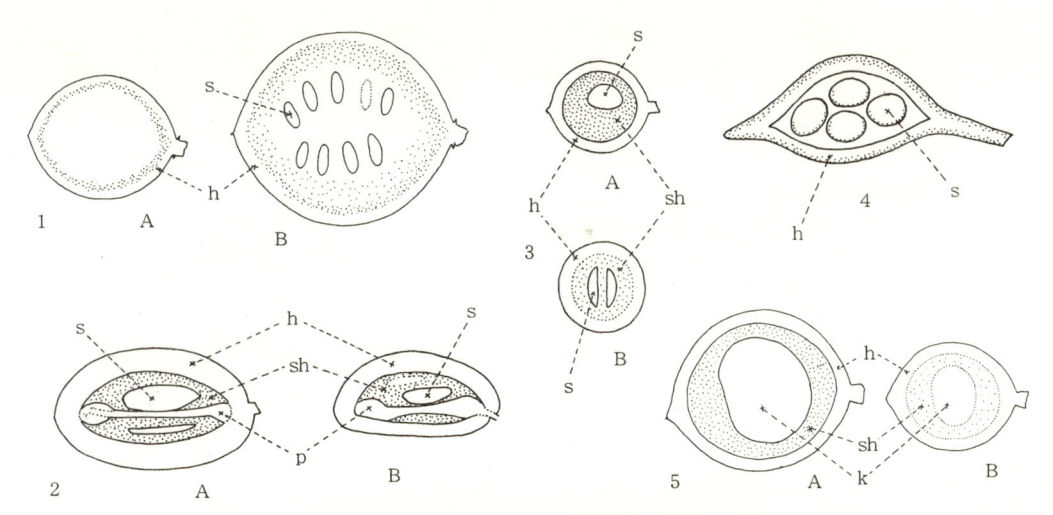

8. カメムシ科 Pentatomidae　(223)

図79　マカダミアカメムシの寄主植物の果実の特徴
1. *Warburgia ugandensis*　A. 幼果断面，B. 完熟前の成果断面.
2. *Melia volkensii*　A. 完熟前の成果断面，B. 成熟前の幼果断面.
3. *Zizyphus abyssinica*　A. 完熟前の成果縦断面，B. 成熟前の幼果横断面.
4. *Brachychiton populneum*　成熟前の幼果断面.
5. *Macadamia integriforia*　A. 完熟前の成果断面，B. 幼果断面
　h. 外果皮，k. 仁，p. 髄部，s. 種子，sh. 内果皮.　　　　　　　(小林原図)

であるらしく，本種に対する産卵誘引性がマカダミア樹より圧倒的に優れている．その摂食部位は図79に示したように比較的厚い外皮部をもつ．またこれらの寄主植物は，開花期が長期間にわたったり，年に2回開花したり，群落中の個体によって開花盛期が異なったりして，摂食適期の果実を群落内で長期間保持し続ける特徴をもっている (Kobayashi et al.[160])．

　生息場所は日当りのよい樹園地や林地などで，年に数世代を経過するようである．14 L・10 D，27℃恒温条件下で乾燥ダイズとラッカセイの混合餌と水を与えることによって，周年的に累代飼育することができる可能性がある (中川[207]，小林[156])．

p) ミカントゲカメムシ *Rhynchocoris humeralis* (THUNBERG, 1783)
　筆者が直接研究できたのは第4齢幼虫の形態だけであるが，高橋[277]が詳細に研究しているので，以下は主としてそれに基づいて記述する．

　分布　沖縄本島，石垣島，西表島；台湾，中国南部，インドシナ半島，インド，スリランカ，フィリピン，インドネシア等．

　成虫　体長19.5～24 mm．暗緑色で光沢があり，前胸背側角は側方へ顕著に突出し，先端は鋭くとがる．第2～6腹節の後角部も後方へ鋭く突出する．触角と口吻は長い．

　卵 (図80，A～C，高橋[277])　直径約1.8～2.0 mmの球形．初期には白色で光沢を有し，ふ化が近づくと黄色を帯び，眼点が赤色に，卵殻破砕器が黒色に透視される．卵殻はほぼ透明で，表面は平滑．受精孔突起は図から微小なものが30数個あって側壁の上縁部に輪状に並ぶように見える．卵殻破砕器は逆三角形をなし，幅は縦長より大，中央の縦軸は約0.39 mm長で，硬化して黒色．卵塊は通常14卵からなり，これらは不規則な平面的塊状または2・3列に並べられる．

　幼虫 (図80，D～H，高橋[277])　体は若齢では比較的厚く，第4齢以後ではやや偏平．
　頭部中葉は第3齢以後側葉より短い．触角突起は第4齢では前背方から見える．口針は第2齢になると極めて長くなり，上唇と共に中葉の前方へ一たん突き出た後，長い滴型の輪を作って口吻第1節

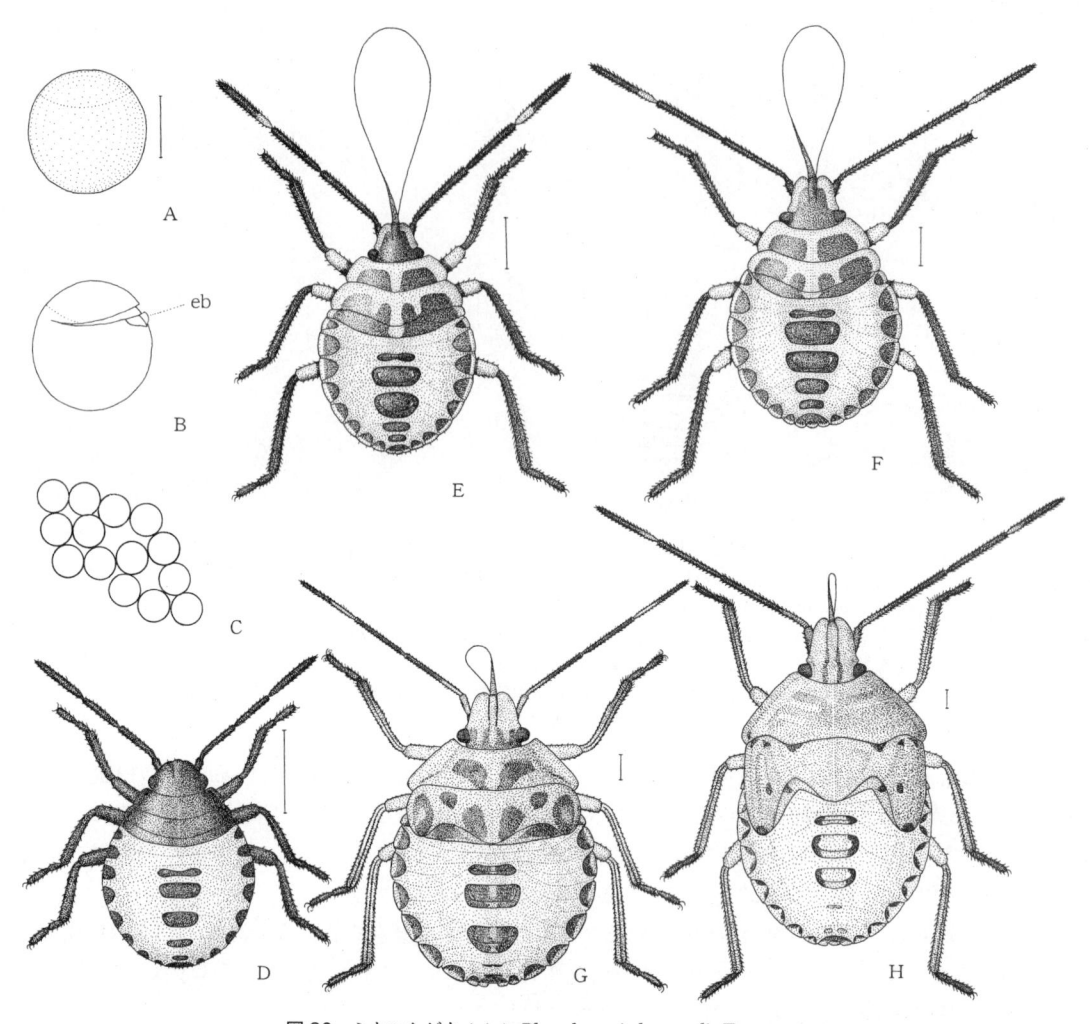

図80 ミカントゲカメムシ *Rhynchocoris humeralis* THUNBERG
A. 卵，B. 孵化時における卵殻の裂け方と卵殻上に残る卵殻破砕器 (eb)，C. 卵塊，D. 第1齢幼虫，E. 第2齢幼虫，F. 第3齢幼虫，G. 第4齢幼虫，H. 第5齢幼虫．［傍線は1mm長．G以外は高橋[277]の図版を転写．Gは西表産，口針の輪は横から見た状態で描いた］． (小林原図)

の基部に戻り，先端は口吻第4節の先端とほぼ一致する．口吻も第2齢から長くなり，第2節湾曲型で，その先端は第2・3齢では腹端付近に，第4齢では第7腹節付近に達する．口針および口吻は第2齢以後加齢に伴って少しずつ短くなるが，口針は第5齢においても上唇と共に中葉の前方に突き出ている．触角は各齢とも長い．

前胸背板はほぼ台形状，前側縁は緩弧状で，第1齢では平滑，第2齢以後は前部において小鋸歯状，中胸背板に比べて第3齢までは狭く，第4齢ではほぼ等幅，第5齢では広い；側角部は第4齢以後丸く弧状に側方へ突出し，後角部は鋭角状をなしてわずかに後方へ伸び，中胸の前角部に被さる．後胸背板は左右それぞれ第1齢ではへら型，第2齢ではオール型で，共に中胸背板より広く，第3齢では矛刃型で中胸背板より狭い．中胸腹面の正中部は第4齢以後隆起する．脚は各齢ともやや長く，脛節の稜部は第4齢では鋭角状に角張る．前脛節のグルーミング剛毛は第4齢では5・6本．

前部臭腺盤はプロペラ型で，この形は第3齢までは一般的であるが，第4齢以後では胴太，中部臭腺盤は逆台形状．第6・7節境の腹背盤は第3齢までは長楕円形状，第4・5齢では短紡錘形状で後縁

中央部が著しく湾入する．第8節の腹背盤は第4齢までは角の丸い長方形状，第5齢では短い滴形のものが1対あるか，短紡錘形状の後縁中央部が著しく湾入するものが1個．第1・2節には腹背盤を欠く．側盤は第1節では不等辺三角形状，第4齢以後のものは後角部が側方へ直角状に突出する，第2〜8節のものは半円形ないし半楕円形状；外縁はいずれも緩弧状で平滑，第4および5齢では内縁中央部が半円形状に小さくくぼむ．孔毛は第4齢では第3〜7節の後方に2個ずつあり，円形基盤3個分内外の間隔で内外に並ぶ．

体表には光沢を有し，第1齢では点刻を欠き，第2齢以後は頭部，胸背板および腹背盤上に黒色または黒褐色の小点刻を散布し，側盤と硬化盤以外の腹節上には第4および5齢において地色と同色の微小点刻をごく疎らに散布する．体上には淡褐色の短直毛を疎生する．

齢の検索表

下記以外は前記ヒメカメムシに同じ．

3(4) 口針は普通長で，中葉の前方へ突き出ない……………………………………第1齢
4(3) 口針は極めて長く，中葉の前方へ突き出て輪を形づくる……………………第2齢

第1齢：体長2.3〜2.4 mm内外．触角の各節長比は1：2.3：2.3：4.0．

頭部，胸部，腹背盤，側盤，触角，脚および口吻は黒色．硬化盤以外の腹節部は帯黄色で，個体により濃淡があり，黒褐色の微小斑点を装う．複眼は帯褐黒色．

第2齢幼虫：体長5.0 mm内外．触角の各節長比は1：5.3：4.8：6.1．口針長は12 mm内外．

図(80, E)の淡色部は白色，硬化盤以外の腹節部は橙黄色，その他は前齢とほぼ同色．

第3齢：体長6.5 mm内外．触角の各節長比は1：4.2：3.7：4.4．口針長は19〜20 mm内外．

前齢とほぼ同色．

第4齢*(図80, G)：体長は高橋[277]では12〜13 mm内外，西表産標本では11.4 mm内外．側盤は第2および8節では半楕円形，第3〜7節では半円形状．触角は上記高橋では長さ9.5 mm内外，第1〜4節長の比は1：4.5：4.1：4.3，西表産標本では同様に8.5 mm内外と1：4.2：3.5：3.8．口吻は上記高橋では第2および4節がほぼ等長で，第3節よりやや短いが，西表産標本では口吻長9.2 mm内外，第1〜4節長の比は1：2.3：2.6：2.6．口針長は上記高橋では18〜19 mm内外．

各胸背板長の比は西表産標本では8.0：9.0：1．

体はほぼ帯黄色ないし帯緑色で，図(80, G)の濃色部や頭部中葉の前・側縁部，頭部，胸部および側盤の各外縁線などは黒色か黒褐色．頭部および胸部の側縁部の白色部は個体により弱く淡青色を帯びる．複眼は褐黒色．触角は主として黒褐色，第1節と第2節基部は淡色，第4節基部は帯白色．脚は大部分帯黄緑色．脛節の稜部，後縁部および跗節は黒褐色を帯びる．腹部気門および孔毛の円形基盤はほぼ黒色．

第5齢：体長16〜17 mm内外．触角の各節長比は1：3.8：3.5：3.2．口吻の相対長は前齢とほぼ同様．口針長は19 mm内外．

色彩は前齢に似るが，個体変異があり，主として緑色で黒斑が小形で少ないもの，主として黄色で黒斑が大形で多いもの，前胸背に黒斑を欠くものなどが認められ，翅包の先端は黒色を帯びる．図(80, H)は黒斑が小形で少なく，前胸背にこれを欠く個体に基づく．

生態 カンキツ類（ミカン類，キンカン類など）の主として種子部から摂食して発育する．

成虫態でカンキツ類の枝葉上に静止して越冬する．台北では3月下旬ごろより気温の上昇に伴って歩行を始め，4月上・中旬より，カンキツの幼果から果汁を吸収し始める．4月下旬ごろより飛翔

---

* 西表産の記載は，同島白浜でXI.5.1963に長谷川仁氏によって採集されたアルコール浸標本に基づく．

表51 台北におけるミカントゲカメムシの自然日長・室温での幼虫期間（個体飼育）（高橋[277]）

反復	幼虫期間（日）					計	性	幼虫期間（月日）
	1齢	2齢	3齢	4齢	5齢			
1	4	9	4	3	18	38	雄	6. 6～ 7.14
2	4	8	8	7	13	40	雌	6. 6～ 7.16
3	4	6	7	15	11	43	雌	8.20～10.2
4	4	6	8	15	11	44	雄	8.20～10.3
5	4	6	8	15	15	48	雌	8.20～10.7
6	4	4	4	9	15	36	雄	9.27～11.2
7	4	9	7	7	19	46	雌	10. 9～11.24
平均	4.0	6.9	6.6	10.1	14.6	42.1	雄雌	
						39.3	雄	
						44.3	雌	

し始め，5月には活発に活動し，中・下旬には交尾・産卵を始める．卵は10月中旬まで，羽化は12月まで見られ，5月下旬～10月中旬には各態が混在する．10月ごろより，気温の低下に伴って不活発になり，12～3月ごろ，殊に1～2月には越冬中の成虫はほとんど動かない．しかしこの時期においても室内飼育では温暖な日には葉から吸液したり，吸水したりすることがあり，これらを妨げ続けるとへい死する．夏季に産下された卵は40日余で羽化するので，1年に普通2～3世代を重ねるが，経過の最も早いものは4世代を繰り返し，最も遅いものは1世代を営むに過ぎない．成虫の寿命は長く，夏季には雄が33～73日，雌が87～92日であった．9～10月ごろに羽化して越冬した個体は6月中旬～7月下旬まで生存するようで，寿命は8～9カ月に及ぶ．

産卵は交尾1～7日後から始まり，主として葉の上面の中脈と葉縁間の平坦部に産付されるが，大きくなった果実や垂直になった葉では裏面に産付されることもある．多くは夜間に産卵され，1雌の産卵回数は普通3～6回以上，多いものは18回に及び，42～252卵内外が産卵される．

ふ化は時刻に関係なく起こり，1群の卵はほとんど同時にふ化するが，その中の一部が数時間遅れることはある．

卵期間は5～10月上旬には普通5～6日，稀に4日または8日，10月中旬には10日以上．幼虫期間は5～9月ごろには短く，36～40日内外であるが，11月ごろには48～59日内外と長い．台北の室内の自然日長下で個体飼育した1例は表51のとおりで，幼虫期間の平均値は雄が39.3日，雌が44.3日で，雌の方が若干長かった．

集合性は第1齢幼虫時に示されるだけである．幼虫体に物を触れると，幼虫は落下して敏捷に物陰に隠れる．擬死は行わない．

q）クサギカメムシ *Halyomorpha picus*（FABRICIUS, 1794）

分布 北海道，本州，四国，九州，沖縄本島，石垣島，西表島；朝鮮半島，台湾，中国，東洋区．

成虫 体長13～18 mm．前胸背の前縁両側に小突起がある．暗褐色に黄褐色の不規則な斑紋があり，前胸背前部に4個，小楯板基部に2～5個の小斑がある．

卵（図81，A～E, Kobayashi[121]，小林[152]，安永ら[324]） 長径約1.7 mm，短径約1.4 mmでほぼ短楕円形．初期には白色で光沢を欠くが，幼胚が発育すると淡橙黄色を帯び，ふ化前には眼点と幼体の一部が淡赤色に，卵殻破砕器が灰色に透視される．卵殻は白色，表面に微小棘状突起を備える細かい網状構造を装う．受精孔突起は先端部が楕円形状に膨れた棍棒型で約50 μ長，楕円部は乳白色，柄部は白色半透明，30個内外．卵殻破砕器は縦長約380 μ，横幅約550 μ，縦軸は上部では細く，中央部以下はほぼ同じ太さで，先端は尖らず丸い；この先端部を除く下半部は淡色で中央部は

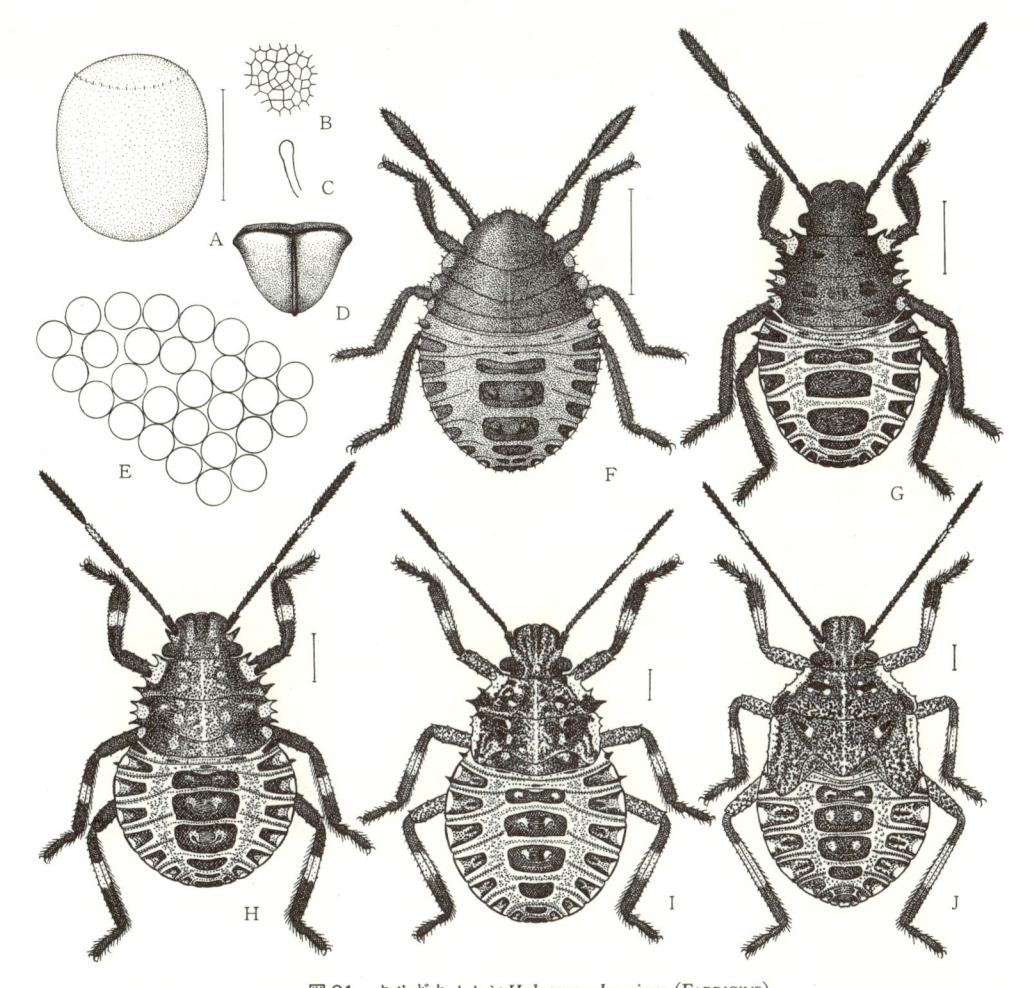

8. カメムシ科 Pentatomidae　(227)

図81　クサギカメムシ *Halyomorpha picus* (FABRICIUS)
A. 卵，B. 卵殻表面の網状構造，C. 受精孔突起，D. 卵殻破砕器，E. 卵塊，F. 第1齢幼虫，G. 第2齢幼虫，H. 第3齢幼虫，I. 第4齢幼虫，J. 第5齢幼虫．[傍線は1mm長]．
(Kobayashi[121]一部改)

淡褐色，歯部周辺もやや淡色，横軸は黒褐色で側端部が薄く広がる．膜質部の正面部分は上方の透明の眼状部を除き灰黒色，横軸後方の弓形部分は広く同色で，横軸が幅広いように見える．卵塊は10数個～60個内外，通常は28個内外の卵からなり，これらは一部が規則的で一部がやや乱れる平面的塊状に並べられる．

幼虫（図81, F～J, Kobayashi[121], 小林[152], 安永ら[324]）　体は第1齢では比較的厚く，第2・3齢ではやや，第4齢以後は相当偏平．

頭部中葉は第3齢までは側葉よりやや長く，第4齢以後はそれとほぼ等長．側葉は第1齢では前部が狭く，前側縁線は緩弧状，第2齢以後は前部が広がり，後方は複眼直前の角状突起までやや狭まる．この角状突起は第2齢以後認められ，背側方へ顕著に突出する．触角突起は大きく，前方から見え，第2齢以後この外縁は角張る．触角はやや長い．口吻はやや長く，先端は第1, 2, 3, 4および5の各齢において，それぞれ第3, 5, 5, 4および3腹節付近に達する．口針と上唇は第2および3齢において，前頭部下面との間に弓形状の空間および小間隙を形づくる．

前胸背板はほぼ台形状．原小楯板は第2齢から発達し始める．後胸背板は左右それぞれ第1齢では

へら型で中胸背板より広く，第2および3齢ではオール型で，中胸背板より前者ではやや，後者では相当狭い．胸背板の側縁部は第3齢までは弱く葉状に発達し，外縁は第1齢では弧状で平滑，第2齢以後は前および中胸背板では第5齢まで，後胸背板では3齢まで図(81, G～J)のように顕著な鋸歯状．脚はやや長い．脛節の稜部は第1齢では直角状，第2齢以後は鋭角状をなし，前脚では細葉状に広がる．前脛節のグルーミング剛毛は第3齢までは4本，第4齢以後は6本．第2齢以後各腿節に10個内外の短棘状突起があり，先端部の各2本は角状に顕著に突出するが，これらは加齢に伴って短小となる．

前部臭腺盤は胴太のプロペラ型，中部臭腺盤は第1齢では長方形に近い逆台形状，第2・3齢では前縁中央部が微かに前方へ突出し，第4齢以後は明瞭に突出し五角形状．第1節の腹背盤は小紡錘形状で，側盤の内方に左右1対認められるが，第1および5齢では不明瞭．第2節の腹背盤は小形の長紡錘形状で，中央部に1個認められるが第5齢では不明瞭．第7節の腹背盤は逆台形状か逆饅頭型．第8節の腹背盤は長方形状か逆台形状．側盤は第1節では第1齢において楕円形状で，外縁は側背方へ短角状に突出する，第2～4齢においては小さい長三角形状で，外縁の中央部に1本の角状突起があり，側背方へ突出する；第2節のものは第4齢までは内外に長い内向きの台形状ないし半長楕円形状で，第1齢では後側角部に瘤状小突起が，第2～4齢ではこの部に1本の角状突起があり，いずれも側背方へ突出する；第3～8節のものは内外に長い内向きのほぼ台形ないし長四辺形状で，外縁は緩弧状で平滑；第2～8節のものの内方中央部には内外方向の1条の浅溝が認められる．孔毛は第1齢では第3～7節の気門の後内方に1個ずつ明確に認められ，第2齢以後は同気門からほぼ等距離の後方に2個ずあり，円形基盤1.5～2個分内外の間隔で内外に並ぶ．雌では第5齢の第8腹節に後縁からほぼ前縁に達する縦溝がある．

体表には第1齢では点刻を欠き，第2齢以後は頭部，胸背板，腹背盤および側盤上に円形粗大点刻を散布し，この中心に帯白色球状のろう状分泌物を装うことがある；硬化盤以外の腹節部には微小点刻を第2齢では不明瞭に少数散布し，第3齢以後は明瞭に散布する．体上には淡褐色短毛を第2齢までは疎生し，第1齢の各胸部側縁の3本内外と各側盤外縁部の2～数本は顕著であるが，第3齢以後は著しく疎らとなる．

齢の検索表

下記以外はカメムシ科全体の検索表（前記8-2)-(3)）に同じ．

2(5) 後胸背板の側縁は弧状で平滑であるか，ここに2本の顕著な角状突起がある．

5(2) 後胸背板の側縁の2本の突起はごく小さい鋸歯状 ･････････････････････････････････第3齢

第1齢：体長2.4 mm内外．各胸背板長の比は2.6：1.4：1．触角および口吻の各節長比は1：1.4：1.4：2.8および1：1.3：1.1：1.4．

頭部，胸背板，腹背盤，側盤および脚は主として黒色，各胸背板および第2～8節の側盤の側縁部中央は半透明ないし淡色．硬化盤以外の腹節部はほぼ黄赤色．複眼は暗赤色．触角は赤黒色．

第2齢：体長3.7 mm内外．各胸背板長の比は2.8：2.4：1．触角および口吻の各節長比は1：2.8：2.6：3.6および1：1.8：1.4：1.4．

下記を除き前齢とほぼ同色．硬化盤以外の腹節部は帯白色の地に赤色斑点を装い，接合線は赤色，複眼は赤黒色，触角第3節の先端部は白色，脚は黒褐色．

第3齢：体長5.5 mm内外．各胸背板長の比は2.6：2.6：1．触角および口吻の各節長比は1：2.9：2.7：3.1および1：1.7：1.6：1.3．

前齢とほぼ同色調，ただし頭部，胸背板，腹背盤および側盤は主として褐黒色で，図(81, H)の前齢と同位置以外の淡色部はほぼ黄褐色，腹背盤と側盤の中間部分の斑紋は赤色，腿節の基部と脛

節の中央部は白色.

第4齢:体長8.5 mm内外.各胸背板長の比は3.5:4.0:1.触角および口吻の各節長比は1:3.5:2.9:3.2および1:1.7:1.4:1.2.

前齢とほぼ同色,ただし個体により触角は主として赤黒色で第3節先端部と第4節基部は黄白色,腿節は主として褐色の地に小黒色斑が散在し,腿節の基部と脛節の中央部は黄白色.

第5齢:体長12.0 mm内外.各胸背板長の比は1:1.12:0.触角および口吻の各節長比は1:3.4:2.7:2.9および1:1.6:1.2:1.1.

前齢とほぼ同色かやや淡色,ただし頭部,胸背板,腹背盤および側盤は赤銅色の金属光沢を帯び,前齢における黄褐色斑は黄色か黄白色,硬化盤以外の腹節部には黒色点刻と赤色斑点を散布する.

生態 本種はチャバネアオカメムシやツヤアオカメムシと並んで,果実を激しく吸害する重要なカメムシである.福島,長野,千葉,奈良および鳥取の5県は,農林水産省が1979〜1983年に実施した「果樹カメムシ類の発生予察方法の確立に関する特殊調査」事業(農林水産省農蚕園芸局植物防疫課[219])の中で本種の研究を精力的に行った.以下はその成果を中心に略述する.

寄主植物と摂食部位 多食性で川沢・川村[94]と菅野ら[84]のリストを合わせて検討すると,以下の種に幼虫の寄生が認められるようである.

ヤマモモ科:ヤマモモ;カバノキ科:*Alnus* spp.;ブナ科:クリ;クワ科:クワ,コウゾ,イチジク;アカザ科:アカザ;ヒユ科:ノゲイトウ;ヤマゴボウ科:ヨウシュヤマゴボウ;ユキノシタ科:ガクウツギ;バラ科:*Rubus* spp., オランダイチゴ,ノイバラ,サクラ類,モモ類,ウメ類,ナシ,ビワ;マメ科:フジ類,ハリエンジュ,ネムノキ,ヌスビトハギ,ハギ類,クズ,シャジクソウ類,ダイズ,*Phaseolus* spp., ササゲ;ウルシ科:*Rhus* spp;モチノキ科:イヌツゲ;ニシキギ科:マユミ;カエデ科:ヤマモミジ;ツリフネソウ科:ホウセンカ;ブドウ科:ブドウ,*Vitis* spp.;アオイ科:タチアオイ,ゼニアオイ,オクラ;グミ科:グミ類;ウコギ科:ウコギ,*Aralia* spp.;モクセイ科:オリーブ;クマツヅラ科:クサギ;ナス科:イヌホウズキ;ゴマノハグサ科:キリ,ノウゼンカズラ科:キササゲ;ゴマ科:ゴマ;オオバコ科:オオバコ;スイカズラ科:タニウツギ,ウグイスカグラ,ニワトコ;キク科:ゴボウ;イネ科:トウモロコシ;スギ科:スギ;ヒノキ科:ヒノキ.

本種は栄養生長部と生殖成長部の両方からよく吸汁する.幼虫発育には生殖成長部を摂食した方がよいが,栄養生長部だけからの吸汁でも成虫になれないことはないようである.

生活史 生息場所は山麓,林地,樹園地,原野などで,主として樹上生活をするが,草上生活も行い,生活範囲が広い.

長野県(柳・萩原[320],萩原・伊藤[28])では建物の中で越冬することが多く,越冬後の成虫は4月上旬ごろから壁面にはい出し始め,4月下旬〜5月上旬ごろがその盛期となる.建物から出てきた成虫は5月上・中旬ごろ一時建物付近にある樹木に集まって吸汁し,下旬には飛び去る.この時期は成虫の卵巣に卵が成熟する時期にあたるので,繁殖植物を求めて分散し,開花期の早い寄主植物(コウゾ,クワ,フジ等)に先ず飛来して産卵し,次第に遅いものへと移行する.成虫は果実を嗜好し,開花期〜幼果期の寄主植物に産卵することが多いと推測される.

内田[299]は全国の研究成績を検討して,年間世代数は36°N以北では1回,以南では一部が2回であるという.千葉県(藤家[10,11])では,キリに飛来した越冬後の成虫は6月中旬〜7月上旬に産卵し,8月に第1世代成虫が出現する.8月にキリに産下された卵に由来する幼虫は中齢までしか見られなかったが,9月には新成虫らしい個体が認められ,年2世代の可能性が示された.また,ナシでは7月上旬に越冬成虫の飛来ピークがあり,その後中・老齢幼虫が出現した.実験室内飼育では7月までに羽化した第1世代成虫は8月中旬まで産卵したが,8月に入って羽化した同世代成虫は産卵す

ることなく越冬に入り，越冬成虫は第1・2の両世代から構成されることが分かった．鳥取県（内田[299]）では越冬成虫は5月中旬〜7月下旬に産卵する．6月上旬までに産卵されたものは7月中旬に成虫となり，7月下旬〜8月中旬に第2世代の卵を産卵するが，6月中旬以後に産卵されたものは8月下旬までには成虫になるが，年内には産卵しないで越冬に入る．年間世代数を制御する要因を摸式図化した長野県の成績を示すと図82のとおりである．

越冬は成虫態で，日当りのよい建物の中の畳の下や器物の間，倒木の樹皮下，岩の崖など

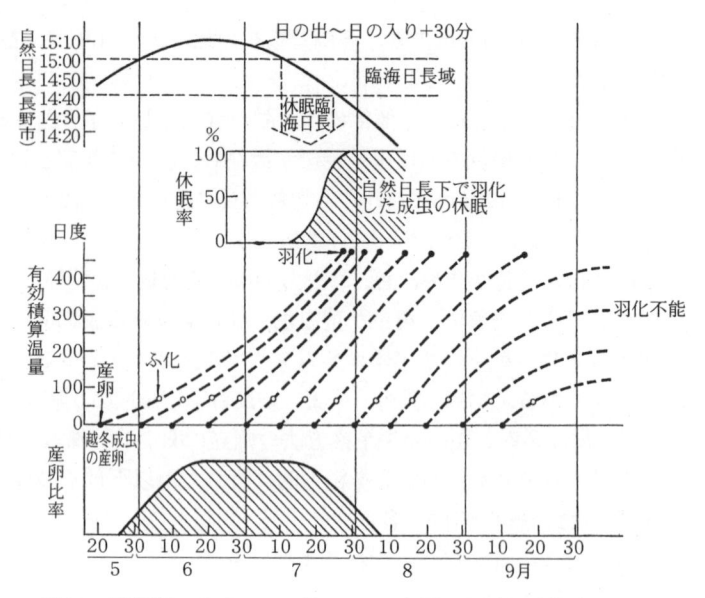

図82 長野県内におけるクサギカメムシの年間発生回数を制御する要因
（柳・萩原[320]による）

で行われる（伊藤[78]，小林・木村[158]，斉藤ら[251]，上野・庄野[300]）．越冬場所が建物の場合，長野県（柳・萩原[320]）では9月上旬〜下旬にその付近の樹木に群をなして飛来し，引き続いて建物の壁面へ飛来してから，屋内の越冬場所へ移動する．この時期は9月下旬〜10月下旬で，最盛期は10月上・中旬である．千葉県（藤家[10,11]）では10月中旬〜11月中旬に飛来し，奈良県（小田ら[227]）では10月下旬〜11月上旬の温暖な晴天の日の日中に飛来する．

産卵 本種は長日型昆虫で，卵巣発育の臨界日長は13.0 hr（千葉）〜14.0 hr（千葉，大阪，兵庫，鳥取（集団飼育））〜15.0 hr（福島，長野，鳥取（個体飼育））（内田[298]）で，この感応期は老齢幼虫と成虫期である（河野ら，1979（内田[298]による））．産卵前期間は長野では10〜17日，平均12日，鳥取では19.7℃〜29.8℃間で18〜48日内外（内田[297]）である．1雌当たり産卵数は乾燥ダイズ単独かこれにゴガツササゲの生莢を加えた餌による飼育で，福島県（菅野ら[83]）では14 L〜16 L条件下で産卵回数5.8〜10回，産卵数144〜281，長野県（萩原・伊藤[29]）では397卵内外，千葉県（藤家[10]）では105〜329卵，奈良県（小田・中西[225]）では産卵回数10.5回，産卵数260卵であった．また，筆者（小林）が1995年6月5日に神奈川県観音崎で採集した1雌を単独で，自然日長・室温下で，初期にはサクラの結実枝と乾燥ダイズ，後期には乾燥ダイズと水だけを与えて飼育した例では，6月11日〜9月10日の間に15卵塊，370卵が産出され，卵塊サイズは平均24.7卵であった．

発育

① 発育零点と有効積算温度 果樹カメムシ類の研究に関する関係県の研究者によって求められた発育零点と有効積算温量は表52のとおりで，前者がほぼ10〜15℃，後者が卵ではほぼ50〜90日度，幼虫ではほぼ400〜660日度である．卵から羽化までのそれらは千葉県では11℃と630日度（藤家[10,11]），兵庫県では11.7℃と580日度（河野ら，1979（内田[297]による））であった．

卵および幼虫の発育速度を求めた長野県における成績を示すと図83のとおりである．

② 自然日長下での発育期間 筆者（小林）が横浜市内で，越冬成虫が産卵した卵からふ化した幼虫を自然日長・室温条件で，サクラの水挿し枝，吸水させたダイズ，乾燥ダイズなどを与えて飼育し

8. カメムシ科 Pentatomidae

表52 クサギカメムシの発育における発育零点と有効積算温度（内田[297]）

調査県	卵		幼虫		報告者
	零点（℃）	積算温度（日度）	零点（℃）	積算温度（日度）	
長野	12.7	68	13.9	403	柳・萩原（1980）
富山	—	—	12.4	655	渡辺ら（1979）
鳥取	9.9	81	12.2	656	内田（1982）
大阪	12.2	91	12.1	658	喜田（1979）
兵庫	15.1	48	—	—	河野ら（1979）

た結果は，表53のとおりで，卵期間が4.8日，幼虫期間が41日内外であり，羽化率は70～85.2％であった．

また，奈良県農試（小田ら[226]）でゴガツササゲの生莢を与えて自然日長・室温下で集団飼育した試験では，平均卵期間が6.0日，幼虫の各齢期間がそれぞれ，4.0日，6.5日，7.0日，8.0日および15.0日で，羽化率は56.5％であった．

③ 長日・恒温下での発育期間 長日・恒温条件での発育期間は，表54のように福島県下では16L・25℃の条件下で，長野県下では16L・24℃の条件下で，それぞれ卵期間が6.5日内外と6.0日，幼虫期間が43日内外と38.5日であった．

また，鳥取果試（内田[297]）で，1981年と1982年4月に越冬家屋内から採集した成虫由来の卵と幼虫を15L・18.8～31℃恒温下で，菜豆生莢（第4齢まで）および乾燥ダイズとラッカセイの混合餌を給餌して飼育した試験の成績は表55のとおりである．これによると卵

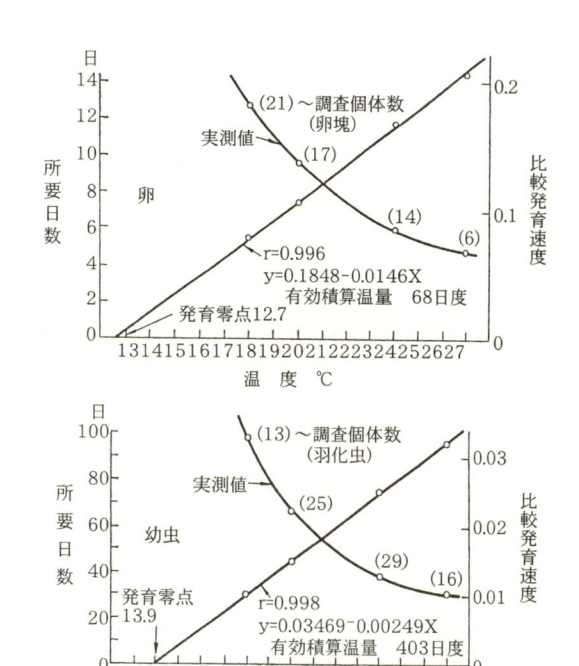

図83 クサギカメムシの卵および幼虫の発育速度，発育零点および有効積算温度 （柳・萩原[320]による）

表53 横浜市内における自然日長・室温でのクサギカメムシの発育期間

反復	卵数	卵・幼虫期間（日）						発育期間（月日）
		卵	1齢	2齢	3齢	4齢	5齢	合計	
1	28	6	6	8～11	5	5～6	9～10	39～44	6.11～7.25
2	28	6	5	6	5～8	4～5	9～10	35～40	7.1～8.8
3	27	5	4	7	4～5	5～6	10～12	35～39	7.14～8.22
4	30	4	4	5～6	5～7	7～11	14	39～46	8.9～9.24
5	30	4	3	4	4～7	7～12	13～21	35～51	8.13～10.3
6	37	4	3	4～5	6～11	6～9	14～16	37～48	8.19～10.3
平均		4.8	4.2	5.7～6.5	4.8～7.2	5.7～8.2	11.5～13.8	36.7～44.7	
				6.1	6.0	7.0	12.7	40.7	

＊備考．卵塊ごとに集団飼育．反復 No.1～5 は越冬世代母虫の産卵，No.6 は第1世代成虫の産卵，羽化率は70～85.2％.

表54 長日・恒温条件下でのクサギカメムシの発育期間

県	飼育温度 (℃)	卵期間 (日)	幼虫期間（日）						全期間合計 (日)
			1齢	2齢	3齢	4齢	5齢	計	
福島	25	6.5 ± 0.5	5.3 ± 0.8	8.3 ± 0.8	8.4 ± 0.8	8.7 ± 0.5	12.3 ± 0.8	43.0 ± 0.6	49.5 ± 0.7
長野	24	6.0	6.0	8.1	7.6	6.8	10.0	38.5	44.5

注．福島県：吸水ダイズ給与．数値は平均±標準偏差．総てN=10．菅野ら[83]による．
　長野県：乾燥ダイズとゴガツササゲの生莢を給与．柳・萩原[320]による．

期間は4.0～9.3日内外，幼虫期間は24～58日内外であり，20℃以下の低温では発育期間が著しく長く，30℃以上の高温でも幼虫の発育遅延が起こった．

習性

① 走光性　成虫は灯火とくに波長の短い青色蛍光灯や水銀灯によく飛来する．

② 屋内集団越冬性　本種はスコットカメムシ同様，日当りのよい家屋の中などに侵入して越冬する習性をもち，家屋が好適な越冬条件にある場合には1家屋に数百，数千という個体群が入りこんで集団で越冬することもある（小林・木村[158]）．

③ 産卵選択性と関連問題　本種は産卵選択性が厳密でなく，幼虫が発育できるとは思えない植物にも産卵する．幼虫は第2齢以後行動性に富むうえ，多くの植物の栄養生長部から吸汁するだけでも発育できるようである．これは成虫の産卵選択性が厳密でないのを補償する働きをもつ獲得習性と考えられる．

表55　鳥取県内における長日・恒温下でのクサギカメムシの発育期間（内田[299]）

温度（℃）	卵期間	幼虫期間（日）	
		雌	雄
18.8	9.3 ± 3.7	57.5 ± 6.4	61.4 ± 12.8
19.7	7.8 ± 1.1	56.6 ± 5.5	53.9 ± 4.6
23.0	6.3 ± 0.7	41.1 ± 5.6	38.8 ± 3.9
24.7	5.2 ± 0.7	29.7 ± 5.0	29.5 ± 4.5
26.5	4.5 ± 1.5	27.0 ± 2.2	29.3 ± 3.5
29.8	4.6 ± 0.8	23.6 ± 3.3	22.7 ± 3.7
31.0	4.0 ± 0.3	28.5 ± 10.0	23.8 ± 3.8

注．数値は平均値±標準偏差．

r）トホシカメムシ *Lelia decempunctata*（MOTSCHULSKY, 1859）

分布　北海道，本州，四国，九州；朝鮮半島，シベリア東部．

成虫　体長約16～23 mm．淡黄褐色で前胸背に4個，小楯板に6個の小黒点をもつ．前胸背の側角は前方に向かって突出し，とがる．

卵（図84，A～E）　長径約1.7 mm，短径約1.4 mmのほぼ短円筒形．初期には一様に淡青緑色で光沢を有し，ふ化が近づくと淡橙黄色となり，眼点が淡赤色に，卵殻破砕器が黒色に透視される．卵殻はほぼ透明，表面は平滑で特定の構造を欠き，微かに凸凹し不明瞭な六角形模様に見える．受精孔突起は頭状で小さく，約50μ長，ほぼ透明，28個内外．卵殻破砕器は縦長約420μ，横幅約640μ，骨格部はほぼ黒色，縦軸の下部1/3～2/3は淡褐色，横軸の側端部は薄く広がり淡色，膜質部の正面部分は透明．横軸後方の弓形部分は褐黒色，側端部分は淡黒色．卵塊は40～70個内外の卵からなり，卵はほぼ規則的に多角形状に並べられる．

幼虫（図84，F～J）　体は第1齢では厚いが，第2齢以後加齢に伴って偏平となる．頭部中葉は側葉に比べて，第1齢では長く，第2齢ではほぼ等長，第3齢以後は相当短く，前縁は加齢に伴って狭くなり，第5齢では著しく狭い．頭部側葉は第5齢において，左右葉が中葉の前方で接近するが接触しない．触角突起は前背方から見える．触角は第2齢以後やや長い．口吻の先端は第1齢では第2腹節，第2齢では第4・5節，第3および4齢では第3・4節，第5齢では後脚の基節

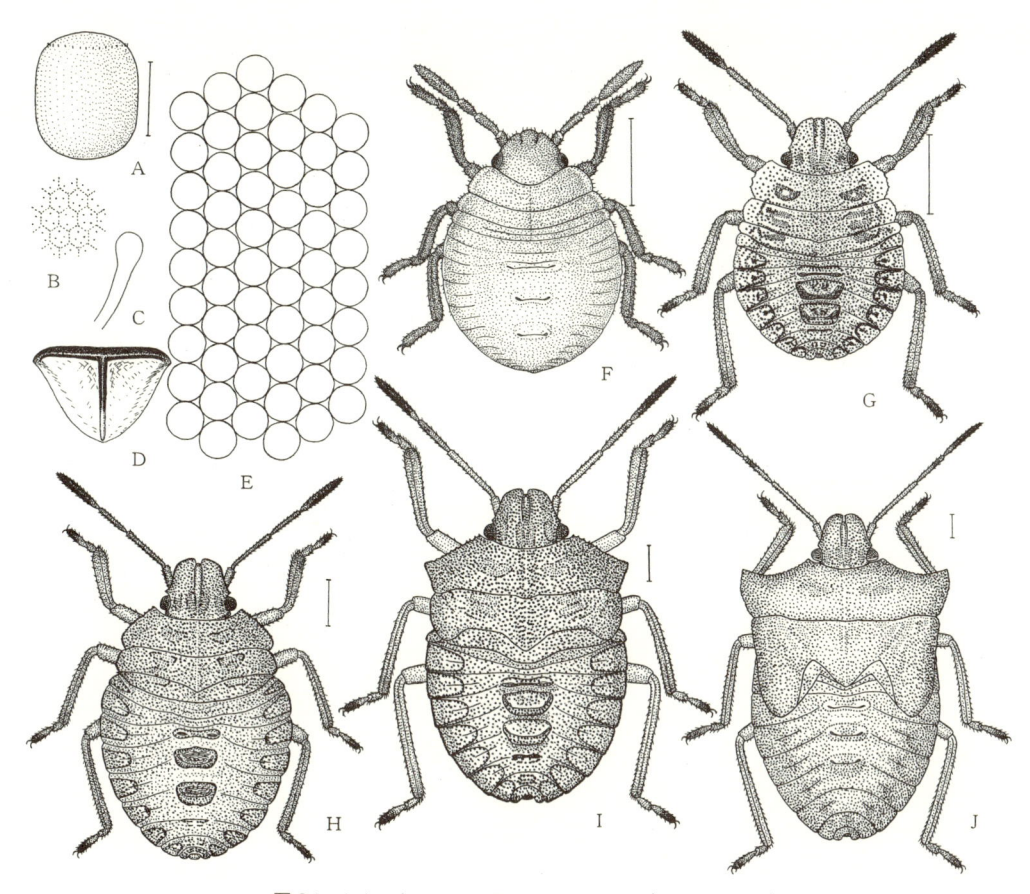

8. カメムシ科 Pentatomidae　(233)

図 84　トホシカメムシ *Lelia decempunctata* (Motschulsky)
A. 卵, B. 卵殻表面に微かに認められる凹凸, C. 受精孔突起, D. 卵殻破砕器, E. 卵塊, F. 第1齢幼虫, G. 第2齢幼虫, H. 第3齢幼虫, I. 第4齢幼虫, J. 第5齢幼虫. [傍線は1mm長].　　　　　　　　　　　　　　　　　　　(小林原図)

付近に達する.

　前胸背板は第2齢から側縁部が葉状に発達し始め, 第3齢から側角部も発達し始め, 第4齢ではそれが鈍角の翼状となり, 第5齢では鋭角状に前側方へ突出する. 原小楯板は第3齢から, 前翅包は第4齢から発達し始める. 後胸背板は左右それぞれ第1齢ではへら型, 第2齢ではオール型で側縁は短弧状, 共に中胸背板より広い, 第3齢では矛刃型で中胸背板より狭い；各胸背板の側縁は第1齢では平滑, 第2齢以後は鋸歯状または鈍鋸歯状. 第5齢幼虫の中および後胸腹板の正中部には小縦隆起が, 第3腹節前縁部には微かな膨出部がある. 脚は第2齢以後長い. 脛節の稜部は第1および5齢では直角状に, 第2～4齢では鋭角状に角張る. 前脛節のグルーミング剛毛は第1齢では4本, 第2・3齢では4・5本, 第4・5齢では5・6本.

　前部臭腺盤はややずんぐりしたプロペラ型；中部臭腺盤は第1齢では逆台形状, 第2齢以後は前縁中央部が弱く前方へ突出し六角形状に近い逆台形状. 第6・7節境の腹背盤は第1齢では披針形のものが1対あり, 第2齢以後はほぼ紡錘形状で, 前縁中央部が第3齢以後湾入し, 第5齢では不明瞭. 第8節の腹背盤は角の丸い弓形か長方形状で不明瞭. 第1および2腹節には腹背盤を欠く. 側盤は第1節では第3齢までくさび型, 第4齢では正三角形状, 外縁は小円弧状に側方へ突出する；第2～8節のものは第4齢まではほぼ半長楕円形状か台形状に角張って見え, 第5齢では不等辺四辺形状か半楕

円形状；外縁は緩弧状で，第1齢では平滑，第2齢以後は第1節では第4齢まで鈍鋸歯状，第2節以後は後部を除き細波状；内縁部の中央に内外方向の1条の浅溝を備える．孔毛は第1齢では第3〜7節の気門の後方に1個ずつ明確に認められ，第2齢以後は同気門からほぼ等距離の後方に2個ずつあり，円形基盤2〜2.5個分内外の間隔で内外に並ぶが，第2齢の後部節では外側のものが気門の後側方のやや遠くに，内側のものが気門の後内方のやや近くに位置する．雌では第5齢幼虫の第8腹節に，後縁から節のほぼ2/3部分に達する縦溝がある．

体表には第1齢では点刻を欠き，第2齢以後は腹節部を含めてほぼ等大の黒色ないし黒褐色の円形粗大点刻を顕著に散布する．体上の毛は淡褐色の短直毛で，第1齢では疎生し，以後は著しく疎らとなる．

齢の検索表

前記ヒメカメムシに同じ．

第1齢：体長2.6 mm内外．各胸背板長の比は2.1：1.4：1．触角および口吻の各節長比は1：1.7：1.3：3.2および1：1.3：1.4：1.9．

体は主として橙色，胸部側縁部は淡色．複眼は暗赤色（1・2齢）．触角の第1・2節は主として褐黒色，第3・4節は主として黒色，第3節両端の節間部は淡赤褐色．脚は主として褐黒色，腿節の基部はごく淡い褐色半透明．

第2齢：体長4.2 mm内外．各胸背板長の比は2.5：2.2：1．触角および口吻の各節長比は1：3.1：2.1：3.5および1：1.5：1.6：1.5．

体の地色は主として淡褐色，図（84，G）の濃淡部の濃色部は帯黒色，淡色部は帯白色，胸部中央部と腹部の点刻の周辺部は帯赤色ないし淡褐色，腹節接合線は帯赤色．腹背盤は主として黄褐色．触角の第1節は暗赤褐色，第2・3節は主として黄赤色，第4節は主として黒色，基部は暗赤色．脚は主として暗黄赤色，腿節基部は帯白色，脛節の中央部はやや淡色，跗節先端部は暗色．

第3齢：体長6.6 mm内外．各胸背板長の比は3.0：2.8：1．触角および口吻の各節長比は1：2.8：1.9：3.0および1：1.7：1.7：1.6．

体は前齢とほぼ同色，ただし個体により体の中央部では地色が主として淡黄白色，周縁部や頭部と胸部の一部では淡赤色を帯び，帯褐色斑が薄れる．体の外縁は黒色（3・4齢）．複眼は赤黒色（3〜5齢）．触角の第1・2節はほぼ黄赤色，第3節はほぼ赤色，先端部は暗色，第4節は大部分黒色，基部は赤色．腿節の基部は淡黄白色，先端部は淡褐黄色，脛節および跗節は主として帯褐色，先端部は暗色．

第4齢：体長9.6 mm内外．各胸背板長の比は4.0：4.4：1．触角および口吻の各節長比は1：3.4：2.4：3.1および1：1.8：1.6：1.4．

前齢とほぼ同色，ただし個体により体の周縁部が淡赤色，腹背盤間が帯赤色，点刻の周辺部が淡赤色か淡紫色を帯びる．触角は第4節の基部まではほぼ淡褐黄色，第4節は主として黒色，ただし第3節の中央部は淡黄赤色，先端部は暗色を帯びる．脚は主として淡褐黄色ないし淡赤褐色，腿節の基部は淡黄白色，跗節先端部は暗色．

第5齢：体長14 mm内外．各胸背板長の比は1：1.26：0．触角および口吻の各節長比は1：3.2：2.1：2.7および1：1.6：1.3：1.2．

前齢とほぼ同色で，地色は体の中央部では淡黄褐色，周縁部では淡赤褐色，ただし個体により触角第3節は一部が暗褐色を帯び，跗節がやや淡色．

生態 ニレ，ナナカマド，サクラ類，カエデ類，シナノキ，ミズキ，キササゲなどの種子，果実および栄養生長部から吸汁して発育する（川沢・川村[94]）．イタリアヤマナラシ（通称ポプラ）にも

寄生するようである(溝井[192]).

　山地，山麓，林地などで生息し，樹上生活を行う．成虫態で岩石の割れ目の中などで越冬し(四戸[264])，年に1世代を営む．四国地方では5月下旬～6月上旬ごろからカエデなどの食草の葉裏に産卵し，成虫は9～10月ごろ出現する．

s) ヨツボシカメムシ *Homalogonia obtusa* (WALKER, 1868)

分布　北海道，本州，四国，九州；シベリア東部，朝鮮半島，中国．

成虫　体長12～14 mm. 前胸背の側角部は広く半円形に突出する．緑色を帯びた灰褐色の地に黒色の小点刻を散布する．前胸背の前縁近くに不明瞭な4個の白色小点が横1列に並ぶ．

卵（図85, A～E, Kobayashi[132]）　長径約1.6 mm，短径約1.2 mmで，ほぼ卵形．初期には主として黒褐色ないし黒色で，蓋部と側壁上部に各1個の幅広い白色輪紋を，また側壁の中央部に横長の長楕円形の白色輪紋を有する．この輪紋の内側は長楕円形状に黒褐色をなし，この中央部は円形に黒色．ふ化が近づくと白色部が淡赤色を帯びる．卵殻は乳白色半透明，表面には薄板状に立ち上がった蜂巣状構造を装い，各隔壁内に数個の小顆粒状突起を有する．側壁の上縁部は輪状にスポンジ様構造物で覆われ，若干肥厚する．この中に直径25μ内外の円形ホールが並び，中央に受精孔突起が1個ずつある．受精孔突起は頭状でほぼ18μ長とごく微小，柄部は淡褐色，頭部は透明に近い淡褐色，36～41個内外．卵殻破砕器は縦長約330μ，横幅約530μ，骨格部は主として褐黒色，縦軸

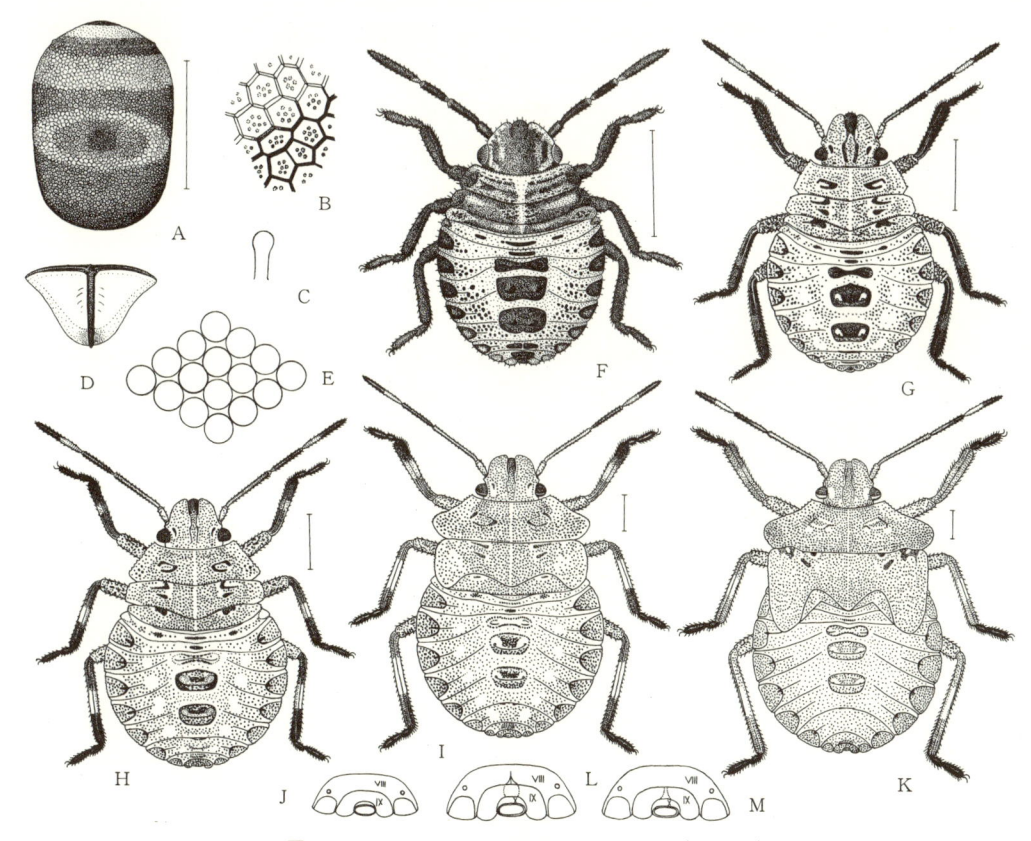

図85　ヨツボシカメムシ *Homalogonia obtusa* (WALKER)
A. 卵，B. 卵殻表面の蜂巣状構造，C. 受精孔突起，D. 卵殻破砕器，E. 卵塊，F. 第1齢幼虫，G. 第2齢幼虫，H. 第3齢幼虫，I. 第4齢幼虫，J. 同齢の第8～10腹節腹面，K. 第5齢幼虫，L. 同齢雌の性徴，M. 同雄．[傍線は1 mm長].
(Kobayashi[132]―部改)

の中央部と横軸の先端部は淡色，縦軸の基部は帯褐色；膜質部は主として透明，下端部は微かに淡灰色，下側縁部は白色半透明，横軸後方の弓形部分は透明．卵塊は通常16卵からなり，卵は菱形状に規則的に並べられる．

幼虫（図85, F～M, Kobayashi[132]）　体は第3齢までは比較的厚いが，第4齢以後はやや偏平．

頭部中葉は側葉に比べて，第2齢までは長く，第3齢ではほぼ等長，第4齢以後はやや短い．触角突起は前背方から第2齢以後よく見える．触角は比較的長い．口吻の先端は第4齢までの各齢ではそれぞれ第2, 4, 3および3腹節付近に，第5齢では後脚基節付近に達する．

前胸背板の側縁部は第2および3齢では弱く葉状に，第4および5齢では翼状に発達し，側角部は第3齢では直角に近く鈍く角張り，第4齢以後は半円状に突出する．原小楯板は第2齢から発達し始め，前翅包は第4齢から認められる．後胸背板は左右それぞれ第1齢ではへら型，第2・3齢ではオール型，第2齢までは中胸背板より広く，第3齢ではそれとほぼ等幅．前および中胸背板の側縁は第1齢ではほぼ平滑，第2齢以後は鋸歯状で，前胸背板では特に鋭い．脛節の稜部は第1齢では直角状に，第2齢以後は鋭角状に角張る．前脛節のグルーミング剛毛は4本，第1齢では2本ずつが密着する．

前部臭腺盤はプロペラ型で，第1齢では側端部が直截状で弱く湾入する，第2齢では中央部が著しく細くなり，第3齢以後はほぼ一般的．中部臭腺盤は第1齢ではほぼ逆台形状，第2齢以後は前縁中央部が前方へ弱く突出し五角形状．第1腹節の腹背盤は中央部のものが長棒状，側方のものが小楕円形状で，第3齢までは明瞭に認められる．第2腹節の腹背盤は短棒状で，第3齢まで明瞭．第7節の腹背盤は第1齢では中央部にあり長楕円形状，第2齢以後は前縁部にあり，第2齢では長棒状で1個，第3齢以後は小披針形で1対．第8節の腹背盤は第3齢までほぼ長方形状か饅頭型．側盤は第1節では第4齢までは小形の不等辺三角形状で，後角部が側方へ若干突出する．第2～8節では半短紡錘形状，半楕円形状，不等辺四辺形状など；外縁は第1齢では平滑，第2齢以後は前部では小鋸歯状，後部では鈍鋸歯状；内縁中央部には内外方向の短溝がある．孔毛は各齢とも第3～7の各気門の後方とこの内方に1個ずつあり，2個が円形基盤2～5個分内外の間隔で内外に並ぶ．この間隔は第1齢では狭く，加齢に伴って広くなる．性徴は第4齢では認め難く，第5齢の雌では第8節に縦溝があり，後縁から節の約2/3部分に達する．

体表には第1齢では点刻を欠き，硬化盤以外の腹節部に1本の短直毛を中心にもつ不整形の暗褐色粗大斑点を散布し，第2齢以後は同腹節部を含めて円形の黒色粗大点刻を顕著に散布するが，同腹節部ではやや疎ら．体上の毛は短褐色の短直毛で，第1齢では疎生し，第2齢以後は著しく疎らとなる．

齢の検索表

下記以外はカメムシ科全体の検索表（前記8-2)-(3)）に同じ．

　2(5) 後胸背板は左右それぞれへら型かオール型で，中胸背板より広い．

　5(2) 後胸背板は左右それぞれオール型で，中胸背板とほぼ等幅……………………第3齢

第1齢：体長2.3 mm内外．各胸背板長の比は2.8：2.0：1．触角および口吻の各節長比は1：1.8：1.5：2.9および1：1.5：0.8：1.4．

頭部および胸背板は主として灰黒色，腹背盤と側盤はほぼ黒色で，図（85, F）のように帯白色ないし帯白褐色部がある．硬化盤以外の腹節部は主として白色，腹背盤間は帯黄色，接合線は赤色．複眼は暗赤色．触角第1～3節は黒色．第4節は黒褐色，節間部は帯赤色．脚は黒褐色．

第2齢：体長3.5 mm内外．各胸背板長の比は3.7：2.8：1．触角および口吻の各節長比はほぼ1：2.1：1.6：2.4および1：1.7：1.4：1.2．

頭部，胸背板および側盤は主として淡黄白色，図（85, G）の濃色部は褐黒色か黒色．腹背盤は主として褐黒色，臭腺開口部付近は淡黄色か黄色．硬化盤以外の腹節部は白色，接合線は赤色．複眼

は赤黒色．触角第1節はほぼ白色，第2節は主として灰黒色と淡黄白色，先端部は黄赤色，第3節は主に褐黒色，両端部は淡黄色，第4節は黄色の基部を除き黒色．腿節基部は白色半透明，先端部は淡黄白色で黒色斑点を装う，脛節は主として帯黒色，各外稜部や中および後脚の中央部などは部分的に淡黄白色がかる，跗節は黒色．

第3齢：体長5.2 mm内外．各胸背板長の比は2.9：2.8：1．触角および口吻の各節長比は1：3.1：2.2：3.0および1：1.7：1.3：1.2．

前齢とほぼ同色かやや淡色で，個体により胸背板や側盤の地色が白色になり，黒色部が小さくなって薄れる．また各脛節の中央部は白色をなし，その他も部分的に白色を帯びる．

第4齢：体長7.8 mm内外．各胸背板長の比は4.4：5.3：1．触角および口吻の各節長比は1：3.3：2.3：2.8および1：1.7：1.1：1.1．

前齢とほぼ同色かやや淡色，ただし頭部や胸部がごく淡い黄褐色を，胸背の原厚化斑付近や側盤の内縁部などがわずかに淡青色を，腹背盤と側盤の中間あたりが淡黄色を帯びることがある．また個体により触角の第3節が主として暗赤黒色で，背面中央部が帯白色を，第4節の先半部が赤黒色を帯び，腿節の基部と脛節の中央部が白色で，腿節の先端部の大部分と脛節基部が白色の地に，脛節先端部が淡褐色の地に，それぞれ黒色斑点を密布する．

第5齢：体長11 mm内外．各胸背板長の比は1：1.3：0．触角および口吻の各節長比は1：3.8：2.4：2.3および1：1.6：1.2：1.1．

前齢とほぼ同色，ただし黒色部が減少して薄れ，腹節接合線は側盤間で淡赤色，臭腺開口部は橙黄色．色彩の濃淡の度合いには個体変異がある．

生態 フジ類，クララ，ミヤマトベラ，クサネム，クズなどのマメ科植物の莢，種子，蔓などから吸汁して発育する．またダイズ，インゲンマメ，エンドウ，アルファルファなどのマメ科作物にも寄生する（小林[138]，川沢・川村[94]，四戸[263]）．成虫はリンゴ，オウトウ，モモ，ナシ，イチジク，クワなど，特にリンゴの幼果を激しく吸害することが知られている（長野農試[206]，西谷[217]，田辺[287]）．

山麓，山地，林地，土堤や路傍などの樹林間などに生息し，樹上や草上で生活する．年に1世代を営み，越冬後の成虫は盛岡市内では5月上旬ごろから出現し，5月下旬～6月下旬に産卵する．幼虫は6月中旬～7月中旬にふ化し，新成虫は8月上・中旬～9月上・中旬に羽化し，越冬は岩石等に接して叢生する草の地際その他で行われる．

盛岡市内でゴガツササゲとエンドウの生莢を給餌した自然日長・室温飼育で，卵期間は5～6月の平均気温（以下略）14～17℃下で14～17日，幼虫期間は第1齢が6～7月の17～20℃下で7～9日，第2・3齢が同月のそれぞれ18～21℃および19～21℃下で共に9～11日，第4齢が7～8月の21～25℃下で10～14日，第5齢が同月の22～26℃下で12～17日，全幼虫期間が47～62日であった．

第1齢幼虫は齢の後半期に葉裏の他の場所に移動して吸汁し，再び集合静止するが，この移動の際，幼虫は縦1列に並んで，左右の触角先端を交互に葉面に触れる行動を示した．

t）ツノアオカメムシ *Pentatoma japonica* (DISTANT, 1882)

分布 北海道，本州，四国，九州；朝鮮半島，中国，シベリア東部

成虫 体長17～22 mm．鮮緑色で金属光沢をもつ．前胸背の側角はやや前方に向かって著しく突出し，先端は斜に切断される．

卵（図86，A～E，安永ら[324]） 長径約1.4 mm，短径約1.3 mmでほぼ球形．初期には一様に淡青緑色で光沢を有し，後期には淡黄緑色となり，ふ化が近づくと眼点が淡赤色に，卵殻破砕器が黒色に透視される．卵殻はほぼ透明，表面は平滑で特定の構造を欠き，微かに小六角形様の凹凸が認め

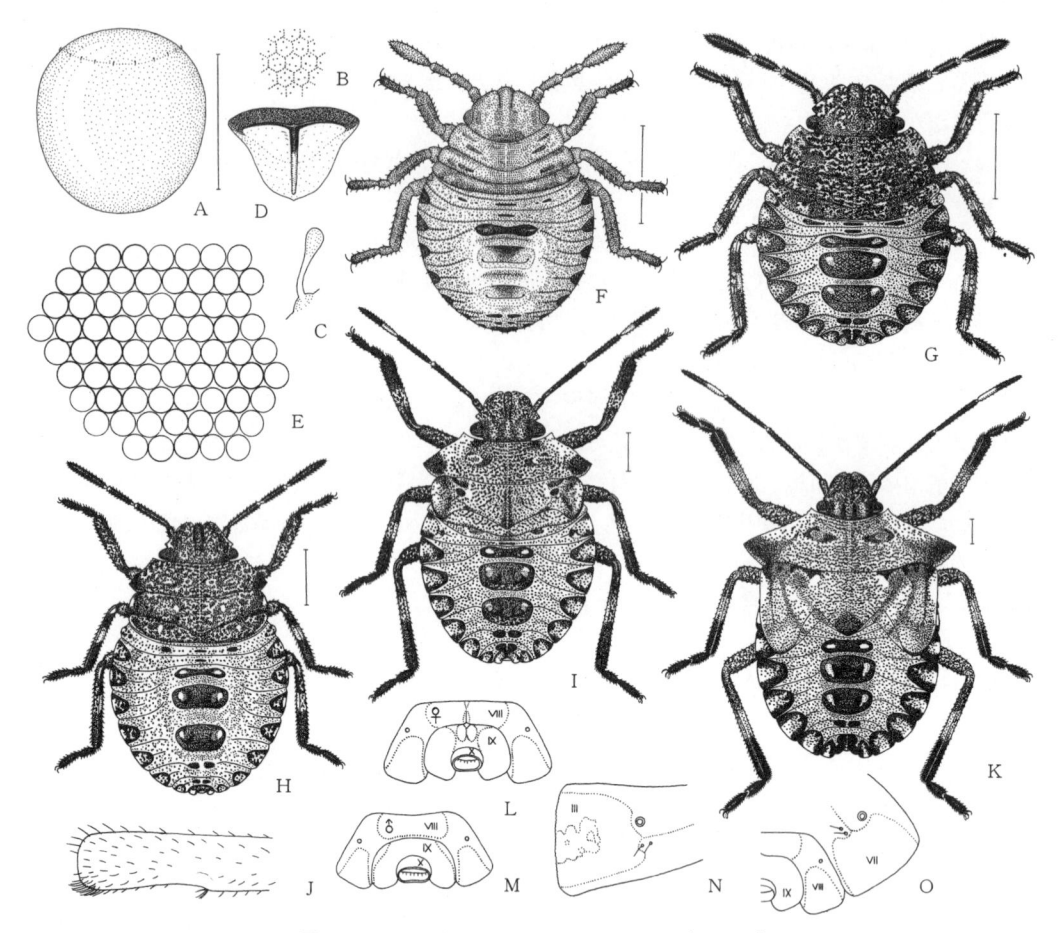

図86 ツノアオカメムシ *Pentatoma japonica* (Distant)
A. 卵，B. 卵殻表面に微かに認められる凹凸，C. 受精孔突起，D. 卵殻破砕器，E. 卵塊，F. 第1齢幼虫，G. 第2齢幼虫，H. 第3齢幼虫，I. 第4齢幼虫，J. 同齢前脛節のグルーミング剛毛，K. 第5齢幼虫，L. 同齢雌の性徴，M. 同雄，N. 同齢第3腹節の気門と孔毛，O. 同齢の第7および8節の気門と孔毛．[傍線は1mm長]．　　　　　　(小林原図)

られる．受精孔突起は先端部が楕円形状に膨れた棍棒型で小さく，ほぼ50μ長，楕円部は帯白色，柄部はほぼ透明，18〜26個内外，平均21個．卵殻破砕器は縦長約300μ，横軸約550μ，骨格部は主として黒色，縦軸の下部は淡褐色半透明，横軸の側端部は薄く広がる；膜質部の正面部分の上部中央部は透明，下側縁部は白色半透明，横軸の後方の弓形部分は幅広く褐黒色．卵塊は50数卵〜80数卵，通常70卵内外からなり，これらはほぼ規則的な多角形状に並べられる．

幼虫（図86，F〜O，安永ら[324]）　体は第1齢では厚いが，加齢に伴って偏平となる．

頭部中葉は側葉に比べて，第2齢まではやや長く，第3齢以後はほぼ等長．触角は第4齢以後やや長い．口吻の先端は第1齢では第2腹節，第2齢以後では第4腹節付近に達する．口針と上唇は第2〜4齢において前頭部下面との間に小間隙を形づくる．

前胸背板は第2齢から側縁部が葉状に発達し始め，第3齢から側角部が直角に近い鈍角状に側方へ突出し，第4齢以後は側縁部が翼状に発達し，前角および側角部が60°に近い鋭角をなして前および側方へ突出し，側角は背方へ反る．原小楯板は第2齢から発達し始め，前翅包は第4齢から認められる．後胸背板は左右それぞれ第1齢ではへら型，第2および3齢ではオール型で，前者は側縁が短弧状で中胸背板より広く，後者は側縁が小円弧状で中胸背板とほぼ等幅；第1齢では各胸背板側縁は平

滑，第2・3齢では前胸背板の前側縁は鈍鋸歯状，中および後胸背板の側縁はほぼ平滑，第4齢以後では前胸背板の前・後側縁および中胸背板の側縁前部は鈍鋸歯状．脚は第4齢以後やや長い．脛節の稜部は第1齢では直角状に，第2齢以後は鋭角状に角張る．前脛節のグルーミング剛毛は各齢とも4本，第5齢ではわずか後方にある1本を加えて5本とも数えられる．

　前部臭腺盤はプロペラ型で第3齢までは一般的，第4齢以後は中央部のくびれが弱い．中部臭腺盤はほぼ逆台形状で，前縁中央部が弱く前方へ凸出する．臭腺中および後部開口部の直前部は老齢ほど著しく瘤（こぶ）状に隆起する．第1腹節には中央に短棒状の腹背盤が第3齢まで，この側方に小紡錘形状の腹背盤が第4齢まで認められ，第2腹節には中央部に短棒状の腹背盤が第4齢まで認められる．第6・7節境の腹背盤は半長楕円形状，第8節の腹背盤は半楕円形か半偏楕円形状，いずれも中央部に1対ある．側盤の第1節のものは第1齢では小不等辺三角形状，第2および3齢ではくさび型で，外縁は円弧状に側方へ突出する；第2～8節のものは齢と節位により半楕円形状，不等辺四辺形状，その他と多形；外縁は主として緩弧状で平滑か微かに細波状，内縁部の中央に内外方向の短溝がある．第5齢の中および後胸腹板の正中部には長い隆起部がある．孔毛は各齢とも第3～7節の気門の後方に2個ずつあり，円形基盤1.5～2個分内外の間隔で，内外または内側のものがやや斜め前に位置して並ぶ．雌では第5齢の第8腹節に後縁から前縁近くに達する縦溝があり，第9節中央に1対の楕円形隆起を有する．

　体表には第1齢では点刻を欠き，硬化盤以外の腹節上には小黒点を疎布し，第2齢以後は同腹節部を含めてほぼ等大の円形黒色点刻を密布する．体上の毛は淡褐色の短直毛で，第1齢では疎生し，以後は著しく疎らとなる．

　齢の検索表
　前記ヨツボシカメムシに同じ．
　第1齢：体長2.3mm内外．各胸背板長の比は2.6：1.3：1．触角および口吻の各節長比は1：1.3：1.2：2.3および1：1.6：1.7：2.3．

　体は主として淡黄色ないし淡黄白色で，赤色小斑点が透視され，図（86, F）のように暗色，暗黒色，黒色などの部分があり，中・後部臭腺盤は主に赤黒色ないし帯赤色，この付近は広く帯黄色で，腹背盤間は帯赤色，腹節接合線は赤色．複眼および触角は暗赤色，ただし触角の節間部は淡色．腿節は主として暗色，先端部は帯褐色，脛節は主として淡赤色，先端部は淡褐色，跗節は大部分暗褐色，先端部は暗色．

　第2齢：体長3.5mm内外．各胸背板長の比は3.2：2.2：1．触角および口吻の各節長比は1：1.5：1.3：2.1および1：1.6：1.5：1.4．

　体は淡黄褐色の地に図（86, G）のような褐黒色ないし帯黒色部があり，臭腺開口部直前の隆起部は淡橙黄色がかり，硬化盤以外の腹節部には赤色小点が透視され，腹節接合線は帯赤色．複眼は暗赤色または黒赤色．触角の第1節は暗赤黒色と淡黄褐色の斑状，第2～4節は主として暗赤黒色，第3節両端の節間部は淡黄赤色または淡黄褐色．脚はほぼ帯黒色で，腿節の両端部，脛節の基部，同中部および先端部に淡黄褐色斑を有する．体表の黒色部は光線の具合により幽かに金緑色光沢を現す．

　第3齢：体長5.3mm内外．各胸背板長の比は3.5：3.2：1．触角および口吻の各節長比は1：2.1：1.5：2.3および1：1.7：1.6：1.4．

　体は前齢とほぼ同色，ただし前胸背板の側縁部は帯白色，中胸背板に1対の白斑を現す．複眼は赤黒色．触角の第1・2節は黒褐色と褐色の斑状で，第2節の先端部は帯赤色，第3・4節は主として赤黒色または黒色，第3節の両端部と第4節基部はわずかに淡赤黄．脚は主として黒褐色と淡褐色の斑状，腿節の基部および脛節の中央部は帯白色，跗節は黒色．体表の黒色部は金緑色光沢を幽かに

帯びる.

第4齢：体長8.2 mm内外．各胸背板長の比は5.8：6.0：1．触角および口吻の各節長比は1：2.9：2.2：2.5および1：1.8：1.6：1.4.

前齢とほぼ同色，同光沢，ただし個体により腹節接合線と臭腺盤の一部が暗赤褐色，側盤の前方がわずかに淡橙黄色を帯びる．また，触角第4節の基部は黄色となる．

第5齢：体長12.5～13.5 mm内外．各胸背板長の比は1：1.25：0．触角および口吻の各節長比は1：3.3：2.5：2.4および1：1.8：1.6：1.3.

前齢とほぼ同色，同光沢で，淡黄白色部と黒色ないし褐黒色部が斑状をなし，臭腺開口部直前の隆起部は淡黄白色か橙色，硬化盤以外の腹節部には粗大黒色斑点を散布する．個体により複眼は暗赤色．触角の第1・2節は主として黒色で淡黄色斑を有し，第3節は黒色，第2節先端と第3節基部はわずかに黄白色，第4節の基部は黄色，先端部は暗黒色．

生態　ハルニレ，ケヤキ，シラカバ，*Quercus* spp.，カエデ等の新梢部，葉や枝などから吸汁して発育する（川沢・川村[94]）．サクラやクルミでも幼虫が育つといわれる（萩原・伊藤[27]）．モモ，リンゴ，アンズ，ナシなどの果実が成虫に吸害されて被害が発生することが知られている．5月下旬ごろ，越冬後の幼虫が幼果を吸害して被害痕を残すこともあるが，果実では幼虫は発育しない．

山地，山麓，樹林地などに生息して樹上生活をし，年に1世代を営み，第2齢幼虫態で寄主植物の樹幹基部の樹皮下などで越冬する．筆者（小林）の観察によると，盛岡市近郊では4月下旬ごろ根雪が消えて越冬場所が露出すると，幼虫ははい出して樹梢部へ登り，生長し始めた芽部から吸汁を始める．幼虫は引き続き新梢部から吸汁して発育し，7月上・中旬ごろ羽化する．交尾は8月下旬から始まり，9月に産卵され，9月中旬～10月上旬にふ化する．長野県北佐久郡や小県郡内では（萩原・伊藤[27]，柳・中沢[321]），越冬幼虫は5月上・中旬ごろ越冬場所を出て若葉に寄生して発育を始め，6月下旬から7月にかけて羽化する．成虫は8月下旬から交尾し始め，9月上旬～10月上旬に産卵する．幼虫は9月上・中旬から出現し，越冬場所へは11月上旬から12月にかけて潜入する．第1齢幼虫は卵殻上に集合静止しており，第2齢幼虫が越冬場所へ移動するが，樹幹を這って下るより，落葉と共に地上に落ち，そこから樹幹基部の樹皮下に達する方が断然多いと言われる（石[258]）．

成虫は走光性をもち，夜灯火に飛来する．

石[258]は，第5齢幼虫は植物汁液よりも動物体液を好むらしく，マイマイガ幼虫，テントウムシ類の幼虫や蛹，カ類等を盛んに殺してその体液を吸うと書いているが，これは例外的な特例か，あるいは幼虫の発育時期がほぼ同じであるアオクチブトカメムシを見違えたものであるかもしれない．

樹上の第5齢幼虫は人が近づくと，触角を小刻みに振動させたり，触れないうちから臭気を発散させたり，手を近づけると，パッと敏速に落下したりする習性をもつ．

u）キマダラカメムシ *Erthesina fullo*（THUNBERG, 1783）

分布　九州，沖縄本島，石垣島；台湾，中国，東洋区．

成虫　体長20～23 mm．頭部が長く，体は偏平．黒地に不規則な小黄色斑を散布し，頭部および前胸背の各正中部と前側縁部，結合板および脛節の各中央部などは黄色．

卵（図87，A～F）　長径約2.4 mm，短径約2.0×1.9 mmの短楕円形，横断面もやや楕円形状．蓋部は直径約1.4 mmで，側壁上縁部より段階的にやや小さい．初期には淡緑黄色で鈍い光沢を有する．側壁部上縁は線状に淡灰色，ふ化が近づくと幼体の一部が淡赤色に，卵殻破砕器が灰色に透視される．卵殻は乳白色半透明，表面はほぼ平滑で円丘状の微かな膨らみが密に連なる．受精孔突起は頭状で短く63 μ内外，生卵では淡緑黄色半透明，ふ化卵殻では乳白色半透明，40個内外．卵殻破砕器は縦長約450 μ，横幅約700 μ，骨格部は漆黒色か黒色，横軸の側端部は薄く広がる；膜質部

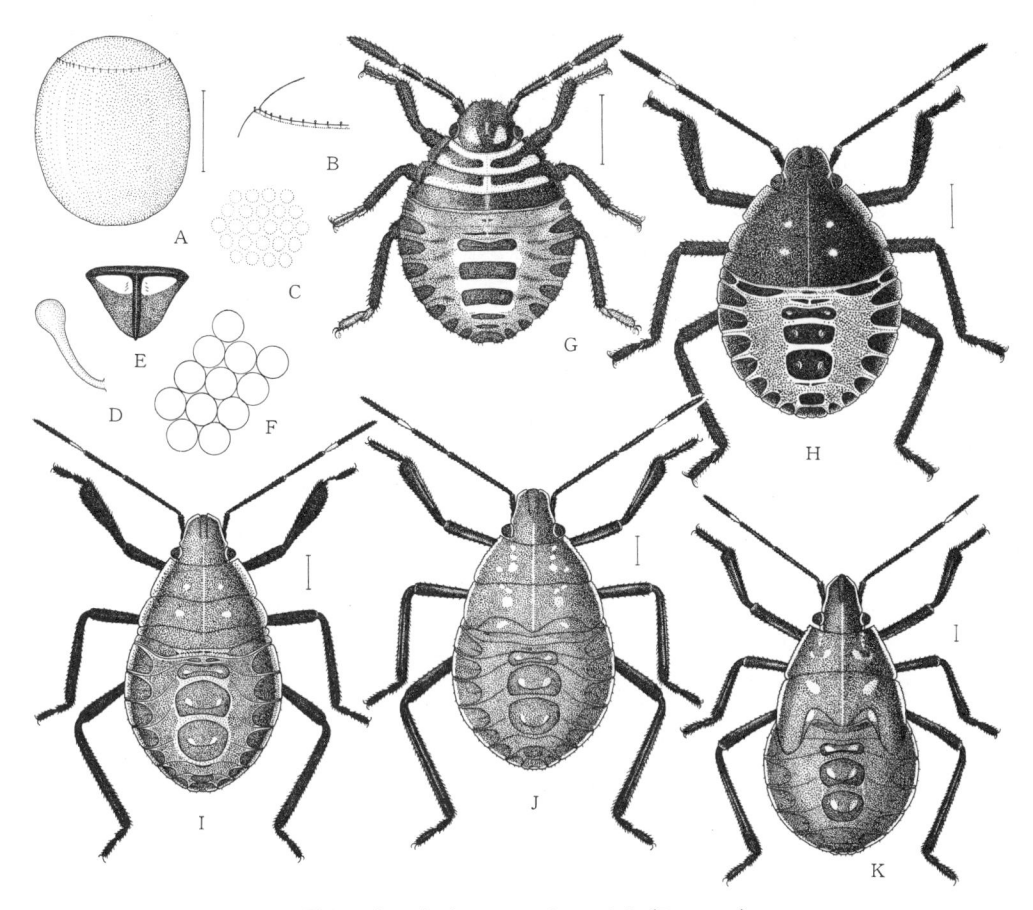

8. カメムシ科 Pentatomidae

図87 キマダラカメムシ *Erthesina fullo* (THUNBERG)
A. 卵, B. 卵の側壁と蓋部の境界部（段差）, C. 卵殻表面に認められる微かな円丘状の膨らみ, D. 受精孔突起, E. 卵殻破砕器, F. 卵塊, G. 第1齢幼虫, H. 第2齢幼虫, I. 第3齢幼虫, J. 第4齢幼虫, K. 第5齢幼虫. [傍線は1mm長].
(小林原図)

の正面部分は上部の透明な窓状部を除き暗黒色, 横軸後方の弓形部も幅広く同色. 卵塊は通常12個の卵よりなり, 卵は3列に並べられる.

幼虫（図87, G〜K）体は第1齢ではやや厚いが, 第2齢以後はかなり偏平.

頭部は加齢に伴って前部が細くなり, 細長くなる. 頭部中葉は側葉よりやや長い. 側葉の前側縁線は第1齢では放物線状, 前から約1/3〜1/4付近で第2齢以後加齢に伴って次第に強く「く」の字型に曲がる. 触角突起は背方から良く見える. 触角は第1齢ではやや, 第2齢以後は相当細く長い. 口吻はやや長く, 先端は第1齢では第3腹節付近, 第2齢の初期には第7腹節付近, 第3齢以後は第5腹節付近に達する.

原小楯板は第3齢から発達し始め, 前翅包は第4齢から認められる. 後胸背板は左右それぞれ第2齢まではへら型で, 側縁が緩弧状をなし, 中胸背板より著しく広い；第3齢ではオール型で側縁が円弧状をなし, 中胸背板よりやや広い. 各胸背板の側縁は第1齢では平滑, 第2齢以後は第4齢以後の後胸背板を除き小鋸歯状. 脚は第2齢以後相当細く長い. 前脚の脛節の稜部は第1齢では直角に角張り, 第2〜4齢では細葉状に広がるが, 第5齢では不明瞭となる. グルーミン剛毛は第2齢までは2本ずつが接近した4本, 第3・4齢では4・5本, 第5齢では5・6本.

前部臭腺盤はプロペラ型で, 側端部があまり細くならない円弧状；中部臭腺盤は第2齢までは逆台

形状，第3齢以後は前部の3つの角が丸い五角形状；後部臭腺盤は第1齢では横長の逆台形状で，表面はほぼ平坦であるが，第2齢以後では円形に近い四辺形状かやや歪んだ円形状で，表面は球面状に背方へ膨出し，点刻と毛を欠き，漆様の光沢を有する．第1腹節の腹背盤は第1齢では中央部の小片状の1対のみであるが，第2・3齢では中央に小紡錘形状のものが1個か小片状のものが1対あり，側方に側盤に接近して大きな半紡錘形状のものが1対認められる．第2腹節の腹背盤は披針形状で第4齢まで中央部に1対認められる．第6・7節境の腹背盤は第1齢では角の丸い長方形状，第2齢以後では主に長紡錘形状，時に中央部が切れて1対に見える．第8節の腹背盤は第1齢では前節のものとほぼ同形で小形，第2齢以後は正方形に近い形となる．側盤は第1齢の第1節では小さい不等辺三角形状，第2～8節では半紡錘形状，第2・3齢の第1～8節では半紡錘形状ないし半長楕円形状，第4齢の第2～8節および第5齢の第4～8節では半長楕円形状；第2～7節のものは中央部に小円形のくぼみと，ここから内縁に至る一条の浅溝を有する；外縁は緩弧状で，第1齢では平滑，第2～4齢では第3節までは小鋸歯状，第4～6節では細波状，第7以後は平滑，第5齢においては第2節では小鋸歯状，第3・4節では鈍鋸歯状，第5・6節では細波状，第7以後はほぼ平滑．腹部気門は第1齢ではいずれも腹面側盤の前部内方に，第2齢の第2および8節のものおよび第5齢の第8節のものは同側盤の前内縁部の湾入した所に，その他のもの（第2齢の第3～7節，第3・4齢の全部，第5齢の第2～7節のもの）はいずれも同側盤の前内縁部上に1個ずつ開口する．孔毛は第3～7節の気門の後方に2個ずつあり，第1齢では腹面側盤の内方に，第2齢以後では側盤の深く湾入した所に位置し，円形基盤ほぼ2～3個分の間隔で内外に並ぶ．雌では第5齢の第8腹節中央に後縁から節のほぼ中央部以前に達する縦溝があり，第9節の中央に1対の縦長の楕円形斑を有する．

体表には第1齢では点刻を欠き，第2齢以後は浅い小点刻を密布し，硬化盤以外の腹節上のものは周囲に大小の円形，楕円形，不整形などの褐黒色部を伴い，大小の点状に見える．体上には第1齢では淡褐色の短直毛を疎生し，第2齢以後は基部から強く曲がった帯白色の短毛を，後部臭腺盤上を除いて疎生する．

齢の検索表

下記以外はカメムシ科全体の検索表（前記8-2)-(3)）に同じ．

2(5) 後胸背板は左右それぞれへら型で側縁は緩弧状で長く，中胸背板より著しく広い．

5(2) 後胸背板は左右それぞれオール型で側縁は小円弧状で短く，中胸背板よりわずか
　　　に広い ・・第3齢

第1齢：体長3.5 mm内外．各胸背板長の比は2.2：1.5：1．触角および口吻の各節長比は1：2.3：1.7：3.6および1：1.3：1.6：1.7．

頭部，胸背板，腹背盤および側盤は主として褐黒色ないし暗褐色で，図（87，G）の淡色部は淡黄白色．硬化盤以外の腹節部は中央部の淡黄白色部を除きほぼ帯黄赤色，ただし側盤間は暗褐色，腹節接合線付近は帯赤色．複眼は黒赤色．触角は主として赤黒色，第4節は大部分暗褐色，節間部は赤色または白色半透明．腿節および脛節は褐黒色，跗節は黄褐色の側面を除き黒褐色．ほぼ全体に油様光沢を有する．全体的に赤みの強い個体もある．

第2齢：体長6.0 mm内外．各胸背板長の比は2.2：1.8：1．触角および口吻の各節長比ほぼ1：2.9：2.1：3.0および1：1.8：2.0：1.5．

体は硬化盤以外の腹節部を除き，主として褐黒色で，周縁部と頭部と胸部の正中線上は帯白色，胸背の2対の円形斑と臭腺開口部は黄褐色；硬化盤以外の腹節部は主として淡黄白色，接合線は赤色．複眼は赤黒色，触角および脚はほぼ黒色，触角の第4節の基部は淡黄白色，第3節両端の節間部は帯赤色．全体的に赤みの強い個体もある．

第3齢：体長8.0 mm内外．各胸背板長の比は2.5：2.0：1．触角および口吻の各節長比は1：3.1：2.3：2.8および1：1.7：1.8：1.2．

前齢とほぼ同色，ただし前齢の帯白色部は帯黄色となる．

第4齢：体長11.0 mm内外．各胸背板長の比は7.5：9.0：1．触角および口吻の各節長比は1：4.0：2.9：3.4および1：1.6：1.7：1.2．

前齢とほぼ同色，ただし胸背板上の黄褐色斑が図 (87, J) のように増え，脛節の外稜部と腿節の背面の一部が縦に長く黄褐色を帯びる．

第5齢：体長16～18 mm内外．各胸背板長の比は1：1.14：0．触角および口吻の各節長比は1：3.6：2.2：2.6および1：1.6：1.7：1.2．

前齢とほぼ同色であるが，胸背板上の色斑が図 (87, K) のように変化し，触角の節間部が黄色を帯びる．

生態　川沢・川村[94]および浦田[303]は寄生植物として，サクラ類，*Prunus* spp.，ナシ，カキ，フジ，ニセアカシア，サルスベリ，バナナ等を記録しているが，ケヤキ，エノキ，ナンキンハゼ，ヒマラヤスギ，などにも寄生するといわれる（永野道昭氏および織田真吾氏私信）．主として葉や茎などの栄養生長部から吸汁して発育すると考えられる．

長崎市，諫早市，佐世保市などでは住宅地付近の寄主植物で樹上生活をする．伊波[64]によると，長崎市の生息地では越冬後の成虫は4月ごろから寄主植物上に現われる．気温が比較的低いためか，移動は飛翔よりも歩行によって行われることが多く，樹上で交尾する．交尾後10日内外を経て産卵が始まり，産卵期間は長く，5月中・下旬から8月下旬に及ぶが，その最盛期はおおよそ6月中・下旬のようである．新成虫は7月上旬から9月下旬にかけて現われ，その最盛期は7月下旬～8月上旬ごろである．年に1世代を営み，10月ごろから成虫態で樹皮の割れ目や家屋内などに潜入して越冬する．

伊波[64]によると，自然日長・室温条件下で，フジ，サクラおよびニセアカシアの新鮮葉を与えた飼育で，卵期間は5月中旬に7～8日内外，6月中・下旬に5・6日，7月中・下旬には4・5日であり，幼虫期間は17～34日であった．

筆者（小林）は，永野道昭氏と織田眞吾氏から郵送された，諫早市産の第1および5齢幼虫を，つくば市で1981年8月10日から自然日長・室温条件下で，ケヤキの水挿枝を用いて飼育した．また，1995年6月14日からは永野道昭氏から郵送された2対の成虫を，横浜市でサクラの新梢の水挿しで飼育した．第2および5齢幼虫はケヤキの枝から吸汁し，果実からは吸汁しなかった．成虫はサクラの枝からも熟果からも吸汁し，6月19日に1卵塊（12卵）を葉裏に産付した．これは8日後の6月27日にふ化し，幼虫は6日後の7月3日に第2齢となり，吸汁活動に入った．しかし，飼育は不首尾で，雌1頭は口針をサクラの枝に挿入したままの状態で死んだ．口針が枝から抜けなかったので，口針は篩管の中に挿入されているものと推測された．

第5齢幼虫は歩行がのろく，物を近づけると触角を小刻みに振動させる．

6）クチブトカメムシ亜科 Asopinae

(1) 生態的特性

平野部，山麓，山地などに生息し，樹上や草本植物上で生活する．第1齢幼虫は集合性をもち，植物汁液（または水）を吸収して第2齢へ脱皮する．第2齢以後は小昆虫の幼虫や成虫を捕食したり，卵を吸収したりして発育するが，餌昆虫の食草などからもしばしば吸汁する．年に1～4世代を経過し，ほとんどの種は成虫態で越冬するが，卵態で越冬する種もある．種によっては成虫態と卵態の

両方で越冬することがヨーロッパで知られている．作物害虫の天敵として利用できる可能性をもつ種が多い（石原[65]）．

(2) 形態的特徴

a) 成 虫

体長 6〜23 mm 内外，体形はやや偏平で，前胸背の側角が発達して角状に側方へ突出するものが多い．口吻は幅広く太く，第1節は特に太い．膨頬はよく発達する．前脚は強大で脛節が若干葉状に発達し，腿節の内側に角状突起を備える種がある．

b) 卵

楕円形または円筒形．淡灰色，黒褐色，黒色，黒緑色などの膠質様の被膜に厚く覆われていて光沢を有する．表面は平滑であるか，微かな凹凸を有するか，黒褐色の顆粒状小隆起が輪状や網の目状に散在したり，棘状の小突起が不規則に散在したりする．また淡黄褐色か黄緑色面に円形，輪形，Q字形などの黒褐色紋を有する種もある．受精孔突起は触手状で著しく長いか，頭部が特別大きい頭状．卵殻破砕器は，逆三角形状で，一般に側端部が鋭角にとがって長く，骨格部はT字形で硬化していて黒褐色，膜質部は正面部分では全体透明または下端部のみ淡褐色，横軸後方の弓形部分では透明または黒褐色．卵塊は平面的で，数十卵が1または2辺が弧状に弱く曲がった三角形状か四辺形状に，やや規則的に並べられたり，20〜50卵内外が2列に並べられたり，10〜20卵内外が不規則な塊状に並べられたりする．

c) 幼 虫

体は第3齢までは厚く，第4および5齢ではあまり厚くないかやや偏平．

頭部は背方から見て第1齢ではややひずんだ半円形状，第2齢以後は台形状か長方形状．頭部中葉は側葉に比べて第1齢では長く，前縁は広く，弧状であるが，加齢に伴って相対的に短くかつ狭くなる．頭部側葉は第1齢では前部が狭く，前側縁線が放物線状，第2齢以後は前部が広くなり，側縁線は複眼の直前で側方へ反る．触角はやや長い．口吻は各節とも著しく広くかつ太く，やや偏平；カメムシ亜科に比べて，第1節が上唇の間際から出ていて長く，第2節が短く，第4節は第1齢では半紡錘形，第2齢以後は円すい形．上唇はやや太くかつやや長く，先端は第5齢において口吻第2節の基部に達する．口針（大腮）は第2齢以後先端が鋭くとがり，先端部の外側に大小の鋭い逆棘が4個内外ある．

原小楯板は第2または3齢から発達し始め，前翅包は第4齢から認められる．後胸背板は左右それぞれ第2齢まではへら型かオール型で，中胸背板より広いかこれとほぼ等幅，第3齢では矛刃型かオール型で中胸背板より狭いかこれとほぼ等幅．前および中胸背板の側縁は第1齢では平滑，第2齢以後は一般には鋸歯状であるが，平滑な種もある．前胸背の側角部は第5齢期に小丘状などをなして側方へ弱く突出する種が多い．脚は中庸かやや長く，跗節の第1節が第2〜4齢以後または5齢において太くて長い．脛節の稜部は直角状または鋭角状に角ばり，外稜部が細長い葉状に発達したり，第3または4齢以後に前腿節の前内側に角状小突起を備えたりする種もある．前脛節のグルーミング剛毛は第1齢では種により2〜4本，加齢に伴って増加し，第5齢では10〜10数本．

対をなす臭腺開口部の間隔は3対間に大差ない．前部臭腺盤はプロペラ型；中部臭腺盤は逆台形状，長方形状，前縁中央部が前方へ突出した五角形状，楕円形状または半円形状などで，側縁部が第4齢以後2叉状や波状をなす種もある．腹背盤の中における臭腺の開口位置は第1齢では側縁近くであるが，加齢に伴って中央寄りになる種が多い．臭腺の中・後部開口部には小牙状突起が認められる種がある．第1・2腹部には中央部に棒状の腹背盤が認められる種が多く，第1節にはこの側方

8. カメムシ科 Pentatomidae

に紡錘形ないし披針形状の腹背盤が認められる種もある．第6・7節境の腹背盤は逆饅頭型か逆台形状．第8節の腹背盤はほぼ長方形ないし長楕円形状．側盤は第1節では小三角形状，くさび型または半長楕円形状，第2～8節ではほぼ半楕円形状，半長楕円形状，台形状または長方形状で，外縁は緩弧状で平滑，中央内縁部には内外方向の1条の溝が第1～3齢以後認められる．腹部気門は第2～8節腹面に左右1対ずつ開口し，第2節のものは側盤の中部内方に，第3～8節のものは側盤の前部内方に位置し，第8節のものは他より相当小さい．孔毛は第1齢では第3～7節の気門の後内方に1個ずつ明確に認められ，第2齢以後は同気門の後方に2個ずつあり，2個は多くの種では側盤の内方にあって内外に並ぶが，齢によって斜めに並んだり，前後に並んだり，側盤上に位置したりする種もある．雌では第5齢の第8腹節に後縁から節のほぼ中部ないし前縁に達する縦溝があり，後縁中央部に三角形状のくぼみが認められる．

体表には第2または4齢以後点刻を散布する．体上の毛は淡褐色短直毛で，第1・2齢では疎生し，第3齢以後著しく疎らとなる．

(3) 生活への形態的適応

a) 頑丈な口吻と口針の鉤状突起

口吻は各節とも著しく広く，太く頑丈である．大腮は第2齢以後先端が鋭くとがり，餌昆虫に突き刺さり易くなっている．先端部には外側に4個内外の鋭い逆棘があり，小腮から外れると先端部が外側に強く（1回転以上）巻きこむ性質を有する．これらは，口針を突き刺された昆虫が遁走を企てても，容易に抜けない仕掛けであり，頑丈な口吻は大きな重い昆虫を捕食する際にも口針が保全できるように，その機能を高めているものと考えられる．

b) 触角および脚の発達

触角および脚がやや長いのは，食餌昆虫を探しながら，樹上や草上を歩き回ることが要求される行動的生活への適応であろうか．前脛節が細長い葉状に発達したり，老齢期に跗節の第1節が太くかつ長くなったり，前腿節の前内側に角状突起が発達したりする種があるのも，捕食活動に関連する適応的発達ではなかろうかと推測される．

c) グルーミング剛毛の発達

前脛節のグルーミング剛毛は第1齢では3本内外であるが，加齢に伴って急増して第5齢では10～10数本となる．これはカメムシ上科の中で格段に多い数である．動物食による口針の汚染を避けるために入念な掃除が必要で，そのための適応的発達かと考えられる．

d) 目立たない色彩

ルリクチブトカメムシの成虫は主としてルリ色か青藍色をしており，幼虫も老齢になると硬化盤を除く腹節部以外の黒色部にルリ色の光沢を現す．成虫は *Altica* 属のカミナリハムシ成虫を好んで捕食する．同ハムシは危機に遭遇すると跳躍して敏捷に逃避できるのであるが，本種成虫は気付かれないで接近して口針を突き刺すことができる．同色をしていることが気付かれない一要因であると推測される．

(4) 発育期における7属の識別

a) クチブトカメムシ亜科・7属の検索

(i) 卵における検索表

1 (4) 受精孔突起は頭状で小さい．
 2 (3) 受精孔突起の柄部はごく太い ·· *Dinorhynchus*

3 (2) 受精孔突起の柄部はごく細い ・・ *Pinthaeus*
4 (1) 受精孔突起は触手型で大きい．
5 (10) 受精孔突起の先端部は上内方へ伸びる．
6 (7) 受精孔突起数は 30～35 個と多い ・・・ *Picromerus*
7 (6) 受精孔突起数 11～18 と少ない．
8 (9) 卵殻表面には一部に連鎖状顆粒を装う ・・・・・・・・・・・・・・・・・・・・・・・・・・・・・・・・・・・・ *Eocanthecona*
9 (8) 卵殻表面は全面平滑 ・・ *Andrallus*
10 (5) 受精孔突起の先端部は上外方へ曲がる．
11 (12) 卵殻表面には一部に棘状小突起が散在する ・・・・・・・・・・・・・・・・・・・・・・・・・・・・・・・・・・ *Arma*
12 (11) 卵殻表面は全面平滑 ・・ *Zicrona*

(ii) 幼虫における検索表

1 (12) 孔毛の各節の 2 個は各齢とも内外方向に並ぶ．
2 (11) 第 1 腹節には腹背盤が第 1～4 齢において認められる．
3 (4) 第 1 腹節の腹背盤は 1 個 ・・・ *Dinorhynchus*
4 (3) 第 1 腹節の腹背盤は 3 個．
5 (10) 前脛節は第 2 齢以後葉状に広がる．
6 (7) 上記前脛節の葉状部の形は長楕円形状 ・・・・・・・・・・・・・・・・・・・・・・・・・・・・・・・・・・・・・ *Pinthaeus*
7 (6) 上記前脛節の葉状部の形は先方が広いへら型状．
8 (9) 第 1 腹節の側方の腹背盤は比較的大きく，披針形状 ・・・・・・・・・・・・・・・・・・・・・・ *Picromerus*
9 (8) 第 1 腹節の側方の腹背盤は比較的小さく，紡錘形状ないし長楕円形状 ・・・・・ *Eocanthecona*
10 (5) 前脛節は第 2 齢以後も葉状に広がらない ・・・・・・・・・・・・・・・・・・・・・・・・・・・・・・・・ *Andrallus*
11 (2) 第 1 腹節には腹背盤が第 1 齢のみにおいて認められる ・・・・・・・・・・・・・・・・・・・・・・ *Arma*
12 (1) 孔毛の各節の 2 個は第 2・3 齢では斜方向に，第 4・5 齢ではほぼ前後方向に並ぶ
・・ *Zicrona*

(5) アオクチブトカメムシ *Dinorhynchus dybowskyi* JAKOVLEV, 1876

分布 北海道，本州，四国，九州；シベリア東部，朝鮮半島．

成虫 体長 18～23 mm．金緑色であるが，前胸背後半や小楯板などが褐色の個体もある．頭部の側葉は広くかつ長く，中葉を囲む．前胸背側角は棘状に突出する．

卵（図 88, A～E, 岡本[234], 安永ら[324]）　長径約 1.7～1.8 mm，短径約 1.2～1.3 mm の円筒形．主として淡黄褐色または黄緑色，蓋部中央の大きな円紋，側壁の上縁部の受精孔突起を連ねる輪状紋，側壁正面の Q 字形紋，側壁の一部および底部などは黒褐色．卵殻は透明，表面は透明または黒褐色の膠質様の被膜で覆われ，上記の模様を現し，ほぼ平滑で光沢を有し，微かな小円丘状の膨みが密に並び，この境界部が六角形状に微かにくぼむ．受精孔突起は頭状（短柄型）で太く短く，ほぼ 50 μ 長，黒色の膠質様被膜でほぼ全体が被われるが，基部は円形に淡茶褐色半透明，先端部も稀に白色半透明で，頭頂部には小孔が認められ，27～34 個内外，平均 31 個．卵殻破砕器は縦長約 530 μ，横幅約 780 μ，骨格部はほぼ漆黒色，末端部は褐黒色，正面の逆三角形状膜質部は大部分透明，下端部は幽かに淡茶褐色半透明，横軸後方の弓形部は黒褐色．卵塊は 20 数卵～50 数卵からなり，卵は互い違いの 2 列（紐状）に並べられる．

幼虫*（図 95, F～H）　頭部は第 2 齢では長方形状に近く，第 3 齢以後はほぼ長方形状．頭部中葉は側葉に比べて第 2 齢ではほぼ等長，第 3 齢以後は短い．触角突起は前背方から見える．触角の第 1

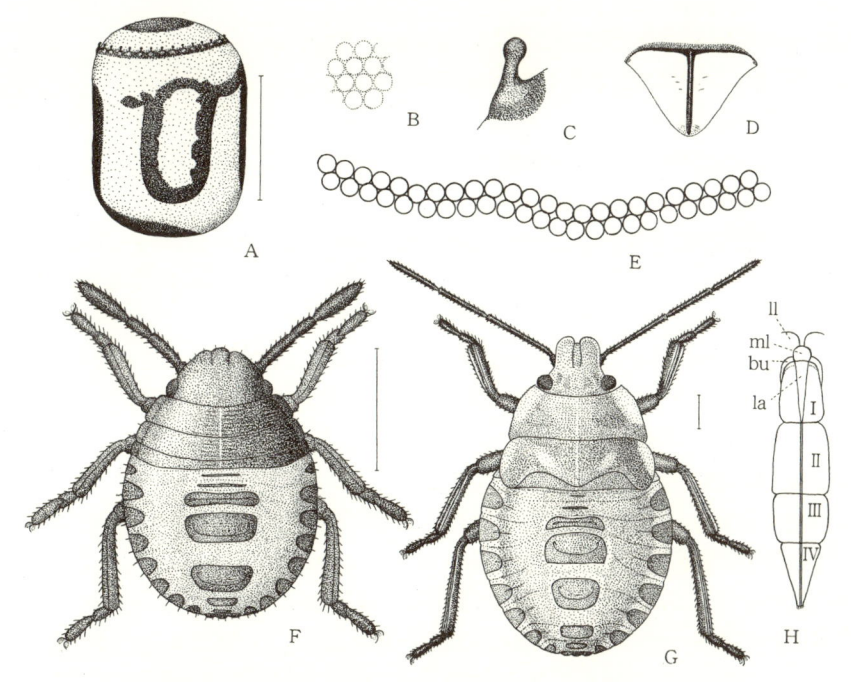

8. カメムシ科 Pentatomidae (247)

図88 アオクチブトカメムシ *Dinorhynchus dybowskyi* JAKOVLEV
A. 卵, B. 卵殻表面に認められる微かな凹凸, C. 受精孔突起, D. 卵殻破砕器, E. 卵塊, F. 第1齢幼虫, G. 第4齢幼虫, H. 口吻 (I～IV：第1～4節), bu：膨頬, la：上唇, ll：側葉, ml：中葉. [傍線は1mm長]. (小林原図)

節は第2齢以後特に短い．口吻はやや短く，先端は第1齢では第2腹節付近，第3・4齢では後脚の基節付近，第5齢では中・後脚の各基節の中間付近に達する．

　前胸背板の側縁部は第3齢以後細長い葉状に発達し，前側縁は第1齢では平滑，第2齢以後は鋸歯状，側角部は第5齢では側方へ小丘状に突出し，後角部は第4齢以後ほぼ鋭角状に後方へ弱く突出し，第5齢では中胸の前角部に被さる．後胸背板は左右それぞれ第1齢ではへら型で中胸背板より広い，第2・3齢では恐らくオール型で，中胸背板に比べて，前者は広いかほぼ等幅，後者はほぼ等幅かやや狭いのではなかろうかと推測される．脛節の稜部は第1齢では直角状に，第4齢では鋭角状に角張る，腿節には角状突起は認められない．前脛節のグルーミング剛毛は第1齢では3・4本，第4齢では9または10本．

　前部臭腺盤はプロペラ型で，第1齢ではずんぐりしており，第2～4齢では後側角部が鋭角状に角張り，第5齢では中央部がほとんどくびれない；中部臭腺盤は第1齢では逆台形状，第4齢以後ではほぼ長方形状．第1・2腹節の腹背盤は第4齢まで認められ，短ないし長棒状．第6・7節境の腹背盤は第1齢では逆台形状，第2齢以後では同形ないし逆饅頭型．第8腹節の腹背盤は第1齢ではほぼ角の丸い長方形状．側盤は第1節では第3齢までは小三角形状ないしくさび型，第2～8節ではほぼ半楕円形状．孔毛2個は内外方向に並ぶ．

---

* 研究できた標本は第1齢（筆者小林採集）と第4齢（田中健治氏1973年採集）のアルコール液浸個体のみで，状態が良くなかったので，記載は岡本[234]および安永ら[324]を参考にして行った．

齢の検索表

下記以外はカメムシ科全体の検索表（前記8-2)-(3)）に同じ.
 2(5) 頭部中葉は側葉より長いかこれとほぼ等長.
 5(2) 頭部中葉は側葉より短い ·· 第3齢

第1齢：体長2.0～2.5 mm内外．各胸背板長の比は4.1：2.6：1．触角および口吻の各節長比は1：2.3：1.7：3.7および1：1.1：0.8：1.5．

頭部，胸背板，腹背盤，側盤および触角はほぼ黒色．硬化盤以外の腹節部は鮮紅色．複眼は赤黒色（1～3齢）．脚および口吻は黒褐色．体表には光沢を有する．

第2齢：体長3.5～4 mm内外．

頭部，胸背板，腹背盤，および側盤はほぼ黒緑色で，青緑色の金属光沢を有する．触角は黒褐色で，第2・3節の各先端部は紅色．硬化盤以外の腹節部と脚の色および体表の光沢は前齢に同じ．

第3齢：体長6～7 mm内外．

頭部，胸背板，腹背盤，および側盤はほぼ黒褐色ないし黒緑色で，赤銅色ないし青緑色の金属光沢を有する．硬化盤以外の腹節部は前期には朱赤色，後期には帯白色ないし淡褐色の地に赤色小斑点を密に，黒色小点刻を疎らに散布し，腹節接合線は大部分帯赤色．腹背盤および側盤は黒緑色で，青緑色の金属光沢を有する．触角および脚は主として漆黒色で，触角第3節両端の節間部は紅色．

第4齢：体長9～10 mm内外．各胸背板長の比は10.0：8.3：1．触角および口吻の各節長比は1：5.7：4.0：4.5および1：1.3：0.9：1.1．口吻は幅広く，第1～4節の節長と節幅の比は1.2：1.2：0.9：1.5．

前齢とほぼ同色，ただし図（88，G）に示した淡色部は白色か帯白色，硬化盤以外の腹節部には赤褐色小斑点と黒褐色ないし黒色の小点刻を比較的密に散布し，複眼はほぼ暗赤褐色，脛節の稜部は白色．

第5齢幼虫：体長14～15 mm内外．

前齢とほぼ同色，ただし白色ないし帯白色部が多くなり，頭部中葉の先端部から頭頂部に至る1縦条も帯白色，側葉の外縁部は黄白色；第1・2腹節の側盤は全体白色，臭腺盤および第3腹節以降の側盤も部分的に白色または帯白色を帯びることがある．また脚が赤褐色であったり，腿節の一部に白斑が現れたりすることもある．

生態　マイマイガその他のチョウ目やハバチ類の幼虫，その他の小昆虫を捕食する．岡本[234]の飼育ではモンシロチョウ，ヨトウガ，ハスモンヨトウ，シロイチモジヨトウ，カブラハバチ，サジクヌギカメムシなどの幼虫や一部の蛹などが捕食され，クヌギやケヤキから吸汁することも観察された．春田[36]は，蚕室に入り込んで蚕の幼虫を盛んに捕食した事例を報告している．

山地，林地，樹園地などで樹上生活を行う．年1世代で，樹枝などに産付された卵（裸のままの卵）で越冬する．札幌付近では，ふ化期は6月上旬，羽化期は7月中旬，交尾期は8月上旬，産卵期は9月上・中旬で，成虫は間もなくへい死する（岡本[234]，堀[56]）．

札幌での自然日長・室温条件下で，卵期間は約41週間であった．岡本[234]がモンシロチョウの幼虫と蛹，ヨトウガおよびカブラハバチ幼虫を与えた飼育で，第1～5の各齢期間はそれぞれ平均13.3日，16.0日，8.8日，8.3日および19.9日で，全幼虫期間は平均66.1日であった．この飼育における捕食量は第2～5齢の各齢がそれぞれ平均で2.8頭，2.8頭，4.4頭，および12.9頭で，全幼虫期間に22.8頭を捕食した．

摂食は日中に多く，朝夕には少ない．一般に割合大形で活発な昆虫を好むようである．老齢幼虫はブランコケムシ老熟幼虫を2日に1頭の割合で捕食した．

8. カメムシ科 Pentatomidae （249）

（6）アカアシクチブトカメムシ *Pinthaeus sanguinipes*（FABRICIUS, 1784）

分布 北海道，本州，四国，九州；朝鮮半島，中国，旧北区．

成虫 体長14～18 mm．主として暗褐色で光沢があり，黒色部には青藍色の金属光沢がある．脚は赤褐色．小楯板先端は白色．前胸背側角は黒色．頭部の両側葉は中葉の前方で会合する．

卵＊（図89，A～E，安永ら[324]）　長径約1.3 mm，短径約1.1 mmの楕円形．側壁の大部分，蓋部の中央部および両部の境界部は暗褐色または暗黒色，側壁の上縁近くと蓋部の周縁近くは白色または淡灰色で光沢を有する．卵殻は透明か乳白色半透明で光沢を有し，表面は上記の諸色の膠質様被膜で覆われほぼ平滑で，細かい六角形模様の各中心に円形の明瞭なくぼみを有する特殊な構造をもつ．受精孔突起は頭状（細柄伏型），長さ63～75 μ 内外と比較的短小，頭部は卵形で比較的大きくほぼ透明，柄部は細く，頭部が卵殻に接触するほど強く曲がり，基部は暗褐色または暗黒色；基部から頭部の中部までは膠質様の膜状物で卵殻に固着し9～12個内外，平均9.9個．卵殻破砕器は縦長約350 μ，横幅約500 μ，骨格部は主として褐色，末端は淡褐色，膜質部は正面の逆三角形部も横軸後方の弓型部も透明．卵塊は通常約30～40卵よりなり，卵は1辺か2辺が弧状に弱く曲がった三角形状か多角形状に，比較的規則的に並べられる．

幼虫（図89，F～J，安永ら[324]）　頭部は第2齢以後ほぼ長方形状．頭部中葉は加齢に伴って相対

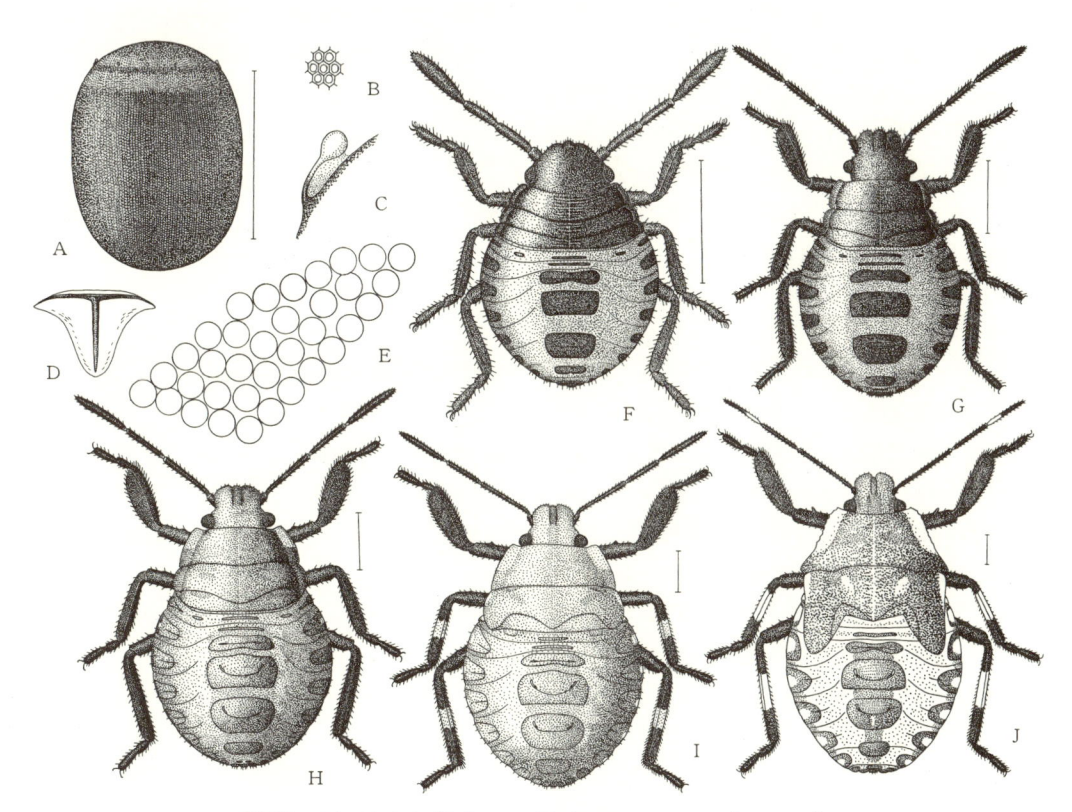

図89　アカアシクチブトカメムシ *Pinthaeus sanguinipes* (FABRICIUS)
A. 卵，B. 卵殻表面に認められる微細構造，C. 受精孔突起，D. 卵殻破砕器，E. 卵塊，F. 第1齢幼虫，G. 第2齢幼虫，H. 第3齢幼虫，I. 第4齢幼虫，J. 第5齢幼虫．［傍線は1 mm長］．　　　　　　　　　　　　（小林原図）

＊岩手県岩手郡内でⅦ.5.1966に奥俊夫博士によって採集された．

的に短くなり，側葉に比べて第2齢ではやや長いかほぼ等長，第3・4齢ではやや，第5齢では相当短い．側葉の側縁線は中央よりやや後寄り部において，第2齢では弱く，第3齢以後は明瞭に湾入し，両葉は第5齢期に中葉の前方でやや接近する．触角突起は前背方から見える．口吻の先端は第1齢では第2・3腹節付近，第2齢以後は第2腹節付近に達する．

　前胸背の側角部は第5齢において側方へ小丘状に突出し，後角部は第4齢以後ほぼ鋭角状をなして後方へ弱く突出し，第5齢では中胸の前角部を覆う．原小楯板は第2齢から発達し始める．後胸背板は左右それぞれ第1齢ではへら型，第2齢ではオール型で，共に中胸背板より広く，第3齢ではほぼ矛刃型で，中胸背板よりやや狭いかこれとほぼ等幅．胸背板の側縁は第1齢では平滑，第2齢では小鋸歯状，第3齢では前胸が鋸歯状，中および後胸が鈍鋸歯状，第4齢以後は前および中胸が前齢と同様か個体により小鋸歯状および平滑．脚は中庸かやや長く，脛節の稜部は第1齢では鋭角状に角張り，第2齢以後は前脚において細長い葉状に広がる．前脛節のグルーミング剛毛は初〜終の各齢において，ほぼ2・3，4・5，6，7・8および14〜16本．各腿節の先端より約1/3当りに瘤状小隆起があり，この中心に第3齢まで1毛を装うが，前脛節のものは第4齢以後発達して短角状になる．

　前部臭腺盤はプロペラ型で，第1齢では側端部が太い円弧状．第2〜4齢では後側角部が鈍く角ばり，第5齢では一般的形状；中部臭腺盤は第1齢では逆台形状または長方形状，第2〜4齢では前縁中央部が前方へ弱く突出した五角形状，第5齢ではほぼ饅頭型．第1・2腹節には中央部に棒状の腹背盤が1個ずつあり，第1節には更にそれと側盤との中間に小楕円形状か小紡錘形状の腹背盤が1個あるが，第5齢では第1節にそれらが認められない．第6・7節境の腹背盤は逆台形状ないし逆饅頭形．第8節の腹背盤は角が丸い長方形状．側盤は第1節では第3齢まで内外に極めて細長い半長楕円形状，第2〜8節では長〜短半楕円形状ないし台形状，ただし第5齢の第2・3節では不等辺四辺形状，第4節では変形半長楕円形状；外縁は緩弧状で平滑，第2または4〜8節のものの中央の内方に内外方向の1条の浅溝が第2齢以後認められる．孔毛2個は円形基盤ほぼ2〜4個分の間隔で内外に並ぶ．

　体表には第1齢では点刻を欠き，第2齢では硬化盤以外の腹節部を除き，第3齢以後はその腹節部も含めて黒色点刻を散布する；この点刻は若齢では小さく疎ら，老齢では大きく相当密．

齢の検索表

下記以外はカメムシ科全体の検索表（前記8-2)-(3)）に同じ．

　2(5) 後胸背板は左右それぞれへら型かオール型で，中胸背板より広い．

　5(2) 後胸背板は左右それぞれほぼ矛刃型で，中胸背板よりやや狭いかこれとほぼ等幅

　　　　　　………………………………………………………………………………第3齢

　第1齢：体長2.0 mm内外．各胸背板長の比は2.8：2.0：1．触角および口吻の各節長比は1：1.9：1.9：3.4および1：0.9：0.7：1.2．

　頭部，胸背板，腹背盤，側盤，複眼，触角および脚はほぼ帯赤黒色，ただし触角の節間部は帯赤色．硬化盤以外の腹節部は暗赤色．体表には光沢を有する．

　第2齢：体長3.5 mm内外．各胸背板長の比は3.8：2.8：1．触角および口吻の各節長比は1：3.5：2.7：4.3および1：1.2：0.8：1.4．

　下記を除き前齢とほぼ同色．頭部，胸背板，腹背盤および側盤はほぼ黒色で，光線の具合により青銅様金属光沢を現わす．脚はほぼ黒色．

　第3齢：体長5.4 mm内外．各胸背板長の比は4.7：4.4：1．触角および口吻の各節長比は1：4.3：3.4：4.4および1：1.2：0.9：1.3．

　色彩および光沢の状態は前齢とほぼ同様，ただし前胸背板の側縁部の前半は白色，第2腹節の側盤の外縁中央部は帯白色，臭腺盤の側方は多少橙黄色を帯びる，金属光沢は前齢より顕著．

第4齢：体長7.3 mm内外．各胸背板長の比は9.6：8.8：1．触角および口吻の各節長比は1：4.1：3.1：4.0および1：1.2：0.9：1.1．

前齢とほぼ同色，ただし金属光沢は青緑色，脚は主として漆黒色，図 (89, I) の淡色部は白色，腹背盤の側方は部分的に黄色．

第5齢：体長10.0 mm内外．各胸背板長の比は1.0：1.0：0．触角および口吻の各節長比は1：5.5：3.8：4.1および1：1.2：1.0：1.1．

下記を除き前齢とほぼ同色，硬化盤以外の腹節部は主として白色，腹背盤間の中央部，側盤間の外縁部および接合線は暗赤色，黒色小点刻および赤色斑点を装う．複眼は暗赤色．触角第4節の基部は黄色，第2・3節の節間部は赤黄色．中および後脛節の中央部は白色，腿節基部は部分的に白色，個体により前脛節の中央部にも白帯を現す．体および脚上の白色部の多少と大きさには個体変異がある．

生態 ハマキガ，シャクガ，シャチホコガ，イラガ，クワノメイガ，クワゴマダラヒトリなどのチョウ目の幼虫（稀に成虫も），ハバチ類，ハンノキハムシ，ヒメツノカメムシ等の幼虫などの小昆虫を捕食する．飼育ではモンシロチョウの幼虫も好まれた．

山地，林地，樹園地などで樹上生活を行う．越冬は成虫態で屋内（小林・木村[158]）のほか，倒木などの樹皮下や落葉間などでも行われるものと推測される．岩手県下では産卵期は6・7月，羽化期は8月前後で，年に1世代を営む．

筆者（小林）が盛岡市内で1974年7月～8月下旬に，自然日長，室温条件で上記昆虫の幼虫を給餌して集団飼育した1例では，卵期間が6～9日，第1～5の各齢期間がそれぞれほぼ3日，5日，4～5日，3～7日および9～14日，全発育期間は30～43日であった．

若齢幼虫期には集合性が認められる．

(7) **クチブトカメムシ** *Picromerus lewisi* SCOTT, 1874

分布 北海道，本州，四国，九州；朝鮮半島，中国．

成虫 体長11～16 mm．褐色の地に黒色点刻を散布する．前胸背側角は棘状．前腿節に1棘状突起をもつ．第4～7腹板の中央に顕著な黒斑が1個ずつある．

卵（図90, A～E, 石原[68]，安永ら[324]）長径約1.1～1.2 mm，短径約0.9～1.0 mmの楕円形．主として淡灰色で銅色の鈍い金属光沢を有し，側壁の上部および蓋部上に，膠質様の黒色顆粒状物が鎖状に連なる各1輪（場合により不明確）を有する．卵殻は透明か乳白色半透明で光沢を有し，表面は淡灰色の被膜と上記顆粒状隆起物で覆われ，六角形状網状模様が幽かに透視される．受精孔突起は触手（有頭）型で，柄部が基部に向かって太くなる独特な形状，約130 μ と長く，大部分は淡褐色半透明，基部は黒色または淡灰色を帯び，30～35個内外．卵殻破砕器は縦長約260 μ，横幅約530 μ，骨格部は縦軸の上部と横軸の中央部では褐色，末端部では淡褐色，膜質部は正面の逆三角形部も横軸後方の弓形部も共に透明．卵塊は通常30数卵～40数卵よりなり，卵は1辺または2辺が弧状に弱く曲がった三角形状または多角形状に，比較的規則的に並べられる．

幼虫（図90, F～J, 石原[68]，安永ら[324]）頭部は第2齢以後ほぼ長方形状．頭部中葉は加齢に伴って相対的に漸次短くなり，側葉に比べて第2齢までは長く，第3齢ではほぼ等長かやや短く，第4齢以後はやや短い．側葉の側縁は中央よりやや後寄り部において第2齢以後弱く湾入し，前部より幅が狭い．触角突起は前背方から見える．口吻の先端は第1齢では第3腹節付近，第2齢では第2・3節付近，第3齢以後は第2腹節付近に達する．

前胸背板の前側縁線は第4齢までは緩弧状，第5齢ではS字形に弱く湾曲する；側角部は第5齢に

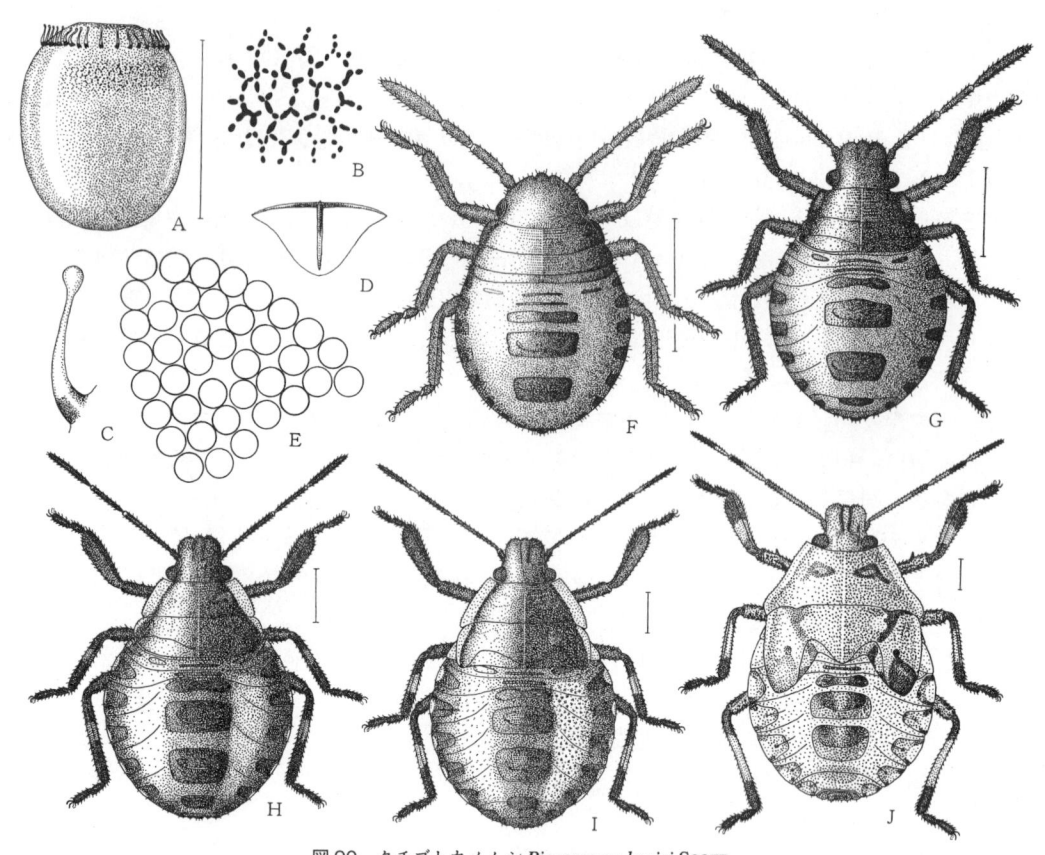

図 90　クチブトカメムシ *Picromerus lewisi* SCOTT
A. 卵，B. 卵殻表面における黒色顆粒状物の鎖状模様，C. 受精孔突起，D. 卵殻破砕器，E. 卵塊，F. 第1齢幼虫，
G. 第2齢幼虫，H. 第3齢幼虫，I. 第4齢幼虫，J. 第5齢幼虫．［傍線は1mm長］．　　　　　　　　　（小林原図）

おいて側方へ小丘状に突出し，後角部は第4齢以後鋭角状をなして後方へ弱く突出し，第5齢では中胸の前角部を覆う．原小楯板は第2齢から発達し始める．後胸背板は左右それぞれ第1齢ではへら型，第2齢ではオール型で，共に中胸背板より広く，第3齢では矛刃型では中胸背板より狭い．胸背板の側縁は第1齢では平滑，第2齢では前および中胸が小鋸歯状，後胸が鈍鋸歯状；第3齢以後は前胸が鋸歯状，中胸が鈍鋸歯状．脛節の稜部は第1齢では鋭角状に角ばり，第2齢以後は前脚において細長い葉状に広がる．前脛節のグルーミング剛毛は第1～5の各齢において，それぞれほぼ3，4・5，8・9，10・11および14・15本；各腿節の先端より約1/3当りに瘤状小隆起があり，この中心に第3齢まで1毛を装うが，前腿節のものは第4齢以後発達して短角状になる．

　前部臭腺盤はプロペラ型で，第1齢では側端部が直截状に近く角ばり，第2齢以後はほぼ一般的；中部臭腺盤は第1齢では逆台形状，第2齢では前縁中央部が前方へ弱く突出した五角形状，第3齢以後はほぼ角が丸い長方形状．第1・2腹節には中央部に棒状の腹背盤が1個ずつあり，第1節には更にそれと側盤との中間に角の丸い披針形状の比較的大きな腹背盤が1個あるが，第5齢では第1節にそれらが認められない．第6・7節境の腹背盤は逆饅頭型ないし角の丸い逆台形状．第8節の腹背盤は角の丸い長方形状．側盤は第1節では第3齢まで内外に極めて細長い半長楕円形状，第2～8節では長～短半楕円形状ないし台形状，ただし第5齢の第2および3節では不等辺四辺形状；外縁は緩弧状で平滑，第2または4～8節のものの中央の内方に内外方向の1条の浅溝が第2齢以後認められる．

孔毛2個は円形基盤1.5～4個分内外の間隔で内外に並ぶ.

体表には第1齢では点刻を欠き，第2齢では硬化盤以外の腹節部を除き，第3齢以後は同腹節部も含めて黒色点刻を散布する．この点刻は若齢では小さく疎ら，老齢では大きくやや密.

齢の検索表

前記ヒメカメムシに同じ.

第1齢：体長2.0 mm内外．各胸背板長の比は3.6：2.5：1．触角および口吻の各節長比は1：2.2：2.0：3.8および1：0.9：0.7：1.3.

頭部，胸背板，腹背盤および側盤は黒色．硬化盤以外の腹節部および触角は暗赤色．複眼は赤黒色．脚は主として暗赤褐色，跗節先端部は暗黄褐色．体表には光沢を有する.

第2齢：体長3.2 mm内外．各胸背板長の比は4.0：3.0：1．触角および口吻の各節長比は1：3.5：2.8：4.0および1：1.3：0.8：1.3.

体色と体表の光沢は前齢とほぼ同様か，やや赤みを帯び，前胸背板の側縁部はやや淡色となる．触角および脚は主として赤黒色，触角の節間部は赤色.

第3齢：体長5.3 mm内外．各胸背板長の比は6.3：5.5：1．触角および口吻の各節長比は1：4.3：3.0：3.9および1：1.3：0.9：1.3.

頭部，胸背板，腹背盤および側盤は主として黒色で金属光沢を現し，前および中胸背板の側縁部および側盤の外縁部は白色．その他の部分はほぼ前齢と同色，ただし腹背盤と側盤との中間部分の腹節部は帯白色で，微小黒色点刻を疎布し，全面に光沢を有し，中および後脛節の中央部の一部は淡色となる.

第4齢：体長7.1 mm内外．各胸背板長の比は12.0：11.0：1．触角および口吻の各節長比は1：4.3：2.9：3.5および1：1.3：1.0：1.3.

前齢とほぼ同色かやや淡色で，黒ないし褐黒色部には赤銅色の金属光沢を有する．腹背盤と側盤との中間の腹節上に疎布する黒色小点刻の周辺部は円形に暗赤色を帯びる．触角第4節基部は橙黄

写真4　クチブトカメムシ
第5齢幼虫のヨトウガ幼虫捕食　　　（小林[141]）

表56 盛岡市内における自然日長・室温飼育でのクチブトカメムシの発育期間

反復	卵数	卵・幼虫期間（日）							発育期間（月日）
		卵	1齢	2齢	3齢	4齢	5齢	計	
1	15	12	4	4	4	7	4～9	35～40	6.30～8.9
2	38	10	4	3	6	4～6	4～6	31～35	7. 7～8.9
3	32	9	5	3	6	6	11	40	7.10～8.19
平均		10.3	4.3	3.3	5.3	6.0	7.5	36.8	
4	50	6	3	3～4	6	6～11	—	—	7.15～ -
5	40	7	3	6	4	6～8	—	—	7.17～ -

注．各反復区は1卵塊単位で飼育，No.6～10はNo.4および5と同様に経過したので省略した．

色．腿節基部は帯白色，中および後脛節の中央部は淡黄白色．

第5齢：体長9.6 mm内外．各胸背板長の比は1.0：1.0：0．触角および口吻の各節長比は1：5.5：3.5：3.5および1：1.4：1.1：1.3．

体は淡黄色の硬化盤以外の腹節部を除き，主としてごく淡い黄褐色，図（90, J）の濃色部は褐黒色で，赤銅色の金属光沢を有し，淡色部は帯白色，原小楯板基部の1対は淡黄白色．複眼は暗赤色．触角第1節は暗褐色．第2節は主として橙褐色，先端部は暗赤色，第3・4節の各基部は橙黄色，各先端部は帯黒色．腿節は主として部分的に褐黒色と帯白色，基部は帯白色，脛節の両端部は褐黒色か黒色，中央部は白色，跗節は黒色．

生態 野外ではマツカレハその他のチョウ目の幼虫（稀に成虫も）や小昆虫を捕食するが，飼育ではヨトウガ，シロイチモジヨトウ，モンシロチョウ，ハバチ類，ハムシ類，イエバエ類，チッチゼミなどの幼虫や成虫も捕食された（石原[68]）．

山地，林地，樹園地，堤防などで，樹上および草上生活を行う．越冬は成虫態で屋内でも行われるが（小林・木村[158]），樹皮下や落葉間などでも行われるのではないかと思われる．岩手県下では6～7月に産卵し，8月前後に羽化し，年に1世代を営む．石原[68]によると，九州および四国では年に2回発生し，第1世代の成虫は5～7月に，第2世代の成虫は8～10月に出現する．

筆者（小林）が盛岡市内で1967年6月下旬～8月下旬に，自然日長・室温条件で，ヨトウガ幼虫を給餌して行った飼育の結果は表56のとおりであった．同表のNo.4～10では全幼虫が第5齢でへい死した．石原[68]も，食餌は十分に与えてあり，羽化が察知されたにもかかわらず，7月26～27日に相次いでへい死した理由は不明であると述べている．

(8) *Eocanthecona* BERGROTH, 1915

a）形 態

（ⅰ）卵 短楕円形．側壁は主として黒色ないし褐色で油様光沢を有する．蓋部は主として淡灰白色か褐色で油様か赤銅色の光沢を有し，中央に灰黒色か黒褐色の1輪紋を有する．卵殻は透明か乳白色半透明で光沢を有し，表面は淡灰白色か帯褐色の被膜と，黒色の円形や楕円形の顆粒状小隆起物または小突起物に覆われ，六角形状模様が微かに認められる．受精孔突起は触手（有頭）型，頭部は卵形で小さく，柄部は基部に向かって太くなる独特な形状をなす．卵殻破砕器の骨格部は主として褐色ないし黒褐色，横軸の末端部は淡褐色，膜質部は透明．卵塊は通常15～80卵内外からなり，卵は1辺か2辺が弧状に弱く曲った三角形状か四辺形状または五角形状に，比較的規則的に並べられる．

（ⅱ）幼虫 頭部は背方から見て第2齢以後長方形状．頭部側葉の前部は第2齢以後広がる．口吻の先端は第1齢および第4・5齢では第2腹節付近に，第2・3齢では第3腹節付近に達する．

8. カメムシ科 Pentatomidae

前胸背板の後角部は第4齢以後鋭角状をなし,第5齢では後方に伸びて中胸背板の前角部を覆う;側角部は第5齢において円弧状に発達して側方へ突出する;前側縁線は第3までは緩弧状,第4齢では微かに,第5齢では弱くS字状に湾曲する;前側縁は第1齢では平滑,第2齢では鈍鋸歯状,第3齢以後は鋸歯状.中胸背板の側縁は第1齢では平滑,第2齢以後は鈍鋸歯状.原小楯板は第2・3齢から発達し始める.後胸背板は左右それぞれ第1齢ではへら型,第2齢ではオール型で共に中胸背板より広いが,第3齢では矛刃型に近いオール型で,中胸背板よりやや狭いかこれとほぼ等幅.脚はやや長く,脛節の稜部は第1齢では鋭角状に角ばり,第2齢以後は前脛節において細長い葉状に広がる;各腿節の先端より約1/3あたりに瘤状小隆起が複数あり,前腿節の前内側のものは第3齢から短角状に発達し,第4齢以後顕著となる.

前部臭腺盤はプロペラ型で,第1齢では中央部も側端部もあまり細くならない,第2齢ではほぼ標準型,第3齢以後は比較的太く,中央部のくびれが弱い;中部臭腺盤は第1齢では逆台形状,第2齢では前縁中央部が前方へ弱く突出した五角形状,第3齢では五角形状ないし逆台形状,第4齢以後は長楕円形状か幼菌型.第1腹節の腹背盤は第4齢まで認められ中央のものは棒状,これと側盤との中間のものは小さく紡錘形状ないし長楕円形状;第2腹節の腹背盤は長棒状で,第1節のものより長い.側盤は第1節では第3齢まで半長楕円形状,第4齢以後は小三角形状;第2〜8節では前部では内外に長く,後部では短い半楕円形状ないし台形状,ただし第5齢の第2・3節では不等辺四辺形状.孔毛は主として側盤の内方に,種により一部が側盤上にあり,2個間の間隔は円形基盤2〜4個分内外.第5齢幼虫の第3腹節腹面の中央部は微かに小丘状に隆起する個体が多い.

体表には地色と同色の点刻が第2齢以後頭部,胸背板,腹背盤および側盤上に認められ,第2齢では微小かつ疎らで不明瞭,第3齢以後は明瞭,第4齢以後は大きく,やや密となる;硬化盤以外の腹節上の点刻は第4齢以後認められる.

(iii) 齢の検索表

下記以外はカメムシ科全体の検索表(前記8-2)-(3))に同じ.

2(5) 後胸背板は左右それぞれへら型とオール型で中胸背板より広い.

5(2) 後胸背板は左右それぞれ矛刃型に近いオール型で,中胸背板に比べて狭いかほぼ等幅
....第3齢

(iv) *Eocanthecona* 属2種の識別 卵はキュウシュウクチブトカメムシでは側壁上の顆粒状物がほとんど先のとがらない小隆起状であるが,キシモフリクチブトカメムシでは,側壁上の顆粒状物がほとんど先のとがった小突起状である.

幼虫においては,キュウシュウクチブトカメムシでは第1齢の各胸背板長の比が3.2:2.3:1で,前胸背板がやや短く;第2齢の側葉側縁が中部で湾入し;第3齢の各胸背板長の比が4.7:3.8:1で,前胸背板がやや短く;第4・5齢では中部臭腺盤が長楕円形状.キシモフリクチブトカメムシでは第1齢の各胸背板長の比が4.3:2.3:1で,前胸背板がやや長く;第2齢の側葉側縁が中部で左右が平行し;第3齢の各胸背板長の比が5.8:5.3:1で,前胸背板がやや長く;第4・5齢では中部臭腺盤が幼菌型である.

(9) キュウシュウクチブトカメムシ *Eocanthecona kyushuensis* (ESAKI et ISHIHARA, 1950)

分布 本州,四国,九州,奄美大島.

成虫 体長12〜16 mm.黒褐色の地に黒色点刻を散布し,体の黒色部には青緑色の金属光沢を有する.頭部側葉は中葉よりわずかに長い.前胸背側角は棘状.前腿節に1棘状突起がある.

卵 (図91,A〜F,安永ら[324]) 長径約1.2 mm,短径約1.0 mm.側壁は主として黒色,上縁部と

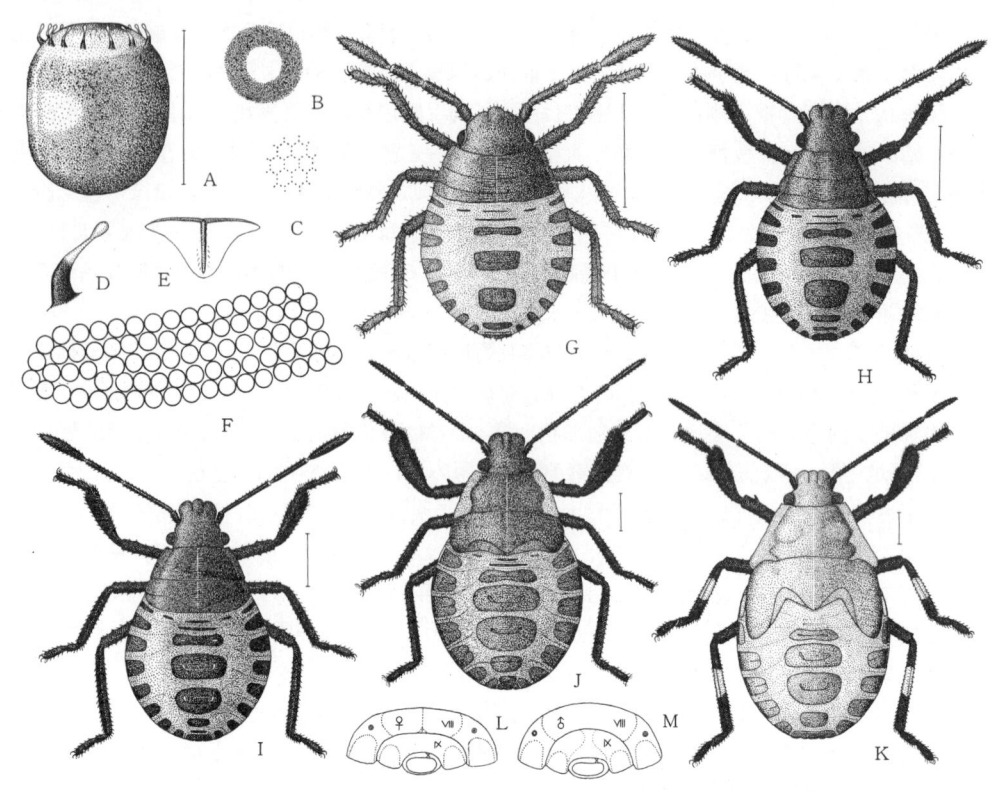

図91 キュウシュウクチブトカメムシ *Eocanthecona kyushuensis* (ESAKI et ISHIHARA)
A. 卵，B. 蓋部中央の輪紋，C. 卵殻表面に微かに認められる六角形模様，D. 受精孔突起，E. 卵殻破砕器，F. 卵塊，G. 第1齢幼虫，H. 第2齢幼虫，I. 第3齢幼虫，J. 第4齢幼虫，K. 第5齢幼虫，L. 同齢雌の性徴，M. 同雄．
［傍線は1mm長］． (小林原図)

正面（広い方の側面）中央部の横長の長楕円形斑は淡灰白色，蓋部は主として淡灰白色，中央部の1輪紋は比較的明瞭で灰黒色．卵殻の表面は淡灰白色の被膜と散在したり網状に連なったりする黒色の円形や楕円形の顆粒状小隆起物（先がとがるものはごく一部のみ）に覆われる．受精孔突起は約150～160 μ 長，先半部は淡灰白色半透明，基部は黒色，11～15個内外，平均12.9個．卵殻破砕器は縦長約260 μ，横幅約530 μ，骨格部は主として褐色．卵塊は通常15～70卵，平均52卵内外からなる．

幼虫（図91，G～M，安永ら[324]）　頭部中葉は側葉に比べて，第2齢までは長く，第3齢ではほぼ等長，第4齢以後はわずかに短い．側葉の側縁の中央よりやや後寄り部は第2齢以後湾入する．

後胸背板は左右それぞれ第3齢では矛刃型に近いオール型で，中胸背板よりやや狭い．後腿節の先端部背面は第3齢以後短角状に突出する．前脛節のグルーミング剛毛は加齢に伴って増加し，第1～5の各齢においてそれぞれ3, 4, 8, 10および13・4本内外．

前部臭腺盤は第3齢以後側端が丸いか後縁よりやや前方で直角状に鈍くとがる；中部臭腺盤は第4齢以後長楕円形状．孔毛はいずれも側盤の内方にある．

硬化盤以外の腹節上の点刻は第4齢から認められるが，この齢では微小かつごく疎らで地色と同色であるため不明瞭，第5齢では腹背板付近のものが黒褐色をなし明瞭．

第1齢：体長2.0 mm内外．各胸背板長の比は3.2 : 2.3 : 1．触角および口吻の各節長比は1 : 2.8 : 2.5 : 4.3および1 : 1.0 : 0.7 : 1.3．

頭部，胸背板，腹背盤および側盤はほぼ黒色，頭部先端部は褐黒色．硬化盤以外の腹節部は暗赤色．複眼，触角第1節および腿節はほぼ赤黒色，触角第2～4節は主として暗赤褐色，節間部は淡色，脛節と跗節は暗褐色．体表には光沢があり，触角と脚には油様光沢がある．

第2齢：体長3.2 mm内外．各胸背板長の比は4.0：3.3：1.触角および口吻の各節長比は1：3.8：2.9：3.9および1：1.2：0.8：1.2．

体は前齢とほぼ同色，ただし，胸部の側縁部はやや淡色．触角および脚は主として暗赤黒色か暗褐黒色，触角第4節先端部および跗節はやや淡色，触角の節間部は淡色か暗赤色．

第3齢：体長5.3 mm内外．各胸背板長の比は4.7：3.8：1．触角および口吻の各節長比は1：4.7：3.5：4.0および1：1.3：0.9：1.3．

体は前齢とほぼ同色，ただし，黒色部には幽かに青藍色の金属光沢がある．触角はほぼ黒色，第4節先端部はやや淡色，節間部は帯赤色．脚は黒色か褐黒色．

第4齢：体長7.2 mm内外．各胸背板長の比は6.9：7.6：1．触角および口吻の各節長比は1：5.2：3.8：3.9および1：1.3：0.9：1.2．

下記を除き前齢とほぼ同色で，黒色部には顕著に青藍色の金属光沢を有する．前胸背側縁部は暗黄赤色，第1・2腹節の側盤外縁は淡褐色半透明，硬化盤以外の腹節部は暗黄赤色．触角は赤黒色，節間部は帯赤色．

第5齢：体長9.7 mm内外．各胸背板長の比は1：1.03：0．触角および口吻の各節長比は1：6.1：4.4：4.2および1：1.3：1.0：1.2．

前齢とほぼ同色，ただし脚は主として漆黒部か褐黒色で幽かに青藍色の光沢を有し，中および後脛節の中央部は淡黄白色．

生態 筆者（小林）の飼育試験では，ヨトウガ，ハスモンヨトウ，シロイチモジヨトウ，スジキリヨトウ，カレハガ，ドクガ，ヒトリガ，ベニフキノメイガ，シャクガ，コナガ，モンシロチョウ，キアゲハなどのチョウ目の幼虫や一部の成虫と前蛹を好んで捕食した．ツマグロオオヨコバイやベッコウハゴロモの幼虫，クロバエ成虫なども捕食した．また，セマダラコガネ，マメコガネ，チャイロコガネなどの成虫やオンブバッタ，ショウリョウバッタ，キチキチバッタ，トノサマバッタなどの幼虫や成虫の首を半ば引き抜き，動けなくして与えると，その体液を吸収して発育した．

山地，林地，樹園地などで樹上生活を行う．同属のシモフリクチブトカメムシの成虫は屋内越冬を行うので，本種も同様な場所で越冬する可能性がある．神奈川県内では産卵期は6・7月，羽化期は8月前後で，年に1世代を営み，成虫態で越冬する．

筆者（小林）が横須賀市観音崎で1995年6月5日と1997年6月2日に採集した各1雌を，横浜市内で上記の餌を与えて自然日長，室温下で飼育した成績によると，前者が6月8日～7月10日の間に6卵塊323卵を，後者が6月6日～7月28日の間に12卵塊598卵を産卵した．発育期間は表57のとおりで，卵期間が平均11.5日，幼虫期間が27.4日であった．羽化率が13および16％と低かったのは餌が不適当であったり，不足したりしたためと推測される．

表57 横浜市内におけるキュウシュウクチブトカメムシの発育期間

年	卵数	卵・幼虫期間（日）							羽化率（％）	発育期間（月日）
		卵	1齢	2齢	3齢	4齢	5齢	合計		
1995	15	11	4	3～4	3	4～6	6～8	20～25	13.3	6.29～8.1
1998	64	12	5	4～10	4～5	4～5	10～12	27～37	15.6	6.9～7.28
平均		11.5	4.5	5.3	3.8	4.8	9.0	27.4		

(258)　第III章　主要種の発育期

第1齢幼虫は集合性が強く，卵殻の上や傍に集合しており，葉から吸水して腹部が膨らむが，昆虫を捕食することはない．第2齢幼虫も集合性が強く，縦列や集団を作って行動し，コナガやシャクガなどの幼虫を集団で吸収した後，再び葉裏に集合して静止する行動がみられた．

（１０）キシモフリクチブトカメムシ Eocanthecona furcellata (WOLFF, 1811)

分布　南西諸島（トカラ以南）；中国，東洋区，ミクロネシア．

成虫　体長11～15 mm．淡黄褐色の地に点刻を散布し，黒色～暗褐色の不規則斑を有する．頭部側葉は中葉とほぼ等長．前胸背側角は棘状．前腿節に1棘状突起がある．

卵（図92, A～E, 安永ら[324]）　長径約1.0 mm，短径約0.8～0.9 mm．側壁はほぼ一様に黒褐色または褐色で重油様光沢を有し，蓋部は褐色で赤銅様光沢を帯び，中央にやや不明瞭な黒褐色の1輪紋を有する．卵殻の表面は帯褐色の薄膜と散在したり紐状に連なったりする，黒色の顆粒状小突起物（先がとがっているものが多い）に覆われる．受精孔突起は約180 μ 長，大部分黒褐色，先端部は淡褐色，11～14個内外，平均12.5個．卵殻破砕器は縦長約210 μ，横幅約450 μ，骨格部は大部分褐色，中央部は黒褐色．卵塊は通常40～80卵内外からなる．

幼虫（図92, F～J, 安永ら[324]）　頭部中葉は側葉より各齢ともわずかに長い．側葉の側縁の中央

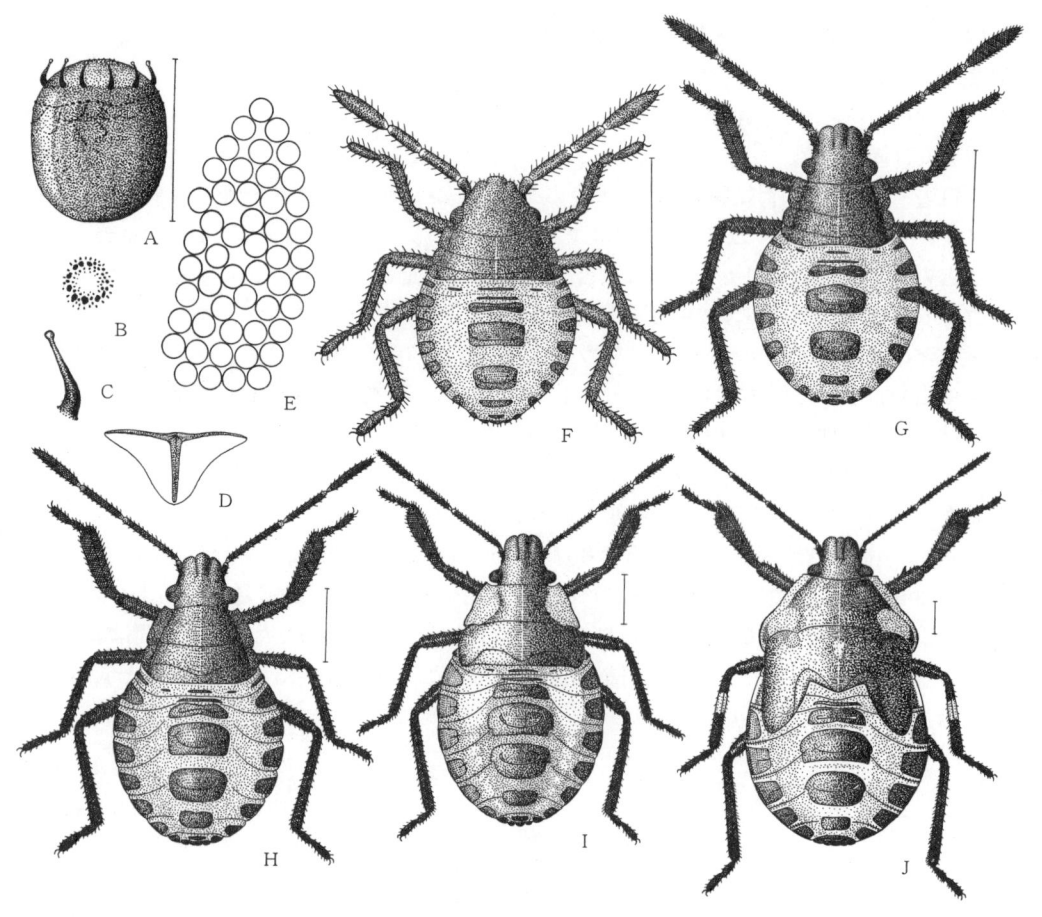

図92　キシモフリクチブトカメムシ Eocanthecona furcellata (WOLFF)
A. 卵，B. 蓋部中央の輪紋，C. 受精孔突起，D. 卵殻破砕器，E. 卵塊，F. 第1齢幼虫，G. 第2齢幼虫，H. 第3齢幼虫，I. 第4齢幼虫，J. 第5齢幼虫．[傍線は1 mm長]．　　　　　　　　　　　　　　　　　　　　　　（小林原図）

よりやや後寄り部は第2齢では左右がほぼ平行であるが，第3齢以後は湾入する．

後胸背板は左右それぞれ第3齢では矛刃型に近いオール型で，中胸背板よりやや狭いかこれとほぼ等幅．後腿節の先端部背面は第3齢以後も平滑．前脛節のグルーミング剛毛は加齢に伴って増加し，第1～5の各齢において，それぞれ3，3・4，5・6，7・8および12本内外．

前部臭腺盤は第3齢以後側端が後縁部で鋭角状をなす；中部臭腺盤は第4齢以後幼菌型．孔毛は第5齢の第6および7節では外側のものが側盤の深く湾入した腹節上または側盤上にある（個体や左右で一定しない）．第5齢幼虫の第3腹板の中央部は個体により微かに隆起する．雌では第5齢幼虫の第8腹節の腹盤が中央の1縦溝の前縁部でV字型に湾入する．

硬化盤以外の腹節上の点刻は第5齢において認められ，微小かつごく疎らで主として黒褐色．

第1齢：体長1.5 mm内外．各胸背板長の比は4.3：2.3：1．触角および口吻の各節長比は1：3.0：2.6：4.3および1：0.9：0.7：1.3．

頭部，胸背板，腹背盤および側盤はほぼ黒褐色．硬化盤以外の腹節部は赤色．複眼は暗赤色．触角は主として暗赤褐色，節間部は淡色．脚は暗褐色ないし暗赤褐色．体表には光沢を有する．

第2齢：体長2.9 mm内外．各胸背板長の比は4.3：3.0：1．触角および口吻の各節長比は1：3.7：3.1：3.9および1：1.2：0.7：1.3．

前齢とほぼ同色かやや濃色．

第3齢：体長3.7 mm内外．各胸背板長の比は5.8：5.3：1．触角および口吻の各節長比は1：4.4：3.5：3.9および1：1.2：0.8：1.3．

頭部，胸背板，腹背盤および側盤は黒色で，光線の具合により幽かに金属光沢を現わす．硬化盤以外の腹節部は主として深紅色，腹背盤と側盤の中間部は黄赤色．複眼および触角は赤黒色，触角の節間部は赤色．脚の色や腹節上の光沢の状態は前齢とほぼ同様．

第4齢：体長6.0 mm内外．各胸背板長の比は7.7：8.1：1．触角および口吻の各節長比は1：5.4：3.9：4.0および1：1.2：0.9：1.2．

下記を除き前齢とほぼ同色で，黒色部に金緑色の金属光沢を有する．前胸背は個体により全体または側縁を含む側方部が橙赤色．腹背盤と側盤との中間の腹節部は帯黄色．脚は漆黒色．

第5齢：体長9.1 mm内外．各胸背板長の比は1：1.19：0．触角および口吻の各節長比は1：5.0：3.3：2.8および1：1.3：1.1：1.1．

前齢とほぼ同色，ただし前胸背の淡色部は黄赤色となり，中胸背の中央部に橙色斑を現すことがある．硬化盤以外の腹節部は初期には主として赤色，後期には腹背盤間および側盤間が帯白色を，この両者間が橙色を帯び，接合線は暗赤色．個体により中脚の脛節中央部だけまたはこれと後脚の脛節中央部が共に淡黄褐色となる．

生態 安永ら[324]によると，シロオビノメイガ，オビカレハ，ミノウスバ，イラクサギンウワバ，ハスモンヨトウ，シロイチモジヨトウ，コアカキリバ，クワゴマダラヒトリその他のチョウ目幼虫のほか，ハマゴウハムシその他のハムシ類の幼虫などをよく捕食する．飼育試験ではアワノメイガ，ニカメイガ，モンシロチョウなどの幼虫も好んで捕食した．イヌビユ，ハイビスカス，ツノクサネムその他の上記の餌昆虫の食草からも吸汁する．

山麓，林地，樹園地，草生地，畑地などで草上および樹上生活を行う．落葉や木石等の堆積間，樹皮や岩石などの隙間などで，成虫態で越冬する．筆者（小林）は石垣島で6月中・下旬にイヌビユの群落（面積約1a）にシロオビノメイガが多数発生していて，これを本種（約20％）とシロヘリクチブトカメムシ（約80％）が捕食しながら産卵しているのを観察したが，メイガは観察開始後2週間で捕食しつくされた．

(11) シロヘリクチブトカメムシ *Andrallus spinidens* (FABRICIUS, 1787)

分布 本州，四国，九州，南西諸島；中国，東洋区，オーストラリア区，北アフリカ，新熱帯区．

成虫 体長12〜15 mm．茶褐色でやや光沢があり，前翅の前縁部と小楯板の先端は黄白色．前胸背の側角は黒色で，棘状に鋭くとがる．

卵（図93，A〜E，安永ら[324]） 長径約1.0〜1.1 mm，短径約0.8 mmの円筒形．側壁は漆様光沢をもつ褐黒色，蓋部は主として白色半透明で赤銅色の金属光沢を有し，中央部に黒褐色の1輪を有する．卵殻は透明で，表面は褐黒色の被膜または上記金属光沢を有するごく淡い褐色半透明の被膜でほぼ平滑に覆われ，細かい六角形状模様の各中心に小円形のくぼみが認められる．受精孔突起は触手（有頭）型で柄部が基部に向かって太くなる独特な形状をなし，約200μと長く，基部は褐黒色，先端部はごく淡い淡褐色半透明，16〜18個内外，平均17.3個．卵殻破砕器は縦長約230μ，横幅約460μ，骨格部は主として褐色，中心部は黒褐色，先端部は淡褐色，膜質部は正面部分も横軸後方部分も透明．卵塊は通常40〜60個内外の卵からなり，卵は1辺か2辺が弧状に弱く曲がった三角形状か四辺形状または五角形状に，或いは細長い場所では2列に，比較的規則的に並べられる．

幼虫（図93，F〜J，安永ら[324]） 頭部は第2齢以後ほぼ長方形状．頭部中葉は側葉に比べて加齢に伴って短くなり，第4齢ではほぼ等長，第5齢では等長かやや短い．側葉の側縁は中央よりやや後

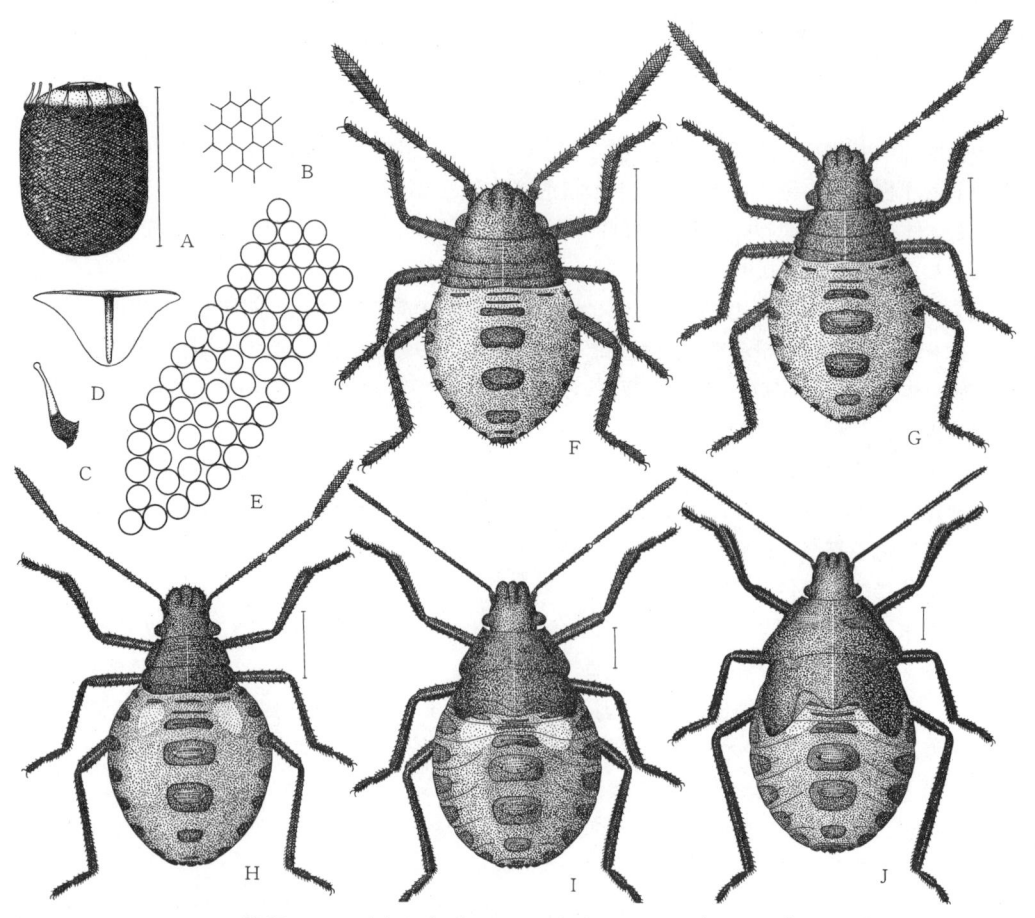

図93 シロヘリクチブトカメムシ *Andrallus spinidens* (FABRICIUS)
A. 卵，B. 卵殻表面に認められる六角形模様，C. 受精孔突起，D. 卵殻破砕器，E. 卵塊，F. 第1齢幼虫，G. 第2齢幼虫，H. 第3齢幼虫，I. 第4齢幼虫，J. 第5齢幼虫．[傍線は1 mm長]． （小林原図）

8. カメムシ科 Pentatomidae （ 261 ）

寄り部において第2齢以後弱く湾入する．触角突起は前背方から見える．触角は細くかつ長い．口吻の先端は第1，4および5齢では第2腹節付近，第2および3齢では第3腹節付近に達する．

　前胸背板の側角部は第4齢以後側方へ円弧状に突出する；後角部は第4齢ではほぼ直角状に後方へわずかに突出し，第5齢では鋭角状に後方へ突出し，中胸背の前角部を覆う；前側縁線は第3齢までは緩弧状，第4齢では中央部で微かに湾入し，第5齢ではS字形に弱く湾曲する．原小楯板は第2・3齢から発達し始める．後胸背板は左右それぞれ第1齢ではへら型で中胸背板より広い，第2齢ではオール型で側縁が長く，中胸背板よりやや広いかこれとほぼ等幅，第3齢では矛刃型に近いオール型で，側縁が鈍くとがり，中胸背板よりやや狭いかこれとほぼ等幅．胸背板の側縁は第1齢ではいずれも平滑；前胸背板の前側縁は第2齢では小鋸歯状，第3齢以後は微細鋸歯状；中胸背板の側縁は第2・3齢では鈍鋸歯状，第4齢以後はほぼ平滑．脚は細くかつ長い，脛節の稜部は各齢ともほぼ直角状に角張り，前脛節の先端部は加齢に伴って次第に太くなるが葉状には発達しない，各腿節の先端から1/3あたりに瘤状小隆起が第3・4齢において不明瞭に認められたり，前腿節の前内側の先寄り部に小短角状突起が認められたりする個体もある．しかしこの有無には個体変異だけでなく，脚の左右による違いもある．前脛節のグルーミング剛毛は第1〜5の各齢において，それぞれ3, 4, 7・8, 10および15・6本．

　前部臭腺盤はプロペラ型で，第1齢では中央部も側端部もあまり細くならない，第2齢以後は比較的太く，中央部のくびれが弱く，側端は後縁部で鈍く角張る；中部臭腺盤は第1齢では逆台形状，第2齢では前縁中部が前方へ弱く突出して五角形状，第3・4齢ではほぼ長方形状，第5齢ではほぼ饅頭型．第1・2腹節には中央部に棒状の腹背盤が1個ずつあり，第1節には更にこれと側盤との中間に角の丸い披針形状か長楕円形状の腹背盤が1個あるが，第5齢では第1節にそれらが認められない．第6・7節境の腹背盤は逆台形状，第8節の腹背盤は角の丸い長方形状か長楕円形状．側盤は第1節では第3齢までは内外に極めて細長い半楕円形状，第4齢では小三角形状，第2〜8節では第3齢まではほぼ半楕円形状，第4齢では第2節のものが変形三角形状，第3〜8節のものが長方形ないし正方形に近い長〜短半楕円形状，第5齢では第2・3節のものが不等辺四辺形状，第4節のものが変形三角形状；外縁は緩弧状で平滑；第2齢以後第2〜8節のものには中央の内寄り部に内外方向の1条の浅溝が認められる．孔毛は2個が円形基盤2〜4個分内外の間隔で内外に並ぶ．第5齢の中胸腹板の正中線上は個体によりわずかに隆起する．

　体表には光沢を有し，第1齢では点刻を欠き，第2・3齢では硬化盤以外の腹節部を除いて地色と同色の微小点刻を疎布するらしいが不明瞭，第4齢以後は小点刻を明瞭に散布し，硬化盤以外の腹節部のものは疎ら．

　齢の検索表

　下記以外はカメムシ科全体の検索表（前記8-2)-(3)）に同じ．

　2(5) 後胸背板は左右それぞれへら型で中胸背板より広いか，オール型で側縁がかなり長く，
　　　中胸背板よりやや広いかこれとほぼ等幅．

　5(2) 後胸背板は左右それぞれ矛刃型に近いオール型で側端が鈍くとがり，中胸背板より
　　　やや狭いかこれとほぼ等幅 ･･･第3齢

　第1齢：体長1.7 mm内外．各胸背板長の比は2.6：1.6：1．触角および口吻の各節長比は1：3.1：3.0：5.3および1：0.9：0.7：1.2．

　頭部，胸背板，腹背盤および側盤は帯赤黒褐色．硬化盤以外の腹節部は深紅色．複眼および触角は主として暗赤色，触角の先端部および節間部は淡色．脚は赤黒色．

　第2齢：体長3.0 mm内外．各胸背板長の比は3.9：3.0：1．触角および口吻の各節長比は1：4.1：

3.7：5.1および1：1.0：0.5：1.0.

　頭部，胸背板，腹背盤および側盤は褐黒色．複眼は赤黒色，その他は前齢とほぼ同色かやや濃色．

　第3齢：体長4.4 mm内外．各胸背板長の比は5.9：4.9：1．触角および口吻の各節長比は1：5.6：4.7：5.8および1：1.1：0.5：0.9.

　頭部，胸背板，腹背盤および側盤は帯藍黒色で，青藍色の金属光沢を幽かに現す．腹部第1～3節の楕円斑は橙黄色，触角の節間部は淡黄赤色．その他は前齢とほぼ同色．

　第4齢：体長7.0 mm内外．各胸背板長の比は14.1：14.8：1．触角および口吻の各節長比は1：6.0：4.7：4.5および1：1.3：0.7：1.0.

　前齢とほぼ同色，ただし硬化盤以外の腹節部は主として暗赤色，腹背盤および側盤上の光沢は金藍緑色に変わり，硬化盤以外の腹節上の点刻は黒褐色で光線の具合により金藍緑色の光沢を現す．

　第5齢：体長10.6 mm内外．各胸背板長の比は1：1.1：0．触角および口吻の各節長比は1：7.4：5.4：4.6および1：1.4：0.9：1.1.

　前齢とほぼ同色，ただし第2・3腹節の半円形斑は帯黄色．触角は赤黒色，節間部は帯白色．

　生態　シロオビノメイガ，ハスモンヨトウ，シロイチモジヨトウ，イネツトムシ，シャクガなどのチョウ目幼虫やハムシ類の幼虫などを好んで捕食する（安永ら[324]）．

　山麓，林地，樹園地，草生地，畑地などで草上および樹上生活を行う．越冬は成虫態で落葉間などで行われる（伊藤[78]）．石垣島では6月中・下旬にイヌビユ群落に発生したシロオビノメイガを捕食していた（前記キシモフリクチブトカメムシ参照）．

（１２）チャイロクチブトカメムシ *Arma custos* （FABRICIUS, 1794）

　分布　北海道，本州，四国，九州；旧北区．

　成虫　体長11～14 mm．ほぼ一様に赤褐色または褐色の地に黒褐色の点刻を散布する．結合板の黒斑以外に目立つ斑紋はない．前胸背側角は鋭角状にとがる．

　卵（図94，A～E，Miyatake & Yano[190]，安永ら[324]）　長径約1.2～1.3 mm，短径約0.9～1.0 mmの楕円形，帯褐色で紫色がかった光沢を有する．卵殻はほぼ透明，蓋部および側壁の上部は帯褐色の，側壁の下部は淡褐色か乳白色の被膜に覆われ，黒色ないし褐色の鋭い棘状の小付属物が不規則に散在する．これは側壁の下部では短く疎ら，上部では長く（約50μ長）網の目状に粗く並ぶように見えることがあるが，明瞭な網状や紐状ではない．受精孔突起は触手（無頭）型で極めて長く約250μ，中部から直角に近い角度で外方へ曲がる；ごく淡い褐色半透明で，先端は膨れることなく円形の穴はわずかに斜下方へ向き，柄部には中空の円孔が透視され，11～13個，平均12.4個．卵殻破砕器は縦長約310μ，横幅約500μ，骨格部の中央部は褐色，歯部は濃褐，末端部は淡褐色；膜質部は正面部分も横軸の後方部分も透明．卵塊は調査できた2例では24および17卵からなり，葉上に産付されたものは1辺が曲がった三角形ないし四辺形状に，細枝上に産付されたものは2・3列に並べられていた．

　幼虫（図94，F～L，Miyatake & Yano[190]，安永ら[324]）　頭部は第3齢以後ほぼ長方形状．頭部中葉は側葉に比べて加齢に伴って短くなり，第4齢ではほぼ等長，第5齢では相当短い．側葉の側縁中部は第3齢以後左右がほぼ平行．触角突起は背方からは見えないが，前背方からは第3齢以後明瞭に見える．口吻の先端は第1,4および5齢では第2腹節付近，第2・3齢では第3腹節付近に達する．

　前胸背板の前側縁線は各齢とも緩弧状，側角部は第5齢においても側方へあまり突出しないが，後角部は鋭角状に後方へ突出する．原小楯板は第2齢から発達し始める．後胸背板は左右それぞれ第1齢ではへら型，第2齢ではオール型で，共に中胸背板より広く，第3齢では矛刃型で中胸背板より狭

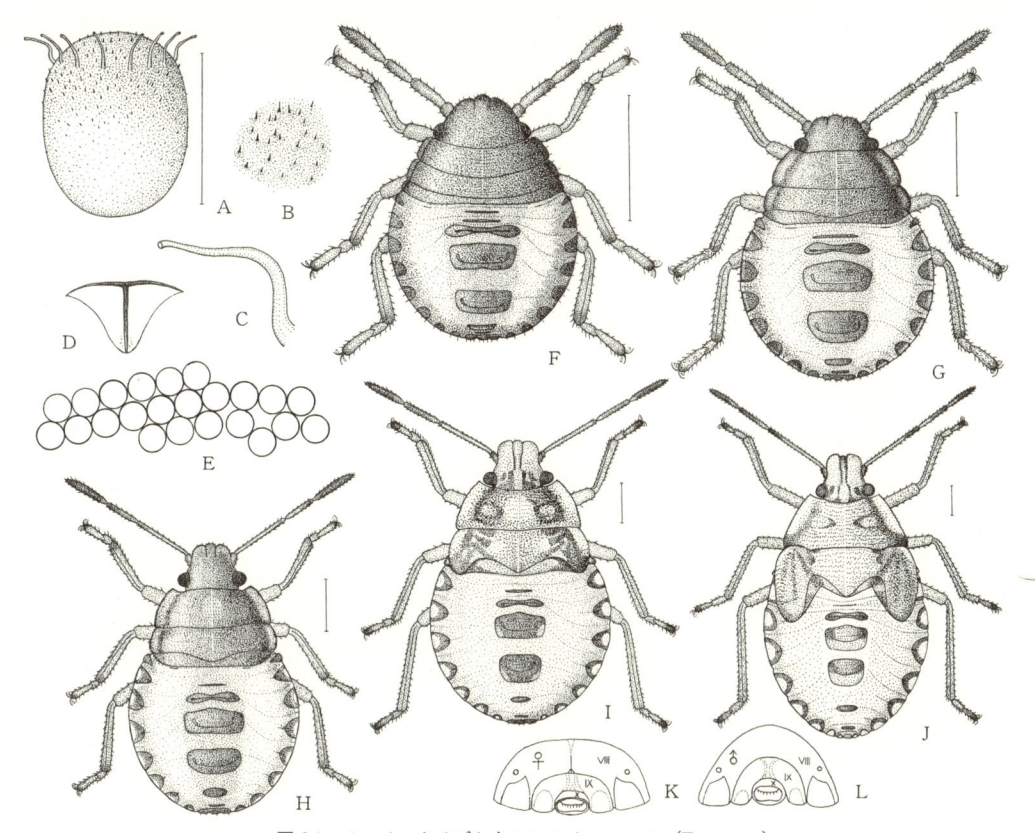

8. カメムシ科 Pentatomidae （ 263 ）

図94 チャイロクチブトカメムシ *Arma custos* (FABRICIUS)
A. 卵, B. 側壁上部の棘状付属物, C. 受精孔突起, D. 卵殻破砕器, E. 卵塊, F. 第1齢幼虫, G. 第2齢幼虫, H. 第3齢幼虫, I. 第4齢幼虫, J. 第5齢幼虫, K. 同齢雌の性徴, L. 同雄. ［傍線は1mm長］. (小林原図)

い．胸背板の側縁は第1齢では平滑，第2齢以後は前胸背では小鋸歯状，中胸背では鈍鋸歯状．脛節の稜部は第1齢では直角状に，第2齢以後は鋭角状に角張る；各腿節の先端から1/3当りに複数の瘤状小隆起が認められるが，第5齢では不明瞭，前腿節の前内側に短角状小突起は発達しない．前脛節のグルーミング剛毛は第1〜5の各齢においてそれぞれ3，4，5・6，8〜10および13・4本内外．

前部臭腺盤はプロペラ型で，各齢とも一般的；中部臭腺盤は第1齢では逆台形状，第2齢以後は前縁中部が前方へ弱く突出した五角形状．胸部と腹節との境界線上に左右1対の短糸片状黒紋が第3齢まで認められる．第1腹節には中央部に棒状の腹背盤が第1齢においてのみ認められる．第2腹節には棒状の腹背盤が各齢に認められるが，第5齢ではやや不明瞭．第6・7節境の腹背盤は第1齢では逆台形状らしいが，接合線上で2分するように見え，第2齢ではほぼ逆台形状，第3齢以後は短紡錘形状．第8節の腹背盤は長楕円形ないし角の丸い長方形状．側盤は第1節では小三角形状で，外縁は小円弧状に外方へ突出する，第2節では第4齢までは三角形状，第5齢では不等辺四辺形状，第3〜8節では第5齢の第3節を除いてほぼ半楕円形ないし半円形状，第5齢の第3節では不等辺四辺形状；第2〜8節の側盤の外縁は緩弧状で平滑，第2〜7節の側盤の中央内寄り部には小さいくぼみと内外方向の浅溝が第4および5齢において認められる．第5齢幼虫の中胸腹板の正中部は微かに隆起する．孔毛の2個は円形基盤2〜4個分内外の間隔で内外に並ぶ．

体表には光沢を有し，第1齢では点刻を欠き，第2・3齢では硬化盤以外の腹節部を除いて黒色の

小点刻を疎布し，第4齢以後は同腹節部も含めて黒色ないし淡褐色の点刻を散布する．

齢の検索表

前記ヒメカメムシに同じ．

第 1 齢：体長2.0 mm内外．各胸背板長の比は4.3：3.0：1．触角および口吻の各節長比は1：3.0：2.5：4.6および1：1.0：0.6：0.9．

頭部，胸背板，腹背盤および側盤は暗赤褐色ないし暗黒色．硬化盤以外の腹節部は主として帯黄白色ないし乳白色，中央部および周辺部では淡黄赤色を帯びる．複眼は赤黒色ないし黒褐色．触角の第1節および第2～4節の各基半部は淡黄褐色，第2～4節の各先半部は赤褐色または黒褐色．脚は主として淡黄褐色または淡赤褐色，脛節先端部は濃色，跗節先端部は暗褐色．

第 2 齢：体長3.2 mm内外．各胸背板長の比は4.2：3.7：1．触角および口吻の各節長比は1：3.3：2.2：3.4および1：1.1：0.6：0.7．

前齢とほぼ同色，ただし胸背板の側縁部および側盤の外縁部は淡色となり，個体により硬化盤以外の腹節部が主として淡黄赤色で，中央部と周辺部が暗赤褐色を帯びる．また触角の第1節は暗褐色ないし暗黄褐色，第2・3節の大部分および第4節基部は淡赤褐色または淡黄褐色，第2・3節の先端部および第4節の大部分は暗褐色ないし褐黒色，節間部は帯赤色．

第 3 齢：体長5.2 mm内外．各胸背板長の比は6.0：5.2：1．触角および口吻の各節長比は1：4.0：2.5：3.2および1：1.2：0.7：0.6．

頭部，胸背板，腹背盤および側盤は主として暗褐色で，光線の具合により幽かに赤銅様金属光沢を現す，頭部側葉前部と前および中胸背板の側縁部は淡色，前胸背中央部は淡色か乳白色，側盤の側縁部は帯白色．硬化盤以外の腹節部その他は前齢とほぼ同色．

第 4 齢：体長7～8 mm内外．各胸背板長の比は7.0：7.2：1．触角および口吻の各節長比は1：4.9：3.0：3.1および1：1.3：0.7：0.6．

体の地色は淡褐色または白黄色，頭部および胸部には図 (94, I) のような黒褐色または黒青色斑があり，硬化盤以外の腹節部または同接合線は周辺部で帯赤色；腹背盤および側盤は主として黒褐色か暗黒色で，同図の淡色部は淡褐色か白黄色．複眼および触角は前齢とほぼ同色．脚は淡褐黄色，跗節先端部は暗色．体の黒褐色部には光線の具合により赤銅様金属光沢を現す．

第 5 齢：体長10～11 mm内外．各胸背板長の比は1：1.1：0．触角および口吻の各節長比は1：6.5：3.6：3.5および1：1.3：0.7：0.6．

体の地色は淡褐色または乳白色，頭部，胸部，腹背盤および側盤には図 (94, J) のような黒褐色ないし黄褐色斑があり，頭頂の1対 (成虫の単眼部分) は赤色．触角の第1節は暗褐色，第2節の大部分，第3・4節の各基部は褐黄色，残りの部分は黒褐色．硬化盤以外の腹節部，複眼，脚等の色合いや体表の幽かな金属光沢などは，前齢とほぼ同じ．

生態　チョウ目やハバチの幼虫，チャイロサルハムシ (川口[93]) その他の小昆虫を捕食する．飼育試験ではクワゴマダラヒトリ，キベリネズミホソバ，イネヨトウ，モンシロチョウ，ハバチ類などの幼虫やヤナギルリハムシの幼虫，前蛹および羽化直後の成虫などを捕食した．第3齢幼虫は共食いをし，第3および4齢幼虫は柳の葉からしばしば吸汁した (Miyatake & Yano[190])．

山地や林地で樹上生活を行う．卵および幼虫の発育期は5月下旬～8月下旬で，成虫態で樹皮下 (四戸[264]) のほか，岩石や材木などの隙間や落葉間などで越冬するものと推測される．

Miyatake & Yano[190] は松山市内で1949年に，モンシロチョウとイネヨトウの幼虫，ヤナギルリハムシの幼虫・前蛹・成虫等を給餌し，筆者 (小林) は盛岡市内で1968年に，クワゴマダラヒトリとモンシロチョウの幼虫を与えて，自然日長，室温条件で飼育した．結果は表58のとおりで，卵期

8. カメムシ科 Pentatomidae　(265)

表58　松山市と盛岡市下におけるチャイロクチブトカメムシの発育期間

飼育地	卵数	卵・幼虫期間（日）							発育期間（月日）
		卵	1齢	2齢	3齢	4齢	5齢	合計	
松山	17	9以上	5	10	5	6	11	37	5.29以前～7.14
盛岡	24	8	3	6	4～7	6～8	12	31～36	7.14～8.22

注．羽化数は両飼育とも1頭（各ステージから研究標本を複数保存したので羽化率の計算不能．松山では共食いがあったが盛岡ではへい死個体はなかった）．松山のデータは Miyatake & Yano[190] による．

間が8日以上，幼虫期間が31～37日であった．

（13）ルリクチブトカメムシ *Zicrona caerulea*（LINNAEUS, 1758）

分布　本州，四国，九州，南西諸島；朝鮮半島，中国，旧北区，東洋区，北アフリカ，南米．

成虫　体長6～8 mm．ほぼ一様に光沢の強い青藍色ないし暗青色．頭部中葉は側葉とほぼ等長．前胸の側角部が発達せず，前腿節に棘状突起がない．

卵（図95, A～D, Kobayashi[117]）　長径約1.0 mm，短径約0.8 mmの楕円形で，黒緑色で光沢を有する．稀に淡黄色のものがあり，ふ化前には淡赤色を帯びる．卵殻はほぼ透明で，表面は茶褐色ないし黒褐色の膠質様物に覆われ，平滑で光沢があり，六角形状模様が微かに認められる．受精孔突起は触手（無頭）型で極めて長く約160μ，中部から直角に近い角度で外方へ曲がる；大部分白色

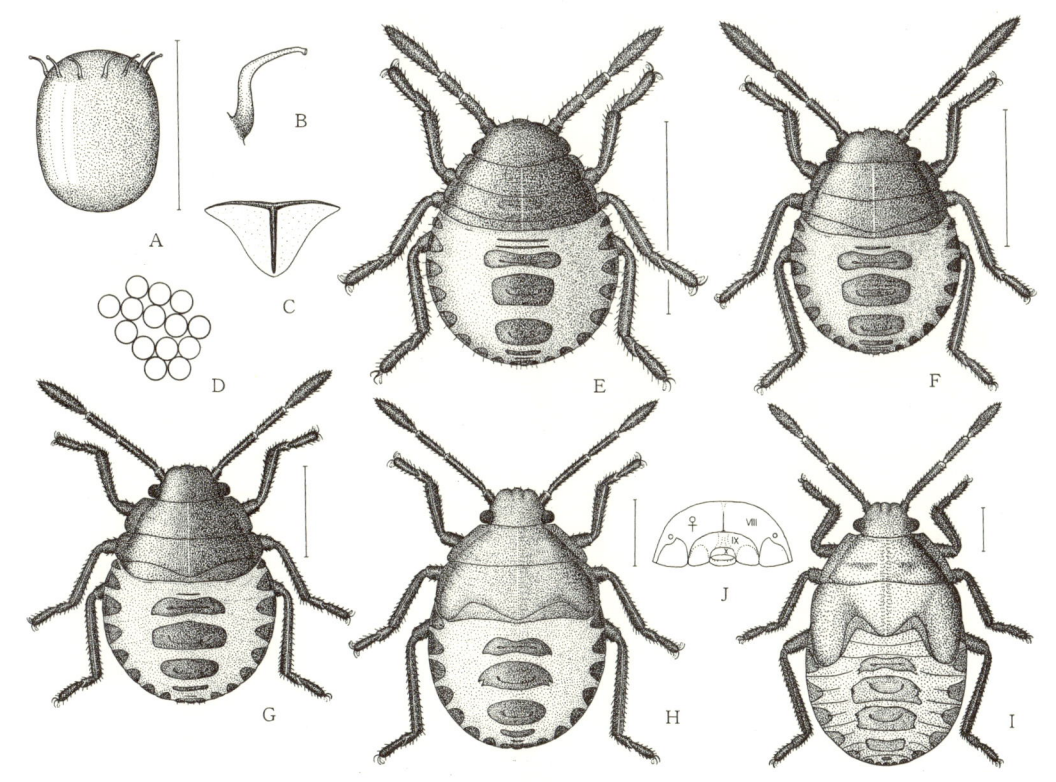

図95　ルリクチブトカメムシ *Zicrona caerulea*（LINNAEUS）
A. 卵，B. 受精孔突起，C. 卵殻破砕器，D. 卵塊，E. 第1齢幼虫，F. 第2齢幼虫，G. 第3齢幼虫，H. 第4齢幼虫，I. 第5齢幼虫，J. 同齢雌の性徴．［傍線は1 mm長］．
(Kobayashi[117]—部改)

半透明，基部は卵殻と同じ膠質様物で覆われ茶褐色ないし黒褐色，先端はわずかに膨れ，円形の穴はやや斜下方へ向き，柄部には中空の円孔が透視され，13～15個内外，平均13.8個．卵殻破砕器は縦長約240μ，横幅約430μ，骨格部は大部分黒褐色で横軸の末端部は淡褐色，または大部分淡褐色で中心部のみ濃褐色；膜質部は正面部分も横軸の後方部分も透明．卵塊は通常5～18卵内外，平均10.3卵よりなり，卵は不規則な平面的塊状に並べられる．

　幼虫（図95，E~J，Kobayashi[117]，安永ら[324]）　頭部は第2齢以後ほぼ台形状．頭部中葉は側葉に比べて加齢に伴って短くなり，第5齢ではほぼ等長．触角突起は背方から見えないが，前背方からは見える．口吻はやや細く短く，その先端は第1・2齢では第2腹節付近，第3齢では後脚の，第4・5齢では中脚の各基節付近に達する．

　前胸背板の前側縁線は各齢とも緩弧状．原小楯板は第2齢から発達し始める．後胸背板は左右それぞれ第1齢ではへら型で中胸背板より広く，第2齢ではオール型で中胸背板とほぼ等幅；第3齢では矛刃型で中胸背板より狭い；胸背板の側縁は各齢とも平滑．脛節の稜部は第1齢では直角状に，第2齢以後は鋭角状に角張る；各腿節の先端から1/3あたりに複数の瘤状小隆起が第2～4齢においてやや不明瞭に認められる．前脛節のグルーミング剛毛は第1～5の各齢においてそれぞれ3，4，4，5・6および8・9本内外．

　前部臭腺盤はプロペラ型で，中部臭腺盤より第1・2齢では広く，第4・5齢では狭い；側端部は第2齢までは広い円弧状であるが，第3齢では後縁部で鋭角状にとがり，第4齢ではその部分が個体によって2叉状に裂け，第5齢では3・4片状に小さく裂けることがある．中部臭腺盤は第3齢までは前縁中央部が前方へ弱く突出した五角形状，第4齢では後角部が2叉状などに裂け，第5齢ではほぼ六角形状で側縁部が乱鋸歯状に複雑に乱れたり，変形幼菌型をなしたりする．後部臭腺盤は第4齢では側縁中部が突出して六角形状になり，第5齢では側縁が乱鋸歯状に複雑に乱れる．各臭腺の開口部は臭腺盤のやや中央寄りに位置する．臭腺中および後部開口部には第2齢以後1個の小牙状突起が認められる．胸部と腹節との境界線上に左右1対の短糸片状黒紋が第3齢まで認められる．第1腹節には央部に棒状の腹背盤が第1齢においてのみ認められ，第2腹節には同様のものが第3齢まで認められる．第6・7節境の腹背盤は逆台形状，ただし第1齢では正中線上で左右に分離するように見えることがある．第8節の腹背盤は角の丸い長方形ないし長楕円形状．側盤は第1節では第4齢まで小三角形状で，外縁は小円弧状に側方へ突出する；第2節の側盤は第4齢まで不等辺三角形状，第3～8節の側盤は第4・5齢の第3節を除いて半楕円形状，第4・5齢の第3節では変形三角形状；第2～8節の側盤の外縁は緩弧状で平滑，第2～7節の側盤の中央内寄り部には内外方向の1条の浅溝が第3齢以後認められる．孔毛の2個は，第2・3齢では内側のものが前寄りの斜め内外に，第4・5齢では側盤がえぐれた場所にありほぼ前後に，円形基盤1.5～3個分内外の間隔で並ぶ．

　体表には光沢を有し，第3齢までは点刻がなく，第4齢以後は硬化盤以外の腹節部を除いて，微小点刻を疎布する．

齢の検索表
前記アカスジカメムシに同じ．

　第1齢：体長1.3 mm内外．各胸背板長の比は3.8：2.9：1．触角および口吻の各節長比は1：2.1：2.0：4.3および1：0.7：0.8：1.0．
　頭部，胸背板，腹背盤および側盤はほぼ黒色．胸部正中線上は黄褐色．硬化盤以外の腹節部は鮮紅色．複眼は黒赤色．触角および脚は主として褐黒色，触角の節間部は黄褐色．
　第2齢：体長1.6 mm内外．各胸背板長の比は4.3：4.1：1．触角および口吻の各節長比は1：2.7：2.1：3.7および1：0.9：0.6：0.9．

8. カメムシ科 Pentatomidae

頭部,胸背板,腹背盤および側盤は漆黒色.胸部正中線上は紅色.硬化盤以外の腹節部は鮮紅色.複眼は赤黒色(2～5齢).触角および脚は灰黒色,触角の各節間部は橙色.

第3齢:体長2.5 mm内外.各胸背板長の比は5.3:5.0:1.触角および口吻の各節長比は1:3.5:2.5:3.9および1:1.1:0.6:0.9.

前齢とほぼ同色,ただし硬化盤以外の腹節部は深紅色,触角の節間部は黄色.

第4齢:体長3.9 mm内外.各胸背板長の比は13.3:14.9:1.触角および口吻の各節長比は1:3.7:2.7:3.7および1:1.0:0.6:0.8.

頭部,胸背板,腹背盤,側盤,触角および脚はほぼ黒色で,前2者には瑠璃色の金属光沢があり,胸部正中線上はごく細く赤色.触角の節間部は黄橙色.硬化盤以外の腹節部は前齢とほぼ同色.

第5齢:体長5.8 mm内外.各胸背板長の比は1:1.2:0.触角および口吻の各節長比は1:4.0:2.6:3.2および1:1.1:0.6:0.8.

前齢とほぼ同色,ただし金属光沢は体部だけでなく,脚にも幽かに現れ,硬化盤以外の腹節部は赤黄色となる.

生態 カミナリハムシ,コカミナリハムシ,ヒメカミナリハムシ,イチゴカミナリハムシ等のAltica属のカミナリハムシ類の成・幼虫や卵,ニカメイガ幼虫(向川[202]),コロラドハムシの幼虫や卵(Kaitazov[82]),フタオビコヤガ,ハスモンヨトウ,シロイチモジヨトウなどのチョウ目昆虫の幼虫などを捕食する.飼育試験ではキスジノミハムシ成虫,ヤナギルリハムシの成虫,卵,幼虫,ニレハムシの卵,幼虫,モクメヤガ,モンシロチョウ幼虫等も捕食されたので,おそらく多くの小昆虫を捕食するのであろう.

本種の成・幼虫は,餌昆虫の食草からしばしば吸汁する.これを実験的に妨げると,その後の発育や増殖が不調に陥る(小林[112]).

河川沿岸,水田畦畔,草むら,畑地,山麓地などの草間に生息する.香川県内では図96に示したように,4月上旬から活動を始め,年に3世代内外を営み,10月下旬から生息地付近の枯葉の下や冬枯れ叢の間などで越冬に入る.交尾・産卵は越冬しない世代では羽化のほぼ10日後から始まる.産卵数は,越冬世代では平均30日間に5.5卵塊44卵,第1世代では平均20日間に4.5卵塊37卵,第3世代では平均30日間に5.8卵塊58卵であった.調査した14卵塊124卵のふ化率は100%であった.

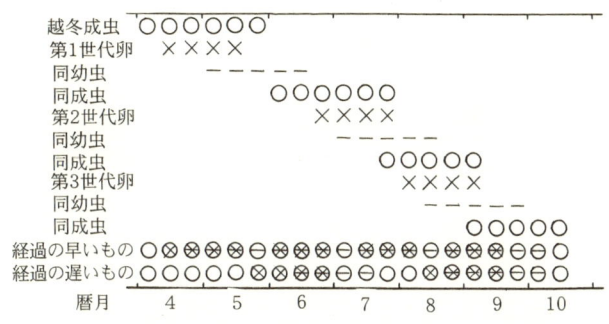

図96 香川県内におけるルリクチブトカメムシの発生経過模式図
○:成虫活動期,×:卵期,—:幼虫期. (小林[112])

香川県内で1949年4月下旬～8月上旬に,樹陰の涼しい軒下に容器を置いて,自然日長条件で前記ハムシ類を給餌して1卵塊ごとに群飼育した結果,第1世代の卵期間は14日,幼虫期間は35日内外,第2世代の卵期間は5日,幼虫期間は28日であった(小林[112]).この飼育では気温が低く,餌が特に第1世代において不足したため,発育が遅延したようである.

捕食(関連)行動 本種がAltica属のカミナリハムシ類を捕食しようとする時には,図97に示したように触角を斜前方に,口吻を前方に突き出して徐に接近して口針を突き刺すか,体長くらいの距離から跳躍して前脚と中脚で成虫体を捕えて口針を挿入する.口針挿入位置は主に,成虫では頸部腹面,胸・腹境関節,翅鞘と腹背間,両翅鞘間,触角基部の節間部,脛節の基部関節など,幼虫

第III章　主要種の発育期

では胸・腹背部，卵では葉との接点などである．

　本種の第4齢幼虫とヒメカミナリハムシ成虫が歩行中に遭遇した時の1例では，ハムシ成虫が攻撃して本種が逃げた．もう1例では，本種の脚にハムシ成虫が咬みつこうとした．しかし実際には咬めなかったが，本種は逃走した．

　雌の容器に雄を入れた時のことである．本種がカミナリハムシ類に跳びつくように（ハエトリグモがハエに跳びつくように），雌が雄に跳びついた．すぐに離れたが，これが求愛行動でないことは，その行動から明らかである．口針を体に突き刺されたとき，ヤナギルリハムシ幼虫は直ちに腹端をはね上げて遁走を試み，逃れ得ることがある．一方，カミナリハムシ類の幼虫は口針を突き刺されたあとも，しばらくは変化なく摂食を続けていて，動けなくなってしまうのである．

捕食量　第2齢幼虫はカミナリハムシ類（*Altica* spp.）の卵と幼虫を，第3齢以後の幼虫および成虫は卵，幼虫および成虫を捕食する．シャーレに1頭を入れてヒメカミナリハムシの各態を給与した場合の捕食量は表59のとおりで，第2齢幼虫は3日間に卵を42個，第3齢幼虫は1日に卵

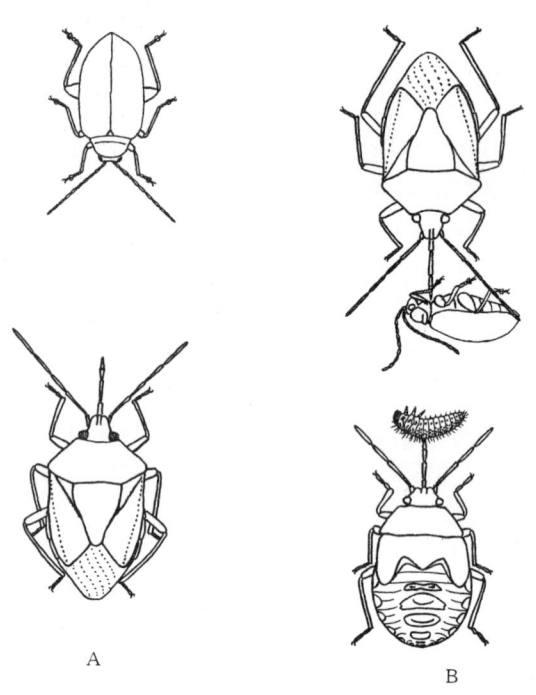

図97　ルリクチブトカメムシのヒメカミナリハムシ捕食行動
　A：ヒメカミナリハムシに跳びかかる直前の成虫の姿勢
　B：ヒメカミナリハムシを捕食する成・幼虫.　　（小林[112]）

表59　ルリクチブトカメムシの日別摂食量（小林[112]）

反復	5月				6月									
	28日	29	30	31	1日	2	3	4	5	6	7	8	9	10
a	IV E・7	IV E・10	IV 三・2	IV 三・2	IV 三・2	IV 二・2	IV E・27	V 三・4	V 三・5	V 三・2	V 三・2	V 0	V 0	V 0
b	IV E・11	IV E・15	IV 二・2	IV 二・4	IV 二・3	IV 三・2	V 三・3	V 0	V 三・4	V 三・4	V 三・4	V 三・3	V 三・1	V 0
c	♂ A・2	♂ A・1	♂ A・2	♂ A・2	♂ A・2	♂ A・2	♂ 三・4	♂ 三・3	♂ 三・4	♂ 三・5	♂ 三・2	♂ A・2	♂ 三・2	♂ 0
d	V 三・1	V 三・2	V 0	V 三・2	V 三・2	V 三・2	V 三・4	V 三・2	V 0	V 0	V 0	羽化後へい死		

反復	6月													
	11	12	13	14	15	16	17	18	19	20	21	22	23	24
a	V 0	V 0	羽化 0	♀ 三・2	♀ 三・1	♀ 0	♀ 三・3	♀ 三・4	♀ 三・2	♀ 三・2	♀ 0	♀ 三・1	♀ 三・3	♀ 0
b	V 0	V 0	羽化 0	♀ 三・2	♀ 三・2	♀ 三・1	♀ 三・3	♀ 三・2	♀ 三・2	♀ 三・2	♀ 0	♀ 二・2	♀ 二・4	♀ 0
c	♂ 三・1	死												

備考．IV, V, ♀, ♂はそれぞれルリクチブトカメムシの第4齢幼虫，第5齢幼虫，雌成虫および雄成虫を，A, E, 二, 三はそれぞれ捕食されたヒメカミナリハムシの成虫，卵，第2齢幼虫および第3齢幼虫を，アラビア数字は個体数を示す．

を45個吸収した．第4齢幼虫はその期間中に平均で卵を19個，第2齢幼虫を5.5頭，第3齢（終齢）幼虫を5頭捕食し，第5齢幼虫は同期間中に終齢幼虫を平均14.7頭捕食した．また成虫は終齢幼虫を1日平均2～3頭または成虫を2頭内外捕食した．本種がヒメカミナリハムシだけを捕食する場合には，生涯に卵，幼虫および成虫を100～200個体内外捕食すると推測される．

利用性 本種はオランダイチゴの葉を食害するイチゴカミナリハムシ（*Altica fragariae* (NAKANE)）の天敵として十分利用できる．善通寺市内の四国農業試験場内の家庭菜園のイチゴ畑に，イチゴカミナリハムシが各態合わせて3.3 m² 当たり約500個体もの高密度で生息し，葉は食害痕で無残な姿となっていたので，1950年5月15日に本種の第3～5齢幼虫を10頭放飼した．その結果，ハムシ密度は放飼園の約20 m² では7月29日に3.3 m² 当り約20個体に低下し，9月8日には0となり，約30 m 離れた別の約10 m² の畑では3.3 m² 当り約10個体に，約100 m 離れた他の6カ所の約50 m² では3.3 m² 当り約100個体に低下していた．翌1951年の秋には同試験場内の8カ所の約80 m² ではこのハムシはほぼ全滅し，被害が全くなくなった．

現在はイチゴ畑にイチゴカミナリハムシの発生がほとんどないようであるが，有機新農薬が開発・利用されるようになるまでは家庭菜園のイチゴには激しい被害が発生していた．そこで，Chapman[7] の式に本種の捕食係数（α）を加えた次式（1）から導いた式（2）に，本種と同ハムシの生態的パラメーター（小林[135]）を入れて，防除（絶滅）に必要な放飼数（p）と防除に要する世代数（k）が試算された（小林[136]）．

a：イチゴカミナリハムシのイチゴ1株当り生息数最大値（各態を含め100と仮定）
m：イチゴの3.3 m² 当たり栽植数（71）と仮定
α：同カメムシが生涯に捕食する同ハムシの個体数（100～200と仮定）
p：同カメムシの最初の個体数
z：同カメムシの繁殖能力（各雌から生ずる幼虫数40～50×性比0.5）（20～25）と仮定
k：同ハムシを絶滅するのに要する同カメムシの世代数

$$k = \frac{\log\left(\dfrac{\alpha pz}{n(z-w)+\alpha pz}\right)}{\log(w/z)} \quad \cdots\cdots (1)$$

$$k = \frac{\log\left(\dfrac{am}{\alpha p}\right)}{\log z} \quad \cdots\cdots (2)$$

習性 第1齢幼虫は集合性を有し，ふ化直後には卵殻上かこの傍らに頭部を内に向けて集合静止するが，第1世代では2～3日後に，第2世代では1日後に卵殻から離れて葉液を吸収し，その後は別の場所で集合静止する．第2齢幼虫は分散して個々に行動して捕食活動を行い，餌昆虫の食草からしばしば吸汁する．

本種の成虫は雌雄で臭いが違う．一般のカメムシは後胸腺から雌雄とも同じ臭いを出すが，本種の雄には幼虫時代の背腺が径約1.5 mm もの大きな袋となって残っていて，背面の第3・4腹節間に開口しており，独特の金属的な強烈な悪臭を放つ．しかし雌は背腺を残しておらず，後胸腺からマルカメムシとヘリカメムシの臭いを混ぜたような弱い臭いを出すに過ぎない（宮本[180]）．

9. エビイロカメムシ科 Phyllocephalidae

日本に分布する既知種はエビイロカメムシ *Gonopsis affinis* (UHLER) 1種のみで (石原[66]), この発育期は究明されている.

1) 生態的特性

成・幼虫ともススキの葉に寄生する. 成虫態でススキなどのイネ科植物の冬枯れ株の株間などに潜んで越冬し, 越冬後の成虫は春暖期に出現して, 伸長したススキの新葉の汁液を吸って交尾し, 寄生植物の葉上に産卵する. 年に1世代を営み, 新成虫は夏・秋季に現れる. 成・幼虫とも不活溌で, 寄生植物上をあまり動かない.

2) 生活への形態的適応

(1) 消化管における濾過室の形成

ススキなどのイネ科植物の葉の篩管から, ヨコバイ亜目のように汁液を継続的に吸収し, 養分を摂取して水分を排出するのに適応して発達したものと推測される.

(2) 外部形態における適応

偏平な体形, 短小な口吻, 短小な触角と脚等は, いずれもススキなどのイネ科植物の細長く薄い葉から, 長時間ほとんど姿勢を変えずに吸汁し続ける習性に適応した形態と考えられる.

3) エビイロカメムシ *Gonopsis affinis* (UHLER, 1860)

分布 本州, 四国, 九州, 南西諸島; 朝鮮半島, 中国.

成虫 体長14～19 mm. 黄褐色ないし赤褐色. 頭部は三角形状にとがる. 頭部側葉は長く, 鋏刃型で, 中葉の前方で内縁が接触する.

卵 (図98, A～E, Kobayashi[117]) 長径約1.3 mm, 短径約1.0 mmでほぼ円筒形. 初期には一様に白色, ふ化が近づくと淡黄色を帯び, 眼点が赤色に, 卵殻破砕器が灰黒色に, 幼体の一部が淡橙色に透視される. 卵殻は白色, 表面に白色の小棘状突起を密に装い, これらを連ねる網状構造はやや不明瞭. 受精孔突起は触手 (有頭) 型で, 細長くほぼ75μ長, 白色で40個内外が側壁の上縁部に輪状に並ぶ. 卵殻破砕器は正三角形に近い逆三角形状, 骨格部はT字型で硬化し黒色, 縦・横軸とも太く, 前者はくさび型で縦長約230μ, 横幅約390μ, 中央の1歯は鋭く突起する. この骨格部は (内側から見ると), 厚さがほぼ等しい薄板がUないしV字型に曲がって形成されている. 膜質部の正面部分は中央部の透明部分を除いて広く暗色, 横軸後方の弓形部分は広く黒色. 卵塊は通常12～14卵よりなり, 卵は2列に並べられる.

幼虫 (図98, F～L, Kobayashi[117], 安永ら[324]) 体は第1齢ではあまり厚くなく, 第2齢以降は相当偏平, 第2・3齢では背面はほぼ平坦で, 腹面はやや膨出し, 腹端部は弱く反り上がる. 頭部の前部は第1齢では円弧状, 第2齢以後はほぼ三角形状に前方へ突出する. 頭部中葉は短く, 前縁は第2齢までは小円弧状で, 第1齢でもあまり広くないが, 第2齢では左右の側葉に挟まれてごく狭く, 第3齢以後は半紡錘形状にとがる. 頭部側葉は広く, 第1齢では中葉よりやや短く, 前側縁線はほぼ緩弧状; 第2齢以後は鋏刃状に中葉の前方へ著しく突出し, この部分の内縁線はほぼ直線状, 先端部は狭く, 前側縁線は前部では小放物線状, 後部は複眼の直前で三角形状に, 第2・3齢では鈍く, 第4・5齢では鋭く側方へ突出する. 触角突起は前背方から見えない. 触角および口吻は第2齢以後著しく短い. 口吻は上唇の基部に接して出ており, 先に向かって緩やかに細くなり, 先端は

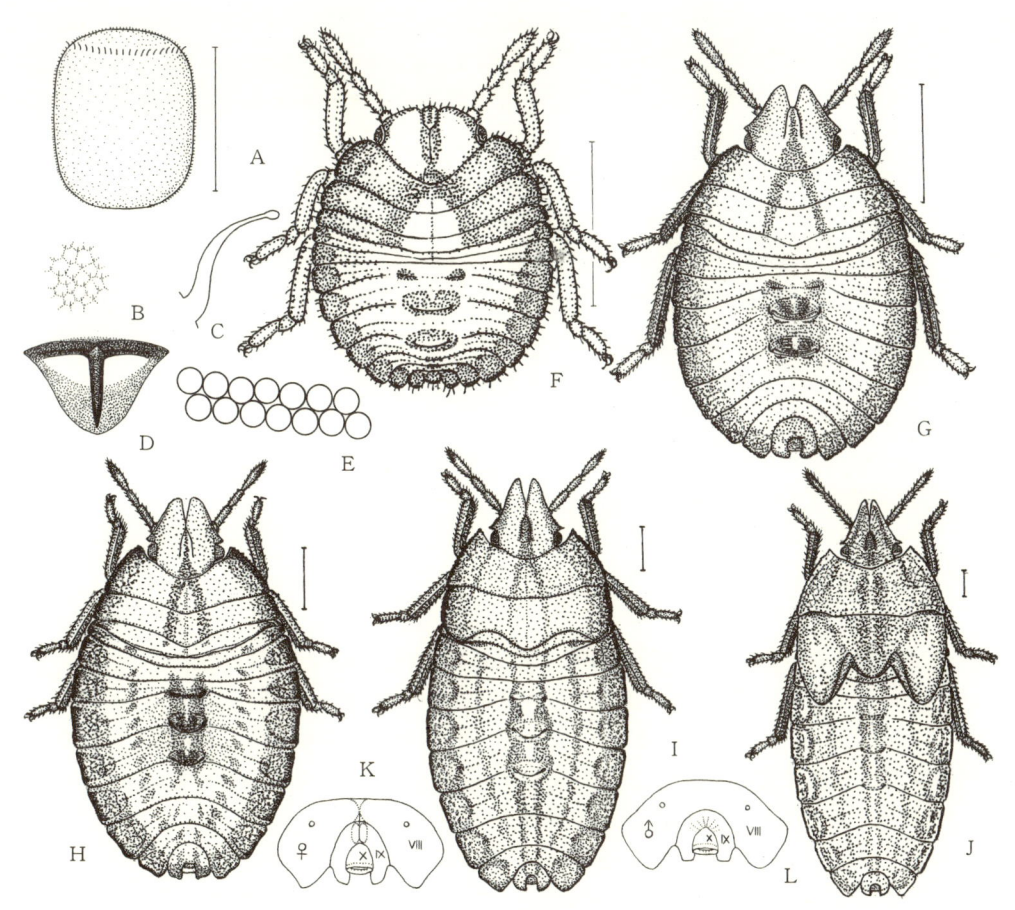

9. エビイロカメムシ科 Phyllocephalidae　　(271)

図98　エビイロカメムシ *Gonopsis affinis* (UHLER)
A. 卵, B. 卵殻表面の短棘をもつ網状構造, C. 受精孔突起, D. 卵殻破砕器, E. 卵塊, F. 第1齢幼虫, G. 第2齢幼虫, H. 第3齢幼虫, I. 第4齢幼虫, J. 第5齢幼虫, K. 同齢雌の性徴, L. 同雄. ［傍線は1mm長］.

(Kobayashi[117] 一部改)

第1齢では第2腹節付近，第2齢では中脚の基節付近，第3および4齢では前脚の基節付近に達し，第5齢ではそれに達しない．

　前胸背板の前側縁線は緩弧状，前角部は第3齢以後鋭角状をなして前方へ突出し，後角部は第4齢以後鋭角状に後側方へ伸び，第5齢では中胸の前角部に被さる．原小楯板は第2齢から発達し始め，前翅包は第4齢から認められる．後胸背板は左右それぞれ第1齢ではへら型で中胸背板より広く，第2齢ではオール型でそれより広いかそれとほぼ等幅，第3齢ではほぼ矛刃型で中胸背板より明瞭に狭く，側端は鋭くとがる；後翅包は第5齢において認められる．各胸背板の側縁は第1齢では平滑，第2齢以後は不規則な鈍鋸歯状．脚は第2齢以後やや短く，脛節の稜部はほぼ直角状に角ばり，前脛節の外稜部は鈍く鋭角状．前脛節のグルーミング剛毛は各齢を通じ4本．

　前部臭腺盤はプロペラ型で，第2齢までは3個中で最も広く，中央部はやや不明瞭；中部臭腺盤はほぼ逆台形状で，3個中最も大きい；後部臭腺盤は楕円形状ないし逆饅頭型で3個中最も狭い．第1および2節には腹背盤を欠く．第1齢において，第6・7節境および第7・8節にはほぼ長方形状の腹背盤が認められるが，輪郭は不明瞭．側盤はほぼ半楕円形状か不等辺四辺形状，外縁は第1齢ではほぼ弧状で平滑，第2・3齢では緩弧状か中央部で弱く湾入し不規則な鈍鋸歯状，第4齢以後は緩弧状で細波状，内縁線上の中央部は弱くくぼむ．腹部気門は第2～8腹節腹面に左右1対ずつ開口し，第

2節では側盤の中部内方に，第3〜8節では側盤の前部内方に位置する．第8節の気門は第7節のものよりやや小さい．孔毛は第3齢までは第3〜7節の気門の後方のやや内寄りに1個ずつ明確に認められ，第4齢以後は同気門の後方に2個ずつあり，円形基盤1〜3個分内外の間隔でほぼ内外に並ぶ．雌では第5齢幼虫の第8腹節の中央に後縁から前縁までの約2/3に達する1縦溝があり，この後縁に小三角形状構造が認められ，前縁部がV字型に微かにくぼみ，第9節の中央部に1対の長楕円形状の不明瞭な隆起部が認められる．雄では第8節の中央が平坦で上記特徴が認められず，第9節の中央部に多数の縦しわがあり，後縁中央部が逆V字型に湾入する．

体表には第4齢まで点刻を欠き，第5齢では硬化盤以外の腹節部をも含めて黒褐色および帯赤色の円形点刻を疎布する．体上の毛は淡褐色短直毛で，第1齢では疎生し，第2齢以後は著しく疎らとなる．

齢の検索表

下記以外はアカスジカメムシの検索表に同じ．

　　3 (4) 頭部側葉の先端部は中葉の先端部を越えない・・・・・・・・・・・・・・・・・・・・・・・・・・・・・・・・・・・第1齢
　　4 (5) 頭部側葉の先端部は中葉の先端を著しく越えて前方へ伸びる・・・・・・・・・・・・・・・・・・・第2齢

第1齢：体長2.0 mm内外．各胸背板長の比は2.3：2.0：1．触角および口吻の各節長比は1：1.4：1.0：2.2および1：1.2：2.0：2.3．

前期（腹部が膨れるまで，ふ化後4・5日間，図98, F）　体は主として淡黄色，ただし頭部中葉の中部は赤色，頭部中央の縦帯，頭部側葉外縁および胸背の中央部以外の部分はかすれぎみに淡灰色，腹背盤は主として黒褐色，この臭腺開口部と接合線部は淡黄色；胸背側縁部，臭腺盤付近の腹節部および側盤は微かに淡黄橙色，胸部および側盤の最外縁は線状にほぼ黒色．複眼は深紅色．触角，脚および口吻は主として淡黄色，腿節先端と脛節は淡黄橙色．

後期（腹部が膨れた後）　頭部，胸部，腹背盤などの灰色ないし黒褐色部分は薄れ，頭部側葉外縁は赤褐色を，頭部および胸背中央部の逆Y字型斑，臭腺盤付近の腹節部，体周縁部などは赤色を帯び，脚は主として淡赤黄色，脛節は赤色となり，腹部表面には光沢を現す．

第2齢：体長3.2 mm内外．各胸背板長の比は2.4：2.0：1．触角および口吻の各節長比は1：1.4：1.1：2.4および1：1.0：1.9：1.8．

体，腿節および跗節は主としてほぼ淡黄色で光沢を有し，硬化盤以外の腹節部はやや淡色．中葉から頭頂を経て後胸背前縁部に至る逆Y字型斑，側葉前側縁部，胸部および腹部の両側縁部，腹部中央部の2縦条，複眼，触角，脛節などは主として帯赤色，ただし胸部および側盤の両最外縁，中部および後部臭腺盤の側縁，跗節および触角第4節の各先端部などは赤黒色．

第3齢：体長5.7 mm内外．各胸背板長の比は3.5：3.5：1．触角および口吻の各節長比は1：1.6：1.2：2.4および1：1.1：2.0：1.8．

前齢とほぼ同色，ただし腹部に帯赤色の断続する4縦条を現し，触角第4節の先半部は黒色がかる．

第4齢：体長9.4 mm内外．各胸背板長の比は5.5：7.5：1．触角および口吻の各節長比は1：1.6：1.2：2.1および1：1.3：2.3：1.9．

前齢とほぼ同色，ただし臭腺開口部は帯白色，跗節の大部分は赤色を帯びる．

第5齢：体長15.0 mm内外．各胸背板長の比は1：1.2：0．触角および口吻の各節長比は1：1.9：1.4：2.2および1：1.1：2.1：1.7．

体は主として帯黄色，中葉から頭頂に至る1条，前胸背から腹端に至る4縦条は断続的に赤黄色または赤色，成虫における単眼部位は帯赤色．側葉，胸背，側盤などの外縁部および最外縁，複眼，触角，脚などは前齢とほぼ同色．

9. エビイロカメムシ科 Phyllocephalidae

生態 ススキの葉片部から吸汁して発育する．イネやサトウキビの葉片部から吸汁することもある．

日当りのよい原野，山麓，堤防，路傍などのススキ上で生息し，年に1世代を営み，成虫態でススキその他のイネ科やスゲ科の冬枯れ株の間などで越冬する．成虫は四国地方では4月上旬ごろから出現し，5月中旬ごろから交尾・産卵を始め，約70日間産卵を続けた後，ほぼ7月下旬ごろまでに死ぬ．卵は5月中旬から7月下旬にわたって，幼虫は5月下旬から10月上旬にわたって見られ，新成虫は8月上旬から10月上旬にかけて羽化し，交尾することなく11月中旬に越冬に入る．

筆者（小林[109]）が香川県飯山町内で1949年に，地植えしたススキ株で雌2頭を飼育して産卵状況を調べた結果，5月27日〜7月13日に15卵塊215卵を産卵した．1雌の産卵数は約8卵塊，100卵内外のようであった．卵塊サイズは17卵塊調査で，範囲1〜28，平均14.5卵，ふ化率は87％であった．また，上記の場所で，同年7月30日までは腰高シャーレにススキ葉を入れて樹陰の涼しい軒下に置き，7月31日以後は地植えのススキ株に幼虫を放飼して飼育した結果は表60のとおりであった（小林[109]）．

卵は最初は蝋白色であるが，卵期間の65〜70％を経過すると，半透明様の白色となり，赤色の眼点と黒色の卵殻破砕器が図（99，A）のように規則的に透視される．ふ化後の第1齢幼虫は1〜3日間卵塊上からその傍らに集合静止した後，分散して吸汁を始める．第1回脱皮の2日前になると，これまでほぼ円形であった体形が，腹部がやや長くなって膨れて楕円形となり，胸部と腹部の灰褐色が薄れる．第2齢幼虫は極めて偏平で，口針を第1齢のように口吻を添えることなく，葉面に3・40度の角度で突き刺して（図99，B），葉にはりついている．第2齢末期になると，腹部の腹面が相当膨出するようになる（図99，C）．

警戒反応と思われる行動に興味深

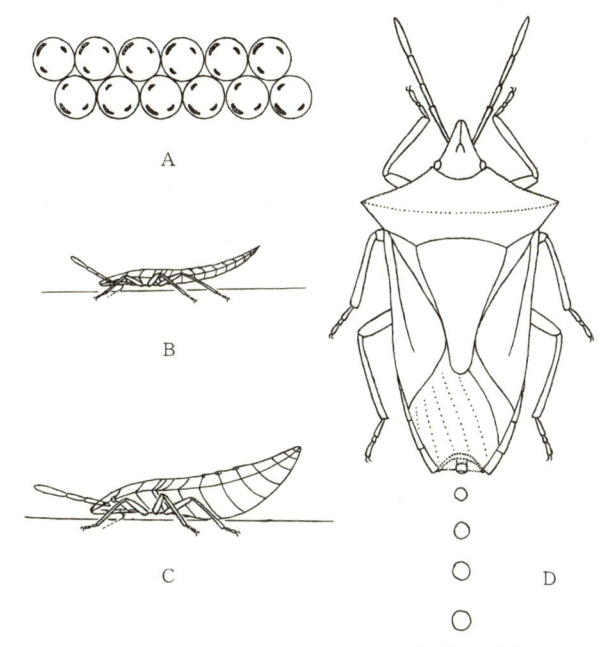

図99 エビイロカメムシについての興味深い観察
A. ふ化前の卵に透視される眼点と卵殻破砕器．B. 葉面に密着し，腹部を反らして吸汁する第2齢初期幼虫．C. 同じく同齢後期幼虫．D. 雄成虫が無色の液体を水滴状に飛ばす有様のイメージ図．　　(小林[109])

表60　香川県内における自然日長・自然温度でのエビイロカメムシの発育期間 (小林[109])

反復	卵数	卵・幼虫期間（日）								発育期間（月日）
		卵	分散	1齢	2齢	3齢	4齢	5齢	幼虫計	
1	13	14	2	8	24	13	13	15	73	5.27〜8.21
2	12	14	1	7	22	12	13	15	69	6.2 〜8.24
3	14	10	1	5	19	12	13	15	64	6.29〜9.11
4	14	6	1	5	19	12	14	16	66	7.13〜9.23
平均	13.3	11.0	1.3	6.3	21.0	12.3	13.3	15.3	68.0	

注．卵塊ごとの集団飼育．脱皮月日は群の半数が脱皮した日．

いものがある．成・幼虫とも他の昆虫や人が近づくと触角を細かく振動させる．成虫は擬死を行うがこの時間が非常に長い．第1齢幼虫はわずかの刺激によっても容易に転落する．同齢幼虫は平面上では歩行が拙く，逃げようとするとすぐ転倒して仰向きになる．8月末にススキ上の第3齢幼虫に指を触れようとしたところ，突然放尿し，尿は1秒以上の間約10 cmの距離をとび続けた．筆者は驚いて手を引きこめたが，セミが飛び立つ時に行う放尿を思わせた．また，真冬の2月11日にススキの冬枯れ株中で越冬している雄成虫をつまみあげると，腹端背面に円筒形の小管を突き出し，液体を数滴，プップッという小音をたてて約3cmの距離にとばした（図99, D）．雌の方は腹端を濡らしただけであった．この時の気温は約12℃で，成虫は相当活発にはうことができた．類似の放尿は *Tessaratoma papillosa* DRURY でも知られており，成虫も若虫も人が近づくと腹端を上げて放尿して警戒する（楚南[268]）．

ススキ葉上の幼虫は，脱皮殻を頭端ですくいあげて，はね落とす習性をもつ．

10．ツノカメムシ科 Acanthosomatidae

日本に分布する既知種は次の7属22種であるが，セグロベニモンツノカメムシに似て腹部背面の黒い種が他に数種あり，またアオモンツノカメムシに類似する別種が本州に分布する．これらのうち発育期が究明された種（＊印）は，卵では11種，幼虫では12種である．

① ハサミツノカメムシ *Acanthosoma labiduroides* JAKOVLEV
② ヒメハサミツノカメムシ *A. forficula* JAKOVLEV
③ セアカツノカメムシ *A. denticauda* JAKOVLEV
④ ミヤマツノカメムシ *A. spinicolle* JAKOVLEV
⑤ ツノアカツノカメムシ *A. haemorrhoidale angulatum* JAKOVLEV
⑥ フトハサミツノカメムシ *A. crassicauda* JAKOVLEV
⑦ オオツノカメムシ *A. giganteum* (MATSUMURA)
⑧ エゾツノカメムシ *A. expansum* HORVATH
⑨ アオツノカメムシ *Cyphostethus japonicus* HASEGAWA
⑩ エサキモンキツノカメムシ *Sastragala esakii* HASEGAWA
⑪ モンキツノカメムシ *S. scutellata* (SCOTT)
⑫ トゲツノカメムシ *Lindbergicoris gramineus* (DISTANT)
⑬ フタテンツノカメムシ *Elasmucha nipponica* (ESAKI et ISHIHARA)
⑭ ヒメツノカメムシ *E. putoni* SCOTT
⑮ クロヒメツノカメムシ *E. amurensis* KERZNER
⑯ キタヒメツノカメムシ *E. fieberi* (JAKOVLEV)
⑰ セグロヒメツノカメムシ *E. signoreti* SCOTT
⑱ アカヒメツノカメムシ *E. dorsalis* (JAKOVLEV)
⑲ ベニモンツノカメムシ *Elasmostethus humeralis* JAKOVLEV
⑳ セグロベニモンツノカメムシ *E. interstinctus* (LINNAEUS)
㉑ ヒメセグロベニモンツノカメムシ *E. minor* HORVATH
㉒ *Elasmostethus* sp. A
㉓ アオモンツノカメムシ *Dichobothrium nubilum* (DALLAS)

1）生態的特性

日本に分布する本科の種は木本または草本植物の種子を吸収して発育する．一般に早春から初夏にかけて出現し，寄主植物の開花期かこの少し前に交尾し，開花期ごろかその後に寄主植物の葉裏その他に産卵する．ほとんど年に1世代を営み，寄主植物の果実や種子が完熟して落ちる前に成虫になるが，寄主を転換して年に2世代を経過する種もある．越冬は成虫態で，落葉や枯枝などの堆積物，蘚苔類，朽木，樹皮，岩石等の隙き間，家屋等の構造物の中の隙き間や崖などで行われる．母虫が卵および幼虫を保護する習性をもつ種があり，幼虫は集合性を永く保持し続ける種が多い．農作物の果実を吸害して，被害を発生させる種もある．

2）形態的特徴

（1）成虫

小楯板は小さく，腹部背面の中央部に達せず，その後端は著しく細くなる．附節は2節．中胸腹板正中線上に顕著な竜骨状突起をもち，第3腹板（見かけ上の第1節）には前方に向かう大きな角状突起があり，腹部下面正中部は隆起する．前胸背側角が角状に突出したり，雄の生殖節が鋏状に発達したりする種もある．また雌の第6および7腹節の両方または後者に，ペンダーグラスト器官（円形のくぼみ）を有する種もある．

（2）卵

短ないし長卵形，滴型またはほぼ円筒形で，蓋部が分化していない．初期には淡青黄緑色，淡黄緑色，淡緑黄色，淡黄白色などで，光沢を有する；ふ化前には眼点が淡赤色に，属により幼体の一部が淡橙色などに透視される．卵殻は比較的か著しく薄く，透明または乳白色半透明で，表面はほぼ平滑．ふ化に際し卵殻はほぼ縦に裂け，裂け目が縦にわずかにまたは相当著しく巻きこむか，全体が複雑に変形する．受精孔突起は微小，半球形か円筒形状で，10～30個内外あり，卵の頂部（卵形のものでは太い方，滴型のものでは尖る方）に近い肩部に1列の輪状に並ぶ．卵殻破砕器は（三味線の）ばち（撥）型で，大部分は厚膜質か膜質らしく，上部中央の1歯は硬化しており，黒褐色で鋭くとがる．卵塊は20～60卵内外からなり，卵は平面的塊状に並べられる．

（3）幼虫

体は卵形ないし楕円形状，若齢では厚く，老齢でも比較的厚い．頭部，胸背板，腹背盤および側盤は，多くの属では第2齢から，一部の属では第1齢から硬化する．体表には，一部の種の硬化盤を除き，光沢を有する．

頭部側葉の後部は第2齢以後複眼の直前部で弱く側方へ反り，第2～4齢以後は触覚突起の基部に角張らずに続く．第2齢以後触角はやや長く，第1節と触角突起が大きい．口吻は一般に長く，第1節は上唇基部からやや離れた所から出ており，第2節湾曲型の種が多く，口吻先端が第2齢の初期に腹端を越える種もある．口針も一般に長く，長い種では第2・3齢期に，それを頭部の前下方か前方に迂回させて，頭部下面との間に滴型の空間を作って保持する機構がみられる．

中胸背板は第3齢から後縁の中央部が後方へ突出して原小楯板が発達し始め，第4齢から小楯板の原形らしくなる．前翅包の発達は第4齢から認められる．後胸背板はほとんどの種で第2齢以後硬化し，この部分は左右それぞれ第2齢ではへら型で中胸背板より著しくまたはやや狭く，後胸背面の全面を覆い尽くさない；後翅包は多くの種では第5齢において顕著に発達するが，第4齢から微かに発達し始めているように見える種もある．第5齢幼虫の中胸腹板の正中部は隆起する．脛節は丸味を

帯び，稜部があまり発達しない．前脛節のグルーミング剛毛は第1齢では3本，加齢に伴って増加し，第5齢では10本内外．

対をなす臭腺開口部間の間隔は，前部のものが中・後部のものより顕著に広い．前部臭腺盤は一般には滴型で，左右1対存在する．第6・7節境の腹背盤はほぼ紡錘形状で，齢により中央部がくびれる．第1，2および8節には腹背盤を欠く．側盤は比較的小さく，第1節では小三角形状か半円形状，第2〜8節では前後に長い不等辺四辺形状か半円形状で，外縁は緩弧状をなし平滑．腹部気門は第2〜8節の腹面に左右1対ずつあり，側盤のほぼ前部内方にあるが，一部の属では若齢期に腹部側縁近くに位置する；第8節のものは他よりやや小形．孔毛は第3〜7節の気門の後内方に各齢とも2個ずつあり，内方のものがやや前寄りで内外に並ぶ．雌では第5齢幼虫の第8腹節の後縁中央部が三角形状に微かにくぼみ，第9節の前縁中央部に半円形，楕円形または逆三角形状の1対の微かな小隆起部が認められ，両者の中央に浅い1縦溝がある．

体表には第2〜4齢以後，頭部，胸背板および腹背盤の全部または一部に点刻を疎布するが，側盤には散布しない．体上には淡褐色の短直毛を疎生する．

齢の検索表

下記以外はカメムシ科全体の検索表（前記8-2)-(3)）に同じ．
 2(5) 後胸背板はへら型で，第1齢では中胸背板より広く，第2齢ではこの硬化部は中胸背板より著しく (*Acanthosoma, Sastragala, Elasmucha*) またはわずかに (*Elasmostethus*) 狭い．
 5(2) 後胸背板は長刀刃型か矛刃型で，中胸背板よりやや狭い・・・・・・・・・・・・・・・・・・・・・・・・・・・第3齢

3) 生活への形態的適応

(1) 口器の発達

本科の種はさく果，球果，液果，核果，双懸果などの包皮，包鱗，果肉などの奥にある種子を吸収する．そのため口器が第2節湾曲型で，口針，口吻，上唇などが第2齢から著しくまたは相当長くなっている種が多く，長い口針を保持するために，口針を一旦頭部の前下方か前方に突き出して，その基部を頭部の前下方でう回させる仕組みが認められる．

(2) グルーミング剛毛の発達

グルーミング剛毛は第1齢では3本であるが，加齢に伴って増加し，第5齢では10本内外になる．この本数はカメムシ上科の中で，クチブトカメムシ亜科に次いで多く，これは口針が付着物で汚れることが多い餌を摂食したり，相対的に長い口針を持っていたりする種にみられる適応的発達かと考えられる．

(3) 目立たない形態と色彩

卵は淡黄緑色に近い色彩をしている．幼虫は卵形ないし楕円形状で，全体か大部分が淡黄緑色に近い色彩で，一部が赤褐色ないし黒褐色に近い色彩であったり，淡黄赤色調と黒褐色調の部分が相半ばしていたりする種が多い．これらの形態や色彩は，環境に融けこむ特徴をもっているようにみえる．卵は葉裏などで，幼虫は日中に摂食活動を行うさく果，球果，液果，核果などの上でほとんど目立たない．野鳥などの天敵に対して隠ぺい効果があると推測される．

4) 発育期における4属の識別

(1) ツノカメムシ科の4属の検索

a) 卵における検索表

1 (6) 卵は卵形か円筒形.
2 (5) 卵殻破砕器はやや広いかやや細長く，縦横比は1.1～2.0.
3 (4) 卵殻破砕器はやや広く，縦横比は1.1～1.7. （卵は短卵形）･･････････････*Acanthosoma*
4 (3) 卵殻破砕器はやや細長く，縦横比は2.0. （卵は円筒形）･･････････････*Sastragala*
5 (2) 卵殻破砕器は細長く，縦横比は2.2～2.5. （卵は長卵形）･･････････････*Elasmucha*
6 (1) 卵は滴型･･*Elasmostethus*

b) 幼虫における検索表

1 (6) 腹部気門は各齢とも腹面側盤のほぼ前部内方にある.
2 (5) 前胸背の側縁部は第2・3齢または第2齢において葉状に発達する.
3 (4) 体上の点刻は第2齢以後認められる．前胸背の前側縁線は老齢では直線状か湾入状
 ･･*Acanthosoma*
4 (3) 体上の点刻は第4齢以後認められる．前胸背の前側縁線は各齢とも緩弧状････*Sastragala*
5 (2) 前胸背の側縁部は各齢とも葉状に発達しない･････････････････････････*Elasmucha*
6 (1) 腹部気門は第3または4齢までは側盤前方の体側縁近くに，その後は側盤の前部内方
 にある･･*Elasmostethus*

5) *Acanthosoma* CURTIS, 1824

(1) 形　態

a) 卵

　長径約1.2～1.6 mm, 短径約1.0～1.4 mmで，短卵形．初期には淡黄緑色または淡青黄緑色．ふ化前には眼点が赤色に透視される．卵殻は比較的薄く，ほぼ透明．ふ化後の卵殻は縦にわずかに巻きこむ．卵殻の表面はほぼ平滑であるが，小円丘状の微かな膨らみに伴う六角形模様が認められる．受精孔突起は乳白色半透明，微小または小半球状で，13～17個内外．卵殻破砕器は縦長約200～210 μ, 横幅約130～180 μ, 大部分厚膜質らしくごく淡い淡褐色，1歯は黒褐色．卵塊は20～50卵内外からなり，卵は不規則に，斜立状態で密に並べられる．

b) 幼虫

　体長は第1齢では1.7～2.2 mm内外，第5齢では9.4～12 mm内外.

　頭部側葉の先端部は第4齢以後鋏の刃先型となり，前内角部が角張る．口吻は第2節湾曲型か，普通型で長く，先端は種により，第2齢の初期には腹端を越えるか第7腹節付近に，同後期には第6・7腹節付近か第5・6腹節付近に達する．口針はエゾツノカメムシでは体に添って後方に伸びて，頭部との間に明瞭な隙間を作らないが，ハサミツノカメムシとセアカツノカメムシでは第2齢時に頭部との間に滴型の空間を作る．

　胸背板は第2齢以後硬化し，胸背の大部分か全体を覆う．前胸背の側縁部は第2・3齢において，または第2齢以後葉状ないし短翼状に発達する；前側縁線は第3齢までは緩弧状か直截状をなし，第4齢では中部が直線状であるか弱く湾入し，第5齢では弱く湾入する；側角部は第4齢以後円弧状に弱く突出するか，短翼状に顕著に側方へ突出する．胸背板の側縁は全齢期を通じて平滑であるか，第3または4齢以後鈍または微細鋸歯状．後胸背板の硬化部は第2齢では後胸背の50％以上を覆うが，

中胸背板より著しく狭い，第3齢では左右それぞれ長刀刃型ないし矛刃型で後胸背の大部分を覆い，中胸背板よりやや狭い，第4齢では後縁線がほぼ直線状で後翅包は発達し始めていない．

　前部臭腺盤は滴型の1対であるか，左右のものが中央で接触または連結したようなプロペラ型．臭腺中および後部開口部には第2・3齢では牙状の，第4齢以後は薄いひだ型の小突起が認められる．第6・7腹節境の腹背盤は第1齢では不明瞭，第2齢以後は紡錘形状，この中央部は第2〜3または4齢時に著しくくびれることがある．側盤は第1節では第2〜3または4齢において小三角形状ないし菱型で，外縁は小円弧状に外方へ突出する，第2〜7節では前後に長い不等辺四辺形状，第8節では同様か半円形状または半楕円形状；外縁は緩弧状で平滑．腹部気門は側盤のほぼ前部内方に位置する．孔毛2個間の間隔は円形基盤1〜5個分内外．

　体表には光沢を有し，頭部，胸背板および腹背盤には第2齢以後黒褐色または黒色の点刻を疎布する．

c) *Acanthosoma* 4種の識別

(i) *Acanthosoma* 3または4種の形態的特徴比較

　Acanthosoma 3または4種の卵および幼虫の形態的特徴は表61および62のとおりである．

(ii) *Acanthosoma* 3または4種の検索表

卵
1(4) 卵殻破砕器は縦横比約1.6〜1.7と細長い．
2(3) 卵殻破砕器の下側縁部は大部分の色彩と異なり褐色を帯びる……ハサミツノカメムシ
3(2) 卵殻破砕器の下側縁部は大部分の色彩と同じごく淡い褐色………セアカツノカメムシ
4(1) 卵殻破砕器は縦横比約1.1と幅が広い……………………………エゾツノカメムシ

幼虫
1(6) 前部臭腺盤は各齢とも滴型で左右1対．
2(5) 頭部中葉は側葉に比べて第2齢までは長く，第3齢ではほぼ等長，第4齢では等長かやや短く，第5齢では短い．
3(4) 第1齢：口吻の各節長比は1：1.2：1.2：1.2；第2齢：前胸背の前側縁線は直線状；第3〜5齢：前胸背の前側縁は鈍鋸歯状……………………ハサミツノカメムシ
4(3) 第1齢：口吻の各節長比は1：1.2：1.3：1.3；第2齢：前胸背の前側縁線は弧状；第3〜5齢：前胸背の前側縁は第3齢では平滑，第4・5齢では微細鋸歯状
　　……………………………………………………………………セアカツノカメムシ
5(2) 頭部中葉は側葉に比べて全齢を通じて長い……………………ミヤマツノカメムシ
6(1) 前部臭腺盤は各齢ともほぼプロペラ型で1個のみ……………エゾツノカメムシ

表61　*Acanthosoma* 3種の卵の特徴

比較部分		ハサミツノカメムシ	セアカツノカメムシ	エゾツノカメムシ
長径×太さ（約mm）		1.6×1.4	1.4×1.3	1.2×1.0
受精孔突起	大きさ	微小	微小	小
	数（約）	13〜15	15〜18	10〜14
	相互間隔（約μ）	180	130	190
卵殻破砕器	サイズ（縦×横．約mm）	0.21×0.13	0.20×0.12	0.20×0.18
	中央部の大部分	ごく淡褐	ごく淡褐	ごく淡褐
	下部側縁部	厚膜質，褐色	厚膜質？，同上	膜質，無色透明
卵塊の卵数（約）		40〜50	40〜50	20〜40

10. ツノカメムシ科 Acanthosomatidae

表62 *Acanthosoma* 4種の幼虫の特徴比較表

比較項目	種*	第1齢	第2齢	第3齢	第4齢	第5齢
体長（約mm）	ハサミ	2.2	3.6	5.0	8.0	12.0
	セアカ	2.0	3.2	4.5	7.3	12.0
	ミヤマ	?	?	5.0	7.3	11.0
	エゾ	1.7	2.9	4.1	6.3	9.4
頭部中葉（側葉に比べ）	ハサミ	長い	同左	ほぼ等長	やや短い	同左
	セアカ	長い	同左	ほぼ等長	同左	同左
	ミヤマ	長い?	同左?	やや長い	同左	同左
	エゾ	長い	同左	同左	同左	同左
前胸部幅（中胸に比べ）	ハサミ	狭い	同左	同左	同左	やや広い
	セアカ	狭い	同左	同左	同左	ほぼ等幅
	ミヤマ	?	?	狭い	同左	やや広い
	エゾ	狭い	同左	同左	ほぼ等幅	顕著に広い
前胸背側縁部（葉状または翼状発達の状態）	ハサミ	認められない	葉状・相当顕著	やや著しい	側角部円弧状	同左
	セアカ	認められない	同上	やや弱い	同上	同左
	ミヤマ	?	?	ほとんどない	同左	同左
	エゾ	認められない	葉状・相当顕著	やや著しい	短翼状	同左
前胸背前側縁線中部	ハサミ	緩弧状	直線状	緩弧状	直線状	弱く湾入
	セアカ	緩弧状	弧状	緩弧状	弱く湾入	同左
	ミヤマ	?	?	緩弧状	直線状	弱く湾入
	エゾ	緩弧状	同左	同左	直線状	弱く湾入
前胸背前側縁鋸歯状態	ハサミ	平滑	同左	鈍鋸歯	同左	同左
	セアカ	平滑	同左	同左	微細鋸歯	同左
	ミヤマ	?	?	鈍鋸歯	同左	同左
	エゾ	平滑	同左	同左	同左	同左
前部臭腺盤	ハサミ	滴型で1対	同左	同左	同左	同左
	セアカ	同上	同左	同左	同左	同左
	ミヤマ	?	?	同上	同上	同上
	エゾ	ほぼプロペラ型	プロペラ型	同左	同左	同左
腹背盤（6・7節境のもの）	ハサミ	不明瞭	紡錘形で中央部くびれる	同左	紡錘形状	紡錘形
	セアカ	紡錘形か同上	同上	同左	同左	紡錘形
	ミヤマ	?	?	紡錘形	同左	同左
	エゾ	不明瞭	紡錘形	同左	同左	同左
グルーミング剛毛数（約）	ハサミ	3	4	6	6〜8	8〜9
	セアカ	3	4	4〜6	8	10
	ミヤマ	?	?	4〜6	4〜6	8〜10
	エゾ	3	4	4	6	8
口吻端の位置（腹節位，脚部付近）	ハサミ	4節	6節	4節	後脚基部	中・後脚間
	セアカ	4節	7節	5節	2節	中・後脚間
	ミヤマ	?	?	3・4節	3節	後脚基節
	エゾ	4節	5・6	3・4	後脚基節	中・後脚間
上唇基部（背方から）	ハサミ	見えない	同左	同左	同左	同左
	セアカ	見えない	見える	見えない	同左	同左
	ミヤマ	?	?	見えない	同左	同左
	エゾ	見えない	同左	同左	同左	同左
口針が頭部との間に作る空間の形	ハサミ	なし	滴型	なし	同左	同左
	セアカ	なし	滴型	なし	同左	同左
	ミヤマ	?	?	なし	同左	同左
	エゾ	なし	同左	同左	同左	同左

注．＊ 種はいずれもツノカメムシで，これを省略．

(280) 第III章 主要種の発育期

(iii) 分類上の問題点

表61,62および図100～107等で示したように,卵殻破砕器,前部臭腺盤,第4・5齢における前胸側角部,口吻第2節等の形態がハサミツノカメムシ,セアカツノカメムシおよびミヤマツノカメムシとエゾツノカメムシとの間で著しく異なる.エゾツノカメムシは他の3種とは異なり,特異な位置にあるように思える.

(2) 生　態

木本植物の核果や球果,草本植物の果実等を摂食し,越冬前に果樹の果実を吸害することもある.年に1世代を営み,落葉等の堆積間のほか家屋内にも侵入して越冬する.上記4種は抱卵習性をもたないが,本属の中にはそれをもつ種もある.

6) ハサミツノカメムシ *Acanthosoma labiduroides* JAKOVLEV, 1880

分布　北海道,本州,四国,九州;朝鮮半島,中国,シベリア東部.

成虫　体長17～19 mm(雄は鋏の先端まで).鮮やかな緑色で,前胸背側角が赤い.雄では生殖節の鋏状突起が赤色で長く,左右のものがほぼ平行して後方に突き出ている点で,ヒメハサミツノカメムシおよびセアカツノカメムシと識別できる.

卵(図100, A～E, Kobayashi[124])　長径約1.6 mm,短径約1.4 mm.受精孔突起は微小半球形,相互間隔は約180 μ,数は13～15個内外.卵殻破砕器はやや広く,縦長約210 μ,横幅約130 μ,1歯以外の大部分はごく淡い褐色,上縁と下部側縁は褐色.卵塊は通常40～50卵内外からなる.

幼虫(図100, F～O, Kobayashi[124], 安永ら[324])　頭部中葉は側葉に比べて第2齢まではやや長く,第3齢では背方からはやや短く見えるが,前背方からはほぼ等長,第4齢以後はやや短い.口吻の先端は第2～5の各齢の後期にそれぞれ第6,4腹節,後脚基部および中・後脚の両基節間付近に達する.口針の基部は第2齢において上唇の下方に突き出て,上唇基部は背方から見えない.

前および中胸背の側縁部は葉状に,第2齢ではかなり顕著に,第3齢ではやや著しく発達する;第2齢では両側縁線は直截状,前胸背の前角部は半円形状をなして前方へ突出し,後角部は鈍角状で丸味をもつ;第3齢では両側縁線は弧状となり,前胸背の前角部の半円形突出部が小さくなり,後角部はほぼ直角に角張る.また,前胸背の前側縁は第3齢までは平滑,第4齢以後は鈍鋸歯状,同前側縁線の中央部は第4齢では直線状,第5齢では弱く湾入する.前胸部は第5齢では中胸部より広い.後胸背板の硬化部は第3齢では前後縁間がやや狭い.前脛節のグルーミング剛毛は第1～5の各齢においてそれぞれ3,4,6,7・8および8・9本.

前部臭腺盤は滴型で1対.雌では第5齢の第8腹節の両側縁(体の後端部)に挟まれて第9節の両側縁があり,これに挟まれて第10節の背面後縁が見え,両者がほぼ一直線上にある(図100, O).雄では第8節の両側縁が体の後端に位置し,この後縁(見かけ上の内縁)に挟まれた湾入部に第10節背面の後縁があり,第9節は第8節内にほぼ埋没して見える(図100, N).

第1齢:体長2.2 mm内外.各胸背板長の比は1.9:1.6:1.触角および口吻の各節長比は1:1.2:1.3:2.5および1:1.2:1.2:1.2.

体はほぼ淡青緑色,周縁部は淡色で半透明,中および後部臭腺盤を囲む腹節中央部は橙黄色.複眼は鮮紅色.触角および脚はごく淡い青色半透明.

第2齢:体長3.6 mm内外.各胸背板長の比は6.0:4.8:1.触角および口吻の各節長比は1:1.3:1.4:1.7および1:1.7:1.5:1.0.

頭部,硬化した胸背板,腹背盤および側盤は主として褐黒色;頭部中および側葉の周縁部は褐色,

10. ツノカメムシ科 Acanthosomatidae

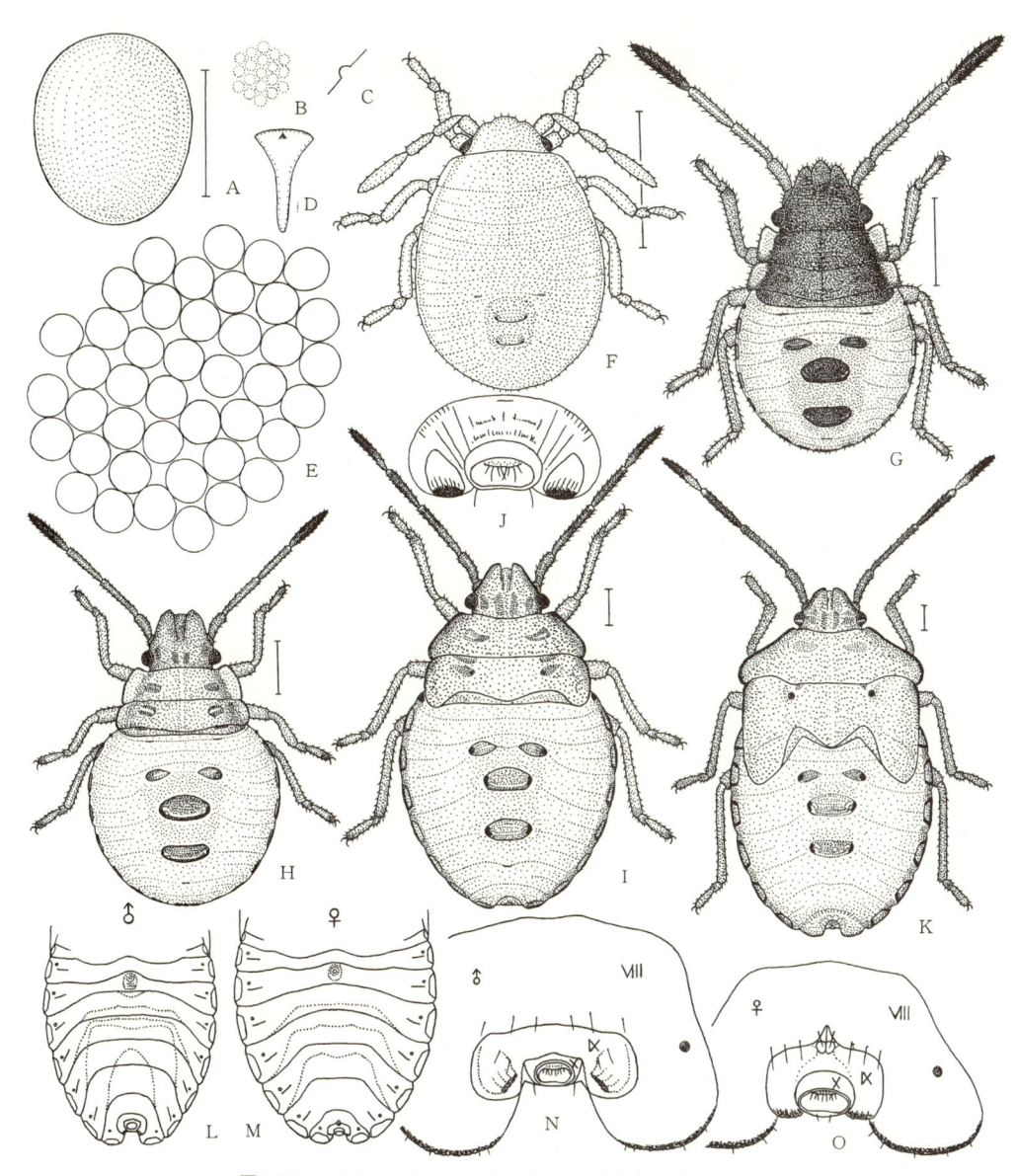

図100 ハサミツノカメムシ *Acanthosoma labiduroides* JAKOVLEV
A. 卵，B. 卵殻表面の円丘状の微かな膨らみ，C. 受精孔突起，D. 卵殻破砕器，E. 卵塊，F. 第1齢幼虫，G. 第2齢幼虫，H. 第3齢幼虫，I. 第4齢幼虫，J. 同齢の腹端部，K. 第5齢幼虫，L. 同齢雄の腹部気門と第3腹節中央の隆起部の位置，M. 同じく雌，N. 同齢雄の性徴，O. 同雌．［傍線は1mm長］． (Kobayashi[124]一部改)

前および中胸背板の側縁葉状部の大部分および臭腺開口部付近は淡褐色，胸背板の側縁は帯黒色，正中線上は淡黄色，後胸背の硬化部以外の部分と硬化盤以外の腹節部は主として淡黄緑色，同腹節部の腹背盤付近は橙赤色，周縁部は淡黄赤色，第2節以後の側盤の中央部は淡褐色か淡緑黄色．複眼は黒赤色（2〜5齢）．触角および脚は主として淡赤褐色，触角第4節は黒色，跗節先端部は暗色．

第3齢：体長5.0mm内外．各胸背板長の比は7.0：7.8：1．触角および口吻の各節長比は1：1.4：1.3：1.7および1：1.5：1.5：1.0．

頭部，胸背板および側盤は主として淡緑褐色；前2者の側縁は黒色，この内側は淡赤色，図（100, H）の濃色斑は暗褐色，側盤の外縁は帯黒色，第1節の側盤は全体黒色（2〜4齢）．硬化盤以外の腹節

部は主として淡緑色か淡赤色，腹背盤間および周縁部では帯赤色．腹背盤は主として暗色，中および後部臭腺盤の臭腺開口部前方は帯淡黄色，接合線付近は淡緑色．触角の第1～3節は暗赤色，第4節は黒色，節間部は淡黄色を帯びる．脚は淡黄赤色，跗節先端部は暗．

第4齢：体長8.0 mm 内外．各胸背板長の比は12.0：12.0：1．触角および口吻の各節長比は1：1.8：1.6：1.7および1：1.5：1.5：1.0.

体は主として淡黄緑色；頭部と胸部の側縁および側盤の外縁は黒色，この内側は淡赤色か赤黒色，中および後部臭腺盤は主として淡緑褐色，図（100, I）の濃色斑は暗褐色と黒色．硬化盤以外の腹節部の色彩には個体変異があり，前部以外の大部分が淡赤緑色で側盤間が淡赤色を帯びる個体や，主として淡黄緑色で中央部が淡黄色，側盤間のみ淡赤色を帯びるものなどがある．触角の第1節および第2節基部は暗褐色，第2・3節の大部分は褐黒色，第4節の基部は赤色，大部分は黒色；または個体により第1および3節は赤黒色，第2および4節の大部分は黒色，第4節の基部は淡黄褐色．脚は淡または暗褐色，脛節および跗節の各先端部は暗色．

第5齢：体長約12.0 mm 内外．各胸背板長の比は1：1.44：0．触角および口吻の各節長比は1：1.8：1.6：1.5および1：1.4：1.4：1.0.

体は前齢とほぼ同色かやや淡色で，頭部，胸部および腹部が主として淡黄青色ないし淡黄緑色で，この亜側縁の淡赤色部の内側が帯黄色を帯び，中葉の中部の両側縁に1黒条が，頭頂部に1対の赤点が，原小楯板の基部に1対の小点状黒斑がそれぞれあり，中および後部臭腺開口部の内側が黄白色となる．触角の第1節～3節基部は暗褐色で油様光沢を有し，第3節の大部分および第4節の先半部は帯黒色，第3節の先端部と第4節の基半部は淡黄色．腿節は淡緑色，脛節の大部分は淡い暗緑色，脛節の先端部および跗節は暗緑色．

生態 ヤマウルシ，ツタウルシ，ミズキなどの核果から吸汁して発育する．イヌザンショウにも寄生するといわれる．

山地の寄主植物などで樹上生活をする．四国地方や本州中・北部では6月上旬～7月下旬ごろ交尾・産卵し，幼虫は6月中旬～9月上旬にみられ，新成虫は7月下旬～9月上旬に羽化する．越冬は山地の家屋内でも行われる（小林・木村[158]）．

筆者（小林）が1957年6月3日に剣山で雌2頭，雄1頭を採集し，徳島市内の自然日長・室温条件で，ヤマウルシとツタウルシの核果を与えて飼育した例では，6月中旬に産卵された1卵塊（約40卵）から，7月23～26日に新成虫が羽化した．第1～5の各齢期間は，それぞれ6, 8, 4・5, 5～7および9日で，全幼虫期間は32～35日であった．

ふ化幼虫は卵殻をはね落として集合静止する習性をもつ．

7) セアカツノカメムシ *Acanthosoma denticauda* JAKOVLEV, 1880

分布 北海道，本州，四国，九州，屋久島；朝鮮半島，中国，シベリア東部．

成虫 体長14～19 mm．青味を帯びた緑色で，小楯板の基部から中央にかけて広く赤褐色を，前胸背の前半は黄褐色を帯び，側角の先端はわずかに黒い．雄の生殖節付属器は赤色の鋏状で，後方で広がるが長くない．

卵（図101, A～E, Kobayashi[122]，安永ら[324]） 長径約1.4 mm, 短径約1.3 mm．受精孔突起は微小半球形，相互間隔は約130μ，数は15～18個内外．卵殻破砕器はやや広く，縦長約200μ，横幅約120μ，1歯以外の大部分はごく淡い褐色，歯の周辺部は淡褐色を帯びる．卵塊は通常40～50卵内外からなる．

幼虫（図101, F～J, Kobayashi[122]，安永ら[324]） 頭部中葉は側葉に比べて第2齢までは長く，

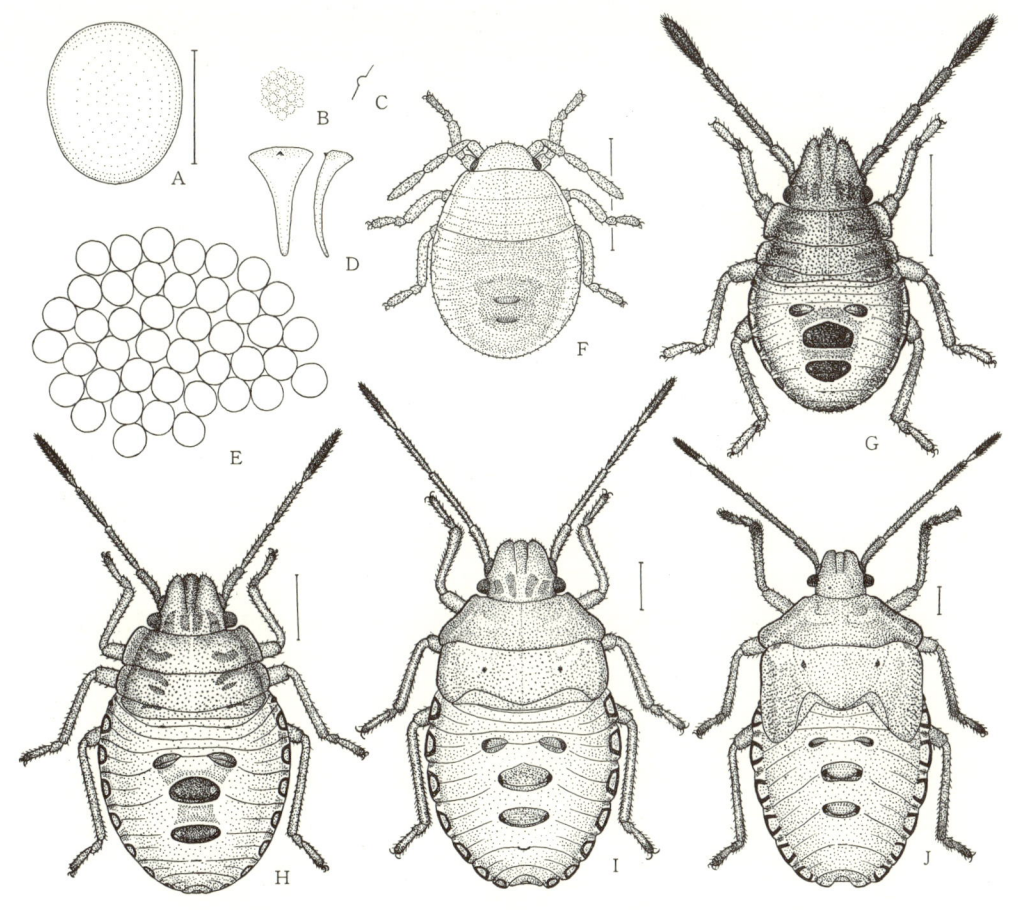

図101 セアカツノカメムシ *Acanthosoma denticauda* JAKOVLEV
A. 卵；B. 卵殻表面の円丘状の微かな膨らみ；C. 受精孔突起；D. 卵殻破砕器，左：正面図，右：側面図；E. 卵塊；
F. 第1齢幼虫；G. 第2齢幼虫；H. 第3齢幼虫；I. 第4齢幼虫；J. 第5齢幼虫．[傍線は1mm長].

(Kobayashi[122] 一部改)

第3齢では背方からもほぼ等長，第4齢以後は前部が下方へ曲がるため，背方からはやや短く見えるが前背方からはほぼ等長．口吻の先端は第2～5の各齢の後期にそれぞれ第7, 5, 2腹節および中・後脚の両基節間付近に達する．口針の基部は第2齢において中葉の前下方に突き出ており，上唇基部は背方から見える．

前および中胸背の側縁部は葉状に，第2齢ではかなり著しく，第3齢ではやや弱く発達する；両胸背の前側縁線および側縁線は第1および3齢では緩弧状，第2齢ではやや曲度が強く弧状；第2齢では前胸背の前角部は円弧状に丸く，後角部はほぼ直角に角張る．また，前胸背の前側縁は第3齢までは平滑，第4齢以後は微細鋸歯状，同前側縁線の中央部は第4齢以後弱く湾入する．第5齢において前胸部は中胸部とほぼ等幅．後胸背板の硬化部は第3齢では前後縁間がやや広い．前脛節のグルーミング剛毛は第1～5の各齢においてそれぞれ3, 4, 4～6, 8および10本内外．

前部臭腺盤は滴型で1対．性徴は第5齢において，雌雄ともハサミツノカメムシと同形．

第1齢：体長2.0mm内外．各胸背板長の比は1.9：1.6：1．触角および口吻の各節長比は1：1.2：1.3：2.5および1：1.2：1.3：1.3．

頭部，胸部，触角および脚はほぼ淡青色，胸部側縁部はほぼ透明．腹部の大部分は青色，中央部

は橙色，周辺部は淡青色．腹背盤は帯褐色，側盤はほぼ透明．複眼は赤色．

第2齢：体長3.2 mm内外．各胸背板長の比は6.5：5.5：1．触角および口吻の各節長比は1：1.4：1.4：1.8および1：1.8：1.7：1.1．

頭部は淡褐色，頭部側葉の側縁はわずかに黒赤色．胸背板は主として緑褐色ないし黄褐色，側縁葉状部は淡赤色を帯び側縁は黒色，後胸背の硬化部以外の大部分は硬化盤を除く腹節部と同色．腹背盤は主として黒色，臭腺開口部は黄色，硬化盤以外の腹節部は主として黄緑色，腹背盤間は赤色，周辺部は白色，側盤間は淡黄赤色を帯び，後胸背との境にある1対の短線状斑は黒色．側盤は第1節では黒色，他は淡黄緑色，外縁は黒色，内縁は淡色．複眼は黒赤色（2～4齢）．触角の第1節は黄赤色，第2・3節はほぼ赤色，第4節はほぼ黒色，第3・4節の各基部は淡色．脚は淡黄赤色．

第3齢：体長4.5 mm内外．各胸背板長の比は5.8：5.8：1．触角および口吻の各節長比は1：1.5：1.4：1.8および1：1.7：1.7：1.2．

頭部および胸背板は主として黄褐色ないし黄緑色，これらの側縁は黒色，この内側は帯赤色か帯白色，胸背板の側縁葉状部はほぼ淡赤色，図（101, H）の濃色斑は帯褐色．腹背盤はほぼ灰黒色．硬化盤以外の腹節部，側盤，触角および脚は前齢とほぼ同色，ただし側盤の周縁部は黒色と灰黒色，個体により触角の第1節は淡暗赤色，第2・3節の先端部および第4節の基部は半透明，第4節の大部分は赤黒色，脚は淡赤黄色，跗節先端部は暗色．

第4齢：体長7.3 mm内外．各胸背板長の比は8.6：9.1：1．触角および口吻の各節長比は1：1.7：1.4：1.5および1：1.3：1.3：1.0．

前齢とほぼ同色かやや淡色，個体により頭部と胸部の亜側縁部は淡赤色，臭腺盤はほぼ淡褐緑色，側盤の中央部は淡黄白色；中胸背に1対の小点状黒斑を現す．触角の第1節および第2節の中央部は淡黄褐色で油様光沢を帯び，第2節の両端部および第3節の大部分はほぼ帯褐赤色，第3節の先端部および第4節の基部は淡黄白色，第4節の大部分はほぼ黒色．脚は帯緑黄褐色，跗節先端部は暗色．

第5齢：体長12.0 mm内外．各胸背板長の比は35.0：48.0：1．触角および口吻の各節長比は1：2.0：1.4：1.2および1：1.3：1.4：1.0．

前齢とほぼ同色，ただし個体により頭部と胸部の亜側縁部は淡黄白色か淡赤色，硬化盤以外の腹節部と腹背盤は主として帯青黄緑色，側盤間は淡赤色の中央部を除きほぼ淡黄白色．複眼は赤黒色．頭頂の1対（成虫の単眼部）は赤色．触角第1節および第2節の基部は淡暗褐色，第2節の先端部は淡赤色，先端は黄白色，第3節は赤黒色，この両端は淡黄白色，第4節基部は黄白色，残余部はほぼ黒色．脚は主として帯緑黄白色，各脛節の先端部および跗節の大部分は幽かに淡褐色を帯び，跗節先端は褐黒色．

生態 ヤシャブシ，サンショウ，*Rhus* spp. ミズキ，アセビ，ナツハゼ，スギ，ヒノキなどに寄生し，球果，さく果，核果，液果などから吸汁して発育する．成虫は越冬前に柿果を吸害することもある（梅谷[302]）．

山地の寄主植物などで樹上生活をする．四国や本州中部では6月上旬～7月中旬ごろに交尾と産卵を行い，幼虫は6月中旬～8月下旬に見られ，新成虫は7月中旬～8月下旬ごろ羽化する．越冬は落葉間や山地の家屋内でも行われる（小林・木村[158]，安永ら[324]）．

徳島市神山町の山中で交尾中の1対に近づくと，雌は雄をひっぱって歩き回わり，静止すると後脚で雄の腹部を撫でたり軽く打ったりしていた．そこへ雄が1頭飛来してその上に乗って暫く脚を絡ませていたが飛び去った．約30 cmと60 cm離れた場所にも各1頭の雄が飛来して，様子をうかがっているように見えた．

8) ミヤマツノカメムシ *Acanthosoma spinicolle* JAKOVLEV, 1880

分布 北海道，本州，四国，九州；朝鮮半島，中国，サハリン，クリル，極東ロシア．

成虫 体長13～16 mm. 体は主として緑色で，前胸背の後半，前翅の内半部および腹端部は赤褐色．側角はあまり突出せず，先端は黒色．雄の鋏状尾突起は小さく目立たない．

卵（未調査）

幼虫（図102, A～F） 頭部中葉は側葉に比べて，第3齢までは長く，第4齢以後はほぼ等長．口吻の先端は第3～5の各齢の後期にそれぞれ第4, 3腹節および後脚の基節付近に達する．

前および中胸背の側縁部は第3齢では葉状に発達していない；前胸背の前側縁は第3齢以後は鈍鋸歯状；同前側縁線の中部は第3齢では緩弧状，第4齢ではほぼ直線状，第5齢では弱く湾入する．前胸背は第5齢では中胸背より広い．後胸背板の硬化部は第3齢では前後縁間がやや狭い．前脛節のグルーミング剛毛は第3・4齢ではほぼ4～6本，第5齢では8～10本内外．

前部臭腺盤は滴型で1対．側盤の外縁線は第3齢以後第2～7節において直線状に近い緩弧状，後角部は第5齢の第3～5節において側方へ鋭角状に反り出る（図102, D）．雌の性徴はハサミツノカメムシと同形，雄では第5齢の第8腹節の両側縁が体の後端に位置し，この延長線上に第9節側縁（見かけ上の後縁）がある（図102, F）．

第3齢：体長5.0 mm内外．各胸背板長の比は5.9：6.1：1．触角および口吻の各節長比は1：1.4：1.3：1.6および1：1.7：1.7：1.3．

頭部および臭腺盤はほぼ黄褐色，胸背板は主として淡緑褐色，頭部と胸部の側縁は黒色，この内側は淡赤色，腹背盤の濃色部は暗黒色．硬化盤以外の腹節部は主として淡黄緑色，腹背盤間では淡黄赤色，側盤間では淡赤色を帯び，光沢を有する．体外周部の淡赤色の内側は狭く帯黄色．側盤は第1節では黒色，第2～8節では中央部は淡黄褐色，周縁部または外縁と前・後縁部は黒色．複眼は暗赤色（3～5齢）．触角の第1節は暗赤色，第2・3節は暗赤色ないし帯赤色，第4節は黒色．脚は淡

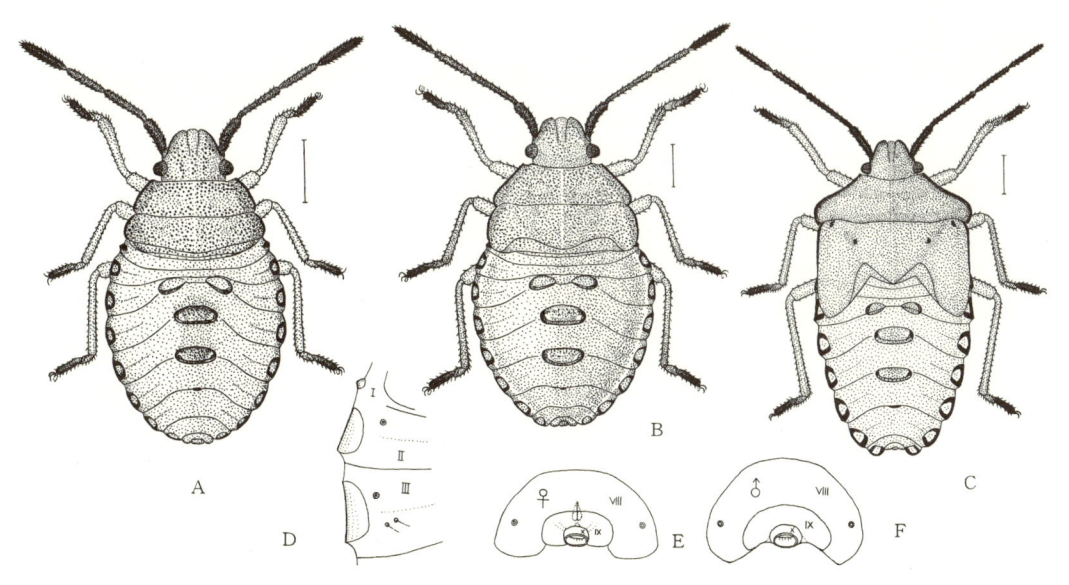

図102 ミヤマツノカメムシ *Acanthosoma spinicolle* JAKOVLEV
A. 第3齢幼虫，B. 第4齢幼虫，C. 第5齢幼虫，D. 同齢の第1～3腹節の側盤の形，気門と孔毛の関係位置，E. 同齢雌の性徴，F. 同雄．［傍線は1 mm長］．　　　　　　　　　　　　　　　　　　　　　　（小林原図）

赤褐色ないし帯黄褐色，ただし腿節の基部は淡色，跗節第2節はほぼ暗黒色．

第4齢：体長7.3 mm内外．各胸背板長の比は5.2：5.6：1．触角および口吻の各節長比は1：1.5：1.2：1.3および1：1.7：1.7：1.3．

体は前齢とほぼ同色かやや淡色で，前胸背の1対の原厚化斑の内端部および中胸背板のそれに相当する部分は幽かに暗色を，第2～8腹節の側盤の中央部は淡赤黄色を帯びる．触角の第1～3節は暗赤褐色，第4節は黒色．脚は主に淡黄褐色，腿節基部は淡色，個体により脛節先端部はやや暗色を帯び，跗節の第1節は暗黄褐色，第2節はやや淡色の基部を除いて黒色．

第5齢：体長11.0 mm内外．各胸背板長の比は1：1.52：0．触角および口吻の各節長比は1：1.6：1.2：1.2および1：1.5：1.5：1.0．

体は主として黄緑色，頭部と胸部の側縁は黒色，この内側は淡黄赤色，側盤間の腹節部は帯赤黄色，側盤の中央部は橙黄色，前，後および外縁は黒色，臭腺中および後部開口部前方の隆起部は白色，中胸背に2対の小点状黒斑を現す．触角の第1節および第2節の基部は黒色，第2節の先端部～第4節はほぼ褐黒色，第4節の基部は黄褐色．脚は黄褐色，跗節の第1節および第2節の基部は暗褐色，第2節の大部分は褐黒色．

生態　ミヤマハンノキの球果から吸汁して発育する．

山地の寄主植物などで樹上生活を行う．岩手県早池峯山の八合目付近のミヤマハンノキでは8月下旬～9月上旬に第3～5齢幼虫が見られ，新成虫は9月上・中旬に羽化する．越冬は成虫態で，山地の樹皮等の隙間や家屋内でも行われる（小林・木村[158]）．

9）エゾツノカメムシ *Acanthosoma expansum* HORVATH, 1905

分布　北海道，本州，四国，九州；中国．

成虫　体長12～15 mm．ほぼ一様に緑褐色または暗黄褐色で，黒色の点刻で密に覆われる．前胸背側角は側方に強く突出するが，先端は鋭くなく黒色．雄の生殖節付属器は小さく，鋏状に突出しない．

卵（図103，A～E）　長径約1.2 mm，短径約1.0 mm．受精孔突起は小さく半球形，相互間隔は約190 μ，数は10～14個内外．卵殻破砕器は広く，縦長約200 μ，横幅約180 μ，中央部は厚膜質らしく，1歯を除きごく淡い褐色，下側部は膜質で透明．卵塊は通常20～40卵内外からなる．

幼虫（図103，F～J，安永ら[324]）　頭部中葉は側葉より長い．口吻は相当長く，第2齢の初期には第7腹節付近に，同後期には第5・6腹節付近に，他の齢ではセアカツノカメムシまたはミヤマツノカメムシとほぼ同位置に達する．

前胸背の側縁部は第2齢以後葉状に相当顕著に発達し，前部は丸く，側角部は第2齢において直角に近く角張る；前側縁線は第3齢までは緩弧状，第4齢では中央部が直線状をなし，第5齢では弱く湾入する；側角部は第4齢以後短翼状に側方へ顕著に突出し，この部の幅は中胸部に比べて第4齢ではほぼ等幅，第5齢では広い；胸背板の側縁は各齢とも平滑．中胸背の側縁部は第2・3齢において葉状に相当著しく発達し，側縁は円弧状．後胸背板の硬化部は第3齢では前後縁間がやや広い．前脛節のグルーミング剛毛は第1～5の各齢においてそれぞれ3, 4, 4, 6および8本内外．

前部臭腺盤は，第1齢では横長の滴型で1対あり，中央部で接近するが，第2齢以後は中央部が連なりプロペラ型に見える．第3齢以後側盤の後角部が外方に突出し，腹部外縁線が鈍鋸歯状をなす．第5齢幼虫の第3腹節腹面の中央前縁部の円形隆起は顕著．第5齢幼虫の雌性徴の第9節の小隆起は楕円形状．

第1齢：体長1.7 mm内外．各胸背板長の比は2.1：2.0：1．触角および口吻の各節長比は1：1.1：

10. ツノカメムシ科 Acanthosomatidae　(287)

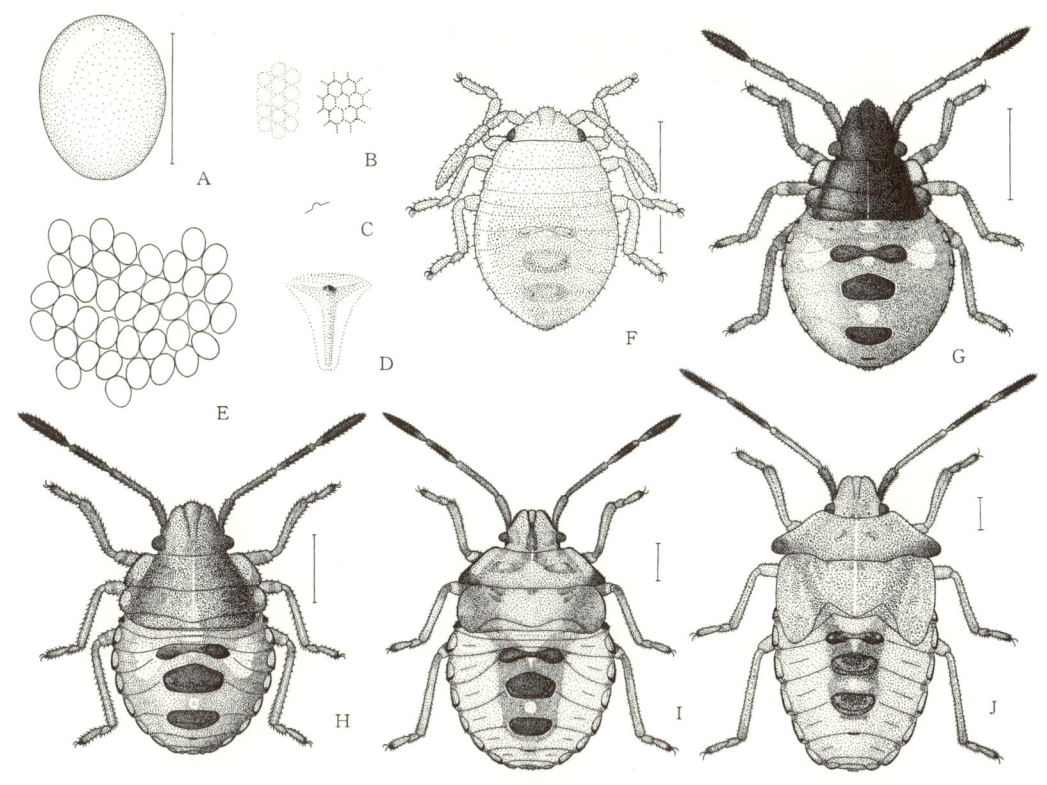

図 103　エゾツノカメムシ *Acanthosoma expansum* HORVATH
A. 卵；B. 左：卵殻表面の円丘状の微かな膨らみ，右：ふ化卵殻に認められる微かな六角形模様；C. 受精孔突起；D. 卵殻破砕器；E. 卵塊；F. 第1齢幼虫；G. 第2齢幼虫；H. 第3齢幼虫；I. 第4齢幼虫；J. 第5齢幼虫．［傍線は1mm長］．
（小林原図）

1.1：2.3 および 1：1.3：1.3：1.4．

体は主として淡黄緑色，中および後部臭腺盤は淡橙色．複眼は赤色．触角および脚は白色半透明．

第2齢：体長2.9 mm内外．各胸背板長の比は5.0：3.3：1．触角および口吻の各節長比は1：1.5：1.5：2.0 および 1：1.8：1.3：1.3．

頭部，硬化した胸背板，腹背盤および側盤の外縁部は主として褐黒色；胸部側縁葉状部および側盤は外縁を除きほぼ淡黄褐色．硬化盤以外の腹節部は主として赤色，腹背盤付近は淡黄褐色．複眼は深紅色（2～4齢）．触角と脚は主として黄赤色；触角第4節は大部分黒色，基部は帯赤色，腿節基部と跗節先端は暗色，跗節の大部分は淡黄．

第3齢：体長4.1 mm内外．各胸背板長の比は6.0：5.0：1．触角および口吻の各節長比は1：1.8：1.6：2.2 および 1：1.6：1.0：1.1．

前齢とほぼ同色かやや淡色で，胸部の側縁葉状部や正中部の後部は帯緑黄色．

第4齢：体長6.3 mm内外．各胸背板長の比は9.2：9.7：1．触角と口吻の各節長比は1：1.8：1.4：1.7 および 1：1.4：1.0：1.0．

色彩には濃淡の個体変異がある．頭部と胸背は主として黄褐色か黄緑色，図（103, I）のように濃淡部があり濃色部は暗褐色か暗赤色または黒色．腹背盤はほぼ帯黒色または黄褐色か黄緑褐色．硬化盤以外の腹節部は主として淡赤黄色か淡黄緑色で，中央部では正中部の黄色部を除き赤色，側盤間にも幽かに赤色を現すことがある．側盤は主として硬化盤以外の腹節部と同色，外縁と後縁部は

表63 盛岡市内における自然日長・室温飼育でのエゾツノカメムシの発育期間

反復	卵数	卵・幼虫期間（日）						羽化率 (%)	発育期間 (月日)
		卵	1齢	2齢	3齢	4齢	5齢		
1	38	7	8	7〜9	5〜6	8	23	5.3	6.20〜8.18
2	38	8	9	7〜9	4〜5	10〜27	21	7.9	6.20〜8.22
3	23	9	6	7	5〜11	8〜18	9〜24	21.7	6.26〜8.25
平均		8.0	7.7	7.7	6.0	13.2	20.2	11.6	

注．各反復区は1卵塊単位で飼育した．

黒色か帯赤色．触角は第1〜3節の基部ではほぼ赤色か赤褐色，第3・4節の大部分では褐黒色か黒色，第3節の先端部および第4節基部では淡黄色ないし淡赤黄色．脚は主として淡褐黄色ないし淡黄緑色，腿節先端部と脛節基部は赤色を帯び，跗節先端部は暗色．

第5齢：体長9.4 mm内外．各胸背板長の比は42.0：55.0：1．触角および口吻の各節長比は1：2.1：1.7：1.8および1：1.5：0.9：0.9．

体は前齢とほぼ同色かやや淡色．触角の第1節はほぼ赤色，第2節は淡黄緑褐色で，先端部近くは褐赤色を帯びる，第3および4節は主として黒色，第3節基部および第4節先端部は淡黄赤色，第3節先端部および第4節基部は帯白色．脚は淡黄緑色，脛節先端部および跗節はほぼ淡褐色，跗節先端はわずかに暗色．

生態 クマイチゴその他の *Rubus* spp. の果実，ミズキの核果，シキミの袋果などから吸汁して発育する（川沢・川村[94]）．

山地の寄主植物などの樹上や草間に生息する．筆者（小林）は岩手県盛岡市上米内で1966年5月10日に交尾後の雄1頭を採集し，同年6月17日に同県下閉伊郡川井村平津戸で交尾中の1対と雌2頭を採集した．これらは6月20日から産卵を始め，新成虫は8月18日から出現し始めた．これらのことから，岩手県内では4月下旬ないし5月上旬ごろから越冬後の成虫が出現し，5月上旬ごろから交尾し，6月中旬〜7月上旬に産卵し，8月中旬ごろから新成虫が出現するようであるが，四国地方では新成虫は8月上旬ごろから出現する．

筆者（小林）が岩手県内で採集した上記個体を盛岡市内で，自然日長，室温条件でキイチゴ類を給餌して飼育した結果は表63のとおりで，卵期間がほぼ8日，幼虫期間が55日内外であった．

幼虫は中齢まで集合性を保つ．

10）エサキモンキツノカメムシ *Sastragala esakii* HASEGAWA, 1959

分布 北海道，本州，四国，九州，対馬，奄美大島；朝鮮半島，中国．

成虫 体長11〜13 mm．体の背面は緑色を帯びた褐色．前胸背側角は太く黒く，側方へ顕著に突出する．小楯板上の黄色紋がハート型であることでモンキツノカメムシ（同紋が半円形）と識別できる．

卵（図104, A〜E, Kobayashi[124], 立川[271], 安永ら[324]） 長径約1.2 mm，短径約0.7 mm，円筒形状で，淡黄緑色．卵殻はごく薄く透明．ふ化後の卵殻は複雑に変形して原形を留めないが，表面に白色の微小点（点刻らしい）が散在し，六角形構造が微かに認められる．受精孔突起は帯白色，微小半球形状，15個内外が約110μの間隔で並ぶ．卵殻破砕器はやや細長く，縦長約200μ，横幅約100μ，大部分は厚膜質らしくごく淡い淡褐色，1歯は黒褐色．卵塊は通常50〜60卵内外からなるが，多い場合には110数個に及ぶこともあり，卵はほぼ短楕円形状に密に並べられる．

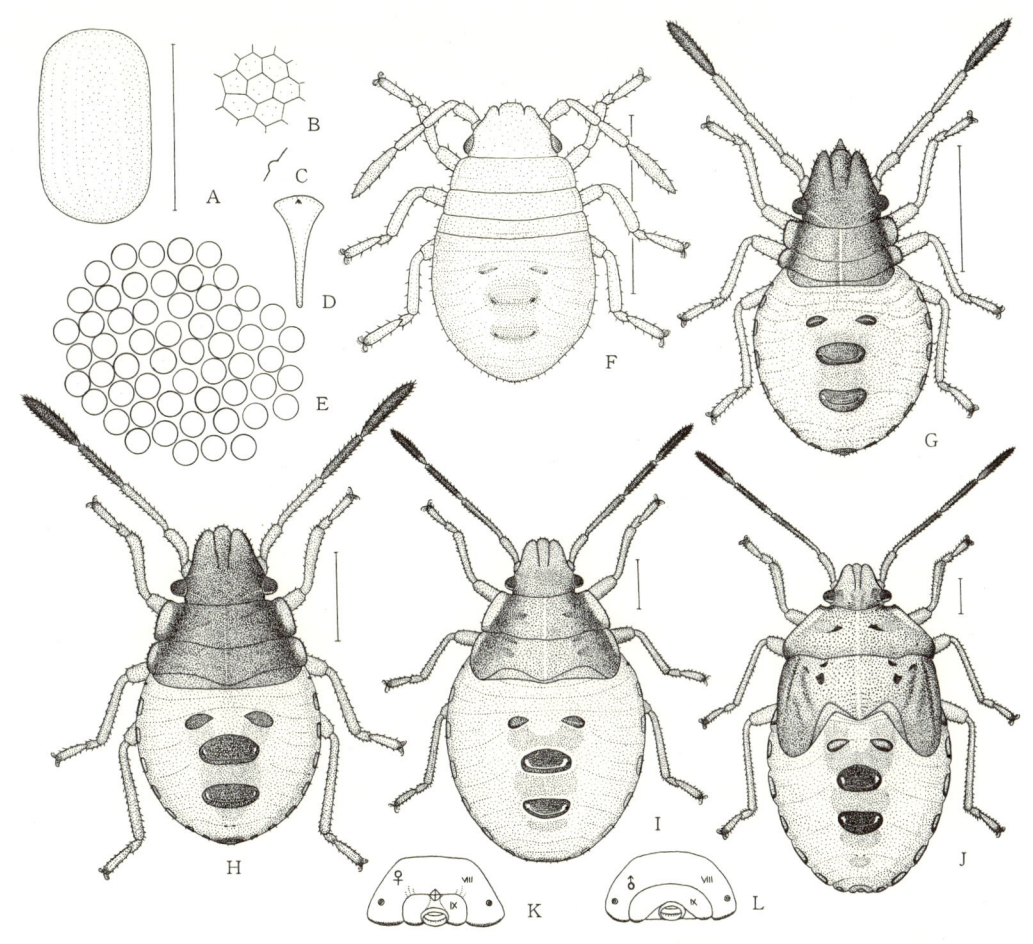

10. ツノカメムシ科 Acanthosomatidae

図104 エサキモンキツノカメムシ *Sastragala esakii* HASEGAWA
A. 卵, B. 卵殻表面の微小点と微かに認められる六角形構造, C. 受精孔突起, D. 卵殻破砕器, E. 卵塊, F. 第1齢幼虫, G. 第2齢幼虫, H. 第3齢幼虫, I. 第4齢幼虫, J. 第5齢幼虫, K. 同齢雌の性徴, L. 同雄幼虫. [傍線は1mm長].
(Kobayashi[124]―部改)

幼虫（図104, F~L, Kobayashi[124], 立川[271], 安永ら[324]）頭部中葉は側葉より長い. 口吻は第2節湾曲型で長く, 先端は第1齢では第4腹節付近に達し, 第2齢初期には腹端を越え, 同後期には第7節付近に達し, 第3, 4および5齢ではそれぞれ第5・6, 3・4および2腹節付近に達する. 口針は第2齢では上唇と共に前下方へ突き出て, 頭部下面との間に滴型の空間を作って口吻第1節の中部に入る; 第3齢でもほぼ同様に迂回し, やや小さい隙間を作る. 上唇基部は背面から第1, 4および5齢では見えないが, 第2齢では相当見え, 第3齢ではわずかに見える. 触角は第2齢以後比較的長い. 触覚突起は各齢とも背方からよく見える.

胸背板は第2齢から大部分が硬化する. 前および中胸背板の側縁部は第2および3齢において葉状に発達し, 第5齢において前者の前角部は直角に近い鈍角状に角張り, 側角部は円弧状に中胸背の前角部より側方へ突出し, 後側端部は鋭角状に後方へ伸びて中胸背の前角部を覆う; 前および中胸背の側縁はほぼ緩弧状で平滑. 後胸背板の硬化部は第2齢では中胸背板より著しく狭く, 後胸背の大部分（齢初期）～半ば（齢終期）を覆う, 第3齢では左右それぞれ長刀刃型ないし矛刃型で中胸背板よりやや狭く, 後胸背のほとんど全面を覆う. 前脛節のグルーミング剛毛は第1~5の各齢においてそれ

それぞれ 3, 4, 5・6, 6・7 および 8 本内外.

　前部臭腺盤は滴型の1対で, 各齢を通じて広く離れている；中部臭腺盤は饅頭型か楕円形状, 後部臭腺盤は逆饅頭型か楕円形状. 臭腺中および後部開口部には第2・3齢では牙状の, 第4・5齢では薄いひだ形の小突起が認められる. 第6・7節境の腹背盤は第1齢では輪郭不明瞭, 第2齢以後はごく小さい短披針形状のものが1対接近して存在する. 側盤は第1齢では輪郭不明瞭, 第2～4齢の第1節では小さく円形または三角形状で, 外方に弱く突出し, 第2～5齢の第2～7節では前後に長い不等辺四辺形状, 第8節では半円形状. 腹部気門は側盤のほぼ前部内方に位置する. 孔毛2個間の間隔は円形基盤2～4個分内外. 第5齢の雌では第9腹節に丸みのある逆三角形状の小隆起がある. 第5齢の第3腹節の腹面中央前縁部の隆起は相当明瞭.

　体表には光沢を有し, 第3齢まで点刻を欠き, 第4齢以後は頭頂部, 胸背板および腹背盤に点刻を疎布し, 第5齢では胸部のものがやや密となる.

　第1齢：体長1.6 mm内外. 褥盤は当齢に限り大きく, 円盤状. 各胸背板長の比は 1.7：1.3：1. 触角および口吻の各節長比は 1：1.3：1.3：2.3 および 1：1.5：1.6：1.2.

　体はほぼ一様にごく淡い黄緑色, 頭部および胸部は腹部より淡く, 腹部の中央部は橙黄色. 複眼は赤色. 触角および脚は主として淡黄色半透明, 触角の第4節および跗節先端部は幽かに暗色を帯びる.

　第2齢：体長2.8 mm内外. 各胸背板長の比は 7.5：4.5：1. 触角および口吻の各節長比は 1：1.7：1.7：2.3 および 1：1.8：1.8：1.1.

　頭部, 胸背板, 腹背盤および側盤はほぼ褐黒色, ただし前および中胸背の側縁葉状部の中央部は帯白色, 腹背盤の臭腺開口部および縫合線部は帯黄色, 側盤の内縁部は淡色. 硬化盤以外の腹節部は主として淡黄緑色, 腹背盤間またはこれら付近は橙黄色. 複眼は赤黒色. 触角と脚は主として帯褐色, 触角第4節は黒色, 第3・4節の各基部は淡赤色. 第3節先端部は帯黄色, 跗節は先端部を除き淡色. 体, 触角および脚には油様の光沢がある.

　第3齢：体長3.8 mm内外. 各胸背板長の比は 9.2：8.8：1. 触角および口吻の各節長比は 1：1.8：1.7：2.1 および 1：1.6：1.7：1.2.

　色彩および光沢は前齢とほぼ同様. ただし個体により頭部中および側葉の先端部は淡色, 前および中胸背の側縁葉状部の中央部は淡緑白色または淡色, 臭腺開口部は橙黄色, 側盤の中央部は淡緑白色, 腹背盤付近の腹節部は淡橙黄色, 触角の第1・2節は暗褐色, 第3節は褐黒色, 第4節は黒色, 第3節の基部は淡赤色, 先端部は淡黄色, 第4節の基部はわずかに帯褐色. 腿節および脛節の基部は暗褐色ないし赤褐色, 脛節先端部および跗節は黄褐色, 跗節先端部は暗色.

　第4齢：体長6.0 mm内外. 各胸背板長の比は 12.0：12.0：1. 触角および口吻の各節長比は 1：1.8：1.6：1.7 および 1：1.5：1.6：1.1.

　前齢とほぼ同色か, 体部がやや淡緑色がかる. 主として頭部と胸部は淡暗緑色, 硬化盤以外の腹節部と胸背側縁部は淡黄緑色ないし淡黄青色, 腹背盤間と側盤間は淡赤色. 複眼は暗赤色. 触角第1および2節は暗褐色ないし赤褐色, 第3節の大部分は褐黒色, 第4節の大部分は黒色, 第3および4節の基部は帯褐色. 脚は暗褐色ないし淡褐色, 脛節基部は帯赤色, 跗節先端部は暗色. 体, 触角および脚の光沢は前齢とほぼ同様.

　第5齢：体長9.0 mm内外. 各胸背板長の比は 1：1.44：0. 触角および口吻の各節長比は 1：1.8：1.6：1.5 および 1：1.4：1.4：1.0.

　体は前齢とほぼ同色かやや黄色みを帯び, 図 (104, J) のように灰色ないし暗黒色部があり, 頭頂に1対の赤点が認められる. 触角の第1節および2節基部は暗褐色, 第2節先端部および第3・4節

の大部分は帯黒色，第3節基部は淡褐色，第4節基部は淡黄褐色または帯白色．脚は主として淡緑褐色または帯淡褐色，腿節の先端部および脛節の両端部は暗色，跗節第1節は褐色，第2節の基部は暗褐色，先端部は黒褐色．

生態 サンショウ（大阪府内），ヤマウルシその他の *Rhus* spp.（四国他），ミヤマクマヤナギ（岩手県内），ケンポナシ（東京都内），ミズキ（関東，四国他），クマノミズキ（大阪府内）などのさく果や核果で発育する．成虫はフサザクラ，ボウシュウマサキ，ミツバウツギ，ウコギ，コシアブラ，ウドなどにも寄生する（立川[271]）．

山地，山麓，林地，樹園地などに生息し，寄主植物等で樹上生活を行う．本種の生態は立川[271]と長谷川[33]が詳しく研究しているので，主としてそれに基づいて略記する．

① 生活環　越冬はスギやヒノキなどの樹皮下，朽木の空洞の中，落葉間，常緑樹の葉間，家屋内の器物の隙間などで行われる．越冬後の成虫は関東地方では4月下旬より活動を始め，広葉樹などの樹上で5月上旬から交尾し始める．ミズキには開花期の5月中旬から飛来し，結実後の6月上旬から7月中旬にかけて産卵する．幼虫は6月下旬から見られ，新成虫は8月上旬から出現し始め，年に1世代を営んで，11月上旬から越冬場所へ潜入する．

一方，徳島県内や大阪府内では6月下旬〜10月下旬のほぼ4カ月間にわたって産卵が観察されている（竹本[286]）．また著者（小林）は岩手県内で，ミヤマクマヤナギで発育している第3齢幼虫〜新成虫を1966年8月23日に採集し，盛岡市内の自然日長・室温下で飼育したところ，9月上旬までに皆成虫となり，9月5〜7日に数組が交尾していた．その後の経過は不詳であるが，本種は寄主植物を変えて年に2世代を経過する可能性がある．

筆者（小林）は横須賀市内で1992年6月中・下旬に交尾中の2対を採集し，自然日長・室温下でミズキの核果を給餌して飼育した．その結果は表64のとおりで，卵期間が8日，幼虫期間が26日内外であった．

② 母虫の保護習性　母虫は寄主植物の葉裏などに産卵し，その卵塊上にまたがって保護する．ふ化後の第1齢幼虫は卵殻を跳ね除けてその位置に集合静止し，母虫はこれを引続いて保護する．

アリなどが卵や幼虫を狩りにくることがある．母虫は背を楯にしてこれを防ぐ姿勢をとるが，執拗に寄ってくるアリなどに対しては羽ばたいたり，防衛物質を放出したりする．これによってアリはよろけて逃走し，2度と近づいて来ない．卵寄生蜂に対しても母虫は排撃行動をとることがあるが，*Trissolcus elasmuchae* はうまく忍び寄って産卵する．その寄生率は卵塊で約30％，寄生卵塊中の寄生卵粒率は平均45％であった（立川[271]）．

成虫は幾回か交尾を繰り返すが，筆者（小林）が横浜市内で1994年6月中旬に採集した10数頭を飼育箱で飼育していると，幾組かが交尾し5頭が産卵して卵保護を始めた．このうちの2頭は再び交尾し，交尾した状態で雌は卵保護を続けた．

③ その他の習性　幼虫は強い集合性をもち，第2齢の第1日まで母虫の腹下に集合している．第2日に集団を作って母虫の腹下からはい出し，縦列を作って結実部に達して，群れて吸汁する．その

表64　横須賀市内における自然日長・室温飼育でのエサキモンキツノカメムシの発育期間

調査区	卵・幼虫期間（日）							発育期間（月日）
	卵	1齢	2齢	3齢	4齢	5齢	幼虫計	
1	8	5	6	4	4	6〜8	25〜27	7.1〜8.5

注．1卵塊を集団飼育し，3頭羽化した．

後の移動も縦列を作って行い，脱皮は集団で行う．この集合性は老齢では弱まるが，第5齢まで続く．

成虫は夜灯火に飛来することがよくある．

11） *Elasmucha* STÅL, 1864

（1）形　態

a）卵

長径約1.0～1.1 mm，短径0.5～0.7 mmの長卵形で，太い方が頭部．光沢を有し，初期には帯白色，淡黄白色ないし淡青色，後期には淡黄色，淡黄橙色，青色などとなり，ふ化前には眼点が淡赤色に，種によっては卵殻破砕器が卵頂部に黒褐色に透視される．卵殻はごく薄く，ほぼ透明ないし乳白色半透明で，表面は平滑．ふ化後の卵殻は複雑に変形して原形をとどめない．その卵殻には白色の微小点（点刻らしい）が散在し，六角形構造が微かに透視される．受精孔突起は帯白色半透明，微小半球形で，10個弱～10数個がほぼ100～190 μ の間隔で並ぶ．卵殻破砕器は細長く，縦長約200 μ ，横幅約80～90 μ ，大部分厚膜質らしくごく淡い淡褐色，1歯は黒褐色．卵塊は20～60卵内外からなり，卵はほぼ円形ないし短楕円形状に並べられる．

b）幼　虫

頭部側葉は先の丸い三角形状，種により老齢では不等辺四辺形状で，前側縁線は中央部で弱く湾入する．触角は第2齢以後比較的長い．触角突起は，第2齢以後背方から，1種では辛うじて，3種ではよく見える．口吻はアカヒメツノカメムシ以外の3種では第2節湾曲型で相当長い．その先端は種により，第1齢では第3～8腹節付近に達し，第2齢の初期には腹端を越えるか，第7節ないし腹端付近に，同後期には第5～7節付近に達する；当齢以後は漸次短くなる．口針は第2齢においては長く，上唇と共に中葉の前方ないし下方に突き出て，頭部との間に半長楕円形状ないし紡錘形状の空間を作って，口吻の第1節に入る．当齢以後は口針と頭部との間にできる空間が次第に小さくなる．

胸背板は第2齢以後硬化し，胸背の大部分か全部を覆う．前胸背の側角部は第5齢において中胸背の前角部とほぼ等位置にあるかこれよりわずかに側方に位置し，前者の後側端が後方へ鋭角状に伸びて後者を覆う種もある；これらの側縁はほぼ緩弧状で平滑．後胸背板の硬化部は第2齢では後胸背のほぼ半ば以上を覆うが，中胸背板より著しく狭い，第3齢ではこの左右片はそれぞれ長刀刃型ないし矛刃型で後胸背の大部分を覆い，中胸背板よりやや狭い，第4齢における後翅包の発達は3種では認められないが，1種では後縁線が側縁近くで弱く湾入し，それが発達し始めているようにもみえる．前脛節のグルーミング剛毛は，第1～5の各齢においてそれぞれ3，4，4～6，6～8および8～10本内外．

前部臭腺盤は滴型の1対であるが，第2・3齢において正中部で接触するように見える種もある．臭腺の中および後部開口部には第2～4齢では牙状の，第5齢では薄いひだ形の小突起が認められる．第6・7節境の腹背盤は紡錘形状で，若齢では中央部が著しくくびれることがある．側盤は第1節では第2～4齢において小半円形状か小三角形状で，外縁は円弧状で外方へ突出しない，第2～7節では前後に長い不等辺四辺形状，第8節では同様か半円形状．腹部気門は側盤のほぼ前部内方に位置する．孔毛2個間の間隔は円形基盤2～6個分内外．第5齢の第3腹節の中央前縁部の隆起は顕著でない．雌では第5齢の第9腹節に，丸味のある逆三角形状か円形状の小隆起がある．

体表には第3または4齢まで点刻を欠き，これ以後頭頂部と胸背板またはこれらと腹背盤上に点刻を疎布する．体上には淡褐色短毛を第5齢まで疎生する．硬化盤以外の腹節部には光沢を有する．

c) *Elasmucha* 4 種の識別
(i) 卵における検索表
1 (4) 初期には青緑色を帯び，後期には青色または橙色を帯びる．
2 (3) 初期には淡青色，後期には青色．受精孔突起数は12～14個 ・・・・・・・・ ヒメツノカメムシ
3 (2) 初期には帯緑淡黄白色，後期には淡橙黄色．受精孔突起数は7～9個内外
　　・・・ クロヒメツノカメムシ
4 (1) 初期には白色半透明または淡黄白色，後期には淡黄色を帯びる．
5 (6) 長径×短径が約1.1 mm×0.7 mmでやや太い卵形 ・・・・・・・・・・・ セグロヒメツノカメムシ
6 (5) 長径×短径が約1.1 mm×0.5 mmでかなり細長い長卵形 ・・・・・・・・ アカヒメツノカメムシ

(ii) 幼虫における検索表
1 (4) 前部臭腺盤は第1, 4および5齢では滴型のものが1対あり，第2・3齢ではこれが正中部で接触するように見える．
2 (3) 硬化盤以外の腹節部の色彩は第1齢では主として淡緑色，第2～4齢ではほぼ赤色，第5齢では初期に赤色，後期に黄緑色で，縦縞模様をなさない ・・・・・・・・・・・・ ヒメツノカメムシ
3 (2) 硬化盤以外の腹節部の色彩は各齢を通じ帯黄色と帯赤色の縦縞模様
　　・・・ クロヒメツノカメムシ
4 (1) 前部臭腺盤は各齢とも滴型の1対である．
5 (6) 口吻は長く，第2齢時に前方へ突き出る．先端は第1齢後期には第7腹節付近に，第2齢初期には腹端付近に，同齢後期～第5齢後期にはそれぞれ第6, 5, 4および3腹節付近に達する ・・・・・・・・・・・・・・・・・・・・・・・・・・・・・・・・・・・・・・ セグロヒメツノカメムシ
6 (5) 口吻はやや短く，第2齢時に下方へ突き出る．先端は第1齢後期には第3腹節付近に，第2齢初期には第7腹節付近に，同齢後期～第5齢後期にはそれぞれ第5, 2腹節，後脚基節および中・後脚基節の中間付近に達する ・・・・・・・・・・・・・・・・・ アカヒメツノカメムシ

(2) 生　態
　木本・草木両植物のさく果・球果・核果・液果・袋果などの種子を摂食して，樹上または草上生活を行う．一般に年1世代であるが，種により寄主転換して年に2世代を経過する．母虫は卵および幼虫を保護する習性をもつ．この習性はアカギカメムシやモンキツノカメムシほど硬直的ではない．母虫の外敵への対応は刺激の強度に応じて数段階が認められる．また母虫の産卵選択性はよく発達していると考えられる．幼虫は強い集合性を有し，ほぼ全期間保持される．

12) ヒメツノカメムシ *Elasmucha putoni* SCOTT, 1874
　分布　北海道，本州，四国，九州；朝鮮半島，中国，サハリン，シベリア．
　成虫　体長7.5～9.5 mm．緑褐色か黄・赤褐色で，小楯板の中央部は広く暗褐色．腹部下面に点刻を欠く．中胸板に竜骨突起が，第3腹板にはそれに達する棘状突起がある．
　卵（図105, A～E, Kobayashi[119], 立川[271]）　長径約1.1 mm，短径約0.6 mm．初期には淡青色で光沢を有し，後期には青色．受精孔突起の相互間隔は約110～130 μ．数は12～14個内外．卵殻破砕器は縦長約200 μ，横幅約80 μ．卵塊は60卵内外からなる．
　幼虫（図105, F～M, Kobayashi[119], 立川[271], 安永ら[324]）　頭部中葉は側葉に比べて第4齢までは長く，第5齢ではほぼ等長．側葉は第5齢では前部がやや広く，不等辺四辺形状．触角突起は背方から，第2齢以後よく見える．口吻はやや長く，先端は第1齢，第2齢の前期，後期，第3, 4およ

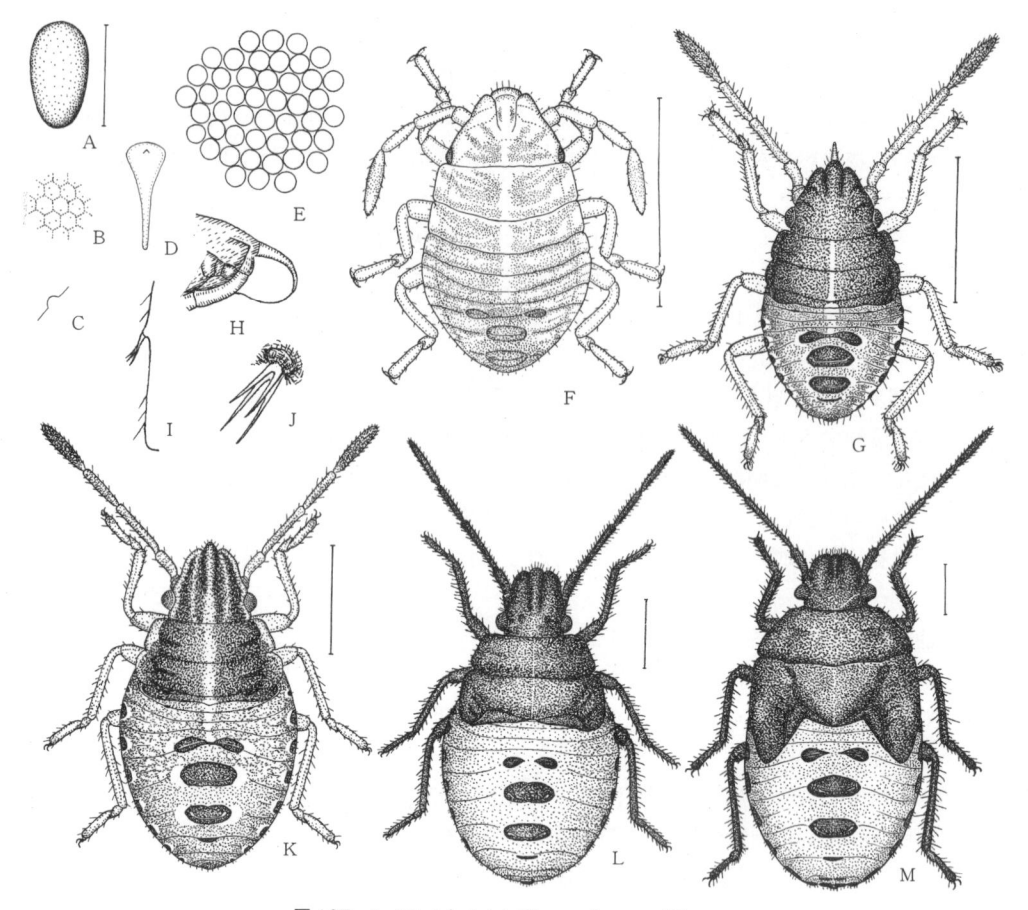

図105　ヒメツノカメムシ *Elasmucha putoni* Scott
A. 卵, B. 卵殻表面の微小点と微かに認められる六角形構造, C. 受精孔突起, D. 卵殻破砕器, E. 卵塊, F. 第1齢幼虫, G. 第2齢幼虫, H. 同齢の口針迂回保持の状態, I. 同齢前脛節のグルーミング剛毛（側面図）, J. 同剛毛の拡大図, K. 第3齢幼虫, L. 第4齢幼虫, M. 第5齢幼虫.［傍線は1 mm長］.　　　　　　　　　　　　　(Kobayashi[119]一部改)

び5齢において，それぞれ第4～6, 7, 5, 4, 3および2・3腹節付近に達する．口針は第2・3齢において上唇と共に前下方へ突き出て，頭部および口吻との間に前者では半楕円形状の，後者では半円形状の空間を形造って口吻第1節の中部および前部に入る．第4・5齢においては口針は同様に下方に突き出て，前者では小紡錘形状の，後者では小さい間隙を作って口吻第1節の前部に入る．上唇は背方から第1, 4および5齢では見えないが，第2齢ではその大半が，第3齢では基部が見える．

　前胸背の側角部は第5齢において直角に近い鈍角状をなし，中胸背の前角部よりわずかに側方へ突出する．前脛節のグルーミング剛毛は第1～5の各齢においてそれぞれ3, 4, 5・6, 7・8および9・10本内外．

　前部臭腺盤の1対は第2・3齢において正中部で接触するように見える．孔毛2個間の間隔は円形基盤3～6個分内外．

　体表には第4齢まで点刻を欠き，第5齢ではこれを胸部に散布し，頭部と腹背盤にはごく疎らに不明瞭に装う．体，触角および脚の毛はわずかに長い．

　第1齢：体長1.4 mm内外．各胸背板長の比は2.5 : 1.8 : 1．触角および口吻の各節長比は1 : 1.3 : 1.2 : 2.1および1 : 1.4 : 1.4 : 1.4．

10. ツノカメムシ科 Acanthosomatidae

初期には頭部および胸部と腹部の周縁部は淡黄白色，胸部と腹部の大部分は淡緑色，臭腺盤は淡橙色，複眼および頭頂の1対部分は赤色．触角および脚はごく淡い黄白色半透明．後期には体の大部分はほぼ淡黄色の地に赤色斑を現し，複眼は鮮紅色（1～3齢），触角および脚は主としてごく淡い帯黄色半透明，触角第4節は淡赤色．

第2齢：体長2.0 mm内外．各胸背板長の比は2.7：2.3：1．触角および口吻の各節長比は1：1.8：1.5：2.1および1：1.4：1.3：1.3．

暗色個体：頭部，胸背板，腹背板および側盤は主として黒褐色，硬化盤以外の腹節部はほぼ赤色，図（105, G）の淡色部は淡黄色；上唇および触角は主として淡黄褐色半透明，第4節は大部分暗褐色；脚は淡黄色半透明，跗節先端部はやや暗色．淡色個体：高温時の淡色個体の色彩は次記の第3齢幼虫に酷似する．

第3齢：体長3.0 mm内外．各胸背板長の比は5.0：4.3：1．触角および口吻の各節長比は1：1.9：1.6：2.0および1：1.7：1.4：1.2．

体は前齢とほぼ同色，ただし図（105, K）の淡色部は黄白色ないし赤黄色．触角の第1～4節基部は主として黄赤色，第4節の大部分は赤黒色，各節間部は淡黄色半透明．脚は淡黄褐色，跗節先端部は暗色．

第4齢：体長4.6 mm内外．各胸背板長の比は10.0：10.7：1．触角および口吻の各節長比は1：2.3：1.7：1.9および1：1.6：1.4：1.2．

頭部，胸背板，腹背盤および側盤は主として黒色，胸背の正中線上は黄色．硬化盤以外の腹節部はほぼ赤色．複眼は黒赤色．触角は黒色，節間部は淡色．脚は黒褐色．高温時の個体には，主として前齢に似た色彩で，硬化盤以外の腹節部の中央部以外の大部分が淡黄緑色を帯びるものがある．

第5齢：体長6.7 mm内外．各胸背板長の比は1：1.1：0．触角および口吻の各節長比は1：2.7：1.8：1.8および1：1.7：1.5：1.2．

頭部，胸部，腹背盤，側盤および触角はほぼ黒褐色．硬化盤以外の腹節部は主として初期には赤色，後期には黄緑色．複眼は暗赤色．脚はほぼ暗褐色，跗節第2節はほぼ黒色．高温時の個体には第3齢に似た淡色の色彩を示すものがある．

生態 ヤシャブシ，ヒメヤシャブシ，ヤマグワ，コウゾ，フサザクラ，ノリウツギ，サカキ，ヒノキなどの種子を摂食して発育する．越冬後の成虫はミズナラ，コナラ，ミズキ，ニガキなどからも吸汁する（立川[271]）．

山地，山麓，林地，樹園地等の寄主植物上で樹上生活を行い，関東地方では年に2世代を経過する．越冬後の成虫は4月下旬ごろから活動を始め，前記の広葉樹等から吸汁する．ヤマグワへは5月上・中旬に飛来し，中旬ごろから交尾・産卵が始まり，6月中旬まで続く．幼虫は5月中旬～6月中旬に見られ，第1世代成虫は6月下旬から出現し始め，ヤマグワ上では7月下旬まで見られる．越冬成虫の中にはコウゾに産卵するものもあり，これは6月下旬から7月中旬にわたって見られ，幼虫は7月～8月上旬に，新成虫は7月下旬～8月中旬に見られる．第1世代成虫はフサザクラ，ヤシャブシ，ヒメヤシャブシ，ノリウツギ，ヒノキ等で第2世代の産卵を行う．フサザクラ上での産卵は8月～9月上旬に行われ，幼虫は8月中旬～9月中旬に見られる．第2世代成虫は9月中旬から出現し始め，11月上旬まで見られる．この成虫が11月上旬ごろ，樹幹に密生したコケの間，シュロのシュロ毛の間，スギなどの樹皮下，適度に湿度を保った落葉間などに潜入して越冬に入る（立川[271]，四戸[264]）．

筆者（立川）が高尾山で1973年5月下旬～6月上旬に採集した卵を用いて，20℃恒温下でクワの実を与えて飼育した結果，第1～5の各齢の平均幼虫期間はそれぞれ4.1, 4.4, 4.2, 4.4および10.0日で，全幼虫期間は23.1日であった．一方，筆者（小林）が香川県内で1951年の9月上旬に採集した

表65 香川県内における自然日長・室温飼育でのヒメツノカメムシの発育期間

反復	卵数	卵・幼虫期間（日）							発育期間（月日）
		卵	1齢	2齢	3齢	4齢	5齢	幼虫計	
1951	約30	6	5	6	6	6	10	33	9.16～10.25
1952	約50	6	5	—	—	—	—	—	9.10～—

注．1卵塊ごとの集団飼育．

　成虫から得た卵と幼虫を，自然日長・室温条件の下でノリウツギのさく果で飼育した結果は表65のとおりで，卵期間が6日，幼虫期間が33日であった．
　本種の雌は幼虫が発育できる寄主植物を選択し，摂食可能な種子の発育と幼虫の発育が同調できるように，時期を限定して産卵する．この能力は完全ではないが相当高い．
　① <u>母虫の保護習性</u>　母虫は寄主植物の葉裏などに産卵し，この上に静止して保護する習性をもつ（後藤[19]，Kobayashi[119]，Kudo[164]，本保・中村[201]，奥谷[237]）．この保護は幼虫が第2齢になって摂食場所への移動を始めても続けられるが，この時の母虫はエサキモンキツノカメムシのように硬直的ではなく，時には卵から離れて歩き回り，戻ってきて元のように保護を続けることができる．幼虫が摂食場所へ移動する時には一緒に行動し，摂食の際にも幼虫集団の中か直ぐ近くにいて幼虫を見守っているように見える．この行動は第3齢幼虫まで認められることが多い．
　② <u>外敵への対応</u>　卵塊や幼虫を保護している母虫に昆虫が近づいたり，物体を近づけたりすると，距離に応じて独特の反応を示す．最初は①脚をまげて体を低くし，触角を小刻みに振って警戒する．次に②体を左右に激しく振る．更に近づくと③体を傾け背を楯にして卵や幼虫への接近を阻む．次に④翅を開き羽音をたてて羽ばたく．⑤アリが母虫の脚に噛みついたり，指で母虫をつまんだりすると臭い物質を発散する．これらの行動は視覚と触覚に基づいて起こされる．この一連の母虫の保護行動によって，卵や第1齢幼虫がアリなどに持ち去られたり，卵が卵寄生蜂に寄生されたりするのが，完全ではないが相当強く防衛されている．
　③ <u>幼虫の集合性</u>　幼虫は強い集合性をもつ．第1齢幼虫はふ化後卵殻を除けてその位置に集合静止する．第2齢になると丸1日以内に母虫の腹下から出て摂食場所へ1縦列を作り，左右の触角を交互に動かして，枝や前の個体に軽く触れながら移動する．摂食中にも互に体が触れ合うていどに寄り合っている．摂食を終えて，夜の休息のために適当な葉裏へ移動する時にも1縦列で行動し，葉裏でも集合性を保つ．この群れで行動し，静止時には集合する習性は羽化するまで続き，これにはフェロモンが関与していると考えられる．

13）クロヒメツノカメムシ * *Elasmucha amurensis* KERZNER, 1972

　分布　北海道，本州，四国；朝鮮半島，サハリン，千島列島，シベリア．
　成虫　前種に似るが，雌雄とも腹部下面に黒色点刻を散布する．雄では触角が全部黒く，生殖節の左右の突起（把握器）が長く，内方に曲がり，先端が互に接近する．雌は半翅鞘が赤色を帯び，結合板の黒帯が目立つ．
　卵（図106，A～E）　長径約10 mm，短径約0.5 mm．初期には幽かに淡緑色を帯びる淡黄白色，ふ化が近づくと淡黄橙色となる．受精孔突起の相互間隔は約100～150 μ，数は7～9個内外．卵殻破砕器は縦長約200 μ，横幅約90 μ．1卵塊は40数卵内外．

---

* 友国雅章博士の同定による．

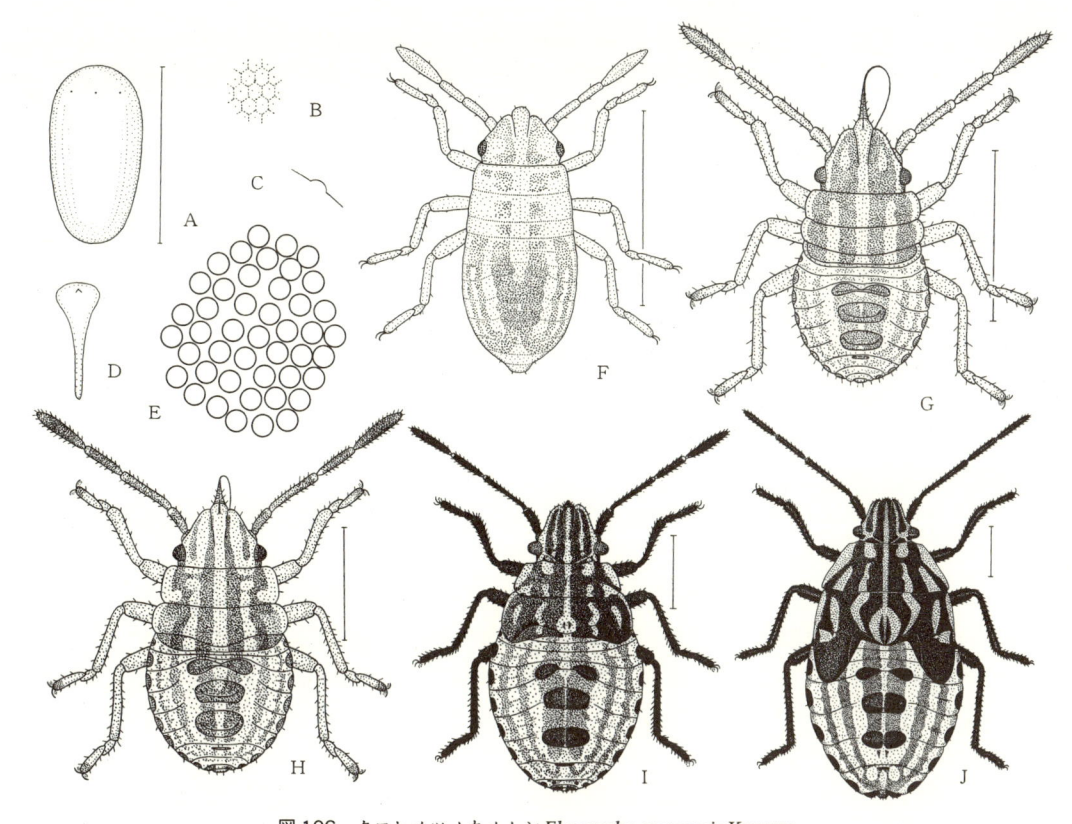

10. ツノカメムシ科 Acanthosomatidae

図106 クロヒメツノカメムシ *Elasmucha amurensis* KERZNER
A. 卵, B. 卵殻表面の微小点と微かに認められる六角形構造, C. 受精孔突起, D. 卵殻破砕器, E. 卵塊, F. 第1齢幼虫, G. 第2齢幼虫, H. 第3齢幼虫, I. 第4齢幼虫, J. 第5齢幼虫. [傍線は1mm長]. (小林原図)

幼虫（図106, F～J）頭部中葉は側葉より長い．側葉は各齢を通じて前部が比較的狭い．触角突起は背方から第2齢以後よく見える．口吻は長く，先端は第1齢，第2齢の前期，後期，第3, 4および5齢において，それぞれ第8腹節，腹端以後，第7, 6, 5および4腹節付近に達する．口針は第1齢においても長く，上唇と共に下方に伸び，頭部および口吻との間に小間隙を作って，口吻第1節後部ないし第2節前部に入る．第2齢においては，口針は著しく長く，上唇と共に前方に突き出て，頭部および口吻との間に長楕円形状の空間を作って口吻第1節前部に入る．

第3および4齢においては，上唇と共に前下方に突き出て，頭部との間に前者ではやや大きい半楕円形の，後者ではやや小さい半円形の空間を作って，口吻第1節の前部および中部に入る．また第5齢においては口針は同様に下方に突き出て，紡錘形状の小空間を作って口吻第1節の前部に入る．上唇は背方から，第2齢では全体が，第3齢では大部分が，第4齢では基部が見える．

前胸背の側角部は第5齢において直角に近い鈍角状をなし，中胸背の前角部よりわずかに側方へ突出する．前脛節のグルーミング剛毛は第1～5の各齢においてそれぞれ3, 4, 4・5, 6・7および8・9本内外．前部臭腺盤の1対は第2・3齢において正中部で接触するように見える．孔毛2個間の間隔は円形基盤2～4個分内外．

体表には光沢を有し，第4齢まで点刻を欠き，第5齢ではこれを胸部に散布し，頭部および腹背盤にはごく疎らに不明瞭に装う．

第1齢：体長1.4mm内外．各胸背板長の比は1.7：1.4：1．触角および口吻の各節長比は1：1.2：

1.3：2.2および1：1.5：1.7：1.8.

　体は主として黄色で，背面に断続する赤色縦条を現す．これは胸部では不明瞭か，または頭部と共にほぼ2条に見え，腹部では6条となる．複眼は赤色．触角および脚は淡黄白色．齢の後期には触角がわずかに赤色を，附節先端がわずかに暗色を帯びる．

　第2齢：体長2.0 mm内外．各胸背板長の比は4.0：3.3：1．触角および口吻の各節長比は1：1.6：1.6：2.2および1：1.6：1.5：1.5.

　体の地色は主として淡黄褐色で，頭部および胸背板には暗褐色の4縦条が，腹部には赤色の6縦条がある．側盤は暗褐色．複眼は深紅色．触角および脚は主として淡黄褐色，触角第4節は基部を除きほぼ暗褐色，腿節の中央部と附節先端部は暗色を帯びる．

　第3齢：体長3.0 mm内外．各胸背板長の比は8.2：7.2：1．触角および口吻の各節長比は1：1.7：1.4：1.8および1：1.7：1.6：1.4.

　体は前齢とほぼ同色，ただし個体により複眼は暗赤色を，触角は節間部を除いて暗色を，腿節はほぼ全体が暗色を帯びることがある．

　第4齢：体長4.2 mm内外．各胸背板長の比は10.5：11.0：1．触角および口吻の各節長比は1：2.3：1.7：2.1および1：1.7：1.4：1.3.

　頭部および胸背板の地色は褐黒色で，黄白色ないし淡赤黄色の5縦条が図（106, I）のように認められる．腹背盤および側盤はほぼ黒色．硬化盤以外の腹節部では黄赤色の6条と黄白色の7条が縦縞をなす．複眼は暗赤色（4・5齢）．触角および脚は漆黒色，触角第3節の両端の節間部は白黄色．

　第5齢：体長6.2 mm内外．各胸背板長の比は1：1.2：0．触角および口吻の各節長比は1：2.4：1.6：1.7および1：1.6：1.4：1.2.

　頭部，胸部，腹背盤，側盤，触角および脚は主として黒色で，頭部と胸部には褐黄色ないし帯赤黄白色の縦条が図（106, J）のように認められ，触角第3節両端の節間部は淡赤褐色．硬化盤以外の腹節部では暗赤色の6条と黄白色の7条が縦縞をなし，腹節接合線および側盤間は帯褐色．

　生態　ダケカンバ，ミヤマハンノキ，シラカンバ，コバハンノキ，ハンノキなどの種子を摂食して発育する．

　山地の寄主植物などで樹上生活を行う．岩手山麓の綱張温泉湯元付近（標高約1200 m）で1974年6月26日に，ダケカンバの葉裏で抱卵中の2雌を採集した．早池峰山の標高約1500 m付近で1965年9月3日に，ミヤマハンノキの球果とダケカンバの果穂で第5齢幼虫群を採集し，これは9月9日に羽化した．1971年8月24日には同所で第3・4齢幼虫群を採集した．八甲田山では1968年前後の7・8月にダケカンバの果穂に群がる幼虫群を数回見かけた．また長谷川仁氏は1986年6月24日に，北海道芽室町の山林中のシラカンバの葉裏で卵保護中の2群を採集した．これらのことから本種は東北地方の山地や北海道では6月下旬～7月下旬ごろに産卵し，新成虫は8月上旬～9月中旬ごろに出現するようで，年に1世代を営み，成虫態で越冬すると考えられる．

　幼虫はヒメツノカメムシと同様の集合性をもつ．母虫が卵および第1齢幼虫を保護し，物体の接近に対して示す防衛反応はヒメツノカメムシとほぼ同様であるが，急な接近に対して体を左右に振る動作は見られなかった（立川[271]）．

14） セグロヒメツノカメムシ *Elasmucha signoreti* SCOTT, 1874

　分布　北海道，本州，四国，九州；中国，サハリン，シベリア．

　成虫　体長7～9 mm．体は黄褐色か褐色で，小楯板の中央に錨型黒斑がある．前胸背側角はかなり長く後側方に突出し，先端は黒色でとがる．竜骨突起と第3腹板の棘状突起はヒメツノカメムシと

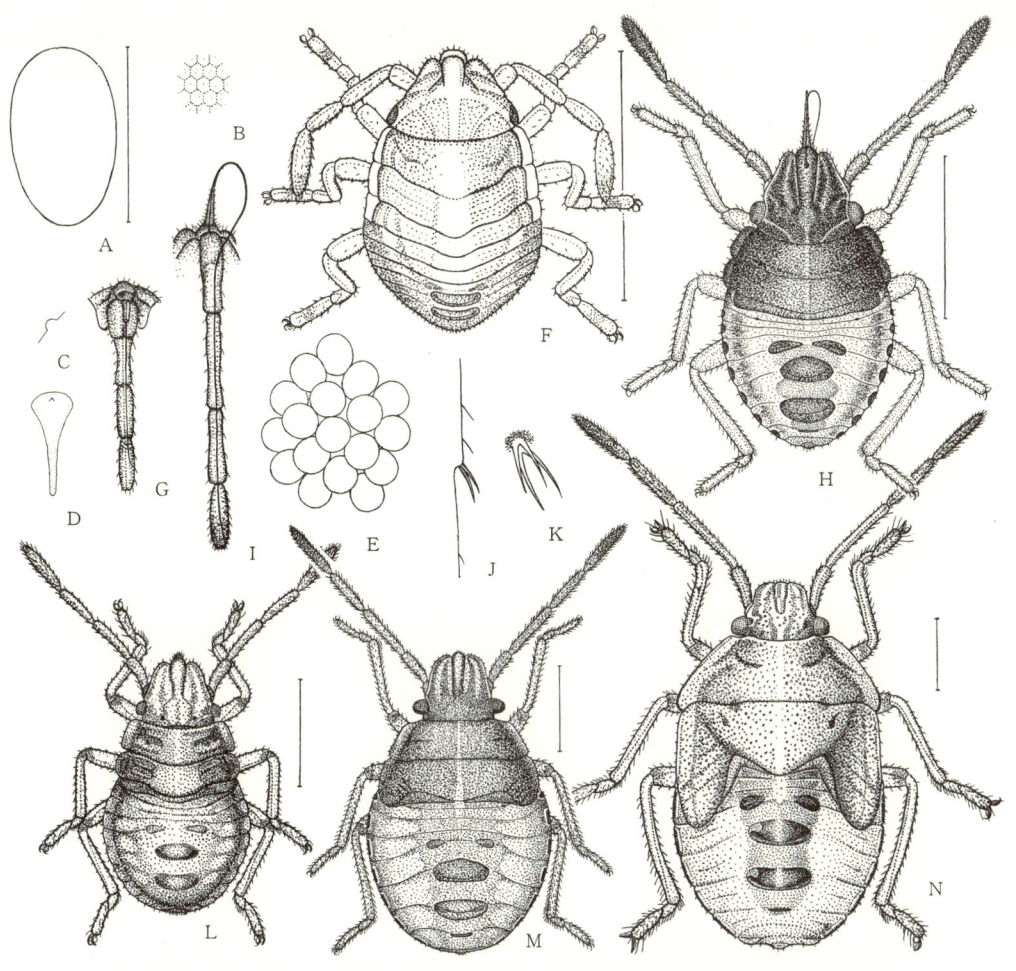

10. ツノカメムシ科 Acanthosomatidae　(299)

図 107　セグロヒメツノカメムシ *Elasmucha signoreti* Scott
A. 卵，B. 卵殻表面の微小点と微かに認められる六角形構造，C. 受精孔突起，D. 卵殻破砕器，E. 卵塊，F. 第1齢幼虫，G. 同齢の口器の状態，H. 第2齢幼虫，I. 同齢の口針迂回保持の状態，J. 同齢の前脛節のグルーミング剛毛（側面図），K. 同剛毛の拡大図，L. 第3齢幼虫，M. 第4齢幼虫，N. 第5齢幼虫．［傍線は1mm長］．(Kobayashi[118]一部改) 同形．

卵（図107, A〜E, Kobayashi[118], 安永ら[324]）　長径約1.1 mm，短径約0.7 mm．初期には白色半透明，後期には淡黄色．受精孔突起の相互間隔は約140〜190 μ，数は9個内外．卵殻破砕器は縦長約200 μ，横幅約90 μ．1卵塊の卵数は20〜34卵内外（宮本[183]）．

幼虫（図107, F〜N, Kobayashi[118], 安永ら[324]）　頭部中葉は側葉より長い．側葉は第4齢以後前部が広くなり，不等辺四辺形状．触角突起は背方から第2齢以後よく見える．口吻は長く，先端は第1齢，第2齢の前期，後期，第3，4および5齢において，それぞれ第7腹節，腹端部，第6，5，4および3腹節付近に達する（図107, G, I）．口針は第1齢においても長く，上唇と共に下方に伸び，頭部との間に小間隙を作って，口吻第1節後部ないし第2節前部に入る．第2齢においては著しく長く，上唇と共に前方に突き出て，頭部との間に長楕円形状の空間を作って口吻第1節前部に入る（図107, I）．第3および4齢においては上唇と共に前下方に突き出て，頭部との間に前者ではやや大きい，後者ではやや小さい滴型の空間を作って，口吻第1節の後部および中部に入る．第5齢においては同様に下方に突き出て，紡錘形状の小間隙を作って口吻第1節前部に入る．上唇は背方から，第2

齢では全体が，第3および4齢では基部のみが見える．

　前胸背の側角部は第5齢において中胸背の前角部よりわずかに側方へ突出し，前者の後側端は鋭角状をなして後方に伸び後者を覆う．前脛節のグルーミング剛毛数は第1〜5の各齢においてそれぞれ3, 4, 5・6, 7・8および9・10本内外.

　前部臭腺盤の1対は第2齢ではやや接近するが接触しない．孔毛2個間の間隔は円形基盤3〜5個分内外.

　体表には光沢を有し，第3齢まで点刻を欠き，第4齢では頭頂部および胸部に微小点刻をごく疎らに散布し，第5齢では頭部と胸部に粗大点刻を散布し，腹背盤に小点刻をごく疎らに疎布する．

　第1齢：体長1.4 mm内外．各胸背板長の比は3.2：2.2：1．触角および口吻の各節長比は1：1.3：1.3：2.9および1：1.5：1.8：1.8.

　体は主として淡黄色，胸部側縁部は半透明，中および後部臭腺盤と腹部側縁部は淡橙色．複眼および頭頂の1対の小点状部分は鮮紅色．触角，脚および口吻は主として淡黄色半透明，触角の第4節先端部は淡褐色．

　第2齢：体長2.0 mm内外．各胸背板長の比は6.0：6.0：1．触角および口吻の各節長比は1：1.7：1.6：2.2および1：1.6：1.3：1.2.

　頭部は褐色．胸背板は黒赤色．頭頂部から腹部第1節に至る正中部は黄色．腹背盤および側盤は黒褐色．硬化盤以外の腹節部は齢の初期には主として黄色で側盤の内方部と腹背盤間は赤色または淡赤色，齢の後期には全体赤色となる．触角第1節ないし第4節基部は帯黄，第4節の大部分は淡褐色．脚は淡黄色半透明．

　第3齢：体長2.9 mm内外．各胸背板長の比は9.2：8.0：1．触角および口吻の各節長比は1：1.8：1.7：2.2および1：1.6：1.5：1.2.

　体と触角は主として鮮紅色，図 (107, L) の淡色部分は頭部と胸部では黄色，腹背盤と側盤の中間部分では淡黄橙色；側盤はほぼ白色半透明，触角第4節の先半部分は赤褐色．脚は主として淡黄色半透明，腿節先端部および脛節の基部は赤色を帯びる．

　第4齢：体長4.0 mm内外．各胸背板長の比は14.0：13.0：1．触角および口吻の各節長比は1：1.9：1.6：2.2および1：1.6：1.4：1.2.

　頭部，胸背板，腹背盤および複眼はほぼ黒赤色，図 (107, M) の淡色部は黄褐色ないし淡黄色．硬化盤以外の腹節部は主として黄緑色，中央部および側盤付近は赤色．触角はほぼ赤色，第4節は黒赤色．脚はほぼ黄赤色，腿節の先端部は赤色を帯びる．

　第5齢：体長6.0 mm内外．各胸背板長の比は1：1.2：0．触角および口吻の各節長比は1：2.0：1.5：1.7および1：1.7：1.5：1.1.

　頭部は赤色と緑黄色，帯黄色または帯褐色の縦縞状をなし，油様光沢を有する．胸背は赤褐色，灰褐色，緑褐色または黄緑色などで，褐色がかった個体では特に黒色点刻が目立つ．前胸背の側縁部は半透明．前胸背前縁から第4腹節前縁に至る正中部は黄褐色または深紅色．硬化盤以外の腹節部は主として緑黄色，黄緑色または黄赤色などで，中央部は深紅色．腹背盤は黒色か赤色，または中および後部臭腺盤だけが黄白色．側盤の外半部は黒赤色，内半部は半透明．複眼と触角は前齢と同色．脚は主として黄緑色で，腿節先端部，脛節基部および跗節先端部は淡赤色を帯びる．色彩には個体変異が相当認められる．

　生態　ヤマグルマ，ノリウツギ，コマガタケスグリ，サルナシ，ウスノキ，タニウツギ，ニシキウツギ，ベニウツギなどの種子を摂食して発育する（立川[271]）．

　山地，山麓，林地などに生息し，寄主植物上などで樹上生活を行う．卵および幼虫保護時期や羽

10. ツノカメムシ科 Acanthosomatidae

表66 セグロヒメツノカメムシの卵および幼虫保護時期と羽化期についての記録（立川[271]）

場所	年・月・日	観察例	産卵植物	羽化時期	観察者
和歌山 高野山	1952.8.5	2例?（卵・1齢）	ヤマグルマ		後藤[19]
四国 石鎚山	1948.7.31	2例（卵）	ノリウツギ	9.9～10	小林[111]
愛媛 皿ヶ嶺	1948.8.7	4例（卵）	ノリウツギ	9.8	小林[111]
同上	9.1	3例（3・4齢）	ノリウツギ	9.9～15	小林[111]
鳥取 大山	1950.7.25	3例（卵）	?		白神[267]
山梨 大武川	1957.7.20	1例（卵）	サクラ		宮本[183]
岩手 早池峯山	1965.7.25	1例（1齢）	コマガタケスグリ	8.12～15	小林尚
同上		2例（1齢）	サルナシ		同上
同上	1968.6.24	3例（卵）	コマガタケスグリ		小林[141]

表67 松山市内における自然日長・室温飼育でのセグロヒメツノカメムシの発育期間（小林[111]）

調査区	卵数	採集月日	幼虫期間（日）						発育期間（月日）
			1齢	2齢	3齢	4齢	5齢	計	
1	22	1.7	4	6	6	7	8	31	8.7以前～9.8

注．卵期間は7日内外かと推測される．

化期に関しては表66のとおりである．同表や九州大学農学部昆虫学教室所蔵の標本その他から推測して，越冬後の成虫は6月上旬前後に活動を始め，間もなく交尾し，6月下旬～8月上旬ごろ産卵する．新成虫は8～9月ごろ出現し，年に1世代を営んで，9月下旬ないし10月ごろ越冬に入るようである．越冬場所は樹幹に密生した苔の間，スギなどの樹皮下，適度に湿度を保った落葉間，樹冠などに懸った枯葉ボールの中，倒木の樹皮下や朽木の中などではないかと推測される．

愛媛県皿ヶ嶺で採集した卵と幼虫および母虫を松山市内の自然日長・室温条件下で，ノリウツギのさく果を与えて飼育した結果は表67のとおりで，幼虫期間は31日であった．

母虫の産卵選択性，保護習性（後藤[19]，小林[111]，白神[267]），外敵への対応，幼虫の集合習性等はヒメツノカメムシとほぼ同じである．母虫の腹部の下で集合している第1齢幼虫は頭を集団の中心方向に向けており，外部から刺激を与えると，幼虫は先を争って群の中心に向かう運動を起こすが，転落したり頓走したりする個体はない．これは母虫に保護されることのない他種のカメムシとは異なる行動である．

15）アカヒメツノカメムシ *Elasmucha dorsalis* (JAKOVLEV, 1876)

分布 北海道，本州，四国，九州；朝鮮半島，中国，サハリン，シベリア．

成虫 体長6～7.5 mm．赤色を混じえた黄緑色で，一見前種に似るが小楯板に黒紋がなく，前胸背側角が短い．

卵（図108，A～E） 長径約1.1 mm，短径約0.5 mm．初期には淡黄白色，後期には淡黄色となり，ふ化前には眼点が赤色に，卵殻破砕器が卵頂部に黒褐色に透視される．受精孔突起の相互間隔は約130 μ，数は8個内外．卵殻破砕器は縦長約200 μ，横幅約90 μ．1卵塊は30～40卵内外よりなる．

幼虫（図108，F～J） 頭部中葉は側葉に比べて，第3齢までは長く，第4齢以後はほぼ等長，側葉は第5齢では前部がやや広くなり，不等辺四辺形状．触角突起は背方から，第3齢以後よく見える．口吻は *Elasmucha* 属の中では短く，先端は第1齢，第2齢の前期，同後期，第3，4および5齢において，それぞれ第3，7，5，2腹節，後脚の基節および中・後脚の各基節間付近に達する．口針は第2齢

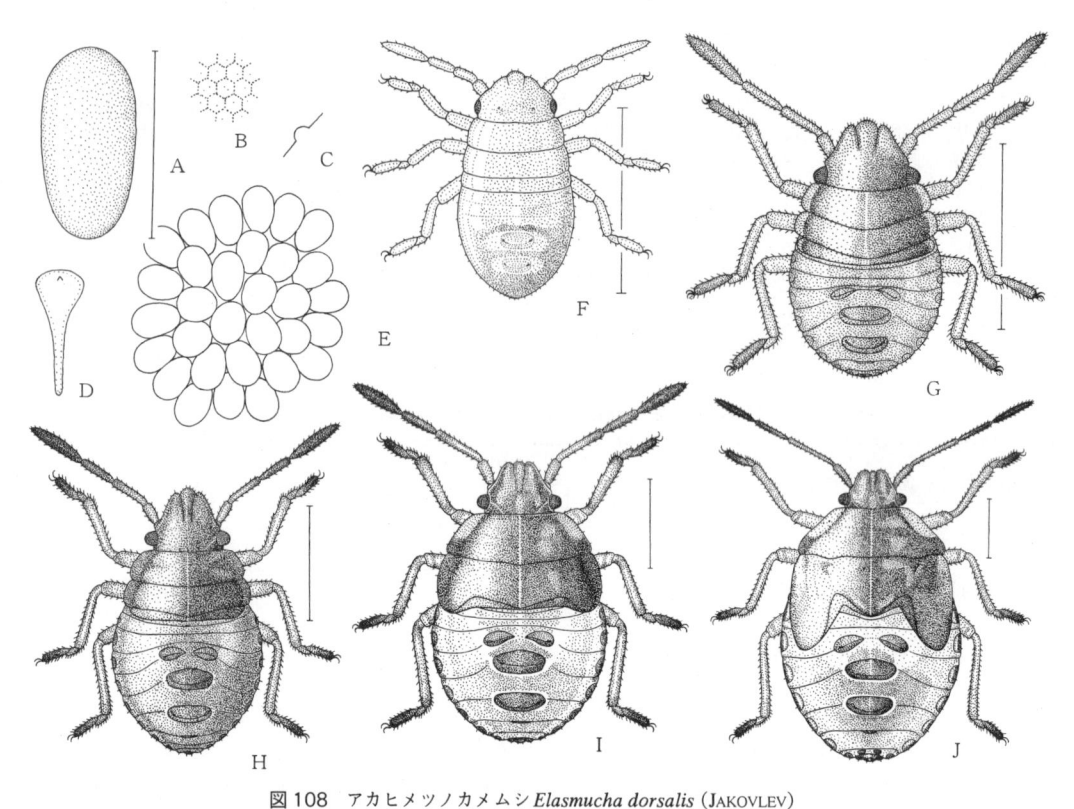

図108　アカヒメツノカメムシ *Elasmucha dorsalis* (JAKOVLEV)
A. 卵，B. 卵殻表面の微小点と微かに認められる六角形構造，C. 受精孔突起，D. 卵殻破砕器，E. 卵塊，F. 第1齢幼虫，G. 第2齢幼虫，H. 第3齢幼虫，I. 第4齢幼虫，J. 第5齢幼虫．［傍線は1mm長］．　　　　　　　　　　　（小林原図）

において上唇と共に下方に突き出て，頭部との間に紡錘形状の小間隙を作って口吻第1節の中部に入る．第3齢においては，口針は同様にごく小さい隙間を残して口吻第1節の前部に入る．上唇は背方から各齢とも見えない．

　前胸背の側角部は第5齢において中胸背の前角部よりわずかに側方へ突出する．後胸背板は第4齢において後縁線が側縁近くで弱く湾入し，後翅包が発達し始めているように見える．前脛節のグルーミング剛毛数は第1～5の各齢においてそれぞれ3, 4, 6, 6・7および8・9本内外．

　前部臭腺盤の1対は各齢とも正中部で接近しない．孔毛2個間の間隔は円形基盤2～5個分内外．

　体表には光沢を有し，第3齢まで点刻を欠き，第4齢以後頭部，胸背板および腹背盤に小点刻を疎布する．体上には白色に近い淡褐色短毛をごく疎らに装う．

　第1齢：体長1.3mm内外．各胸背板長の比は1.7：1.4：1．触角および口吻の各節長比は1：1.4：1.5：2.8および1：1.3：1.3：1.4．

　体は主として淡黄赤色，胸部側縁部，腹部周縁部，中および後部臭腺盤付近などはやや濃色．複眼および頭頂の1対部分は赤色．触角および脚は白色半透明．

　第2齢：体長1.6mm内外．各胸背板長の比は4.7：3.3：1．触角および口吻の各節長比は1：1.7：1.7：2.7および1：1.5：1.4：1.4．

　頭部，胸背板および腹背盤は暗赤褐色，頭部の前部と胸部の側縁部および前部臭腺盤はやや淡色．硬化盤以外の腹節部は主として赤色，部分的に特に前部において黄色．側盤は淡赤褐色．複眼は暗

赤色．触角と脚は主として淡赤黄色，触角第4節は暗褐色，跗節は淡灰色．

第3齢：体長2.5 mm内外．各胸背板長の比は6.0：5.0：1．触角および口吻の各節長比は1：1.7：1.6：2.3および1：1.5：1.3：1.1．

体は前齢とほぼ同色かやや濃色，ただし硬化盤以外の腹節部は主として帯赤色または黄赤色，臭腺盤の側方は淡黄白色．触角第1節は赤褐色，第2・3節は褐赤ないし暗赤色，第4節は暗赤褐色．脚は主として淡黄赤色，跗節の基部は暗褐色，先端部は暗．

第4齢：体長3.4 mm内外．各胸背板長の比は22.0：21.0：1．触角および口吻の各節長比は1：2.2：1.7：2.2および1：1.5：1.2：1.2．

頭部，胸背板，腹背盤および側盤は黒褐色でべっ甲様の光沢を有する．硬化盤以外の腹節部は中央部および側盤間では赤色，臭腺盤の側方では帯白色，側盤に沿う亜周縁部は淡緑黄色．複眼，触角および脚は前齢とほぼ同色，ただし触角第4節は赤黒色，跗節は第2節のみ暗褐色．

第5齢：体長5.4 mm内外．各胸背板長の比は1：1.26：0．触角および口吻の各節長比は1：2.3：1.6：1.8および1：1.7：1.2：1.1．

頭部，胸背板，腹背盤および側盤は斑状に濃または淡褐色で，べっ甲様の光沢を有する．硬化盤以外の腹節部は主として黄緑色，臭腺盤周辺部は白色，腹背盤間は帯赤色，側盤間は淡赤色がかる．複眼は赤黒色．触角の第1節および第2節基部は暗褐色でべっ甲様の光沢を有し，第2節先端部は黄赤色，第3節は暗赤色，第4節は赤黒色．腿節および脛節は大部分橙黄色，腿節の基部は暗色，先端部は帯赤色，脛節の両端部は暗赤色または帯赤色．跗節は基部では暗褐色，先端部は暗．

生態 ヤマブキショウマおよびアイズシモツケの種子を摂食して発育する．成虫はシモツケ，キイチゴ，ミズキ，ダケカンバなどから吸汁することがある．

山地，山麓，林地などに生息し，寄主植物上などで草上および樹上生活を行う．卵および幼虫保護時期や羽化期については表68のとおりである．越冬後の成虫は5月下旬ごろからミズキの若枝などに飛来し，間もなく交尾を始め，6月中旬～8月上旬ごろ産卵し，新成虫は7月中旬～9月ごろ出現するようである．アイズシモツケで発育して7月中旬に羽化した成虫はそのまま越冬するか，ヤマブキショウマに飛来して第2世代の産卵をするかについては観察を要する．飼育を腰高シャーレで行っていて，第2齢幼虫時に死亡し，継続飼育に失敗したが，盛岡市内の自然日長・室温下で卵期間は8日（2例），第1齢幼虫期間は4日（4例）であった．越冬は成虫態で，樹皮下（四戸[264]）のほか，ヒメツノカメムシと同様な場所でも行われると推測される．

母虫の保護習性，幼虫の集合性，外敵への対応等はセグロヒメツノカメムシとほぼ同様である（小林[141]，立川[271]）．Kudo et al.[166]が母虫の保護効果を調べた試験によると，母虫を取り除いた卵

表68 アカヒメツノカメムシの卵および幼虫保護時期と羽化期に関連する記録

場所		年・月・日	観察例	寄生植物	羽化期	観察者
山梨	須玉町金山	1971.5.23	1例（成虫）	ミズキの新枝	—	立川[271]
群馬	草津町谷沢川	1975.7.21	3例（交尾）	ヤマブキショウマ	—	同上
同上		1976.8.25	3例（2齢）	同上	—	同上
同上		1977.7.27	2例（卵・1齢）	同上	—	同上
岩手	早池峯山	1965.7.25	5例（卵）	ヤマブキショウマ	—	小林尚[141]
同上		1965.8.19	4例（2～5齢）	同上	8月下旬～9月上旬	同上
同上		1966.7.14	3例（卵）	同上		同上
岩手	北福岡町	1978.7.12	2例（5齢・新成虫）	アイズシモツケ	7月中旬	奥俊夫
千歳市支笏湖		1976.7.6	10例（卵）	—	—	立川[271]
同上		同上	2例（交尾）	—	—	同上
同上		1988.7～9月	77例（交尾・産卵・羽化）	ヤマブキショウマ	8月下旬～9月上旬	Kudo et al[166]

塊の卵は15日後までに，シワクシケアリによって全部運び去られたが，母虫に守られていた卵塊では6.1％が消失したに過ぎなかった．産卵選択性については資料が乏しいが，寄主植物の生育地の状況から判断して，極めて高いのではないかと推測される．

16) *Elasmostethus* FIEBER, 1860

(1) 形　態

a) 卵

滴型で，頂部が鈍角にとがり，長径約0.8～1.0 mm，短径0.6～0.7 mm．初期には淡緑色ないし淡青黄緑色，後期には淡緑黄色ないし淡黄色．卵殻はやや厚く，ほぼ透明で，ふ化後には六角形構造が微かに透視され，白色の微小点は散在しない．ふ化後の卵殻は裂け目が著しく巻きこむ．受精孔突起は小半球形または円筒形で，10～30個内外．卵殻破砕器は広く，縦長，横幅ともに約180 μ で，両側端が鋭角にとがるか，縦長が約140～250 μ，横幅が約170～200 μ 内外で両側端が丸い．卵塊は通常数卵～30数卵からなり，卵は果梗に産付される場合には列状に，果面や葉面に産付される場合にはほぼ規則的な多角形状に並べられる．

b) 幼　虫

体は比較的厚く，体長は第1齢では1.1～1.4 mm内外，第5齢では6.5～7.6 mm内外．

頭部中葉は側葉より長い．触角は第2齢以後やや長く，触角突起は背方から第5齢においてのみ，または第2または3齢以後見える．口吻は第2節湾曲型か，これへの移行型で，いずれも長く，先端は第1齢では第4・5または2腹節付近に，第2齢の初期には腹端を越えるか腹端近くに達し，同後期には第7・8節または4・5節付近に達する．口針は第2齢において著しく長くなり，この基部は上唇と共に中葉の先端から前下方または下方に突き出て，頭部下面との間に滴型の空間を作って口吻の第2節に入る．口針は第3齢においてはやや短くなり，この基部は上唇と共に中葉の先端から下方に突き出て，頭部下面との間に前齢より小形の空間を作って口吻第1または2節に入る．上唇基部は種により背方から第2齢ではよく見えるか辛うじて見え，第3齢では辛うじて見えるか全く見えない．

胸背板は第1齢から硬化している．前および中胸背の側縁部は特に発達しない．前者の側角部は第5齢において直角に近い鋭角をなし，後者の前角部よりわずかに側方に位置するか，それとほぼ同位置にある；側縁は緩弧状で平滑．硬化した後胸背板は左右それぞれ第2齢まではへら型，第3齢では長刀刃型で，いずれも後胸背の全面を覆わず，中胸背板よりやや狭い；硬化した胸背板は，第3齢まで齢の後期に正中部で左右に分かれる．第5齢において，各胸部腹板の正中部は縦に隆起する．前脛節のグルーミング剛毛は第1～5の各齢においてそれぞれ3, 4, 4・5, 6～8および6～10本内外．

前部臭腺盤は左右1対あり，滴型か偏形滴型．中部臭腺盤は楕円形状ないし饅頭型．臭腺中および後部開口部には第2～4齢では牙状の，第5齢ではひだ形の小突起を装う．第6・7節境の腹背盤は第1齢では不明瞭，第2齢以後は紡錘形状，第4齢以後中央部で著しくくびれるように見えることがある．側盤は第2齢まで小さく輪郭不明瞭，第3齢以後第2～7節のものは前後に長い不等辺四辺形状；外縁は緩弧状で平滑．腹部気門は第1～3または4齢までは側盤の前方の体側縁近くに，第4齢以後または第5齢では側盤の前部内方に開口する．孔毛2個間の間隔は第1齢では不明瞭，第2齢以後はほぼ円形基盤2～5個分．第5齢において，第2・3腹節腹面の前縁中央部は円形に微かに隆起する．雌では第5齢の第9腹節に小半円形状の微かな小隆起がある．

体表には光沢を有し，第3齢までは点刻なく，第4齢では胸背板上またはこれと腹背盤上に微小または小点刻を疎布し，第5齢では胸背板と中および後部腹背盤だけまたは頭部，胸背板および腹背盤

上に小点刻を疎布する.
c) *Elasmostethus* 3 種の識別
(i) 卵における検索表
1 (2) 受精孔突起は小半球形で約18個 ・・・・・・・・・・・・・・・・・・・・・・・・・・・ ベニモンツノカメムシ
2 (1) 受精孔突起は円筒形.
3 (4) 受精孔突起は23〜27個内外 ・・・・・・・・・・・・・・・・・・・・・・・・ セグロベニモンツノカメムシ
4 (3) 受精孔突起は9〜13個内外 ・・・・・・・・・・・・・・・・・・・・・・・・・・・・・・・・・・・・・ *Elasmostethus* sp. A
(ii) 幼虫における検索表
1 (2) 第1齢では後部臭腺盤の後方に腹背盤様のものが認められない. 第2〜4齢では触角突起が背方から見えない. 第5齢では後脛節がほぼ一様に淡黄緑褐色
・・・ ベニモンツノカメムシ
2 (1) 第1齢では後部臭腺盤の後方に腹背盤様のものが認められる. 第2〜4齢では触角突起が背方から見える (第2齢では辛うじて見えない場合もある). 第5齢では後脛節が主として暗または淡黄褐色で, 両端部とともに中央部が帯状に淡色となるか, 基部近くと先端近くに不明瞭な帯赤色帯を現す.
3 (4) 体はやや大きく, 口吻は相当長く, 先端は各齢後期にそれぞれ第4・5腹節, 7・8節, 7節, 5節および後脚基節付近に達する ・・・・・・・・・・・・・・・・・ セグロベニモンツノカメムシ
4 (3) 体はやや小さく, 口吻はそれほど長くなく, 先端は各齢後期にそれぞれ第2腹節, 4・5節, 3節, 後脚基節および中脚基節付近に達する ・・・・・・・・・・・・・・・・・ *Elasmostethus* sp. A
(iii) 分類上の問題点
表88, 図109〜111等で示したように, 受精孔突起と卵殻破砕器の形が *E. humeralis* と *E. interstinctus* および *E.* sp. A との間で著しく異なるので, *humeralis* と他の2種を同属に扱うのは無理でないかと思われる.

(2) 生 態
セリ科, ウコギ科, カバノキ科などの双懸果, 核果, 液果, 球果などを摂食して発育する. 年に1世代を経過し, 樹皮の隙間, 岩石の割れ目, 建造物, 落葉, 木や石等の間などで越冬する. 幼虫は若齢期に集合性を有する.

17) ベニモンツノカメムシ *Elasmostethus humeralis* JAKOVLEV, 1883
分布 北海道, 本州, 四国, 九州; 朝鮮半島, 中国, 千島列東, シベリア東部.
成虫 体長10〜12 mm. 帯青緑色の地に暗赤色の斑紋がある. 腹節の背面が紅色であることで他の2種と識別できる. 竜骨突起は前後両方に伸びるが, 後方への突出は短い. 雌の第7腹板にペンダーグラスト器官が1対ある.
卵 (図109, A〜E) 長径約0.9 mm, 短径約0.7 mm. 受精孔突起は小半球形で, 18個内外. 卵殻破砕器は縦長, 横幅ともに約180 μ で, 両側端が鋭角にとがり, 中央部は淡褐色で硬膜質らしく, 下側部はほぼ透明で膜質. 卵塊は通常数卵〜30数卵からなり, 卵は果梗に産付される場合には列状に, 果面や葉面に産付される場合にはほぼ規則的な多角形状に並べられる.
幼虫 (図109, F〜L) 頭部は背方から見て, 第2齢までは三角形状, 第3齢以後は台形状. 触角突起は背方から第5齢においてのみ見える. 口吻は長く, 先端は第1齢では第4・5腹節付近に達し, 第2齢の初期には腹端を越え, 後期には第7節付近に, 第3, 4および5齢ではそれぞれ第4節, 第

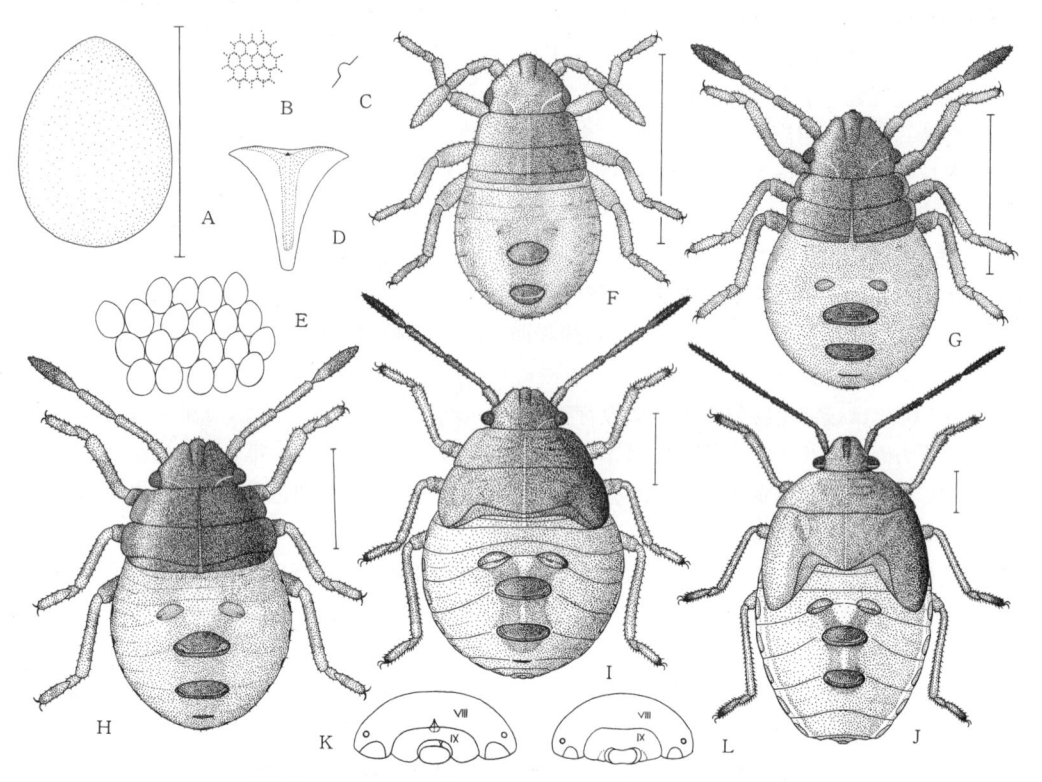

図 109　ベニモンツノカメムシ *Elasmostethus humeralis* JAKOVLEV
A. 卵，B. ふ化後の卵殻に微かに認められる六角形構造，C. 受精孔突起，D. 卵殻破砕器，E. 卵塊，F. 第1齢幼虫，G. 第2齢幼虫，H. 第3齢幼虫，I. 第4齢幼虫，J. 第5齢幼虫，K. 同齢雌の性徴，L. 同雄．[傍線は1mm長].

(小林原図)

2・3節および後脚の基節付近に達する．口針は第2齢において上唇と共に中葉の先端から前下方に突き出る．上唇基部は第2齢においてのみ背方から見える．

　前胸背板の側角部は第5齢において直角に近い鋭角をなし，中胸背板の前角部よりわずかに側方に位置する；硬化した後胸背板は第4齢においては後縁の側方が後方へ反り，後翅包が発達し始めているように見える．前脛節のグルーミング剛毛は第1～5の各齢においてそれぞれ3, 4, 5, 6および7本内外．

　前部臭腺盤は第2齢まではやや長い滴型，第3齢以後は偏形滴型．腹部気門は第1～3齢では側盤前方の体側縁近くに，第4・5齢では側盤のほぼ前部内方に位置する．孔毛2個間の間隔は，第2齢以後は円形基盤3～5個分内外．

　体表には第4齢では胸背板および腹背盤上に，第5齢では頭頂部，胸背板および腹背盤上に黒褐色の小点刻を疎布する．

　第1齢：体長1.3 mm 内外．各胸背板長の比は3.3：2.7：1．触角および口吻の各節長比は1：1.0：1.1：2.3および1：1.3：1.4：1.8．

　頭部，胸背板，中および後部臭腺盤は主として初期には灰褐色，後期には灰色を帯びた淡赤褐色．硬化盤以外の腹節部は主として初期には淡黄色，後期には周縁部および腹背盤間では帯赤色．複眼は鮮紅色（各齢）．触角は淡赤黄色．脚は主としてごく淡い黄褐色，腿節および脛節は部分的に淡赤色．

第2齢：体長1.9 mm内外．各胸背板長の比は4.8：4.0：1.触角および口吻の各節長比は1：1.5：1.7：2.6および1：1.8：1.4：1.3．

頭部および胸背板は帯赤黒褐色．腹背盤は淡黄褐色ないし帯赤暗褐色．側盤は暗赤色．硬化盤以外の腹節部は主として淡赤色，前部臭腺盤付近では黄色．触角は主として，第1〜3節では淡赤褐色ないし淡褐赤色，第4節では帯赤色の基部を除き帯赤黒褐色．脚は主として帯赤黒褐色，脛節先端部および跗節は淡黄褐色，跗節先端は暗．

第3齢：体長3.2 mm内外．各胸背板長の比は5.5：5.5：1．触角および口吻の各節長比は1：1.8：1.9：2.6および1：1.5：1.4：1.2．

頭部，胸背板，腹背盤および側盤は暗褐色，ただし前部臭腺盤は硬化盤以外の腹節部とほぼ同色．同腹節部は主として黄緑色，腹背盤間，周縁部，腹背盤と側盤の中間部および前部臭腺盤の前方などは淡黄赤色．触角の第1〜4節基部および脚は帯赤淡黄褐色，触角第4節の大部分は暗褐色，跗節先端部はわずかに帯暗色．

第4齢：体長4.4 mm内外．各胸背板長の比は7.7：9.3：1．触角および口吻の各節長比は1：1.8：1.7：1.9および1：1.4：1.2：1.1．

頭部および前胸背の各中央部は淡緑褐色，頭部周辺部は褐黒色または赤黒色．胸背板は主として一様に褐黒色か黒褐色，または褐黒色，褐色，淡褐色などの斑状でべっ甲様の光沢を有する．硬化盤以外の腹節部は主として黄緑色，腹背盤間では帯赤色．腹背盤は主として黒色または暗褐色．側盤は主として黄緑色，外縁部では暗黒色．触角は主として，第1・2節では帯赤淡黄褐色，第3節は淡黄赤色，第4節は黄赤色の基部を除いて暗黒色．脚は主として淡黄赤色または淡赤黄色，腿節基部は半透明，跗節先端部は暗色．

第5齢：体長7.6 mm内外．各胸背板長の比は1：1.55：0．触角および口吻の各節長比は1：2.2：1.8：1.9および1：1.5：1.2：1.0．

体は前齢とほぼ同色かやや濃色で，個体により，原小楯板が赤色を帯び，硬化盤以外の腹節部が主として淡黄緑色で，図（109, J）のように中央部がY字形に淡紫赤色を，その正中部および腹部の周縁部近くが淡黄白色を帯びるか，腹部のほぼ全体が淡紫赤色となる．側盤の外縁は褐黒色．触角は第2節基部までは暗黄赤色か帯赤淡黄緑褐色，第2節先端部と第3節の大部分は暗赤色，暗赤褐色または赤黒色，第4節は暗赤色の基部を除いてほぼ黒．脚は淡黄褐色ないし淡黄緑褐色，跗節先端部は暗黒色．

生態　ハナウド，ニホントウキ，オオカサモチ，ウコギ，ヤマウコギ，タラノキ，ウドなど（四戸[263]）の双懸果，核果，液果等から吸汁して発育する．ヤシャブシでも幼虫が育つと報告されているが（中西・後藤[211]），これは本種に酷似する他種（腹背板の黒い種類）である可能性がある．

山地や山麓の沢際，寒冷地の林地などで生息し，寄主植物上などで草・樹上生活を行う．東北地方や北海道では5月中・下旬から活動を始め，6月下旬〜8月上旬に寄主植物の花（果）序部等に産卵し，新成虫は8・9月ごろ出現する．年に1世代を営み，10月ごろ越冬場所へ潜入すると推測される．東北地方では山間部の家屋内越冬が出現率27.6％（種名が調査できた87事業所中24事業所）もの高率で認められており，これはクサギカメムシ（78.2％），スコットカメムシ（40.2％）に次ぐ高率である（小林・木村[158]）．北海道新十津町でも学校や住宅に本種が大群で侵入して騒がれている（桑山[168]）．建造物，岩石の割れ目や朽木の空洞等の中のほか，樹皮下，落葉や石木等の堆積物の間や下などで越冬する（四戸[264]）．

筆者（小林）が1968年の7月下旬〜9月上旬に，盛岡市内の自然日長・室温条下で，パセリの双懸果を与えて行った飼育試験では，卵期間が5日，第1〜5の各齢期間がそれぞれ4, 4, 5.8, 6.5および

9.5日で，幼虫期間は29.8日であった．

１８）セグロベニモンツノカメムシ * *Elasmostethus interstinctus*（LINNAEUS, 1785）

分布 北海道，本州；旧北区．

成虫 体長11 mm内外．前種に似るが腹節の背面が黒色で，半翅鞘革質部の爪状部と膜質部に接する部分の紅色がより明瞭．雄の生殖節後縁の中央寄りに1対の黒い小歯があり，雌の第6・7（見かけ上の第4・5）腹節に各1対のペンダーグラスト器官がある．

卵（図110，A～E） 長径約1.0 mm，短径約0.7 mm．受精孔突起は円筒形で，23～27個内外，平均24.7個．卵殻破砕器は縦長約250μ，横幅約200μ，両側端部は丸く，中心の1歯以外は厚膜質らしく，大部分淡黄褐色．1卵塊の卵数は調査した5例では33，25，23，6および3卵であった．

幼虫（図110，F～J） 頭部は背方から見て第4齢まで三角形状．触角突起は第2齢以後背方から見える．口吻の先端は第1齢の後期には第4・5腹節付近に位置し，第2齢の初期には腹端を越え，同後期には第7・8節付近に達し，第3，4および5齢の各後期にはそれぞれ第7，5腹節および後脚の基節付近に達する．口針は上唇と共に第2齢においては前下方に突き出る．上唇基部は背方から第2齢ではよく見え，第3齢では辛うじて見える．

前胸背の側角部は第5齢において中胸背の前角部よりわずかに側方に位置する．硬化した後胸背

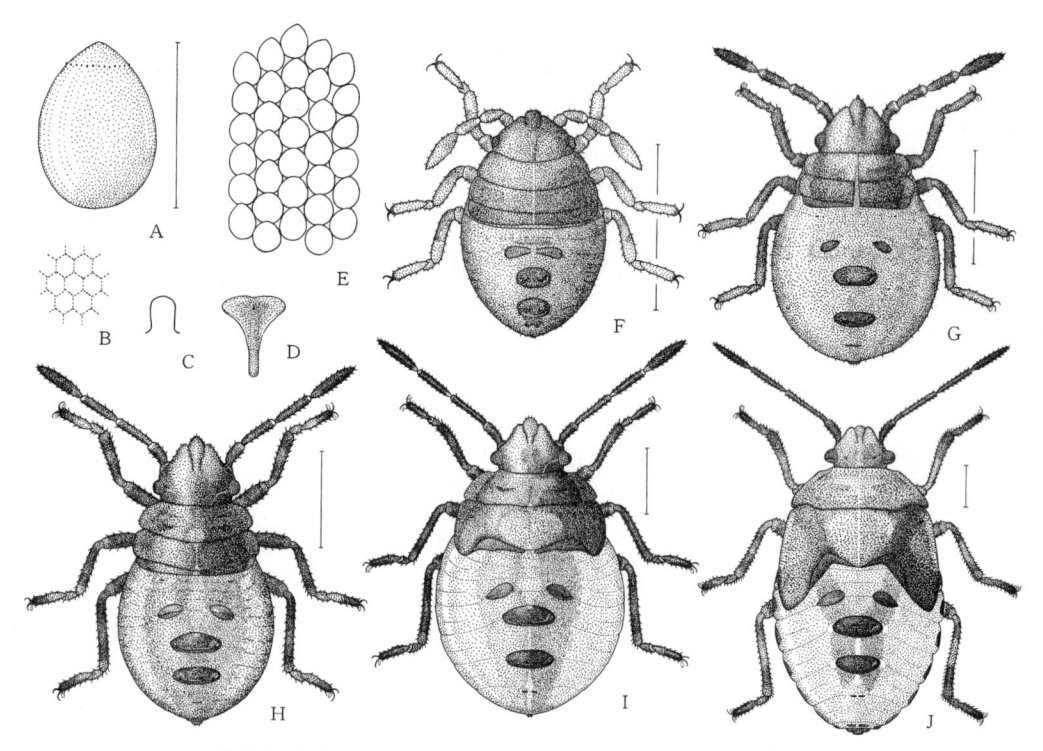

図110 セグロベニモンツノカメムシ *Elasmostethus interstinctus* (LINNAEUS)
A. 卵，B. ふ化後の卵殻に微かに認められる六角形構造，C. 受精孔突起，D. 卵殻破砕器，E. 卵塊，F. 第1齢幼虫，G. 第2齢幼虫，H. 第3齢幼虫，I. 第4齢幼虫，J. 第5齢幼虫．［傍線は1 mm長］． (小林原図)

---

* 友国雅章博士の同定による．

板は第4齢において後縁の側方が微かに反るが，後翅包が発達し始めているようには見えない．前脛節のグルーミング剛毛は第1～5の各齢においてそれぞれ3，4，4，7・8および10本内外．

前部臭腺盤はやや長い滴型．腹部気門は第4齢までは側盤前方の体側縁近くに，第5齢では側盤の前部内方に開口する．孔毛2個間の間隔は，第2齢以後は円形基盤2～4個分内外．

体表には第4齢では胸背板上に微小点刻を不明瞭に疎布し，第5齢では頭部，胸背板および腹背盤上に小点刻を疎布する．

第1齢：体長1.4 mm内外．各胸背板長の比は2.7：2.2：1．触角および口吻の各節長比は1：1.2：1.3：2.4および1：1.4：1.2：1.6．

頭部，胸背板，腹背盤および側盤は主として暗赤色，頭頂部はやや淡色．硬化盤以外の腹節部は主として赤色，腹背盤の側方は幽かに黄色がかる．複眼は暗赤色（各齢）．触角は主として第4節基部までは淡黄赤色，第3節までの各先端部は淡黄色半透明，第4節の大部分は淡黄褐色．腿節基部，脛節の先端部および跗節は主として淡黄色，腿節先端部および脛節の基部は淡黄赤色，跗節先端部は幽かに暗色．

第2齢：体長2.0 mm内外．各胸背板長の比は5.0：3.3：1．触角および口吻の各節長比は1：1.6：1.9：2.6および1：1.5：1.5：1.3．

頭部，胸背板および腹背盤は主として赤黒色ないし暗赤色，頭部側葉の中央部から頭頂に至る部分および前胸背中央部は帯赤色．硬化盤以外の腹節部および側盤は赤色．触角および脚は主として暗赤色，触角の各節基部は淡色，第2・3節の各先端部は淡黄白色半透明，脛節先端および跗節第1節は淡黄褐色，跗節第2節の大部分は暗黄赤褐色，先端は暗色．

第3齢：体長3.3 mm内外．各胸背板長の比は6.7：5.6：1．触角および口吻の各節長比は1：1.5：1.6：2.0および1：1.6：1.5：1.3．

頭部，胸背板および腹背盤は主として暗赤褐色，頭部の中および側葉，胸部側縁部，前胸背の中央部，中胸背の後縁中央部，前部臭腺盤の内縁部などは淡赤褐色または淡黄緑褐色．硬化盤以外の腹節部は中央部では帯黄赤色，その正中部および周縁部は側盤を含めて淡黄緑褐色．触角は第3節までは黄赤褐色，第4節は暗赤褐色．腿節は暗赤褐色，脛節は主として黄赤褐色，基部は暗赤褐色，中央部はやや淡色，先端部は淡黄赤色，跗節第1節および第2節の基部は淡黄灰色，先端部は暗色．

第4齢：体長4.7 mm内外．各胸背板長の比は9.6：9.8：1．触角および口吻の各節長比は1：1.9：1.8：2.1および1：1.7：1.4：1.2．

前齢とほぼ同色，ただし個体により頭頂部が灰黒色，頭部の中および側葉部が淡黄褐色，胸部および腹背盤が主として暗緑褐色ないし灰黒色を，触角の第1～3節が暗赤色，第4節が赤黒色を帯びる．

第5齢：体長7.3 mm内外．各胸背板長の比は1：1.08：0．触角および口吻の各節長比は1：1.9：1.8：1.8および1：1.6：1.4：1.1．

頭部の大部分，前および中胸背の中央部，翅包の側縁部などは暗緑黄色，他は暗黒色ないし暗緑黒色．腹背盤はほぼ黒色．側盤の外縁は黒色ないし暗緑黒色．硬化盤以外の腹節部は主として淡黄緑色，図（110, J）のように中央部ではY字形に黄赤色，その正中部は黄色．触角は主として暗赤色，第4節は黒色，節間部は黄赤色．脚は主として暗黄緑色，中および後脚の脛節の中央部は両端部とともにやや淡色，跗節の大部分および前脛節先端部はやや濃色，跗節先端部は黒色．

生態 ダケカンバおよびミヤマハンノキの球果の種子を摂食して発育する．

山地の寄主植物などで樹上生活を行う．早池峰山の標高1500 m付近で1968年7月24日に，ダケカンバの葉裏に産付された2卵塊と葉裏に集合中のふ化幼虫3群を得て，盛岡市内で飼育し，6頭が

8月18〜9日に羽化した．また，1976年8月5日に同所のミヤマハンノキで，未ふ化の4卵塊と第1，2および3齢幼虫を各2群と越冬後の成虫8個体を採集した．この年は7月1日に平野部に晩霜があり，例年より低温に経過したため，発育が遅れていた．1974年6月26日には綱張温泉の標高1000m付近のダケカンバの球果で成虫4個体を得た．この成虫は7月1日前後に3卵塊を産卵した．

これらのことから判断して，本種は東北地方では7月上旬〜8月上旬ごろに産卵し，8月中旬〜9月中旬ごろに羽化し，年に1世代を営み，成虫態で岩石の割れ目の中や樹皮下等で越冬すると推測される．

盛岡市内の自然日長・室温下で，ダケカンバ，シラカンバ，ミヤマハンノキ，ヤマハンノキ等の球果を与えて，1968年7月下旬〜8月中旬に飼育した結果，第2〜5齢の各齢期間は6，5，6および8日であった．

幼虫は若齢期に集合性を有する．

19) *Elasmostethus* sp. A*．(*Elasmostethus* sp. c，sensu HASEGAWA, 1958)

分布　本州（岩手県盛岡市，秋田県田沢湖畔）

成虫　体長7〜9 mm（腹端まで），8〜10 mm（翅端まで）．ほぼ楕円形状で，肩部が張るが，前胸背側角の突出は弱く，先端が鈍角でその先端のみ褐黒色を帯びる．乾燥標本では，地色は淡緑黄褐色，革質部の爪状部は幅広く明瞭に，膜質部に接する部分はやや淡くそれぞれ紅色を帯び，紅色部がX状に目立ち，革質部の中央後方寄りに判然としない小点状の暗色斑が認められる．腹節背面は

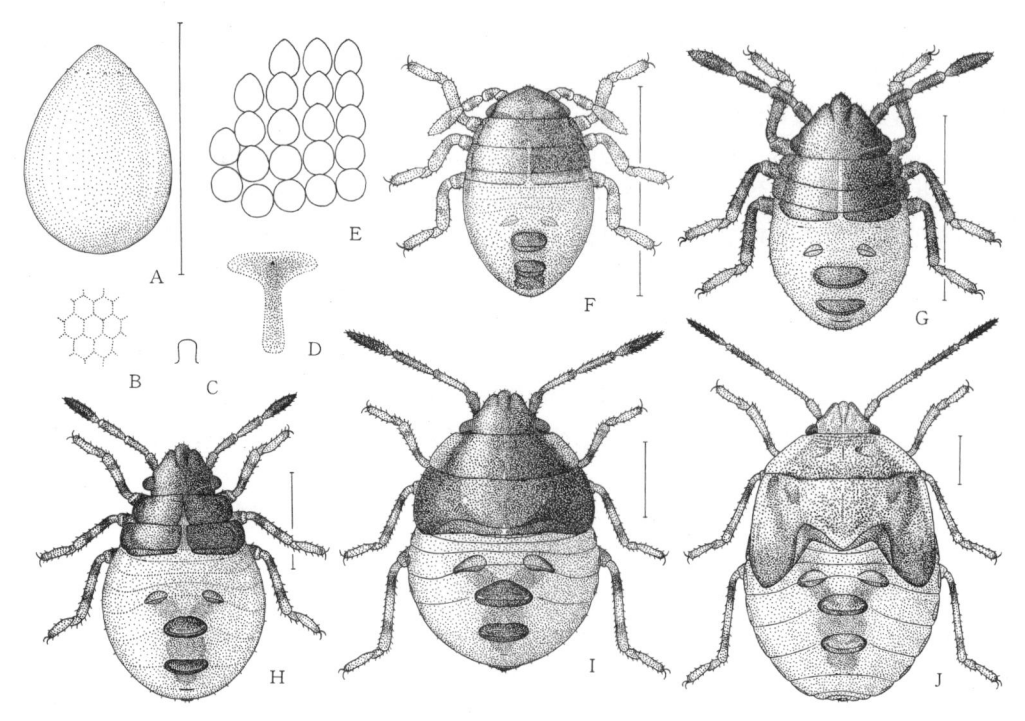

図111　*Elasmostethus* sp. A
A. 卵，B. ふ化後の卵殻に微かに認められる六角形構造，C. 受精孔突起，D. 卵殻破砕器，E. 卵塊，F. 第1齢幼虫，G. 第2齢幼虫，H. 第3齢幼虫，I. 第4齢幼虫，J. 第5齢幼虫．［傍線は1 mm長］．　　　（小林原図）

* 友国雅章博士の同定による．

赤色ないし暗赤色．触角は淡褐色．雄の生殖節の把握器は鍬型の内側がとがり，生殖節の後縁中央に三角形状をなす白色の長毛束が1個あるが，黒色のごく短い毛を密生するたわし状の楕円盤を欠く．雌の第6・7（見掛上の第4・5）節には各1対のペンダーグラスト器官がある．本種は長谷川[31]の Elasmostethus sp. c に相当すると考えられる．

卵（図 111, A～E） 長径約 0.8 mm，短径約 0.6 mm．受精孔突起は円筒形で，9～13個内外，平均で 11.2 個．卵殻破砕器は縦長約 140～150 μ，横幅約 170～180 μ，両側端は丸く，中心の1歯以外は厚膜質らしく，大部分淡褐色．1卵塊の卵数はウドの葉裏では21個，液果では数個であった．

幼虫（図 111, F～J） 頭部は背方から見て第4齢までほぼ三角形状．触角突起は背方から第3齢以後は見える．口吻の先端は第1齢の後期には第2腹節付近に位置し，第2齢の初期には腹端近くに達するがこれを越えない，同後期には第4・5節付近に，第3，4および5齢の各後期にはそれぞれ第3腹節，後脚基節および中脚基節付近に達する．口針の基部は上唇と共に第2・3齢において下方に突き出る．上唇基部は背方から第2齢においては辛うじて見え，第3齢では見えない．

前胸背の側角部は第5齢において中胸背の前角部とほぼ同位置にある．硬化した後胸背板は第4齢において後縁線が直線状で，後翅包は発達し始めていない．前脛節のグルーミング剛毛は第1～5の各齢においてそれぞれ 3, 4, 4, 6・7 および 6・7 本内外．

前部臭腺盤は，第3齢まではやや長い滴型，第4齢以後は偏形滴型．腹部気門は第1～3齢では側盤前方の体側縁近くに，第4齢では側盤の前内縁角部に，第5齢では側盤の前部内方に開口する．孔毛2個間の間隔は，第2齢以後は円形基盤2～4個分内外．

体表には第4齢では胸背板上に，第5齢では前および中胸背板ならびに中および後部臭腺盤上に小点刻を疎布する．

第1齢：体長 1.1 mm 内外．各胸背板長の比は 2.7 : 2.2 : 1．触角および口吻の各節長比は 1 : 1.0 : 1.1 : 2.3 および 1 : 1.5 : 1.4 : 1.6．

頭部，胸背板，中および後部臭腺盤，これから第6・7節境の腹背盤に至る四辺形部分などは暗赤褐色．硬化盤以外の腹節部は主として淡黄緑色，腹背盤付近は淡赤色がかる．複眼は赤色．触角，腿節および脛節は主として黄赤色，触角の節間部および第4節先端部は淡黄褐色，脛節先端部と跗節の大部分は淡黄褐色半透明，跗節先端部は微かに灰色がかる．

第2齢：体長 1.5 mm 内外．各胸背板長の比は 4.0 : 2.9 : 1．触角および口吻の各節長比は 1 : 1.3 : 1.7 : 2.4 および 1 : 1.6 : 1.1 : 1.2．

頭部，胸背板，中および後部臭腺盤は暗褐色ないし帯黒色．前部臭腺盤は灰色．硬化盤以外の腹節部は前齢とほぼ同色．複眼は暗赤色（2～5齢）．触角は暗赤色ないし暗褐色，節間部は淡色．脚は主として暗色ないし暗褐色，脛節の中央部はやや淡色，この先端部および跗節の大部分は淡黄褐色，跗節の先端部は暗色がかる．

第3齢：体長 2.5 mm 内外．各胸背板長の比は 6.0 : 5.0 : 1．触角および口吻の各節長比は 1 : 1.4 : 1.7 : 2.2 および 1 : 1.6 : 1.4 : 1.1．

体は前齢とほぼ同色，ただし個体により頭部および胸部は赤みを帯び，腹背盤の接合線付近は淡色．また腹背盤付近の腹節部は淡黄色で，触角の第1～3節は淡赤褐色，第2・3節の基部は灰褐色，先端部は淡黄褐色，第4節は淡黄褐色の基部を除いて褐黒色，腿節および脛節は主として暗赤褐色で部分的にやや淡色であることもある．

第4齢：体長 4.1 mm 内外．各胸背板長の比は 8.7 : 8.7 : 1．触角および口吻の各節長比は 1 : 2.0 : 2.0 : 2.3 および 1 : 1.5 : 1.3 : 1.1．

体は前齢とほぼ同色，ただし個体により頭部，胸背板および腹背盤は主として黒褐色で油様光沢

を有し，頭部中葉，側葉内側部，前胸背板側縁部，中胸背板の中央部の左右1対の不明瞭な点状小斑，中および後部臭腺開口部付近などは淡色，胸背板の正中線上および前部臭腺盤は淡黄緑色を帯びる．また触角は主として第1節が暗黄赤色，第2・3節が淡黄褐色，両節の両端部と第3節の側面などが暗赤色，第4節が淡黄褐色の基部を除いて赤黒色，腿節は暗赤黄色の先端部を除き暗黒色，脛節および跗節は主として淡黄褐色で，脛節の基部と先端近くに不明瞭な帯赤色帯を現す．

第5齢：体長6.5 mm内外．各胸背板長の比は35.0：41.5：1．触角および口吻の各節長の比は1：2.4：2.1：2.1および1：1.5：1.3：1.1．

頭部は主として淡緑褐色または暗褐色．頭部側葉の前側縁部は暗赤色，部分的に灰色を帯び，頭頂には1対の赤点が認められる．胸背板は主として淡褐色ないし暗褐色，前胸背の側縁部および正中線上の後部は淡緑褐色または淡黄褐色，原厚化斑の内側部，前翅包の先端部と基部の2対部分，後翅包の大部分などは暗色がかる．硬化盤以外の腹節部は主として淡黄緑色で腹背盤の前後が赤色を帯びるか，主として暗紫色で腹背盤の前後が暗赤色を帯びる．腹背盤は主として淡黄緑色で部分的に黒褐色を帯びる．触角の第1・2節は主として淡黄褐色，これらの両端部は淡灰色と淡赤色，第3節は暗赤色，この両端部は淡黄褐色と淡赤色，第4節は黒色，基部は淡黄褐色．脚は主として淡黄褐色，腿節の先端近くおよび脛節の基部近くには暗赤色帯を，脛節の先端近くには不明瞭な淡赤色帯を現わす，跗節先端部はやや濃色．全体に油様光沢を帯びる．

生態　ウドやウコギの液果や核果から吸汁して発育する．

1969年8月11日に田沢湖畔のウドの液果で1対を得て盛岡市内で飼育し，8月中・下旬に3卵塊が産下され，この幼虫は9月に羽化した．その後，1975年9月8日に田沢湖畔のウドで，1976年7月23日に盛岡市内のウコギで，それぞれ数頭の雌雄を採集した．観察例は少ないが，産卵期は7・8月，羽化期は8・9月で，年に1世代を経過し，成虫態で岩石の割れ目の中や樹皮下などで越冬すると推測される．

引用文献

1. 安部義一・武田憲雄・太田定輔 (1974) オオトゲシラホシカメムシの生態に関する試験. 昭和47年・48年度カメムシに関する試験成績概要, 12-13. (カメムシ類の発生予察方法確立に関する特殊調査打合わせ会資料, 山形県農試).
2. 安部五一・上田勇五 (1956) 新潟県におけるクロカメムシ. 新潟農試報告, 7, 75-86.
3. Aller, T. and R. L. Caldwell (1979) An investigation of the possible presence of an aggregation pheromone in the milkweed bugs, *Oncopeltus fasciatus* and *Lygaeus kalmii*. Physiol. Entomol., 4, 287-290.
4. Andersen, N. M. (1982) The semiaquatic bugs. Klamdenborg- Denmark, Scandinavian Science Press LTD, 455p.〔grooming structure：前脛節端の櫛歯状器官名〕.
5. 荒川保雄 (1932) ナガメ (*Eurydema rugosa*) リンゴヒゲナガゾウムシを刺殺す. 昆虫, 6 (3), 132-133.
6. 馬場金太郎 (1933) 新潟県のノコギリカメムシ. 昆虫, 6 (516), 300.
7. Chapman, R. N. (1931) Animal ecology with special reference to incects. New York & London, McGraw Hill Pub. Co. Ltd. X + 464p, 16 figs.
8. Deevey, E. S. (1947) Life table for natural populations of animals. Quart. Rev. Biol., 22, 283-314.
9. Distant, W. L. (1902) The fauna of British India, Ceylon and Burma. Rhynchota Vol. I. (Heteroptera). London, 437p.
10. 藤家 梓 (1985 a) クサギカメムシの生活史. 千葉農試研報, 26, 87-93.
11. 藤家 梓 (1985 b) 果樹カメムシ類によるナシ加害と防除〔1〕,〔2〕. 農及園, 60 (7), 921-926, 60 (8), 1033-1036.
12. 藤本博光 (1952) オオキンガメの群棲について. 新昆虫, 5 (3), 25-26.
13. Fujisaki, K. (1975) Breakup and re- formation of colony in the first- inster larvae of the winter cherry bug, *Acanthocoris sordidus* THUNBERG (Hemiptera : Coreidae), in relation to the defence against their enemies. Res. Popul. Ecol., 16, 252-264.
14. 藤崎憲治 (1976) カメムシ類における臭気の機能について. Rostria, 26, 199-202.
15. 福田 寛・藤家 梓 (1988) チャバネアオカメムシの生活史. 千葉農試報, 29, 173-180.
16. 古川晴男 (1929) 玉葱のオガ虫〔ムラサキガメ〕の経過習性並に防除法. 農報 (奈良), 92, 954 (問答).
17. 後藤 伸 (1950) 最近紀州より採集された異翅亜目. 南紀生物, 2 (2), 95-97.
18. Goto, S. (1952) The developmental stages of two Japanese species of Heteroptera. Trans. Shikoku Ent. Soc., 3 (3-4), 55-59.
19. 後藤 伸 (1953) 卵を保護するカメムシ3種. 新昆虫, 6 (2), 36.
20. 後藤 伸 (1967) 紀州の異翅半翅類昆虫IV. 南紀生物, 9 (2), 56-61.
21. 後藤 伸 (1990) ニシキキンカメムシ野外観察概報. Rostria, 40, 668-670.
22. 後藤安一郎 (2001) 長崎県におけるベニツチカメムシの生態―周年経過と年による変動―. 長崎県生物学会誌, 53, 32-36.
23. 行徳直己 (1966) *Poecilocoris splendidulus* ESAKI ニシキキンカメムシ採集飼育記. Rostria, 13, 55-56.
24. 行徳直己 (1975) 果樹を加害するカメムシ類の越冬状況と今年の発生予察. 福岡の果樹, V, 1-3.
25. 行徳直己 (1977) 果樹栽培におけるカメムシ類の被害と対策. 農薬通信, 98, 14-23.
26. 行徳直己・立川周二 (1980) ベニツチカメムシの生活史. Rostria, 33, 359-368.
27. 萩原保身・伊藤喜隆 (1986) ツノアオカメムシの発生消長. 農作物有害動植物発生予察特別報告 (果樹カメムシ類の発生予察法の確立に関する特殊調査) 第34号, 58-61.
28. 萩原保身・伊藤喜隆 (1981) クサギカメムシの越冬明け及び越冬に入る時期の行動. 関東東山病虫研年報, 28, 113-115.
29. 萩原保身・伊藤喜隆 (1986) クサギカメムシ越冬世代成虫の産卵と死亡消長. 農作物有害動植物発生予察特別報告, 34, 44-47.
30. 長谷川仁 (1954) *Nezara viridula* (LINNE) ミナミアオカメムシ並に其の近似種について. 農技研報 C, 4,

215-228.

31. 長谷川 仁 (1958) 日本産 *Elasmostethus* 属について. 日本昆虫学会第18回大会講要, 6.
32. 長谷川 仁 (1959a) ウシカメムシ. 新原色昆虫図鑑, 三省堂, 29, 図版 23.
33. 長谷川 仁 (1959b) "卵を守るカメムシの生活－エサキモンキツノカメムシの卵保護－". 日本昆虫記 VI, 講談社, 39-72.
34. 長谷川 勉 (1974) アオクサカメムシおよびエゾアオカメムシの卵, 幼虫期の発育と温度との関係および成虫の温度反応. 東北昆虫, 11, 1-3.
35. 春木 保 (1969) エゾアオカメムシの生態に関する調査. 第1報 産卵選択について. 北日本病虫研報, 20, 86.
36. 春田俊郎 (1949) アオクチブトカメムシの食性. 新昆虫, 2 (1), 11.
37. 林 正美 (1994) 琉球列島産半翅類数種の寄種植物. Rostria, 43, 57-61.
38. 日高輝展 (1956 a) シラホシカメムシの異常食性. Pulex, 8, 30.
39. 日高輝展 (1956 b) ノコギリカメムシの一奇観. Pulex, 10, 38.
40. 日高輝展 (1956 c) 宮崎県産カメムシ類の解説. 宮崎リンネ会報, 14, 18-23.
41. 日置正義 (1939) アカスジキンカメムシ雑記. 昆虫界, 7 (63), 289.
42. 平野千里 (1969) カメムシ類の防衛物質. 植物防疫, 23, 143-149.
43. 広島県立農試 (1977) 昭和51年度カメムシ類の発生予察方法の確立に関する特殊調査成績書. 59p (有害動植物発生予察事業特殊調査の成績検討・計画打合せ会議資料).
44. 広島県立農試 (1979) 昭和53年度カメムシ類の発生予察方法の確立に関する特殊調査成績書. 46p (有害動植物発生予察事業特殊調査の成績検討・計画打合せ会議資料).
45. 日浦 勇 (1958 a) カメムシの話. Nature study, 4 (9), 8-10.
46. 日浦 勇 (1958 b) *Eysarcoris fallax*, オオバコシラホシカメムシ. Nature study, 4 (9), 100-102.
47. 日浦 勇 (1977) ウシカメムシ. 原色日本昆虫図鑑 (下) 全改訂版, 保育社, 104, 図版 28.
48. Hori, K. (1968) Feeding behavior of the cabbage bug, *Eurydema rugosa* MOTSCHULSKY (Hemiptera : Pentatomidae) on the cruciferous plants. Appl. Ent. Zool., 3 (1), 26-36.
49. Hori, K. (1986) Effects of photoperiod on nymphal growth of *Palomena angulosa* MOTSCHULSKY (Hemiptera : Pentatomidae). Appl. Ent. Zool., 21 (4), 597-605.
50. Hori, K. (1987) Effects of stationary and changing photoperiods on nymphal growth of *Palomena angulosa* MOTSCHULSKY (Hemiptera : Pentatomidae). Appl. Ent. Zool., 22 (4), 528-532.
51. Hori, K. (1988) Effects of stationary photoperiod on nymphal growth, feeding and digestive physiology of *Palomena angulosa* MOTSCHULSKY (Hemiptera : Pentatomidae). Appl. Ent. Zool., 23 (4), 401-406.
52. Hori, K., H. Ohta and K. Kuramochi (1985) Preliminary investigation on ovipositional and food selection of Palomena angulosa MOTSCHULSKY (Hemiptera : Pentatomidae) in the laboratory. Res. Bull. Obihiro Univ., 14 (1985), 247-251.
53. Hori, K. and K. Kuramochi (1986) Effects of temporal foods in early nymphal stage on later growth of Palomena angulosa MOTSCHULSKY and *Eurydema rugosum* MOTSCHULSKY (Hemiptera : Pentatomidae). Appl. Ent. Zool., 21 (1), 39-46.
54. Hori, K., K. Kuramochi and S. Nakabayashi (1985) Effects of several different food plants on nymphal development of *Palomena angulosa* MOTSCHULSKY (Hemiptera : Pentatomidae). Res. Bull. Obihiro Univ., 14, 239-246.
55. Hori, K. and M. Saruta (1986) Effects of different temporal foods in early nymphal stage on later growth of *Palomena angulosa* MOTSCHULSKY (Hemiptera : Pentatomidae). Res. Bull. Obihiro Univ., I. 15-1, 59-63.
56. 堀 松次 (1922) アオクチブトカメムシの二・三の習性に就て. 昆虫世界, 26 (294), 45-50.
57. 細井文雄 (1992) ナナホシキンカメムシ若齢幼虫の吸卵汁行動. インセクタリウム, 29 (2) : 25.
58. 細井孝昭 (2002) アヤナミカメムシの新ホスト発見. かめむしニュース, 30, 13.

59. 保積隆夫 (1978) トゲカメムシの生態に関する調査. カメムシ類の発生予察方法の確立に関する特殊調査成績, 54-60.
60. 市原伊助・神定 操 (1971) イネクロカメムシの生態と防除に関する研究. 千葉農試研報, 11, 138-153.
61. 池田二三高 (1974) ツヤアオカメムシの発生生態. 農林水産研究情報, 41, 22-23.
62. 池田二三高・福代和久 (1977) カメムシ類によるカキの被害と加害種の生態について. 関西病虫研報, 19, 39-46.
63. 池本孝哉・江下優樹・山口徹磨・高井鐐二・栗原 毅 (1976) ミナミマルツチカメムシの生態. I. 生息状況, 発育, 世代経過について. 衛生動物, 27, 231-238. II. 大飛来とその誘発要因について. 衛生動物, 27, 239-245.
64. 伊波富士衛 (1936) 黄斑椿象虫に関する調査 (特に幼虫の体色変化について). 昭和9年移入植物検査統計 11号, 54-59.
65. 石原 保 (1941 a) 天敵として利用される異翅半翅類. 植物及動物, 9 (9), 15-21.
66. 石原 保 (1941 b) 日本産エビイロカメムシ亜科の椿象. 昆虫界, 9 (91), 621-636.
67. 石原 保 (1941 c) オオキンカメムシの飼育. 昆虫界, 9 (92), 683.
68. 石原 保 (1943) クチブトカメムシの生態的知見. 植物及動物, 11 (10), 782-788.
69. 石原 保 (1946) シロヘリツチカメムシの第5齢幼虫. 昆世, 50 (573), 6-7.
70. 石原 保 (1947) 日本産カメムシ科概説. 虫・自然, 2 (4・5・6), 55-69.
71. Ishihara, T. (1950) The developmental stages of some bugs injurious to the kidney bean. Trans. Shikoku Ent. Soc., 1 (2), 17-30. 〔卵, 卵塊, 各齢幼虫〕.
72. 石井卓爾・安部 浩・田中重義・板垣紀夫 (1977) 昭和51年度カメムシ類の発生予察方法の確立に関する特殊調査成績書. 島根農試, 32p.
73. 石倉秀次 (1975) "ナガメ". 作物病虫害事典. 養賢堂, 1236-1237.
74. 石倉秀次・永岡 昇・小林 尚・田村市太郎 (1955) 大豆害虫に関する研究. 第3報. カメムシ類によるダイズの被害, カメムシ類の生態及び防除について. 四国農試報, 2, 147-195.
75. 石渡武敏 (1973) 捕食者に対する昆虫の防御行動. 植物防疫, 27, 117-121.
76. Ishiwatari, T. (1974) Studies on the scent of stink bugs (Hemiptera : Pentatomidae). I. Alarm pheromon activity. Appl. Ent. Zool., 9 (3), 153-158.
77. Ishiwatari, T. (1976) Studies on the scent of stink bugs (Hemiptera : Pentatomidae). II. Aggregation pheromone activity. Appl. Ent. Zool., 11 (1), 38-44.
78. 伊藤ふくお (1998) カメムシ類の越冬生態 No.1. かめむしニュース, 15, 2-5.
79. 伊藤清光 (1975) ツヤマルシラホシカメムシ (*Eysarcoris fallax* BREDDIN) の餌と発育・産卵. 第19回応動昆大会講演要旨, 140.
80. 伊藤清光 (1983) ダイズに飛来する以前のイチモンジカメムシの寄主植物の推定. 関東東山病虫研年報, 30, 129-130.
81. 常楽武男・長瀬二朗 (1972) 富山県における稲穂を加害するカメムシ類とそれらの発生経過および分布. 北陸病虫研報, 20, 31-35.
82. Kaitazov, A. (1963) Insects living in the potato crop as predators of the Colorado beetle 〔In Bulgarian〕. Rast. Zasht., 11 (7), 24-26 (R.A.E., A. 52 (6), 275).
83. 菅野和彦・柳沼 薫・佐藤力郎 (1986) クサギカメムシの活動開始時期および発育状況. 農作物有害動植物発生予察特別報告, 34, 9-13.
84. 菅野和彦・柳沼 薫・佐藤力郎・阿部憲義 (1986) 果樹カメムシ類の野外調査法. 農作物有害動植物発生予察特別報告, 34, 1-7.
85. 苅谷博光 (1961) ミナミアオカメムシとアオクサカメムシの発育と死亡率に及ぼす温度の影響. 応動昆, 5 (3), 191-196.
86. 加藤正世 (1937) ヒメナガメがガマズミに寄生する. 昆虫界, 5 (42), 574.
87. 勝又 要 (1930) 稲黒椿象ニ関スル研究成績. 石川農試報告, 240p.

88. Katsura, K. and Y. Miyatake (1993) The developmental stages and distribution of *Alcimocoris japonensis* with notes on life history (Hemiptera : Pentatomidae). Bull. Osaka Museum of Natural Histoy, 47, 37-44. pl. 1.
89. 桂孝次郎・奥野晴三・山本博子 (1993) ウシカメムシの分布と生態. 靫公園の自然, 96-102.
90. 桂孝次郎・靫公園の自然探究グループ (1991) ウシカメムシの生態 I. Nature Study, 37 (6), 62-64.
91. 桂孝次郎・靫公園の自然探究グループ (1994) ウシカメムシの生態 III. 靫公園の自然シリーズ⑪. Nature Study, 40 (1), 12.
92. 桂孝次郎・山本博子・奥野晴三 (1992) ウシカメムシの生態 II. 靫公園の自然シリーズ⑨. Nature Study, 38 (3), 26-28.
93. 川口敏勝 (1984) クサギカメムシのチャイロサルハムシ捕食. インセクタリゥム, 21 (12), 13 (353) [「読者フォト」の写真からカメムシはチャイロクチブトカメムシと判断される (大野正男博士の私信による)].
94. 川沢哲夫・川村 満 (1975) "カメムシの食性". 原色図鑑カメムシ百種, 全国農村教育協会, 224-255.
95. 川沢哲夫・川村 満・高井幹夫 (1994) 石垣島におけるミカンキンカメムシの寄種植物について. Rostria, 43, 33-36.
96. 川瀬英爾・勝元久衛・石崎久次 (1959) イネクロカメムシの生態と被害に関する研究. 石川農試研報, 2, 1-36.
97. 菊地淳志 (1989) イチモンジカメムシの産卵の日周性. 関東東山病虫研年報, 36, 142.
98. 菊地淳志 (1995) *Eysarcoris* 属3種の発育と産卵. 日本昆虫学会第55回大会・第39回日本応用動物昆虫学会合同大会講演要旨, D410.
99. 菊地淳志・小林 尚 (1983) 簡易人工飼育法によるカメムシ3種の基礎的生態. 関東東山病虫研年報, 30, 125-126.
100. 菊地淳志・小林 尚 (1986) 乾燥種子によるイチモンジカメムシおよびホソヘリカメムシの簡易飼育法. 農研センター研報, 6, 33-42.
101. 桐谷圭治 (1963) ミナミアオカメムシとその問題点. 植物防疫, 17 (8), 299-304.
102. 桐谷圭治 (1970) ミナミアオカメムシ個体群の生態学的研究. 第I部 ミナミアオカメムシの生態と個体群動態. 農林水産技術会議事務局指定試験 (病害虫), 9, 3-202.
103. 桐谷圭治・法橋信彦・榎本新一 (1961) ナミアオカメムシの増殖における早期水稲栽培の役割. 関西病虫研報, 3, 50-55.
104. Kiritani, Y. (1985) Effect of stationary and changing photoperiods on nymphal development in *Carbula humerigera* (Heteroptera : Pentatomidae). Appl. Ent. Zool., 20, 257-263.
105. Kiritani, Y. (1987) Effect of stationary and changing photoperiods on oviposition in *Carbula humerigera* (Heteroptera : Pentatomidae). Appl. Ent. Zool., 22 (1), 29-34.
106. Kirkaldy, G. W. (1909) Catalogue of the Hemiptera (Heteroptera). Vol. I. Cimicidae. Berlin, 392p.
107. 北村実彬 (1980) カメムシ類の臭腺分泌物の化学構造と機能-防御・警報, 集合, 生殖をめぐって-. 植物防疫, 34 (5), 215-222.
108. 小林 尚 (1950) 珍虫2種の異常分布. 新昆虫, 3 (10), 315.
109. 小林 尚 (1954 a) カメムシの生態 (1). 新昆虫, 7 (7), 25-29.
110. 小林 尚 (1954 b) カメムシの生態 (2). 新昆虫, 7 (10), 22-24.
111. 小林 尚 (1954 c) カメムシの生態 (3). 新昆虫, 7 (11), 21-25.
112. 小林 尚 (1955 a) ルリクチブトカメムシの生態 (カメムシの生態 (4)). 新昆虫, 8 (1), 2-5.
113. 小林 尚 (1957 a) カメムシの生態 (5). 新昆虫, 10 (3), 28-31.
114. 小林 尚 (1957 b) カメムシの生態 (6). 新昆虫, 10 (8), 22-23.
115. 小林 尚 (1957 c) 徳島県における *Nezara* (カメムシ科) 2種の分布と型について. 阿波の虫, 2 (2), 5.
116. 小林 尚 (1959 a) カメムシの生態 (7). 新昆虫, 12 (5, 6), 8-10.
117. Kobayashi, T. (1951) The developmental stages of four species of the Japanese Pentatomidae (Hemiptera). Trans. Shikoku Ent. Soc., 2 (1), 7-16.

118. Kobayashi, T. (1953) The developmental stages of six species of Japanese Pentatomoidea (Hemiptera). Sci. Rep. Matsuyama Agr. coll., 11, 73-89.
119. Kobayashi, T. (1954) The developmental stages of some species of the Japanese Pentatomoidea (Hemiptera), III. Trans. Shikoku Ent. Soc., 4 (4), 63-68.
120. Kobayashi, T. (1955) The developmental stages of some species of the Japanese Pentatomoidea (Hemiptera), IV. Trans. Shikoku Ent. Soc., 4 (5-6), 79-82.
121. Kobayashi, T. (1956) The developmental stages of some species of the Japanese Pentatomoidea (Hemiptera), V. Trans. Shikoku Ent. Soc., 4 (8), 120-130.
122. Kobayashi, T. (1958) The developmental stages of some species of the Japanese Pentatomoidea (Hemiptera), VI. Trans. Shikoku Ent. Soc., 5 (8), 121-132.
123. 小林　尚 (1959 b) 日本産カメムシ上科の幼期に関する研究. VII. *Nezara* 属およびその近縁属の幼期. 応動昆, 3 (4), 221-231.
124. Kobayashi, T. (1959) Developmental stages of *Acanthosoma* and its allied genera of Japan (Hemiptera : Acanthosomatidae) (The developmental stages of some species of the Japanese Pentatomoidea, VIII). Trans. shikoku Ent. Soc., 6 (3), 37-47.
125. 小林　尚 (1960 a) 日本産カメムシ上科の幼期に関する研究. IX. *Lagynotomus, Aelia* およびそれらの近縁属の幼期. 応動昆, 4 (1), 11-19.
126. 小林　尚 (1960 b) 日本産カメムシ上科の幼期に関する研究. X. *Eysarcoris* およびその近縁属の幼期. 応動昆, 4 (2), 83-95.
127. Kobayashi, T. (1963) The developmental stages of some species of the Japanese Pentatomoidea (Hemiptera). XI. Developmental stages of *Scotinophara* (Pentatomidae). Japanese Jour. Appl. Ent. Zool., 7 (1), 70-78.
128. Kobayashi, T. (1964) Developmental stages of *Geotomus pygmaeus* (DALLAS) and *Sehirus niveimarginatus* (SCOTT) (Cydnidae). (The developmental stages of some species of the Japanese Pentatomoidea, XII). Kontyu, 32 (1), 21〜27.
129. Kobayashi, T. (1965 a) Developmental stages of *Urochela* and an allied genus of Japan (Hemiptera : Urostylidae). (The developmental stages of some species of the Japanese Pentatomoidea. XIII). Trans. Shikoku Ent. Soc., 8 (3), 94-104.
130. Kobayashi, T. (1965 b) The developmental stages of some species of the Japanese Pentatomoidea (Hemiptera). XIV. Developmental stages of *Graphosoma* and its allied Genera of Japan (Pentatomidae). Japanese Jour. Appl. Ent. Zool., 9 (1), 34-41.
131. Kobayashi, T. (1965 c) Developmental stages of *Brachynema* and its allied genus of Japan (Pentatomoidea). (The developmental stages of some species of the Japanese Pentatomoidea. XV). Kontyu, 33 (3), 304-309.
132. Kobayashi, T. (1967 a) The developmental stages of some species of the Japanese Pentatomoidea (Hemiptera). XVI. *Homalogonia* and an allied genus of Japan (Pentatomidae). Appl. Ent. Zool., 2 (1), 1-8.
133. Kobayashi, T. (1967 b) Developmental stages of *Poecilocoris* and its allied genera of Japan (Hemiptera : Scutelleridae). (The developmental stages of some species of the Japanese Pentatomoidea). XVII. Trans. Shikoku Ent. Soc., 9 (3), 86-94.
134. Kobayashi, T. (1994) Developmental stages of *Glaucias* and its allied genera of Japan (Hemiptera : Pentatomidae) (The developmental stages of some species of the Japanese Pentatomoidea, XVIII). Trans. Shikoku Ent. Soc., 20 (3-4), 197-205.
135. 小林　尚 (1955 b) イチゴカミナリハムシの形態, 生態及び防除法. 農及園, 30 (4), 599-600.
136. 小林　尚 (1955 c) ルリクチブトカメムシの利用価値について. 応用昆虫, 11 (1), 21-24.
137. 小林　尚 (1963) ウシカメムシ *Alcimocoris japonensis* (SCOTT) の5齢幼虫. Rostria, 5, 17-18.

138. 小林　尚 (1966) *Homalogonia obtusa* (WALKER) ヨツボシカメムシの生態. 東北昆虫, 4, 8-9.
139. 小林　尚 (1967) スコットカメムシの屋内越冬とその害. Rostria, 15, 61-64.
140. 小林　尚 (1968) カメムシに負けた山村生活. 今月の農薬, 12 (1), 78-80.
141. 小林　尚 (1971) カメムシ類の飼育方法. インセクタリゥム, 8, 86-89.
142. 小林　尚 (1974) 石垣島のミナミマルツチカメムシとヒメツチカメムシ. Rostria, 23, 123.
143. 小林　尚 (1975a) *Cantao ocellatus* THUNBERG アカギカメムシの卵保護について. 東北昆虫, 12, 7-8.
144. 小林　尚 (1975b) *Glaucias subpunctatus* (WALKER) ツヤアオカメムシの卵および幼虫期. 第19回応動昆大会講要, 416.
145. 小林　尚 (1976 a) 東南アジアのカメムシ. 農薬通信, 95, 1-3.
146. 小林　尚 (1976b) ナガメ *Eurydema rugosum* MOTSCHULSKY の大量飼育法. 東北昆虫, 13/14, 10.
147. 小林　尚 (1977) ズグロシラホシカメムシの属名について. 東北昆虫, 15, 6.
148. 小林　尚 (1978) ナタネの乾燥種子によるナガメの簡易大量飼育法. 応動昆, 22 (3), 185-190.
149. 小林　尚 (1979) 第3章・第1節 大豆害虫. 水田利用再編のための技術資料, 第2編, 農林水産省, 97-104.
150. 小林　尚 (1981) "ヨツモンカメムシ *Urochela quadrinotata*". 今月の虫, インセクタリゥム, 18 (5), 123.
151. Kobayashi, T. (1981) Insect pests of soybean in Japan. 東北農試研究資料, 2, 1-39.
152. 小林　尚 (1990 a) "クサギカメムシ". 原色ペストコントロール図説, 日本ペストコントロール協会, Ⅲ, 16, 1-7.
153. 小林　尚 (1990b) "スコットカメムシ". 原色ペストコントロール図説, 日本ペストコントロール協会, Ⅲ, 17, 1-6.
154. 小林　尚 (1990c) "マルカメムシ". 原色ペストコントロール図説, 日本ペストコントロール協会, Ⅲ, 18, 1-9.
155. 小林　尚 (1992) 屋内で越冬するカメムシ. 動物たちの地球, 週刊朝日百科, 75 (887), 84 [生態的防除法].
156. 小林　尚 (1994) 専門家業務状況報告書. ケニア園芸開発計画 (F/U) 総合報告会, 果樹・特用作物研究国内委員会資料, 1-14.
157. 小林　尚 (1997) 特集・カメムシの世界－カメムシの幼虫時代. 昆虫と自然, 32 (6), 10-14.
158. 小林　尚・木村重義 (1969) 家屋に侵入するカメムシ類の生態ならびに防除に関する研究. 第1報 カメムシ類の屋内越冬の実態. 東北農試研報, 37, 123-138.
159. 小林　尚・宮本正一 (2001) カメムシ上科の幼虫における腹部気門の位置について. 日本昆虫分類学会第4回大会 (国立科博) 講演要旨, 3.
160. Kobayashi, T., Muriuki, S. J. N., Mutuanene, B. M. and Muriuki, S. J. M. (1996) Studies on integrated contorol of the macadamia stink bug. Horticultural Development Project. KARI, THIKA, 1-31.
161. 小林　尚・奥　俊夫 (1976) 東北地方におけるダイズ害虫の発生相, 虫害相ならびに虫害発生量の予察に関する研究. 東北農試研報, 52, 49-106.
162. 小嶋昭雄・江村一雄・永井三善・杵鞭章平 (1972) 新潟県におけるカメムシ類による斑点米発生. 北陸病虫研報, 20, 26-30.
163. 小滝豊美・畑公夫・軍司守俊・八木繁実 (1983) 数種食餌によるチャバネアオカメムシ (*Plautia ståli* SCOTT) の飼育. 応動昆, 27 (1), 63-68.
164. Kudo, S. (1990) Brooding behavior in *Elasmucha putoni* (Hemiptera : Acanthosomatidae), and a possible nymphal alarm substance triggering guarding responses. Appl. Ent Zool., 25 (4), 431-438.
165. 工藤慎一・佐藤雅彦 (1988) ベニモンツノカメムシに観察された種内捕食. Rostria, 39, 639.
166. Kudo, S., M. Sato and M. Ohara (1989) Prolonged maternal care of *Elasmucha dorsalis* (Heteroptera : Acanthosomatidae). J. Ethol., 7, 75-81.
167. 黒佐和義 (1951) オオクロカメムシに就いて. 新昆虫, 4 (7), 36.
168. 桑山　覚 (1969) ベニモンカメムシの集団越冬. Rostria, 19, 81-82.
169. 前原　宏・日高輝展 (1959) アカギカメムシについて. 昆虫, 27 (3), 201.
170. 牧　良忠・玉野政文 (1939) 甘藷ノ一新害虫「ヒロヅカメムシ」*Eumenotes obscura* WESTWOOD ニ関スル研

究. 鹿児島農試大島分場臨時報告, 病虫, 1, 1-29.
171. 松浦博一・石崎久次 (1981) 斑点米を発生させるカメムシ類の雑草間移動と水田侵入. 石川農試研報, 11, 59-67.
172. Miller, N. C. E. (1929) *Megymenum brevicorne* F. Pentatomidae (Hemiptera-Heteroptera). A minor pest of Cucurbitaceae and Possifloraceae. Malayan Agr. Jour., 17 (12), 421-435.
173. Miller, N. C. E. (1956) "Families of the Heteroptera". Biology of the Heteroptera. England, E. W. Classey LTD, 49-175. [found among rice seedlings].
174. 三浦 正 (1961) オオキンカメムシに関する生態学的研究. 島根農科大学研報, 9 (A-1), 222-236.
175. 三浦 正・近木英哉 (1957) オオキンカメムシに関する生態学的研究. 第4報, 若虫期の温度反応について. 島根農大研報, 5, 45-48.
176. 三宅利雄 (1949) 虫害の予防 (3). 広島農業, II (4), 12.
177. 宮本正一 (1955 a) タマカメムシ高良山に多産 (Hem. Pentatomidae). Pulex, 6, 22.
178. 宮本正一 (1955 b) ツチカメムシの臭腺分泌液. Pulex, 6, 23.
179. 宮本正一 (1955 c) ツチカメムシの食性. Pulex, 6, 23-24.
180. 宮本正一 (1956 a) 雌雄で臭いのちがうルリクチブトカメムシ. Pulex, 9, 35.
181. 宮本正一 (1956 b) ヒメクロカメムシの生活史. Pulex, 10, 39-40.
182. 宮本正一 (1956 c) オオクロカメムシの寄主植物. 昆虫, 24, 239.
183. 宮本正一 (1957) セグロツノカメムシの哺育性と産卵数 (Hem. : Pentatomidae). Pulex, 16, 62-63.
184. 宮本正一 (1965 a) "カメムシ科". 原色昆虫大図鑑. 3巻, 北隆館, 76-80.
185. 宮本正一 (1965 b) アカスジキンカメムシの年内羽化. Rostria, 12, 50.
186. 宮本正一 (1974) ツマジロカメムシの食肉性の観察. Rostria, 23, 122.
187. 宮本正一 (1977) 日本産異翅半翅類の学名について (2). Rostria, 27, 207-209.
188. 宮本正一・安永智秀 (1989). "Heteroptera カメムシ亞目". 日本産昆虫総目録 (平嶋義宏監修), I-21-(b), 九大農昆虫学教室・日本野生生物研究センター, 151-188.
189. 宮尾嶽雄 (1956) ナガメが大根の発芽および発根におよぼす影響. ニュー・エントモロジスト, 5 (4), 22.
190. Miyatake, M. and S. Yano (1950) Ecological notes on *Arma custos* FABRICIUS (Hemiptera : Pentatomidae). Trans. shikoku Ent. Soc., 1 (3), 40-44.
191. 宮崎農試 (1977) ナミアオカメムシに関する調査. 昭和51年度カメムシ類の発生予察方法の確立に関する特殊調査成績書 (発生予察事業特殊調査), 1-20 (孔版).
192. 溝井正春 (1987) トホシカメムシの新寄主植物. Rostria, 38, 562.
193. 門前弘多 (1908) ナシガメムシに就て. 昆虫世界, 12 (136), 504-507.
194. 森本象二郎 (1933) サジクヌギカメムシの卵及孵化. 植物及動物, 6 (11), 123-124.
195. 森本尚武 (1965) ナガメ *Eurydema rugosa* の卵のふ化斉一性について. 応動昆, 9 (2), 125-126.
196. 守屋成一 (1985) チャバネアオカメムシ雄成虫の誘引性. 植物防疫, 39 (4), 161-164.
197. 守屋成一 (1987) アカスジキンカメムシの飼育. インセクタリウム, 24, 124-129.
198. 守屋成一・岡野久子・中川隆志 (1987) 代替餌によるアカスジキンカメムシの累代飼育. Rostria, 38, 553-557.
199. 守屋成一・大久保宣雄 (1987) 代替餌によるニシキキンカメムシの飼育 (予報). Rostria, 38, 558.
200. Moriya S. and M. Shiga (1984) Attraction of the brown-winged bug, *Plautia ståli* SCOTT (Heteroptera : Pentatomidae) for males and females of the same species. Appl. Ent. Zool., 19 (3), 317-322.
201. 本保義浩・中村浩二 (1985) ヒメツノカメムシ *Elasmucha putoni* SCOTT の卵保護行動の効果. 応動昆, 29 (3), 223-229.
202. 向川勇作 (1916) ルリクチブトカメムシ稲螟蛉を食ふ. 昆虫世界, 20 (223), 120-121.
203. 村岡 実・鶴 範三・中村秀芳・山津憲二 (1987) 佐賀県におけるチャバネアオカメムシ, ツヤアオカメムシのヒノキ毬果での寄生密度, 越冬密度ならびに予察灯による誘殺数の年次推移. 九病虫研会報, 33, 181-188.

204. 永井清文・野中耕次 (1973) カメムシ類の生態ならびに防除試験. 宮崎農試病虫部, 昭47年度IV・2, No. 71 (孔版).
205. 永井清文・野中耕次 (1974) カメムシ類の生態ならびに防除試験. 宮崎農試病虫部, 昭48年度IV・2, No. 72 (孔版).
206. 長野農試 (1939) 苹果加害ヨツボシカメムシ防除試験. 病虫害雑誌, 26 (10), 754-755.
207. 中川隆志 (1992) ケニア園芸開発計画総合報告書. 国際協力事業団, 1-100.
208. 中島三夫・米谷 一・石橋達堂 (1980) "日田地区残存常緑樹林の昆虫", 大分県自然環境保全地域候補地調査報告書 (日田地区), 大分県環境保健部, 39-45.
209. 中村慎吾 (1960) ツノアオカメ, クスサン幼虫を食べる. 比婆科学, 55, 22 (孔版).
210. 中村 譲 (1983) マルカメムシ. 生活と環境, 28 (3) (通巻321号), 59-60.
211. 中西栄太郎・後藤 伸 (1953) ハンノキ属の植物に見られるカメムシ数種. 新昆虫, 6 (2), 35-36.
212. 中武雅周 (1955) ナガメ・ヒメナガメの生態. 新昆虫, 8 (11), 9-11.
213. 中沢啓一・林英明 (1983) 斑点米の原因となるカメムシ類の生態. 第1報 シラホシカメムシおよびホソハリカメムシの発育と休眠雌の出現. 広島農試報, 46, 21-32.
214. 名和梅吉 (1932) 半翅目の越冬状態に就いて. 昆虫世界, 36 (422), 327-331.
215. 西島 浩 (1994) 北海道産カメムシ3種の記録. Rostria, 43, 53.
216. 西川 砂 (1919) 家蚕の害敵に関する研究. (六) チバネサシガメ *Halyomorpha picus* FABRICIUS. 蚕業新報, 27 (312), 245-246 ; 大日本蚕糸会報, 28 (325), 13-14.
217. 西谷順一郎 (1916) 苹果を害する2種の椿象に就て. 昆虫世界, 20 (230), 411-414.
218. 農林水産技術会議事務局 (1976) "VI. 斑点米の原因となるカメムシ類の生態一覧, VII. 公立試験研究機関提出資料要約". カメムシ類の生態および防除に関する研究の現状と問題点. 農林水産技術会議事務局, 63-266.
219. 農林水産省農蚕園芸局植物防疫課 (1986) 果樹カメムシ類の発生予察方法の確立に関する特殊調査. 農作物有害動植物発生予察特別報告, 34, 149p.
220. 野津六兵衛・園山 功 (1924) 島根の果実害虫 (10) 〔ナシカメムシ〕. 病虫害雑誌, 11 (7), 401.
221. 於保信彦・桐谷圭治 (1960) ミナミアオカメムシの生態と防除. 植物防疫, 14 (6), 237-241.
222. 小田道宏 (1980) チャバネアオカメムシの生態. 植物防疫, 34 (7), 309-314.
223. 小田道宏・中西喜徳 (1983 a) 果樹を加害するカメムシ類の生態に関する調査. 第5報 チャバネアオカメムシ越冬後成虫の食餌植物における発生. 奈良農試研報, 14, 71-77.
224. 小田道宏・中西喜徳 (1983 b) 果樹を加害するカメムシ類の生態に関する調査. 第6報 ツヤアオカメムシの誘殺消長とヒノキでの発生. 奈良農試研報, 14, 78-81.
225. 小田道宏・中西喜徳 (1986) 果樹カメムシ類の産卵・発育並びに光周反応. 農作物有害動植物発生予察特別報告, 34, 65-66.
226. 小田道宏・中西喜徳・上住 泰 (1981) 果樹を加害するカメムシ類の生態に関する調査 (第3報). チャバネアオカメムシとクサギカメムシの発育及び飼育での発生経過. 奈良農試研報, 12, 131-140.
227. 小田道宏・中西喜徳・上住 泰 (1982) 果樹を加害するカメムシ類の生態に関する調査 (第4報). クサギカメムシ越冬成虫の個体数変動と越冬成虫の発生の推移. 奈良農試研報, 13, 66-73.
228. 小田道宏・杉浦哲也・中西喜徳・柴田叡弌 (1979) チャバネアオカメムシの後期発生における発生消長. 関西病虫研報, 21, 38.
229. 小田道宏・杉浦哲也・中西喜徳・上住 泰 (1980) 果樹を加害するカメムシ類の生態に関する調査. 第1報 予察灯での発生消長と野外観察による果樹およびクワでの発生生態. 奈良農試研報, 11, 53-62.
230. 小田道宏・杉浦哲也・中西喜徳・柴田叡弌・上住 泰 (1981) 果樹を加害するカメムシ類の生態に関する調査 (第2報). チャバネアオカメムシとクサギカメムシのスギ及びヒノキでの発生生態. 奈良農試研報, 12, 120-130.
231. 小川正行・池内辰雄・山本謙三郎 (1960) イネカメムシについて, 高知農試研報, 2, 45-47.
232. 岡田隆次郎 (1899) 大豆の椿象 (マルガメムシ) に就いて. 昆虫世界, 3 (27), 416.

233. 岡本半次郎（1936）アオクチブトガメ *Dinorhynchus dybowskyi* JAK. の生活史に就て．昆虫世界, 20 (232), 487-489.
234. 岡本一夫（1942）アオクチブトカメムシの飼育観察に就て．昆虫界, 10 (98), 247-258.
235. 奥野晴三・竹本卓哉（1997 a）大阪市旭区でアヤナミカメムシの越冬を確認．かめむしニュース, 7, 2-3.
236. 奥野晴三・竹本卓哉（1997 b）アヤナミカメムシの生態中間報告．かめむしニュース, 10, 8-9.
237. 奥谷禎一（1949）ヒメツノカメムシ *Elasmucha putoni* SCOTT の卵保護．新昆虫, 2 (4), 39.
238. 小野　洋・近藤光宏（1966）ニシキキンカメムシの生態（予報）．すずむし, 16 (2, 3, 4), 42-45.
239. 大野正男（1967）カメムシ類2種の食性．1．ツマジロカメムシ，クロタマゾウムシの幼虫を刺す．Rostria, 16 : 65.
240. 大野正男（1994 a）ウシカメムシの分布総説．月刊むし, No. 284, 12-17.
241. 大野正男（1994 b）日本産主要動物の種別知見総覧（30），ウシカメムシ（1）．東洋大学紀要　教養課程篇（自然科学), No. 38, 97-123.
242. 大野正男（1996）イシハラカメムシの学名．かめむしニュース, 6, 4.
243. 小貫信太郎（1904）イネガメムシ試験調査成績．農事試験場報告, 30, 1-4.
244. 大内　実（1954）イネカメムシの生態に関する研究（第1報）．交尾産卵及び死亡時期について．応用昆虫. 10 (2), 117-120.
245. 大内　実（1955）イネカメムシの生態に関する研究（第3報）．交尾・産卵習性について．応用昆虫, 11 (3), 107-110.
246. 大内　実（1957）イネカメムシの生態に関する研究　V．ふ化および卵・幼虫（令）期間について．応動昆, 1 (2), 113-118.
247. 大内　実（1959）イネカメムシの生態に関する研究　VI．成虫の歩行活動に及ぼす照度，気温，湿度の影響について．応動昆, 3 (1), 7-15.
248. 大内　実（1975 a）イネカメムシの生態に関する研究　VII．卵および幼虫の死亡率．応動昆, 19 (4), 302-304.
249. 大内　実（1964）イネカメムシ *Lagynotomus elongatus* (DALLAS) の越冬について．Rostria, 10, 41-42.
250. 大内　実（1975 b）イネカメムシに関する研究．茨城大農害虫学研究室．71p.
251. 斉藤　豊・斉藤　奨・大森康正・山田光太郎（1964）山地に発生するカメムシ類の生態，特にクサギカメムシのそれと殺虫試験について．衛動, 15 (1), 7-16.
252. 崎村　弘・永井清文（1976）カメムシ類の生態ならびに防除に関する研究．第3報　ミナミアオカメムシおよびクモヘリカメムシの越冬．九病虫研会報, 22, 91-94.
253. 鮫島徳造（1960）ミナミアオカメムシの発生と被害．植物防疫, 14 (6), 242-246.
254. 鮫島徳造・永井清文（1961）ミナミアオカメムシの生態と防除について（予報）．九州農業研究, 23, 208-209.
255. 鮫島徳造・永井清文（1962）ミナミアオカメムシの増殖要因について．九州病虫研報, 8, 80.
256. 鮫島徳造・永井清文（1963）ミナミアオカメムシ *Nezara viridula* LINNE の生態と防除に関する研究．第1報　生活史特に増殖要因について．宮崎農試研報, 2, 40-51.
257. 佐藤英毅（1974）徳島市におけるマルカメムシの大発生とその被害について．衛動, 24 (4), 323.
258. 石　宙明（1940）ケヤキを害する数種のカメムシの生活史と其の駆除法．動物学雑誌, 52 (11), 438-450.
259. 滋賀県農試（1975）カメムシ類の発生予察法の確立に関する特殊調査成績書．資料 74-502-11, 48p.
260. 滋賀県農試（1979）カメムシ類の発生予察法の確立に関する特殊調査成績書．資料 78-501-07, 48p.
261. 志賀正和・守屋成一（1986）チャバネアオカメムシ5齢幼虫の体色変異と幼虫の行動と産卵．農作物有害動植物発生予察特別報告, 34, 137-139.
262. 島根農試（1975）実験飼育によるカメムシの発生生態．カメムシ類試験成績概要（カメムシ類防除の研究に関する検討会議資料), 12p (孔版).
263. 四戸耕太郎（1939）遠野地方に於ける椿象科の寄主植物に就て（1）．岩手虫乃会時報, 2 (2), 12-22 (孔版).
264. 四戸耕太郎（1950）遠野地方産椿象科昆虫越冬目録．北上生物学会々報, 2 (3), 1-5〔孔版, *Agonoscelis*

nubila ? はイシハラカメムシと考えられる（長谷川）〕．
265. 四戸耕太郎 (1953 a) エゾアオカメムシの生態と Host について．21p (孔版)．
266. 四戸耕太郎 (1953b) ブチヒゲカメムシの生態と Host について．25p (孔版)．
267. 白神　昭 (1951) セグロツノカメムシの卵保護．すずむし，1 (1)，4-5．
268. 楚南仁博 (1935) 南支那に於ける荔枝の大害虫，荔枝椿象 *Tessaratoma papillosa* DRURY に就て．台湾農事報，31 (7)，644-649．
269. 楚南仁博 (1943) 規那樹の害虫に関する調査．台湾農試彙報，216，34．
270. 杉本達美・今村和夫 (1970) 斑点米の発生原因と防除法．農及園，45 (9)，1355-1358．
271. 立川周二 (1991) "日本産亜社会性異翅半翅類"．日本産異翅半翅類の亜社会性―カメムシ類の親子関係―．東京農大出版会，9-119p．
272. Tachikawa, S. and C. W. Schaefer (1985) Biology of *Parastrachia japonensis* (Hem : Pentatomoidea : ?-idae). Ann. Ent. Soc. Amer., 78 (3), 387-397.
273. 高木一夫・三代浩二 (1996 a) チャバネアオカメムシ-最近の研究から (1) -．植物防疫，50 (3)，109-114．
274. 高木一夫・三代浩二 (1996 b) チャバネアオカメムシ-最近の研究から (2) -．植物防疫，50 (4)，161-166．
275. 高橋良一 (1921)「アカギカメムシ」の哺育．台湾博物学会会報，第11年5月号，81-86．
276. 高橋良一 (1923) アカギカメムシの哺育．動物学雑誌，35 (416)，275．
277. 高橋良一 (1940) ミカントゲカメムシに関する研究．台湾農事報，36年，1号，14-41 (fs. 5, pl. 1)．
278. 高橋　奬 (1918 a) 油桐の三大害虫に就て．病虫害雑誌，5 (1)，38．
279. 高橋　奬 (1918b) アブラギリの害虫としてのキンカメムシ．昆虫世界，22 (245)，6．
280. 高橋　奬 (1930) "なしかめむし"．果樹害虫各論，明文堂，144-147．
281. 高橋　奬 (1936 a) "ひめながめ"．蔬菜害虫各論，明文堂，65-66．
282. 高橋　奬 (1936 b) "あかすぢかめむし"．蔬菜害虫各論，明文堂，81-83．
283. 高橋　奬 (1936 c) "むらさきかめむし"．蔬菜害虫各論，明文堂，402-403．
284. 高橋　奬 (1936 d) "まるかめむし"．蔬菜害虫各論，明文堂，403-405．
285. 高井幹夫 (1990) オオキンカメムシの代替餌による飼育．Rostria，40，672-675．
286. 竹本卓哉 (1997) エサキモンキツノカメムシの生態についての基礎資料，産卵時期の記録．かめむしニュース，No.7，4-5．
287. 田辺忠一 (1938) "苹果を加害するヨツボシカメムシと防除法について"．実際園芸臨時増刊「園芸病虫害の防除法」，188-190．
288. 田中健治 (1979) 三重県中部地方におけるチャバネアオカメムシの年間生活史について．関西病虫害研報，21,3-7．
289. 田中三夫 (1938) 朝鮮産ヨツモンカメムシに現れた畸形触角．昆虫界，VI(56)，763．
290. 田中三夫 (1939) 再び朝鮮産ヨツモンカメムシ *Parurochela quadrinotata* REUTER に現れた畸形の触角について．昆虫世界，43 (500)，105-106．
291. 田中戻太郎 (1900) キンカメムシはアブラギリの大害虫．昆虫世界，4 (35)，262．
292. 栃木農試 (1930) ノコギリカメムシ飼育調査．栃木農試業務功程，昭和4年，260．
293. 友国雅章 (1987) *Solenosthedium chinense* STÅL ミカンキンカメムシについて．Rostria，38，559-561．
294. 塚本りさ・藤條純夫 (1992) ベニツチカメムシの繁殖と給餌．インセクタリウム，29 (5)，4-10．
295. 筒井喜代治 (1957) "アオクサカメムシ"．農業害虫生態図説．朝倉書店，I，176p〔卵塊，1・2・5齢幼虫〕．
296. 内田正人 (1978) 果樹を加害するカメムシ類の生態と防除．三カ年のカメムシ防除の対策と実績．鳥取県カメムシ防除対策協議会編，21-40p．
297. 内田正人 (1986 a) 果樹カメムシ類の発育期間と産卵数．農作物有害動植物発生予察特別報告，34，84-86 (農林水産省農蚕園芸局植物防疫課編)．
298. 内田正人 (1986 b) 果樹カメムシ類の光周反応．農作物有害動植物発生予察特別報告，34，87-88 (農林水産省農蚕園芸局植物防疫課編)．
299. 内田正人 (1986 c) 果樹カメムシ類の室内飼育による発育経過．農作物有害動植物発生予察特別報告，34，93

-95(農林水産省農蚕園芸局植物防疫課編).
300. 上野　亘・庄野　敬 (1978 a) 果樹に加害するカメムシ類の生態と防除. 第1報. カメムシ類の越冬場所. 北日本病虫研報, 29, 16.
301. 上野　亘・庄野　敬 (1978 b) 果樹に加害するカメムシ類の生態と防除. 第2報. カメムシ類による被害の特徴. 北日本病虫研報, 29, 17.
302. 梅谷献二 (1976) 果樹におけるカメムシ類の多発被害 (続報) －昭和50年 (1975) の被害実態－. 植物防疫, 30 (4), 133-141.
303. 浦田明夫 (1982) 長崎県佐世保市と諫早市におけるキマダラカメムシの発生について. Rostria, 34, 407-410.
304. 靱公園自然探究グループ (1991) 靱公園で発生していたウシカメムシ. 靱公園の自然シリーズ①. Nature Study, 37 (2), 15-16.
305. Weber, H. (1930) Biologie der Hemipteren. Berlin, Verlag von Julius Springer, 455p. 〔Fuklar burste = antenna brush：前脛節内側中央部の剛毛様器官〕.
306. 矢後正俊 (1939 a) ノコギリカメムシに関する雑録. 関西昆虫学会報, 8, 6.
307. 矢後正俊 (1939 b) 昭和13年に静岡県内に発生した珍らしい害虫. 病虫害雑誌, 26 (5), 337.
308. 山田健一 (1979) 果樹を加害するカメムシ類の生態と防除 (1). 農及園, 54 (12), 1488-1492.
309. 山田健一・宮原　実 (1980) 果樹を加害するカメムシ類の生態と防除に関する研究 (3報). チャバネアオカメムシとツヤアオカメムシの寄生植物について. 福岡園試研報, 18, 54-61.
310. 山田健一・野田政春 (1985) 果樹カメムシ類の発生予察に関する研究. 福岡農総試研報, B-4, 17-24.
311. 山田健一・野田政春 (1986) 果樹カメムシ類の日周行動. 農作物有害動植物発生予察特別報告, 34, 113-116.
312. 山田保治 (1914) クヌギカメムシに就きて. 昆虫世界, 18 (200), 138-142.
313. 山田保治 (1915) クヌギカメムシモドキ Urostylis striicornis SCOTT に就きて. 昆虫世界, 19 (216), 313-316.
314. 山形県農試作物保護部 (1974) 昭和47年48年度カメムシに関する試験成績概要, 22p (孔版).
315. 山形県農試 (1979) 昭和53年度カメムシ類の発生予察法の確立に関する特殊調査成績書. 38p.
316. 山本謙三郎 (1955) イネカメムシについて. げんせい, Ⅳ (1/2), 1-5.
317. 柳　武 (1974) 長野県伊那地方における斑点米の原因となるカメムシ類の生態と防除に関する研究. 長野農試報, 38, 177-199.
318. 柳　武 (1980) トゲシラホシカメムシの生態型の分化と休眠に関する研究. 長野農総試農試研究集報, 6, 42-55.
319. 柳　武・萩原保身 (1980 a) チャバネアオカメムシの発育速度と休眠臨界日長からみた年間発生回数. 関東東山病害虫研年報, 27, 143-146.
320. 柳　武・萩原保身 (1980 b) クサギカメムシの生態. 植物防疫, 34, 315-321.
321. 柳　武・中沢斉 (1979) 果樹を加害するツノアオカメムシの発生消長. 関東東山病害虫研年報, 26, 126-127.
322. 矢野延能〔名和梅吉〕(1918) 談片 (121) オオキンカメムシ梨及ハゼノキを害す. 昆虫世界, 22 (246), 80.
323. 矢野俊郎 (1950) ヒメマルカメムシの食餌植物としてのママコノシリヌグイ. 四国昆虫学会会報, 1 (3), 37 〔この種はタデマルカメムシと考えられる〕.
324. 安永智秀・高井幹夫・山下　泉・川村　満・川澤哲夫 (友国雅章監修) (1993) 日本原色カメムシ図鑑. 全国農村教育協会, 380p.
325. Youdeowei, A. (1966) Laboratory studies on the aggrigation of feeding Dysdercus intermedius DISTANT (Het. Pyrrhocoridae). Proc. Roy. Ent. Soc. Lond. (A), 41 (4-6), 45-50.
326. Zimmerman, E. C. (1894) Insects of Hawaii. Vol. 3. Heteroptera. Honolulu, University of Hawaii. 〔feeds on Paspalum fimbriatum roots〕.
327. 随　其 (1928) クヌギカメムシの卵塊. 昆虫世界, 32 (365), 22.

著者略歴

小林　尚（こばやし　たかし）

1927年	香川県生まれ
1949年	愛媛県立農林専門学校農科卒業
1950年	農林省入省　中国・四国農業試験場，四国農業試験場，徳島県農業試験場，東北農業試験場，農事試験場畑作研究センター，農業研究センター，熱帯農業研究センターを経て1987年定年退職.
1961年	九州大学博士（農学）
著　書	「原色ペストコントロール図説」（分担執筆）日本ペストコントロール協会1990年　ほか

立川　周二（たちかわ　しゅうじ）

1941年	茨城県生まれ
1964年	東京農業大学農学部農学科卒業
1965年	東京農業大学助手，現在同大学助教授
1987年	東京農業大学博士（農学）
著　書	「日本産異翅半翅類の亜社会性」1991年　ほか

本書は、中央農業総合研究センターでとりまとめた「総合農業研究叢書第51号カメムシ上科の卵と幼虫」を（独）農業・生物系特定産業技術研究機構指令15機構C第03111102号により、改題して当（株）養賢堂から出版したものです。

2004 総合農業研究叢書 第51号 図説カメムシの卵と幼虫 ―形態と生態―	2004年3月31日　第1版発行
検印省略	著　者　　小　林　　　尚 　　　　　立　川　周　二
©著作権所有	発行者　　株式会社　養賢堂 　　　　　代表者　及川　清
定価 9450 円 （本体 9000 円） （　税　5％　）	印刷者　　株式会社　丸井工文社 　　　　　責任者　今井晋太郎
発行所	〒113-0033 東京都文京区本郷5丁目30番15号 株式会社 養賢堂 TEL 東京(03)3814-0911 [振替00120] FAX 東京(03)3812-2615 [7-25700] URL http://www.yokendo.com/

ISBN4-8425-0362-9 C3061

PRINTED IN JAPAN　　　　　　製本所　株式会社丸井工文社